"十四五"国家重点出版物
出版规划项目

中国兽药
研究与应用全书

COMPREHENSIVE SERIES
ON VETERINARY DRUG
RESEARCH AND APPLICATION
IN CHINA

兽药安全性与
有效性评价

曹兴元 主编

化学工业出版社

·北京·

内容简介

本书以兽药临床前和临床评价技术为主线，主要内容包括兽药安全性和有效性评价概述、兽药安全性评价的一般毒性试验、特殊毒理学试验、体外试验技术，兽药的剂型、给药途径和给药剂量设计，免疫毒理学在兽医开发中的应用，兽药评价中的药代、毒代动力学，兽药 MRL 和休药期制定，兽药靶动物安全性评价，兽药临床有效性评价，兽药生态毒性评价，兽用生物制品的安全性和有效性评价，兽药安全性和有效性评价中的统计学应用等内容。

本书是动物医学、动物药学、动物科学、食品安全等专业教师、研究生、科研人员，兽药企业管理和研发人员等从业人员的良好参考读物。

图书在版编目（CIP）数据

兽药安全性与有效性评价 / 曹兴元主编 . -- 北京：化学工业出版社，2025.1. --（中国兽药研究与应用全书）. -- ISBN 978-7-122-46465-1

Ⅰ. S859.79

中国国家版本馆 CIP 数据核字第 20247KK731 号

责任编辑：邵桂林　刘　军　　　　文字编辑：丁　宁　朱　允
责任校对：边　涛　　　　　　　　装帧设计：尹琳琳

出版发行：化学工业出版社
　　　　　（北京市东城区青年湖南街 13 号　邮政编码 100011）
印　　装：北京建宏印刷有限公司
787mm×1092mm　1/16　印张 25　字数 614 千字
2025 年 6 月北京第 1 版第 1 次印刷

购书咨询：010-64518888　　　　售后服务：010-64518899
网　　址：http://www.cip.com.cn
凡购买本书，如有缺损质量问题，本社销售中心负责调换。

定　　价：218.00 元　　　　　　　　版权所有　违者必究

本书编写人员名单

主　编　曹兴元

副主编　苏富琴　谢书宇　汤树生

编写人员（按姓氏笔画排序）

丁焕中	王　旭	王勉之	王建中	代重山	冯华兵	吕艳丽
汤树生	孙　雷	孙永学	苏富琴	李格宾	李银生	吴聪明
张国中	陈　刚	陈冬梅	金艺鹏	胡艳欣	黄玲利	黄显会
高　闯	曹兴元	谢书宇				

我国是世界养殖业第一大国。兽药作为不可或缺的生产资料，对保障和促进养殖业健康发展至关重要，对保障我国动物源性食品安全具有重大战略意义，在我国国民经济的发展中起着不可替代的重要作用。党和政府高度重视兽药科研、生产、应用和管理，要求大力发展和推广使用安全、有效、质量可控、低残留兽药，除了要求保障我国畜牧养殖业健康发展外，进一步保障人民群众"舌尖上的安全"。国家发布的《"十四五"全国畜牧兽医行业发展规划》中明确规定，要继续完善兽药质量标准体系、检验体系等；同时提出推动兽药产业转型升级，加快兽用中药产业发展，加强中兽药饲料添加剂研发，支持发展动物专用原料药及制剂、安全高效的多价多联疫苗、新型标记疫苗及兽医诊断制品。以 2020 年《兽药管理条例》修订、突出"减抗替抗"为标志，我国兽药生产、管理工作和行业发展面临深刻调整，进入全新的发展时代。

兽药创新发展势在必行，成果的产业化应用推广是行业发展的关键。在国家科技创新政策的支持下，广大兽药从业人员深入实施创新驱动发展战略，推动高水平农业科技自立自强，兽药创制能力得到了大幅提升，取得了相当成效，特别是针对重大动物疾病和新发病的预防控制的兽药（尤其是疫苗）创制开发取得了丰硕的成果。我国兽药科技创新平台初具规模、兽药创制体系形成并稳步发展，取得一系列自主研发的新兽药品种，已经成为世界上少数几个具有新兽药创制能力的国家，为我国实现科技强国、加快建设农业强国提供坚实保障。

为了系统总结新中国成立以来兽药工业的研究与应用发展状况和取得的成果，尤其是介绍近年来我国在新兽药研究、创制与应用过程中取得的新技术、新成果和新思路，包括兽药安全评价、管理和贸易流通等，在化学工业出版社的邀请和提议下，沈建忠院士、金宁一院士组织了国内兽药教学、科研、生产、应用和管理等各领域知名专家编写了《中国兽药研究与应用全书》。参与编写的专家在本领域学术造诣深厚、取得了丰硕的成果、具有丰富的经验，代表了当前我国兽药学科领域的水平，保证了本套全书内容的权威性。

《中国兽药研究与应用全书》包含 10 卷，紧紧围绕党中央提出的新五大发展理念，结合国家兽药施用"减量增效"方针、最新修订的《兽药管理条例》和农业农村部"减抗限抗"政策，分别从中国兽药产业发展、兽用化学药物及应用、中兽药及应用、兽用疫苗及应用、兽用诊断试剂及应用、兽用抗生素替代物及应用、兽药残留与分析、兽药管理与国际贸易、兽药安全性与有效性评价、新兽药创制等方面给予了深入阐述，对学科和行业发展具有重要的参考价值和指导价值。

我相信，《中国兽药研究与应用全书》的顺利出版必将对推动我国兽药技术创新，提升兽药行业竞争力，保障畜牧养殖业的绿色和良性发展、动物和人类健康，保护生态环境等方面起到重要和积极作用。

祝贺《中国兽药研究与应用全书》顺利出版，是为序。

中国工程院院士
国家兽药安全评价中心主任、兽医公共卫生安全全国重点实验室主任

沈建忠

前言

随着全球畜牧业的迅猛发展，兽药的使用在保障动物健康和提高畜产品生产效率方面发挥了重要作用。然而，兽药的安全性和有效性问题始终是业界关注的焦点，直接关系到动物福利、公共卫生以及环境保护。因此，系统科学地评估兽药的安全性和有效性，确保其在实际应用中的可靠性，成为兽药研发和管理的重要环节。

《兽药安全性与有效性评价》一书正是基于上述背景编写而成。本书汇聚了众多领域专家的丰富经验和前沿研究成果，致力于为读者提供全面、系统的兽药评价理论与实践指南。全书从基础理论到具体操作，从法规标准到实际案例，覆盖了兽药评价的各个方面，力求为兽药研发和使用提供权威参考。

首先，本书深入阐述了兽药评价的基本原则和核心理念，帮助读者建立系统的认识。书中详细介绍了兽药非临床研究质量管理规范（GLP）和临床试验质量管理规范（GCP），阐明了严格的质量控制在确保研究数据可靠性和可追溯性方面的关键作用。

其次，本书对各种安全性试验进行了详细解析，包括一般毒性试验、生殖与发育毒性试验、基因毒性试验等。每种试验方法不仅介绍了理论背景，还提供了具体的操作步骤和注意事项，为研究人员在实际操作中提供了宝贵的指导。

此外，本书还涵盖了兽药剂型设计、给药途径选择和剂量设计等方面的内容，强调了合理的剂型和给药策略在提高药物疗效和安全性方面的重要性。本书深入探讨药代/毒代动力学原理和实验方法，为理解兽药在动物体内的行为和毒性机制提供了科学依据。

值得一提的是，本书在介绍传统评价方法的基础上，还引入了免疫毒理学、残留限量和休药期制定等前沿内容，反映了兽药评价领域的最新进展和发展趋势。特别是关于兽药靶动物安全性评价的章节，系统总结了当前的研究方法和实践经验，为从事相关研究的人员提供了重要的参考。

总之，本书是一部内容丰富、结构严谨的实用专业图书。通过学习本书，读者可以系统掌握兽药安全性与有效性评价的理论基础和操作技能，从而提高自身在该领域的专业水平，为兽药的科学研究和规范应用提供有力支持。希望本书能够成为兽药研究者、生产者、监管者及其他相关从业人员的良师益友，共同推动兽药行业的健康发展，为动物健康和人类福祉作出贡献。

由于兽药评价涉及的内容和知识领域广泛，以及自然科学不断发展，加之编者水平有限，书中难免存在疏漏和不足之处，恳请广大读者批评指正。

编者
2025 年元月

目录

第 1 章
兽药安全性和
有效性评价
概述

药物研发是一个循序渐进的过程，每个实验设计建立在上一个实验数据基础之上，并为下一个实验设计提供信息。药物的研发过程就是不断确定药物的有效性和了解药物的毒性特征的过程，用于确定在临床条件下是否可以安全使用，对拟定的适应证是否有效。化合物不同以及适应证定位等不同，研发策略会有很大差异。药物开发可能需要 10～20 年时间，大致分为四个阶段。阶段Ⅰ，即活性化合物探索和筛选阶段，应用常规的药理学方法初步筛选具有药理学活性新化合物，每项检测方法都有一个活性标准，超过标准就被认为有活性。早期进行活性筛选的同时还可兼顾毒性筛选，早期毒性筛选策略可以初步排除有问题的化合物，减少后续动物实验数量。筛选出的化合物可以进入阶段Ⅱ。阶段Ⅱ为非临床研究阶段，包括药效学实验和非临床药代动力学确定有效性，非临床毒理学安全性研究证明候选化合物的安全性，此阶段的安全性试验一般为短期毒性试验，如急性毒性试验、1～3 个月的重复毒性试验（亚慢性毒性试验）、遗传毒性试验、Ⅰ段生殖毒性试验、Ⅱ段生殖毒性试验、局部耐受性试验。如果新化合物质量可控，进入阶段Ⅲ临床试验阶段，临床试验分为Ⅰ期、Ⅱ期、Ⅲ期，也可采用不同期临床试验融合试验设计。Ⅰ期临床试验明确新化合物在人体的药物代谢动力学特征和耐受性，Ⅰ期临床试验符合要求后可进入Ⅱ期临床试验，确定药物的用法用量（量效关系、给药剂量、给药频率、疗程）。在进行Ⅱ期临床试验的同时可实施中长期毒性试验和补充的安全性试验，如慢性毒性试验、致癌试验、Ⅲ段生殖毒性试验、安全药理学试验等。Ⅲ期临床试验是扩大的多中心临床试验，是在更大范围内确定药物的有效性，同时进行安全性评估。经过风险/收益评估后批准可上市，上市药品其生命周期才刚刚开始，上市后进入Ⅳ期临床试验阶段，需要进行不良反应监测或者再评价，药品的命运结局可能是继续使用，也可能是撤市。全新化学药物研发上市大致过程见图 1-1。

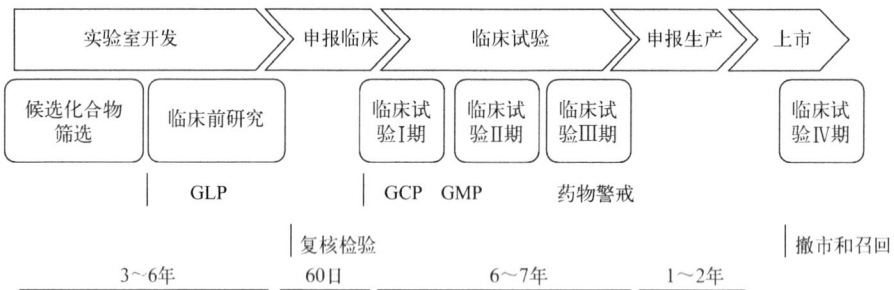

图 1-1　全新化学药物研发上市过程

如果把人看成是一种靶动物，兽药就是用于区别于人的靶动物的药品，如食品动物、伴侣动物、少数动物等，兽药临床试验就是在靶动物上实施的试验。兽药的复杂性在于靶动物的复杂性，不同靶动物的解剖、生理、病理、田间特点、风险重点、收益评估点均会有很大差异，兽药的安全性和有效性评价有其独特的特点，伴侣动物用兽药的安全性和有效性评估与人相似，而食品动物用兽药的安全性和有效性评估与人有巨大差异。如果以人的安全性作为核心，兽药的安全性评估包括靶动物安全、食品安全、使用者安全、环境安全、公共卫生安全（如抗菌药耐药性、寄生虫的传播风险等）。群体养殖动物要更加关注环境安全，食品动物用兽药需要关注食品安全，如系列非临床安全性试验就是用于制定兽药休药期的依据之一。全新兽用化学药物研发大致上市过程参考图 1-2。

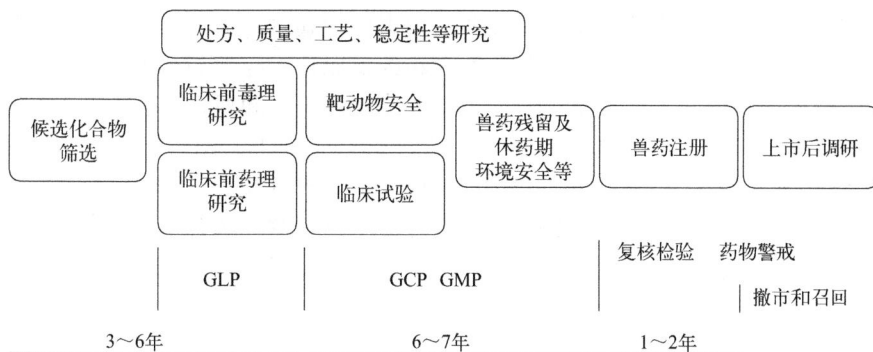

图1-2 全新兽用化学药物研发上市过程

药品是特殊的商品，需要经过监管当局对药品的安全性、有效性、质量可控性和临床价值进行评估后批准才能上市。拟在哪个国家上市就应遵守该国的药物管理法规体系要求。药品和兽药注册管理法规体系按照法律、管理规定、技术指导原则的层级自上而下共同构成，是研发和审评共同遵守的法规体系。第一级为法律。法律是针对药品注册管理提出框架性原则要求，我国的《中华人民共和国宪法》（简称《宪法》）需要全国人民代表大会通过，美国的法案需要国会通过。第二级为管理规定。各项管理规定由政府行政部门[如中华人民共和国农业农村部、美国食品药品监督管理局（FDA）]发布，依据法律（如中国的《宪法》、美国的法案）的框架性要求提出了更为细化的要求和执行程序，作为管理企业具体执行过程的法律性依据文件，如《药品生产质量管理规范》（GMP）、《药物非临床研究质量管理规范》（GLP）、《药物临床试验质量管理规范》（GCP）等，就是作为管理规定执行。第三级是指导原则。指导原则是具体指导企业研究和申报工作的技术文件，不具有强制执行的法律效力，对制药企业的研发过程给予科学性、规范性的指导和建议。FDA通过技术指导原则对制药企业的研发过程给予科学性、规范性的指导和建议，通过实施GMP、GLP、GCP进行监管，其强制性的各项监管要求则放在新药上市管理和上市后的监测。

1.1

兽药安全性评价

药物管理法规体系是对历史上的重大药害事件和灾难总结建立起来的科学评价体系，如Wiley博士在安全性试验中发现食品中常用色素和防腐剂具有明显毒性，促成了1906年《纯净食品和药品法》的颁布；1937年发生的磺胺酏剂事件导致107人死亡，促使美国国会通过了《食品、药品和化妆品法》，要求新药上市前进行安全性评价，必须提供安全性研究资料；1961年发生了导致欧洲上万名婴儿海豹畸形的"反应停"事件，国会通过了《Kefauver-Harris药品修正案》，要求新药上市前药企必须提供安全性和有效性的双重证据，要求致畸试验必须使用啮齿类和非啮齿类两种动物；通过对青霉素过敏致死原因的研究，建立了豚鼠致敏模型用于检测这类药物的抗原性；导致 300 人受害或死亡的磺胺噻咪片生产过程中污染苯巴比妥事件，促成了对药物的生产和质量控制，促进《生产质量管理规范》（GMP）的建立，GMP 属于更广义的安全性控制，不在本节讨论范围。目前，安全性评价技术体系趋于国际化，药品国际协调组织（ICH）和国际兽药协调组织（VICH）致力于建立成员国彼此认同的试验方法，经济合作与发展组织（OECD）统一了成员国间的化学物（包括药物）的安全评价方法。

1.1.1 兽药安全性和有效性相关指导原则概述

基于科学研究结果和当前的科学认知而达成的共识形成了指导原则，指导原则常常由监管当局发布，是对药物研发过程给予科学性、规范性的指导和建议。指导原则发布前经过科学家、医生或兽医、企业等反复讨论，因此具有较好的科学性和可操作性，通常企业也遵照执行。未按照指导原则进行的研究，申报时需要提出充分的依据并予以说明。随着科学进展，指导原则会不断地制修订或废止，是开放的动态过程。现将截至 2022 年美国、欧盟和中国兽药安全性和有效性相关的指导原则总结如下。

（1）美国兽药中心（FDA-CVM）兽药指导原则 FDA-CVM 兽药指导原则分为三部分：①与 VICH 互认的指导原则，共 60 个，包括化学药品 49 个，生物制品 10 个，数据管理 1 个，具体见表 1-1。VICH 指导原则为框架式，不详细，其中详细的试验方法要参考相关的 OECD 指导原则等。VICH 兽用化学药品指导原则中质量 13 个，安全性 19 个，有效性 12 个，药物警戒 5 个。兽用生物制品指导原则安全性 5 个。②CVM 特异指导原则，共 98 个，具体见表 1-2。CVM 特殊指导原则全面，涉及质量、生产、安全、有效、试验设计、资料提交、合规性、不良反应报告、出口、标签、广告、饲料、复方制剂、少数动物少见适应证（MUMS）等。其中针对兽用化学药品不同适应证有效性和安全性指导原则有 23 个，食品安全有关指导原则 8 个，MUMS 指导原则 3 个，药物警戒指导原则 1 个。③CVM 与 FDA 人用药品共用的指导原则，共 34 个。

表 1-1 VICH 指导原则总结表

分类	方面	指导原则数量	VICH 编号
化学药品（49）	质量（13）	质量标准（1）	GL39
		稳定性（7）	GL3、4、5、8、45、51、58
		杂质（3）	GL10、11、18
		分析方法验证（2）	GL1、2
	安全性（19）	毒理学（8）	GL22、23、28、31、32、33、37、54
		抗微生物药物安全性（2）	GL27、36
		靶动物安全（1）	GL43
		代谢和残留动力学（6）	GL46、47、48、49、56、57
		环境安全（2）	GL6、38
	有效性（12）	GCP（1）	GL9
		生物等效性（2）	GL52、GL52 示例
		抗寄生虫药（9）	GL7、12、13、14、15、16、19、20、21
	药物警戒（5）	药物警戒（5）	GL24、29、30、35、42
数据管理（1）	电子数据（1）	电子数据提交（1）	GL53

分类	方面	指导原则数量	VICH 编号
生物制品(10)	质量(5)	纯度(3)	GL25、26、34
		稳定性(2)	GL17、40
	安全性(5)	靶动物批安全性(3)	GL50、55、59
		靶动物安全性(2)	GL41、44

表 1-2　FDA-CVM 特异指导原则总结表

合规性(14)	GFI♯67、68、69、70、105、106、195、201、223、235、236、269、270、271
GMP(2)	GFI♯72、103
注册文件提交(15)	GFI♯57(兽药主文档文件的准备和提交)、104(有效性和靶动物安全技术部分和最终报告提交的内容和格式)、82(已批准新兽药的补充申请程序)、83(已批准 NADA/ANADA 的 CMC 变更)、108(CVM 注册电子提交系统)、119(CVM 如何处理新兽药研究期间提交文档中的缺陷)、126(BACPAC Ⅰ-原料药中合成原料药的中间体批准后 CMC 变更)、132(注册申请及分阶段评审程序)、191(已批准 NADAs 的变更-新 NADAs 与 NADAsⅡ类补充申请)、197(电子数据文件和统计分析程序)、215(靶动物安全和有效性试验方法的实施与提交)、226(靶动物安全数据准备和统计学分析)、261(新兽药外推附条件批准的资格标准)、262(动物食品添加剂申请或一般公认安全公告的预提交咨询程序)、264(标准化药物饲料测定方法限值)
标签管理(6)	GFI♯45、55、122、181、231、240
争议解决(1)	GFI♯79
广告(1)	GFI♯62
出口(1)	GFI♯151
药学部分(12)	GFI♯5、23、65、156、169、196、211、216、227、242、255、256
有效性和安全性(23)	GFI♯13(自由混饲新兽药的有效性评价)、35(生物等效性)、37(禽用混饲新兽药染色剂有效性评价)、38(局部/耳用兽药有效性评价)、49(治疗牛乳腺炎兽药靶动物安全和药物有效性)、50(乳头消毒剂靶动物安全和食品安全,药效、环境安全和生产研究)、56(临床有效性和靶动物安全试验试验方案制定指导原则)、80(抗沙门氏菌化学食品添加剂的应用评价)、123(用于支持兽药 NSAIDS 获批的数据)、145(生物分析方法验证)、171(可溶性粉和含有可溶于水的 A 类制剂生物等效性证明性实验数据要求)、178(猪呼吸系统疾病有效性研究推荐实验设计和评价)、192(伴侣动物用麻醉药)、204(伴侣动物用新兽药有效性研究中的主动控制)、217(食品动物用抗球虫药的有效性评价)、220(动物饲料中纳米材料的使用)、229(用于降低牛致病性志贺毒素大肠杆菌的新兽药有效性评价)、237(伴侣动物用抗肿瘤药)、238(非肠道给药的释放修饰兽药制剂:开发、评价和标签的建立)、265(利用国外研究数据支持新兽药的有效性)、266(利用真实世界数据和真实世界证据支持新兽药的有效性)、267(支持新兽药有效性的临床研究中的生物标志物和替代终点)、268(新兽药有效性研究的适应性和其他创新设计)
食品安全(8)	GFI♯3(用于食品动物的新兽药食品安全评价的基本原则)、53(水产动物饲料中食品添加剂的应用评价)、118(质谱法兽药残留验证)、152(对人类健康相关细菌具有作用的兽用抗微生物药物的安全性评价)、209(食品动物中合理使用医学重要抗菌药物)、187(动物基因组 DNA 故意改变的法规)、245(动物食物的危害分析和基于风险的预防控制)、246(动物食物的危害分析和基于风险的预防控制:运输链程序)
饲料(11)	GFI♯76、120、112、135、136、137、179、203、221、233、239
MUMS(3)	GFI♯61(支持少见用途少数物种的新兽药批准的特殊考虑、激励措施和程序)、200(小微企业申报少数应用少见物种用新兽药实验设计的合规性指南)、210(未批准少数物种用新兽药合法销售索引)
药物警戒(1)	GFI♯188(向中心提交兽药不良反应报告的数据要素)

（2）欧盟兽药 EMA-CVMP 安全性和有效性相关的指导原则　EMA-CVMP 的安全性和有效性指导原则包括与药品共用指导原则（CHMP）、与 VICH 共用指导原则（VICH）、特异指导原则、有效性工作委员会（Efficacy Working Party，EWP）认可指导原则，具体见表 1-3。

表 1-3　EMA-CVMP 指导原则总结表

分类		EMA-CVMP/编号
有效性通用原则（8）		016/2000-Rev.4＊（生物等效性）、133/1999（药动学）、EWP/206024/2011-Rev.1＊（适口性）、CHMP/CVMP/JEG-3Rs/450091/2012（3R）、565615/2021（临床前资料要求）、EWP/81976/2010-Rev.1＊（临床试验统计原则）、VICH GL9（GCP）、VICH-GL52（血药浓度法生物等效性）
靶动物安全（1）		VICH GL43（靶动物安全）
特殊指导原则（8）		7AE15a Volume7（EWP/755916/2016，EWP/706095/2015，抗球虫药有效性）、EWP/1061/2001（解热镇痛抗炎药 NSAID 有效性）、459868/2008-Rev.1＊（养殖有鳍鱼用药物的有效性和安全性）、28510/2008-Rev.1（犬猫抗肿瘤药资料要求）、EWP/459883/2008（抗蜜蜂瓦螨）、EWP/707299/2015（腹泻补液疗法）、EWP/707573/2015（牲畜促发情药物）、7AE6a（增加生产性能者，performance enhancer）
抗菌药（17）		SAGAM/383441/2005（抗菌药 SPC）、627/2001-Rev.1（抗菌药有效性）、AWP/706442/2013（食品动物用抗菌药耐药的公共风险评估）、VICH-GL27（食品动物用抗菌药新药注册耐药性资料要求）、143258/2021（欧盟加快抗菌药提到产品的审批）、721118/2014（食品动物使用氨基糖苷类抗生素在欧盟的耐药进展和健康损害）、842786/2015（食品动物使用 β-内酰胺类抗生素在欧盟的耐药进展和健康损害）、428938/2007（抗菌药耐药性检测要作为上市后批准承诺）、849775/2017（对兽用抗生素 SPC 中已建立剂量的审查和调整）、237294/2017（兽用抗菌药在欧盟的标签外用药）、SAGAM/68290/2009（食品动物和宠物耐甲氧西林金葡菌在欧盟的流行病学调查和控制策略）、SAGAM/736964/2009（耐甲氧西林中间型金葡菌）、AWP/401740/2013（宠物间抗菌药耐药转移风险）、AWP/266787/2021（食品动物使用大环内酯类、林可霉素、链霉素在欧盟的耐药进展和健康损害）、AWP/119489/2012（食品动物使用截短侧耳素类在欧盟的耐药进展和健康损害）、SAGAM/81730/2006-Rev.1＊（食品动物使用三代和四代头孢菌素在欧盟的耐药进展和健康损害）、1034/04-Consultation（GL27 的进一步解释）、SAGAM/184651/2005（食品动物使用氟喹诺酮类抗菌药在欧盟的耐药进展和健康损害）
乳房注入剂（2）		344/1999-Rev.2（牛乳房注入剂有效性）、7AE21a（奶牛乳房注入剂局部耐受性）
抗寄生虫药（17）		EWP/170208/2005-Rev.1（抗蠕虫药特征汇总）、VICH-GL7（抗蠕虫药有效性通用要求）、VICH-GL12（牛用抗蠕虫药有效性）、VICH-GL13（绵羊用抗蠕虫药有效性）、VICH-GL14（山羊用抗蠕虫药有效性）、VICH-GL15（马用抗蠕虫药有效性）、VICH-GL16（猪用抗蠕虫药有效性）、VICH-GL19（犬用抗蠕虫药有效性）、VICH-GL20（猫用抗蠕虫药有效性）、VICH-GL21（禽用抗蠕虫药有效性）、EWP/573536/2013（抗蠕虫药耐药性反馈）、EWP/278031/2015（预防犬猫虫媒病传播）、7AE17a（抗外寄生虫药有效性）、EWP/310225/2014（抗外寄生虫药耐药性反馈）、625/03-Rev.1＊（牛用抗外寄生虫药有效性）、411/01-Rev.1＊（绵羊用抗外寄生虫药有效性）、EWP/005/2000-Rev.4＊（犬猫用治疗和预防跳蚤和蜱感染药物的有效性）
少数动物少见应用（MUMS）（2）		133672/2005-Rev.1（MUMS 数据要求）、EWP/117899/2004 Rev.1（MUMS 有效性和靶动物安全）
交叉学科（3）		83804/2005-Rev.1＊（固定组方复方制剂）、128/95-final（手性活性物质研究）、CHMP/CVMP/3Rs/164002/2016（实施 3R 兽药的当前管理要求）
残留安全（24）	MRL（2）	SWP/207500/2021（生物物质和免疫物质制定 MRL 的要求和进展）、SWP/90250/2010（抗微生物制剂的风险特征和 MRL 评估）
	毒理学（9）	SWP/377245/2016（基因毒性杂质评估）、VICH-GL22（动物食品兽药残留安全性：繁殖毒性）、VICH-GL23（动物食品兽药残留安全性：遗传毒性）、VICH-GL28（动物食品兽药残留安全性：致癌性）、VICH-GL31（动物食品兽药残留安全性：90 天喂养试验）、VICH-GL32（动物食品兽药残留安全性：发育毒性）、VICH-GL33（动物食品兽药残留安全性：通用检测方法）、VICH-GL37（动物食品兽药残留安全性：慢性毒性）、VICH-GL54（动物食品兽药残留安全性：急性参考剂量 ARfD）
	使用者安全（2）	543/03-Rev.1（兽用化学药品的使用者安全）、SWP/721059/2014（局部应用兽用化学药品的使用者安全）
	环境安全（11）	ERA/52740/2012（具有蓄积毒性、不易降解毒性兽药的评估）、ERA/103555/2015（地下水中兽药对人健康和社区地下水的毒理风险评估）、ERA/430327/2009（粪肥中的兽药转归）、074/95（免疫兽药产品的环境评估）、ERA/418282/2005-Rev.1-Corr.1（VICH-GL6 和 GL38 环境风险评估的支持性数据）、ERA/409350/2010（对兽药对粪居体系动物影响的高阶检测）、VICH-GL6（兽药环境安全评估-阶段Ⅰ）、VICH-GL38（兽药环境安全评估-阶段Ⅱ）、ERA/173026/2021（水产动物用兽药的环境安全评估）

（3）我国兽药安全性和有效性指导原则 我国兽药的安全性和有效性指导原则还在不断完善中，已发布的指导原则见表1-4。

表1-4 我国兽药安全性和有效性指导原则表

指导原则名称	发布公告	发布日期
1. 兽用化学药物安全药理学试验指导原则 2. 兽用化学药物非临床药代动力学试验指导原则 3. 兽用化学药物临床药代动力学试验指导原则 4. 抗菌药物Ⅱ、Ⅲ期临床药效评价试验指导原则 5. 兽用化学药品生物等效性试验指导原则 6. 兽药临床前毒理学评价试验指导原则 7. 兽药急性毒性（LD_{50}测定）指导原则 8. 兽药30天和90天喂养试验指导原则 9. 兽药Ames试验指导原则 10. 兽药小鼠骨髓细胞染色体畸变试验指导原则 11. 兽药小鼠精子畸形试验指导原则 12. 兽药小鼠骨髓细胞微核试验指导原则 13. 兽药大鼠传统致畸试验指导原则 14. 兽药繁殖毒性试验指导原则 15. 兽药慢性毒性和致癌试验指导原则	农业部公告第1247号	2009.8.20
1. 蚕药靶动物安全性试验技术指导原则 2. 蚕用抗寄生虫药药效评价试验技术指导原则 3. 蚕用抗微生物药药效评价试验技术指导原则 4. 蚕用消毒剂药效评价试验技术指导原则 5. 宠物外用抗微生物药药效评价试验技术指导原则 6. 宠物外用抗微生物药药效评价田间试验技术指导原则 7. 宠物用抗菌药药效评价试验技术指导原则 8. 宠物用抗菌药药效评价田间试验技术指导原则 9. 宠物用抗螨虫药药效评价试验技术指导原则 10. 宠物用抗螨虫药药效评价田间试验技术指导原则 11. 宠物用抗体外寄生虫药药效评价试验技术指导原则 12. 宠物用抗体外寄生虫药药效评价田间试验技术指导原则 13. 宠物用药物靶动物安全性试验技术指导原则 14. 蜜蜂用抗微生物药药效评价试验技术指导原则 15. 蜜蜂用抗微生物药药效评价田间试验技术指导原则 16. 蜜蜂用杀螨剂药效评价试验技术指导原则 17. 蜜蜂用杀螨剂药效评价田间试验技术指导原则	农业部公告第1425号	2010.7.22
1. 水产养殖用抗菌药物药效试验技术指导原则 2. 水产养殖用抗菌药物田间药效试验技术指导原则 3. 水产养殖用驱（杀）虫药物药效试验技术指导原则 4. 水产养殖用驱（杀）虫药物田间药效试验技术指导原则 5. 水产养殖用消毒剂药效试验技术指导原则	农业部公告第2017号	2013.11.12
1. 防治奶牛乳腺炎的抗微生物药靶动物安全性和有效性试验指导原则 2. 防治奶牛临床子宫内膜炎的抗微生物药靶动物安全性和有效性试验指导原则 3. 兽药残留消除试验指导原则 4. 畜禽用药物靶动物安全性试验指导原则	农业农村部公告第326号	2020.8.26
1. 兽用中药、天然药物临床试验技术指导原则 2. 兽用中药、天然药物临床试验报告的撰写原则 3. 兽用中药、天然药物安全药理学研究技术指导原则 4. 兽用中药、天然药物通用名称命名指导原则 5. 兽用中药、天然药物质量控制研究技术指导原则	农业部公告第1596号	2011.6.8

1.1.2 兽药安全性评价内容

兽药的安全性包括探索兽药的毒性靶器官、毒性效应机制、毒性出现的时间、毒性的性质和严重程度、毒性是剂量毒性还是结构毒性、有无量效关系毒性、毒性是否可逆、有无解救剂、暴露途径，按照暴露的危害程度探索对靶动物影响、对食品安全的影响、对生态环境的影响、对宠物主人或畜主的影响，抗菌药对细菌耐药性的影响、抗寄生虫药对寄生虫传播的影响等。不同靶动物安全性评估重点会有差异，比如伴侣动物用兽药的临床前毒理研究是为了更好地揭示靶动物相关的安全性，食品动物用兽药的临床前毒理研究是确定休药期的重要数据基础。

从药物特性维度考虑，药物不良反应可分为与药物剂量相关的不良反应、与药物剂量无关的不良反应、与制剂相关的不良反应。与药物剂量相关的不良反应如副反应、毒性作用、首剂效应、继发反应、停药反应，药物作用广泛或者药物的选择性低，当某种药理作用或者靶器官效应被用作治疗目的时，其他的药理作用或者器官效应就表现为不良反应。与药效学作用不能分离的不良反应可以预知，但不可避免。与药物剂量无关的不良反应如过敏反应，不良反应性质与药物原有效应无关，用药理性拮抗药解救无效。不良反应的临床表现差异程度很大，如过敏反应可以从轻微的皮疹、发热到休克。与制剂相关的不良反应如与刺激性、溶血性、辅料、缓控释药物载体等相关的不良反应。

兽药研发就是通过系列试验逐步探索兽药对实验动物和靶动物的有效性和安全性信息的过程，兽药的安全性试验内容（图 1-3）可能包括非临床毒理学评价、抗微生物药物安全性、靶动物安全、食品安全相关的兽药代谢和兽药残留、环境安全、使用者安全、药物警戒等。这些安全性评价内容贯穿于兽药的整个生命周期，评估需要在一般原则的基础上具体问题具体分析。兽药的安全有效是综合所有非临床和临床的安全性信息，包括对临床前毒理研究、药代动力学、毒代动力学、药物相互作用、安全药理学、靶动物安全、兽药代谢和兽药残留化学研究、环境安全研究、使用者安全等进行风险/收益评估。根据安全性研究结果在说明书中要给出足够的注意事项和警示语，以便保证用药安全。

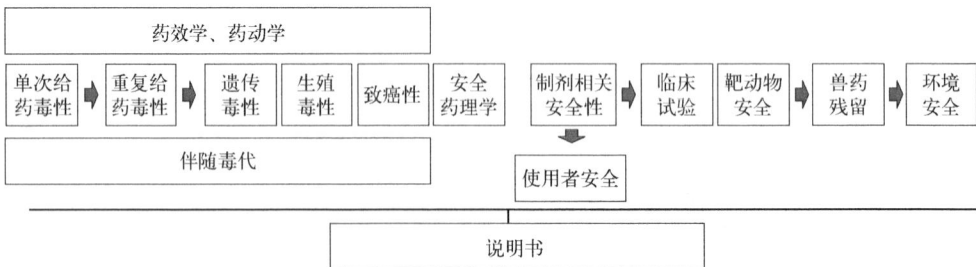

图 1-3　兽药安全性评价内容

（1）**兽药非临床毒理学评价**　兽药非临床毒理学评价内容包括单次给药毒性试验、重复给药毒性试验、遗传毒性试验、繁殖毒性试验、致癌试验、安全药理学研究等，与制剂相关的过敏性、溶血性、刺激性等试验。非临床毒理学试验用于探索与兽药结构、类别和作用机制相关的特定毒性，食品动物用兽药还用于评估动物源性食品中兽药残留的安全性，得到毒理学的最大无作用剂量（NOEL）、无可见不良反应剂量（NOAEL）或急性参考剂量（ARfD），抗菌药还需考虑人类肠道的菌群影响。

美国 FDA 和欧盟的非临床毒理学试验与 VICH 互认，互认的指导原则包括繁殖毒性（GL22）、遗传毒性（GL23）、致癌性（GL28）、90 天喂养试验（GL31）、发育毒性（GL32）、动物食品兽药残留安全性通用检测方法（GL33）、慢性毒性（GL37）、急性参考剂量 ARfD（GL54）8 个指导原则。欧盟的指导原则还有基因毒性杂质评估（377245/2016）。食品动物用兽药的系列毒理学试验是为了确保食品中兽药残留的安全性评价。我国的兽药临床前毒理学评价试验指导原则包括兽药急性毒性试验（LD_{50} 测定）、兽药 30 天和 90 天喂养试验、兽药 Ames 试验、兽药小鼠骨髓细胞染色畸变试验、兽药小鼠精子畸形试验、兽药小鼠骨髓细胞微核试验、兽药大鼠传统致畸试验、兽药繁殖毒性试验、兽药慢性毒性和致癌试验，不仅适用于化学药品，也适用于中药和天然药物。

① 单次给药毒性试验。急性毒性是指药物在单次或 24 小时内多次给予实验动物后一定时间内所产生的毒性反应。狭义的单次给药毒性研究仅指单次给药，广义的单次给药毒性研究可采用单次或 24 小时内多次给药的方式获得药物急性毒性信息。单次给药毒性试验可以初步阐明药物的毒性作用，了解其毒性靶器官、毒性作用与剂量的关系、毒性作用模式，可为重复给药毒性试验的剂量设计提供参考，急性毒性剂量-反应曲线斜率和毒性反应类型可用于人类暴露于该化合物时的健康风险评估，比如意外自体注射时的可能健康损害，婴幼儿意外舔食宠物涂抹的抗寄生虫药。

急性毒性的试验方法很多，常用的试验方法有近似致死量法、最大给药量法、最大耐受量法、固定剂量法、上下法（序贯法）、累积剂量法（金字塔法）、半数致死量法等，具体方法可参考 OECD 指导原则，经口给药急性毒性（No. 423）、吸入途径急性毒性（No. 436）、经皮急性毒性（No. 402）、经口给药急性毒性上下法（No. 425）、经口给药急性毒性固定剂量法（No. 420）、吸入途径急性毒性固定剂量法（No. 433）等。

可根据受试物的结构特点、理化性质、同类化合物情况、适应证、试验目的等选择合适的试验方法，设计适宜的试验方案。大多数中药、天然药物的急性毒性可能相对较低，中药、天然药物常常采用最大给药量法（或最大耐受量法）进行急性毒性研究。由于给药容量或给药方法限制，可采用原料药进行试验，原则上，给药剂量应包括从未见毒性反应的剂量到出现严重毒性反应的剂量，或达到最大给药量，给药途径应与临床给药途径一致。OECD No. 423 建议动物经口给药后 30 分钟内开始观察，第一个 24 小时内每 4 小时观察一次，然后每天观察一次直至 14 天。急性毒性可结合其他药理毒理研究信息进行全面的评价。我国兽药急性毒性试验指导原则采用寇氏法测定受试物的半数致死量（LD_{50}），细胞毒类药物需要给出 LD_{50}，其他类别药物不用必须给出 LD_{50}。急性毒性也可以作为初筛手段，如急性经口 $LD_{50}<10mg/kg$ 体重的原料药或小于靶动物可能摄入量 10 倍的药物饲料添加剂，一般放弃该受试物作为兽药使用。

② 重复给药毒性试验。重复给药毒性试验是描述实验动物重复接受受试物后的毒性特征，是非临床安全性评价的重要内容。通过重复给药毒性试验可以预测受试物可能引起的靶动物临床不良反应，包括不良反应的性质、程度、剂量-毒性和时间-毒性关系、可逆性，以及由于药物蓄积引起的延迟毒性等；判断受试物重复给药的毒性靶器官或靶组织和毒性终点；确定重复给药毒性试验条件下的 NOAEL。

重复给药毒性试验包括不同时间长度的亚慢性试验和慢性试验。有的指导原则将试验期限介于单次给药毒性和 10% 实验动物预期寿命的试验称为亚急性试验，这只是人为定义的亚急性或慢性。不同时间长度的重复给药毒性试验的试验目的也会有差异，比如亚慢性毒性试验是为了确定与暴露时间有关的毒性靶器官和毒理学终点；为慢性毒性试验提供剂量依据；为慢性毒性试验确定最合适动物；提供亚慢性试验的 NOAEL。慢性毒性试验是为了确定化合物的长期毒性反应；确定长期暴露的毒性靶器官和毒理学终点；确定毒性-剂量关系；确定长期暴露的 NOAEL。

VICH 重复给药毒性试验指导原则包括 90 天喂养试验（GL31）、慢性毒性（GL37）。OECD 重复给药毒性试验指导原则包括 28 天啮齿类动物口服重复给药毒性（No.407）、90 天啮齿类动物口服重复给药毒性（No.408）、90 天非啮齿类动物口服重复给药毒性（No.409）、21/28 天经皮重复给药毒性（No.410）、90 天经皮重复给药毒性（No.411）、28 天亚急性吸入毒性（No.412）、90 天亚慢性吸入毒性（No.413）、慢性毒性（No.452）、慢性毒性和致癌性研究（No.453）。

食品动物和非食品动物进行不同时间长度的重复给药毒性试验，用于支持靶动物不同适应证给药疗程的毒性特征，食品动物在考虑支持每日允许摄入量（ADI）及最大残留限量（MRL）制定的 90 天喂养试验和一年口服给药慢性毒性试验。研发过程中可根据化合物现有的资料、不同的研发阶段及研发目的灵活设计重复给药毒性试验，试验时间可参考表 1-5，同时可设立亚组进行伴随毒物代谢动力学研究，设立卫星试验进行毒性的可逆性研究，慢性毒性试验还可以与致癌性试验同时实施。

表 1-5　支持药物上市的重复给药毒性试验参考期限表

临床拟用期限	啮齿类动物	非啮齿类动物
＜2 周	1 个月	1 个月
2 周～1 个月	3 个月	3 个月
＞1 个月～3 个月	6 个月	6 个月
＞3 个月	6 个月	9 个月

慢性毒性试验的试验期限一般为 12 个月，12 个月对于探索蓄积毒性和其他未知毒性一般已经足够，试验期限也可缩短至 6 个月、9 个月（见表 1-5），如果监管当局有注册要求或者化合物有特殊作用机制需要，试验期限也可延长至 18 个月或 24 个月。

亚慢性毒性试验最常见的 3 种给药途径为经口给药、经皮给药和吸入给药，具体给药途径根据化合物的理化性质、临床给药途径和人的药物暴露途径，以及试验目的来确定。但慢性试验均采用口服给药，尽管经皮给药和吸入给药与临床途径相比更合适。

重复毒性试验一般选择的实验动物为啮齿类大小鼠和非啮齿类犬，慢性试验常采用由亚慢性试验确定的一种合适动物进行，通常为啮齿类。重复毒性试验从动物的生命早期开始（如离乳大鼠），试验涵盖动物的生长阶段。慢性毒性的动物数量由试验的复杂程度决定，雌雄兼用，最终实验动物数量要满足统计学和生物学要求，啮齿类为每组 20 只/性别，非啮齿类为每组 4 只/性别。如果啮齿类动物实验设计每 3 个月或 6 个月杀鼠一次，每组每次要增加 10 只/性别，如果观察毒性可逆性，每组每次再增加 5 只/性别，同时要考虑满足采血量因素和意外死亡等因素需要增加的动物数量。一般设立 3～5 剂量组和一个阴性对照组，高剂量组根据 90 天喂养试验确定，该剂量下应引起一些毒性表现但不引起过多动物死亡；低剂量组无任何毒性作用。检测指标通常包括一般性指标（体格检查、中毒症状、体重、饮水量、摄食量等）、动物死亡情况（濒死症状、死亡动物检测结果）、生理生化指标（血液常规测定项目、血液生化分析项目、尿液常规测定项目）、病理学检查（脏器指数、大体剖检、组织切片）。所有实验动物，包括试验过程中死亡或濒死处理的动物、在试验过程中每 3 或 6 个月处死的是实验动物、试验结束处死的动物都应进行解剖和全面系统的肉眼观察，需要进行组织病理学检查的器官和组织见表1-6。给药结束后或者试验中设立亚组进行2~4周恢复期观察，以了解毒性的可逆性和延迟毒性反应。

表1-6　需要进行组织病理学检查的器官和组织

剖检系统	器官组织
消化系统	食管、胃、十二指肠、空肠、回肠、盲肠、结肠、直肠、胰腺、肝
神经系统	脑、垂体、周围神经、脊髓、视神经
腺体	肾上腺、甲状腺（包括甲状旁腺）、胸腺、哈氏腺、泪腺、外耳道皮脂腺（仅啮齿类）[①]
呼吸系统	气管、肺、咽、喉、鼻
心血管系统及免疫系统	主动脉、心、骨髓、淋巴结、脾
泌尿及生殖系统	肾、膀胱、前列腺、睾丸、附睾、精囊、子宫、卵巢、雌鼠乳腺、阴蒂或包皮腺（仅啮齿类）[①]
其他	大体检查中观察到有损害的组织、肿块、皮肤、骨骼（胸骨、股骨和关节）[①]

① OECD 指导原则 No.452 新增的检测组织。

③ 致突变试验（遗传毒性试验）。致突变试验用于检测体细胞诱变剂、生殖细胞诱变剂和潜在的致癌物，还具有探索生殖毒性或致癌性作用机制的作用。致突变试验的 NOAEL 通常不会影响 ADI 的数值，如果致突变阳性一般认为具有潜在的致癌性，除非有证据证明事实并非如此。具有遗传毒性的物质不能用于食品动物。若致突变试验出现可疑或阳性试验结果，应进一步进行其他相关试验。

遗传毒性试验相关的指导原则有 VICH 动物食品兽药残留安全性-遗传毒性试验（GL23），OECD 指导原则包括细菌回复突变试验（No.471）、体外哺乳动物染色体畸变试验（No.473）、哺乳动物体内微核试验（No.474）、哺乳动物体内骨髓细胞染色体畸变试验（No.475）、哺乳动物细胞 $hprt$ 和 $xprt$ 基因突变试验（No.476）、小鼠遗传易位试验（No.486）、哺乳动物细胞体外微核试验（No.487）、转基因啮齿类动物体细胞和生殖细胞基因突变试验（No.488）、哺乳动物体内碱性彗星试验（No.489）、哺乳动物细胞体外 TK 基因突变试验（No.490）。OECD No.477、479、480、481、482、483、484 已经被 No.488 替代。我国兽药的遗传毒性试验相关的指导原则有兽药 Ames 试验、兽药小鼠骨髓细胞染色体畸变试验、兽药小鼠精子畸形试验、兽药小鼠骨髓细胞微核试验。

根据试验检测的遗传终点，可将检测方法分为三大类，即基因突变、染色体畸变、DNA 损伤。根据试验系统，检测方法可分为体内试验和体外试验。通常情况下，在临床试验开始前应完成标准组合的遗传毒性试验。标准试验组合一：a. 细菌回复突变试验（Ames 试验）（√）；b. 体外染色体畸变试验、体外微核试验、体外小鼠淋巴瘤 TK 试验（三选一）；c. 体内微核试验、体内骨髓细胞染色体畸变试验（二选一），动物给药后取外周血淋巴细胞做细胞遗传学分析（不常用）。标准试验组合二：a. 细菌回复突变试验（Ames 试验）（√）；b. 用两种不同组织做体内遗传学毒性评估，通常包含体内微核试验和另一个体内试验，第二个体内试验通常选择评估动物肝脏 DNA 链断裂的试验（√）。

标准组合的遗传毒性试验可满足大多数化学物，如果标准试验组合在一些特殊情况下不适合，需要根据情况对试验方案和试验内容进行调整，比如受试物对细菌有高毒性时需要采用低浓度进行细菌回复突变试验。应注意非标准组合方法与标准组合方法获得结果的区别与关联性，需要充分说明非标准组合方法的合理性。

④ 繁殖毒性试验。繁殖毒性试验是研究药物对动物整个生殖过程影响的评价方法，预测其对生殖细胞、受孕、妊娠、分娩、哺乳等亲代生殖功能的不良影响，以及对子代胚胎-胎儿发育、出生后发育的不良影响。人用药品或宠物用药品根据化合物特点和试验目

的常常需要分段进行试验，生育力与早期胚胎发育毒性试验（Ⅰ段）、胚胎-胎仔发育毒性试验（Ⅱ段）和围产期毒性（Ⅲ段），在用于评价兽药残留安全时，VICH GL22建议进行啮齿类两代繁殖毒性试验已经足够，试验可获得亲代NOAEL和子代NOAEL数据。繁殖毒性试验要与慢性试验和毒代动力学结果等综合进行分析。实验动物的繁殖毒性试验结果不能代替靶动物繁殖毒性试验结果。大鼠的一个完整生命周期见图1-4。

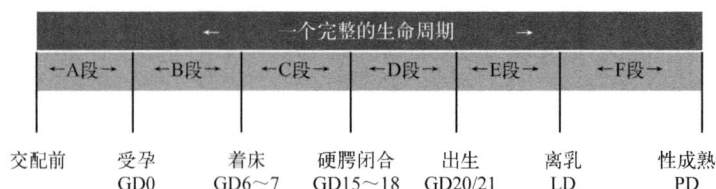

图1-4 大鼠的一个完整生命周期

VICH繁殖毒性试验指导原则为GL22，OECD指导原则包括生殖试验（No.414）、两代生殖毒性试验（No.416）、生殖/发育毒性筛选试验（No.421）、重复毒性与生殖/发育毒性筛选合并试验（No.422）；一代生殖毒性试验（No.415）废止。我国繁殖毒性试验指导原则包括兽药大鼠传统致畸试验和兽药繁殖毒性试验。

在开始生殖毒性试验前，要掌握一些受试物药代动力学方面的信息，剂量间距的大小取决于药代动力学和其他毒性研究结果。对于化学药物来说，如果给药剂量达2g/kg而不致死，且重复给药毒性试验剂量达1g/kg时未出现毒性，可仅进行单项两代生殖毒性试验，包括2个受试物组（0.5g/kg和1g/kg）与1个对照组。高剂量范围内应该出现一些轻微的母体毒性反应，在大多数情况下，1g/(kg·d)为最大给药限量。但应关注种属动物选择的合理性以及受试物有效性。如果在两代繁殖毒性试验中观察到受试药物对子代有明显的生殖、形态或毒性作用，则需要进行第三代繁殖毒性试验，确定受试药物的蓄积作用。

⑤ 致癌试验。下列情况需根据适应证和药物特点等进行致癌试验，致癌试验可与慢性试验同时实施：新药或其代谢产物的结构与已知致癌物质的结构相似的；在慢性毒性试验中发现有细胞毒作用或者对某些脏器、组织细胞生长有异常促进作用的；致突变试验结果为阳性的。一般进行24个月大鼠致癌试验和18个月小鼠致癌试验，通常选择口服途径，每组每个性别至少50只，剂量设定可同慢性毒性试验，如果拟观察生存率，低剂量组和空白对照每个性别建议增加25%的数量。空白组鼠的肿瘤自发率要尽可能低。具有致癌性的物质禁止用于食品动物。另外，化合物的有关物质研究也可为致癌性试验提供有用的信息。

VICH动物食品兽药残留安全性-致癌性指导原则为GL28，OECD指导原则包括致癌试验（No.451）、慢性毒性和致癌性研究（No.453）。

⑥ 安全药理学（safety pharmacology）。主要是研究全新药物在治疗范围内或治疗范围以上的剂量时，潜在的不期望出现的对生理功能的不良影响，即观察药物对中枢神经系统、心血管系统和呼吸系统的影响。安全药理学在宠物用药物进入临床试验前可以完成对中枢神经系统、心血管系统和呼吸系统影响的核心组合（core battery）试验的研究。追加和/或补充的安全药理学研究视具体情况具体分析。安全药理学的研究目的包括以下几

个方面：确定药物可能关系到人安全性的非期望药理作用；评价药物在毒理学和/或临床研究中所观察到的药物不良反应和/或病理生理作用；研究所观察到的和/或推测的药物不良反应机制。

OECD 安全药理学的指导原则为啮齿类神经毒性（No.424），我国有兽用化学药物安全药理学试验指导原则、天然药物安全药理学试验指导原则。

根据需要进行追加和/或补充的安全药理学研究。核心组合试验/追加的试验：根据药物的药理作用、化学结构，预期可能出现的不良反应。如果对已有的动物和/或临床试验结果产生怀疑，可能影响人的安全性时，应进行追加的安全药理学研究，即对中枢神经系统、心血管系统和呼吸系统进行深入的研究。补充的安全药理学研究：评价药物对中枢神经系统、心血管系统和呼吸系统以外的器官功能的影响，包括对泌尿系统、自主神经系统、胃肠道系统和其他器官组织的研究。

（2）过敏性、刺激性、溶血性等主要与局部、全身给药相关的特殊安全性试验　刺激性、过敏性、溶血性是指药物制剂经皮肤、黏膜、腔道、血管等非口服途径给药，对靶动物用药局部产生的毒性（如刺激性和局部过敏性等）和/或对全身产生的毒性（如全身过敏性和溶血性等）。药物的原型及其代谢物、辅料、有关物质及理化性质（如 pH 值、渗透压等）均有可能引起刺激性和/或过敏性和/或溶血性的发生。职业暴露和一般人群的皮肤、眼睛可能会直接接触到化学药物，也需要根据化合物特点、制剂特点等需要评估特殊安全性。静脉给药的制剂需要评价制剂的溶血性，具有光敏性的物质需要评价光敏毒性，评价项目不仅限于过敏性、溶血性和刺激性试验。过敏性、刺激性、溶血性应根据受试物特点，结合药学、药效学、其他毒理学及拟临床应用情况等综合评价。特殊安全性试验是也是使用者安全的重要评价内容，靶动物的局部刺激性等可在靶动物上直接评估。

OECD 指导原则包括皮肤过敏（No.406）、皮肤过敏-局部淋巴结检测（No.429）、皮肤过敏-局部淋巴结 DA 检测（No.442A）、皮肤过敏-局部淋巴结检测-BrdU ELISA 或 FCM（No.442B）、皮肤过敏-与蛋白质共价结合的过敏反应途径关键事件分析（No.442C）、体外皮肤过敏-ARE-Nrf2 荧光素酶测试法（No.442D）、皮肤过敏-在过敏反应途径中激活树突状细胞的关键事件（No.442E）、体外皮肤刺激-人工构建人体表皮测试方法（No.439）、皮肤腐蚀的体外屏障测试方法（No.435）、体外皮肤腐蚀-经皮电阻法（No.430）、体外皮肤腐蚀-人工构建人体表皮（RHE）法（No.431）、急性皮肤刺激/腐蚀（No.404）、急性眼睛刺激/腐蚀（No.405）、荧光素泄漏法-用于眼部严重腐蚀物和刺激物（No.460）、牛角膜不透明度和渗透性测试法-用于引起严重眼损伤的化学品 & 不需要分类眼刺激和严重眼损伤的化学品（No.437）、培养的鸡眼测试法-用于引起严重眼损伤的化学品 & 不需要分类眼刺激和严重眼损伤的化学品（No.438）、体外短期暴露测试法-用于引起严重眼损伤的化学品 & 不需要分类眼刺激和严重眼损伤的化学品（No.491）、重组人角膜样上皮（RhCE）测试法-用于不需要分类眼刺激和严重眼损伤的化学品（No.492）、体外大分子测试法-用于引起严重眼损伤的化学品 & 不需要分类眼刺激和严重眼损伤的化学品（No.496）、Vitrigel 眼刺激法-用于不需要分类眼刺激和严重眼损伤的化学品（No.494）、体外光毒性-人工构建人体表皮测试方法（No.498）、体外 3T3 NRU 光毒性测试（No.432）、用于光反应的活性氧（ROS）测定（No.495）。

① 过敏性试验。过敏性又称超敏反应，指人或动物机体受同一抗原再刺激后产生的一种表现为组织损伤或生理功能紊乱的特异性免疫反应。过敏性试验是观察动物接触受试物后的全身或局部过敏反应。试验方法包括全身主动/被动皮肤过敏试验等，试验结果包

括全身过敏反应的发生率和严重程度、持续及恢复时间、死亡率等。进行何种过敏性试验应根据药物特点、临床适应证、给药方式、过敏反应发生机制、影响因素等确定。通常局部给药发挥全身作用的药物（如注射剂、透皮吸收滴剂）需考察Ⅰ型过敏反应，如注射剂需进行主动全身过敏试验和被动皮肤过敏试验，透皮吸收滴剂需进行主动皮肤过敏试验。吸入途径药物可采用豚鼠吸入诱导和刺激试验。子宫注入剂和乳房注入剂可进行黏膜刺激试验。Ⅱ和Ⅲ型过敏反应可结合在重复给药毒性试验中观察，如症状、体征、血液系统、免疫系统及相关的病理组织学改变等。经皮给药制剂（包括透皮滴剂）需考察Ⅳ型过敏反应试验，如豚鼠最大化试验、小鼠局部淋巴结试验等。职业暴露和兽药施药者（使用者）、靶动物均可能对过敏物质发生过敏反应，需要在靶动物和使用者安全中予以提示和给出控制措施。

② 皮肤和眼刺激试验。非口服给药制剂给药后对给药部位产生的可逆性炎症反应称为刺激性，给药部位产生的不可逆性组织损伤则称为腐蚀性。刺激性试验是观察动物的血管、肌肉、皮肤、黏膜等部位接触受试物制剂后是否引起红肿、充血、渗出、变性或坏死等局部反应。OECD指导原则中有多种体内外皮肤和眼的刺激性及腐蚀性试验方法，具有刺激性的兽药制剂要给出防护建议和意外接触后的措施。在皮肤刺激试验中观察到具有皮肤刺激性兽药制剂不需要重复进行眼刺激试验，但要强调眼睛意外接触兽药制剂需要立即冲洗。

③ 溶血试验。溶血性是指由药物制剂引起的溶血和红细胞凝聚等反应，包括免疫性溶血与非免疫性溶血。凡是注射剂和可能引起免疫性溶血或非免疫性溶血反应的其他局部用药制剂均应进行溶血性试验。溶血试验包括体外试验和体内试验，常规采用体外试管法评价药物的溶血性，若结果为阳性，应与相同给药途径的已上市制剂进行比较研究，必要时进行动物体内试验或结合重复给药毒性试验，观察溶血反应的有关指标（如网织红细胞、红细胞数，胆红素、尿蛋白，肾脏、脾脏、肝脏继发性改变等），如出现溶血时，应进行进一步研究。

④ 光毒性（光刺激性）。光敏反应是用药后皮肤对光线产生的光毒性反应和光过敏反应，均由受试物所含的感光物质引起，感光物质吸收自然光线（波长范围为290～700nm），吸收紫外/可见光后产生活性物质，在皮肤、眼睛等光暴露组织产生的类似晒伤的不良反应。若受试物的化学结构文献报道有光毒性作用，或其化学结构与已知光敏剂相似，可进行皮肤给药光毒性试验。

（3）毒代动力学　毒代动力学是药代动力学在全身暴露评价中的延伸，获知受试物在毒性试验中不同剂量水平下的全身暴露程度和持续时间，有助于安全性量化，常常和药效、毒性、药代、临床拟定用药剂量暴露量进行综合评价，或为某一特殊设计的支持性研究，毒代动力学试验可伴随毒理学试验作为卫星组或亚组实施，所以也称伴随毒代动力学。毒代动力学的目的是揭示动物的全身暴露及其与毒性研究剂量、时间的关系，阐述毒性研究所达到的暴露量与毒性发现的相关性，以评价这些结果与临床安全性之间的相关性。暴露量的定量，有助于毒理学家对可能已发生的非线性、剂量相关性的暴露量改变予以提醒。

OECD的毒代动力学指导原则为No.417。

毒代动力学一般应纳入重复给药毒性试验设计中，它包括首次给药到给药结束全过程的定期暴露监测和特征研究。后续毒性试验所采用的方案可依据前期试验的毒代研究结果修订或调整。当早期毒性试验出现难以解释的毒性问题时，可能需要延长或缩短对该受试物的毒性监测和特征研究的时间，或修订研究内容。毒代动力学在不同毒性试验中的应用目的不同，应根据研发目的需要具体问题具体分析。伴随单次给药毒性试验的毒代动力学研究结果有助于评价和预测剂型选择和给药后暴露速率和持续时间，也有助于后续研究中选择合适剂量水平。当体内遗传毒性试验结果为阴性时，尤其是当体外试验显示为明确的阳性结果或未进行体外哺乳动物细胞试验时，需结合暴露量数据来评估遗传毒性风险。

（4）靶动物安全　靶动物安全性试验是指对将要上市的新兽药制剂或已上市制剂增加新的靶动物进行的一般安全性试验。靶动物安全性试验的目的是了解受试药物在靶动物的剂量-反应曲线，即从有效作用到毒性作用，或至致死作用的持续动态变化过程；了解靶动物对药物中毒剂量的临床反应特征；了解受试药物有效剂量、推荐剂量和中毒剂量对靶动物的组织病理学和生理生化指标影响的变化特征；从而提出受试药物的不良反应、防治措施和临床应用时的注意事项。

一般采用健康动物，选择最大推荐剂量的倍数，分别为1、3、5倍剂量组，另设空白对照组。毒性强的药物可以根据具体情况设计0、1、2、3倍最大推荐剂量试验组。对安全范围较窄的药物，还可要求按0、1、1.5和2倍的最大推荐剂量进行试验。给药时程为3倍拟定的临床疗程。观察指标包括临床观察、临床病理生理学检查（如血液学、血液生化检查、尿液分析）、尸检和组织病理学检查。

注射部位的安全性：一般采用8只动物，剂量为最大临床推荐给药剂量（X），溶剂作为对照，考虑注射的最大体积、给药途径和持续时间。观察指标包括临床体征，包括行为和运动变化；注射部位的外观、炎症、水肿和其他变化；检测肌酸激酶和天冬氨酸转氨酶水平；组织病理学变化。如果注射部位出现炎症，应评价注射部位恢复到临床可接受水平的恢复时间。

皮肤外用产品给药部位的安全性：一般采用8只动物，除非产品的药理学和毒理学证明多倍剂量和长时程是合理的，否则采用最大临床推荐给药剂量（X），观察指标同注射部位的安全性评价。局部给药具有全身作用的产品，按照全身给药的靶动物安全性原则评价。

生殖安全性研究：拟用于育种动物的全身吸收产品需要靶动物生殖安全评价，不能采用临床前数据进行替代。生殖安全性研究一般设空白对照（$0X$）和3倍最大临床推荐给药剂量（$3X$），给药时间覆盖整个生殖周期，雄性为一个生精周期，雌性包括妊娠前期（卵泡期到妊娠）、妊娠期（胚胎期、胎儿期和出生）、产后期（到足以评估后代的初期的发育功能和运动功能）。家畜靶动物生殖安全可能需要评估以下内容：雄性动物评估精子发生、精液质量和交配行为。雌性动物评估发情周期、交配行为、妊娠率、妊娠时间、分娩和哺乳情况。给药靶动物的后代需要评估致畸性、胎儿毒性、胎儿发育、后代数量、生存力、生长、健康和发育至断奶。家禽需要评估蛋重、蛋壳厚度、产蛋数、蛋繁殖力、孵化率和雏禽生存力。

乳腺安全：对于泌乳期和非泌乳期给药的乳房注入剂需要评估乳腺的安全性。评价安全性的乳腺不能是患有亚临床型或临床型乳腺炎的乳腺，首选自身对照，评价给药前和给药后的参数，也可以采用阴性对照。每组8只泌乳期动物，其中4只为初乳动物。观察指标包括触诊、体细胞计数和细菌培养。

田间试验中的靶动物安全：田间试验也需要收集临床推荐剂量下的不良反应数据。

VICH指导原则为兽用化学药品的靶动物安全性（GL43），EMA指导原则有奶牛乳房注入剂局部耐受性（7AE21a）。

（5）**兽药残留试验**　用于食用动物的兽药，应当进行残留试验。阐明申请的兽药或代谢物在给药动物组织是否产生残留，残留的程度和残留时间。没有最大残留限量（MRL）的兽药，在进行残留试验前，需要制定MRL。制定MRL可能需要如下数据：根据实验动物的毒理学研究结果，确定最大无作用剂量（NOAEL），选择系列毒理学试验中最小NOAEL值确定毒理学ADI，抗菌药物根据药物是否能够到达结肠并保持抗菌活性确定微生物学ADI，比较毒理学ADI和微生物学ADI确定最终ADI。小于ADI剂量可引起急性风险的兽药要制定急性参考剂量（ARfD），含注射部位的制剂也应根据药物毒性评估确定是否采用ARfD。根据ADI，再分别计算出各种可食组织中的MRL，根据拟定的MRL，研究建立相应的残留定性和定量检测方法，根据临床试验确定的有效使用剂量，研究推荐剂量下兽药在靶动物组织中的代谢，以确定残留标志物和残留检测靶组织。研究在靶动物组织中的残留消除，以确定休药期。残留检测方法已经有国家标准的，可不用进行方法学建立和验证。进行生物等效性研究的申报产品，不豁免残留消除试验，通过残留消除试验制定该产品的休药期，并与原研产品休药期比较，取时间长的为申报产品休药期。

VICH指导原则有兽药残留安全性评价研究-建立急性参考剂量的通用方法（GL54）、兽药残留安全性评价研究-建立微生物ADI的通用方法（GL36）、食品动物体内兽药代谢和残留动力学评价研究-用于残留物定性和定量的代谢试验（GL46）、食品动物体内兽药代谢和残留动力学评价研究-实验动物的比较代谢试验（GL47）、食品动物体内兽药代谢和残留动力学评价研究-用于建立休药期的残留标志物消除试验（GL48）、食品动物体内兽药代谢和残留动力学评价研究-残留消除试验方法学验证（GL49）。EMA指导原则有抗微生物制剂的风险特征和MRL评估（SWP/90250/2010）、生物物质和免疫物质制定MRL的要求和进展（SWP/207500/2021）、抗微生物制剂的风险特征和MRL评估（SWP/90250/2010）。我国有兽药残留消除试验指导原则。

（6）**环境安全**　环境风险评估使用兽药产品可能对环境造成的潜在有害影响，并确定这种影响的风险。评估还需确定减少此类风险可能需要采取的任何预防措施。环境风险评估包括两个阶段，第Ⅰ阶段应估计产品、其活性物质和其他成分的环境暴露程度以及与暴露相关的风险水平，需要特别关注靶动物物种和临床使用模式、给药方法特别是产品直接进入环境的可能程度、给药动物排泄到环境中的药物及代谢物、未使用的兽药产品或其他废物处置。经第Ⅰ阶段评估后需要第Ⅱ段研究数据的，进行第Ⅱ阶段环境分析研究。第Ⅱ阶段评估活性残留物的影响，包括兽药的理化性质、兽药在靶动物体内的代谢和排泄情况；研究暴露于环境中的兽药及/或代谢物的各种降解途径，环境归宿研究资料；研究对环境潜在的影响，并提出为减少这种影响而需要采取的必要预防措施。同时还需要提出盛装药物的容器、未使用完的药物或废弃物、用药宠物游泳和洗澡等对水体、土壤、水生生物、植物、节肢动物和其他非靶动物的影响和有效的处理方法，如水产养殖等群体养殖的动物。

VICH指导原则有兽药环境安全评估-阶段Ⅰ（VICH-GL6）、兽药环境安全评估-阶段Ⅱ（VICH-GL38）。EMA指导原则有具有蓄积毒性、不易降解毒性兽药的评估（ERA/52740/2012），地下水中兽药对人健康和社区地下水的毒理风险评估（ERA/103555/2015），粪肥中的兽药转归（ERA/430327/2009），免疫兽药产品的环境评估（074/95），VICH-GL6和GL38环境风险评估的支持性数据（ERA/418282/2005-Rev.1-Corr.1），对兽药对粪居体系动物影响的高阶检测（ERA/409350/2010），水产动物用兽药的环境安全评估（ERA/173026/2021）。

（7）**使用者安全**　通过使用者（如宠物主人、兽医等）对兽药产品的接触程度和制剂类型等进行评估，在说明书的使用者注意事项中予以提醒，如提示自我注射风险、儿童舔食宠物皮毛上的外用制剂风险可依据急性毒性试验结果。值得注意的是，使用者安全所引用的结果应是制剂的研究资料而不是原料，如果药用物质已经有人用药品上市，人类治疗药物相关信息也可作为使用者安全的安全警示依据。

如果没有与人接触的相关数据，阐明对使用者的风险可能需要如下数据。

① 药用物质固有毒性或其他有害影响：如活性物质或其他组分的可燃性、皮肤刺激性、眼睛刺激性、皮肤变态反应、皮肤渗透毒性、吸入毒性、相似药物的已知不良反应。与使用者安全有关的可用信息包括制剂的理化性质、药物代谢动力学、单剂量毒性和生殖毒性。根据化合物的毒性和接触的类型，可能需要一个或多个额外研究，申请人应该对特殊群体（如产妇、孕妇、β-内酰胺抗生素过敏者等）的结果进行评价。

② 使用者或其他接触产品者的接触评估：分析兽药接触可能性、接触程度、频率、持续时间和接触范围，以及暴露和药物毒性的相关性。一些兽药产品如片剂和胶囊，很少有使用者暴露可能，另一些兽药产品则相反，严重情况下的接触计算可能有助于评估潜在的危险性。如特殊产品一次性使用的风险足可以代表一个重要的使用者风险，如注射巴比妥酸盐和吗啡。意外吞食或注射的任何风险也应该考虑。a. 接触的途径和程度，如吸入蒸汽、气溶胶、喷雾和粉尘（包括粒度分析和粉尘产生）；皮肤接触（包括喷洒和处理动物）；消化道（包括意外/故意滥用）；意外自我注射。b. 使用的频率和量。c. 终端使用者的确认，如动物处理者、药物处理者和治疗动物实施者。

③ 可能与使用者安全相关的说明书及注意事项：a. 禁忌证和安全警示；b. 操作技术；c. 其他控制使用者接触的方法（如工艺方法），像粉尘、蒸汽或气体的提取和包装中，合适的包装尺寸/特殊封闭措施；d. 建议穿防护服的类型和适宜性；e. 意外接触时的紧急措施；f. 建议就医；g. 如果有数据，标明职业照射限度（OELs）；h. 如果可能，为终末使用者的风险评估提供足够的信息。

EMA 指导原则有兽用化学药品的使用者安全（543/03-Rev.1）、局部应用兽用化学药品的使用者安全（SWP/721059/2014）。

1.2

兽药有效性评价

有效性是兽药上市评价的关键内容，是临床获益/风险评估中治疗价值的体现。有效性需要通过系列试验逐步证明，全新研发的兽药可能需要药效学阐明药用物质的药理作用和作用机制，是临床拟定适应证的基础；通过药代动力学研究阐明药物的体内过程，是临床给药途径和临床给药间隔的依据；通过靶动物的剂量探索、靶动物的 PK/PD 特征、临床的剂量确证，最后在田间条件下去证实所确定的临床方案对拟定适应证是否有效。不同的药物、不同适应证、药物的全新程度等均是有效性证明过程中需要考虑的因素。比如，仿制原研的兽药，如果原研制品未在申请国上市，在申请国的风险未知，可能需要开展比较药动学和田间试验研究；如果原研信息足够充足，可能只需要开展生物等效性试验即可。再比如，抗菌药需要证明在拟申请使用地理区域的抗菌活性剂耐药性情况，假设一个抗菌药在欧盟已经批准上市，申请 FDA 注册时发现相同的剂量在美国无效，就会导致该产品不会在 FDA 获批。抗寄生虫药同样适合这样的逻辑思维，其中可能涉及某个地理区域没有该种寄生虫或者药物敏感水平差异很大。进口产品在中国境内做临床验证其中一个原因也是某些药物基于地理区域可能存在药效学差异。由于不同类别药物、不同适应证等差异巨大，因此本部分只简单阐述具有代表性的适应证和基本思路，研发中需要具体问题具体分析，同时药效学和安全性、临床前试验结果与临床试验均需要考虑。

1.2.1 证明有效性可能需要的试验项目

（1）**药效学研究** 主要药效学是为了阐明拟定适应证所依据的药物作用机制和药理作用，如剂量-反应曲线、时间-反应曲线等。除了主要药效学，还需要考虑次级药效学。以沙坦类的血管紧张素Ⅱ受体转化酶受体Ⅰ型（AT1）拮抗剂为例，沙坦类药物主要作用于肾素-血管紧张素-醛固酮系统（简称 RAA 系统，见图 1-5），在受体水平阻断肾素-血管紧张素系统（简称 RAS 系统），并能抑制醛固酮分泌，减少水钠潴留。作用机制研究可能包括血管紧张素Ⅱ作用研究、保钠排钾作用研究和受体亲和力研究。主要药效学和次要药效学的效应研究可能包括：①血压相关研究，采用正常动物和模型动物进行心脏、反射性升压反应等；②肾脏研究，包括肾脏的血管效应研究、尿中的钠离子和钾离子等测定；③其他脏器血管研究等。

图 1-5 肾素-血管紧张素-醛固酮系统图

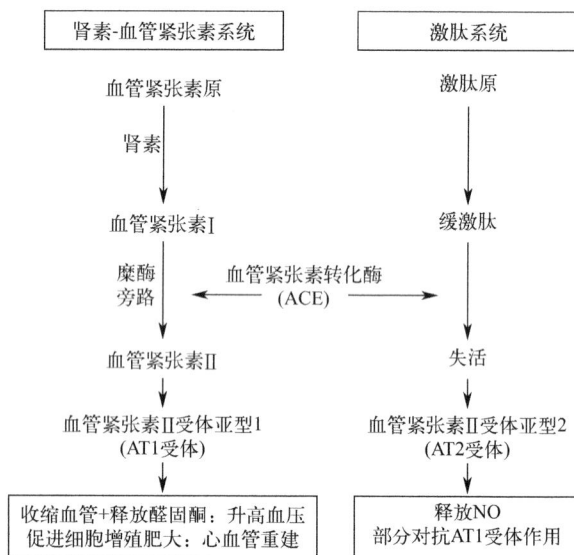

（2）**药代动力学** 药代动力学（简称药动学）揭示药物进入动物机体后吸收、分布、代谢和排泄的过程及特性，如吸收速率和程度、药物分布的主要脏器、代谢模式、消除的主要途径、与血浆蛋白的结合程度等。药动学参数是制定临床给药方案中给药剂量、给药途径、给药间隔、给药次数等的重要考量因素，通过血药浓度揭示疗效或毒性的时间依赖性和剂量依赖性特征，是否为线性动力学过程。必要时，比较不同靶物种的药代动力学，可探索兽药产品对靶动物安全性和有效性影响的物种差异。

（3）**靶动物耐受性**　研究靶动物对兽药产品的局部耐受性和全身耐受性，通过增加治疗剂量和/或治疗持续时间来实现，目的是探索使用推荐的给药途径建立足够的安全边际。

（4）**临床试验**　临床试验一般包括Ⅰ期、Ⅱ期、Ⅲ期临床试验（田间试验），仿制药可能涉及生物等效性试验。Ⅰ期临床试验：其目的是观察靶动物对于新药的耐受程度和药代动力学，测定可以耐受的剂量范围，明确按照推荐的给药途径给药时适宜的安全范围和不能耐受的临床症状，为制定给药方案提供依据。Ⅱ期临床试验：其目的是初步评价兽药对靶动物目标适应证的防治作用和安全性，确定合理的给药剂量方案。此阶段的研究设计可以根据具体的研究目的，采用人工发病模型或自然病例，进行随机对照临床试验。Ⅲ期临床试验：其目的是进一步验证兽药对靶动物目标适应证的防治作用和安全性，评价利益与风险关系，最终为兽药注册申请获得批准提供充分的依据。试验应为具有足够样本的随机盲法对照试验。生物等效性是指含有相同活性物质的两种产品药学等效或药剂学可替代，在相同条件下以相同摩尔剂量给药，活性成分的吸收程度和速度无显著差异。

不同类型药物可能已有数据、设计类型等各不相同，创新药需要逐步揭示兽药产品对拟用适应证的剂量特征和田间试验，剂量特征如剂量、给药途径、给药间隔、给药疗程等。除非有正当理由，否则按照既定的统计原则进行临床试验的方案设计、分析和评估。所有试验结果及数据，无论阳性还是阴性，均应报告，缺失数据必须有充分的理由，以便能够对产品的风险/获益进行客观整体评估。

改良型兽药中，如果临床需求为有效性优势，与已上市兽药适应证相同，在非临床药效学模型中获得与已上市兽药比较的增效证据，并在作用机制上具有解释，根据药动学特征，Ⅲ期临床试验只接受优效试验设计。改良型兽药中，如果临床需求为安全性优势，要充分借鉴已上市临床试验数据，通过药效学试验明确不良反应的发生机制是与代谢物靶点相关，还是与组织分布等相关，通过临床试验证明在有效性未降低的基础上显著降低了重要的安全性风险，Ⅲ期临床试验可采用等效/非劣效试验设计。

1.2.2　VICH 有效性指导原则概述

VICH 的有效性指导原则有 9 个抗蠕虫药有效性指导原则，分别是抗蠕虫药有效性通用要求（GL7）、牛用抗蠕虫药有效性（GL12）、绵羊用抗蠕虫药有效性（GL13）、山羊用抗蠕虫药有效性（GL14）、马用抗蠕虫药有效性（GL15）、猪用抗蠕虫药有效性（GL16）、犬用抗蠕虫药有效性（GL19）、猫用抗蠕虫药有效性（GL20）、禽用抗蠕虫药有效性（GL21）。

（1）**通用原则要求**　抗（蠕）虫药药效评价的通用要求提供了兽用抗蠕虫药新药和仿制药评价的标准化和简化方法，通则部分包括兽药临床试验质量管理规范（GCP）、有效性数据评价、感染类型和寄生虫种属、产品等效性、推荐的有效性计算方法、有效性标准和寄生虫药适应证的定义，剂量确定、剂量确证、田间试验和药效持续期研究。单个物种（包括牛、绵羊、山羊、马、猪、犬、猫和禽）的特定要求见单个物种指导原则，包括人工感染的寄生虫种类及数量，感染后时间建议。

虫株：剂量确定和剂量确证研究要基于寄生虫（成虫、幼虫）计数进行有效性数据评价，优先采用空白对照试验，田间试验倾向采用虫卵/幼虫计数进行有效性评价，几何平均值计算有效百分率高于 90% 才能认为有效。具有重要流行病学意义的寄生虫，根据寄生虫种类及拟定适应证确定选择自然感染还是人工诱发感染，倾向于采用近期分离的野外株（田间株）进行人工诱发感染。对于罕见寄生虫种类，只能采取人工诱发感染进行试验。标准虫株和田间分离虫株均需要说明虫株特性，如来源、日期、分离地点、保存方法、药物敏感性、传代次数和对宿主的感染速度等。

充分感染：在制定研究方案时，尤其考虑统计学、寄生虫学、每个对照动物的感染水平与临床的相关性、每种感染的对照动物数量时，应规定充分感染。实验动物的感染水平和分布应符合有效性标准、统计和生物置信限要求。对照组中如果所有动物均感染，计算对照组载虫量几何平均值的 95% 置信下限值，该值大于对照组载虫量几何平均值的 10%，即为充分感染。当对照组中存在未感染（计数＝0）动物时，可用中位值替代几何平均值，并根据对照组载虫量中位值计算 95% 置信限。充分感染需经过确认，如线虫充分感染所需的平均感染寄生虫数量最低限为 100。钩口线虫、食道口线虫、毛首线虫以及网尾线虫，其平均感染寄生虫数量最低限可能会更低。对于片形吸虫来讲，其平均感染寄生虫数量最低限达到 20 即可认为充分感染。

不同的靶动物进行充分感染时需要选择适宜的年龄，具体见表 1-7。

表 1-7　充分感染时靶动物的适宜年龄表

靶动物	适宜年龄
牛	＞3 月龄，具有反刍能力
绵羊/山羊	＞3 月龄，具有反刍能力
马	人工感染为 3～12 月龄，自然感染为 12～24 月龄［韦氏类圆线虫($S.\ westeri$)除外］
猪	2～6 月龄
犬	一般 6 月龄左右，但需要注意下列特殊情况：粪类圆线虫(<6 月龄)；巴西钩口线虫、管形钩口线虫(6～12 周龄)；犬毛首线虫、狮弓首蛔虫(2～6 月龄)；犬复孔绦虫(≥3 月龄)；窄头钩虫、犬鞭虫(成年犬)
猫	一般 6 月龄左右，但需要注意下列特殊情况：粪类圆线虫(<6 月龄)；犬钩口线虫、巴西钩口线虫、管形钩口线虫(6～16 周龄)；猫毛首线虫、狮弓首蛔虫(4～16 周龄)；犬钩口绦虫(≥3 月龄)；窄头钩虫、犬鞭虫(成年犬)
禽	受试药物推荐的年龄

标签适应证所列的所有寄生虫种属均需明确。每一种属的寄生虫主要是成虫，对该种属下无法明确的非成熟阶段的描述也是可以接受的。

剂量确定试验：当适应证拟标示具有广谱抗寄生虫活性时，剂量确定试验应包括适应证中的剂量-依赖性寄生虫种类，应通过预试验确定有效剂量范围，并提供剂量选择依据。通常试验设计方案至少包括 3 个受试药剂量组（0.5、1 和 2 倍推荐剂量组）和不给药对照组，每组包括至少 6 只充分感染的实验动物，如果对感染程度存疑，需增加动物数量。最好采用寄生虫成虫人工诱发感染，除非有数据表明特定的寄生虫幼虫具有剂量依赖性或产品仅适用于特定的寄生虫幼虫（如犬心丝虫）。

剂量确证试验：应采用拟上市产品的最终处方，最好采用自然感染的实验动物，不能采用已知耐药的寄生虫进行有效性试验。对于罕见的寄生虫，可采用实验室株进行试验。幼虫的剂量确证试验应采用人工诱发感染。针对生长抑制阶段进行的研究仅推荐采用自然感染方式。

适应证中标示的每种寄生虫至少进行 2 个对照试验或（如果可以）自身对照试验（临界试验法）单独或多重感染的剂量确证试验。不同地理位置和气候条件、不同饲喂条件下的实验动物感染的各蠕虫种属需进行至少 2 个试验研究以确证药物的有效性。2 个试验研究都必须在能充分代表产品拟上市区域的不同条件，至少一个试验要在拟注册国家所属的地理区域内实施。每项研究每个试验组至少6只充分感染的动物，在试验方案中应对充分感染进行定义。

田间药效试验：采用拟上市兽药的最终处方进行有效性和安全性的确认研究，实验动物数依据动物种类、地理位置和地区/区域情况而定。对照组如不给药动物或阳性药物对照，其数量应至少为给药动物数量的25%。为达到要求的动物数量，每个地区/区域以亚中心形式进行多中心试验研究。

药效持续期试验：目前广谱驱虫药由于在治疗动物体内残留具有活性的母体药物或代谢物，可能显示具有持续药效。药效持续期仅可通过测定实际存在的蠕虫数来证实，不能通过每克粪便中的虫卵数进行证实。少于7天的活性观察认为不具有持续期药效，药效持续期需注明确定的天数。同剂量确证试验，标示最低持续期（适用的每种寄生虫及相应的持续期）试验应包括2个试验（采用蠕虫计数），各包括一个不给药组和一个给药组。每个治疗组至少6只充分感染动物，并定义充分感染。标示的药效持续期需根据各种属的具体试验结果而定。

仿制药：如果血药浓度与药效相关的仿制药可采用生物等效性进行研究，但生物等效性不能豁免兽药残留。如果血药浓度与药效不相关，可豁免剂量确定试验，应实施剂量确证、田间试验和药效持续试验。

（2）牛用抗蠕虫药有效性　在剂量确定试验和剂量确证试验中，由于自身对照（临界试验法）有效性在反刍动物中并不可靠，只接受基于寄生虫成虫和幼虫计数的空白对照试验，田间试验推荐虫卵和幼虫计数评价药物有效性。试验方案必须根据所调查地区的相关寄生虫病流行情况、流行病史以及现有统计学数据，确定研究方案中寄生虫的充分感染数量。

人工诱发感染试验中推荐的寄生虫感染数量：试验中实际的寄生虫感染量只是一个大概数字，需要根据不同的分离虫株进行调整。参考数量见表1-8。

表1-8　牛用抗蠕虫药药效研究充分感染所需的幼虫感染参考数量范围

部位	寄生虫种属	虫卵/幼虫数量范围/条
皱胃	牛血矛线虫（*Haemonchus placei*）	5000～10000
	奥氏奥斯特线虫（*Ostertagia ostertagi*）	10000～30000
	艾克氏毛圆线虫（*Trichostrongylus axei*）	10000～30000
小肠	肿孔古柏线虫（*Cooperia oncophora*）	10000～30000
	点状古柏线虫（*C. punctate*）	10000～15000
	蛇形毛圆线虫（*T. colubriformis*）	10000～30000
	钝刺细颈线虫（*Nematodirus spathiger*）	3000～10000
	海尔维第细颈线虫（*N. helvetianus*）	3000～10000
	巴塔细颈线虫（*N. battus*）	3000～6000
	辐射食道口线虫（*Oesophagostomum radiatum*）	1000～2500
	微管食道口线虫（*O. venulosum*）	1000～2000
	羊夏伯特线虫（*Chabertia ovina*）	500～1500
	牛钩口线虫（*Bunostomum phlebotomum*）	500～1500
	乳突类圆线虫（*Strongyloides papillosus*）	1000～200000
	鞭虫（*Trichuris* spp.）	1000
肺	胎生网尾线虫（*Dictyocaulus viviparus*）	500～6000
肝	肝片吸虫（囊蚴）［*Fasciola hepatica*（metacercaria）］	成年牛:1000;育成牛:500～1000

对于作用于成虫阶段的药物，一般规定治疗不能早于感染后21～25天；对大多数虫种的最佳治疗时间在感染后28～32天。以下虫种除外：食道口线虫为感染后34～49天，钩口线虫为感染后52～56天，乳突类圆线虫为感染后14～16天，片形吸虫为感染后8～12周。对于作用于第四期幼虫的药物，最佳治疗时间因虫种而定，例如：乳突类圆线虫

应在感染后3~4天进行治疗，血矛线虫、毛圆线虫和古柏线虫为感染后5~6天，奥氏奥斯特线虫和田螺网尾线虫为感染后7天，细颈线虫为感染后8~10天，食道口线虫为感染后15~17天。标签上不允许出现未成熟幼虫的内容。对于早期未成熟片形吸虫，最佳治疗时间为感染后1~5周，晚期未成熟幼虫感染的最佳治疗时间为感染后6~9周。

（3）绵羊/山羊用抗蠕虫药有效性　在剂量确定试验和剂量确证试验中，由于自身对照（临界试验法）有效性在反刍动物中并不可靠，只接受基于寄生虫成虫和幼虫计数的空白对照试验，田间试验推荐虫卵和幼虫计数评价药物有效性。人工诱发感染试验中推荐的寄生虫推荐感染数量见表1-9。

表1-9　绵羊/山羊用抗蠕虫药药效研究中充分感染所需的幼虫感染参考数量范围

部位	寄生虫种属	虫卵/幼虫数量范围/条
皱胃	捻转血矛线虫（Haemonchus contortus）	400~4000
	环纹背带线虫（Teladorsagia circumcincta）	6000~10000
	艾克氏毛圆线虫（Trichostrongylus axei）	3000~6000
小肠	柯氏古柏线虫（Cooperia curticei）	3000~6000
	蛇形毛圆线虫和玻璃毛圆线虫（T. colubriformis & T. vitrinus）	3000~6000
	细颈线虫（Nematodirus spp.）	3000~6000
	食道口线虫（Oesophagostomum spp.）	500~1000
	羊夏伯特线虫（Chabertia ovina）	800~1000
	羊钩口线虫（Bunostomum trigonocephalum）	500~1000
	乳突类圆线虫（Strongyloides papillosus）	80000
	厚缘盖格线虫（Gaigeria pachyscelis）	400
	鞭虫（Trichuris spp.）	1000
肺	丝状网尾线虫（Dictyocaulus filaria）	1000~2000
肝	肝片吸虫（囊蚴）[Fasciola hepatica（metacercaria）]	慢性:100~200;急性:1000~1500

作用于成虫阶段的药物，一般规定治疗不能早于感染后21~25d；对于大多数虫种来说，最佳治疗时间应在感染后28~32d。以下虫种除外：食道口线虫为感染后28~41d，钩口线虫为感染后52~56d，乳突类圆线虫为感染后14~16d，片形吸虫为感染后8~12周。作用于第四期幼虫阶段的药物，最佳治疗时间因虫种而定，如乳突类圆线虫应在感染后3~4d进行治疗，血矛线虫、毛圆线虫和古柏线虫为感染后5~6d，环纹奥斯特线虫和环纹背带线虫为感染后7d，细颈线虫为感染后8~10d，食道口线虫为感染后15~17d。标签上不允许出现未成熟幼虫的内容。对于早期未成熟片形吸虫，最佳治疗时间为感染后1周到4周，晚期未成熟幼虫最佳治疗时间为感染后6~8周。

（4）马用抗蠕虫药有效性　剂量确定试验和剂量确证试验可采用空白对照试验，一些大型成年线虫如马副蛔虫和马尖尾线虫也可使用自身对照试验（临界试验法）。在蠕虫阴性的马中进行人工诱发感染很难，所以大多数试验可采用自然感染马病例开展研究。韦氏类圆线虫只有幼年马驹才感染，所以虫卵计数进行药效评价。如果药物对L4期幼虫（生长期）有效，考虑只采用近期的田间分离虫株进行人工诱发感染，如果对潜伏期幼虫（如小型圆线虫幼虫L3早期）有效，考虑只采用自然感染病例。为确定潜伏期幼虫数量，需要对大肠黏膜进行酶消化处理，同时，由于酶消化方法和透视法在分离时都有一定的局限性，应通过两种方法共同对肠黏膜内处于生长期（小型圆线虫科L3/L4晚期）的幼虫进行计数。药效持续试验应使用近期的田间分离虫株诱发感染的幼龄马属动物（如小于12月龄）进行试验。人工诱发感染试验中推荐的寄生虫推荐感染数量见表1-10。

表 1-10 马用抗蠕虫药药效研究中充分感染所需的幼虫感染参考数量范围

寄生虫种属	虫卵/幼虫数量范围/条
马副蛔虫(马蛔虫)(*Parascaris equorum*)	100～500
艾克毛圆线虫(*Trichostrongylus axei*)	10000～50000
普通圆线虫(*Strongylus vulgaris*)	500～750
小圆线虫(盅口亚科线虫)[small strongyles(Cyathostominae)]	100000～1000000

（5）猪用抗蠕虫药有效性 空白对照试验法适用于剂量确定试验和剂量确证试验，自身对照（临界试验法）用于抗蠕虫有效性结果并不可靠，田间试验推荐虫卵和幼虫计数评价药物有效性。试验方案必须根据所调查地区的相关寄生虫病流行情况、流行病史以及现有统计学数据，确定研究方案中寄生虫的充分感染数量。

人工诱发感染试验中推荐的寄生虫感染数量：试验中实际的寄生虫感染量只是一个大概数字，需要根据不同的分离虫株进行调整。参考数量见表 1-11。

表 1-11 猪用抗蠕虫药物药效评价中达到充分感染的 L3 期幼虫或虫卵参考数量范围

部位	寄生虫种属	虫卵/幼虫数量范围/条
胃	圆若蛔线虫(*Ascarops strongylina*)	200
	淡红猪胃圆线虫(*Hyostrongylus rubidus*)	1000～4000
	六翼泡首线虫(*Physocephalus sexalatus*)	500
小肠	猪蛔虫(*Ascaris suum*)[①]	250～2500
	食道口线虫(*Oesophagostomum* spp.)	2000～15000
	兰氏类圆线虫(*Strongyloides ransomi*)	1500～5000
	猪鞭虫(*Trichuris suis*)	1000～5000
肺	猪后圆线虫(*Metastrongylus* spp.)	1000～2500
肾	有齿冠尾线虫(*Stephanurus dentatus*)	1000～2000

① 最大限度建立成虫感染，建议用低数量的虫卵滴灌感染。

产品标签上不能标示对未成熟蠕虫有效。作用于成虫的药物，圆若蛔线虫应在感染后 35 天用药，淡红猪胃圆线虫感染后 26 天，六翼泡首线虫感染后 55 天，猪蛔虫感染后 65 天，兰氏类圆线虫感染后 10 天，有齿食道口线虫和四刺食道口线虫感染后 28～45 天，猪毛尾线虫感染后 50 天，猪后圆线虫感染后 35 天，有齿冠尾线虫感染后 10 个月。作用于第四期幼虫药物，大多数虫种在感染后 7～9 天进行治疗，但兰氏类圆线虫感染后 3～4 天，猪蛔虫感染后 11～15 天，猪鞭虫感染后 16～20 天。为防止兰氏类圆线虫幼虫经乳汁传播，自然或人工感染的母猪应该在分娩前不同时间多次给药治疗，通过母猪乳汁中的幼虫和小肠内容物中的成虫计数计算药效。

（6）犬用抗蠕虫药有效性 剂量确定试验和剂量确证试验采用寄生虫（成虫和幼虫）计数评价疗效，田间试验推荐使用虫卵计数和幼虫虫种鉴别的方法评价药效。空白对照首选，在某些肠道寄生虫（如蛔虫），也可采用自身对照（临界试验法）法。在剂量确证试验中，一般使用自然感染或人工诱发感染犬，标签标示的每种寄生虫适应证研究中必须至少有一组为自然感染犬。由于公共卫生安全问题，细粒棘球绦虫和犬心丝虫试验可以采用隐性感染犬对试验犬进行诱导感染。细粒棘球绦虫在动物间具有高度传染性，该试验必须在高生物安全性条件下进行。

以下寄生虫很难获得足够被感染的临床病例，因此人工诱发感染可能是药效评价的唯一方式。这类寄生虫包括乳样肺线虫（*Filaroides milksi*）、希尔德肺线虫（*F. hirthi*）、肾膨结线虫（*Dioctophyma renale*）、犬毛细线虫（*Capillaria aerophila*）、犬膀胱线虫（*C. plica.*）、狼旋尾线虫（*Spirocerca lupi*）、泡翼线虫（*Physaloptera* spp.）、中绦绦虫（*Mesocestoides* spp.）和犬锯体线虫（*Crenosoma vulpis*）。标签标示对幼虫有效，可以仅采用人工诱发感染进行研究。

人工诱发感染试验中推荐的寄生虫感染数量：试验中实际的寄生虫感染量只是一个大概数字，需要根据不同的分离虫株进行调整。参考数量见表1-12。

根据不同寄生虫的生活周期，应具体以每一种寄生虫自然感染时的生活周期或者诱发感染时的天数判定抗虫药的有效性。表1-13中给出了诱发感染的推荐治疗时间。

表1-12 犬用抗蠕虫药达到充分感染的感染性阶段虫体参考数量范围

部位	寄生虫种属	虫卵/幼虫数量范围/条
小肠	犬弓首蛔虫（*Toxocara canis*）	100～500[①]
	狮弓首蛔虫（*Toxascaris leonine*）	200～3000
	犬钩口线虫（*Ancylostoma caninum*）	100～300
	巴西钩口线虫（*Ancylostoma braziliense*）	100～300
	窄头钩虫（*Uncinaria stenocephala*）	1000～1500
	粪类圆线虫（*Strongyloides stercoralis*）	1000～5000
	细粒棘球绦虫（*Echinococcus granulosus*）	20000～40000
	带状绦虫（*Taenia* spp.）	5～15
大肠	犬鞭虫（*Trichuris vulpis*）	100～2500
心脏	犬心丝虫（*Dirofilaria immitis*）	3～100[②]

① 存在于哺乳期或5月龄以下的幼犬。

② 杀成虫或微丝蚴的药物试验，需要5～15对成虫诱导感染试验犬。

表1-13 感染后推荐治疗时间

寄生虫种属	成虫阶段/d	幼虫阶段/d
粪类圆线虫（*S. stercoralis*）	5～9	
犬鞭虫（*T. vulpis*）	84	
犬钩口线虫（*A. caninum*）	>21	6～8[①]（L4）
巴西钩口线虫（*A. braziliense*）	>21	6～8（L4）
窄头钩虫（*U. stenocephala*）	>21	6～8（L4）
犬毛首线虫（*T. canis*）	49	3～5（L3/L4），14～21（L4/L5）
狮弓蛔线虫（*T. leonine*）	70	35（L4）
犬心丝虫（*D. immitis*）	180	2（L3），20～40（L4），70～120（L5），220（微丝蚴）
细粒棘球绦虫（*E. granulosus*）	>28	
带状绦虫（*Taenia* spp.）	>35	

① 对于体壁幼虫，试验应在怀孕动物分娩前2天进行。

对于大多数寄生虫来说，终止治疗后7天即可尸检。以下寄生虫除外：泡翼线虫、狼旋尾线虫、犬膀胱线虫、肾膨结线虫、细粒棘球绦虫、带状绦虫、犬钩口线虫、中绦绦虫感染后10～14天；犬支气管肺线虫感染后14天；乳样肺线虫、希尔德肺线虫为感染后42天；奥斯勒肺线虫，一半试验犬感染后14天，另一半感染后28天；犬心丝虫根据试验设计而定。犬毛首线虫体壁幼虫通过自然感染或人工感染方式经胎盘和/或哺乳感染怀孕母犬时，应在母犬分娩前进行治疗，并对乳汁中的幼虫或者小肠中的成虫进行计数，以评判药物的有效性。

（7）猫用抗蠕虫药有效性 剂量确定试验和剂量确证试验采用寄生虫（成虫和幼虫）计数评价疗效，田间试验推荐使用虫卵计数和幼虫虫种鉴别的方法评价药效。空白对照首选，在某些肠道寄生虫（如蛔虫），也可采用自身对照（临界试验法）法。

在剂量确证试验中，一般使用自然感染或人工诱发感染的试验猫，其中每种寄生虫的适应证至少有一组为自然感染。由于公共卫生安全问题，多房棘球绦虫和恶丝虫的试验可以采用隐性诱发感染。由于多房棘球绦虫在动物间具有高度传染性，该种寄生虫试验必须在生物安全性高的条件下进行。

对于下列寄生蠕虫，由于难以获得足够感染数量动物，人工诱发感染法可能是唯一方法。该类肠道蠕虫包括：毛细线虫（*Capillaria aerophila*）、泡翼线虫（*Physaloptera* spp.）、犬锯体线虫（*Crenosoma vulpis*）。如果标签中标示抗幼虫的适应证，可以仅采用人工诱发感染进行研究。人工诱发感染试验中推荐的寄生虫感染数量：试验中实际的寄生虫感染量只是一个大概数字，需要根据不同的分离虫株进行调整。参考数量见表1-14。

表1-14　猫用抗蠕虫药达到充分感染的感染性阶段虫体参考数量范围

	寄生虫种属	虫卵/幼虫数量范围/条
小肠	猫弓首蛔虫（*Toxocara cati*）	100～500
	猫弓首蛔虫（*Toxascaris leonine*）	200～3000
	猫钩口线虫（*Ancylostoma tubaeforme*）	100～300
	巴西钩口线虫（*Ancylostoma braziliense*）	100～300
	粪类圆线虫（*Strongyloides stercoralis*）	1000～5000
	巨颈绦虫（*Taenia taeniaeformis*）	5～15
大肠	钟形鞭虫（*Trichuris campanula*）	100～500
心脏	犬心丝虫（*Dirofilaria immitis*）	3～100①

① 杀成虫或微丝蚴的药物试验，需要5～15对成虫诱导感染试验猫。

根据不同寄生虫的生活周期，应具体以每一种寄生虫自然感染时的生活周期或者诱发感染时的天数判定抗虫药的有效性。表1-15中给出了诱发感染的推荐治疗时间。

表1-15　感染后推荐治疗时间

寄生虫种属	成虫阶段/d	幼虫阶段/d
粪类圆线虫（*S. stercoralis*）	5～9	
钟形鞭虫（*Trichuris campanula*）	84	
猫钩口线虫（*Ancylostoma tubaeforme*）	>21	6～8（L4）
巴西钩口线虫（*A. braziliense*）	>21	6～8（L4）
猫弓蛔线虫（*T. leonine*）	60	3～5（L4）
犬心丝虫（*D. immitis*）	180	2（L3），20～40（L4），70～120（L5），220（微丝蚴）
带状绦虫（*Taenia* spp.）	>35	

对于大多数寄生虫来说，终止治疗后7天即可尸检。以下寄生虫除外：泡翼线虫属、嗜气毛细线虫、多房棘球绦虫、巨颈绦虫、犬复孔绦虫为10～14天；犬锯体线虫为14天；犬心丝虫需根据试验设计而定。

猫弓首蛔虫体壁幼虫通过自然感染或人工诱发感染方式经乳腺感染怀孕母猫时，应当在分娩前或刚刚分娩后进行治疗，并对母猫乳汁中的幼虫和/或幼崽小肠中的成虫计数来评判药物疗效。

（8）**禽用抗蠕虫药有效性**　在禽中实施自身对照（临界试验法）试验法并不可靠，故剂量确定试验和剂量确证试验接受寄生虫成虫和幼虫计数的空白对照试验法。在田间试验中，推荐使用虫卵计数和虫种鉴别方法进行药效评价。不同分离种的虫卵/囊尾蚴的推荐感染虫量参见表1-16。

表1-16　禽用抗蠕虫药达到充分感染的感染性阶段虫体数量范围

寄生虫种属	虫卵/囊尾蚴数量范围/条
鸡蛔虫（*Ascaridia galli*）	200～500
鸽毛细线虫（*Capillaria obsignata*）	100～300
鸡异刺线虫（*Heterakis gallinarum*）	200～300
有轮瑞利绦虫（*Raillietina cesticillus*）	50～100
气管比翼线虫（*Syngamus trachea*）	200～600

禽人工诱发感染中需要考虑的因素有：研究中应使用幼禽；推荐使用最低数量感染性阶段虫体建立充分感染的最大值；避免应激（例如饮食不良）因素造成寄生虫感染；禽舍条件应不造成意外感染。

通常对于成虫感染的试验，给药不能早于感染后 28 天。在给药前推荐至少使用 6 只哨兵动物对寄生虫进行鉴别和定量。对于感染第四期幼虫的试验，大多数虫种在感染后 7d 给药，鸡蛔虫和鸡异刺线虫应在感染后 16d 给药。

1.2.3　EMA/FDA 有效性指导原则概述

（1）非甾体类抗炎药（NSAIDs）有效性指导原则（EWP/1061/2001）　NSAID 被定义为药物具有抑制环加氧酶（COX）作用，COX 催化体内花生四烯酸转化为前列腺素和血栓素，可能包括其他 NSAID，如脂氧合酶抑制剂和细胞因子拮抗剂。该指导原则对支持 NSAID 类新兽药注册申请和变更适应证的临床前药理实验、临床试验疗效和安全性试验设计及评价、疗效终点选择提供了建议。

① 药效学（PD）。应描述期望效果所依据的活性物质作用机制。活性物质影响人体器官和系统的方式应根据剂量和期望的治疗效果、次级药效学和不良反应确定。药效学研究可包括体外、体内实验。实验模型应完全符合其预期目的。例如，在体内模型中，效应变量的选择、评估时间点和观察间隔等参数的适用性应根据预期的和临床相关的效应水平和持续时间来确定。如甲泼尼龙（IVMP）具有长效作用，选择一个持续时间足够长的实验模型以获得可靠的结果非常很重要。在体内研究中，NSAID 的作用可以直接测定（如体温降低）或通过替代标记物测定（如皮质醇）。使用替代标志物时，应从临床相关性的角度明确说明其与产品临床效果的相关性。

② 药动学（PK）。在剂量-反应关系中，NSAID 的药代动力学数据有助于解释血药水平和观察到的效应，包括与剂量水平和/或治疗时间相关的潜在毒性。药代动力学研究也支持确定（Ⅰ期）和确认（Ⅱ期）治疗剂量、给药频率和间隔。值得注意的是，单靠药代动力学数据不足以确定给药方案或 NSAID 适应证。例如，NSAID 的消除半衰期在血浆和炎症渗出液之间可能有显著差异。此外，暴露模式和酶抑制之间的相关性往往很弱。

③ PK/PD。在靶动物体内进行的 PK/PD 研究，如果数据确凿，并且暴露范围足够，则有助于制定剂量策略，并可能减少剂量数据需求。用来反应充分效应的限制剂量（如 EC_{50} 或 IC_{50}，EC_{80} 或 IC_{80}）应予以证明。此外，应确保对各种剂量方案预期效果模拟的准确性，例如，对于任何特定剂量，实验动物中观察到的剂量线性和暴露应与靶动物一致。

④ 剂量确定。剂量确定研究目的不仅包括剂量本身，还包括与特定剂量特征相关的预期给药频率。应根据初步研究选定的一系列剂量、与预期效果有关的参数、适于进一步使用的剂量范围，对靶动物进行剂量确定研究。最好应包括至少 3 种不同剂量，中剂量为预期推荐剂量。在此类研究中选择较高剂量时应考虑到受试产品的安全边界。也可以采用 PK/PD 研究来提出进一步的确认剂量。

⑤ 剂量确认。在实验或田间条件下，靶动物给予最终配方药物使用建议的剂量方案进行的剂量确认研究。如果使用了非最终配方制剂，可采用生物等效性试验证明最终配方与非最终配方等效。

⑥ 临床试验终点。主要和次要终点应该事先明确声明和定义，必须考虑治疗目的。在可能的情况下，疗效评估应基于客观终点。选择的主要参数应该以一种有意义的方式量

化治疗引起的变化，这意味着变化的幅度可以解释其临床相关性。如果不能使用客观终点，则可以接受主观评估方法，前提是其有效性可以得到证明，并采用足够的盲法。如果使用评分表，建议使用被广泛使用的方法。

如果使用基线值（干预/治疗开始前的临床体征参数值）来识别治疗引起的参数变化，则应考虑到基于这些值对结果进行统计评估的局限性。在分析中使用未经调整的"基线变化"可能会使结果偏倚，并且与使用回归来调整组间基线不平衡（在分析中将基线值作为协变量纳入）相比，具有更小的统计力。

除了主要终点外，还应报告每种动物的以下参数：从受试药物给药到药物起效的滞后时间；非甾体抗炎药作用的持续时间；其他主观观察（如行为和行动），如果不是选择的评分量表的一部分，应报告试验期间观察到的任何不良反应或其他不良事件。

检测周期的长度和检测时间点的选择应该是合理的。

⑦ 临床试验有效性。对于既定适应证，研究动物群应该代表目标动物群。每个适应证至少应进行一次临床试验，研究设计和药物效应检测方法应由申请人证明并充分描述。效应可以直接测量或使用替代标记。如果使用分级系统进行诊断，应充分描述分级标准。纳入标准应明确，并确保形成定义明确的研究动物群，其疾病严重程度足以确定治疗效果和治疗引起的变化。应该包括1个对照组。当使用阳性对照药物时，阳性对照药物的选择应该是合理的，考虑到阳性对照药物的类别和靶受体的选择性，其适应证和使用条件，给药途径和建议的治疗时间，药效起始时间、作用时间和安全性也可能需要考虑，这取决于研究目的。当采用非劣效性试验设计时，非劣效性边界应基于统计推理和临床判断，并应根据特定的临床背景进行特别制定。适当的非劣效性边界必须保证试验药物的临床相关效应大于零（安慰剂），并且两种产品之间的任何疗效差异都不会成为临床相关的差异。

对于需要非甾体抗炎药与其他药物联合使用的适应证，有必要设计适当的研究，以证明单独使用非甾体抗炎药与受试药物联合使用时的疗效。例如，为了评估非甾体抗炎药与抗微生物药联合治疗肺炎，在考虑动物福利的基础上，按照群体（抗菌剂+安慰剂）与测试组（抗菌剂+受试药物）进行临床试验设计。

研究动物不应受可能干扰研究结果的药物（如其他非甾体抗炎药、皮质类固醇）的影响。此外，患有非甾体抗炎药禁忌使用疾病（如肾或肝损伤）的动物应被排除在研究之外。

⑧ 临床试验安全性。当进行非甾体抗炎药的临床试验时，应进行详细的安全监测，因为安全边际可能相对较小。如果用量是剂量范围，则应说明实际剂量与观察到的不良反应之间的关系（如果有关的话）。

（2）伴侣动物抗肿瘤药指导原则（GFI# 237/FDA）和犬猫用抗肿瘤药指导原则（EMA/CVMP/28510/2008-Rev. 1） FDA伴侣动物抗肿瘤药指导原则适用于犬、猫和马，其重点在田间试验评价，复杂情况均需与FDA兽药评审中心沟通。EMA犬猫用抗肿瘤药指导原则对一些关键信息给出了基于当前认识的明确态度，该指导原则按照细胞毒类和非细胞毒类抗肿瘤药进行了分类阐述，包括人药转兽药和全新宠物用抗肿瘤药物在质量、安全性和有效性与普通药物相区别的要点。

兽用抗肿瘤药与人用抗肿瘤药多方面存在差异。抗肿瘤药的不良反应可能与更有利的预后相关，人可以将延长寿命作为动力而忍受严重不适，兽用抗肿瘤药目的是减轻或推迟疾病进展和临床症状进展，治疗期间的不良事件必须很低。动物主人或兽医可以因为不良事件决定停止治疗，而不是损害动物的生活质量。对于兽用抗肿瘤药，任何症状缓解和生活质量的改变指标与延长生存时间相关的终点一样重要。

有效性可分为剂量特征相关数据和田间试验。剂量特征包括剂量、剂量范围、给药途径、给药间隔、给药时间以及适应证肿瘤类型有效性。可以但不限于通过剂量递增、药代动力学、剂量探索、耐受性、剂量确认以及文献资料予以支持。

① 制剂和包材。口服给药的细胞毒性物质，为确保使用者安全，片剂不能采用半片或粉碎后使用，不建议采用胶囊，包衣片是首选剂型。片剂规格应按动物体重制定，整片给药。为避免儿童意外接触药物，需采用防儿童开启包装；口服溶液建议配置合适的滴管；肠道外给药制剂建议使用带胶塞瓶；为减少配药步骤，可采用与动物大小相匹配的预填充式注射器。

② 药效学。阐明药物作用及作用机制，如抗肿瘤活性、基于动物肿瘤模型和靶点生物特性的体内外研究等。全新兽药可参考人用抗肿瘤药物非临床评价 S9 提供非临床研究数据，用于治疗有限的晚期肿瘤患者的药物、细胞/基因毒性药物的生殖毒性、遗传毒性和致癌性通常是不必需的。

③ 药动学。可结合剂量探索/耐受性研究获得靶动物药代动力学数据，药代动力学数据是给药间隔的制定依据，采用患病或健康犬猫试验需要说明理由，鼓励进行群体药代动力学研究。

④ 剂量确定试验。可能包括剂量递增试验、靶动物药代动力学研究、在靶动物上探索合适的剂量和安全范围，确定敏感肿瘤类型。可使用健康或患肿瘤犬，但应充分说明理由。如果伦理允许，首选未经化疗的患犬，如果患犬使用过化疗药物，需充分了解化疗药物信息，分析前期治疗毒性的影响。剂量单位使用 mg/m^2 时，小型犬的药物暴露比大型犬更高，因此，大型犬使用 mg/m^2 而小型犬（如体重≤10kg）使用 mg/kg 为剂量单位是可以接受的。靶动物 DLT/MTD（剂量限制性毒性/最大耐受剂量）和 PK/PD（药动学/药效学）可作为确定给药途径、给药剂量和给药频率的支持数据。

细胞毒性药物要考虑药物的毒理学特点，通过剂量递增研究（如改进的 Fibonacci 方案、加速滴定、贝叶斯设计等）来确定 DLT 和 MTD。初始剂量和剂量增量幅度应考虑毒性，如果无可参考的靶动物数据，起始剂量可选择对任何物种都没有严重毒性的剂量。如果采用患犬进行剂量探索研究，应尽量减少暴露于无效剂量的患犬数量。如果不存在明显临床意义毒性，且药物无累积毒性，允许进行动物内剂量递增。达到 MTD 通常是化疗的目标，接下来临床试验通常选择比 MTD 低一阶的剂量。

非细胞毒性药物的剂量探索试验用来确定合适的剂量和安全范围、药理活性/靶点占用、有无剂量限制毒性。批准的人用药如果在健康犬做过评估，实验模型和 PD 参数可以为剂量探索提供充分的基础，只选择 DLT 或药效学终点进行剂量探索是合理的。如果实验模型中没有可用的 PD 指标，可选择患病动物进行研究。

⑤ 剂量确认试验。如果剂量探索中已用患犬研究了单药对拟定适应证类型肿瘤的抗肿瘤活性，剂量特征及临床终点已经明确，则没有必要进行该试验，可直接进行田间试验。如果需要额外提供不同剂量的支持数据，或制定联合用药、联合不同作用机制的活性物质的可行性方案，则需要进行剂量确认试验。剂量确认试验可设或不设对照组，如果设对照组，伦理允许时首选安慰剂/最佳支持治疗（best supportive care，BSC）对照，尤其是非细胞/基因毒性药物，较少动物数量即可获得足够的支持数据。如果合理，可采用开放（非盲法）研究，但要考虑统计推断的局限性。如果采用剂量确认和田间试验无缝衔接设计，必须设立安慰剂或药物对照。

剂量确认试验的目的包括评估目标肿瘤类型的抑瘤率，并确定是否需要进一步研究（检测肿瘤更早阶段的反应，联合用药与标准治疗比较）；就有效性和安全性进一步明确药物的剂量依赖性和时间依赖性特征；药物不良反应特征的进一步研究；最佳给药途径的进一步研究（如适用）；如果肿瘤症状含副瘤综合征，评估疗效时应包括治疗副瘤综合征的反应效果；识别与效应相关的生物标记物，以便更好地定义临床试验的目标动物群体。

a. 动物：可以选择未经治疗或治疗过的动物，要准确记录适应证的确切定义、既往治疗（如有）、肿瘤分级和临床分期。每只入选动物至少有一种客观可测量指标或可评价的指标。临床试验的靶动物群应是临床无有效方法治疗的动物或是无药可用的动物。

b. 伴随治疗：所有作为方案一部分使用的化疗药物增效剂、化疗药物保护剂、耐药性改变剂必须详细明确。根据医学需要可给予辅助治疗，但必须记录。研究期间的禁忌治疗应明确说明。研究期间不允许任何其他抗肿瘤治疗及类固醇治疗，除非治疗方案有具体描述。否则，该动物必须剔除。探索联合治疗时，同时进行了手术或放疗，手术或放疗区域只能用于疗效评估。

c. 治疗方案：应有明确定义的治疗方案。剂量、疗程、可能的调整和调整标准都应明确规定。为获得预期效果或避免毒性需要采用辅助治疗（如利尿）。

d. 治疗终点和结论：研究持续时间应足以获得和准确报告下列数据：剂量和/或疗程的充分性；剂量减少和剂量增加规则的充分性；毒性，包括累积毒性，如果可行，也包括长期效应；对肿瘤相关疼痛/不适症状的影响。

e. 细胞毒性药物。

剂量和疗程：通常，如果疗效过低或毒性过高就会采用预先定义的规则终止治疗。需提供与观察到的毒性严重程度有关的剂量修改概要信息。试验方案中应预先定义在低毒性情况下剂量增加的规则和高毒性情况下减少剂量的规则。

毒性评价：不良反应评价需要持续进行。任何累积毒性都要记录并作为一种效应在总剂量估计中予以考虑，根据靶器官或功能进行具体研究。毒性评价应采用标准化毒性标准，如兽医合作肿瘤小组（VCOG）评估标准，必要时，为了能包括预期的毒性，可提前对标准化毒性标准进行适当修改或扩展。

效应评价：用于测量和评估效应的方法应在研究方案中说明和论证。客观反应为肿瘤的可测量指标缩小，通过使用合理的程序评估靶病灶缩小/其他指标降低。对副肿瘤综合征相关症状的影响也应评估。当存在多个病灶时，在研究开始时可选择有代表性的病灶进行测量和评估客观反应，但研究期间应评估其他病灶的进展情况和新病灶的发生和进展情况。成像技术可能不适用某些肿瘤的评估，如使用照片或卡尺记录的浅表肿瘤。

客观缓解率（objective response rate，ORR）包括完全反应（CR）和/或部分反应（PR），应采用国际标准（如 RECIST 或 WHO 标准）进行记录，在某些情况下如果修改，在研究方案中应预先进行论证和定义。研究方案应提供关于反应/进展标准和反应评估时间的详细信息。鼓励对肿瘤反应进行外部独立评估。在评估 ORR 时，应报告所有参与研究的患病动物数据。如果每个方案分析集中 ORR 最重要，那么应报告研究中所有患病动物数据。如可行，应报告至肿瘤进展时间（time to tumor progression，TTP）数据。鼓励采用肿瘤标记物和其他活性动态测量方法，特别是分子靶向治疗研究。

基线有症状的患犬，临床体征控制（疼痛/不适症状）评估被认为是重要的，前提是随机研究。如果采用剂量确认-田间试验无缝衔接设计，则应始终包括反映生活质量的终点。

f. 非细胞毒性药物：利用预先定义的治疗方案，探索对特定肿瘤类型或具有共同靶点/分子病变的肿瘤类型的影响。这些物质可能通过生长抑制或引起早期肿瘤缩小而起作用，在不同的亚组患病动物中，相同物质可能作用不同，这影响了 TTP 或 ORR 是否可任意作为抗肿瘤活性评估最合适的终点。TTP 通常是最好的选择指标，TTP 需要使用对照药或安慰剂的随机对照组来进行效果评估。为了比较肿瘤进展，必须对所有动物使用相同的评估时间点。在使用 ORR 的情况下，如果产品引起肿瘤坏死或水肿，则可能需要修改反应标准，标准的任何修改应预先描述和定义。为了能够准确评估活性物质，最好包括有进展性肿瘤的动物。由于自发进展不可能满足 PR 标准，如果无对照组，ORR 被认为是一种可解释的指标。如果采用随机盲法设计，鼓励进行生活质量评估和临床体征控制评估。

对于主要用于抑制肿瘤生长物质的探索性研究，目前还没有理想的设计方法。

毒性评价与细胞/基因毒性药物评估原则相同。

⑥ 田间试验：田间试验是抗肿瘤药根据临床试验方案拟申请适应证，在实际临床情况下对靶动物的安全性和有效性评估。不良事件及退出研究动物的安全性描述按照 VCOG 建议的标准进行记录和报告。

试验首选随机安慰剂和/或阳性药物对照，采用盲法控制主观指标（如 TTP）产生的偏倚。如果合理，可采用开放试验，但会影响试验终点的准确性。一般不接受单臂临床试验，即没有对照组的研究。

临床终点：终点的选择应适当反映药品满足这些期望的程度，将疾病进展推迟到有临床意义的程度，姑息治疗时在剩余的生命周期内维持或提高生活质量，患病动物延长预期生命时间。

临床终点分为与肿瘤发展相关终点（a）、与生存相关终点（b）、与健康相关的生活质量终点（c），部分终点有交叉。与肿瘤发展相关的终点包括 TTP、缓解时间、肿瘤稳定、不同肿瘤标志物的评估。总生存期（overall survival，OS）、无进展生存期（progression-free survival，PFS）、无病生存期（disease-free survival，DFS）、无事件生存期（event-free survival，EFS）是与生存相关终点的主要参数。最好使用普遍接受的标准正确定义每个参数。OS 要充分考虑随后的抗肿瘤治疗影响和安乐死因素。在基线有肿瘤或副肿瘤综合征症状的患病动物中，与健康相关的生活质量终点包括临床体征的控制、症状性肿瘤进展时间、疼痛/不适/活力评估，还包括食物摄入量、体重或身体状况评分的变化等临床一般情况。动物生活质量受损是不可接受的，除非有令人信服的证据表明治疗只引起一段有限的不适期，随后会对寿命和生活质量产生显著的有益影响。主要终点要从 a 或 b 中选择，还需要来自 c 相关次要终点的额外支持，应提供足够数量的参数。新兽药有效性研究应该结合标准治疗进行评估，治疗标准包括但不限于手术、放射治疗或其他化学治疗，标准治疗应该通过文献或其他手段证明是合理的。

参考文献

[1] 中国兽药典委员会. 中国兽药典（2020 年版）. 北京：中国农业出版社,2020.

[2] 农业农村部兽药评审中心. 兽用化学中药研究技术指导原则汇编（2022 年）. 北京：中国农业科学技术出版社,2022.

[3] VICH 指导委员会. 兽药注册的国际技术要求. 北京：中国农业出版社,2020.

[4] 中华人民共和国国务院. 兽药管理条例. 2004.

[5] 中华人民共和国农业部. 兽药注册办法. 2014.

第 2 章
兽药安全性评价的一般毒性试验

兽药安全性评价的一般毒性试验是研究兽药在一定剂量、一定接触时间和一定接触方式下对实验动物产生综合毒效应的试验。兽药一般毒性试验相对特殊毒性试验而言，根据实验动物接触外源化学物的时间长短不同，可将一般毒性试验分为急性毒性试验、蓄积毒性试验、亚慢性毒性试验和慢性毒性试验等。实验动物接触兽药时间最短的是兽药急性毒性试验，通常染毒一次，受试药物溶解度低导致已达动物最大染毒体积仍观察不到毒性作用时，亦可 24h 内染毒多次；兽药蓄积毒性试验需多次持续染毒（通常每天染毒一次），但染毒天数一般不超过 30d；兽药亚慢性毒性试验和慢性毒性试验的染毒持续时间更长，亚慢性毒性试验持续染毒时间最长可达动物寿命期的 10%（例如大鼠为 3 个月，犬为 1～2 年）；慢性毒性试验持续染毒时间理论上应为受试动物的终生或大部分生命期，例如小鼠为 18 个月，大鼠为 24 个月，犬和猴为 7～10 年，《兽药慢性毒性和致癌试验指导原则》（农业部第 1247 号公告附件 15）规定，慢性毒性试验期限不能少于 6 个月。

2.1

急性毒性试验

2.1.1　基本概念及试验目的

兽药急性毒性试验是兽药毒理学安全性研究中最基础的工作，兽药急性毒性试验结果及数据资料是我们了解兽药对机体产生急性毒性的根本依据，也是开展兽药后期试验时剂量设计的主要参考依据。

（1）基本概念　急性毒性（acute toxicity）指机体（人或动物）一次或于 24h 内多次接触外源化学物后，在短期内所发生的毒性效应，包括一般行为、外观改变、大体形态变化、致死效应等。

急性毒性的概念中既包含时间因素，又与染毒途径有关。"一次或 24h 内多次"因染毒途径不同而具有不同的含义。灌胃、注射或注入时，"一次"均指在瞬间将外源化学物给予实验动物，其他途径如经呼吸道和皮肤染毒时，"一次"是指在一个特定的期间内，使实验动物持续地接触受试化学物的过程。"24h 内多次"是指当外源化学物的毒性过低时，一次给予最大容量和最大浓度，仍然观察不到毒性作用或达不到规定的限制剂量，则需要在 24h 内将受试化学物分 2～4 次给予实验动物。所谓短期内，一般指染毒后 7～14 天。

各种外源化学物包括工业化学品（化工原料及产品）、农用化学品（农药、化肥）、药物（医药、兽药、饲料添加剂）、食品添加剂（抗氧剂、着色剂、防腐剂、调味剂）、日用化学品（洗涤剂、化妆品）等，在合成初期，都必须进行急性毒性试验，为毒理学评价提供生物学信息，并为管理毒理学提供重要的决策资料。

（2）试验目的　急性毒性试验（acute toxicity tests）是一般毒性研究的主要内容之一，其主要目的是：①了解外源化学物急性毒性的强度。由急性毒性试验可得到两类毒性参数，一类是以死亡为终点的毒性上限参数，包括绝对致死量、半数致死量、最小致死量、最大耐受量等；另一类是以非致死性急性毒性作用为终点的毒性下限参数，包括急性阈剂量和无作用剂量等。急性毒性试验中，用小动物实验可求出外源化学物对一种或几种实验动物的急性 LD_{50} 或 LC_{50}，用大动物实验可求出近似致死剂量（approximate lethal dose，ALD），根据 LD_{50}（LC_{50}）值可进行急性毒性分级，以初步评价外源化学物对机体急性毒性大小和急性毒性作用的强度。②了解外源化学物毒作用的性质、毒效应的特征及可能的靶器官，初步评价外源化学物的危险性。根据动物中毒症状和死亡情况提供短期接触外源化学物所致毒效应的中毒资料和信息，初步评价受试化学物对人或靶动物损害的危险性。③探求外源化学物的剂量-反应（效应）关系，为亚慢性毒性、蓄积毒性和慢性毒性及特殊毒性试验染毒剂量的设计和观察指标的选择提供参考。④初步了解动物致死的原因，为研究毒作用的机制提供线索，进而为制订中毒急救治疗措施提供依据。

2.1.2　急性毒性试验设计

急性毒性试验是最基础的毒性试验，除经典的急性致死性毒性试验测定外源化学物的半数致死量外，还有其他急性毒性试验方法，如半数耐受限量测定法、7d 喂养试验、近似致死量试验、固定剂量法、急性毒性分级法、阶梯法、金字塔法、限量试验、急性系统毒性试验等。兽药急性毒性评价现仍采用半数致死量（LD_{50}）测定法（农业部第 1247 号公告附件 7），因此本文主要介绍经典急性毒性试验（LD_{50} 测定）以及鱼类半数耐受限量测定。

2.1.2.1　半数致死量（LD_{50}）测定的试验设计

关于半数致死量测定的程序及设计，国内外均有法律文件规定，现将试验设计的基本原则简述如下。

（1）实验动物的选择　化学毒物对不同种属不同品系动物的毒性作用可能存在显著差异，实验动物选择是否恰当，直接关系到毒理学研究结果是否准确。因此，研究兽药的急性毒性、测定 LD_{50} 时，必须对实验动物的物种、品系及个体进行选择。

① 物种和品系选择。一般而言，动物和人对外界环境因素作用的反应不尽相同，因为动物发展进化程度愈高，其机体结构愈复杂，对外界环境因素的反应愈具有多样性。尽管如此，但动物和人在发病学的基本环节上，仍然存在一定的共性，故基础毒性试验仍以实验动物的整体试验为主，然后将试验结果外推到人。但是，不同物种动物对外源化学物的反应可能存在很大差异，同物种动物的不同品系，由于其遗传学的差异，对某些外源化学物的反应也不尽一致。毒理学实验用动物，应根据实验目的和要求，尽可能选择对化学物的反应和代谢特点与人或靶动物相同或相近的动物。急性毒性研究中，国内外一般主张至少用 2 种动物，包括啮齿类动物和非啮齿类动物，可供选择的啮齿类动物有大鼠、小鼠、豚鼠、家兔等，非啮齿类动物有犬、猫、猴等。目前在国际上应用最多的是大鼠，其次是小鼠。因为大鼠已经人类驯化，有多种纯化品系，价格较低，生殖周期短，易于获得，方便饲养。

兽药急性毒性试验测定 LD_{50} 多用哺乳动物，测定经口 LD_{50} 或吸入 LC_{50} 时，优先选用大鼠，其次为小鼠，当大鼠和小鼠的 LD_{50} 有明显差异时，或在已知人或靶动物体内的生物转化形式和速率与大鼠和小鼠有明显差别时，至少用一种非啮齿类动物实验，一般选用犬（杂种犬或比格犬）。而皮肤急性毒性试验多用白色家兔、豚鼠，成年大鼠也常常是选择的对象。犬、猫可用于急性毒性评价，求其 ALD，但价格高，不宜大量使用。灵长类动物更接近于人，但价格更高，且难以获得，必要时用于验证外源化学物的毒性，或用于比较毒理学的研究。兽药急性毒性试验研究中，根据实验要求，可选用靶动物直接试验，如用鸡测定临床用药物的 LD_{50} 或 ALD，或用猪、鸡、羊等进行验证和比较毒性及比较毒物动力学研究。如果对受试药物的毒性有一定了解，则应选择敏感动物进行试验。

② 个体选择。实验动物的体重、年龄、性别、生理状态、健康及营养状况等亦是影响外源化学物毒性的重要因素，急性毒性试验时，也必须进行认真选择。

a. 体重和年龄。毒理学研究中，应根据研究目的和任务，选择适龄的动物。急性毒性试验要求选用初成年的动物。由于小动物的年龄与体重相关，一般用体重粗略表示年龄大小。用于测定 LD_{50} 时的动物体重为：小鼠 18～22g，大鼠 180～220g，豚鼠 200～250g，家兔 2～2.5kg，犬 10～12kg。用于试验的同一批动物体重变异范围不得超过所用动物平均体重的 10%，否则势必影响试验结果的准确性。

b. 性别。不同性别的动物对外源化学物的敏感性存在差异，急性毒性试验的主要目的是求 LD_{50}，原则要求雌雄动物各半。当外源化学物的毒性有明显的性别差异时，则需要选用雌、雄两种性别的动物分别进行试验，求出各自的 LD_{50}。

c. 其他。生理状态、健康及营养状况对毒性试验结果亦有重要影响，因此，用于急性毒性试验的所有动物，要求是未交配和未受孕的健康动物。试验前应进行 1～2 周的检疫，剔除临床异常者，还应制定合理的饲料配方，以保证实验动物正常生长发育和维持健康。

③ 动物数量。按规定测定外源化学物经口或注射染毒的 LD_{50} 时，大鼠和小鼠等小动物每组雌雄各 5 只，犬等大动物每组雌雄各 3 只。

④ 标记和分组。经选择后用于试验的动物要有明显的标记，以方便观察。实验动物编号和标记的方法有多种，如染色法、耳缘孔口法、烙印法和挂牌法等，试验中应根据动物的种属、数量、观察时间的长短选择合适的方法。

由于实验动物对外源化学物的毒效应存在个体敏感性差异，这种差异即使在同窝动物中也可能存在，因此实验动物分组时应使能控制的因素最大限度地均衡化，难以控制的因素应严格随机化，尽可能减少非处理因素对试验结果的干扰，以避免不均衡分组给试验结果带来人为的误差。毒性试验中，常用完全随机法或随机区组法将实验动物随机分组。

⑤ 禁食。经口染毒时，为避免胃内容物干扰化学物的吸收和毒性，染毒前必须禁食，但饮水不限。大动物一般在每日上午喂食前给予受试化学物。大鼠和小鼠主要在夜间采食，应隔夜禁食，或停食 6～8h。染毒后 2～4h 复食。禁食时间不宜过长，因动物饥饿也可影响试验结果。

（2）实验动物的喂养环境　保持良好的喂养环境也是毒理学研究的重要条件，环境因素对实验结果影响很大，有些药物的 LD_{50} 可随环境温度变化，如异丙肾上腺素的 LD_{50} 在 4℃与 24℃时相比，雄性相差 1000 倍，雌性相差 1 万倍。肾上腺素的毒性还受噪声的影响。光照周期影响酶的活性，进而影响某些药物的代谢和药物毒性。饲养室内氨浓度对毒性试验结果亦有重要影响。一般要求实验动物喂养的室温控制在（22±3）℃，家兔控制在（20±3）℃，相对湿度 40%～70%，氨浓度低于 14mg/m³，噪声低于 60dB，饲养密度适当，1 只兔至少 1m³，10 只小鼠 1.0～1.5m³，10 只大鼠 2～3m³。还要求无对流风，人工昼夜（12h 白昼，12h 黑夜）环境，饮水、饲料清洁，保持室内卫生。

（3）实验动物的染毒途径　进行兽药急性毒性试验时，通常根据实验目的、受试化学物的性质和用途、人和动物实际接触的途径和方式，选择恰当的染毒途径。兽药的染毒途径主要有经胃肠道、呼吸道和皮肤，还有注射等多种染毒途径。《兽药临床前毒理学评价试验指导原则》规定，所有用途的兽药原料药，均需进行经口急性毒性试验（LD_{50} 测定），如是注射用原料药，同时还应开展注射途径 LD_{50} 测定［肌肉注射（简称肌注）、皮下注射或腹腔注射途径任选一种］；如是供皮肤给药的原料药，同时还应开展经皮途径 LD_{50} 测定。

① 经口（胃肠道）染毒。由于许多环境污染物如农药、食品添加剂、兽药残留、工业废水等均可经胃肠道进入机体，因而在环境毒理学、食品毒理学和动物毒理学中，经口染毒（oral exposure）是最主要和最常用的染毒途径，常用于研究非挥发性液体和固体化学物经消化道吸收的毒性和毒作用机制。其方式有灌胃、饲喂和吞咽胶囊等。

a. 灌胃。灌胃是将受试化学物配制成液体剂型，借助灌胃器或导管人工直接定量灌入实验动物的食道进入胃内。其突出的优点是能准确控制剂量，因而成为经常使用的染毒方法，特别在急性毒性和亚急性毒性研究中最为常用。但灌胃工作量大，而且有可能因操作不慎，误伤食道或误入气管造成动物死亡。灌胃前，要根据不同性质的外源化学物选择不同的溶剂，溶解或稀释受试化学物。灌胃体积依所选用的实验动物而定，一次灌胃的体积为：小鼠 0.1～0.4mL/10g，每只不超过 1mL；大鼠 0.5～1mL/100g，每只不超过 4mL；家兔在 5mL/kg 之内；犬不超过 50mL/kg；鸡可将受试物灌入嗉囊，不超过 10mL/kg。

b. 饲喂。饲喂是将外源化学物拌入饲料或溶于饮水中，使动物自行摄入，按动物每日采食量或饮水量计算动物实际摄入化学物的剂量。本法的优点是接触外源化学物的方式与人类和动物实际接触的方式相一致。其缺点主要有：动物特别是啮齿类动物摄食中浪费严重，饲料损失较多，计算的剂量往往不够准确；如果化学物不稳定，在饲料和饮水中分解或与饲料成分发生化学反应，不仅影响剂量的准确性，而且可能改变化学物的毒性；如果化学物具有挥发性，可因挥发使含量降低，并可能经呼吸道吸入，造成交叉接触；如果化学物有异味，动物往往会拒食而影响动物的摄食量；动物需单笼饲养，才能准确计算每只动物摄入受试化学物的量。因此饲喂法适用于 7d 喂养试验、亚慢性和慢性毒性等试验周期较长的毒性研究，一般不用于测定 LD_{50} 的试验。

c. 吞咽胶囊。是将受试化学物按所需剂量装入药用胶囊内，试验时将胶囊放在动物的咽部，强迫动物吞咽。此法的优点是染毒剂量准确；特别适用于有异味、有挥发性或易水解的受试化学物。其不足之处是仅适用于较大动物，如鸡、兔、猫、犬、猪、羊、猴等。

② 经呼吸道染毒。气态和易挥发的液态化学物及气溶胶，均有可能经呼吸道吸入。经呼吸道染毒（inhalation exposure）常用于研究气体、蒸汽、粉尘、烟、雾等环境污染物的毒性，这些外源化学物可由人工染毒，也可由动物自行吸入。前者是将外源化学物注入气管内，后者有静式吸入和动式吸入两种染毒方法。

a. 静式吸入。静式吸入染毒是在密闭的容器或染毒柜中，直接输入一定容积的气态化学物，或定量加入易挥发液体，使其在容器中自然挥发成一定浓度的空气。容器中的空气与外界隔离，无气体交换，将动物置于染毒柜中，与外源化学物接触，故称之为静式染毒。染毒柜中化学物的浓度一般用计算方法折算。染毒的持续时间，依试验要求而定，如求 LC_{50} 时，一般采用吸入 2h。静式吸入染毒的优点是设备简单、操作方便、消耗受试化学物少，对大鼠、小鼠等小动物具有实用价值。其缺点是染毒柜内化学物的浓度随时间延长而降低，难以维持稳定。再者，由于将动物整体置于染毒柜中，有些化学物能经皮肤吸收，可造成交叉接触而影响试验结果。

b. 动式吸入。动式吸入染毒是将实验动物整体或大动物头部置于空气流动的染毒柜中接触受试化学物。动式染毒柜装置由两部分组成，一是补充新鲜空气和排出污染空气的动力系统，二是随时补充浓度较稳定的受试化学物的配气系统，以保证动物吸入染毒过程中，受试物的浓度、染毒柜内氧和二氧化碳分压、温度、湿度等均维持相对恒定。动式吸入过程中，应通过定时采气、定量测定柜内受试化学物的实际浓度，如果没有灵敏、可靠、快速的分析方法，可通过公式计算化学物的浓度。

c. 气管注入。将液态或固态外源化学物注入麻醉实验动物的气管内，使之分布于肺脏。这种染毒途径不用于一般毒性研究，仅适用于制备化学物对肺脏的中毒模型。

③ 经皮肤染毒。有些外源化学物如有机磷酸酯类，还有些液态、气态和粉尘状化学物，与皮肤接触时，可能穿透皮肤角质层经真皮吸收；也可能在局部引起刺激、腐蚀、过敏等损伤；还可能吸收毒性和刺激损伤兼而有之。研究这类化学物的急性毒性常选用经皮肤染毒（dermal exposure）途径，多用大鼠、白色家兔和豚鼠。

经皮肤染毒是指将受试物涂布于动物体表，以观察化学物的经皮吸收毒性和刺激性。染毒前，首先要除去染毒部位的被毛。脱毛方法有多种，主要有机械法和化学法。为保证脱毛部位表皮不受损伤，可在脱毛后观察 24h，确认没有损伤后，再行染毒。脱毛区面积不可过大，一般要求不超过体表面积的 $10\% \sim 15\%$。动物体表面积（S）与体重（W）有关，常用经验公式（$S = 10.4 W^{0.667}$）计算体表面积，确定脱毛区范围大小。

经皮肤染毒时，还应选择适当的溶剂或赋形剂，溶剂或赋形剂要对皮肤无刺激、无损伤，且易均匀涂布。涂布时应保持化学物与皮肤密切接触，并用大于脱毛面积的多孔纱布敷料或塑料薄膜盖住涂布区，以防止化学物挥发。

a. 经皮肤吸收毒性。外源化学物经皮肤吸收是指化学物穿透完整皮肤角质层达到真皮层被吸收入血液的过程，可进行定性试验和定量试验。定性试验用于考察外源化学物能否经皮肤吸收而引起中毒，常用的方法有浸尾试验。定量试验是在脱毛部位定量涂布外源化学物，研究外源化学物经皮肤吸收的剂量-反应关系，并求得经皮 LD_{50}。

皮肤接触外源化学物的时间一般为 $6 \sim 24h$，到时除去敷料或塑料薄膜，用温水或溶剂清洗涂布部位残留的化学物，观察中毒症状和动物死亡情况。

b. 皮肤刺激毒性。指研究外源化学物对皮肤接触部位的损伤，有涂布法、斑贴法和兔耳法。常选用成年健康白色家兔，在背部脊柱两侧备好脱毛区，其面积在 $3cm \times 3cm$ 左右，一侧为对照，另一侧涂布受试化学物。接触 6h 后，清洗化学物，在清洗后的即刻、1h、24h、48h 和 72h 观察皮肤的变化，按皮肤反应评价标准评分。皮肤刺激毒性试验中，由于化学物对皮肤刺激损伤的发展过程较缓慢，评价刺激强度时，一般求其涂布后 24h 与 72h 反应评分的平均值，该平均值被称为"原发刺激指数"，依此评价化学物皮肤刺激毒性的强度。

④ 其他染毒途径。在兽药急性毒性试验中，有时采用注射途径染毒，如溶于水的兽药要求测定静脉注射（简称静注）的 LD_{50}。常用的注射方法有静脉注射、肌内注射、皮下注射和腹腔注射等，不同的注射方法主要用于绝对毒性研究、比较毒性研究、毒物静脉注射代谢动力学研究和中毒的急救药物筛选，常根据试验要求选择。实验动物不同注射途径的注射量见表 2-1。

表 2-1　几种实验动物不同注射途径注射量范围　　　　　　　　　　　　　　单位：mL/只

注射途径	小鼠	大鼠	豚鼠	兔	狗
静脉	$0.2 \sim 0.5$	$1.0 \sim 2.0$	$1.0 \sim 5.0$	$3.0 \sim 10.0$	$35.0 \sim 50.0$
肌内	$0.1 \sim 0.2$	$0.2 \sim 0.5$	$0.2 \sim 0.5$	$0.5 \sim 1.0$	$2.0 \sim 5.0$
皮下	$0.1 \sim 0.5$	$0.5 \sim 1.0$	$0.5 \sim 1.0$	$1.0 \sim 3.0$	$3.0 \sim 10.0$
腹腔	$0.2 \sim 1.0$	$1.0 \sim 3.0$	$2.0 \sim 5.0$	$5.0 \sim 10.0$	$5.0 \sim 15.0$

注：1. 每只动物体重以小鼠 20g、大鼠和豚鼠 200g、兔 2.5kg、狗 10kg 计。
　　2. 剂量范围：前者为常用量，后者为最大用量。

兽药急性毒性试验一般一次性给予受试药物。如估计受试药物的毒性很低或溶解度很低，可一日内多次给予，每次间隔 2～3h，仍合并为一次剂量计算。若总剂量达到 5000mg/kg 仍不引起动物死亡时，即停止更多次的给予。

（4）剂量分组及受试药物配制

① 剂量选择。剂量设计是否合理是 LD_{50} 测定是否准确的关键。探求外源化学物的急性毒性，测定其 LD_{50} 或 LC_{50} 时，应首先广泛查阅文献资料，了解该化学物的化学结构和理化性质，如结构式、分子量、溶解度、挥发度、纯度及杂质含量等，其次确定测定 LD_{50} 的计算方法，然后设计剂量。

剂量组数恰当与否也是确保试验结果准确的条件之一。剂量组数根据所选用 LD_{50} 的计算方法来确定，如寇氏（Kärber）法、Bliss 法，一般设 5～8 个剂量组；霍恩氏法设 4 个剂量组。同时应考虑最高剂量与最低剂量比值的大小，比值较大时，应增加组数。农业部《兽药急性毒性（LD_{50} 测定）指导原则》推荐的 LD_{50} 计算方法为改良寇氏法，剂量组数为 5～7 个剂量组，具体剂量组数根据急性毒性预备试验结果确定。改良寇氏法试验设计的原则是各组剂量按等比级数；各组动物数相等；大致有一半组数的动物死亡率在 10%～50% 之间，另一半在 50%～100% 之间，最好出现 0% 和 100% 的剂量组。兽药急性毒性试验除有特殊规定外，不设对照组。动物经检疫后，随机分配到各剂量组。

兽药急性毒性试验预备试验时，先用少量动物以较大的剂量间距染毒，或者以与受试药物化学结构和理化性质相类似的化学物或衍生物的 LD_{50} 为估计毒性中值，以一定组间设计剂量组，求出待测化学物 0%～100% 或 10%～90% 的大致致死剂量范围。以此为依据设计正式试验的剂量和分组。农业部《兽药急性毒性（LD_{50} 测定）指导原则》推荐的预备试验方法每组设 4 只实验动物（雌雄各半），拟定高剂量组剂量，再按 3～5 的倍数递减设定若干剂量组，依次进行试验，找出 4/4 致死剂量（b）和 0/4 致死剂量（a）。如果高剂量组已达 5000mg/kg 的剂量，实验动物死亡率仍为 0/4，并且将动物数增至 10 只（雌雄各半），重复两次实验动物均未出现动物死亡，则可结束整个急性毒性试验，急性毒性试验（LD_{50} 测定）结论为：受试药物 LD_{50} 大于 5000mg/kg。

兽药急性毒性试验正式试验具体的剂量组数根据预备试验获得的 4/4 致死剂量（b）和 0/4 致死剂量（a）的比值来确定正式试验剂量组数（N）；比值为 2～3 时，正式试验剂量组数（N）设 4～5 组，此时通常设为 5 组；比值为 3～10 时，正式试验剂量组数（N）设 5～7 组，此时通常设为 6 组；比值大于 10 时，正式试验剂量组数（N）通常设 7 组。按下列公式求得相邻两组剂量比值（r）：

$$r = \lg^{-1}\left(\frac{\lg b - \lg a}{N-1}\right)$$

以预备试验获得的 4/4 致死剂量（b）作为正式试验高剂量组（第一组）的剂量，按 r 值等比依次求得其他各剂量组的剂量，或者以预备试验获得的 0/4 致死剂量（a）作为正式试验低剂量组（第一组）的剂量，按 r 值等比依次求得其他各剂量组的剂量。

② 受试药物配制。申报兽药的原料或制剂应为与其他试验同一批号的产品。受试物溶液配制一般采用水或食用植物油（如玉米油、花生油、橄榄油等）。可考虑用吐温-80 作为助溶剂，或用羧甲基纤维素钠、明胶、淀粉等配制成混悬液，不能制成混悬液时，可制备成其他形式（如糊状物等）。必要时可选用二甲基亚砜（DMSD）溶解受试物，但不能采用具有明显毒性的有机溶剂。如采用未知毒性的溶剂应设对照组观察。

受试药物配制时通常按"1∶K 系列稀释法"等容量配制各剂量组所需的受试药物溶

液，根据设计的试验剂量，按实验动物给予受试药物的体积要求，首先确定最大剂量组所需配制的受试药物溶液浓度 C_1 以及各剂量组所需受试药物溶液的体积 v。

受试药物母液应配制的浓度 $C=C_1$，应配制的体积 V（mL）按下列公式计算：

$$V=\frac{v}{1-K}(其中\ K=\frac{1}{r})$$

根据母液浓度及体积计算需称取的受试药物量（mg 或 mL）。

称取受试药物，置烧杯内，加入选定的溶剂溶解或稀释，转入容量瓶内，充分混匀并定容，即获得浓度 $C=C_1$ 的受试物母液。从中取出供最大剂量组（如第一组）给药用的溶液体积 v，向原溶液中加入同体积的溶剂，混匀后溶液浓度为 C_1K，正好是第二组所要求的剂量浓度 C_2；从中取出供第二组给药用的溶液体积 v，再加入同体积的溶剂，混匀后溶液浓度为 C_2K，正好是第三组所要求的剂量浓度 C_3。依此类推，配制得到各剂量组所需浓度及体积的受试药物溶液。

（5）试验期限及观察指标　兽药急性毒性试验的观察期限通常为 7～14d。兽药与人体或实验动物接触后，由于受试物的化学结构、理化特性、染毒剂量以及动物种属和品系的差异，动物出现中毒效应的时间和程度可能存在差异。有的中毒症状发展迅速，在染毒后几分钟内出现中毒症状甚至死亡，呈速发性；有的在染毒几天后才出现中毒症状和死亡，呈迟发性。有的即使给予致死剂量，在初期并无明显中毒症状，但以后逐渐死亡；有的在早期中毒症状轻微，并且很快恢复，但在几十小时后，出现严重中毒症状，如某些有机磷酸酯类化合物的迟发性神经毒性。有的动物个体对化学物的反应存在较大差异，如过氧化二碳酸二环己酯用相同剂量给小鼠腹腔注射，最早死亡时间是 7h，最迟可达 150h。因此，急性毒性试验在求 LD_{50} 时，目前国内外一般要求计算实验动物接触外源化学物后 14d 内的总死亡数。对于速发性死亡的化学物也可只计算 24h 的死亡数，如久效磷 24h 与 14d 的 LD_{50} 没有差别。

① 中毒症状。试验中观察实验动物接触外源化学物后的中毒症状，对于了解受试化学物的急性毒性特征及该化学物毒性作用的靶器官非常重要，临床中毒反应和死亡时间还可为探讨中毒机制提供线索，如染毒后立即出现惊厥、共济失调，甚至死亡，提示该化学物有神经毒性；迟发性死亡提示可能有肝、肾毒性作用；腹泻、竖毛等症状可能是自主神经兴奋的症状。因此，试验中应观察记录发生各种中毒症状的时间、症状表现程度、发展过程、死亡前特征和死亡时间等。

实验动物接触外源化学物后，往往出现兴奋或抑制。兴奋表现为活动增加、躁动、窜跑、跳跃、呼吸加深加快等。抑制表现为动物活动减少、呆立、静卧、步态不稳、呼吸困难等。有的表现刺激症状，搔鼻、尖叫、出汗、流涎，有的在眼、耳、鼻、生殖道有血性分泌物。但接触不同的化学物有不同的具体表现，如丙烯腈和氢氰酸同为氰化物，大鼠或小鼠接触丙烯腈后很快出现兴奋的系列症状，之后才出现呼吸困难，耳和尾呈现青紫色；而接触氢氰酸后呈一过性兴奋，呼吸加深加快，再出现呼吸困难，耳和尾呈桃红色。由此可见，尽管二者均含有 CN^-，但中毒机制则有所不同。

② 体重。在急性试验毒性观察期，体重可以反映动物中毒后的整体变化，一般 3～5d 称量体重一次。体重减轻可能由动物食欲下降、摄食量减少所致；也可能由于化学物干扰代谢系统，影响食物吸收利用。不少学者还观察到 Hormesis 现象（毒物兴奋效应），即潜在低水平化学毒物所产生的刺激效应。有些化学物染毒后，当染毒剂量低于 LD_{50} 时，动物体重增长率大于对照组，其剂量-反应关系呈抛物线形式。

③ 死亡和死亡时间。动物中毒死亡时间是中毒机制研究的重要信息，有的化学物染毒

剂量与死亡时间呈直线负相关，即随着染毒剂量增加，而死亡时间缩短，该现象提示实验动物死亡主要由母体化学物的毒性所致，如久效磷。有的化学物对某种动物对数剂量与死亡时间呈负相关，而对另一种动物无明确关系，如过氧化二碳酸二环己酯，分别给大鼠和小鼠腹腔注射，前者呈明显的负相关，而后者则无，这种现象或许表明过氧化二碳酸二环己酯在大鼠和小鼠体内的代谢过程或代谢产物不同，使其导致死亡的原因不同。因此，急性毒性试验中，应重点观察和记录各个剂量组动物的死亡数以及每只动物死亡的时间，特别是最早出现死亡的时间，分析中毒死亡的规律，将对深入研究该化学物的毒理机制给予启迪。

急性毒性研究中为全面了解外源化学物的急性毒性作用，还应注意观察非致死指标及其可复性。可复性毒效应是指随着外源化学物从体内消除而逐渐减小以至消失的毒效应。在实验动物的毒性研究中观察到的不可复性毒效应，在外推到人体时比可复性毒效应更重要。毒作用的可复性与作用器官和系统、化学物本身的毒作用特点、化学物接触时间、特定时间内机体接触外源化学物的总量、动物的年龄及一般状况有关。外源化学物对再生能力强的器官（如肝脏）的损伤与其对没有再生能力的组织（如神经）的损伤相比较，前者更可能具有可复性。化学物引起机体激素失衡往往是一种可复性的毒效应，如对甲状腺的影响。

④ 病理学检查及其他指标。急性毒性试验中，应及时剖检死亡动物，肉眼观察主要脏器的大小、外观、色泽，有无充血、出血、水肿或其他改变，对有病理变化的组织及脏器应做组织病理学检查。试验结束时，对各剂量组存活动物与对照组动物都应作大体病理剖检，必要时做组织病理学检查。根据试验需要还可扩大观察项目，进行某些特殊检查，如心电图、脑电图、体温和生化指标测定等。

（6） LD$_{50}$ 的计算　LD$_{50}$ 的测定是以动物死活为指标的质反应，当死亡呈正态分布时，一般具有以下特点。①致死剂量的对数值与动物死亡率之间为正态累积曲线关系；②剂量对数值与死亡率之间为"S"形曲线；③剂量对数值与概率单位之间为直线关系；④从实验数据可计算 LD$_{50}$ 以外的其他信息。基于这些特点，设计和推导出不同计算 LD$_{50}$ 的方法。计算 LD$_{50}$ 的方法多达 20 余种，常用的有概率单位法、Bliss 法、改良寇氏（Kärber）法等，其中改良寇氏法在兽药急性毒性试验中最为常用。

改良寇氏法的原法由 Kärber（1931）提出，先后经 Finney、顾汉颐等改进，孙瑞元（1963）对该法进一步改进后的计算方法称为点斜法或孙氏法，增加了不含 0% 和 100% 死亡率的校正式，所得 LD$_{50}$ 及全部有关参数与正规概率单位法相近。当急性毒性试验的最大剂量死亡率为 100%，最小剂量的死亡率为 0%；各组动物数相等；各剂量组的组距等比或剂量对数等差时，用下述基本公式计算 LD$_{50}$：

$$LD_{50} = lg^{-1}[X_m - i(\sum p - 0.5)]$$

当不含 0% 和 100% 死亡率时，用下述公式计算 LD$_{50}$：

此外，还需用下述公式：

$$LD_{50} = lg^{-1}\left[X_m - i\left(\sum p - \frac{3 - p_m - p_n}{4}\right)\right]$$

$$S_{x50} = i\sqrt{\sum \frac{pq}{n}}$$

LD$_{50}$ 的 95% 可信限 $= lg^{-1}(lgLD_{50} \pm 1.96 \times S_{x50})$

式中　i——组距，即相邻两组剂量常用对数剂量之差；

X_m——最大剂量对数；

p——各剂量组死亡率（死亡率均用小数表示）；

p_m——最高死亡率；

q——各剂量组存活率，$q=1-p$；

p_n——最低死亡率；

$\sum p$——各剂量组死亡率之和；

n——各组动物数；

S_{x50}——$\lg LD_{50}$ 的标准误差。

表 2-2 是中药制剂九灵胃康对小鼠的经口染毒急性毒性试验结果。

表 2-2　九灵胃康对小鼠的经口染毒急性毒性试验结果

组别	动物数(n)	剂量		死亡数(n)	死亡率(p)	存活率(q)	pq
		g/kg	对数				
1	10	2.07	0.3160	0	0.0	1.0	0.00
2	10	2.69	0.4298	2	0.2	0.8	0.16
3	10	3.50	0.5441	3	0.3	0.7	0.21
4	10	4.55	0.6580	5	0.5	0.5	0.25
5	10	5.92	0.7723	8	0.8	0.2	0.16
6	10	7.69	0.8859	10	1.0	0.0	0.00
		$i=0.11$		$\sum p=2.8$			

将表 2-2 的结果代入计算 LD_{50} 的基本公式：

可得
$$LD_{50}=\lg^{-1}\left[X_m-i\left(\sum p-0.5\right)\right]$$
$$LD_{50}=\lg^{-1}\left[0.8859-0.11\times(2.8-0.5)\right]$$
$$=\lg^{-1}0.6329$$
$$=4.29(g/kg)$$
$$S_{x50}=0.0307$$

$\lg LD_{50}$ 的 95% 可信限 $=0.6329\pm1.96\times0.0307=0.6329\pm0.0602$。

因此，该药小鼠的经口 LD_{50} 为 4.29g/kg，其 95% 可信范围为 3.74～4.93g/kg。

改良 Kärber 法的优点是计算简便、结果精确、实用性大。我国农业部《兽药急性毒性（LD_{50} 测定）指导原则》规定用此法计算新兽药的 LD_{50}。Bliss 法是公认最精确、最严密的计算 LD_{50} 的方法，我国《新药（西药）毒理技术要求规范》推荐应用该法，上例经 Bliss 法计算得 LD_{50} 及其 95% 可信范围为 4.37g/kg（3.74～5.09g/kg）。由此可见，测定 LD_{50} 的值准确与否，计算方法不是根本的，关键在于试验设计正确与否和操作熟练程度，如果设计合理、操作无误，无论采用何种方法计算，均能得到准确可靠的结果。

2.1.2.2　鱼药急性毒性试验设计

鱼药也是一种兽药，鱼药急性毒性试验通常测定半数耐受限量（median tolerance limit，TLm）而不是半数致死量（LD_{50}），其毒性分级亦以 TLm 数据为依据。

（1）试验目的　鱼类对水环境的变化十分敏感，饵料中药物添加剂和鱼药的生产也必须进行安全评价，利用鱼类急性毒性试验，观察鱼类在有化学物的水环境中的反应，可以比较不同化学物的毒性高低，并可求出半数耐受限量，依此计算外源化学物在水中的安全浓度，为制订水质卫生标准和鱼类安全用药提供科学依据。

（2）试验设计　鱼类急性毒性试验方法有静态方法和动态方法。前者不需特殊设备、操作简便，适用于受试化学物在水中相对稳定、试验过程中耗氧量较低的短期试验。而后者需要一定的设备装置，适用于在水中不稳定、耗氧量较高或时间较长的毒性试验。

以下介绍静态试验的设计。

① 实验鱼的选择及驯养条件

a. 实验鱼的选择。用于鱼类毒性试验的鱼种有我国四大淡水鱼（青鱼、草鱼、鲢鱼、鳙鱼）、金鱼、鲫鱼等，其中以鲢鱼和草鱼较为多用。鱼的大小不同，对化学物毒性的敏感性有所不同，通常是鱼苗较成鱼敏感。因此，要求用于同一试验的实验鱼同属、同种、同龄。鱼的平均体长以 7cm 以下较为合适，金鱼体短、身宽，一般以 3cm 以下合适。鱼的体长系指从上颌至尾柄和尾鳍交界处的水平距离。每个试验浓度需用鱼 10～20 尾。

实验鱼必须健康，试验前在类似试验条件下驯养一周以上，驯养期间每天投饵料一次。根据驯养缸中鱼的密度和对鱼的观察，每天换水一次或数次，以保证水中有足够的溶解氧。试验前一天停止投饵，但 96h 以上的试验每天应投入少量不影响水质的饵料。试验前 4d 要求驯养缸中的鱼最好不出现死亡，即使有死亡，应不超过 10%，否则不能用于正式试验。

b. 驯养条件。驯养缸中试验水的温度、pH 值、溶解氧、硬度和水量是否合适，均为影响试验结果的重要因素，必须严格控制。一般淡水鱼对水质的要求如下。水温：温水鱼应为 20～28℃，冷水鱼为 12～18℃，同一试验中，温度的波动范围不超过±2℃；pH 6.7～8.5；溶解氧＞4mg/kg；水量要求每 1g 鱼 0.5L 以上。鱼的毒性试验通常在软水中进行，可采用自然界的江、河、湖水，如果用自来水，则必须进行人工曝气或放置 3d 以上脱氯后方可用于试验。

② 剂量选择。试验前广泛查阅文献，参考相关资料初步估计 3～4 个浓度，每个浓度用 3～4 尾鱼，观察 24～48h。目的是确定试验浓度范围，即引起试验鱼大部分死亡和不引起试验鱼死亡的浓度；观察鱼的中毒表现和出现中毒的时间，为正式试验选择观察指标提供依据；同时通过有关化学测定，了解试验液的稳定性、pH 值、溶解氧的变化情况，以便在正式试验时采取措施。

依据预备试验得出的浓度范围，按组间剂量等比设计 5～7 个浓度，所选择的浓度应包括使实验鱼在 24h 死亡的浓度和在 96h 内不发生死亡的浓度。同时设对照组。

③ 试验液配制。配制试验液时，应先配制成少量高浓度的贮备液，试验时临时稀释成所需浓度的试验液。为防止实验鱼接触不均匀的高浓度药液而提前死亡，必须先将药液与稀释水均匀混合，再放入实验鱼，严禁先放入实验鱼后加受试药液。

④ 试验期限及结果观察。试验进行 96h。试验开始后在 8h 内应连续观察记录，8h 后可在 24h、48h 和 96h 详细观察记录。观察指标有理化指标和生物指标，前者用于检查试验条件的稳定性，包括水的溶解氧、pH 值、水温、硬度等。后者包括鱼的死亡率，以及鱼因中毒所致的生理、生化、形态学和组织学的变化。

鱼的死亡数是计算 TLm 值的依据，鱼的死亡判断涉及结果的准确性。判断鱼死亡的方法是当鱼中毒停止呼吸后，用小镊子夹鱼尾柄部，5min 内不出现反应可判定为死亡。试验中应分别记录 24h、48h 和 96h 各组鱼的死亡数。

⑤ 毒性判定。如果受试化学物的饱和液在 96h 内不引起实验鱼死亡，可认为该化学物的毒性不显著，但不能作出无毒的结论，因为是否有毒，还要根据鱼的生化、生理等指标的检查结果，综合分析才能确定。TLm 是鱼类毒性试验的重要指标，用以表示化学物对鱼类生存的影响，其计算方法与 LD_{50} 的计算方法相同。鱼类急性毒性分级标准见表 2-3。

表 2-3　鱼类急性毒性分级标准（白鲢）

毒性分级	TLm/(mg/L)	
	48h	96h
剧毒	<0.5	<0.1
高毒	—	0.1~1
中毒	0.5~10	1~10
低毒	>10	>10

2.1.3　急性毒性评价

为了评价外源化学物急性毒性的强弱及对人类和靶动物的危害程度，通过急性毒性试验测定 LD_{50}，进行急性毒性分级，判断急性毒性的高低。目前国际上仍普遍采用外源化学物的急性毒性分级标准进行评价，尽管各国际组织和不同国家分级标准未完全统一，但具体内容基本相同，如表 2-4 为《食品安全国家标准　急性经口毒性试验》（GB 15193.3—2014）中的急性毒性（LD_{50}）剂量分级表，表 2-5 为世界卫生组织（WHO）的外源化学物急性毒性分级表。《兽药急性毒性（LD_{50} 测定）指导原则》（农业部第 1247 号公告）的急性毒性（LD_{50}）剂量分级表和《食品安全国家标准　急性经口毒性试验》（GB 15193.3—2014）的剂量分级表内容一致。

表 2-4　急性毒性（LD_{50}）剂量分级表

级别	大鼠口服 LD_{50}/(mg/kg)	相当于人的致死量	
		mg/kg	g/人
极毒	<1	稍尝	0.05
剧毒	1~50	500~4000	0.5
中等毒	51~500	4001~30000	5
低毒	501~5000	30001~250000	50
实际无毒	>5000	250001~500000	500

表 2-5　外源化学物急性毒性分级（WHO）

级别	大鼠经口 LD_{50} /(mg/kg)	大鼠吸入 LD_{50} /(mg/kg)	兔经皮 LD_{50} /(mg/kg)	对人可能致死的估计量	
				g/kg	总量/(g/60kg)
剧毒	<1	<10	<5	<0.05	0.1
高毒	1~	10~	5~	0.05~	3
中等毒	50~	100~	44~	0.5~	30
低毒	500~	1000~	350~	5~	250
微毒	5000~	10000~	2180~	>15	>1000

由表中数据可知，急性毒性分级主要以大鼠试验的 LD_{50} 为标准，不能反映动物接触外源化学物的持续时间、频率、程度和各种接触条件的变化，而且在毒理学不同的研究领域，对不同类型的外源化学物还有不同的毒性分级系统，如工业毒物急性毒性分级标准（5 级）和农药急性毒性分级标准（4 级）等。

在新药临床前毒理学评价中，急性毒性试验的 LD_{50} 和其他参数可用以评价新药的相对毒性。对外源化学物而言，LD_{50} 越小，毒性越大，对靶动物和人产生危害的可能性就越大。对药物而言，用相对毒性参数来衡量安全性更具有实际意义。相对毒性参数越大，则产生毒性所需的剂量与所产生疗效所需的剂量比值越大，安全范围也越大。相对毒性参数包括治疗指数、安全范围、安全系数和可靠安全系数等。治疗指数是半数致死量（LD_{50}）和半数有效量（ED_{50}）之比。安全系数是基本无害量（LD_5）与基本有效量（ED_{95}）之比。可靠安全系数是肯定无害量（LD_1）和肯定有效量（ED_{99}）之比。

LD_{50}是评价外源化学物急性毒性的重要参数，但仍然存在一定的局限性，主要表现在：消耗动物量大；获得的信息有限，动物死亡和观察的症状不足以反映生理学、血液学和其他化验检查所提供的毒性信息；有许多因素影响LD_{50}的测定，实际上测得的LD_{50}是近似值。

此外，LD_{50}所表达的是50％动物存活与50％动物死亡的点剂量，是一个质的现象，而在实际工作中，往往发现有些外源化学物用同一物种、同一品系的实验动物，用相同染毒条件所得到的LD_{50}相同或相似，但其毒作用带或致死剂量范围却有明显的不同，表明化学物的实际毒性存在差异。如图2-1中，A、B两种化学物的LD_{50}相同，但A的毒作用带的斜率（致死剂量范围）大于B，当A化学物的剂量稍有增加，死亡率则有明显上升；而B化学物的斜率较小，剂量增加，死亡率增加较为缓慢。低于LD_{50}的剂量时，同一剂量的B化学物引起实验动物的死亡率高于A化学物。由此可见，在较低剂量时，斜率小的化学物危险性大；而在较高剂量时，斜率大的化学物毒性大。又如B、C、D三种化学物，其剂量-反应关系曲线（用剂量对数和死亡率的概率单位转换成直线）的斜率相同，但LD_{50}是B＜C＜D，表明急性毒性大小次序是B＞C＞D。因此在评价外源化学物的急性毒性时，除LD_{50}之外，应参考剂量-反应曲线的斜率。

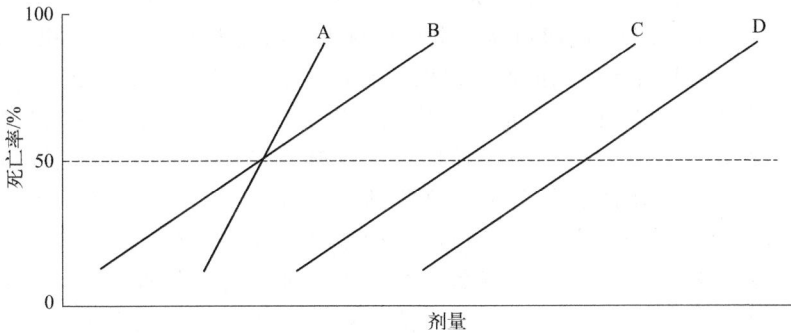

图2-1　4种不同外源化学物的LD_{50}及剂量-反应关系曲线

综上所述，尽管以LD_{50}为基础的急性毒性分级标准有一定的科学依据和实用价值，但评价外源化学物的急性毒性均基于经验而确定，其客观性存在不足，还有不少需推敲和深入探讨之处，要在实践中不断地修改，加以完善。死亡仅仅是评价急性毒性的许多观察终点之一，因此急性毒性试验不等于LD_{50}测定。急性毒性试验中，可用少量动物测定ALD，并进行临床观察、化验检查和病理学检查，当口服剂量大于5g/kg或注射剂量大于2g/kg时，不产生急性毒性或死亡，则不必准确地测定LD_{50}。FDA认为LD_{50}及其斜率在化学物的急性毒性评价中是必不可少的，因此评价外源化学物的急性毒性时，不应仅仅根据化学物的LD_{50}，应在LD_{50}之外加上急性毒性作用带或其斜率进行综合评价，报告化学物的急性毒性还应详细描述动物的中毒症状及程度、出现症状的时间、死亡前的症状及死亡时间、存活动物的体重变化和死亡动物的病理变化等。

2.2

蓄积毒性试验

2.2.1 基本概念及试验目的

外源化学物不论以何种方式与机体接触进入体内后，都要经过分布、代谢和排泄的过程，有些化学物不经转化以原型（母体化学物）直接排出体外，另一些化学物则经氧化、还原、水解或结合后，以代谢产物的形式排出体外。当外源化学物反复多次与机体接触，化学物吸收进入体内的速率或数量超过代谢转化和排泄的速率或数量时，化学物或其代谢物在体内的浓度或量将逐渐增加并贮留，这一现象被称为外源化学物的蓄积作用（accumulation）。蓄积是化学物在机体内分布的一种特殊形式，蓄积部位化学物的浓度相对较高，因此化学物容易蓄积的组织和器官叫作贮存库。贮存库有血浆蛋白、脂肪、肝脏、肾脏、骨骼等，如骨骼是铅的贮存库，脂肪是有机氯类农药的贮存库。

蓄积作用有物质蓄积和功能蓄积之说。物质蓄积指机体反复多次接触外源化学物一定时间后，用化学分析方法能够测得机体（或某些组织器官）内存在的该化学物的原型或其代谢产物，如汞、铅、DDT 代谢物等在生物材料中的浓度升高。功能蓄积指外源化学物多次与机体接触，引起机体功能损害的累积所致的慢性毒性作用。但功能蓄积可能是损害的累积，也可能是毒性很大的极微量的母体化学物及其代谢物，用目前的分析方法检测不出的物质蓄积，如有机磷化合物沙林微量反复进入机体时，因沙林很快降解，代谢物也很快从尿中排出，血液和脏器中很难测到。但沙林与乙酰胆碱酯酶结合形成的磷酰化胆碱酯酶，用一般分析方法难以检测到磷酰基残基，而酶很快老化，此时，沙林的磷酰基残基依然存在，乙酰胆碱酯酶持续失去功能。有些情况下，也可能物质蓄积和功能蓄积二者兼有。因此物质蓄积与功能蓄积同时存在，互为基础，实际工作中难以严格区分。

蓄积作用是外源化学物导致慢性毒性作用的物质基础，因此蓄积毒性试验的主要目的是了解外源化学物在动物体内的蓄积情况，求出蓄积系数 K，判断蓄积毒性强弱；为评价该化学物的慢性毒性和其他毒性试验的剂量选择提供参考；了解动物对受试化学物能否产生耐受现象，为制订卫生标准选择安全系数提供依据。

2.2.2 蓄积毒性试验方法

蓄积毒性试验是外源化学物基础毒性研究的重要内容之一，当大鼠经口 $LD_{50} > 5000mg/kg$，或已做过代谢动力学研究，有消除半衰期（$t_{1/2}$）数据的，不需做蓄积毒性试验。兽药蓄积毒性试验很少开展，主要原因是兽药申报资料所包括的研究资料基本包括代谢动力学研究资料，大多均已有消除半衰期数据。

研究外源化学物蓄积毒性的方法有多种，但均不完善，尚待深入研究和改进，常用的有蓄积系数法、20d蓄积试验法和生物半衰期法。

2.2.2.1 蓄积系数法

蓄积系数法以一种生物效应为指标，用经验系数评价外源化学物的蓄积作用，其基本原理是在一定期限内，以低于致死剂量的受试化学物，每日给予实验动物，直至出现某种预期效应（如半数死亡）为止，计算达到此预计效应的累积剂量，累积剂量与一次接触该受试物产生相同效应的剂量的比值，即为蓄积系数（accumulation coefficient）。毒理学领域研究外源化学物的蓄积毒性作用时，多以小鼠或大鼠为实验动物，一般以死亡为效应指标，故蓄积系数（K）的计算公式为：

$$K = \frac{LD_{50(n)}}{LD_{50(1)}}$$

式中　$LD_{50(n)}$——多次染毒使动物出现半数死亡的累计剂量；

　　　$LD_{50(1)}$——1次染毒时动物死亡半数的剂量。

测定外源化学物蓄积系数的试验设计如下。

取体重15～18g小鼠或200g左右大鼠，按人或靶动物实际接触方式染毒，求出$LD_{50(1)}$。然后选取相同条件的实验动物至少40只，雌雄各半，随机分为染毒组和对照组，按下述方案染毒，求蓄积系数K。

（1）固定剂量法　固定剂量法试验组在（1/20～1/5）LD_{50}范围内选择一个剂量，每日以此固定剂量、定时并且以相同途径染毒，直到试验组动物累积半数死亡，计算累积染毒剂量$LD_{50(n)}$，求K值。当动物死亡未达半数但染毒剂量达到5个LD_{50}时，亦可终止试验，并得出$K > 5$的结论。按固定剂量法设计，染毒剂量达到5个LD_{50}时蓄积毒性试验的试验期限最短为25d，最长则为100d。为科学合理缩短试验期限，剂量递增法应运而生。

（2）剂量递增法　剂量递增法按表2-6的染毒方案，以4d为一期，每期按一定比例递增染毒剂量。当动物累积死亡一半时结束实验，计算累积剂量和K值。当动物无死亡或死亡数不足一半时，一般在染毒第21天可结束实验，因累积染毒剂量已达5.26个LD_{50}，表明$K > 5$，试验期最长28d。试验中递增剂量时，应先称量动物体重，按实测体重调整化学物的染毒剂量。

表2-6　剂量递增法染毒方案　　　　　　　　　　　　　　　　　　　　　　　　单位：LD_{50}

项目	1～4d	5～8d	9～12d	13～16d	17～20d	21～24d	25～28d
每日染毒剂量	0.1	0.15	0.22	0.34	0.50	0.75	1.12
4d累积剂量	0.4	0.6	0.90	1.36	2.00	3.00	4.48
累积总剂量	0.4	1.0	1.90	3.26	5.26	8.26	12.74

注：耐受性测定方法。

蓄积毒性试验结束时，常进行耐受性试验。其方法是将试验组存活的动物和对照组动物均给予1次冲击剂量（一般用1次LD_{50}的剂量），统计动物死亡率并进行比较。若试验组动物的死亡率明显低于对照组，表示动物对该化学物有一定耐受性；若试验组动物死亡率高于对照组或无显著差异，表示动物未产生耐受性。

2.2.2.2 20d蓄积试验法

20d蓄积试验法来源于我国《农药登记毒理学试验方法》（GB 15670—1995），选择动物的条件同上，动物随机分为5组，每组10只，雌雄各半，以LD_{50}的0、1/2、1/5、1/10和1/20剂量，每日染毒1次，连续20d，累积剂量分别为0、10、4、2、1个LD_{50}，观察记录每组动物死亡数，按下列标准评定。①各剂量组动物均无死亡，其他各组间无剂量-反应关系，为无明显蓄积；②如 $1/2\ LD_{50}$ 剂量组有死亡，其他组均无死亡，为弱蓄积；③如 $1/20\ LD_{50}$ 剂量组无死亡，其他组间死亡数有剂量-反应关系，为中等蓄积；④如 $1/20\ LD_{50}$ 剂量组有死亡，且有剂量-反应关系，为强蓄积。

2.2.2.3 生物半衰期法

生物半衰期法是用毒物动力学原理阐明外源化学物在机体内的蓄积特征。化学物在机体内蓄积的速率和量与机体单位时间内吸收该化学物的速率和消除速率有关，当外源化学物吸收速率超过消除速率时，就引起该物质的蓄积。然而化学物在机体内的蓄积有一定极限，并不随着化学物持续进入体内而直线上升，这是因为在化学物吸收进入体内的同时，体内也有生物转化和排泄过程，当吸收与消除达到平衡时，蓄积量不再增加。一般而言，若以 $t_{1/2}$ 等间距、等剂量染毒时，化学物在体内经 5～6 个 $t_{1/2}$ 的染毒期即可基本达到蓄积极限，此时理论蓄积量为极限值的 96.9%～98.4%（图 2-2）。半衰期较短的化学物达到蓄积极限所需时间也较短，相反则较长。

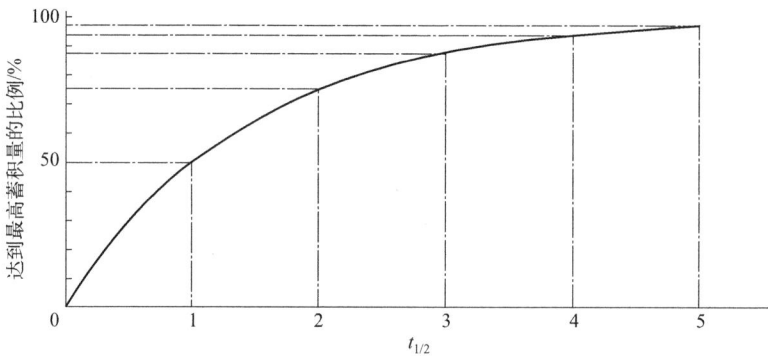

图 2-2 外源化学物在机体内的蓄积曲线

根据毒物动力学数学表达式 $C=C_0 \mathrm{e}^{-k_\mathrm{c}t}$ 可推算蓄积极限值。

将上式积分得 $C=C_0/[k_\mathrm{e}(1-\mathrm{e}^{-k_\mathrm{c}t})]$

以机体每日吸收化学物的量 a 代替 C_0，以经 t 日后机体内化学物总蓄积量 A 代替 C，则上式改写成：

$$A=a/[k_\mathrm{e}(1-\mathrm{e}^{-k_\mathrm{c}t})]$$

当 $t=\infty$ 时，则上式改写成：

$$A_\infty=a/k_\mathrm{e}$$

将 $t_{1/2}=0.693/k_\mathrm{e}$ 代入上式，则：

$$A_\infty=a/(0.693/t_{1/2})$$

展开上式即为：$A_\infty=1.44at_{1/2}$

由此可见，蓄积极限值就是每日机体吸收外源化学物的量 a 与 $t_{1/2}$ 的乘积，再乘以常数 1.44。达到蓄积极限之后，继续染毒，蓄积量基本不再增加。根据该值可以大致判断化学物引起中毒的时间。

2.2.3　蓄积毒性评价

在蓄积系数法中，常用蓄积系数分级标准（表 2-7）评价化学物的蓄积毒性。

表 2-7　蓄积系数分级标准

蓄积系数(K)	蓄积毒性分级	蓄积系数(K)	蓄积毒性分级
$K<1$	高度蓄积性	$3\leqslant K<5$	中等蓄积性
$1\leqslant K<3$	明显蓄积性	$K\geqslant 5$	轻度蓄积性

一般认为，K 值越小，表明化学物蓄积毒性越大。如果化学物在动物体内全部蓄积或每次染毒后毒效应叠加，则 $K=1$；如果反复染毒产生过敏现象，则可能 $K<1$；若化学物产生部分蓄积，则 $K>1$。

虽然蓄积系数方法简单，对评价化学物的蓄积作用有一定的价值，但不易判定是物质蓄积还是功能蓄积，而且有些外源化学物的慢性毒性无法用 K 值表示，比如有免疫毒性的化学物 K 值不一定很小；又如有中枢神经慢性毒性和非胆碱能毒作用的有机磷酸酯类化学物的 K 值往往很大；还有丙烯腈在小鼠体内的蓄积系数 $K>12.8$，但仍然有慢性危害。因此用蓄积系数评价化学物的慢性毒性应该慎重。

总之，蓄积毒性试验中，除观察死亡情况外，还应仔细观察并详细记录动物一般表现及体重变化，必要时应进行病理学检查，以便了解化学物可能的靶器官。有学者提出对于蓄积毒性和耐受性试验方法，有待进一步研究和改进。

2.3

亚慢性和慢性毒性试验

2.3.1　基本概念及试验目的

2.3.1.1　基本概念

（1）亚慢性毒性　亚慢性毒性（subchronic toxicity）是指人或实验动物连续较长时间接触较大剂量的化学物所出现的中毒效应。较长时间通常指单次染毒与 10% 动物寿命之间的范围。较大剂量是相对于低剂量而言，没有明确的剂量下限，但剂量上限一般低于急性毒性的 LD_{50}。除了具有急性毒性的化学毒物要进一步了解其长期毒性（亚慢性和慢性毒性）外，有些化学物即使其急性毒性非常低，依据急性毒性分级标准可划分为相对无毒物质，但是由于这些毒物持续存在于环境中或是人类长期使用，在机体内具有一定的生物蓄积能力并可产生不良健康效应，故也应对它们的长期毒性加以研究。

亚慢性毒性试验以反复染毒、更长的染毒时间以及更为广泛深入的观察为基础，研究在较长时间内接触较大剂量的化学物后，实验动物所产生的生物学效应。在染毒过程中，要求每次（日）染毒剂量以及染毒时间相等。

（2）**慢性毒性**　慢性毒性（chronic toxicity）是指人或实验动物长期（甚至终生）反复接触低剂量的化学物所产生的毒性效应。许多化学物在环境中的浓度并不具有明显的急性毒性，然而在长期慢性接触的情况下，其潜在的、累积的效应就会变得明显起来，如急性接触二噁英和多氯联苯可引发皮肤氯痤疮，对内脏器官却没有明显的急性毒性作用，但当其在体内积累到一定的浓度时，可引起肝脏损害和其他类型的不良作用。同样，短时间接触某一浓度的铅不会引起明显的不良健康效应，但长期接触这一浓度的铅却能引起血液、神经系统、生殖系统的疾患。

2.3.1.2　试验目的

（1）兽药亚慢性毒性试验目的

① 观察较长期饲喂不同剂量的兽药对动物所产生毒性作用的性质；测定兽药的靶器官。

② 获取亚慢性毒性的参数如 NOEL 及 MTD，估测阈剂量（MEL）。

③ 为慢性毒性试验和致癌试验的剂量选择以及观察指标的筛选提供科学依据。

④ 进一步了解兽药的蓄积毒性。

（2）兽药慢性毒性试验目的

① 确定反复将兽药给予实验动物后所出现的慢性毒性作用，尤其是进行性和不可逆的毒性作用以及致肿瘤作用。

② 阐明兽药慢性毒性作用的性质、靶器官和中毒机制。

③ 确定长期接触兽药造成机体损害的 MEL 和 NOEL 及其剂量-反应关系，为制定 ADI 以及最终评定该兽药能否应用提供依据。

凡染毒时间超过 90d 的毒性试验一般均称为慢性毒性试验。评价我国自行创制的化学物（如医用或兽用药品、药物添加剂、农药等）时，要求分别进行慢性毒性试验和致癌试验，必要时两者可以结合进行。

2.3.2　亚慢性毒性试验设计

2.3.2.1　实验动物

理想的实验动物是在化学毒物的代谢过程、生理反应和生化特性等方面基本与人或靶动物接近，而且急性毒性试验已证明其对受试物作用敏感的物种和品系。一般要求选择两个动物种属，即啮齿类（如大鼠、家兔）和非啮齿类（如狗、猴），也可选择靶动物（如鸡）等，以全面了解化学毒物的毒性特征。种系选择多用纯系动物，如大鼠常用 Wistar 和 Sprague-Dawley（SD）品系。另外选择动物时还需考虑供应方便、能提供足够的生物材料以及易于饲养管理等。

亚慢性毒性试验要求动物雌雄各半，但在一些特殊研究中，如研究化学毒物的性腺毒性或生殖毒性时，也可以仅使用一种性别的动物。此外，由于亚慢性毒性试验的试验期较长，所以一般选择刚断乳的健康动物，如体重为 15g 左右的小鼠或 100g 左右的大鼠。

试验组及对照组的动物数应相等，体重（年龄）相近，组内动物个体体重相差不应超过其平均体重的 10%，组间动物平均体重相差不应超过 5%。小动物每组数不应低于 20 只，大动物不低于 6～8 只。若试验设计中要求在试验中期处死部分动物以进行病理学观察，则每组动物数需相应增加。

2.3.2.2 实验动物的饲养管理

实验动物的喂养条件与喂养环境可以影响外源化学物的毒性效应，为此应该给实验动物提供营养合理的饲料以及清洁、充足的饮水，动物室应保持清洁以及适宜的温度和湿度。不同种属的动物应分室喂养，笼具应保证实验动物能自由活动、不拥挤，必要时应单笼喂养，且应有人工昼夜设施。

2.3.2.3 染毒途径

在选择亚慢性毒性试验的染毒途径时应注意：①尽量模拟人类或是动物在环境中实际接触该化学物的途径或方式；②应与预期进行的慢性毒性试验的染毒途径相一致。常用的染毒途径有经口、经呼吸道以及经皮肤等。

（1）**经口染毒**　一般是将受试物与饲料或饮水混合，由动物自由摄入。对有异味、易水解或有挥发性的受试物，或者染毒时间在30d以内的，均可采用灌胃途径染毒。在灌胃过程中应避免出现由操作造成的动物意外死亡或损伤。

（2）**经呼吸道吸入**　每日吸入的时间依试验要求而定。如测定工业毒物的亚慢性毒性时，通常要求每日吸入4～6h。环境污染物一般要求每日吸入4～8h。

（3）**经皮肤染毒**　经皮染毒一般每天染毒6h，每周应对染毒部位脱毛一次。

另外，根据人类接触受试物的实际途径，还可采用经皮下、肌内、静脉、腹腔注射等其他途径染毒。

兽药亚慢性毒性试验首选将受试药物混入饲料中喂养（注意受试药物在饲料中的稳定性）。如有困难，也可加入饮水中或灌胃。当受试药物混入饲料时，需将受试药物给予剂量按大鼠每日饲料摄入量折算为饲料中受试药物浓度（mg/kg），30d喂养试验大鼠每日饲料摄入量按体重的10%折算，90d喂养试验大鼠每日饲料摄入量按体重的8%折算。饮水给予受试药物时，动物每日饮水量按体重的15%～20%计算。灌胃时，大鼠灌胃量按每天1mL/100g体重计算。每天灌胃的时间点也应一致。

2.3.2.4 染毒剂量及分组

亚慢性毒性试验的上限剂量应使实验动物在试验期内连续接触该剂量受试物不发生死亡或仅有个别动物死亡，但可出现明显的中毒效应或是靶器官可出现典型的损伤；低剂量组的动物应不出现毒性反应。然后在最高剂量与最低剂量之间设1～2个剂量组，且各剂量组间的剂量至少应相差两倍。每次试验均应设正常动物对照组，必要时设受试物的溶剂对照组。

兽药亚慢性毒性试验通常设3～5个剂量组和1个对照组。高剂量选择要求受试动物在饲喂受试药物期间应当出现明显的中毒症状但不造成死亡或严重损害；低剂量选择要求受试动物不引起毒性作用，从而估计或确定出最大未观察到有害作用剂量，以期获得比较明确的剂量-反应关系。

兽药亚慢性毒性试验的剂量设计可参考以下原则。

① 以LD_{50} 10%～25%为30d或90d喂养试验的最高剂量组，此LD_{50}百分比的选择主要参考LD_{50}剂量-反应曲线的斜率。然后在此剂量下设几个剂量组。最低剂量不能低于靶动物可能摄入量的3倍。

② 对于求不出LD_{50}的受试药物：30d喂养试验应尽可能涵盖靶动物可能摄入量100

倍的剂量。对于靶动物摄入量较大的受试药物，高剂量组可以按最大耐受剂量设计。90d喂养试验根据30d喂养试验结果确定剂量，或者以靶动物可能摄入量的100~300倍作为最大未观察到有害作用剂量，然后在此剂量以上设几个剂量组，必要时亦可在此剂量以下增设剂量组。

兽药亚慢性毒性试验每个剂量组至少20只动物，雌、雄各半。如果在试验间期要处死实验动物进行检查，则需适当增加各组动物数。

2.3.2.5 染毒时间

对亚慢性毒性试验的染毒时间至今尚无完全统一的认识，可根据研究目的、动物种类和染毒途径而定。在环境毒理学与食品毒理学中，一般要求的亚慢性毒性试验期限为3~6个月，而在工业毒理学中，有专家认为1~3个月即可。因为人类接触大气、水和食品污染物的持续时间一般较久，而在工业生产过程中可能接触到化学物的时间仅限于人一生中的工作年龄阶段，且每日工作一般不会超过8h。

从动物种类和染毒途径来说，染毒时间应该在动物平均寿命的5%~10%范围内。如果采用经口和呼吸道途径染毒，平均寿命较短的动物（如啮齿类）一般的染毒期为3个月；而平均寿命较长的动物（如狗、猴等）一般为1年。如果经皮肤染毒，则上述两种动物的染毒期均为1个月或是1个月以下。

在染毒期间，最好每周连续7d给予受试物。如果试验期超过3个月，可采用每周给予6d。而且每天给予受试物的时间应相同，以维持实验动物血液（体液）中化学物浓度的稳定，以保证每日出现相似的生物效应。

现有学者主张将实验动物90d喂养试验作为亚慢性毒性试验，这是由于有研究报道认为动物如果连续染毒外源化学物3个月，其表现出的毒性效应往往与继续延长染毒期限所表现出的毒性效应基本相同，故不必再延长染毒期限。相应地主张经呼吸道染毒可进行30d或90d试验，每天6h，每周5d。经皮肤染毒试验仅进行30d。

在90d喂养试验中，需先将受试物的LD_{50}值按照实验动物的摄食量折算（约10%）成需拌入饲料或饮水中的受试物的量，然后按设计的染毒剂量分别将受试物均匀混合于饲料或饮水中，连续饲喂90d；试验期间给对照组动物饲喂基础饲料。实验动物均以自来水作饮水。

兽药原料药亚慢性毒性试验最常用的实验动物为大鼠，染毒时间为1~3个月，通常分为大鼠30d（28d）亚慢性毒性试验、大鼠60d亚慢性毒性试验和大鼠90d亚慢性毒性试验，其中最常做的为大鼠90d亚慢性毒性试验。

2.3.2.6 观察指标

外源化学物对机体引起的损害作用可能是多方面的，还可能具有一定的特异性，因此合理选择试验观察指标以及采用灵敏、精确的检测方法是正确评价化学毒物对机体毒效应的关键。观察指标和测试项目一般根据急性毒性试验、蓄积毒性试验提供的信息，以及参考有关文献资料或已有的同系物毒性资料进行选择。通常包括一般性指标、生理生化指标、组织病理学检查以及特异性指标等内容。

（1）一般性指标 一般性指标主要包括对动物中毒症状的观察、增重以及摄食量情况等。它们虽然不是各种受试物对机体产生毒性作用的特异性指标，但却往往是综合毒效应的敏感观察指标。

① 中毒症状。中毒症状可反映受试物对机体全身的作用，也反映受试物对机体器官系统的选择性毒性。在染毒期间应每日观察实验动物出现的行为改变和客观征象的异常，详细记录各症状出现的时间和先后次序，包括食欲、活动、被毛、分泌物、呼吸等，尤其要留意动物被毛的光洁度与色泽、眼分泌物、呼吸、神态、行为等。这些资料有助于判断化学毒物损害机体的部位及程度。

② 动物体重。动物在生长发育期间体重的增长情况是综合反映动物全身健康状况的最基本指标之一。一般来说，应至少每周称量一次体重。动物的体重在一天内的不同时间会有一定差异，一般应选在每日上午的同一时间称重。如果各试验组动物体重增长变化呈剂量-反应关系，可以肯定这是一种综合毒性效应。

③ 饲料利用率。有些化学物会影响动物的饮水量与摄食量。在分析评价染毒对摄食量的影响时，通常以饲料利用率进行比较。饲料利用率即动物每食入 100g 饲料所增长的体重数（g）。如果化学毒物影响食欲，则每日进食量减少，体重增长会受影响，但饲料利用率不一定改变。如果化学毒物干扰了食物的吸收或代谢，虽然不一定影响食欲，但体重增长却减慢，因而饲料利用率会有改变。

（2）**生理生化指标**　根据生理生化指标的变化，不仅可发现受试物所选择作用的靶器官和系统，为病理学检查提供线索，也可为阐明受试物毒作用机制提供依据。由于生物化学指标项目繁多，在试验观测时，必须依据受试物可能产生的毒性作用，有目的地加以选择，一般要求观察下列指标。

① 肝脏功能。肝脏是外源化学物在体内进行生物转化的主要器官，由外源化学物的亚慢性毒性作用引起动物的肝脏发生损害时，会相应地引起动物血清中一系列相关酶发生变化。如丙氨酸氨基转移酶活性的改变多发生在试验的初期，碱性磷酸酶活性的改变多发生在试验的中期或后期。与肝脏功能有关的检测指标有天冬氨酸氨基转移酶、丙氨酸氨基转移酶、碱性磷酸酶、总蛋白、白蛋白、血糖、总胆红素、总胆固醇等。

② 肾脏功能。肾脏是外源化学物及其代谢产物的主要排泄器官，通过对肾脏功能生化指标的检测可大致了解化学物对肾脏功能的影响。对肾脏的生化检查目前尚缺乏早期灵敏的检测指标。现常用的指标有血清尿素氮、血清非蛋白氮以及肌酐等。

③ 血液学指标。可按临床常规方法进行，主要的检测指标有红细胞或网织红细胞计数、白细胞计数及其分类计数、血红蛋白含量、血小板含量以及凝血时间测定等。

兽药亚慢性毒性试验指导原则[《兽药 30 天和 90 天喂养试验指导原则》(农业部第 1247 号公告附件 8)]规定的必测血液学指标包括血红蛋白（Hb）、红细胞（RBC）、白细胞（WBC）、嗜中性粒细胞、嗜酸性粒细胞、嗜碱性粒细胞、淋巴细胞、单核细胞的分类计数等，必要时增加测定血小板数（PLT）和网织红细胞数（RC）。30 天喂养试验一般于试验结束时测定一次，90 天喂养试验一般于试验中期和结束时各测定一次。各组不少于 10 只大鼠（雌、雄各半）采血进行血液学指标测定。

兽药亚慢性毒性试验指导原则[《兽药 30 天和 90 天喂养试验指导原则》(农业部第 1247 号公告附件 8)]规定的必测血液生化指标包括谷丙转氨酶（ALT 或 GPT）、谷草转氨酶（AST 或 GOT）、尿素氮（BUN）、肌酐（Cr）、血糖（Glu）、血清白蛋白（Alb）、总蛋白（TP）、总胆固醇（TCH）和甘油三酯（TG）等。30 天喂养试验一般于试验结束时测定一次，90 天喂养试验一般于试验中期和结束时各测定一次。各组不少于 10 只大鼠（雌、雄各半）采血进行生化指标测定。

（3）组织病理学检查

① 尸检。首先肉眼仔细观察，特别注意与试验过程中的中毒表现有关的器官、受试物可能直接接触的器官及代谢和排泄器官，如消化道、肺、肝、肾、眼、皮肤等的病理变化。记录所有肉眼可见的异常变化，系统尸检应全面、细致，以便为进一步的组织学检查提供依据。兽药亚慢性毒性试验指导原则[《兽药 30 天和 90 天喂养试验指导原则》(农业部第 1247 号公告附件 8)]规定，30 天喂养试验于试验结束，90d 喂养试验于试验中期和试验结束，各组取 10 只大鼠（雌、雄各半）进行剖检（可结合采血进行）。做好记录，并将重要器官和组织固定保存。

② 脏器系数。又称脏体比，指某一脏器湿重在每 100g 体重中所占的质量。一般适用于心、肝、脾、肺、肾、肾上腺、甲状腺、睾丸、子宫、脑、前列腺等实质性脏器。在排除称重前的失水以及年龄、性别、营养不良等因素的影响后，如果脏器系数增大一般表明有充血、水肿、增生、肥大等变化；脏器系数减小表明脏器可能出现萎缩、退行性变化等。脏器系数的测定可依据试验要求有选择进行。兽药亚慢性毒性试验指导原则[《兽药 30 天和 90 天喂养试验指导原则》(农业部第 1247 号公告附件 8)]规定，剖检试验大鼠的同时，称取大鼠体重及各主要脏器（包括肝、肾、脾、胃、肠、睾丸、肺、心、卵巢、子宫等）重量，做好记录。计算各脏器的相对重量（脏体比）。

③ 组织学检查。组织学检查内容应根据受试物的用途和作用特点加以选择。对照组和高剂量组动物以及尸检异常者要详尽检查，其他剂量组仅在高剂量组动物检查出现异常时才进行检查。组织学检查内容包括肾上腺、胰腺、胃、十二指肠、回肠、结肠、垂体、前列腺、脑、脊髓、心、脾、胸骨（骨和骨髓）、肾、肝、肺、淋巴结、膀胱、子宫、卵巢、甲状腺、胸腺、睾丸（及附睾）以及视神经等。兽药亚慢性毒性试验指导原则[《兽药 30 天和 90 天喂养试验指导原则》(农业部第 1247 号公告附件 8)]规定，先对高剂量组及对照组大鼠的主要脏器进行组织病理学检查，发现病变后再对较低剂量组大鼠的相应器官及组织进行检查。肝、肾、脾、胃、肠、睾丸及卵巢的组织病理学检查为必测项目。

（4）特异性指标　特异性指标一方面可以反映受试物的中毒特征，另一方面也有助于取得中毒机制的线索，但是确定这种指标的难度很大，因为只有清楚地了解化学毒物的作用机制，才容易确定出其特异性检测指标。选择特异性指标时，应在仔细分析化学毒物的急性、亚急性毒性试验过程中动物中毒表现的基础上，结合受试物的化学结构及其特殊的化学基团找出线索，然后设计出测试项目和方案。

亚慢性毒性试验中，根据试验要求，可检测生物材料中受试物及其代谢产物的水平。生物材料样品一般包括血液、尿液、粪、毛发、呼出的气体以及各种器官和组织。除器官和组织样品外，其他样品均可自整体动物反复采样进行动态观测。检测受试动物生物材料中受试物及其代谢产物的含量对了解受试物进入动物机体后的生物转运和转化过程，明确受试物对机体作用的靶器官和靶组织，探讨受试物毒作用机制等均有着重要意义。

2.3.3　慢性毒性试验设计

2.3.3.1　实验动物

慢性毒性试验选择实验动物的条件与亚慢性毒性试验基本相同。为减少个体差异，最好选用纯系动物，并将同窝动物均匀分配到各试验组和对照组。

一般要求选用两个种属的实验动物，即啮齿类和非啮齿类，目前已掌握大白鼠和小白鼠各品系的特点及对诱发肿瘤的敏感性，故可优先将其用于慢性毒性和致癌试验。非啮齿类动物多选用犬或猴。对活性不明的受试物，则应选用两种性别的啮齿类和非啮齿类动物，由于肿瘤发生率低，为了尽可能避免漏检，宜选择低癌系的敏感动物进行致癌试验。每个剂量组的动物数应满足试验结束时所收集数据能够进行统计学处理的要求，如大鼠40~60只（小鼠数应据此适当增加），犬、猴等8~10只，一般雌雄各半。如果是慢性毒性试验与致癌试验结合进行时，要求每组雌雄动物数均应在50只以上为宜，如计划在试验过程中定期剖杀动物，则动物数应相应增加。慢性毒性试验期长，故应选择刚断乳的大鼠或小鼠，大鼠50~70g（出生3~4周），小鼠10~15g（出生3周），狗一般是在4~6月龄时开始试验。

2.3.3.2 实验动物的饲养管理

所用饲料应能满足实验动物营养的需要。严格控制有毒、有害物质对饲料的污染。每周至少要更换新鲜饲料两次。动物饲养房中不得使用消毒剂、杀虫剂等药物；一间动物饲养房内不得饲养两种实验动物；不能同时进行两种受试物的毒性试验。试验期间，动物最好采用单笼饲养，且要求各组动物饲养条件（笼具、温度、光照、饲料等）严格一致。

2.3.3.3 染毒途径

应选择与人类和靶动物实际接触或相近的途径，以经口染毒应用最普遍，多采用混饲或混饮法。配制饲料时，要求非营养性受试物加入饲料中的比例不得超过饲料的5%，营养性受试物应尽可能采用高剂量，以保证实验动物的营养平衡。在饲料制备或贮存过程中，受试物应不影响饲料中营养成分的性质和含量。当饲料中加入受试物的量很少时，应采用等量递加法，即先将受试物加入约等量的饲料中，经充分混匀后，再加入与混合物等量的饲料，再混匀，如此重复，逐渐用饲料稀释受试物，并混匀之。慢性毒性试验中，如果经呼吸道染毒，每日的染毒时间应视试验要求而定，如受试物为工业毒物则每天应吸入4~6h，环境污染物要求每天不少于8h；一般每周染毒5~6d。

《兽药慢性毒性和致癌试验指导原则》（农业部第1247号公告附件15）规定，兽药慢性毒性试验通常经口给药，可加入饲料、饮水中或灌胃。如果受试药物是灌胃给药，应每周称体重两次，根据体重计算给予受试药物的量，受试药物一般用蒸馏水作溶剂，如受试药物不溶于水，可用食用植物油、医用淀粉、羧甲基纤维素等配成乳浊液或悬浊液。受试药物应于灌胃前新鲜配制，除非有资料表明以溶液（或乳浊液、悬浊液）保存具有稳定性。同时应考虑使用的介质可能对受试药物的吸收、分布、代谢或排泄的影响；对理化性质的影响及由此引起的毒性特征的影响；对摄食量或饮水量或动物营养状况的影响；如果受试药物是可加入饲料给药的，受试药物加入饲料中的量不能大于饲料量的5%；受试药物制备或存放时，要求不影响饲料的营养成分含量和性质。饲料中加入受试药物的量很少时，宜先将受试药物加入少量饲料中充分混匀后，再加入一定量饲料后混匀，如此反复3~4次。

2.3.3.4 染毒剂量及分组

剂量设计一般以亚慢性毒性试验的阈剂量或NOEL、人群或靶动物期望接触的剂量等为依据进行选择，理想的剂量应能反映：①受试物的剂量-反应关系；②NOEL；③最高剂量组能观察到某些毒作用所致的变化。

慢性毒性试验一般设 3 个剂量组和 1 个对照组。为有利于求出剂量-反应关系，并有助于排除实验动物的个体敏感性差异，染毒剂量组各组间剂量以相差 5～10 倍为宜，最低不小于 2 倍。对照组动物除不给予受试物外，其他条件均与剂量组的相同。必要时另设 1 个溶剂对照组。其染毒剂量选择有下列 3 种途径。①以亚慢性阈剂量为依据，高、中、低剂量分别为 1/2～1/5、1/50～1/10、1/100 亚慢性阈剂量；②如果没有亚慢性毒性试验数据，可参照 LD_{50} 值进行设计，以 1/10 LD_{50} 为最高剂量，1/100 LD_{50} 为预期慢性阈剂量，1/1000 LD_{50} 为无作用剂量；③美国国家环境保护局（EPA）建议，以 MTD 为依据，设两个剂量组，分别为 0.125MTD 和 0.25MTD。

《兽药慢性毒性和致癌试验指导原则》（农业部第 1247 号公告附件 15）规定，兽药慢性毒性试验通常设 3～5 个剂量组和 1 个对照组。高剂量组根据 90 天喂养试验确定，一般应引起一些毒性表现或损害作用，但不引起太多动物死亡；低剂量组不引起任何毒性作用；在高剂量和低剂量之间再设 1～3 个剂量组，剂量可按几何级数或其他规律划分。对照组除了不给予受试药物外，其他各方面都应与试验组相同。如果受试药物使用了某种毒性不明的介质，则应同时设未处理对照和介质对照。

2.3.3.5 染毒时间

根据世界卫生组织的建议，利用不同实验动物进行的慢性毒性试验的试验期限分别为小鼠 18 个月、大鼠 24 个月、犬和灵长类动物一般为 24 个月，但有些慢性试验也可长达 7～10 年。考虑到实验动物寿命长短不同，由不同长短的染毒期限折合为相当于人类的染毒期限就会有很大的差异。表 2-8 将各种动物的不同染毒期限折合为其生命周期的百分数以及相当于人类寿命的时间（按大鼠平均寿命 2 年、兔 6 年、狗 10 年、猴 15 年、人类平均寿命 70 岁计算），其可作为设置慢性毒性试验染毒期限的依据。

表 2-8　各种实验动物不同染毒期限折合其生命周期的百分数以及相当于人类寿命的时间

染毒期限/月	大鼠		兔		狗		猴	
	折合生命周期/%	相当于人/月	折合生命周期/%	相当于人/月	折合生命周期/%	相当于人/月	折合生命周期/%	相当于人/月
1	4.1	34	1.5	12	0.82	6.5	0.55	4.5
2	8.2	67	3.0	24	1.6	13.4	1.1	9
3	12	100	14.5	36	2.5	20	1.6	13
6	25	202	9.0	72	4.9	40	3.3	27
12	49	404	18	145	9.8	81	6.6	53
24	99	808	36	289	20	162	13	107

但是，也有学者认为慢性毒性试验如果以大鼠作为实验动物，染毒期限不一定非要长达 1 年以上。这是因为多次试验结果证明，即使延长染毒期限至 1 年以上，大鼠也不会再出现新的毒性效应（致癌试验除外）。例如有报道表明，在 122 种化学物中，大鼠需连续染毒 3 个月后才出现毒性效应的只有 3 种（2.46%），其他化学物均在染毒 3 个月内已出现毒性效应。因此有人认为以大鼠为试验对象时，外源化学物只要连续染毒 90d，即可确定其长期无作用水平。

另外如果试验期限过长，动物年老后一方面机体会出现复杂的病理变化，另一方面也可能由于出现某种自发性疾病而引起实验动物死亡，从而干扰毒性试验的结果。因此有人主张小鼠的试验期限为 4～5 个月，大鼠及家兔为 12 个月，对生命周期较长和自发性肿瘤率较低的动物可以适当延长试验期限。但是，目前对此尚无定论。因此，如果是进行食品及环境毒理学方面的慢性毒性试验，外源化学物的染毒期限仍以 2 年为好。

在试验期间，当最低剂量组或对照组中存活的动物数仅为试验开始时的 25% 时，可随时中止试验，但如因受试物的明显毒性作用而导致高剂量组的动物过早死亡时，试验应继续进行。如因管理不善所造成的动物死亡率超过 10%，或是在小鼠 18 个月及大鼠 24 个月的试验期间，各组实验动物的存活率均低于 50% 时，也应中止试验。

《兽药慢性毒性和致癌试验指导原则》（农业部第 1247 号公告附件 15）规定，兽药慢性毒性试验一般情况下少于 6 个月，近年来做得最多的是大鼠 180d 慢性毒性试验。

2.3.3.6　观察指标

观察指标的选择应以亚慢性毒性试验的观察指标为基础，其中包括体重、饲料利用率、临床症状、行为、血常规和血液化学、尿的性状及生理生化指标等，应优先采用并重点观察经亚慢性毒性试验筛选出来的敏感指标或特异性指标。但由于在慢性毒性试验中，所用化学物的剂量较低，往往一些观察指标变化甚微，为此应注意：①试验前应对预计观察指标，尤其是血、尿常规及应重点测定的生化指标进行正常值测定，废弃个体差异过大的动物；②对在接触外源化学物期间需要进行动态观察的各项指标，应与对照组同步测定；③所采用的各种化验方法应精确、可靠，且应进行质量控制，以保证各批动物观察指标测试结果的可信性。此外，凡是在染毒期间死亡或染毒终止时机体出现肿瘤的动物，必须及时取材作病理组织学检查和诊断。必须指出的是，在慢性毒性试验或/和致癌试验中，病理组织学检查是非常重要的、必不可少的指标，在目前研究条件下有时是唯一的指标。慢性毒性试验的观察指标和记录方法与亚慢性毒性试验基本相同。

试验期间可在高剂量组和对照组随机剖杀少量动物，进行病理剖检以及各项指标检测。在最后一次给予受试物后立即剖杀 2/3 的动物检测其各项指标，余下 1/3 的动物继续观察 2～4 周，然后剖杀检查，以便了解所出现毒性反应的可逆程度以及可能出现的延迟性毒性反应。在此观察期间除不给予受试物外，其他观察内容应与给予受试物期间的相同。

选择观察指标时还应注意尽量减少观察项目，如需要采血测定，应尽量减少采血的量及采血次数，以防止实验动物出现贫血以及人为的过分刺激。

在试验过程中，注意积累常用实验动物的肿瘤发生数据，为今后制订相应的肿瘤自然发生率提供依据。当慢性毒性试验与致癌结合进行时，在试验过程中，除要求经常观察动物的一般状况和检测上述指标外，尚需定期检查和分别记录肿瘤的总发生率、各种肿瘤的发生率及其出现时间等指标。病理学检查是评定受试物致癌作用的主要依据，应仔细检查每一个器官，对发现肿瘤或疑似肿瘤的组织器官，均应进行细胞病理学检查。小动物的脏器较小，对其应作系统的病理组织学检查。

2.3.4　亚慢性和慢性毒性评价

对化学物慢性毒性作用进行评价所依据的原则、内容与亚慢性毒性评价的基本相同。其评价一般可分为：①明确化学物的毒效应，通过全面观察、准确检测和综合分析，对接触化学毒物的个体和群体出现与对照组相比有统计学差异的有害效应及其剂量-反应关系或是剂量-反应关系作出判断，确定机体出现的各种有害效应；②根据在试验早期以及最低剂量组出现的有统计学意义的指标变化，确定毒效应的敏感指标，并依据指标发生变化的趋势来确定阈剂量和/或 NOEL；③根据阈剂量和/或 NOEL，对该化学物的亚慢性毒性作出评价；④根据急性阈剂量（Lim_{ac}）和慢性阈剂量（Lim_{ch}）计算受试物毒作用带，参考表 2-9，对亚慢性中毒的危险性进行评价。慢性毒性的评价也是根据毒作用的敏感指标，确定慢性阈剂量和/或最大无作用剂量以及慢性毒性作用带（Z_{ch}），根据表 2-9 进行评价。对于易挥发的液态化学物，当以呼吸道途径进入机体时，应参考表 2-9 的慢性吸入中毒可能指数（I_{ch}）进行危险性评价。

表 2-9　化学物危险性分级标准

分级	急性作用危险性			慢性作用危险性		
	I_{ac}	Lim_{ac}/(mg/kg)	Z_{ac}	I_{ch}	Lim_{ch}/(mg/kg)	Z_{ch}
低度危险	<3	1.0～	54～	0～	0.1～	<2.5
中等危险	3～	0.1～	18～	10～	0.01～	2.5～
高度危险	30～	0.01～	6～	100～	0.001～	5.0～
极度危险	300～	0.001～	<6	1000～	<0.001	10.0

如果慢性毒性试验与致癌试验结合进行，尚需分析各剂量组与对照组（包括未染毒的空白对照组和溶剂对照组）之间的肿瘤发生率及其剂量-反应关系，在剂量组与对照组之间对以下项目进行比较：①在对照组动物中出现的某种自发类型的肿瘤，其在剂量组动物中的发生率是否增高，是否发生恶变；②在剂量组动物中是否出现某种在对照组动物中从未见到的肿瘤类型；③上述两种情况是否在剂量组动物中同时发生，剂量组动物的平均肿瘤数目与对照组相比是否增加，即是否出现肿瘤的多发性；④剂量组动物肿瘤发生的潜伏期是否比对照组的短。

当剂量组动物肿瘤的发生数与对照组动物的相比显著增高，存在剂量-反应关系；同时溶剂对照组和未染毒的空白对照组动物该种肿瘤发生数大致与本实验室过去同一品系小鼠的肿瘤发生数或是文献报道同龄未染毒小鼠该种肿瘤发生的预期数相近时，那么致癌试验结果可考虑为阳性。

总之，在慢性毒性评价过程中，必须对整个试验期间的全部观察和检测结果（包括恢复期的观察和检测结果）进行全面的综合分析，并结合该化学毒物的理化性质、化学结构，应用生物学和医学的基本理论进行科学的评价；从而为阐明化学毒物的慢性毒性作用性质、特点、毒作用类型、主要靶器官及中毒机制提供参考。

另外，大多数学者认为没有必要对所有的化学药品进行慢性毒性试验，其理由如下。①可用亚慢性毒性试验结果推测化学药品的慢性毒性。根据 300 多种药品的亚慢性及慢性毒性试验资料的分析结果，有 98% 以上具有毒性作用的药品，其毒性在试验 90d 内即已显示出来。②慢性毒性试验的 NOEL 可以用亚慢性毒性试验测得的 NOEL 除以 20 来表示。有人曾统计了几百种化学药品的亚慢性 NOEL 与慢性 NOEL 的比值，其比值大于 1 且小于等于 10 者占总数的 75%；比值小于 12 者占总数的 90%；比值小于 20 者占 99%。据此推断，慢性 NOEL 大于亚慢性 NOEL/20。③由亚慢性毒性试验结果推测慢性毒性可节省试验时间与经费，不仅能促进各种新的化学药品的开发，而且可减少外界因素带来的影响。

但美国 FDA 规定，凡是能致癌、引起白内障、怀疑可能影响免疫功能以及供人终生应用的药品等，均需进行慢性毒性试验。

参考文献

[1] 沈建忠. 动物毒理学. 2 版. 北京: 中国农业出版社, 2022.

[2] 黄吉武, 童建. 毒理学基础. 2 版. 北京: 人民卫生出版社, 2016.

[3] 王心如. 毒理学实验方法与技术. 3 版. 北京: 人民卫生出版社, 2012.

[4] 姜岳明, 赵劲民, 李超乾. 临床毒理学: 案例版. 北京: 人民卫生出版社, 2016.

[5] 谢恩 C. 加德. 药物安全性评价. 范玉明, 李毅民, 张舒, 等译. 北京: 化学工业出版, 2005.

[6] 中华人民共和国农业部. 兽药临床前毒理学评价程序试验指导原则. 2009.

[7] 中华人民共和国农业部. 兽药急性毒性试验 (LD50 测定) 指导原则. 2009.

[8] 中华人民共和国农业部. 兽药 30 天和 90 天喂养试验指导原则. 2009.

[9] 中华人民共和国农业部. 兽药慢性毒性和致癌试验指导原则. 2009.

[10] 国家卫生和计划生育委员会. GB 15193.3—2014 食品安全国家标准急性经口毒性试验. 2014.

[11] 国家卫生和计划生育委员会. GB 15193.22—2014 食品安全国家标准 28 天经口毒性试验急性经口毒性试验. 2014.

[12] 国家卫生和计划生育委员会. GB 15193.13—2015 食品安全国家标准 90 天经口毒性试验. 2015.

[13] 国家卫生和计划生育委员会. GB 15193.7—2015 食品安全国家标准慢性毒性和致癌合并试验. 2015.

[14] ICH. M3 (R2): Non-clinical safety studies for the conduct of human clinical trials and marketing authorization for pharmaceuticals. 2009.

[15] OECD. Test Guideline 408. Repeated Dose 90 day Oral Toxicity Study in Rodents. In: OECD Guidelines for the Testing of Chemicals. Organisation for Economic Cooperation& Development, Paris. 1998.

[16] OECD. Test Guideline 409. Repeated Dose 90- day Oral Toxicity Study in Non-rodents. In: OECD Guidelines for the Testing of Chemicals. Organisation for Economic Cooperation & Development, Paris. 1998.

[17] OECD. Test Guideline 452. Chronic Toxicity Studies. In: OECD Guidelines for the testing of chemicals Organization for Economic Cooperation & Development, Paris. 1981.

[18] OECD. Test Guideline 408. Repeated Dose 90-day Oral Toxicity Study in Rodents. In: OECD Guidelines for the testing of chemic cals. Organization for Economic Cooperation & Development, Paris. 1998.

[19] OECD. Test Guideline 409. Repeated D ose 90-day Oral Toxicity Study in Non-rodents. In: OECD Guidelines for the testing of chemi cals. Organization for Economic Cooperation & Development, Paris. 1998.

[20] VICH GL31 (Safety: Repeat-dose Toxicity). Studies To Evaluate The Safety Of Residues Of Veterinary Drugs In Human Food: Repeat-dose (90 Days) Toxicity Testing. 2004.

[21] VICH GL37 (Safety: Repeat-dose Toxicity). Studies To Evaluate The Safety Of Residues Of Veterinary Drugs In Human Food: Repeat-dose Chronic Toxicity Testing. 2004.

第 3 章
兽药安全性
评价的特殊
毒理学试验

兽药生产和使用对靶动物、生产者、动物性食品消费者均具有一定的安全隐患，尤其在动物性食品中的残留兽药如果具有生殖毒性、致突变性和致癌性等特殊毒性，则可能对人类健康造成巨大危害。兽药安全性评价的特殊毒性试验是研究兽药在一定剂量、一定接触时间和一定接触方式下对实验动物机体的某一组织器官或某种机能产生毒效应的能力。兽药安全性评价的特殊毒理学试验是相对于一般毒理学试验而言的，主要包括遗传毒性试验、致癌试验、生殖与发育毒性试验，以及药物刺激性、过敏性和溶血性试验。

3.1

遗传毒性试验

遗传毒性试验是指用于检测通过不同机制直接或间接诱导遗传学损伤的受试物的体外和体内试验，这些试验能检出 DNA 损伤及其损伤的程度。遗传毒性试验又称为致突变试验，可分为体外试验和整体动物实验，目的是检测药物是否会通过不同机制直接或间接引起基因突变，为药物的安全性评价提供依据。遗传毒性试验常用的方法是采用不同检测机制的遗传毒性试验的组合，即体内试验和体外试验相结合、原核细胞与真核细胞相结合、不同试验终点相结合，从而提高了检测具有遗传毒性药物的能力。近年来建立了一些短期快速的体外遗传毒性试验方法来检测 DNA 的损伤。目前已建立的遗传毒性短期检测法已超过 200 种。其中研究和应用较多的遗传毒性试验方法有：彗星试验（又称单细胞凝胶电泳试验）、姐妹染色单体交换试验、程序外 DNA 合成（又称 DNA 修复合成）试验、鼠伤寒沙门氏菌基因回复突变试验、SOS 显色试验、原噬菌体诱导试验等。

3.1.1　DNA 结构与细胞遗传学

细胞遗传学是遗传学和细胞学的结合，主要是从细胞学的角度，特别是从染色体的结构和功能，以及染色体和其他细胞器的关系来研究遗传现象，阐明遗传和变异的机制。同时也是在细胞层次上进行遗传学研究的遗传学分支学科。

从细胞遗传学衍生的分支学科主要有体细胞遗传学——主要研究体细胞，特别是体外培养的高等生物体细胞的遗传规律；分子细胞遗传学——主要研究染色体的亚显微结构和基因活动的关系；进化细胞遗传学——主要研究染色体结构和倍性改变与物种形成之间的关系；细胞器遗传学——主要研究细胞器如叶绿体、线粒体等的遗传结构；医学细胞遗传学——细胞遗传学的基础理论与临床医学紧密结合的新兴边缘科学，研究染色体畸变与遗传病的关系等，对于遗传咨询和产前诊断具有重要意义。细胞遗传学是遗传学中最早发展起来的学科，也是最基本的学科。其他遗传学分支学科都是从它发展出来的，细胞遗传学中所阐明的基本规律适用于包括分子遗传学在内的一切分支学科。

早在 1868 年，Miescher 已经从脓细胞提取到核酸与蛋白质的复合物，当时称为核素

(nuclein)。20 世纪 20 年代，Levene 研究了核酸的化学结构并提出四核苷酸假说；20 世纪 40 年代末，Avery、Hershey 和 Chase 的实验严密地证实了 DNA 就是遗传物质；1953 年 4 月 25 日，James Watson 以及 Francis Crick 在 *Nature* 发文表示他们找到了一种可能的 DNA 结构，从此开启了生物学的新纪元，找到"遗传物质可能的复制机制"，并且促进了 50 年后人类全基因组的序列的完成；至今为止，除部分病毒的遗传物质是核糖核酸（RNA）或蛋白质外，其余病毒即具有典型细胞结构的生物体的遗传物质均是 DNA。

3.1.1.1 DNA 结构分类

DNA 的结构目前一般划分为一级结构、二级结构、三级结构、四级结构四个阶段。

（1）DNA 一级结构　DNA 的一级结构是指四种核苷酸（dAMP、dCMP、dGMP、dTMP）按照一定的排列顺序，通过磷酸二酯键连接形成的多核苷酸，由于核苷酸之间的差异仅仅是碱基的不同，故又可称为碱基顺序。核苷酸之间的连接方式是：一个核苷酸的 5′ 位磷酸与下一位核苷酸的 3′—OH 形成 3′,5′ 磷酸二酯键，构成不分支的线性大分子，其中磷酸基和戊糖基构成 DNA 链的骨架，可变部分是碱基排列顺序。核酸是有方向性的分子，即核苷酸的戊糖基的 5′ 位不再与其他核苷酸的 5′ 末端相连，以及核苷酸的戊糖基 3′ 位不再连有其他核苷酸的 3′ 末端，两个末端并不相同，生物学特性也有差异。寡核苷酸是指 2～10 个甚至更多个核苷酸残基以磷酸二酯键连接而成的线性多核苷酸片段。目前多由仪器自动合成而用作 DNA 合成的引物、基因探针等，在现代分子生物学研究中具有广泛的用途。表示一个核酸分子结构的方法由繁至简有许多种。由于核酸分子结构除了两端和碱基排列顺序不同外，其他的均相同，因此，在核酸分子结构的简式表示方法中，仅须注明一个核酸分子的哪一端是 5′ 末端，哪一端是 3′ 末端，末端有无磷酸基，以及核酸分子中的碱基顺序即可。如未特别注明 5′ 和 3′ 末端，一般约定，碱基序列的书写是由左向右书写，左侧是 5′ 末端，右侧为 3′ 末端。

自然界绝大多数生物体的遗传信息贮存在 DNA 的核苷酸排列顺序中。DNA 是巨大的生物高分子，一般将细胞内遗传信息的携带者——染色体所包含的 DNA 总体称为基因组。同一物种的基因组 DNA 含量总是恒定的，不同物种间基因组大小和复杂程度则差异极大，一般讲，进化程度越高的生物体其基因组构成越大、越复杂。DNA 分子中不同排列顺序的 DNA 区段构成特定的功能单位，即基因。基因的功能取决于 DNA 的一级结构。一个 DNA 分子能携带多少基因呢？如果以 1000～1500 碱基对（base pair，bp）编码一个基因计算，猿猴病毒 SV40 基因组 DNA 有 5000bp，可编码 5 种基因，人类基因组含 3×10^9 bp DNA，理论上可编码 200 万以上的基因，然而，由于哺乳动物的基因含有内含子，因而每个基因可长达 5000～8000bp，少数可达 2 万 bp。按这样大小的基因进行推算，人类基因组相当于 40 万～60 万个基因。虽然现在还不知道确切数字，但利用核酸杂交已测得哺乳类细胞含 5 万～10 万种 mRNA，由此推论整个基因组所含基因不会超过 10 万个，只占全部基因组的 6%，另外 5%～10% 为 rRNA 等重复基因，其余 80%～90% 属于非编码区，没有直接的遗传学功能。DNA 的复性动力学研究发现这些非编码区往往都是一些大量的重复序列，这些重复序列或集中成簇，或分散在基因之间，可能在 DNA 复制、调控中具有重要意义，并与生物进化、种族特异性有关。

（2）DNA 二级结构　DNA 的二级结构即双螺旋结构。20 世纪 50 年代初，Chargaff 应用紫外分光光度法结合纸层析等简单技术，对多种生物 DNA 作碱基定量分析，发现 DNA 碱基组成有以下规律：①同一生物的不同组织的 DNA 碱基组成相同；②一种生物

DNA 碱基组成不随生物体的年龄、营养状态或者环境变化而改变；③几乎所有的 DNA，无论种属来源如何，其腺嘌呤摩尔含量与胸腺嘧啶摩尔含量相同（[A]＝[T]），鸟嘌呤摩尔含量与胞嘧啶摩尔含量相同（[G]＝[C]），总的嘌呤摩尔含量与总的嘧啶摩尔含量相同（[A]＋[G]＝[C]＋[T]）；④不同生物来源的 DNA 碱基组成不同，表现在（A＋T）/（G＋C）比值的不同。这些结果后来为 DNA 的双螺旋结构模型提供了一个有力的佐证。

Watson 和 Crick 以立体化学原理为准则，对 Wilkins 和 Franklin 的 DNA X 射线衍射分析结果加以研究，提出了 DNA 结构的双螺旋模型（图 3-1），其主要内容如下。①正面观：长方框内有详细说明，S 代表脱氧核糖。②俯视：涂黑的是碱基，此处全部碱基都是嘧啶，只看到糖的侧面略呈三角形，最外围是磷酸及其酯键。③在 DNA 分子中，两股 DNA 链围绕一假想的共同轴心形成一右手螺旋结构，双螺旋的螺距为 3.4nm，直径为 2.0nm。④链的骨架由交替出现的、亲水的脱氧核糖基和磷酸基构成，位于双螺旋的外侧。⑤碱基位于双螺旋的内侧，两股链中的嘌呤和嘧啶碱基以其疏水的、近于平面的环形结构彼此密切相近，平面与双螺旋的长轴相垂直。一股链中的嘌呤碱基与另一股链中位于同一平面的嘧啶碱基之间以氢键相连，称为碱基互补配对或碱基配对，碱基对间的距离为 0.34nm。碱基互补配对总是出现于腺嘌呤与胸腺嘧啶之间（A＝T），形成两个氢键；或者出现于鸟嘌呤与胞嘧啶之间（G≡C），形成三个氢键。⑥DNA 双螺旋中的两股链走向是反平行的，一股链是 5′→3′ 走向，另一股链是 3′→5′ 走向。两股链之间在空间上形成一条大沟和一条小沟，这是蛋白质识别 DNA 的碱基序列，与其发生相互作用的基础。

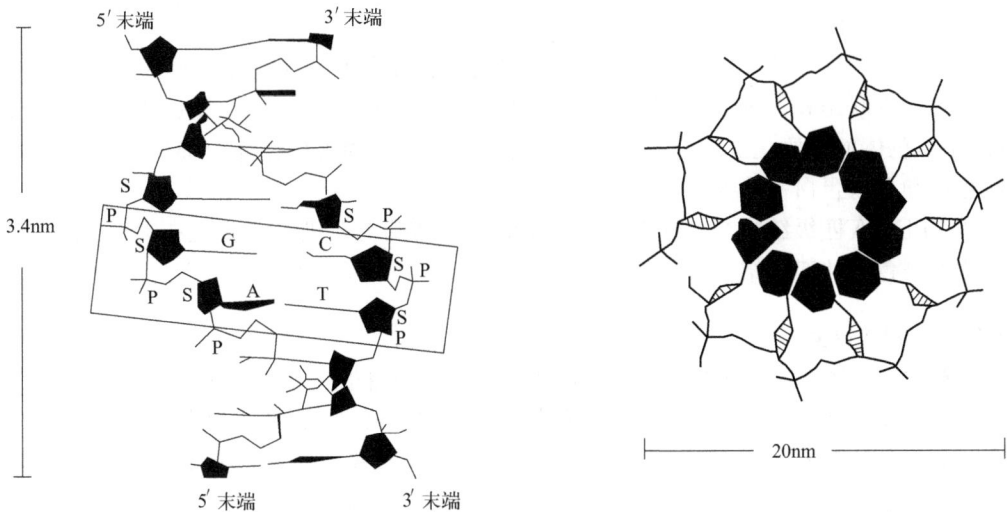

图 3-1 DNA 双螺旋模型

DNA 双螺旋的稳定由互补碱基对之间的氢键和碱基对间的堆积力维系。DNA 双螺旋中两股链中碱基互补的特点，预示了 DNA 复制过程是先将 DNA 分子中的两股链分离开，然后以每一股链为模板（亲本），通过碱基互补原则合成相应的互补链（复本），形成两个完全相同的 DNA 分子。因为复制得到的每对链中只有一条是亲链，即保留了一半亲链，将这种复制方式称为 DNA 的半保留复制（semi-conservative replication）。后来证明，半保留复制是生物体遗传信息传递的最基本方式。

（3）DNA 三级结构　DNA 三级结构即 DNA 超螺旋结构。双螺旋 DNA 进一步扭曲盘绕则形成其三级结构，超螺旋是 DNA 三级结构的主要形式。自从 1965 年 Vinograd 等人发现多瘤病毒的环形 DNA 的超螺旋以来，现已知道绝大多数原核生物都是共价封闭环（covalently closed circle，CCC）分子，这种双螺旋环状分子再度螺旋化成为超螺旋结构。有些单链环形染色体（如 φX174）或双链线形染色体（如 λ 噬菌体），在其生命周期的某一阶段，也必将变为超螺旋形式。对于真核生物来说，虽然其染色体多为线形分子，但其DNA 均与蛋白质相结合，两个结合点之间的 DNA 形成一个突环结构，类似于 CCC 分子，同样具有超螺旋形式。超螺旋按其方向分为正超螺旋和负超螺旋两种。真核生物中，DNA 与组蛋白八聚体形成核小体结构时，存在着负超螺旋。研究发现，所有的 DNA 超螺旋都是由 DNA 拓扑异构酶产生的。

核小体是构成染色质的基本结构单位，使得染色质中 DNA、RNA 和蛋白质组织成为一种致密的结构形式。核小体由核心颗粒和连接区 DNA 两部分组成，在电镜下可见其呈捻珠状，前者包括组蛋白 H2A、H2B、H3 和 H4 各两分子构成的致密八聚体（又称核心组蛋白），以及缠绕其上 1.75 圈长度为 146bp 的 DNA 链；后者包括两相邻核心颗粒间约60bp 的连接 DNA 和位于连接区 DNA 上的组蛋白 H1，连接区使染色质纤维获得弹性。核小体是 DNA 紧缩的第一阶段，在此基础上，DNA 链进一步折叠成每圈六个核小体，直径 30nm 的纤维状结构，这种纤维状结构再扭曲成襻，许多襻环绕染色体骨架形成棒状的染色体，最终压缩至原来的近万分之一。这样，才使每个染色体中几厘米长（如人染色体的 DNA 分子平均长度为 4cm）的 DNA 分子容纳在直径数微米（如人细胞核的直径为 $6\sim7\mu m$）的细胞核中。

真核生物的染色体在细胞生活周期的大部分时间里都是以染色质的形式存在的。染色质是一种纤维状结构，叫做染色质丝，它是由最基本的单位枣核小体成串排列而成的。DNA 是染色体的主要化学成分，也是遗传信息的载体，约占染色体全部成分的 27%，另外组蛋白和非组蛋白占 66%，RNA 占 6%。

（4）DNA 四级结构　是在 DNA 三级结构的基础上，进一步螺旋折叠而成的结构，也被称为染色质的四级结构。

3.1.1.2　DNA 突变

根据 DNA 改变涉及范围的大小，在遗传毒理学中将遗传学损伤分为 3 类，即基因突变、染色体畸变和染色体分离异常。这些遗传学损伤可以由以 DNA 为靶的损伤所致（基因突变和染色体畸变），也可以由 DNA 以外的靶组织如微管的损伤所致（染色体分离异常）。基因突变又称点突变，是分子水平的损伤，在光学显微镜下无法见到，一般以生长发育、生化、形态等表型改变为基础进行检测。染色体畸变是 DNA 受损后发生染色体断裂或染色体单体断裂所致的染色体结构改变。染色体分离异常可导致非整倍性改变和整倍性改变。

（1）基因突变　基因突变指基因中 DNA 序列发生改变。根据基因突变发生的机制可将其分为 4 种类型，即碱基置换、移码突变、整码突变和片段改变。

① 碱基置换。碱基置换是指 DNA 序列上的某一碱基被其他碱基所取代。碱基置换又可分为转换和颠换。转换指嘌呤与嘌呤碱基或嘧啶与嘧啶碱基之间的置换，包括 G≡C→A=T 和 A=T→G≡C；颠换则指嘌呤与嘧啶碱基之间置换，包括 G≡C→T=A、G≡C→C≡G、A=T→C≡G 和 A=T→T=A。无论是转换还是颠换都只涉及一对碱

基，其结果是造成一个三联密码子的改变，可能出现错义突变、无义突变和同义突变。错义突变可能使基因产物失活，也可能对其功能有一定影响或无影响，这种影响取决于置换的氨基酸及其在蛋白质中所处的位置和作用。无义突变又称终止突变，使蛋白质合成提前终止，使基因产物不完全或无功能。同义突变由于遗传密码子的简并性，虽然碱基发生置换，但密码子的意义可能不改变。

② 移码突变。移码突变是在基因中插入或基因中缺失一个或两个碱基，或将扁平的分子嵌入DNA分子中，于是从受损点开始碱基读码序列完全改变，从而形成错误的编码，并转译成为完全不同的氨基酸序列。发生移码突变后所编码的蛋白质的活性改变较大。如果所形成的错误密码中包含终止密码，则肽链缩短。如果移码突变发生在必需基因上，常出现致死的突变。

③ 整码突变。整码突变指在DNA链中增加或减少的碱基对为一个或几个密码子，故又称密码子的插入或缺失。整码突变后，基因产物多肽链中会增加或减少一个或几个氨基酸，该部位后的氨基酸序列无改变。

④ 片段改变。片段改变指基因中某些小片段核苷酸序列发生改变，这种改变有时可跨越两个或数个基因，涉及数以千计的核苷酸。主要包括核苷酸片段的缺失、复制、重组及重排等。缺失指基因中某段核苷酸序列丢失，其范围小，亦称为小缺失。复制指基因中增加了某一段重复的核苷酸序列，如生物体中的转座子，通常为几百至几千个碱基对，通过转座机制可将一个较长序列的转座子插入基因组的其他位点，如果转座子插入另一个基因内，会使该基因失活。重组指两个不同基因的局部片段相互融合和拼接。重排则指DNA链发生两处断裂，断片倒位后再重新接上。

突变后的基因产物的功能将发生改变，因此基因突变可分为正向突变和回复突变。前者是导致基因产物正常功能丧失的突变，后者则指使基因产物功能恢复的突变。

（2）染色体畸变　染色体畸变是指染色体结构的改变，其改变的基础是DNA链的断裂。由于遗传物质改变的范围较大，一般可借助光学显微镜在细胞有丝分裂中期时观察到。若结构改变仅涉及组成染色体的两条染色单体中的一条，称为染色单体型畸变。若两条染色单体均受损则称为染色体型畸变。产生何种畸变取决于损伤是发生在DNA复制前还是在复制后。如果损伤发生在DNA复制前，则在有丝分裂中期时观察到染色体型畸变；如果发生在DNA复制后，则观察到染色单体型畸变。染色单体型畸变在经过一次细胞分裂后会转变为染色体型畸变。

染色体或染色单体受损发生断裂后，形成的断片可重新连接或互换，表现出下列各种畸变类型。

① 断裂。断裂和裂隙均指染色体或染色单体上狭窄的非染色区域。凡该区域的大小大于染色单体的宽度，所分割的两段染色体间无线性关系的为断裂；反之为裂隙。一般认为裂隙并非染色质损伤，不计算在染色体畸变率内。

② 断片、缺失和微小体。染色体或染色单体断裂，无着丝粒节段可与有着丝粒节段分开，此种无着丝粒节段称为断片，有着丝粒节段称为缺失。发生在染色体或染色单体末端的缺失，称为末端缺失；发生在染色体臂内任何部分的缺失，称中间缺失。中间缺失形成的断片有时很小，呈圆点状，称为微小体。

③ 倒位。当某一条染色体或染色单体发生两处断裂，其中间节段在旋转180°后再重接，称倒位。如果被颠倒的是有着丝粒的节段，则称为臂间倒位；如仅涉及长臂或短臂的某一节段，则称臂内倒位。

④ 环状染色体和无着丝粒环。染色体两臂均发生断裂，带着丝粒节段的两端连接起来形成环，称环状染色体，又称着丝粒环。如无着丝粒节段的染色体或染色单体断片连接而形成环，则称无着丝粒环。

⑤ 插入和复制。一条染色体的断片插入另一条染色体的断裂处，叫作插入。当插入片段使染色体有两段完全相同的节段时，称为复制。

⑥ 易位。易位是指两条染色体同时发生断裂，相互交换染色体片段后重接。如果交换的片段大小相等，称为平衡易位；仅一条染色体或染色单体的断片连接到另一条染色体或染色单体上，称为不平衡易位。

⑦ 辐射体。染色单体间的不平衡易位可形成三条臂构型或四条臂构型，分别称为三辐射体或四辐射体。在 3 条或多条染色体间的染色单体互换则形成复合射体。

（3）染色体分离异常　染色体分离异常指基因组中染色体数目的改变，又称染色体数目畸变。各种动物机体中体细胞的染色体数目是恒定的，具有两套完整的染色体组，称为二倍体。生殖细胞减数分裂后，染色体数目减半，称为单倍体。细胞分裂过程中，当染色体复制异常或分离障碍时，就会导致染色体数目异常，包括整倍体和非整倍体。

① 整倍体。整倍体指以染色体组为单位增减的染色体数目异常，有三倍体和四倍体，超过二倍体的整倍性改变统称为多倍体。例如大鼠正常体细胞（$2n$）为 42 条染色体，三倍体（$3n$）则为 63 条染色体。生殖细胞整倍体改变，几乎都是致死性的。

② 非整倍体。非整倍体是指细胞丢失或增加一条或多条染色体。细胞缺失一条染色体时称单体，增加一条时称三体。染色体数目改变会导致基因平衡失调，可能影响细胞的生存或导致形态及功能异常，如人的唐氏综合征（Down 综合征）是由第 21 号染色体为三体所致。

3.1.2　体外遗传毒性试验

随着遗传毒理学相关领域特别是分子生物学的研究进展，遗传毒性试验方法也在不断改进。从试验系统来分，遗传毒性试验可分为体内试验和体外试验。检测的遗传学终点可分为 4 种类型：①检测基因突变；②检测染色体畸变；③检测染色体组畸变；④检测DNA 原始损伤。

3.1.2.1　常见体外遗传毒性试验方法

（1）鼠伤寒沙门氏菌营养缺陷型回复突变试验　由美国加州大学 Ames 教授于 20 世纪 70 年代建立并完善，也称 Ames 试验。其试验原理是，组氨酸缺陷型鼠伤寒沙门氏菌突变株某个调控组氨酸合成的基因发生了点突变，丧失了合成组氨酸的能力，其在无组氨酸的培养基上不能生长。致突变物可以使其基因回复突变为野生型，使之在缺乏组氨酸的培养基上亦能生长成可见的菌落（图 3-2）。

$$鼠伤寒沙门氏菌野生型（原养型）\underset{回复突变}{\overset{正向突变}{\rightleftharpoons}}组氨酸营养缺陷型（突变型）$$

图 3-2　Ames 试验原理

Ames 试验以鼠伤寒沙门氏菌组氨酸缺陷型（his⁻）突变株（表 3-1）为标准菌株，检测受试物的致突变性。最常选用 TA_{97}、TA_{98}、TA_{100} 和 TA_{102} 配套。各菌株检测的遗传学终点不同，有碱基对置换、移码突变或二者兼有。为了提高检测的敏感性，TA系列带有多种附加突变，主要有以下3类。①脂多糖（rfa）突变，可使合成细菌细胞壁脂多糖的酶缺陷，增加细胞对某些大分子化合物的通透性；②紫外线内切核酸酶基因（ΔuvrB）缺失突变，使细菌DNA切除修复系统丧失，能显著增强细菌对许多致突变物的敏感性；③带有耐药因子（R因子），包括抗氨苄西林（pKM101）质粒和抗四环素（pAQ1）质粒，可提高检出能力。如加入pKM101质粒不仅能通过增加易错修复而检出不带pKM101时所不能检出的化学物，而且使仅能检出碱基置换的菌株同时检出移码突变。

表 3-1　Ames 试验常用的标准菌株

菌株	突变	检出突变	切除修复	R因子	脂多糖突变
TA_{1535}	G46	置换	ΔuvrB	无	rfa
TA_{100}	G46	置换及移码	ΔuvrB	pKM101	rfa
TA_{1357}	C3076	移码	ΔuvrB	无	rfa
TA_{97}	D6610	移码	ΔuvrB	pKM101	rfa
TA_{1359}	D3052	移码	ΔuvrB	无	rfa
TA_{98}	D3052	移码	ΔuvrB	pKM101	rfa
TA_{102}	G428	置换及移码	存在切除修复	pKM101，pAQ1	rfa
TA_{104}	G428	置换及移码	ΔuvrB	pKM101，pAQ1	rfa

Ames试验方法有点试验法、平板掺入法和预培养平板掺入法。点试验法一般用于预试，目前已少用。平板掺入法是标准实验法，最为常用。预培养平板掺入法用于提高某些受试物测试的灵敏度。

鼠伤寒沙门氏菌缺乏哺乳动物的代谢酶，为检测直接和间接诱变剂，进行Ames试验时，应分别进行不加和加入代谢活化系统的检测，S9混合物是最常用的活化系统。S9是大鼠经多氯联苯诱导后，肝匀浆物经9000g离心所得的上清液，其成分主要是混合功能氧化酶。在上清液中加入辅酶Ⅱ（NADP）、葡萄糖-6-磷酸、K^+/Mg^{2+} 及缓冲液即为S9混合液。

Ames试验的特点是快速、简捷、敏感、检出率高。但是，由于微生物的遗传信息与哺乳动物相比，不仅数量少，而且结构较简单，加上动物有较发达的免疫机能，而微生物则缺乏，因此试验存在假阳性结果。Ames试验是一种标准的体外致突变试验，可用于致癌物的检出，是遗传毒理学试验中的必做项目。

（2）TK基因突变试验　　TK基因突变试验是一种哺乳动物体细胞基因正向突变试验，近年来其应用价值有明显的提高。TK基因编码胸苷激酶，该酶催化胸苷的磷酸化反应，生成胸苷单磷酸（TMP）。如果存在三氟胸苷（TFT）等嘧啶类似物，则产生异常的TMP，掺入DNA中导致细胞死亡。如受检物能引起TK基因突变，胸苷激酶则不能合成，而在核苷类似物的存在下能够存活。TK基因突变试验可检出包括点突变、大的缺失、重组、染色体异倍性和其他较大范围基因组改变在内的多种遗传改变。试验采用的靶细胞系主要有小鼠淋巴瘤细胞L5178Y以及人类淋巴母细胞TK6和WTK1等。其基因型均为 $TK^{+/-}$。Honma（本间正充）和张立实指出原用染毒时间3～6h对于充分检出断裂剂和纺锤体来说时间太短，获阴性结果时应延长至24h。资料显示对于同一阳性受检物，WTK1细胞的突变频率远高于TK6细胞，认为与WTK1存在p53基因突变有关。Dobrovolsky建立了 $TK^{+/-}$ 转基因小鼠模型，可用于体内试验。

（3）体外单细胞凝胶电泳分析　　单细胞凝胶电泳分析（single cell gel eletrophoresis，SCGE）是Ostling等首创的，后经Singh等进一步完善而逐渐发展起来的一种快速检测单细胞 DNA 损伤的实验方法，因其细胞电泳形状颇似彗星，又称彗星试验。1999年，Kizilian 改进了一些试验条件，能明显将细胞凋亡和细胞坏死的形象与"彗星"区分。2003 年，MarkS. Rundell 等报道彗星试验测行的损伤主要是由致突变剂引起的。同年 RichardD. Bowden 等研究出了一种新的分析试验结果的彗星尾图谱，可以更加准确地分析彗星的长度及密度。SCGE 是评价遗传毒性损害非常敏感的实验，可以检测到每 1.657×10^{-37} kg 中 0.1 个 DNA 的断裂。与经典的染色体畸变、微核、单细胞电泳分析相比，SCGE 可以用于活细胞 DNA 的检测，也能用于死亡细胞 DNA 的分析，使 SCGE 不仅可以研究低剂量下的生物效应，也可用于研究高剂量下的生物效应；同时 SCGE 又可提供 DNA 修复能力的信息，这使得 SCGE 非常适用于评价受试物的遗传毒性。

（4）反向限制性酶切位点突变分析法（inverse restriction site mutation，iRSM） 是由英国威尔士大学分子遗传和毒理中心建立并完善的。iRSM 适用于快速检测诱变剂所致体内外 DNA 的突变，但这些突变的特点是使某一酶切位点变为另一酶切位点。该方法建立者 Jenkins 等首先将 iRSM 应用于化学诱变剂所致动物体内 p53 基因的突变检测，取得了良好的结果：小鼠分别口服 N-乙基-N-亚硝基脲（ENU）、2-乙酰氨基芴（2-AAF）和二甲基酰肼（DMH）3 天后，用 iRSM 相应地检测小鼠脾、骨髓和肝组织 p53 基因第 6 内含子区域的 Apa→Ava 位点反向突变。结果表明 ENU 诱发肝组织 p53 基因突变的发生率为 33%，2-AAF 使肝组织突变的发生率为 25%，这一阳性突变率反映出了不同诱变剂对相应组织的致突变强度，进一步验证了该方法的高灵敏度和准确性。它具有灵敏度高、快速、操作简便、突变检测部位明确等优点，是一种较具实用价值的突变检测手段。但是，iRSM 的不足之处是仅能检测诱发限制性酶切位点反向的 DNA 突变。根据文献资料分析，化合物致突变的发生具有一定的规律性，即结构类似的一组化合物常常引起一些特定序列较固定的碱基改变。例如，烷化剂和芳香胺类易使一连串鸟嘌呤(G)3′端 G 发生突变，这可能与该部位电荷密集有关，多数活性氧生成物质的 DNA 致突变作用也具有类似规律；CpG 二核苷常常是 DNA 加成物致突变作用部位，所以 CpG 突变的检测在化合物致突变检测中具有重要意义，而 CpG 突变常引发某些固定酶切位点的变化。很显然，iRSM 可较广泛地应用于遗传毒性化合物致突变作用的检测。

（5）荧光原位杂交（FISH）技术 荧光原位杂交技术最早由 Bauman 建立，后由 Lucas 首先应用于染色体畸变分析。其原理是按检测目标准备恰当的 DNA 序列作为探针，并用生物素标记，对载玻片上待测标本中的 DNA 杂交，最后通过杂交位点的荧光观察染色体结构或数目的改变。应用特殊染色体和染色体某区域的荧光探针可在体内检测以下 4 种类型的细胞遗传学终点。①检测中期细胞染色体畸变。②应用亚染色体区域的探针检测间期染色体断裂和非整倍体。③应用中心粒探针或抗着丝点抗体检测微核的形成。Schriever-Schwemmet 等利用 CREST 间接免疫荧光法，以及小鼠次要和主要微型 DNA 探针，在小鼠骨髓细胞证明了受试物引起微核的来源。④哺乳动物精子非整倍体检测。1999 年，徐德祥用双色 FISH 方法对丙烯腈接触男工精子性染色体数目畸变进行了检测，证明 FISH 技术用于检测精子染色体数目畸变实验结果稳定可靠。

（6）体外微核试验 体外微核试验是根据目前体内微核试验方法进行改进的，传统的体内微核试验仍然是检测化学物质染色体损伤的基本方法。体外微核试验常用细胞有中国仓鼠肺细胞（CHL）、中国仓鼠卵巢细胞（CHO）及中国仓鼠成纤维细胞（V79）等，近年来开始有用 L5178Y 小鼠淋巴瘤细胞和人成淋巴细胞 TK6，也有用叙利亚仓鼠胚胎（SHE）细胞和 BALB/c3T3 细胞。体外试验比体内试验易于操作和控制。缺点是对直接作用的化合物有可能出现假阳性。

（7）小鼠淋巴瘤细胞试验　小鼠淋巴瘤细胞试验应用 L5178Y 小鼠淋巴瘤细胞，来检测受试物的致突变性。L5178Y 小鼠淋巴瘤细胞是胸腺嘧啶核苷激酶（thymidine kinase，TK）杂合子（$TK^{+/-}$），$TK^{+/-}$ 细胞具有酶活性，能将外源性的核苷运输到细胞内以合成 DNA。若在培养液中加入有毒核苷同系物如硫尿嘧啶或三氟胸苷，则这些同系物能被 TK 运输进入细胞，从而合成错误 DNA 而导致细胞死亡。当杂合状态下的突变等位基因发生自发性或诱导性突变而产生纯合子突变细胞（$TK^{-/-}$）时，有毒核苷同系物不能运输进入细胞中，则这些细胞能抵抗毒性同系物从而能生长并形成克隆。进行试验时，$TK^{+/-}$ 细胞培养液中加入浓度递增的受试物，加或不加 S9 混合物，培养数天，然后取 10^6 细胞铺入含三氟胸苷的软琼脂中，37℃下培养数天，然后计数阳性对照、空白对照及处理平板上的克隆数。若受试物是致突变物，处理平板上的克隆数将会增加。由于 $TK^{+/-}$ 细胞是含有染色体的真核细胞，因此 $TK^{+/-}$ 细胞可通过碱基对置换或移码突变以及染色体畸变（如缺失或交换）而突变为 $TK^{-/-}$ 细胞。现在认为小的突变克隆是染色体损伤所致，大的突变克隆是碱基对置换所致。因此根据突变大小可推测产生突变的类型。

3.1.2.2　体外遗传毒性试验的基本要求

（1）细菌回复突变试验中采用的菌株　细菌回复突变试验至少应采用 4 种菌株，包括用于检测组氨酸靶基因中鸟嘌呤-胞嘧啶（G-C）位点碱基置换或移码突变的 4 种组氨酸营养缺陷型鼠伤寒沙门氏菌（TA98；TA100；TA1535；TA1537 或 TA97 或 TA97a），以及用于检测组氨酸或色氨酸基因中嘌呤-胸腺嘧啶（A-T）位点碱基置换与检测交联剂的鼠伤寒沙门氏菌 TA102 或大肠埃希菌 WP2 uvrA 或大肠埃希菌 WP2 uvrA（pKM101）。

（2）体外试验中最高浓度的确定　体外试验中受试物的最高浓度主要取决于受试物对细菌或细胞的毒性和溶解度。

对不受溶解度或细胞毒性限制的受试物，细菌回复突变试验应达到的最高浓度为 5mg/皿（液体受试物为 $5\mu L$/皿），哺乳动物细胞试验为 1mmol/L 或 0.5mg/mL（选用较低者）。

在遗传毒性体外试验中，某些遗传毒性致癌剂只有在检测浓度高达可产生一定程度的细胞毒性时才可检出，但毒性过高又会影响对相应的遗传终点进行恰当的评价。当哺乳动物细胞存活率很低时，一些遗传毒性以外的作用机制如细胞毒性（如与细胞凋亡、溶酶体释放核酸内切酶等有关的结果）会导致遗传毒性假阳性结果，这种情况常发生于受试物浓度达到毒性阈浓度时。

鉴于以上情况，在体外细菌和哺乳动物细胞试验中，目前可接受以下的细胞毒性水平：①细菌回复突变试验中，进行评价的浓度应能显示明显的毒性，如回复突变菌落数目减少、背景菌苔减少或消失。②哺乳动物细胞体外遗传学试验中，最高浓度产生的细胞毒性应约为 50%。③对于小鼠淋巴瘤细胞 TK 基因突变试验，最高浓度产生的细胞毒性应为 80%～90%。

（3）难溶受试物的检测　用细菌和哺乳动物细胞遗传毒性试验检测某些受试物时，在不溶解的浓度范围内也能检测出剂量相关性的遗传毒性。建议采用以下策略检测相对不溶的受试物：①对于细菌回复突变试验，如果沉淀不干扰计数，应对产生沉淀的浓度进行计数，且最高浓度不超过 5mg/皿或 $5\mu L$/皿。当未观察到细菌毒性时，应以产生沉淀的最低浓度作为计数的最高浓度；当观察到剂量相关的细菌毒性或诱变性时，应按上述细胞毒性的要求来确定最高浓度。②对于哺乳动物细胞试验，若沉淀不干扰计数，最高浓度应是培养液中产生最少可见沉淀的最低浓度。应通过肉眼观察或镜检等方法来观察并记录沉淀在培养过程中是否持续存在或培养过程中是否出现（至处理结束时）。

（4）体外试验的重现性 体外试验应关注重现性。当采用新方法或试验出现非预期结果时，有必要进行重复试验。但是，当采用标准的、已广泛应用的常规体外试验方法时，若这些试验经过了充分验证且进行了有效的内部质量控制，并得到明确的阳性或阴性结果，通常不需要重复试验。但是，若得到可疑结果，则需要进一步试验。

3.1.3 体内遗传毒性试验

体内遗传毒性试验主要是在动物整体水平上，评价受试药物对动物的致突变性作用。

3.1.3.1 常见体内遗传毒性试验方法

（1）兽药小鼠骨髓细胞微核试验 微核试验是通过测量微核率来评价染色体损伤的一种细胞遗传学方法。微核是在细胞的有丝分裂后期染色体有规律地进入子细胞形成细胞核时，仍然滞留在细胞质中的染色单体或染色体的无着丝粒断片或环。它在末期以后，单独形成一个或几个规则的次核，包含在细胞的胞质中，由于比核小得多，故称微核。这种情况的出现往往是受到染色体断裂剂作用的结果。另外，也可能在受到纺锤体毒物的作用时，主核没有能够形成，代之以一组小核。此时小核往往比一般典型的微核稍大。微核可以出现在多种细胞中，但在有核细胞中较难与正常核的分叶及核突出物相区别。

传统的微核试验是小鼠骨髓多染细胞微核试验。多染性红细胞（polychromatic erythrocytes，PCE）指晚幼红细胞最后一次分裂时，排出主核而未成熟为正染红细胞（normochromatic erythrocytes，NCE）前的细胞。但体内微核试验存在不足之处，如有些化学物在骨髓难以达到有效浓度；有的经肝代谢，可能在到骨髓之前消失；仅能反映染色体发生畸变；动物个体差异较大等。因此，微核试验发展很快，建立了许多其他细胞株的微核试验，如中国仓鼠卵巢细胞（CHO）和肺细胞（CHL）、成纤维细胞（V79）等进行的体外微核试验，还有哺乳动物的红细胞、肝细胞、脾细胞、淋巴细胞以及非哺乳动物细胞（如鱼和蟾蜍的红细胞）等的微核试验和双核细胞微核试验等。

（2）小鼠精子畸形试验 精子畸形是指精子形状改变和畸形精子数量增多。化学物引起精子畸形的机制尚未完全清楚。目前认为精子的成熟和正常形态受多基因的控制，如常染色体上的基因控制精子畸形，Y连锁基因控制畸形精子的表型。当化学物使这些基因发生突变时，就会导致精子畸形或畸形率升高。某些染色体重排，如性染色体和常染色体易位，也可使精子发生畸形。这是利用精子形态学检查来检测化学物潜在的致癌作用和对生殖细胞的诱变作用的理论基础。精子畸形试验的优点是：①体内给药，阳性结果表明化学物损害精子；②精子发生过程对作用于生殖细胞的诱变剂很敏感，可用于检测生殖细胞诱变剂。由于多基因遗传易受环境因素的影响，有关基因未发生突变，仅环境因素的改变也可引起变异，如体温升高、缺血、变态反应、感染等都可导致精子畸形，因此精子畸形试验可能产生假阳性。

精子畸形试验是在严格控制的实验条件下，给实验动物小鼠染毒，处死动物采取小鼠附睾中的精子，在显微镜下观察精子的异常形态，主要观察头部的畸形。如果染毒组的精子头部畸形率显著高于阴性对照组，并且有剂量-反应关系，则可以判断为阳性结果。

（3）小鼠染色体畸变分析试验　小鼠染色体畸变分析试验是利用小鼠骨髓细胞或精原细胞检测受试药物对染色体畸变诱发性及其程度的特殊毒理试验评价方法。染色体是细胞核中具有特殊结构和遗传功能的小体，当化学物质作用于细胞周期 G1 期和 S 期时，诱发染色体型畸变，而作用于 G2 期时则诱发染色体单体型畸变。给试验的大、小鼠腹腔注射秋水仙素，抑制细胞分裂时纺锤体的形成，以便增加中期分裂相细胞的比例，并使染色体丝缩短、分散，轮廓清晰。在显微镜下观察染色体数目和形态。

（4）转基因小鼠基因突变试验　转基因小鼠基因突变试验可在整体状态下检测基因突变，比较不同组织（包括生殖腺）的突变率，确定靶器官，对诱发的遗传改变作精确分析等。1989 年，Gossen 等报道了 LacZ 转基因小鼠突变测试系统。近年来，国外已陆续发展了多种用于突变检测的转基因动物，其中 3 种已投入商品化生产，MutaTM 小鼠、Big-BlueTM 小鼠和 Xenomouse 小鼠，它们分别采用大肠埃希菌乳糖操纵子的 LacZ 和/或 Lacl 作为诱变的靶基因。1997 年，陈建泉等人已经以穿梭质粒 pESnx 为载体，以 xy1E 基因作为诱变靶基因建立了携带 xy1E 的转基因小鼠，并对转基因小鼠进行了繁殖建系。并已实验证明 xy1E 转基因小鼠是一个研究体内基因突变的有效模型，它可望成为一种新的转基因小鼠突变检测系统。2000 年，Heddle 等建立了 1 种 gptdelta 转基因小鼠。2003 年，HiroyukiHayashi 等将载有 E. coligpt 基因和 λ 噬菌体的 red/gam 基因 λEG 10 DNA 整合到 SD 大鼠每个单倍体基因组 q24～q31 位点。这种转基因大鼠对乙基亚硝基脲（ENU）和苯并［a］芘(B[a]P)的肝脏毒性显示了很高的敏感性，它也有助于研究遗传毒性物质对小鼠和大鼠的种间差异。

（5）果蝇伴性隐性致死试验　果蝇伴性隐性致死（sex-linked recessive lethal，SL-RL）试验是利用隐性基因在伴性遗传中具有交叉遗传特征，选择黑腹果蝇（drosophila melanogaster）为实验动物，给雄蝇染毒后，如发生各类基因突变的隐性致死效应，将传给 F₁ 代雌蝇，再通过 F₁ 雌蝇传给 F₂ 雄蝇，由于 X 染色体的隐性突变在 F₁ 代为杂合子，不能表达，而在 F₂ 代雄蝇为半合子，能表达出来，并因 F₂ 代雄蝇只有半数接受了带突变的 X 染色体，结果 F₂ 代雄蝇比雌蝇少一半。果蝇眼睛的形态和色泽是 X 染色体携带基因所决定的两种遗传标志，染毒后，观察 F₂ 代雄蝇眼睛的形态和色泽，即可判断野生型雄蝇是否减少。该试验观察技术简便易行，能检出基因突变、小缺失、重排等遗传损伤。

（6）显性致死试验　显性致死指哺乳动物生殖细胞染色体发生结构和数目改变，导致受精卵或发育中的胚胎死亡。显性致死试验以胚胎死亡为观察终点，用于检测化学物对整体动物生殖细胞的遗传损伤。

由于卵母细胞对诱变物的敏感性相对较低，受试物还可能作用于母体动物，产生种种干扰因素影响胚胎发育，故本试验仅对雄性动物染毒，然后与未染毒的雌鼠交配，观察胚胎死亡情况。为检测化学物对精子发育全过程的影响，并检出精子受诱变物作用的敏感阶段，试验过程中，每周更换一批新的雌鼠与染毒雄鼠交配，小鼠持续 6～8 周，大鼠持续 8～10 周。根据在不同批次交配的雌鼠发生胚胎显性致死，即可判断受试物遗传毒性作用于精子的发育阶段。

显性致死试验可检出单纯的染色体断裂所致的大缺失或复制，或者同时因染色体重排所形成的不平衡染色体分离或不分离，即非整倍体，是评价化学物对雄性动物的生殖细胞遗传毒性较好的方法之一，还可进一步确证体外试验或其他试验系统获得的阳性结果。本试验大多选用小鼠，也可用大鼠、仓鼠、豚鼠。其不足之处是灵敏度差和使用动物数量大，且要求一定的受孕率。

3.1.3.2 体内遗传毒性试验的基本要求

（1）针对检测染色体损伤的体内试验基本要求　采用骨髓细胞分析染色体畸变或检测含微核的嗜多染红细胞的体内试验方法均可用于检测染色体断裂剂。由于细胞分裂后期的一个或多个染色体相对滞后也能形成微核，因此微核检测方法也能检测一些非整倍体诱导剂。

大鼠和小鼠均适用于骨髓微核试验。微核可通过小鼠外周血中未成熟红细胞（如嗜多染红细胞）或大鼠血液新生网织红细胞测定。同样，也可使用已证明了对检测断裂剂或非整倍体诱导剂具有足够灵敏度、来源于其他种属动物的骨髓或外周血的未成熟红细胞。除人工镜检方法外，若方法学经过了充分验证，也可采用自动化分析系统（如图像分析系统和流式细胞术）对微核进行检测。

啮齿类动物给药后，取外周血淋巴细胞进行体外培养，也可用于分析染色体畸变。

（2）其他体内遗传毒性试验的基本要求　相对于第一项体内常选试验，第二项体内试验可作为第二种标准试验组合的一部分，并可用作追加试验以在评价体外或体内试验结果时提高证据权重。体内组织和试验的选择应根据多种因素来确定，例如受试物可能的作用机制、体内代谢特征或者被认为是相关的暴露组织等信息。由于肝脏的暴露和代谢能力强，肝脏是代表性的首选组织。第二种体内试验经常以评价 DNA 损伤为终点指标作为替代终点。目前，已有大量应用经验的试验包括：DNA 链断裂试验〔如单细胞凝胶电泳试验（彗星试验）和碱洗脱试验〕、转基因小鼠体内突变试验、DNA 共价结合试验。

（3）体内试验的给药途径　一般情况下，给药途径应与临床拟用途径一致。若不一致，应说明理由。但是，为获得全身暴露，在适当时可进行调整，如局部给药的受试物。

（4）体内试验啮齿类动物性别的选用　短期给药（通常是给药 1～3 次）的体内遗传毒性试验一般可单用雄性动物。若已有的毒性、代谢或暴露资料提示在所用动物种属上存在毒理学意义的性别差异，则应采用两种性别的动物。当遗传毒性试验整合在重复给药毒性试验中时，应对两种性别动物进行采样，如果毒性、代谢方面没有明显性别差异，可仅对单一性别进行评价。如果受试物拟专用于单一性别，可选用相应性别的动物进行试验。

（5）体内试验的剂量选择　体内遗传毒性试验可以单独开展，亦可整合在亚慢性毒性试验（重复给药毒性试验）中进行。兽药体内遗传毒性试验通常单独开展，试验通常对有代表性的三个剂量水平进行分析检测，三个剂量水平通常设为 1/2、1/4 和 1/8 LD_{50}；对于毒性小而未求出 LD_{50} 的兽药（即 LD_{50} 大于 5000mg/kg），高剂量通常设为 5000mg/kg，将 2500mg/kg 和 1250mg/kg 分别设为中剂量和低剂量。另外需设 1 个阳性对照组和1 个阴性（溶剂）对照组。

3.1.4　遗传毒性标准试验组合原则

目前使用的 200 多种遗传毒性检测方法中，真正经过验证有合适灵敏度和特异度的大概不到 10 种。主要原因是一种遗传毒性检测方法通常只能反映一个或两个遗传学终点，没有一种检测方法能涵盖所有的遗传学终点，故需用一组试验配套进行试验。遗传毒性配套试验组合通常有四个原则：①既有体外试验又有体内试验；②既有体细胞试验又有生殖细胞试验；③既有原核生物试验又有真核生物试验；④配套试验所检测的遗传学本质能涵盖基因突变、染色体畸变、染色体分离异常和 DNA 损伤等所有遗传学终点。

《兽药临床前毒理学评价程序试验指导原则》（农业部第 1247 号公告附件 6）规定，兽药遗传毒性的标准试验组合为 Ames 试验、小鼠骨髓细胞微核试验和小鼠精子畸形试验（或睾丸精原细胞染色体畸变分析试验）。上述三项试验中有一项是阳性结果的兽用原料药一般不能用于食品动物，如果此原料药特别重要，必须补做 1～2 项其他遗传毒性试验，并要通过致癌试验进行验证。

3.2

致癌试验

慢性毒性和致癌试验是预测药物在临床应用中诱发癌症危险性的评价方法。在动物的大部分生命期间，经过反复给予受试药物后观察其呈现的慢性毒性作用及其剂量-反应关系，尤其是进行性和不可逆毒性作用及肿瘤疾患，确定受试药物的无作用剂量（NOEL），作为最终评定受试药物能否应用于动物尤其是食品动物的依据。

3.2.1 材料与方法

3.2.1.1 实验动物

（1）**实验动物种类选择** 一般要求选用两个种属的实验动物，即啮齿类和非啮齿类，目前已掌握大白鼠和小白鼠各品系的特点及诱发肿瘤的敏感性，故可优先将其用于慢性毒性和致癌试验。对活性不明的受试药物，则应选用两种性别的啮齿类和非啮齿类动物。

（2）**动物的起始周龄和体重** 慢性毒性试验期长，故一般用刚断乳的大鼠或小鼠。大鼠 50～70g（出生 3～4 周），小鼠 10～15g（出生 3 周）。动物个体体重的变动范围不超出各性别平均体重的 20%。

（3）**动物的性别和数量** 每个剂量组的动物数应满足试验结束时进行统计学处理的要求，如大鼠 40～60 只（小鼠数应据此适当增加），一般雌雄各半，雌鼠应为非经产鼠、非孕鼠。如果将慢性毒性试验与致癌试验结合进行，每组雌雄动物数均应在 50 只以上。如计划在试验过程中定期剖杀动物，则动物数应相应增加。

（4）**肿瘤自发率** 实验动物的自然肿瘤发生率原则上是控制到越低越好，但试验结果评价时主要是以在相同条件下观察对照组与各剂量组的肿瘤发生率及其剂量-反应关系作为判定依据。

3.2.1.2　受试药物

应与做非临床和临床试验的其他兽药为同批次产品。

3.2.1.3　仪器设备

一般生理生化和剖检仪器。

3.2.2　试验步骤

3.2.2.1　剂量组设计

设 3～5 剂量组和 1 个对照组。高剂量组根据 90 天喂养试验确定，一般应引起一些毒性表现或损害作用，但不引起太多动物死亡；低剂量组不引起任何毒性作用；在高剂量和低剂量之间再设 1～3 个剂量组，剂量可按几何级数或其他规律划分。对照组除了不给予受试药物外，其他各方面都应与试验组相同。如果受试药物使用了某种毒性不明的介质，则应同时设未处理对照和介质对照。

3.2.2.2　给药方法

经口给药，可加入饲料、饮水中或灌胃。如果受试药物是灌胃给药，应每周称体重两次，根据体重计算给予受试药物的量。

3.2.2.3　受试药物的配制及存放

① 一般用蒸馏水作溶剂，如受试药物不溶于水，可用食用植物油、医用淀粉、羧甲基纤维素等配成乳浊液或悬浊液。受试药物应于灌胃前新鲜配制，除非有资料表明以溶液（或乳浊液、悬浊液）保存具有稳定性。同时应考虑使用的介质可能对受试药物的吸收、分布、代谢或排泄的影响；对理化性质的影响及由此引起的毒性特征的影响；对摄食量或饮水量或动物营养状况的影响。

② 受试药物加入饲料中的量不能大于饲料量的 5%；受试药物制备或存放时，要求不影响饲料的营养成分含量和性质。饲料中加入受试药物的量很少时，宜先将受试药物加入少量饲料中充分混匀后，再加入一定量饲料后混匀，如此反复 3～4 次。

3.2.2.4　饲料

① 饲料中营养成分应能满足实验动物的营养需要。

② 饲料的污染物如残余杀虫剂、多环芳烃化合物、雌激素、重金属、亚硝胺类化合物等的含量要控制；不饱和脂肪酸与硒的含量要限制，均应使其不影响受试药物的试验结果。

3.2.2.5　实验动物饲养管理

① 同一间动物房中不得放置两种实验动物，也不能同时进行两种受试药物的毒性试验。

② 动物料槽中的饲料每周至少要更换两次。

③ 试验期间，动物最好采用单笼饲养，且要求各组动物饲养条件（笼具、温度、光

照、饲料等）严格一致。

3.2.2.6　试验期限

一般情况下，致癌试验小鼠定为 18 个月，大鼠定为 24 个月。

3.2.2.7　观察指标

（1）一般观察

① 对实验动物的一般健康状况每天至少进行一次观察和记录。对死亡动物要及时剖检；对有病或濒死的动物需分开放置或处死，并检测各项指标。

② 动物出现异常，需详细记录肉眼所见、病变性质、时间、部位、大小、外形和发展等情况，对濒死动物要详细描述。

③ 试验期的前 13 周，每周要对全部动物分别称量体重，以后每 4 周一次，每周要检查和记录一次每只动物的采食量。如以后健康状况或体重无异常改变，可以每 3 个月检查一次。

（2）**血液学检查**　试验的第 3、第 6 个月及以后每半年一次采试验鼠血进行血液学检测。血液学检测指标包括血红蛋白，红细胞比容，红细胞计数，白细胞计数及嗜中性、嗜酸性、嗜碱性、淋巴、单核细胞的分类计数，血小板数和网织红细胞数，血凝试验等。大、小鼠每组每一性别不少于 5 只，且每次检查尽可能安排为同一动物。

（3）**血液生化检测**　试验的第 3、第 6 个月及以后每半年一次采试验鼠血进行血液生化检测。血液生化检测指标包括谷丙转氨酶（ALT 或 GPT）、谷草转氨酶（AST 或 GOT）、尿素氮（BUN）、肌酐（Cr）、血糖（Glu）、血清白蛋白（Alb）、总蛋白（TP）、总胆固醇（TCH）和甘油三酯（TG）等。此外还可考虑测定碱性磷酸酶（ALP）、乳酸脱氢酶（LDH）、胆酸等。大、小鼠每组每一性别不少于 5 只，且每次检查尽可能安排为同一动物。

（4）**病理检查**

① 大体剖检。所有实验动物，包括试验过程中死亡或濒死处理的动物以及试验结束处死的动物都应进行解剖和全面系统的肉眼观察。观察到的可疑病变和肿瘤部位均应固定保存，以备进一步做组织学检查。在试验过程中各组应剖检部分动物进行病理组织学检查，一般情况是每 3～6 个月检查一次。

② 脏器称量。剖检实验动物的同时，称取体重及重要脏器重，计算脏体比值。脏器包括肝、肾、肾上腺、肺、脾、睾丸、附睾、卵巢、子宫、脑、心等，必要时还应选择其他脏器。

③ 组织病理学检查。凡是试验过程中死亡或濒死处理的动物都应进行组织病理学检查。试验期间和试验结束处死的动物先对高剂量组和对照组进行组织病理学检查，发现病变后再对较低剂量组相应器官及组织进行检查。

④ 电镜检查。有条件和需要时可酌情进行。

3.2.2.8　试验记录

认真填写"慢性毒性和致癌试验"原始记录。内容包括受试药物名称、试验依据、试验日期、试验人员签名等；实验动物来源、种属和品系、年龄、体重范围、数量、性别、购置日期、健康状态；动物分组、受试药物给予记录等；试验观察（包括动物的一般表现、行为、中毒表现和死亡情况等）记录；血液学指标测定结果；血液生化指标测定结果；组织病理学检查（包括大体解剖、脏器重量、病理组织学检查等）结果等。

3.2.3 数据处理与分析

3.2.3.1 数据处理

① 整理归纳各试验组动物的临床数据。

② 整理实验动物的饮水量，求取各试验组动物饮水量的平均值（表述为 $\overline{x}\pm s$）。

③ 整理实验动物的饲料摄入量和增重，求取各试验组动物的平均增重率（表述为 $\overline{x}\pm s$）。

④ 整理测得的血液学指标，求取各指标的组内平均值（表述为 $\overline{x}\pm s$）。

⑤ 整理测得的血液生化指标，求取各指标的组内平均值（表述为 $\overline{x}\pm s$）。

⑥ 整理测得的动物体重及其主要脏器重量，计算脏体比（脏器系数），求取各试验组动物脏器系数的平均值（表述为 $\overline{x}\pm s$）。

⑦ 归纳各试验组动物剖检和组织病理学检查结果。

3.2.3.2 数据分析

以适当的统计学方法分析上述整理的数据，比较试验组与对照组之间的差异性。计量资料采用方差分析或 t 检验，计数资料采用 X^2 检验、泊松分布等。

3.2.4 结果评价

国际抗癌联盟（IARC）对动物致癌物的概念较为严格，有以下要求：在多种或多品系动物实验中；或在几个不同试验中，特别是不同剂量或不同染毒途径的试验中见到恶性肿瘤发生率增高；或在肿瘤发生率、肿瘤出现的部位、肿瘤类型或出现肿瘤的年龄提前等各方面均明显突出，才确定为动物致癌物。

啮齿类动物的长期致癌试验在近年来因以下原因受到质疑。①最大耐受剂量诱导的毒性反应能引起细胞增生；②没有考虑协同作用；③没有剂量-反应关系。因此将高剂量的动物实验结果外推至正常情况人接触的低剂量似乎是欠妥当的。尽管如此，许多证据支持动物长期致癌试验，如：①所有的人类已知致癌物在啮齿类动物实验中都是阳性，而且常常具有剂量可比性以及发生肿瘤的组织也一样；②尽管有许多化学物对实验动物有致癌性但对人类却没有，但是人类的许多致癌物又都是通过动物实验发现的（如黄曲霉毒素、己烯雌酚、4-氨基联苯、氯乙烯）。一旦动物实验发现了致癌物应将之区别为遗传毒性致癌物或非遗传毒性致癌物。

总的说来，动物致癌试验的能力远远不能解决当前的问题，只能选择可疑致癌物和接触水平较高的化学物进行检测。短期筛选试验尽管不能取代动物致癌试验，但对于选择适当的动物实验和受试物具有重要价值。近年来人们对化学致癌作用有了较多的了解，随着化学致癌作用机制（尤其是非遗传毒性致癌机制）的深入研究，化学物致癌性的检测方法将逐步完善，人类致癌危险性的评价将更趋科学合理。

3.2.5 注意事项

① 除特别注明外，试验用水为蒸馏水，试剂为分析纯试剂，动物为 SPF 级实验动物。

② 实验动物饲养环境要求达到 SPF 级。

3.3

生殖与发育毒性试验

3.3.1 引言

生殖与发育毒理学是研究环境有害因素对亲代的生殖功能及子代发育过程的有害影响作用的学科。这是一个相对"年轻"的领域。人们在"反应停"事件（1959～1962 年）以前对化学物的发育生殖毒性没有进行常规的评价，而且尽管在试验中发现有些物质能引起畸形，但在当时的新药的安全评价中却没有包括这方面的内容，结果在 28 个国家出现了 8000 多个短肢畸形儿，这大大地改变了人们对药物安全性及危险性评价的观点，也促使了毒理学领域中相应立法的改变。从 20 世纪 60 年代中期以后，全面系统研究生殖发育潜在的不良反应是注册新药和某些杀虫剂必不可少的一部分。

生殖过程包括生殖细胞（或称配子，即精子和卵细胞）的发生、配子的释放、性周期和性行为、卵细胞受精、受精卵的卵裂、胚泡形成、着床（或称植入）、胚胎形成、胚胎发育、器官发生（或称器官形成）、胎仔发育、分娩和哺乳、出生后发育至性成熟。生殖发育也可称为繁殖过程，是一个连续循环过程，二者关系密切。根据研究的侧重面不同，常将其分为生殖和发育两方面。前者是对亲代而言，后者是对子代而言。因此对外源化学物对生殖发育的损害作用（繁殖毒理学）的研究通常也分为生殖毒性及发育毒性，并逐渐发展成为毒理学的分支科学，前者称为生殖毒理学，后者称为发育毒理学。

3.3.1.1 生殖毒性

（1）基本概念 生殖毒性指对雄性和雌性生殖功能的损害和对后代的有害影响。由于雌雄配子的形成有根本的不同，故化学物对雌雄生育力的影响也会有所不同。卵泡的发育是四个阶段的连续过程，即原始卵泡、初级卵泡、次级卵泡和成熟卵泡。在雌性胎儿期卵巢内，最初为卵原细胞，经有丝分裂增殖与分化发育为初级卵母细胞。出生后，从青春期开始，初级卵泡陆续发育，卵泡增大。初级卵母细胞进一步成熟需要垂体前叶分泌的卵泡刺激素（FSH）和促黄体生成素（LH）的作用，开始分泌雄性激素（睾酮、雄甾酮）和雌激素。排卵前，初级卵母细胞进行第一次减数分裂，形成次级卵母细胞和第一极体，而后次级卵母细胞迅速进行第二次减数分裂，且停留在分裂中期直到受精，精子进入卵细胞后第二次分裂才完成。

精子发生过程是指在成熟的雄性个体中，在生精上皮细胞所发生的从精原干细胞开始，历经细胞增殖、分化、发育等一系列细胞形态、生理功能的变化，发育成为成熟精子的过程。精子发生过程始于胎儿期的原始生殖细胞。出生后，原始生殖细胞分化成精原细胞。青春期在垂体促性腺激素的作用下，开始增殖，进行有丝分裂，形成两个单倍体的次级精母细胞，后者不再经 DNA 复制立即进入第二次成熟分裂，经过一系列形态学变化成为成熟精子。一旦由包裹的间质细胞释放入管状的输精管内，精子将移入附睾进一步成熟，具有受精能力和活动力，然后进入精囊并在此储存。精子生成是一连续发生过程。在大鼠体内，从一个精原细胞分化成为成熟的精子，约需 48d。整个精子生成过程在不同物种和品系中所需的时间并不相同，如人类需要 64d，小鼠需要 35d，兔需要 43d，Sprague-Dawley 大鼠需要 51.6d，Wistar 大鼠需要 53.2d，Long-Evans 大鼠需要 48d。

（2）生殖毒性外源化学物对雄性生殖系统的损害　雄性生殖功能有多种组织器官参与，且有复杂的调控机制，但毒物作用的主要靶位是睾丸。睾丸的功能主要是生成精子和合成雄性激素。精子的生成有赖于下丘脑-垂体-睾丸轴的调节功能。外源化学物无论是直接影响睾丸的功能，还是间接影响下丘脑-垂体-睾丸轴的调节功能，均表现为雄性生育力的受损。

① 对雄性生殖系统的直接影响。棉酚、重金属（铅、镉、汞、锰）、有机氯杀虫剂（如十氯酮）、有机磷杀虫剂（马拉硫磷、敌敌畏）、杀线虫剂（二溴氯丙烷）和工业污染物（二硫化碳）等均具有不同程度的生殖毒性。化学物对雄性生殖的直接影响主要是干扰睾丸的功能及结构。如铅可通过血睾屏障，对睾丸的功能和形态造成损害，使精子畸形增多，正常精子数目和活动率下降。

② 对内分泌功能的影响。睾丸的功能受垂体前叶分泌的促性腺激素的调节，而垂体分泌的促性腺激素又受下丘脑产生的促性腺释放激素的调节。促性腺激素包括 FSH 和 LH。FSH 能促进曲细精管的增生和精子的成熟。LH 能刺激睾丸间质细胞的发育并分泌雄激素。精子生成系在神经内分泌的精密调节和控制下进行的。在血液中雄性激素和促性腺激素含量达到一定水平后，引起反馈作用于大脑皮质、下丘脑和垂体，影响它们的分泌活动，调节各级激素的产生，以维持动态平衡，精子生成过程可正常进行。如上述的任何一环节受到外源化学物的作用，影响其功能的发挥，最终都会影响精子的生成。

已证实重金属铅可干扰下丘脑-垂体-睾丸轴的正常功能，主要是影响促性腺释放激素的释放，表现为血清中 FSH、LH、睾酮含量降低。铅作业工人性功能降低的主要原因是FSH 分泌减少，造成促进精子转变的过程受阻；LH 的降低，使睾丸间质细胞的增殖受限，造成精子数目减少，活动能力减弱；睾酮的水平不足，则造成性欲减低和阳痿。接触二溴氯丙烷的患者，其血浆中 FSH、LH 显著升高，但睾酮无变化。

（3）生殖毒性外源化学物对雌性生殖系统的损害作用

① 对卵巢的直接影响。化学物如二硫化碳对雌性动物性腺有直接损害作用。给狗静注二硫化碳（CS_2）可观察到卵巢萎缩，原始细胞和滤泡变性。皮下注射氯化镉可使初级卵母细胞和次级卵母细胞出现明显的病理变化，如线粒体肿胀，高尔基体和内质网扩张和肿胀，而且次级卵母细胞染色体出现分离异常。

② 对内分泌功能的影响。卵巢的功能和生殖周期受体内的内分泌系统调节，即通过下丘脑-垂体-性腺轴调节。外源化学物可影响上述任何一个环节而造成损害作用。如雌性大鼠慢性接触 γ-六氯环己烷时，发现幼鼠阴道开启和排卵周期延迟，血清中垂体促黄体

生成激素和催乳激素降低，而垂体促卵泡生成激素浓度升高。尸检发现垂体和子宫的重量明显低于对照组。此外，十氯酮也有较强的雌性生殖毒性，雌性动物表现为持久性的阴道动情期和停止排卵，以及死胎和自然流产。苯及其同系物如甲苯、二甲苯能干扰下丘脑，作用于垂体-卵巢系统，引起雌性生殖系统功能异常。

3.3.1.2 发育毒性

（1）基本概念　发育毒性指在到达成年之前诱发的任何有害影响，包括在胚胎期和胎儿期诱发或显示的影响，以及出生后诱发或显示的影响，即对出生前的胚胎、胎儿以及出生后的幼仔的结构及功能的影响。根据子代发育过程中接触化学物的阶段性的不同，发育毒性主要表现为 4 种情况：①胚胎死亡，外源化学物作用于配子的生成阶段，使受精卵在着床前死亡，或在着床后胚胎发育到一定阶段死亡。早期死亡被吸收或着床前排出（即自然流产），晚期死亡则为死胎。②畸形，指胎儿形态及结构异常，如腭裂、多趾、少趾等。③生长迟缓，在胎儿期接触毒物可引起生长迟缓及功能发育不全。生长迟缓是指胎儿的生长发育较正常的胎儿缓慢（指标比正常对照的均值低 2 个标准差），表现在体重、身长及骨骼钙化等方面。④功能缺陷，指由于胚胎发育障碍所致的功能障碍，包括器官系统、生化、生理、免疫功能及神经行为等方面的异常。

发育毒性与母体毒性都与受孕母体有关，二者是化学物在不同阶段不同靶部位毒性的具体表现，而且往往同时出现，所以应该特别重视母体毒性作用与胚胎毒性作用的关系。母体毒性系指外源化学物在一定剂量下，对受孕母体产生的损害作用，包括体重减轻、出现某些临床症状，甚至死亡。常见的有以下几种情况：①具有发育毒性作用，但无母体毒性出现。此类受试物致畸作用往往较强，应予特别注意。②出现胚胎毒性作用的同时也表现母体毒性作用。此类受试物可能既对胚胎有特定的致畸作用机制，同时也对母体具有损害作用，但二者并无直接联系。③不具有特定致畸机制，但可破坏母体正常生理稳态，对胚胎产生非特异性的损害作用，并造成胚胎毒性。④仅具有母体毒性，但不具有致畸作用。⑤有的在一定剂量下，既不表现母体毒性，也未见致畸作用等发育毒性。此种情况较为复杂，在实际工作中应特别认真对待。在外源化学物的致畸试验中，如未观察到致畸作用，同时也无母体毒性表现，并不能确定受试物确实不具致畸作用。实际有两种可能，一种是受试物确实不具有致畸作用，而且也不具有母体毒性；另一种是实验动物接触的剂量未达到致畸作用的最小有作用剂量，即致畸阈剂量，并非真正不具有致畸作用。在对一种外源化学物进行致畸试验时，如未观察到致畸作用，也无母体毒性表现，应在实验动物可以耐受的条件下，最大限度地增加剂量，使其远远高于人类实际可能接触的水平，如仍未出现致畸作用，才可作出结论。严格来说，在一定剂量下，能引起母体毒性作用，但未观察到致畸作用，才可以认为确实不具致畸作用。母体毒性与致畸作用的剂量关系之间并无固定比值，一般情况下，致畸作用剂量较母体毒性作用剂量为低。在上述发育毒性的 4 种表现中，除胚胎死亡外，致畸作用对人类健康的危害较大，是发育毒性中人们最为关心的表现，故对致畸作用的一般概念、毒理学特点等详加阐述。

（2）致畸作用及其作用机制　致畸作用是指化学物作用于发育期的胚胎，引起胎儿出生时具有永久的形态结构异常，是一种特殊的胚胎毒性。能诱发致畸作用的外源化学物称致畸物或致畸剂。20 世纪最大的药物灾难——"反应停"事件，使人们认识到即使对母体安全的外源化学物也可能对胎儿产生致畸作用。目前，世界上的所有国家都要求对新化学物的致畸作用进行评定。但是，人们对致畸作用的机制所知甚少，因为先天性的畸形可分为由正常发育的调控失调所致或者由雌雄配子发生突变所致和在器官形成期由外源化学物或辐射等所致。例如，在人类的畸形中约 20% 是由已知的遗传性疾病所致，另有 3%～5% 是由染色体畸变所致，辐射小于 0.1%，感染 2%～3%，母体代谢失常 1%～2%，药物及环境化学物 4%～6%，还有 65%～70% 的畸形的原因尚待阐明。

外源化学物诱发畸形的机制异常复杂，至今对致畸作用确切的分子机制尚未了解。通过对引起发育异常的一般机制的研究，认识了一些与致畸作用有关的机制。

① 基因突变和染色体畸变。一般认为在人类出现的畸形中，由基因突变引起者约占 5%，染色体畸变引起者约为 10%。基因突变可能是引起畸形的重要机制之一。外源化学物可使细胞核中 DNA 链上的核苷酸序列发生变化，此突变的 DNA 将错误的发育信息经转录和翻译继而造成畸形。基因突变的细胞可以是生殖细胞，也可以是体细胞。若是生殖细胞，其所致的畸形具有遗传性，可遗传给后代机体。这种情况相对较少，因为已发生突变的生殖细胞，不易完成胚胎及胎仔的正常发育过程。若是体细胞，即胚胎细胞，它所致畸形是非遗传性的，仅在子代表现畸形，而此种畸形不会遗传给后代。此种情况常见于常规的致畸试验，因为它接触受试物的时间为器官发生期，受试物仅能作用于胚胎细胞，与生殖细胞无关。基因突变除可引起形态结构异常外，常可引起生理生化功能障碍。如酶分子氨基酸组成的改变，导致其功能的变化，产生代谢性疾病。染色体畸变与基因突变的情况相似，可能有程度上的不同。一般认为它常导致胚胎死亡，如不死亡，也可产生畸形和功能障碍。

② 细胞毒作用。细胞的增殖需在细胞中经 DNA 复制、RNA 转录及蛋白质翻译和细胞分裂等过程。正常情况下，在器官发生期中细胞增殖速度极高，如大鼠妊娠第 8～11d 胚胎 DNA 含量增加可达 1000 倍。在此期间对外源化学物反应极为敏感，如接触一定剂量的外源化学物，可表现出细胞毒性作用。常见有细胞毒性的外源化学物有烷化剂、抗癌剂以及致突变物等。当接触剂量较低时，也可引起细胞死亡，但其速度及数量可被存活细胞的增殖所补偿，故在出生时并不表现畸形。当接触剂量较高，在短期内造成大量细胞死亡，胚胎出现无法代偿的严重损伤，则表现出胚胎致死作用。只有超过致畸阈剂量一定范围的剂量与胚胎接触，细胞增殖速度降低，不能对受损组织进行代偿，但并不危及生命，出生时才有畸形出现。当然，在实际工作中，并不像上述情况那样简单，通常可在同一个或不同的孕鼠观察到发育迟缓、畸形和胚胎死亡等毒性表现。这是两种原因所致，一是外源化学物在不同胚胎体内生物转运和代谢情况的不同；二是不同窝内或同一窝内，不同胚胎发育阶段存在一定的差异。

③ 酶的抑制。细胞增殖、细胞分化及器官生长发育等过程均有酶的参与。例如，DNA 合成酶、RNA 转录酶、核糖核酸酶以及碳酸酐酶等，它们在细胞分化增殖过程以及维持正常代谢中起着重要的作用。当这些重要酶类被抑制或破坏时，将影响胚胎正常发育过程，并引起畸形。目前已知可通过影响酶类而产生致畸作用的外源化学物有：阿糖胞苷能抑制 DNA 聚合酶；5-氟尿嘧啶能抑制胸苷酸合成酶；羟基脲能抑制核苷二磷酸还原酶；6-氨基烟酰胺能抑制葡萄糖-6-磷酸脱氢酶等。虽然研究者已经观察到上述外源化学物的致畸过程中有重要酶类的抑制，但是对这些酶类抑制最终所致畸形的机制所知甚少。

④ 对细胞膜损伤。在细胞膜正常结构以及渗透性等生物物理性质改变的情况下，也可出现畸形。大剂量的维生素 A 给予大鼠的致畸作用被认为是高浓度维生素 A 破坏了胚胎细胞膜的超微结构。细胞膜结构的正常及一定的渗透压为维持细胞增殖及细胞代谢所必需，一旦受到损害，将影响细胞正常功能及增殖过程，导致畸形。

⑤ 非特异性发育毒性作用。非特异性发育毒性作用的特点是对全部胚胎组织细胞基本生命现象的干扰，例如，损伤线粒体功能、抑制线粒体呼吸和 ATP 的产生、抑制细胞色素氧化酶活性和降低细胞能量供给等。它与前述细胞毒性作用不同，不会出现靶部位或靶组织，也不可能有部分组织受损与畸形幼仔出生，它可使全部组织受到损害，引起胚胎全面生长迟缓，甚至胚胎死亡。

⑥ 母体及胎盘的正常功能受到干扰。胚胎的正常发育与母体及胎盘的正常功能发挥有密切的联系。母体必需的某种营养素（如维生素 A 和叶酸）缺乏、营养失调（如蛋白质和热能供给不足）、营养成分由母体至胚胎的转运受阻、子宫和胎盘血液循环障碍等均可影响胚胎的发育，造成畸形甚至胚胎死亡和生长迟缓。

（3）影响致畸作用的因素

① 致畸敏感性。致畸作用仅发生在胚胎发育中很短的敏感期。胚胎以及胎儿发育是个复杂而有精确顺序的演进过程，它包括胚泡形成、着床、器官发生、胎儿发育和新生儿发育等阶段。外源化学物对胚泡形成和着床的影响结果是胚胎死亡或着床减少，而很少有致畸作用。在胎儿和新生儿期，主要是组织发生、功能成熟和生长发育过程，外源化学物的主要影响结果是发育迟缓和功能紊乱，如神经、内分泌及免疫系统功能的改变。在胚胎期，包括胚胎细胞经历分化、迁移、组合而形成器官原基的过程，是对致畸物最敏感的阶段，一般称为危险期或关键期。不同的动物器官形成期是不同的（表 3-2）。在常用实验动物中，自受精日计算，大、小鼠器官发生期为 6～15d，家兔为 6～18d。致畸作用阶段特异性要求：在致畸试验中，要正确掌握动物接触受试物的时间及染毒时间的长短，即必须在整个器官发生期给予受试物，否则不能了解受试物的潜在致畸作用。如果给予受试物过早如在着床前期，主要造成胚胎死亡或着床减少，而不易查出畸形，或者活胎数减少使统计无显著性；如果太晚，在胎儿期或新生儿期，器官已经形成，不会产生明显的畸形，主要表现为生长迟缓和功能不全。

表 3-2　人和某些动物胚胎发育时间的比较

单位：d

物种	着床	器官形成	平均妊娠期
人	7～8	10～56	270
大鼠	5.5～6	6～15	21～22
小鼠	4.5～5	6～15	19～20
地鼠	4.5～5	4～14	16
兔	7	6～18	32
豚鼠	6	6～20	67
恒河猴	9	9～40	165
狗	13～14	—	63
猪	10～12	7～35	114

同一剂量的一种致畸物在敏感期内与胚胎接触，可因胚胎所处发育阶段不同而出现不同的畸形。此外，在同一时间接触受试物，也会出现多种畸形，因为器官形成有一个时间过程，不同的器官的形成期可能重叠。大鼠器官发生期为受孕后 6～15d，但眼的最敏感期为受孕后 9d，心脏为 9～15d，脑约为 10d，头与脊椎骨为 11d，腭为 12～13d，泌尿生殖器官为 15d。

② 种属差异性。指一个致畸物对一种动物有致畸作用，对另一种则没有。任何外源化学物的毒性作用均存在物种和个体差异，但在致畸作用中更为突出。例如农药敌枯双对

大鼠致畸作用甚为明显，但在人群调查中尚未证实。药物"反应停"使人产生海豹肢畸形，而对小鼠和家兔即使接触较大剂量，其致畸作用仍较轻。致畸作用的物种差异和品系间差异可能与胚胎发育的遗传特征、外源化学物在母体或胚胎内代谢过程的差异以及物种的胎盘构造差异所致接触的致畸物透过胎盘的程度不同等有关。上述差异可能是由遗传因素，即基因型差异引起，所以，我们所见致畸作用的发生及其敏感性是与母体及胚胎基因型及环境因素相互作用的结果。

致畸作用的种属特异性给动物实验结果外推至人带来很大的风险。外源化学物致畸作用以及其他发育毒性的评定，主要通过动物实验，并将评定结果推论到人类。故在工作中，会遇见同一外源化学物对一种动物致畸，对另一种动物可能并不致畸；对动物致畸，对人类不一定致畸；更重要的是对动物不具致畸作用，但对人类可能存在致畸的情况。所以对外源化学物致畸作用的全面评定，一方面必须对两种动物进行动物实验，例如大鼠和小鼠或家兔，同时还要进行人群调查。

③ 染毒剂量。在致畸作用中剂量-反应关系较为复杂。在胚胎发育过程中，外源化学物所引起的毒性表现为不孕、胚胎重吸收、胚胎死亡、结构畸形、功能不全或异常等多种形式。它们通常是由相当数量的胚胎细胞受损而又未得到补偿所致，与剂量有密切的关系，且较为复杂。a. 机体在器官形成期间与具有致畸作用的化合物接触，可以出现畸形，但也可以引起胚胎死亡。随着剂量的加大，胚胎死亡数增加，畸胎数将因而减少。有的致畸物可在同一窝内诱发重吸收胎、死胎、畸形、发育迟缓。某种致畸物可以引起一定的畸形，但在同一条件下，给予更高的剂量，并不出现同一类型畸形。例如，一种致畸物在低剂量时，可诱发多趾，中等剂量时则诱发四肢长骨缩短，高剂量时可造成短肢或无肢。说明上述情况可能由于较高剂量造成较为严重的畸形，较低剂量一般引起轻度畸形，而严重畸形时可将轻度畸形掩盖。b. 致畸作用的剂量-反应曲线较为陡峭，最大无作用剂量与100%致畸剂量之间距离较小，一般相差1倍，曲线斜率也较大。

掌握致畸作用剂量-反应关系的规律，对外源化学物致畸试验中适当剂量的确定具有重要意义。过低剂量不能诱导致畸作用，可得出错误的结论；剂量过高可使大量胚胎死亡或对母体毒性作用过强，均可影响结果的正确性。故在致畸试验中，剂量的选择尤为重要。

3.3.2　试验设计

了解一个化学物对亲代生殖系统和后代的发育的安全性，需要综合4个方面的资料，即动物毒性试验、环境流行病学资料、控制下的临床研究、体外试验。在新产品的审批时，动物毒性试验显得更加重要，因为新产品在审批时还没有流行病学资料和临床研究资料。

根据受试化学物的不同性质及应用目的（如食品、药品、农药、化妆品），要采用不同的动物实验来评价其生殖发育毒性。世界各国政府均颁布了相应法规与规范，规定不同的产品在上市前需要进行审批登记，提交生殖毒性试验资料。动物毒性试验中有两种途径能检测出化学物对亲代生殖系统和子代的发育的毒性作用。一个是多代繁殖试验，另一个是阶段性试验如FDA提出的三段生殖毒性试验。两者各有优缺点，对于新医药产品采用阶段性试验，对环境化学物则多采用多代繁殖试验。

3.3.2.1　三段生殖毒性试验

三段生殖毒性试验，指分别在三个不同阶段给予受试物。一般生殖毒性试验即Ⅰ段试验是在妊娠前期及初期给予受试物，致畸试验即Ⅱ段试验是在器官形成期给予，围产期毒性试验即Ⅲ段试验是在围产期及哺乳期给予。三段生殖毒性试验的第一、第二阶段与传统的繁殖试验和传统的致畸试验基本相似，第三阶段是观察外源化学物对胎儿出生后发育的影响。

（1）**一般生殖毒性试验**　新开发药品需进行此试验。试验的目的是评价外源化学物对配子成熟、交配行为、受孕能力、胚胎着床前和着床的影响。观察期为一代，多选择初成年未经交配的健康雌性大鼠和有生育能力的雄鼠。

在交配前雌、雄大鼠（每组各 20 只）分别给药 14d 和 60d（分别相当于卵子和精子发育的一个多周期），雌鼠受孕后继续给药至器官发生期末。一般应设 3 个剂量组。高剂量可产生轻度中毒效应，低剂量应稍高于药效剂量，中间剂量是高剂量与低剂量的对数级差。接触途径应与人类实际接触的途径相同，受孕后 20d 处死孕鼠，剖腹检查子宫和胎鼠。观察记录黄体数、着床数、吸收胎数、死胎数、畸胎数、活胎数，计算雌鼠受精率、妊娠率、着床前死亡率、着床后死亡率。

（2）**致畸试验**　致畸试验的目的是评价受试外源化学物的胚胎、胎儿毒性和致畸性。各类受试物都应该做该试验。通过致畸试验可以确定一种受试物是否具有致畸作用，主要能诱发何种畸形以及出现畸形的主要器官，并且能确定最大无作用剂量和最小有作用剂量，即致畸阈剂量。在胚胎的器官发生期（大鼠为受孕后 7～16d）将受试物给予怀孕大鼠，雄鼠不给予受试物。需要指出的是，该试验不能检出由损伤雄配子或雌配子引起的畸形和胚胎毒性。所以，对某个受试物仅做了致畸试验获得阴性结果就下结论说它没有生殖毒性或致畸性是不全面的。

致畸试验中剂量设计的原则是既要求出最大无作用剂量及致畸阈剂量，又要保持母体生育能力，不致大批流产和过多胎胎死亡，还应避免较多母体死亡。至少设 3 个剂量组，最高剂量可以引起母体轻度中毒，即进食减少、体重减轻、死亡不超过 10%；最低剂量不应观察到任何中毒症状；中间剂量可以允许母体出现某些较轻的中毒症状，其剂量与高剂量和低剂量成等比级数关系。同时设阴性对照（溶剂对照）和阳性对照组。常用的阳性对照物有维生素 A、乙酰水杨酸、敌枯双、五氯酚钠及脒基硫脲等。根据统计学要求，每组应有至少 12 只怀孕雌鼠存活。

《兽药大鼠传统致畸试验指导原则》（农业部第 1247 号公告附件 13）规定，兽药大鼠致畸试验通常设 3～5 个剂量组，另外设一个阴性（溶剂）对照组和一个阳性对照组。高剂量原则上应使部分孕鼠（和/或胎鼠）出现毒性作用，如体重减轻等，低剂量不应引起毒性作用，各组可采用 $1/4LD_{50}$、$1/16LD_{50}$、$1/64LD_{50}$ 等剂量。急性毒性试验给予动物受试药物最大剂量（最大使用浓度和最大灌胃容量）无死亡时，以 30d 喂养试验的最大未观察到有害作用剂量为高剂量，以下设 2～4 个剂量。每组至少保证 12 只孕鼠。

致畸试验是在大鼠受孕后第 19～20d 即自然分娩前 1～2d 将受孕动物处死观察，由于胎仔在临床出生期间发育过程进展极为迅速，相差半日发育情况即有显著差别，骨骼发育尤为显著，因此在评定受试物生长发育迟缓作用时，应特别注意时间，包括受孕和进行胎仔检查日期，同时对照组与各剂量组之间的处死时间应一致。

孕鼠处死后，取出子宫，检查活产胎仔、死胎以及吸收胎数，并取出卵巢，记录黄体数。活产胎仔先检查性别，逐只称重，并按窝计算平均体重，然后进行下述畸形检查。

①外观畸形肉眼检查，例如，露脑、无尾和短肢等；②肉眼检查内脏及软组织畸形；③骨骼畸形检查。内脏检查的胎仔需在鲍音氏（Bouin）溶液中固定 2 周以上。而骨骼检查的胎仔则需经固定、透明和茜素红染色等步骤后，才能进行。

在致畸试验结果评定时，主要计算畸胎总数和畸形总数。在计算畸胎总数时，每一活产胎仔出现 1 种或 1 种以上畸形均作为 1 个畸胎。在计算畸形总数时，在同一胎仔每出现 1 种畸形，即作为 1 个畸形；如出现 2 种或 2 个畸形，则作为 2 个畸形计，并依此类推。常用以下评价指标。

$$活产胎仔平均畸形出现数 = \frac{畸形总数}{活产胎仔总数}$$

$$畸胎出现率 = \frac{出现畸形的胎仔总数}{活产胎仔总数} \times 100\%$$

$$母体畸胎出现率 = \frac{出现畸胎的母体数}{妊娠母体数} \times 100\%$$

此外，还可计算各组雌性动物的受孕率、平均体重和妊娠增长体重数；对于胎仔，可计算每窝（即每一母体）的活产胎仔数、死胎率、吸收胎率、平均胎仔体重、活产胎仔雌雄性别比等。将上述指标的各剂量组与对照组结果进行比较分析，同时，还应注意剂量-反应关系的分析。

对于致畸物危险度进行评定的问题尚未完全解决，关键问题是致畸作用机制尚未充分阐明。已有不少学者提出一些评定方法，但认识尚未统一，现择要介绍几种，供实际工作中参考。①根据动物实验和人群调查资料对致畸物分级，见表 3-3，这是由欧洲经济委员会（EEC）和 OECD 所建议的。②致畸指数是指雌鼠 LD_{50} 与最小致畸剂量之比。比值越大，致畸作用愈强。致畸指数在 10 以下者，不具致畸作用；10～100 具有致畸作用，100 以上具有强致畸作用。

表 3-3　致畸物的参考分级标准

级别	分级依据	对人类危险性
1	已确定人类母体接触后可引起子代先天性缺陷	已证实对人致畸
2A	对动物肯定致畸,但对人类致畸作用尚未确定因果关系	对人可能致畸
2B	动物实验结果肯定致畸,但无人类致畸资料	对人可能致畸
3	尚无结论性肯定致畸证据或资料不足	可认为对人无致畸作用,应继续研究
4	动物实验阴性,人群检查结果未发现致畸	对人无致畸作用

（3）围产期毒性试验　围产期毒性试验目的是评价药物在孕后期至断乳之间给予时对孕鼠/哺乳鼠和胎儿/新生儿的潜在不良影响。

试验多选用大鼠。于孕期 6d 开始至产后 20d（覆盖致畸敏感期）给予受试物。剂量设计与一般生殖毒性试验相同。在大鼠产后 28d 处死孕鼠，检查新生仔。观察指标主要有母鼠体重、受孕率、产仔数、死亡率等；仔鼠外观畸形、幼仔出生存活率、4d 存活率、21d 存活率、生长指数等；此外还要观察仔鼠生理发育指标如出牙、张耳、睁眼、睾丸下降、阴道张开；行为反射指标包括平面翻正、运动状况、负趋地性、悬崖回避、触须定位、空中翻正、视觉定向及学习记忆达到的程度。

《兽药临床前毒理学评价试验指导原则》（农业部第 1247 号公告附件 6）规定，兽用原料药通常情况下要求必做器官形成期给予受试药物的（传统）致畸胎试验，即上述FDA提出第二阶段试验。除非受试药物要开展繁殖试验，因为繁殖试验的试验环节已经考察了受试药物是否具致畸作用。

3.3.2.2 繁殖试验

繁殖试验可分为一代和多代生殖试验，其目的是评价化学物对亲代生殖和对后代的发育与生殖的影响。多代繁殖试验可以弥补三段生殖毒性试验中未能观察的生殖毒性在子代表现的不足。同时，在整个生命期内接触受试化学物，更符合生物长期低剂量接触的情况。例如，食品添加剂、微量金属、农药及环境污染物等可能为长期低剂量接触。我国对食品和农药的管理中包括此试验。

《兽药临床前毒理学评价试验指导原则》（农业部第 1247 号公告附件 6）规定，繁殖试验是兽用原料药申报时的选做试验，如受试药物要开展繁殖试验，则可免做致畸试验。兽药繁殖毒性试验至少设 3 个剂量的受试药物组和 1 个对照组，即高剂量组、中剂量组、低剂量组和空白对照组。高剂量设计可选最大耐受剂量或有胚胎毒性的剂量，但一般不应超过饲料的 5％。低剂量对亲代动物应不产生全身毒性或繁殖毒性（可按最大未观察到有害作用剂量的 1/30 或可能摄入量的 100 倍）。对照组的饲养和处理方式与受试药物组相同，根据情况，对照组可以是未处理对照、假处理对照，如果给予受试药物时使用某种介质，则应设介质对照。如果受试药物通过加入饲料的方式给予并引起食物摄入量和利用率的降低，需要考虑使用配对饲养的对照组。

多代繁殖试验包括两代（F_0、F_1、F_2）或三代（F_0、F_1、F_2、F_3）繁殖试验，以两代繁殖试验进行较多（见图 3-3）。两代繁殖试验多选用大鼠，试验时每个剂量组选用 F_0 代雌鼠每个剂量组 24 只以上（确保每个剂量组可获得 20 只孕鼠），雌鼠和雄鼠的比例可以是 1：1 或 2：1。接触受试物时间为第一代亲鼠（F_0 代）在断乳后给予含有受试物的饲料三个月，然后开始交配，在雌鼠受孕直至哺乳期间均给予受试物。二代繁殖试验中选作繁殖用的 F_1 代大鼠断奶后开始持续给予含有受试物的饲料三个月，然后开始交配、受孕和哺乳。观察受孕率、分娩率、出生存活率和哺育存活率，评价受试物对繁殖的影响，并分别观察计算 F_0 代、F_1 代、F_2 代的各项指标。

多代繁殖试验的受孕和生殖评价指标主要有以下几个。

$$交配指数 = \frac{阴道检出精子的雌鼠数}{用于交配的雌鼠数} \times 100\%$$

$$受精指数 = \frac{与雄性交配受精的雌鼠数}{与雄性同笼的雌鼠数} \times 100\%$$

$$受孕率 = \frac{妊娠的雌鼠数}{交配雌鼠数} \times 100\%$$

$$分娩率 = \frac{正常分娩雌鼠数}{妊娠的雌鼠数} \times 100\%$$

$$活产率 = \frac{出生时活产的胎仔数}{胎仔的总数} \times 100\%$$

$$妊娠率 = \frac{妊娠出生活胎的鼠数}{受孕的鼠数} \times 100\%$$

$$存活率 = \frac{出生第 1d 存活仔鼠数}{胎仔总数} \times 100\%$$

可分别计算第 4、7、14 和 21d 的存活率，出生后第 4d 胎仔存活率亦可称为出生存活率，第 21d 胎仔存活率亦可称为哺育存活率。

两代繁殖试验具有下列优点。①子代（F_1 代）的雌、雄配子，从在 F_0 代的子宫内直到 F_1 代出生和发育期均连续与受试物接触。②受试物对性细胞的早期损害作用，一般在 F_1 代均能表现出来。如给予的剂量适当，多能预测有关化学物的生殖危害。③与三代繁殖试验相比，两代繁殖试验持续的时间和实验经费均较节省。

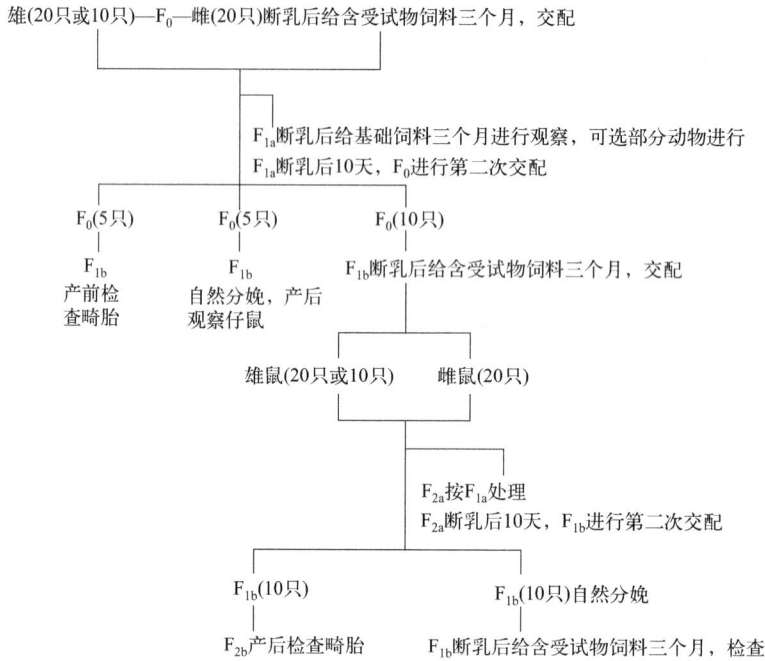

图 3-3　两代繁殖试验法示意图

3.3.2.3　体外试验

用动物实验来检测化学物的生殖发育毒性是一个耗时的过程。多年来研究者一直在探索简单、快速的体外试验方法，包括大鼠的全胚胎培养法、胚胎细胞微团培养法、胚胎干细胞培养法、生精细胞与间质细胞共培养法等。这些方法可用于研究致畸作用机制和初步筛选化学致畸物，但不属于产品登记注册所必需资料。

3.3.3　结果评价

① 整理归纳试验方案、受试药物剂量、所有数值的绝对值、每个个体的完整数据、各窝的数据汇总表，并进行分析。

② 对各组之间一般健康状况、体重、进食量、死亡情况、受孕率、妊娠率、出生活仔率、性别比、出生存活率（4d）、哺乳存活率（21d）、产仔总数、宫重及平均仔重等进行比较分析。

③ 对所有主要参数进行讨论。分析结果时可以与历史对照比较，但应提供历史对照的试验资料，如日期、动物种系、受试药物介质和给予受试药物途径。

3.3.4　注意事项

① 除特别注明外，试验用水为蒸馏水，试剂为分析纯试剂，动物为 SPF 级实验动物。

② 实验动物饲养环境要求达到 SPF 级。

3.4

药物刺激性、过敏性和溶血性试验

3.4.1　概述

刺激性、过敏性、溶血性是指药物制剂经皮肤、黏膜、腔道、血管等非口服途径给药，对用药局部产生的毒性（如刺激性和局部过敏性等）和/或对全身产生的毒性（如全身过敏性和溶血性等），为临床前安全性评价的组成部分。

药物的原型及其代谢物、辅料、有关物质及理化性质（如 pH 值、渗透压等）均有可能引起刺激性和/或过敏性和/或溶血性的发生，因此药物在临床应用前应研究其制剂在给药部位使用后引起的局部和/或全身毒性，以提示临床应用时可能出现的毒性反应、毒性靶器官、安全范围。

基本原则如下。

（1）试验管理原则　根据《药品注册管理办法》，药物刺激性、过敏性和溶血性研究必须执行《药物非临床研究质量管理规范》（GLP）。

（2）随机、对照、重复原则　试验设计应遵循随机、对照、重复的原则。

（3）整体性、综合性原则　应根据受试物特点，充分考虑和结合药学、药效学、其他毒理学及拟临床应用情况等综合评价，体现整体性、综合性的原则。

（4）具体问题具体分析的原则　应在遵循安全性评价普遍规律的基础上，具体问题具体分析，结合受试物的特点，在阐明其研究方法或技术科学合理的前提下进行规范性试验，对试验结果进行全面分析评价。

3.4.2　刺激性试验

刺激性是指非口服给药制剂给药后对给药部位产生的可逆性炎症反应，若给药部位产生了不可逆性的组织损伤则称为腐蚀性。刺激性试验是观察动物的血管、肌肉、皮肤、黏膜等部位接触受试物后是否引起红肿、充血、渗出、变性或坏死等局部反应。

试验设计基本原则如下。

（1）给药部位　一般应选择与临床给药相似的部位，并观察对可能接触到受试物的周围组织的影响。

（2）给药途径　一般应与临床用药途径一致，否则应加以说明。

（3）对照组　以溶剂和/或赋形剂作为阴性对照，必要时采用已上市制剂作对照。

（4）给药浓度、剂量与体积　可选择几种不同浓度，至少应包括临床拟用最高浓度。如果技术上难以达到临床拟用最高浓度，如皮肤刺激性试验，在给药面积不变的情况下，可通过改变给药频次进行剂量调整，而不应通过增加厚度来达到增加给药量的目的。

设计给药浓度、剂量与体积时，应根据临床用药情况，并考虑受试动物给药部位的解剖和生理特点，保证受试物在给药部位的有效暴露。

（5）给药频率与周期　应根据临床用药情况，一般给药周期最长不超过4周。建议进行恢复期观察，同时评价给药局部及周围组织毒性反应的可逆性。

（6）观察指标

① 肉眼观察。应详细描述局部反应，包括红斑、水肿、充血程度及范围，计分表示。同时观察动物的一般状态、行为、体征等。

② 组织病理学检查。应详细描述给药部位的病理变化，并进行半定量分析、判断。提供相应的组织病理学照片。

（7）试验方法　具体可参考相关文献。

（8）统计方法　根据实验模型和试验方法选择合适的统计方法。

3.4.2.1　血管刺激性试验

通常选兔，每组不少于3只。设生理盐水和/或溶剂对照，可采用同体左右侧自身对比法。给药部位根据临床拟用途径确定，一般选用耳缘静脉。可设多个给药浓度，至少包括临床最大拟用浓度，给药容积、速率和期限一般根据临床拟用法用量，并根据动物情况进行调整，给药体积不可太低。多次给药时间一般不超过7天。

根据受试药物的特点和刺激性反应情况选择观察时间和剖检时间，至少观察72小时。应对部分动物进行组织病理学检查。恢复期动物根据受试物的特点和刺激性反应情况，继续观察14~21天进行组织病理学检查。根据肉眼观察和组织病理学检查结果综合判断受试物的血管刺激性及刺激性恢复情况。

3.4.2.2　肌肉刺激性试验

通常选兔，也可选用大鼠。每组不少于3只。应设生理盐水对照或/和溶剂对照组，可采用同体左右侧自身对比法。根据受试物的特点和刺激性反应情况选择观察时间，观察期结束时应对部分动物进行组织病理学检查。分别在左右两侧股四头肌肌内注射给药，观察给药后不同时间的局部反应，如充血、红肿等。给药后48~72小时剖检观察注射局部的刺激反应，按表3-4计算相应的反应级，并进行局部组织病理学检查，提供病理照片。

根据表 3-4 计算肌肉刺激总反应级，计算平均值，按表 3-5 判定刺激等级。若各股四头肌反应级的最高与最低之差大于 2，应另取动物重新试验。

表 3-4　肌肉刺激反应分级
标准

刺激反应	反应级
无明显变化	0
轻度充血，范围在 0.5cm×1.0cm 以下	1
中度充血，范围在 0.5cm×1.0cm 以上	2
重度充血，伴有肌肉变性	3
出现坏死，有褐色变性	4
出现广泛性坏死	5

表 3-5　平均分值和等级

平均分值	等级
0.0～0.4	无
0.5～1.4	轻微
1.5～2.4	轻度
2.5～3.4	中度
3.5～4.4	重度
4.5 及以上	严重

3.4.2.3　皮肤刺激性试验

通常选兔、小型猪，否则应阐明合理性。兔每组不低于 4 只。一般应进行相同备皮面积的正常皮肤和破损皮肤局部刺激性试验。

采用同体左右侧自身对比法，将受试物直接涂于备皮处，敷料覆盖固定。贴敷时间至少 4 小时。多次给药皮肤刺激性试验应连续在同一部位给药，每次给药时间相同，给药期限一般不超过 4 周。破损皮肤试验中皮肤破损程度以损伤表皮层为限。

在自然光线或全光谱灯光下肉眼观察皮肤反应。根据受试物的特点和刺激性反应情况选择观察时间。通常单次给药皮肤刺激性试验观察时间点为去除药物后 30～60 分钟，24、48 和 72 小时。多次给药皮肤刺激性试验，为每次去除药物后 1 小时以及每次给药前，以及末次贴敷去除药物后 30～60 分钟，24、48 和 72 小时。

如存在持久性损伤，有必要延长观察期限以评价恢复情况和时间，延长期一般不超过 2 周。对出现中度及中度以上皮肤刺激性的动物应在观察期结束时进行组织病理学检查，并提供病理照片。

单次给药皮肤刺激性试验，按表 3-6 计算各组每一时间点皮肤反应积分的平均值，按表 3-7 进行刺激强度评价。多次给药皮肤刺激性试验，首先按表 3-6 计算每一观察时间点各组积分均值，然后计算观察期限内每天每只动物刺激积分均值，按表 3-7 进行刺激强度评价。

表 3-6　皮肤刺激反应评分标准

刺激反应	分值
红　斑	
无红斑	0
轻度红斑(勉强可见)	1
中度红斑(明显可见)	2
重度红斑	3
紫红色红斑到轻度焦痂形成	4
水　肿	
无水肿	0
轻度水肿(勉强可见)	1
中度水肿(明显隆起)	2
重度水肿(皮肤隆起 1mm,轮廓清楚)	3
严重水肿(皮肤隆起 1mm 以上并有扩大)	4
最高总分值	8

表 3-7　皮肤刺激强度评价标准

分值	评价
0～0.49	无刺激性
0.5～2.99	轻度刺激性
3.0～5.99	中度刺激性
6.0～8.00	重度刺激性

3.4.2.4　黏膜刺激性试验

（1）眼刺激性试验　通常选兔,每组不少于 3 只。应设生理盐水对照组,可采用同体左右侧自身对比法。动物眼睛滴入受试物,保证药物充分暴露。给药期限应根据临床拟用方法确定。多次给药时每天给药次数应不少于临床用药频率。

应根据受试物的特点和刺激性反应选择适当的观察时间。通常单次给药为给药后 1、2、4、24、48 和 72 小时;多次给药眼刺激试验为每天给药前以及最后一次给药后 1、2、4、24、48 和 72 小时。如存在持久性损伤,有必要延长观察期限,一般不超过 21 天。

一般采用裂隙灯显微镜进行眼刺激反应检查,也可根据刺激性反应情况采用其他的合适器械。在整个观察过程中应进行荧光素钠染色检查。每次检查都应记录眼部异常反应,根据表 3-8 计算分值,根据表 3-9 判断刺激程度。

表 3-8　眼刺激反应分值标准

眼刺激反应	分值
角　膜	
无混浊	0
散在或弥漫性混浊,虹膜清晰可见	1
半透明区易分辨,虹膜模糊不清	2
出现灰白色半透明区,虹膜细节不清,瞳孔大小勉强可见	3
角膜不透明,虹膜无法辨认	4
虹　膜	
正常	0
皱褶明显加深、充血、肿胀,角膜周围轻度充血,瞳孔对光仍有反应	1
出血,肉眼可见坏死,对光无反应(或其中一种)	2

眼刺激反应	分值
结　膜	
充血（指睑结膜和球结膜）	
血管正常	0
血管充血呈鲜红色	1
血管充血呈深红色，血管不易分辨	2
弥漫性充血呈紫红色	3
水　肿	
无水肿	0
轻微水肿（含眼睑）	1
明显水肿伴部分眼睑外翻	2
水肿至眼睑近半闭合	3
水肿至眼睑超过半闭合	4
分泌物	
无分泌物	0
少量分泌物	1
分泌物使眼睑和睫毛潮湿或黏着	2
分泌物使整个眼区潮湿或黏着	3
最大总积分	16

表 3-9　眼刺激性评价标准

分值	评价
0～3	无刺激性
4～8	轻度刺激性
9～12	中度刺激性
13～16	重度刺激性

（2）滴鼻剂和吸入剂刺激性试验　可选用兔、豚鼠或大鼠。给药后观察动物全身状况（如呼吸、循环、中枢神经系统）及局部刺激症状（如哮喘、咳嗽、呕吐、窒息等症状）等。单次给药 24 小时后或多次给药停药后 24 小时处死动物，观察呼吸道局部（鼻、喉、气管、支气管）黏膜组织有无充血、红肿等现象，并进行病理组织学检查。

（3）阴道刺激性试验　通常选用大鼠、兔或犬。给药容积可参考临床拟用情况或不同动物种属的最大给药量。给药频率根据临床应用情况，通常每天 1～2 次，至少 7 天，每次给药与黏膜接触至少 4 小时。观察内容：阴道部位，给药后临床表现（如疼痛症状）和阴道分泌物（如血、黏液）等，给药后动物死亡和剖检结果，局部组织有无充血、水肿等现象，并进行阴道和生殖系统病理组织学检查等。

（4）直肠刺激性试验　通常选兔或犬。给药容积可参考临床拟用情况或不同动物种属的最大可行量。给药频率根据临床拟用情况，通常每天 1～2 次，至少 7 天，每次给药与黏膜接触至少 2～4 小时，必要时可封闭一定时间。观察内容：包括肛门区域和肛门括约肌，给药后临床表现（如疼痛症状）和粪便（如血、黏液），给药后死亡和剖检结果，局部组织有无充血、水肿等现象，并进行肛周组织的病理组织学检查。

（5）口腔用药、滴耳剂等刺激性试验　可参照上述试验，给药途径为口腔、外耳道给药，观察对口腔和喉黏膜，以及对外耳道和鼓膜等的影响。口腔用药建议用金黄仓鼠，观察受试物对颊黏膜的刺激性。

3.4.2.5　皮肤给药光毒性试验

光敏反应是用药后皮肤对光线产生的不良反应，包括光毒性反应和光过敏反应，均由受试物所含的感光物质引起，产生光敏反应需同时满足以下条件：吸收自然光线（波长范围为290～700nm）、吸收紫外线（UV）及可见光后产生活性物质，在光暴露组织（如皮肤、眼睛等）有充分的暴露。

光毒性是由光诱导的非免疫性的皮肤对光的反应，是指药物吸收的光能量在皮肤中释放导致皮肤损伤的作用。光毒性反应是光敏反应中最常见的一种反应，其临床表现与晒伤相似，表现为红斑、水肿、皮肤瘙痒和色素沉着，严重者可产生局部坏死、溃烂或表皮脱落。皮肤给药光毒性试验的目的是观察受试物接触皮肤或应用后遇光照射是否有光毒性反应。若受试物的化学结构或某些组成（包括药物和赋形剂）文献报道有光毒性作用，或其化学结构与已知光敏剂相似，或曾有报道其具有或可疑具有光毒性作用，建议进行皮肤给药光毒性试验。

皮肤光敏性试验是根据比较对照组和给药组的反应进行评价。阳性结果时应追加试验，如：与已知阳性物质的比较试验及用其他方法（不加佐剂）进行试验，其中非损伤性试验方法有利于光敏性反应评价。另外，光敏性是光毒性和光过敏性两类混合难分的反应。必要时应追加光毒性试验。实验动物原则上选健康白色豚鼠，每组不少于5只。应设阳性对照组、阴性对照组和受试物组。

Adjuvant and Strip 法：皮内注射完全弗氏佐剂（freund complete adjuvant，FCA），损伤皮肤角质层后涂敷受试物，照射紫外线，以上操作反复5次进行致敏。2周后再次涂敷受试物，照射紫外线激发。

Harber 法：涂敷受试物，照射紫外线，此操作隔日一次共3次致敏。3周后再次涂敷受试物，30分钟后照射紫外线激发。

Horio 法：涂敷20%月桂醇硫酸钠，再涂敷受试物，立即照射紫外线，此操作每日一次共3次致敏。14天后再次涂敷受试物，照射紫外线激发。

Jordan 法：破损皮肤涂敷受试物，1小时后照射紫外线，此操作每周5次，连续3周进行致敏，2周后再涂敷受试物，6小时后照射紫外线，此操作连续2日进行激发。

Maurer 法：涂敷受试物，1小时后照射紫外线及可见光线进行致敏。6周和9周后，各3日连续涂敷受试物，30分钟后照射紫外线进行激发。

Morikawa 法：为 Harber 改良法，涂敷受试物，30分钟后照射紫外线，此操作每周连续5天，共2周进行致敏，致敏2周后，涂敷受试物，30分钟后照射紫外线进行激发。

Vinson 法：涂敷受试物，照射紫外线，每日一次，连续5次致敏，7～10天后，再次涂敷受试物，照射紫外线激发。

皮肤反应的评分标准见表3-10。

表3-10　皮肤反应的评分标准

刺激反应	分值	刺激反应	分值
红斑和焦痂		水肿	
无红斑	0	无水肿	0
非常轻的红斑,勉强可见	1	非常轻度水肿,勉强可见	1
明显的红斑	2	轻度水肿(边缘清晰)	2
中度至重度的红斑	3	中度水肿(皮肤隆起约1mm)	3
重度红斑(鲜红色)至轻度焦痂形成(深层损伤)	4	重度水肿(皮肤隆起大于1mm,并超过涂受试物的区域)	4

3.4.3 过敏性试验

3.4.3.1 主动全身过敏试验（ASA）

通常选用体重为300～400g的豚鼠。每组动物数至少6只。设阴性、阳性对照组和受试物不同剂量组，至少包括临床拟用最高剂量或浓度。阴性对照组给予同体积的溶剂，阳性对照组给予牛血清白蛋白或卵白蛋白或已知致敏阳性物质。

选择容易产生抗体的给药途径，如腹腔、静脉或皮下注射，隔日一次，共给药3次，给药体积0.5mL，末次注射后第14天、第21天分别快速静脉注射致敏剂量的2倍进行攻击。即刻观察动物反应，包括症状的出现及消失时间，一般应观察3小时。致敏期间每日观察动物的症状，首末次致敏和激发当日测定动物体重。按表3-11和表3-12判断过敏反应发生程度，计算发生率。

表3-11 过敏反应症状

序号	症状	序号	症状	序号	症状
0	正常	7	呼吸急促	14	步态不稳
1	不安宁	8	排尿	15	跳跃
2	竖毛	9	排粪	16	喘息
3	发抖	10	流泪	17	痉挛
4	搔鼻	11	呼吸困难	18	旋转
5	喷嚏	12	哮鸣音	19	潮式呼吸
6	咳嗽	13	紫癜	20	死亡

表3-12 全身致敏性评价标准

序号	程度	评价
0	—	过敏反应阴性
1～4症状	＋	过敏反应弱阳性
5～10症状	＋＋	过敏反应阳性
11～19症状	＋＋＋	过敏反应强阳性
20	＋＋＋＋	过敏反应极强阳性

3.4.3.2 主动皮肤过敏试验（ACA）

通常选豚鼠。受试物应与临床拟用制剂一致，应为含活性成分和赋形剂或含透皮促进剂的混合制剂。若受试物为膏剂或液体，则一般不稀释；若受试物为固体粉末，则需与适量水或赋形剂混匀，以保证受试物与皮肤的良好接触。当使用赋形剂时，应考虑其对受试物透皮吸收的影响。应设阳性对照和阴性或赋形剂对照。在致敏接触阶段，应充分保证受试物在皮肤的停留时间（6小时）和接触皮肤的范围。第0、第7和第14天，同样方法给药。末次给药后14天，再次给药激发，给药6小时左右后，观察72小时内皮肤过敏反应情况，并按表3-13和表3-14评分并计算发生率。同时应观察动物是否有哮喘、站立不稳或休克等全身过敏反应。

表 3-13　皮肤过敏反应程度的评分标准

皮肤过敏反应	分值
红斑	
无红斑	0
轻度红斑，勉强可见	1
中度红斑，明显可见	2
重度红斑	3
紫红色红斑到轻度焦痂形成	4
水肿	
无水肿	0
轻度水肿，勉强可见	1
中度水肿，明显可见（边缘高出周围皮肤）	2
重度水肿，皮肤隆起 1mm，轮廓清楚	3
严重水肿，皮肤隆起 1mm 以上或有水泡或破溃	4
最高总分值	8

表 3-14　皮肤致敏性评价标准

致敏发生率/％	皮肤致敏性评价
0～10	无致敏性
11～30	轻度致敏性
31～60	中度致敏性
61～80	高度致敏性
81～100	极度致敏性

3.4.3.3　被动皮肤过敏试验（PCA）

通常选大鼠，也可用小鼠，有时根据试验需要用豚鼠，选择动物时应考虑免疫球蛋白 E(IgE) 的出现时间。每组动物数至少 6 只。应设立阴性、阳性对照组和受试物不同剂量组，至少包括临床拟用最大剂量或浓度。阴性对照组应给予同体积的溶剂，阳性对照组给予牛血清白蛋白或卵白蛋白或已知致敏阳性物质。

选择容易产生抗体的给药方法，如静脉、腹腔或皮下注射等，隔日一次，共给药 3～5 次；末次致敏后第 10～14 天制备致敏血清。激发时在动物备皮处皮内注射合适稀释度的致敏血清 0.1mL，24 或 48 小时后，静脉注射与致敏剂量相同的激发抗原加等量的 0.5％～1％伊文思兰染料共 1mL。由于不同种属动物接受含 IgE 抗体血清后，至能够应答抗原攻击产生过敏反应的时间不同，需注意激发时间选择的合理性。激发注射 30 分钟后测量皮肤内层的斑点大小，直径大于 5mm 者为阳性。不规则斑点的直径为长径与短径之和的一半，并提供蓝斑照片。

3.4.3.4　豚鼠 Buehler 试验（BT）和最大化试验（GPMT）

通常选成年豚鼠。受试物组不少于 20 只，对照组不少于 10 只。应设立阴性对照组和阳性对照组。推荐的阳性对照物有巯基苯并噻唑、苯佐卡因、二硝基氯苯、331 环氧树脂等，也可以使用其他的阳性对照物，但轻-中度的致敏剂在加佐剂的试验中至少 30％和不加佐剂的试验中至少 15％应有反应。

在 Buehler 试验中，致敏剂量应当足够高，以产生轻微的刺激性，激发剂量为不产生刺激性的最高剂量。在 GPMT 试验中，致敏剂量应足够高以产生轻-中度的皮肤刺激性且能很好地全身耐受，激发剂量为不产生刺激性的最高剂量。第 0、6~8 和 13~15 天局部给药诱导，第 27~28 天在未给药部位给药 6 小时激发。GMPT 试验采用皮内注射给药，使用或者不使用佐剂进行诱导，局部诱导 5~8 天后，第 20~22 天给予激发剂量 24 小时，在去除激发剂量 24 和 48 小时后读取结果。两种试验方法均在去除药物 24 和 48 小时后读取结果。如结果难以判定，一周后再次激发。

一般在致敏后 1 和 24 小时及激发后 24 和 48 小时观察皮肤红斑、水肿和其他异常反应，按表 3-15 进行评分，计算过敏反应发生率。按表 3-16 判断过敏反应强度。可根据毒性反应情况适当调整观察时间。同时测定开始和结束时的动物体重。

表 3-15 皮肤反应评分标准

皮肤过敏反应	分值
红斑	
无红斑	0
轻微可见红斑	1
中度红斑	2
重度红斑	3
水肿性红斑	4
水肿	
无水肿	0
轻度水肿	1
中度水肿	2
重度水肿	3
总积分	7

表 3-16 致敏强度

致敏率/%	分级	致敏强度
0~8	I	弱致敏
9~28	II	轻度致敏
29~64	III	中度致敏
65~80	IV	强致敏
81~100	V	极强致敏

3.4.3.5 皮肤光过敏反应试验

皮肤光过敏反应试验详见本章 3.4.2.5（皮肤给药光毒性试验）。

3.4.4 溶血性试验

溶血性试验详见本书第 4 章（兽药安全性评价中的体外试验技术）。

参考文献

[1] 沈建忠. 动物毒理学. 3 版. 北京: 中国农业出版社, 2022.

[2] ShayneC Gad. 药物安全性评价. 范玉明, 译. 北京: 化学工业出版, 2005.

[3] 中华人民共和国农业部. 兽药临床前毒理学评价程序试验指导原则. 2009.

[4] 中华人民共和国农业部. 兽药 Ames 试验指导原则. 2009.

[5] 中华人民共和国农业部. 兽药小鼠骨髓细胞染色体畸变试验指导原则. 2009.

[6] 中华人民共和国农业部. 兽药小鼠精子畸形试验指导原则. 2009.

[7] 中华人民共和国农业部. 兽药小鼠骨髓细胞微核试验指导原则. 2009.

[8] 中华人民共和国农业部. 兽药大鼠致畸试验指导原则. 2009.

[9] 中华人民共和国农业部. 兽药繁殖毒性试验指导原则. 2009.

[10] 中华人民共和国农业部. 兽药慢性毒性和致癌试验指导原则. 2009.

[11] Watson J D, Crick F H. Molecular structure of nucleic acids; a structure for deoxyribose nucleic acid. Nature, 1953, 171 (4356): 737-738.

[12] ICH. S2 (R1): Guidance on genotoxicity testing and data interpretation for pharmaceuticals intended for human use. 2011.

[13] ICH. M3 (R2): Non-clinical safety studies for the conduct of human clinical trials and marketing authorization for pharmaceuticals. 2009.

[14] FDA. Guidance for industry and review staff: Recommended approaches to integration of genetic toxicology study results. 2006.

[15] OECD. Guideline for testing of chemicals No. 471: Bacterial reverse mutation test. 1997.

[16] OECD. Guideline for testing of chemicals No. 473 In Vitro mammalian chromosomal aberration test. 2016.

[17] OECD. Guideline for testing of chemicals No. 474 Mammalian erythrocyte micronucleus test. 2016.

[18] OECD. Guideline for testing of chemicals No. 475: Mammalian bone marrow chromosome aberration test. 2016.

[19] OECD. Guideline for testing of chemicals No. 476: In vitro mammalian cell gene mutation tests using the Hprt and xprt genes. 2016.

[20] OECD. Guideline for testing of chemicals No. 487: In vitro mammalian cell micronucleus test. 2016.

[21] OECD. Guideline for testing of chemicals No. 488: Transgenic rodent somatic and germ cellgene mutation assays. 2013.

[22] OECD. Guideline for testing of chemicals No. 489 In vivo mammalian alkaline comet assay. 2016.

[23] OECD. Guideline for testing of chemicals No. 490: In vitro mammalian cell gene mutation tests using the thymidine kinase gene. 2016.

第4章
兽药安全性评价中的体外试验技术

4.1

细菌回复突变试验（Ames 试验）

4.1.1 试验目的和原理

Ames 试验又称为鼠伤寒沙门氏菌回复突变试验，此方法是目前检测基因突变最常用的方法。试验利用鼠伤寒沙门氏菌变异型菌株，即一系列组氨酸缺陷型菌株，测定受试药物诱导细菌回复突变的能力，以判断受试药物对遗传行为的影响。

鼠伤寒沙门氏菌的突变型（即组氨酸缺陷型）菌株在无组氨酸的培养基上不能生长，在有组氨酸的培养基上可以正常生长。但如果在无组氨酸的培养基中有致突变物存在时，则沙门氏菌突变型可回复突变为野生型（表现型），因而在无组氨酸的培养基上也能生长，故可根据菌落形成数量，检查受试药物是否为致突变物。某些致突变物需要代谢活化后才能使沙门氏菌突变型产生回复突变，代谢活化系统可以用多氯联苯（PCB）诱导的大鼠肝匀浆（S9）制备的 S9 混合液。

4.1.2 试验方法和步骤

4.1.2.1 材料与配制方法

（1）试剂

① 标准诱变剂。

叠氮化钠（NaN_3）：分析纯；

2-氨基芴（2-AF）：分析纯；

敌磺钠：分析纯。

② 一般试剂。

磷酸氢钠铵：分析纯；

柠檬酸：分析纯；

磷酸氢二钾：分析纯；

七水硫酸镁：分析纯；

氯化钠：分析纯；

氯化钾：分析纯；

氯化镁：分析纯；

氢氧化钠：分析纯；

盐酸：分析纯；

磷酸氢二钠：分析纯；

磷酸二氢钠：分析纯；

二甲基亚砜（DMSO）：分析纯；

D-生物素：分析纯；

L-组氨酸：分析纯；

葡萄糖：分析纯；

葡萄糖-6-磷酸二钠：分析纯；

还原型辅酶Ⅱ：分析纯；

琼脂粉：分析纯；

牛肉膏：分析纯；

胰胨：分析纯。

（2）仪器设备　酸度计（或精密 pH 试纸）；微波炉；微量移液器；恒温摇床；直径 6mm 滤纸片；麦氏比浊管；容量瓶、移液管、玻璃平皿等其他实验室常用仪器设备。

（3）培养基及试剂配制

① 1mol/L 盐酸溶液：量取原浓盐酸 10.0mL 置烧杯中，加适量蒸馏水稀释，转入 100mL 容量瓶内，用蒸馏水定容。转入试剂瓶，贴标签常温保存备用。

② 1mol/L 氢氧化钠溶液：称取氢氧化钠 4.00g 置烧杯中，加适量蒸馏水溶解，转入 100mL 容量瓶内，用蒸馏水定容。转入试剂瓶，贴标签保存备用。

③ 营养肉汤培养基。

牛肉膏	2.50g
胰胨（或混合蛋白胨）	5.00g
氯化钠	2.50g
磷酸氢二钾（$K_2HPO_3 \cdot 3H_2O$）	1.30g

称取上述物质置锥形瓶中，加蒸馏水 500mL，加热溶解，用 1mol/L 氢氧化钠溶液调 pH 至 7.4，分装后 0.103MPa 灭菌 20min，4℃冰箱保存备用。保存期不超过半年。

④ 营养肉汤琼脂培养基：称取琼脂粉 1.50g 置盛有 100mL 营养肉汤培养基的锥形瓶中，加热溶化后用 1mol/L 氢氧化钠溶液调 pH 为 7.4，0.103MPa 灭菌 20min。趁热无菌操作倒入平板（直径 90mm），约 25mL/皿，待平板冷却凝固后，37℃培养过夜去除表面水分并检查有无污染，叠放至保鲜袋内，4℃冰箱保存备用。

⑤ 底层培养基。

a. 磷酸盐贮备液（V-B 盐贮备液）

磷酸氢钠铵（$NaNH_4HPO_4 \cdot 4H_2O$）	17.5g
柠檬酸（$C_6H_8O_7 \cdot H_2O$）	10.0g
磷酸氢二钾（$K_2HPO_3 \cdot 3H_2O$）	50.0g
硫酸镁（$MgSO_4 \cdot 7H_2O$）	1.00g

称取上述物质，先将前三种物质置烧杯中，加 100mL 蒸馏水搅拌，待试剂完全溶解后再将硫酸镁缓缓放入其中继续溶解。将溶液转入耐高温瓶中，0.103MPa 灭菌 20min，4℃冰箱保存备用。

b. 40％葡萄糖溶液：称取葡萄糖 40.00g 置烧杯中，加蒸馏水 100mL 搅拌溶解，0.055MPa 灭菌 20min，4℃冰箱保存备用。

c. 1.5％琼脂培养基：称取琼脂粉 6.00g 置锥形瓶中，加蒸馏水 400mL，稍加热搅拌溶化后，0.103MPa 灭菌 20min，4℃冰箱保存备用。

d. 底层培养基：1.5％琼脂培养基（400mL）灭菌后，趁热依次无菌操作，加入磷酸盐贮备液 8mL 和 40％葡萄糖溶液 20mL，充分混匀，待凉至 80℃时倒入平皿（直径

90mm），约 25mL/皿。待冷却凝固后，37℃培养过夜除去水分以及检查有无污染后，叠放至保鲜袋中，4℃冰箱保存备用。

⑥ 顶层培养基。

a. 顶层琼脂：称取琼脂粉 3.00g 和氯化钠 2.50g 置锥形瓶中，加蒸馏水 500mL，稍加热搅拌，待琼脂粉溶化后按 100mL/瓶分装于锥形瓶中，0.103MPa 灭菌 20min，4℃冰箱保存备用。

b. 0.5mmol/L 组氨酸-生物素溶液：准确称取 D-生物素（分子量 244）30.5mg 和 L-组氨酸（分子量 155）19.5mg 置烧杯中，加入适量蒸馏水溶解，转入 250mL 容量瓶内，混匀定容。将溶液转入耐高温瓶内，0.103MPa 灭菌 20min，4℃冰箱保存备用。

c. 顶层培养基：临用前加热溶化 100mL 顶层琼脂，加入 10mL 0.5mmol/L 组氨酸-生物素溶液，混匀后无菌分装于灭菌小试管中，每管 2mL，45℃水浴中保温待用。

⑦ 10% S9 混合液配制。

a. 1.65mol/L 氯化钾溶液：称取 KCl 12.30g 置烧杯中，加适量蒸馏水溶解，转入 100mL 容量瓶内，混匀定容。转入耐高温瓶内，0.103MPa 灭菌 20min 或过滤除菌，4℃冰箱保存备用。

b. 0.4mol/L 氯化镁溶液：称取 $MgCl_2 \cdot 6H_2O$ 8.10g 置烧杯中，加适量蒸馏水溶解，转入 100mL 容量瓶内，混匀定容。转入耐高温瓶内，0.103MPa 灭菌 20min 或过滤除菌，4℃冰箱保存备用。

c. 0.2mol/L 磷酸盐缓冲液（pH7.4）：称取磷酸氢二钠（Na_2HPO_4）14.20g 置烧杯中，加入适量蒸馏水溶解，转入 500mL 容量瓶内，混匀定容。

称取磷酸二氢钠（$NaH_2PO_4 \cdot H_2O$）13.80g 置烧杯中，加入适量蒸馏水溶解，转入 500mL 容量瓶内，混匀定容。

量取上述配制的磷酸氢二钠溶液 440mL 和磷酸二氢钠溶液 60mL 置锥形瓶中，混匀后用 1mol/L 氢氧化钠或盐酸调 pH 至 7.4，0.103MPa 灭菌 20min 或过滤除菌，4℃冰箱保存备用。

d. 0.025mol/L 辅酶Ⅱ（氧化型）溶液：准确称取辅酶Ⅱ（分子量：743.4）0.93g 置烧杯中，加适量蒸馏水溶解，转入 50mL 容量瓶内，混匀定容，即得 0.025mol/L 的辅酶Ⅱ溶液。过滤除菌，低温保存（−20℃以下）备用。

e. 0.05mol/L 葡萄糖-6-磷酸溶液：准确称取葡萄糖-6-磷酸二钠盐（分子量 304.1）0.76g 置烧杯中，加适量蒸馏水溶解，转入 50mL 容量瓶内，混匀定容，即得 0.05mol/L 葡萄糖-6-磷酸溶液。过滤除菌，低温保存（−20℃以下）备用。

f. 10% S9 混合液：每 10mL 10% S9 混合液由以下成分组成，临用时无菌操作配制。

磷酸盐缓冲液（0.2mol/L，pH7.4）	6.0mL
1.65mol/L 氯化钾溶液	0.2mL
0.4mol/L 氯化镁溶液	0.2mL
葡萄糖-6-磷酸盐溶液（0.05mol/L）	1.0mL
辅酶Ⅱ溶液（0.025mol/L）	1.6mL
大鼠肝 S9 混合液	1.0mL

将上列试剂置冰浴中预冷，然后用灭菌移液管和移液器按体积依次取出各成分加入一支预冷的灭菌空试管（15mL）中，混匀，置冰浴中待用。

（4）试验菌株

① 采用鉴定合格的 TA_{97}、TA_{98}、TA_{100} 和 TA_{102} 四株鼠伤寒沙门氏菌突变型菌株进行试验，试验菌株的特性应符合要求。测试兽药的诱变性时，必须通过这四个菌株的检测，必要时可增加 TA_{1535}、TA_{1537} 或 TA_{104} 中任一菌株。

② 增菌培养：取 4 个已灭菌的 25mL 三角烧瓶，分别加入 10mL 灭菌营养肉汤，从 4 个试验菌株的母板上分别刮取少量细菌，接种至肉汤中。37℃振荡培养 10h 或静置培养 16h，用麦氏比浊管测定并调整菌液浊度达 $1×10^9～2×10^9/mL$ 备用。

（5）标准诱变剂溶液的配制

① $50.0μg/10μL$ 敌磺钠溶液：准确称取敌磺钠 250.0mg 置烧杯中，用适量二甲基亚砜溶解，转入 50mL 的容量瓶内，混匀后用二甲基亚砜定容。转入耐高温瓶内，0.103MPa 灭菌 20min，4℃保存备用。

② $50.0μg/100μL$ 敌磺钠溶液：准确吸取上述未灭菌的 $50.0μg/10μL$ 敌磺钠溶液 10.0mL 置 100mL 的容量瓶内，用二甲基亚砜定容。混匀后转入耐高温瓶内，0.103MPa 灭菌 20min，4℃保存备用。

③ $20.0μg/10μL$ 2-氨基芴溶液：准确称取 2-氨基芴溶液 100.0mg 置烧杯中，用适量二甲基亚砜溶解。转入 50mL 容量瓶内，混匀后用二甲基亚砜定容。转入耐高温瓶内，0.103MPa 灭菌 20min，4℃保存备用。

④ $10.0μg/100μL$ 2-氨基芴溶液：准确吸取上述未灭菌的 $20.0μg/10μL$ 2-氨基芴溶液 10.0mL 置 100mL 的容量瓶内，用二甲基亚砜定容。混匀后转入耐高温瓶内，0.103MPa 灭菌 20min，4℃保存备用。

⑤ $1.0μg/10μL$ 叠氮化钠溶液：准确称取叠氮化钠 5.0mg 置烧杯中，用适量蒸馏水溶解，转入 50mL 容量瓶内，混匀后用蒸馏水定容。转入耐高温瓶内，0.103MPa 灭菌 20min，4℃保存备用。

⑥ $1.5μg/100μL$ 叠氮化钠溶液：准确称取叠氮化钠 1.5mg 置烧杯中，用适量蒸馏水溶解，转入 100mL 容量瓶内，混匀后用蒸馏水定容。转入耐高温瓶内，0.103MPa 灭菌 20min，4℃保存备用。

实验用标准诱变剂浓度见表 4-1。

表 4-1　试验用标准诱变剂浓度

试验菌株		TA_{97}		TA_{98}		TA_{100}		TA_{102}	
S9		−	+	−	+	−	+	−	+
浓度	点试验 （μg/片）	敌磺钠 50.0	2-AF 20.0	敌磺钠 50.0	2-AF 20.0	NaN_3 1.0	2-AF 20.0	敌磺钠 50.0	2-AF 20.0
	掺入试验 （μg/皿）	敌磺钠 50.0	2-AF 10.0	敌磺钠 50.0	2-AF 10.0	NaN_3 1.5	2-AF 10.0	敌磺钠 50.0	2-AF 10.0

点试法各纸片加标准诱变剂及试样溶液 $10μL$，平板掺入法各平皿加标准诱变剂及试样溶液 $100μL$，故三种标准诱变剂需配制如表 4-2 所示的几种浓度。

表 4-2　三种标准诱变剂浓度

标准诱变剂		敌磺钠	2-氨基芴（2-AF）	叠氮化钠（NaN_3）
浓度	点试法	$50.0μg/10μL$	$20.0μg/10μL$	$1.0μg/10μL$
	平板掺入法	$50.0μg/100μL$	$10.0μg/100μL$	$1.5μg/100μL$

4.1.2.2 预实验

（1）点试法 预实验采用点试法。将 $5mg/10\mu L$ 或出现沉淀的剂量设为受试药物每个点的最高剂量，再按 10 倍递次稀释，下设 4 个剂量组，另外设阴性（溶剂）对照组及相应的阳性对照组。每个剂量分加 S9（+S9）和不加 S9（−S9）两个系列，设 2 个平行平皿。受试药物溶液每皿点样 $10\mu L$，按设定的最高剂量，确定受试药物溶液需配置的最高浓度和需配制的体积。

（2）受试物的配制 计算配制溶液需称取或量取受试药物的量。准确称取受试药物于烧杯内，加入选定的试剂适量溶解，转入容量瓶内，混匀定容，即得预实验最高剂量组所需的受试药物溶液。分取足量供最高剂量组试验用，剩余溶液用溶剂进行 10 倍递次稀释，可获得其余几个剂量组所需的受试药物溶液。

（3）操作步骤 取备用底层培养基平皿 128 个，分 4 个菌株重复，每个重复 8 组，每组 4 个平皿，在平皿上做好标记。取已溶化并在 45℃水浴中保温的顶层培养基一管（2mL），用灭菌移液管加入测试菌液 $0.05\sim0.2mL$（+S9 组同时加 10% S9 混合液 0.5mL），迅速混匀，倒在底层培养基上，移动平皿使顶层培养基均匀分布在底层上，平放固化，取直径 6mm 的灭菌滤纸圆片小心贴放在已固化的顶层培养基中心位置，用移液器吸取 $10\mu L$ 受试物（或阳性对照物）小心点在纸片上，37℃培养 48h，观察结果。

（4）确定最低毒性剂量 归纳 5 个递减剂量对 4 个试验菌株的预试验结果，初步判断受试药物的诱变性，确定受试药物的最低细菌毒性剂量（$\mu g/$皿）。

4.1.2.3 正式试验（平板掺入法）

（1）剂量组设计 将 $5mg/$皿或经预试验获得的最低细菌毒性剂量（$\mu g/$皿）设为平板掺入法试验的最高剂量，再按 5 倍梯度递减，下设 4 个剂量组，另外设阴性（溶剂）对照组及相应阳性对照组。每个剂量分加 S9（+S9）和不加 S9（−S9）两个系列，设 3 个平行平皿。

（2）受试药物溶液配制 每皿加入受试药物溶液体积 0.1mL，按设定的试验最高剂量，确定受试药物溶液需配制的最高浓度和需配制的体积。计算配制溶液时需称取或量取受试药物的量，准确称取受试物于烧杯内，加入选定的溶剂适量溶解，转入容量瓶内，混匀定容，即得试验最高剂量组所需的受试药物溶液。分取足量供最高剂量组试验用，剩余溶液用溶剂进行 5 倍递次稀释，可获得其余几个剂量组所需的受试药物溶液。

（3）试验操作 取备用底层培养基平皿 192 个，分 4 个菌株重复，每个重复 8 组，每组 6 个平皿，在平皿上做好标记。取已溶化并在 45℃水浴中保温的顶层培养基一管（2mL），用移液管依次加入受试药物溶液 0.1mL，测试菌液 $0.05\sim0.2mL$（+S9 组同时加入 10%S9 混合液 0.5mL），迅速混匀，倒在底层培养基上，转动平皿使顶层培养基均匀分布在底层上，平放固化，37℃培养 48h，观察结果。如第一次平板掺入法试验结果为阴性，需再重复一次试验；如第一次平板掺入法试验结果为阳性，需再重复两次试验。

4.1.3 试验结果与评价

4.1.3.1 试验结果判断

（1）整理结果 整理各次试验结果，菌株回变菌落数表述为$(\bar{x}\pm s)/$皿，试验结果列表。

（2）**点试法试验结果**　如在滤纸片周围长出一圈密集的回变菌落，与空白对照比较有明显区别，可初步判定该受试药物为诱变阳性；如仅在平板上出现少数散在自发回变菌落，与空白对照无明显区别，则为诱变阴性；如在滤纸片周围出现抑菌圈，表明受试药物具有细菌毒性。

（3）**掺入法试验结果**　如阴性对照组每皿自发回变菌落数在正常范围内，试验组每皿回变菌落数增加1倍以上（即试验组回变菌落数等于或大于阴性对照组回变菌落数的2倍），并有剂量-反应关系或至少某一测试点有重复的并有统计学意义的阳性反应，即可认为该受试药物为诱变阳性；当试验组受试药物浓度达到 5mg/皿，每皿回变菌落数与阴性对照组比较无统计学差异，可认为是诱变阴性。

4.1.3.2　结果评价

阳性结果至少进行三次重复测试，阴性结果至少进行两次重复测试，才能对受试药品作出最终评价判定。受试药物的点试法试验结果要用平板掺入法进行确证。

如果受试药物对 4 种菌株（−S9 和＋S9）的平皿掺入试验均得到阴性结果，可认为此受试物对鼠伤寒沙门氏菌无致突变性。如受试药物对一种或多种菌株（加或不加 S9）的平皿掺入试验得到阳性结果，即认为此受试药物是鼠伤寒沙门氏菌的致突变物。

报告的试验结果应是两次以上独立实验的重复结果。并注明实验条件和附上全部结果资料，同一样品必须包括活化和非活化的结果，剂量单位为微克每平板，特殊情况例外。

4.1.3.3　试验的解释

本试验采用的是原核细胞，与哺乳动物细胞在摄取、代谢、染色体结构和 DNA 修复等方面都有所不同。体外试验一般需要外源性代谢活化，但体外代谢活化系统不能完全模拟哺乳动物体内代谢条件，因此，本试验结果不能直接外推到哺乳动物。

本试验通常用于遗传毒性的初步筛选，并特别适用于诱发点突变的筛选。已有的数据库证明在本试验为阳性的很多化合物在其他试验也显示致突变活性。也有一些致突变物在本试验不能检测，这可能是由于检测终点的特殊性质、代谢活化的差别，或生物利用度的差别。

本试验不适用于某些特殊的化合物，如强杀菌剂和特异性干扰哺乳动物细胞复制系统的化学品。对这些受试样品可使用哺乳动物细胞基因突变试验。

对于各菌株的自发回变范围，各实验室在参考其他实验室数据的基础上应建立自己的历史对照数据库，形成适合本实验室条件的使用范围。

4.2

体外哺乳类细胞微核试验

4.2.1　试验目的和原理

体外哺乳类细胞微核试验是一种用于检测哺乳类细胞在受试物处理后是否产生微核的

遗传毒性检测方法。本方法适用于检测有丝分裂细胞暴露于受试物期间或之后致染色体断裂和诱发非整倍体的能力。如果3～6h短期处理的试验结果为阴性或不明确时，需要进行无代谢活化系统的长期处理试验，相当于用受试物处理细胞1.5～2个正常细胞周期。

4.2.2　试验方法和步骤

4.2.2.1　仪器和试剂

（1）仪器　细胞培养箱、倒置显微镜、正置显微镜、超净台、离心机。

（2）培养液　根据细胞类型来选择适宜的培养液。对于V79、CHL或CHO细胞，常用MEM（Eagle）培养液加入10%胎牛血清和适量抗生素（可用青霉素100 IU/mL、链霉素100μg/mL）。对于L5178Y或TK6细胞，常用RPMI1640培养液加入10%马血清和适量抗生素（可用青霉素100 IU/mL、链霉素100μg/mL）。

（3）代谢活化系统

① S9辅助因子的配制。

镁钾溶液：氯化镁1.9g和氯化钾6.15g加蒸馏水溶解至100mL。

0.2mol/L磷酸盐缓冲液（pH7.4）：磷酸氢二钠（Na_2HPO_4，28.4g/L）440mL，磷酸二氢钠（$NaH_2PO_4 \cdot H_2O$，27.6g/L）60mL，调pH至7.4，0.103MPa灭菌20min或滤菌。

辅酶Ⅱ（氧化型）溶液：无菌条件下称取辅酶Ⅱ，用无菌蒸馏水溶解配制成0.025mol/L溶液，现用现配。

葡萄糖-6-磷酸钠盐溶液：称取葡萄糖-6-磷酸钠盐，用蒸馏水溶解配制成0.05mol/L溶液，过滤灭菌。现用现配。

② 大鼠肝S9组分的诱导和配制。选健康雄性成年SD或Wistar大鼠，体重150～200g，约5～6周龄。将多氯联苯（Aroclor1254）溶于玉米油中，浓度为200g/L，按500mg/kg无菌操作，一次腹腔注射，5d后处死动物，处死前禁食12h。

也可采用苯巴比妥钠和β-萘黄酮联合诱导的方法进行制备，经口灌胃给予大鼠苯巴比妥钠和β-萘黄酮，剂量均为80mg/kg，连续3d，禁食16h后断头处死动物。其他操作同多氯联苯诱导。

处死动物后取出肝脏，称重后用新鲜冰冷的0.15mol/L氯化钾溶液连续冲洗肝脏数次，以便除去能抑制微粒体酶活性的血红蛋白。每克肝（湿重）加0.1mol/L氯化钾溶液3mL，连同烧杯移入冰浴中，用消毒剪刀剪碎肝脏，在玻璃匀浆器（低于4000 r/min，1～2min）或组织匀浆器（低于20000 r/min，1min）中制成肝匀浆。以上操作需注意无菌和局部冷环境。

将制成的肝匀浆在低温（0～4℃）高速离心机上以9000r/min离心10min，吸出上清液为S9组分，分装于无菌冷冻管中，每管2mL左右，最好用液氮或干冰速冻后置－80℃低温保存。

S9组分制成后，经无菌检查，测定蛋白含量（Lowry法），以每毫升蛋白含量不超过40mg为宜，并经间接致突变剂鉴定其生物活性合格后，贮存于－80℃低温或冰冻干燥，保存期不超过1年。

③ S9 混合液的制备。S9 混合液浓度一般为 1%～10%，实际使用浓度可由各实验室决定，但需对其活性进行鉴定，必须能明显活化阳性对照物，且对细胞无明显毒性。

一般由 S9 组分和辅助因子按 1：9 组成 10% 的 S9 混合液，无菌现用现配。10% S9 混合液 10mL 配制方法如下：取上述磷酸盐缓冲液 6.0mL、镁钾溶液 0.4mL、葡萄糖-6-磷酸钠盐溶液 1.0mL、辅酶Ⅱ溶液 1.6mL、肝 S9 组分 1.0mL，混匀，置冰浴中待用。

（4）肌动蛋白聚合抑制剂——细胞松弛素 B（CytochalasinB， CytoB）溶液　用二甲基亚砜（DMSO）配制适当浓度的储备液，避光冷藏保存。CytoB 的终浓度通常为 $3～6\mu g/mL$，实验室应根据各种细胞系选择 CytoB 的适当终浓度，以达到理想的双核细胞出现频率。

（5）0.075mol/L 氯化钾溶液　5.59g 氯化钾加蒸馏水至 1000mL。

（6）固定液　甲醇：冰醋酸为 3：1，临用前配制。

（7）吉姆萨（Giemsa）染液　取吉姆萨染液 3.8g，置乳钵中，加少量甲醇研磨。逐渐加甲醇至 375mL，待完全溶解后，再加 125mL 甘油，放入 37℃ 温箱中保温 48h。保温期间振摇数次，使充分溶解。取出过滤，2 周后使用，作为吉姆萨染液原液。使用时，取 1 份吉姆萨染液原液，与 9 份 1/15mol/L 磷酸盐缓冲液（pH6.8）混合，配成其应用液，现配现用。

磷酸盐缓冲液（1/15mol/L，pH6.8）配制方法如下。

第一液：取磷酸氢二钠（Na_2HPO_4）9.47g 溶于 1000mL 去离子水中，配成 1/15mol/L 溶液。

第二液：取磷酸二氢钾（KH_2PO_4）9.07g 溶于 1000mL 去离子水中，配成 1/15mol/L 溶液。

取第一液 50mL 加于第二液 50mL 中混匀，即为 pH6.8 的 1/15mol/L 磷酸盐缓冲液。

4.2.2.2　试验方法

（1）受试物　固体受试物应溶解于适合的溶剂中，并稀释至适当浓度。液体受试物可直接使用或稀释至适当浓度使用。受试物应无菌，现用现配，否则须确认储存条件不影响其稳定性。

（2）细胞株　可选用中国仓鼠肺细胞株（V79、CHL）或卵巢细胞株（CHO）、小鼠淋巴瘤细胞株（L5178Y）、人外周血淋巴细胞株（如 TK6）和原代培养细胞。推荐使用 CHL 或 L5178Y 细胞株。细胞在使用前应进行染色体数目稳定性和有无支原体污染的检查。

（3）试验方案选择　试验分为使用和不使用 CytoB 两种方案。

方案一：在细胞经过受试物处理后，有丝分裂前使用 CytoB，然后观察分析已完成一次有丝分裂的细胞（双核细胞）微核率。当选用人类淋巴细胞时，建议采用方案一，因为不同来源的细胞周期不同，而且不是所有的细胞都对植物血球凝集素（PHA）有反应。

方案二：不使用 CytoB，细胞经过受试物处理后观察分析细胞微核率。如果有证据表明受试物干扰 CytoB 的活性，或 CytoB 可能影响细胞的生长（如小鼠淋巴瘤细胞株），建议采用方案二。

（4）剂量

① 剂量设置。至少应设置 3 个检测剂量。受试物没有细胞毒性时，从最高剂量往下设至少 2 个剂量，一般情况下间隔系数可为 2～3；有细胞毒性时，其剂量范围应涵盖从 55%±5% 的细胞毒性到几乎无细胞毒性。

② 最高剂量的选择。决定最高剂量的因素是细胞毒性、受试物的溶解度以及 pH、渗透压。

受试物有细胞毒性时，最高剂量应能引起 55%±5% 的细胞毒性；如果没有细胞毒性或沉淀，最高剂量应是 $5\mu L/mL$、$5mg/mL$ 或 $10mmol/L$。

对溶解度较低的物质，当达到最大溶解浓度时仍无毒性，则最高剂量应是在最终培养液中溶解度限值以上的一个浓度。在某些情况下，应使用一个以上可见沉淀的浓度，溶解性可用肉眼鉴别，但沉淀不能影响观察。

③ 细胞毒性的确定。在 S9 存在和不存在两种条件下依据细胞完整性和生长情况的指标来确定细胞毒性。

方案一：使用 CytoB，细胞毒性的确定可依据复制指数（replication index，RI）或胞质分裂阻断增殖指数（cytokinesis block proliferation index，CBPI）。

$$RI = \frac{(双核细胞数_T + 2 \times 多核细胞数_T)/500}{(双核细胞数_C + 2 \times 多核细胞数_C)/500} \times 100$$

式中　500——细胞总数；

　　　T——受试物组；

　　　C——阴性对照组。

$$细胞毒性 = 100 - RI$$

$$CBPI = \frac{单核细胞数 + 2 \times 双核细胞数 + 3 \times 多核细胞数}{500}$$

CBPI＝1 时，等同于 100% 细胞生长抑制；500 指细胞总数。

$$细胞毒性 = 100 - \frac{CBPI_T - 1}{CBPI_C - 1} \times 100$$

式中　T——受试物组；

　　　C——阴性对照组。

方案二：不使用 CytoB，细胞毒性的确定可依据相对细胞增长数（relative increase in cell counts，RICC）或相对增殖倍数（relative population doubling，RPD）。

$$RICC = \frac{受试物组细胞数的增加}{阴性对照组细胞数的增加} \times 100$$

$$细胞毒性 = 100 - RICC$$

$$RPD = \frac{受试物组双倍数量}{阴性对照组双倍数量} \times 100$$

$$双倍数量 = \frac{\lg(试验后细胞数/试验前细胞数)}{\lg2}$$

$$细胞毒性 = 100 - RPD$$

④ 阳性对照。阳性对照物包括染色体断裂剂和非整倍体剂。加 S9 时，断裂剂可以选用环磷酰胺和苯并 [a] 芘；不加 S9 时，断裂剂可以选用阿糖胞苷、丝裂霉素 C、甲磺酸甲酯和 4-硝基喹啉；非整倍体剂只用于不加 S9 时，可以选用秋水仙素和长春新碱。

如果短期处理试验方案在 S9 存在和不存在两种条件下都选用断裂剂作为阳性对照，那么长期处理试验方案应该选用非整倍体剂作为阳性对照。如果选用的细胞本身具有代谢能力，则不需要另外添加 S9，阳性对照应该同时使用断裂剂和非整倍体剂。

⑤ 阴性对照。溶剂必须是非致突变物，不与受试物发生化学反应，不影响细胞存活

和 S9 活性。首选溶剂是培养液（不含血清）或水。使用水作为溶剂时其体积不应大于总体积的 10%。DMSO 也是常用溶剂，但终浓度不应大于 1%。

⑥ 空白对照。如果没有文献资料或历史资料证实所用溶剂无致突变作用时应设空白对照。

（5）试验步骤

① 细胞准备。将一定数量的细胞接种于培养皿（瓶）中以收获细胞时，以培养皿（瓶）中的细胞未长满为标准，贴壁细胞一般以长到 85% 左右为佳。

② 受试物处理。

应用方案一：吸去培养液，用磷酸盐缓冲液洗细胞，加入无血清培养液及一定浓度的受试物（需代谢活化者同时加入 S9 混合），置于培养箱中 3～6h；结束后吸去含受试物的培养液，用 PBS 洗细胞，加入含 10% 血清的新鲜培养液和 CytoB，继续培养 1.5～2.0 个正常细胞周期后收集细胞。

对于淋巴细胞，最有效的方法是在有丝分裂原（如 PHA）刺激后 44～48h 开始受试物处理，这时细胞开始进入分裂周期。

如果 3～6h 短期处理的试验结果为阴性或不明确时，需要进行无 S9 的长期处理试验，用 CytoB 和受试物处理细胞 1.5～2.0 个正常细胞周期，在处理结束后收集细胞。

如果已知或怀疑受试物（如核苷类物质）可能影响细胞周期（特别是 P53 活性细胞），则细胞收获时间应该再延长 1.5～2.0 个正常细胞周期。

应用方案二：与方案一处理方法相同，只是不加 CytoB。

③ 收获细胞与制片。每次培养都应单独收获细胞和制片，如果细胞混合液的分散度良好则不需要进行低渗处理。

消化：贴壁细胞用 0.25% 胰蛋白酶溶液消化，待细胞脱落后，加入含 10% 胎牛或小牛血清的培养液终止胰蛋白酶的作用，混匀，放入离心管以 800～1000r/min 的速度离心 5min，弃去上清液。悬浮细胞不需要消化，直接离心。

低渗：加入 0.075mol/L 氯化钾溶液 2mL，用滴管将细胞轻轻地混匀，放入 37℃ 细胞培养箱中低渗处理 1～5min。

固定：加入 2mL 固定液，混匀后固定 5min 以上，以 800～1000r/min 的速度离心 5min，弃去上清液。重复一次，弃去上清液。

滴片：加入数滴新鲜固定液，混匀。用混悬液滴片，自然干燥。

染色：推荐用吉姆萨染液染色（5%～10% 吉姆萨染液，15～20min），也可用 DNA 特异性荧光染料（如吖啶橙或 Hoechst 33258）。

如果需要区分染色体断裂剂和非整倍体诱变剂，可用荧光原位杂交（FISH）或引物原位标记等方法。

④ 阅片。微核的判断标准：微核一般为圆形或椭圆形；直径不超过主核的 1/3；与主核在一个焦点平面上，与主核的颜色、结构特征及折光性一致；与主核之间没有核物质相连，可以和主核有边界地重叠，但能看清各自的核膜。

应用方案一：每个剂量组至少分析 2000 个双核细胞，计算微核细胞率（一个双核细胞不论含有几个微核，都只算作一个含微核细胞）。如果单次培养可供计数的双核细胞数少于 2000，则应采用多次细胞培养或平行培养。对不规则的双核细胞（如两个核大小相差悬殊）和多于两个核的细胞不进行分析。

应用方案二：每个剂量组至少分析 2000 个细胞，计算微核细胞率。如果单次培养可供计数的细胞数少于 2000，则应采用多次细胞培养或平行培养。

4.2.3 试验结果与评价

4.2.3.1 数据处理

数据按不同剂量列表，指标包括细胞毒性、观察细胞数、含微核细胞数及微核细胞率。受试物各剂量组与空白对照组、阴性对照组（溶剂对照组）、阳性对照组的微核细胞率用适当的统计学方法（如 X^2 检验）进行处理。

4.2.3.2 结果判定

下列两种情况可判定受试物在本试验系统中为阳性结果：

① 受试物引起微核细胞率的增加具有统计学意义，并与剂量相关；

② 受试物在任何一个剂量条件下，引起的微核细胞率增加具有统计学意义，并有可重复性。

4.2.3.3 试验的解释

阳性结果表明受试物在该条件下可引起所用哺乳类细胞染色体损伤，微核细胞率增加。阴性结果表明在该试验条件下受试物不引起所用哺乳类细胞染色体损伤。评价时应综合考虑生物学和统计学意义。

4.3

体外哺乳类细胞染色体畸变试验

4.3.1 试验目的和原理

通过检测受试物是否诱发体外培养的哺乳类细胞染色体畸变，评价受试物致突变的可能性。在加入或不加入代谢活化系统的条件下，使培养的哺乳类细胞暴露于受试物中。用中期分裂相阻断剂（如秋水仙素或秋水仙胺）处理，使细胞停止在中期分裂相，随后收获细胞，制片，染色分析染色体畸变。

4.3.2 试验方法和步骤

4.3.2.1 仪器和试剂

（1）仪器 细胞培养箱、倒置显微镜、超净台、离心机。

（2）培养液 常用 Eagle's MEM 培养液，也可选用其他合适的培养液。加入抗生素（青霉素 100IU/mL、链霉素 100μg/mL），将灭活的胎牛血清或小牛血清按 10% 的比例加入培养液。

（3）代谢活化系统

① S9 辅助因子的配制。

镁钾溶液：氯化镁 1.9g 和氯化钾 6.15g 加蒸馏水溶解至 100mL。

0.2mol/L 磷酸盐缓冲液（pH 7.4）：磷酸氢二钠（Na_2HPO_4，28.4g/L）440mL，磷酸二氢钠（$NaH_2PO_4 \cdot H_2O$，27.6g/L）60mL，调 pH 至 7.4，0.103MPa 灭菌 20min 或滤菌。

辅酶 II（氧化型）溶液：无菌条件下称取辅酶 II，用无菌蒸馏水溶解配制成 0.025mol/L 溶液，现用现配。

葡萄糖-6-磷酸钠盐溶液：称取葡萄糖-6-磷酸钠盐，用蒸馏水溶解配制成 0.05mol/L 溶液，过滤灭菌。现用现配。

② 大鼠肝 S9 组分的诱导和配制。选健康雄性成年 SD 或 Wistar 大鼠，体重 150～200g，约 5～6 周龄。将多氯联苯（Aroclor 1254）溶于玉米油中，浓度为 200g/L，按 500mg/kg 体重无菌操作，一次腹腔注射，5d 后处死动物，处死前禁食 12h。

也可采用苯巴比妥钠和 β-萘黄酮联合诱导的方法进行制备，经口灌胃给予大鼠苯巴比妥钠和 β-萘黄酮，剂量均为 80mg/kg，连续 3d，禁食 16h 后断头处死动物。其他操作同多氯联苯诱导。

处死动物后取出肝脏，称重后用新鲜冰冷的 0.15mol/L 氯化钾溶液连续冲洗肝脏数次，以便除去能抑制微粒体酶活性的血红蛋白。每克肝（湿重）加 0.1mol/L 氯化钾溶液 3mL，连同烧杯移入冰浴中，用消毒剪刀剪碎肝脏，在玻璃匀浆器（低于 4000r/min，1～2min）或组织匀浆器（低于 20000r/min，1min）中制成肝匀浆。以上操作需注意无菌和局部冷环境。

将制成的肝匀浆在低温（0～4℃）高速离心机上以 9000g 离心 10min，吸出上清液为 S9 组分，分装于无菌冷冻管中，每管 2mL 左右，最好用液氮或干冰速冻后置 -80℃ 低温保存。

S9 组分制成后，经无菌检查，测定蛋白含量（Lowry 法），以每毫升蛋白含量不超过 40mg 为宜，并经间接致突变剂鉴定其生物活性合格后，贮存于 -80℃ 低温或冰冻干燥，保存期不超过 1 年。

③ S9 混合液的制备。一般由 S9 组分和辅助因子按 1：9 组成 10% 的 S9 混合液，无菌现用现配。10% S9 混合液 10mL 配制方法如下：取上述磷酸盐缓冲液 6.0mL、镁钾溶液 0.4mL、葡萄糖-6-磷酸钠盐溶液 1.0mL、辅酶 II 溶液 1.6mL、肝 S9 组分 1.0mL，混匀，置冰浴中待用。

S9 混合液浓度一般为 1%～10%，实际使用浓度可由各实验室决定，但需对其活性进行鉴定，必须能明显活化阳性对照物，且对细胞无明显毒性。

（4）秋水仙素溶液 用 PBS 溶液配制适当浓度的储备液，过滤除菌，在避光冷藏的条件下至少能保存 6 个月。

（5）0.075mol/L 氯化钾溶液 5.59g 氯化钾加蒸馏水至 1000mL。

（6）固定液 甲醇：冰醋酸为 3：1，临用前配制。根据试验条件，可适当调整冰醋酸的浓度，改善染色体分散度，但不宜过大，会导致细胞破裂。

（7）吉姆萨（Giemsa）染液 取吉姆萨染液 3.8g，置乳钵中，加少量甲醇研磨。逐渐加甲醇至 375mL，待完全溶解后，再加 125mL 甘油，放入 37℃ 温箱中保温 48h。保温期间振摇数次，使充分溶解。取出过滤，2 周后使用，作为吉姆萨染液原液。使用时，取 1 份吉姆萨染液原液，与 9 份 1/15mol/L 磷酸盐缓冲液（pH 6.8）混合，配成其应用液，现配现用。

磷酸盐缓冲液（1/15mol/L，pH 6.8）配制方法如下。

第一液：取磷酸氢二钠（Na_2HPO_4）9.47g 溶于 1000mL 去离子水中，配成 1/15mol/L 溶液。

第二液：取磷酸二氢钾（KH_2PO_4）9.07g 溶于 1000mL 去离子水中，配成 1/15mol/L 溶液。

取第一液 50mL 加于第二液 50mL 中混匀，即为 pH 6.8 的 1/15mol/L 磷酸盐缓冲液。

4.3.2.2 试验步骤

（1）受试物 固体受试物应溶解或悬浮于适合的溶剂中，并稀释至适当浓度。液体受试物可直接使用或稀释至适当浓度。受试物应现用现配，否则必须确认储存条件不影响其稳定性。

（2）细胞株 可选用中国仓鼠肺细胞株（CHL）或卵巢细胞株（CHO）、人或其他哺乳类动物外周血淋巴细胞株。实验前检查细胞的核型或染色体数目，检测细胞有无支原体污染。推荐使用中国仓鼠肺细胞株（CHL）。

（3）剂量

① 剂量设置。受试物至少应设 3 个检测剂量。对有细胞毒性的受试物，其剂量范围应包括从最大毒性至几乎无毒性（细胞存活率在 20%～100% 的范围内）。

② 最高剂量的选择。当收获细胞时，最高剂量应能明显减少细胞计数或有丝分裂指数（大于 50%，如毒性过大，应适当增加接种细胞数）；同时应该考虑受试物对溶解度、pH 值和摩尔渗透压浓度的影响；对无细胞毒性或毒性很小的化合物，最高剂量应达到 5μL/mL、5mg/mL 或 10mmol/L。

对溶解度较低的物质，当达到最大溶解浓度时仍无毒性，则最高剂量应是在最终培养液中溶解度限值以上的一个浓度。在某些情况下，应使用一个以上可见沉淀的浓度，溶解性可用肉眼鉴别，但沉淀不能影响观察。

③ 细胞毒性的确定。测定细胞毒性可使用指示细胞完整性和生长情况的指标，如相对集落形成率或相对细胞生长率等。应在 S9 系统存在或不存在的条件下测定细胞毒性。

④ 阳性对照。可根据受试物的性质和结构选择适宜的阳性对照物，应是已知的断裂剂，能引起可检出的、并可重复的阳性结果。当不存在外源性代谢活化系统时，阳性对照物可使用甲磺酸甲酯、丝裂霉素 C、甲磺酸乙酯等，也可使用其他适宜的阳性对照物。当存在外源性代谢活化系统时，阳性对照物可以使用苯并［a］芘、环磷酰胺等。

不加 S9 的阳性对照物常用丝裂霉素 C，其常用浓度为 0.2～0.8μg/mL。其 pH 为 6～9 的水溶液在 0～5℃ 下避光保存能存放 1 周。加 S9 的阳性对照常用环磷酰胺，其常用浓度为 8～15μg/mL。其水溶液不稳定，应现配现用。

⑤ 阴性对照。溶剂应为非致突变物，不与受试物发生化学反应，不影响细胞存活和 S9 活性。首选溶剂是不含血清的培养液或水。亦可使用二甲基亚砜（DMSO），但终浓度不应大于 0.5%。

⑥ 空白对照。如果没有文献资料或历史资料证实所用溶剂无致突变作用时应设空白对照。

（4）试验步骤

① 细胞培养与染毒。试验需在加入和不加入 S9（S9 的终浓度常为 $1\%\sim10\%$，以细胞毒性试验结果为准）的条件下进行。试验前一天，将一定数量的细胞接种于培养皿（瓶）中［以收获细胞时，培养皿（瓶）的细胞未长满为标准，一般以长到 85% 左右为佳；如用 CHL 细胞，可接种 1×10^6 个，放至 CO_2 培养箱内培养］。试验时吸去培养皿（瓶）中的培养液，加入一定浓度的受试物、S9 混合液（不加 S9 混合液时，需用培养液补足）以及一定量不含血清的培养液，置培养箱中处理 $2\sim6h$。处理结束后，吸去含受试物的培养液，用 PBS 培养液洗细胞 3 次，加入含 10% 血清的培养液，放回培养箱，于 $24h$ 收获细胞。于收获前 $2\sim4h$，加入细胞分裂中期阻断剂（如用秋水仙素，终浓度为 $0.1\sim1\mu g/mL$）。

当受试物为单一化学物时，如果在上述加入和不加入 S9 混合液的条件下均获得阴性结果，则需加做长时间处理的试验，即在没有 S9 混合液的条件下，使受试物与试验系统的接触时间延长至 $24h$。当难以得出明确结论时，应更换试验条件，如改变代谢活化条件、受试物与试验系统接触时间等重复试验。

② 收获细胞与制片。

消化：用 0.25% 胰蛋白酶溶液消化细胞，待细胞脱落后，加入含 10% 胎牛或小牛血清的培养液终止胰蛋白酶的作用，混匀，放入离心管以 $800\sim1000r/min$ 的速度离心 $5min$，弃去上清液。

低渗：加入 $0.075mol/L$ 氯化钾溶液 $2mL$，用滴管将细胞轻轻地混匀，放入 $37℃$ 细胞培养箱中低渗处理 $30\sim40min$。

固定：加入 $2mL$ 固定液，混匀后固定 $5min$ 以上，以 $800\sim1000r/min$ 的速度离心 $5min$，弃去上清液。重复一次，弃去上清液。

滴片：加入数滴新鲜固定液，混匀。用混悬液滴片，自然干燥。

染色：$5\%\sim10\%$ 吉姆萨染液，染色 $5\sim20min$。

③ 阅片。在油镜下阅片，每一剂量组应分析不少于 100 个分散良好的中期分裂相，且每个观察细胞的染色体数在 $2n\pm2$ 范围之内。对于畸变细胞还应记录显微镜视野的坐标位置及畸变类型。

④ 观察指标。观察指标可从染色体数目的改变和染色体结构的改变两方面进行统计。具体见表 4-3。

表 4-3　染色体数目异常和结构异常种类及特征描述

染色体数目异常		染色体结构异常	
种类	特征描述	种类	特征描述
多倍体	染色体成倍增加	断裂	损伤长度大于染色体的宽度
		裂隙	损伤长度小于染色单体的宽度
		微小体	较断片小而呈圆形
非整倍体	亚二倍体或超二倍体	有着丝点环	带有着丝点部分，两端形成环状结构并伴有一对无着丝点断片
		无着丝点环	呈环状结构
核内复制	核膜内特殊形式的多倍化现象	单体互换	形成三辐体（三条臂构型）、四辐体（四条臂构型）或其他形状的图像
		双微小体	成对的染色质小体
		非特征型变化	如核粉碎化、着丝点细长化、黏着等

4.3.3　试验结果与评价

4.3.3.1　数据处理

数据按不同剂量列表，指标包括观察细胞数、畸变细胞数、染色体畸变率；受试物各剂量组、对照组不同类型染色体畸变数与畸变率等。裂隙应单独记录和报告，但一般不计入总的畸变率。各组的染色体畸变用 X^2 检验进行统计学处理。

4.3.3.2　结果评价

下列两种情况可判定受试物在本试验系统中为阳性结果：

① 受试物引起染色体结构畸变数的增加具有统计学意义，并与剂量相关；

② 受试物在任何一个剂量条件下，引起的染色体结构畸变数增加具有统计学意义，并有可重复性。

4.3.3.3　试验的解释

大部分的致突变剂导致染色单体型畸变，偶有染色体型畸变发生。虽然多倍体的增加可能预示着染色体数目畸变的可能，但本方法并不适用于检测染色体的数目畸变。阳性结果表明受试物在该试验条件下可引起哺乳类细胞染色体畸变。阴性结果表明在该条件下受试物不引起所用哺乳类细胞染色体畸变。评价时应综合考虑生物学和统计学意义。

4.4

体外哺乳类细胞 TK 基因突变试验

4.4.1　试验目的和原理

TK 基因突变试验的检测终点是 TK 基因的突变。TK 基因突变属于常染色体基因突变。

TK 基因的产物胸苷激酶在体内催化从脱氧胸苷（TdR）生成胸苷酸（TMP）的反应。在正常情况下，此反应并非生命所必需，原因是体内的 TMP 主要来自脱氧尿嘧啶核苷酸（dUMP），即由胸苷酸合成酶催化的 dUMP 甲基化反应生成 TMP。但如在细胞培养物中加入胸苷类似物 [如三氟胸苷（trifluorothymidine，TFT）]，则 TFT 在胸苷激酶的催化下可生成三氟胸苷酸，进而掺入 DNA，造成致死性突变，故细胞不能存活。若 TK 基因发生突变，导致胸苷激酶缺陷，则 TFT 不能磷酸化，亦不能掺入 DNA，故突变细胞在含有 TFT 的培养基中能够生长，即表现出对 TFT 的抗性。根据突变集落形成数，可计算突变频率，从而推断受试物的致突变性。在 TK 基因突变试验结果观察中可发现两类明显不同的集落，即大、小集落（L5178Y 细胞）或正常生长、缓慢生长集落（TK6 细胞）。有研究表明，大集落或正常生长集落主要由点突变或较小范围的缺失等引起；而小集落或缓慢生长集落主要由较大范围的染色体畸变，或由涉及调控细胞增殖的基因缺失引起。

4.4.2 试验方法和步骤

4.4.2.1 试验材料

（1）仪器 低温冰箱（－80℃）或液氮罐、生物安全柜、细胞培养箱、倒置显微镜、离心机及其他实验室常用设备。

（2）培养基

① 完全培养基。RPMI 1640 培养液，加入10％马血清（培养瓶培养）或20％马血清（96孔板培养）及适量抗生素（青霉素、链霉素的最终浓度分别为100IU/mL 及 100μg/mL）。

② THMG 和 THG 选择培养基。

THMG 培养基：3μg/mL 胸腺嘧啶核苷(T)＋5μg/mL 次黄嘌呤(H)＋0.1μg/mL 甲氨蝶呤(M)＋7.5μg/mL 甘氨酸（G）。

THG 培养基：3μg/mL 胸腺嘧啶核苷(T)＋5μg/mL 次黄嘌呤(H)＋7.5μg/mL 甘氨酸(G)。以上浓度为各试剂在培养基中的终浓度。实际试验中，常按照表 4-4 的方法把 THMG 和 THG 配成 100 倍浓度。

表 4-4 T、H、M、G 试剂的配置

试剂	分子量	质量/mg	溶剂及其体积	浓度/(mg/mL)
T	242.2	30	10mLH$_2$O	3
H	136.1	5	1mL 1mol/L HCL	5
M	454.5	5	50mL H$_2$O	0.1
G	75.07	75	10mL H$_2$O	7.5

将 4 种试剂配制成上述 1000 倍浓度，再分别取此浓度的 T、H、M、G 溶液各 5mL（共 20mL）或 T、H、G 溶液各 5mL（共 15mL），均用双蒸水稀释至 50mL，配成 100 倍的 THMG 或 THG 储备液。最后用滤膜过滤除菌，分装，－20℃下保存。应用时以 1％的比例加入完全培养基。

③ CHAT 和 CHT 选择培养基。

CHAT 培养基：1×10^{-5}mol/L 脱氧胞苷(C)＋2×10^{-4}mol/L 次黄嘌呤(H)＋1×10^{-7}mol/L 氨基蝶呤(A)＋1.75×10^{-5}mol/L 胸苷（T）。

CHT 培养基：1×10^{-5}mol/L 脱氧胞苷(C)＋2×10^{-4}mol/L 次黄嘌呤(H)＋1.75×10^{-5}mol/L 胸苷（T）。

以上浓度为各试剂在培养基中的终浓度。实际试验中，常按表 4-5 的方法把 CHAT 和 CHT 配成 100 倍浓度。

将 4 种试剂配制成 1000 倍浓度，再分别取此浓度的 C、H、A、T 溶液各 5mL（共 20mL）或 C、H、T 溶液各 5mL（共 15mL），均用双蒸水稀释至 50mL，配成 100 倍的 CHAT 或 CHT 储备液。最后用滤膜过滤除菌，分装，－20℃下保存。应用时以 1％的比例加入完全培养基。

表4-5 C、H、A、T试剂的配置

试剂	分子量	质量/mg	溶剂及其体积	浓度/(mg/mL)
C	227.2	113.6	50mL H_2O	1×10^{-2}
H	136.1	1361.0	50mL 1mol/L HCl	2×10^{-1}
A	440.4	2.2	50mL H_2O	1×10^{-4}
T	242.2	423.85	10mL H_2O	1.75×10^{-2}

（3）代谢活化系统

① S9辅助因子。

镁钾溶液：氯化镁1.9g和氯化钾6.15g，加蒸馏水溶解至100mL。

0.2mol/L磷酸盐缓冲液（pH7.4）：磷酸氢二钠（Na_2HPO_4，28.4g/L）440mL，磷酸二氢钠（$NaH_2PO_4 \cdot H_2O$，27.6g/L）60mL，调pH至7.4，0.103MPa灭菌20min或滤菌。

辅酶Ⅱ（氧化型）溶液：无菌条件下称取辅酶Ⅱ，用无菌蒸馏水溶解配制成0.025mol/L溶液。现用现配。

葡萄糖-6-磷酸钠盐溶液：称取葡萄糖-6-磷酸钠盐，用蒸馏水溶解配制成0.05mol/L，过滤灭菌，现用现配。

② 大鼠肝S9组分的制备。选健康雄性成年SD或Wistar大鼠，体重150～200g左右，约5～6周龄。采用苯巴比妥钠和β-萘黄酮联合诱导的方法进行制备，经口灌胃给予大鼠苯巴比妥钠和β-萘黄酮，剂量均为80mg/kg，连续3d后断头处死动物，处死前禁食12h。

动物处死后取出肝脏，称重后用新鲜冰冷的氯化钾溶液（0.15mol/L）连续冲洗肝脏数次，以便除去能抑制微粒体酶活性的血红蛋白。每克肝（湿重）加氯化钾溶液（0.1mol/L）3mL，连同烧杯移入冰浴中，用消毒剪刀剪碎肝脏，在玻璃匀浆器（低于4000r/min，1～2min）或组织匀浆器（低于20000r/min，1min）中制成肝匀浆。以上操作需注意无菌和局部冷环境。

将制成的肝匀浆在低温（0～4℃）高速离心机上以9000g离心10min，吸出上清液为S9组分，分装于无菌冷冻管中，以每管2mL左右，用液氮或干冰速冻后置-80℃低温保存。

S9组分制成后，经无菌检查，测定蛋白含量（Lowry法），以每毫升蛋白含量不超过40mg为宜，并经间接致突变剂鉴定其生物活性合格后，贮存于-80℃低温或冰冻干燥，保存期不超过1年。

③ 10% S9混合液。一般由S9组分和辅助因子按1：9组成10%的S9混合液，无菌，现用现配或过滤除菌。10% S9混合液10mL配制如下：

磷酸盐缓冲液	6.0mL
镁钾溶液	0.4mL
葡萄糖-6-磷酸钠盐溶液	1.0mL
辅酶Ⅱ溶液	1.6mL
肝S9组分	1.0mL

混匀，置冰浴中待用。

S9混合液浓度一般为1%～10%，实际使用浓度可由各实验室自行决定，但需对其活性进行鉴定，应能明显活化阳性对照物，且对细胞无明显毒性。

磷酸盐缓冲液（PBS）：将 8.0g NaCl、0.20g KCl、2.74g $Na_2HPO_4 \cdot 7H_2O$、0.20g KH_2PO_4 溶于双蒸水并定容至 1000mL，pH7.2～7.4。

三氟胸苷（TFT）的配制：取 TFT 30mg，用 PBS 溶解加至 10mL，配成 3mg/mL 的储备液。应用时按 1% 的体积比加入培养基。

4.4.2.2 试验步骤

（1）细胞和培养条件　$TK^{+/-}$ 基因型的 L5178Y-3.7.2C 小鼠淋巴瘤细胞或 TK6 人类淋巴母细胞。

两种细胞均在 5% CO_2、37℃、饱和湿度条件下作常规悬浮培养。

为避免在培养和传代期间自发突变的细胞对试验结果的影响，在正式试验前，应清除自发突变的 $TK^{-/-}$ 基因型细胞。方法是：

① 对于 L5178Y 细胞，使用 THMG 培养基处理 24h，以 800～1000r/min 的速度离心 4～6min，洗涤后在不含甲氨蝶呤的 THG 培养基中培养 2d；

② 对于 TK6 细胞，使用 CHAT 培养基处理 48h，以 800～1000r/min 的速度离心 4～6min、洗涤后在不含氨基蝶呤的 CHT 培养基中继续培养 3d。

（2）受试物

① 受试物的配制。受试物在使用前应现用现配，否则须证实在特定贮存条件下不影响其稳定性。

② 受试物剂量设定。至少应设置 3～4 个可供分析的受试物浓度。对于有细胞毒性的受试物，应根据细胞毒性预试验结果，在相对存活率（RS）或相对悬浮生长（RSG）为 20%～80% 范围内设 3～4 个剂量（浓度）水平，同时应该考虑受试物对溶解度、pH 和摩尔渗透压浓度的影响。方法是：取生长良好的细胞，调整密度为 5×10^5/mL，按 1% 体积加入不同浓度受试物，37℃震摇处理 3h（L5178Y 细胞）或 4h（TK6 细胞），细胞经离心洗涤后，作 2d（L5178Y 细胞）或 3d（TK6 细胞）表达培养，每天计数细胞密度并计算相对悬浮生长（RSG）。或取上述处理后细胞悬液，作梯度稀释至 8 个细胞/mL，接种 96 孔板（每孔加 0.2mL，即平均 1.6 个细胞/孔），每个剂量种 1～2 块平板，37℃、5% CO_2、饱和湿度条件下培养 12d，计数每块平板有集落生长的孔数，计算相对存活率（RS）。

对于细胞毒性极低的受试物，最高浓度应设为 5mg/mL、5μL/mL 或 0.01mol/L。对于相对不溶解的物质，其最高浓度的设置应达到不影响细胞培养的最大可加入浓度。

③ 对照的设定。一般情况下，每一项试验中，在代谢活化系统存在和不存在的条件下均应设阳性和阴性（溶剂）对照组。

当使用代谢活化系统时，阳性对照物应使用要求代谢活化、并能引起典型突变集落的物质，可以使用 3-甲基胆蒽、环磷酰胺（CP）等。在没有代谢活化系统时，阳性对照物可使用甲磺酸甲酯（MMS）、丝裂霉素 C（MMC）、甲磺酸乙酯（EMS）等。也可使用其他适宜的阳性对照物。

溶剂应是非致突变物，不与受试物发生化学反应，不影响细胞存活和 S9 活性。溶剂首选蒸馏水，如使用非水溶剂（二甲基亚砜、丙酮、乙醇等），则需增设溶剂对照。

（3）处理　取生长良好的细胞，按 1% 体积加入受试物（需代谢活化的情况下，同时加入终浓度为 1%～10% 的 S9 混合物），37℃振摇处理 3h（L5178Y 细胞）或 4h（TK6 细胞），以 800～1000r/min 的速度离心 4～6min，弃上清液，用 PBS 或不含血清的培养基洗涤细胞 2 遍，重新悬浮细胞于含 10% 马血清的 RPMI 1640 培养液中，并调整细胞密

度为 5×10^5 个/mL。

（4）PE_0（0d的平板接种效率）测定　取适量细胞悬液，作梯度稀释至8个细胞/mL，接种96孔板（每孔加0.2mL，即平均1.6个细胞/孔），每个剂量种1~2块平板，37℃、5% CO_2、饱和湿度条件下培养12d，计数每块平板有集落生长的孔数。

（5）表达　取（3）中所得细胞悬液，作2d（L5178Y细胞）或3d（TK6细胞）表达培养，每天计数细胞密度并保持密度在 10^6 个/mL以下，计算相对悬浮生长（RSG）。

（6）PE_2（L5178Y细胞）或 PE_3（TK6细胞）测定　表达培养结束后，取适量细胞悬液，按2.1.4中方法测定 PE_2/PE_3。

（7）突变频率（MF）测定

① L5178Y细胞。L5178Y细胞表达培养2d后，取适量细胞悬液，调整细胞密度为 1×10^4 个/mL，加入TFT（终浓度为3μg/mL），混匀，接种96孔板（每孔加0.2mL，即平均2000个细胞/孔），每个剂量作2~4块板，37℃、5% CO_2、饱和湿度条件下培养12d，计数有突变集落生长的孔数。突变集落按大集落（large colony，LC：直径≥1/4孔径，密度低）和小集落（small colony，SC：直径<1/4孔径，密度高）分别计数。极小集落可再继续培养3d后计数。

② TK6细胞。TK6细胞表达培养3d后，取适量细胞悬液，调整细胞密度至 1.5×10^5 个/mL，加入TFT（终浓度为3μg/mL），混匀，接种96孔板（每孔加0.2mL，即平均30000个细胞/孔），每个剂量作2~4块板，37℃、5% CO_2、饱和湿度条件下培养12d，计数正常生长突变集落（normal-growth colony，NC）。然后每孔再追加适量TFT，继续培养12d，计数新长成的缓慢生长突变集落（slow-growth colony，SC）。

4.4.2.3　数据处理

（1）平板效率（PE_0、PE_2/PE_3）　平板效率（%）的计算见式(4-1)：

$$PE = \frac{-\ln(EW/TW)}{1.6} \times 100\%$$ (4-1)

式中　EW——无集落生长的孔数；

　　　TW——总孔数；

　　　1.6——每孔接种细胞数。

（2）相对存活率（RS）　相对存活率（%）的计算见式(4-2)：

$$RS = \frac{PE_{处理}}{PE_{阴性/溶剂对照}} \times 100\%$$ (4-2)

溶剂使用非水溶剂时，与溶剂对照比较。

（3）相对悬浮生长（RSG）　相对悬浮生长（%）的计算见式(4-3)：

$$RSG = \frac{处理组表达期间细胞增殖倍数}{阴性/溶剂对照组表达期间细胞增殖倍数} \times 100\%$$ (4-3)

溶剂使用非水溶剂时，与溶剂对照比较。

（4）相对总生长（RTG）　相对总生长（%）的计算见式(4-4)：

$$RTG = RSG \times RS_{2/3} \times 100\%$$ (4-4)

式中　$RS_{2/3}$——第2天（L5178Y细胞）或第3天（TK6细胞）的相对存活率。

（5）突变频率（MF） 突变频率的计算见式(4-5)：

$$\text{MF}(\times 10^{-6}) = \frac{-\ln(\text{EW}/\text{TW})/N}{\text{PE}_{2/3}} \tag{4-5}$$

式中　EW——无集落生长的孔数；

　　　TW——总孔数；

　　　N——每孔接种细胞数（L5178Y 细胞为 2000，TK6 细胞为 30000）；

　　　PE$_{2/3}$——第 2 天（L5178Y 细胞）或第 3 天（TK6 细胞）的平板效率。

此外，对于 L5178Y 细胞，可分别计算大集落突变频率（L-MF）、小集落突变频率（S-MF）和总突变频率（T-MF）。对于 TK6 细胞，可分别计算正常集落突变频率（N-MF）、缓慢生长集落突变频率（S-MF）和总突变频率（T-MF）。

（6）小集落突变百分率（small colony mutation，SCM）或缓慢生长集落突变百分率（slowly-growth colony mutation，SCM） 小集落突变百分率或缓慢生长集落突变百分率的计算见式(4-6)：

$$\text{SCM} = \frac{\text{S-MF}}{\text{T-MF}} \times 100\% \tag{4-6}$$

4.4.3　试验结果与评价

4.4.3.1　试验成立的条件

试验所用 L5178Y 细胞的自发突变频率应在 $50 \times 10^{-6} \sim 200 \times 10^{-6}$ 之间；TK6 细胞的自发突变频率应在 $1.5 \times 10^{-6} \sim 5.5 \times 10^{-6}$ 之间，同时自发突变频率应在本实验室历史记录范围内。阴性/溶剂对照的 PE$_0$ 在 $60\% \sim 140\%$ 之间，PE$_2$/PE$_3$ 的值在 $70\% \sim 130\%$ 之间。阳性对照的 T-MF 与阴性/溶剂对照有显著差异，或是阴性/溶剂对照的 3 倍以上。

4.4.3.2　受试物阳性和阴性结果的判定

阳性结果的判定。受试物一个以上剂量（浓度）组的 T-MF 显著高于阴性/溶剂对照，或是阴性/溶剂对照的 3 倍以上，并有剂量-反应趋势，则可判定为阳性。但如仅在相对存活率低于 20% 的高剂量情况下出现阳性，则结果判为"可疑"。

阴性结果的判定。在相对存活率低于 20% 的情况下未见突变频率的增加，可判定为阴性。

4.4.3.3　试验的解释

TK 基因突变试验具有较高的敏感性，可检出包括点突变、大的缺失、重组、异倍体和其他较大范围基因组改变在内的多种遗传改变，长时间处理还可检出某些断裂剂、纺锤体毒物和多倍体诱导剂等。单体外试验不能完全模拟哺乳动物体内代谢条件，因此，本试验结果不能直接外推到哺乳动物。阳性结果表明受试样品在该试验条件下可引起所用哺乳类细胞基因突变；阴性结果表明在该试验条件下受试样品不引起所有哺乳动物类细胞基因突变。评价时应综合考虑生物学意义和统计学意义。

4.5

其他体外试验

4.5.1 体外哺乳类细胞 HGPRT 基因突变试验

4.5.1.1 试验目的和原理

HGPRT 基因是哺乳类动物的次黄嘌呤-鸟嘌呤磷酸核糖转移酶基因。人类的 HG-PRT 基因定位于 X 染色体的长臂，坐标为 Xq26.1；小鼠的也定位于 X 染色体。细胞在正常培养条件下，能够产生 HGPRT，在含有 6-硫代鸟嘌呤（6-TG）的选择性培养液中，HGPRT 催化产生核苷-5′-单磷酸（NMP），NMP 掺入 DNA 中致细胞死亡。在致癌和（或）致突变物作用下，某些细胞 X 染色体上控制 HGPRT 的结构基因发生突变，不能再产生 HGPRT，从而使突变细胞对 6-TG 具有抗性作用，能够在含有 6-TG 的选择性培养液中存活生长。

在加入和不加入代谢活化系统的条件下，使细胞暴露于受试物一定时间，然后将细胞再传代培养，在含有 6-TG 的选择性培养液中，突变细胞可以继续分裂并形成集落。基于突变集落数，计算突变频率以评价受试物的致突变性。

4.5.1.2 试验方法和步骤

（1）材料和试剂

① 细胞。常用中国仓鼠肺细胞株（V79）和中国仓鼠卵巢细胞株（CHO），其他如小鼠淋巴瘤细胞株（L5178Y）和人类淋巴母细胞株（TK6）亦可。细胞在使用前应进行有无支原体污染的检查。

② 培养液。应根据试验所用系统和细胞类型来选择适宜的培养基。对于 V79 和 CHO 细胞，常用最低必需培养基（MEM、Eagle）或改良 Eagle 培养基（DMEM），加入 10% 胎牛血清和适量抗生素。对 TK6 和 L5178Y 细胞，常用 RPMI1640 培养液，加入 10% 马血清（培养瓶培养）或 20% 马血清（96 孔板培养）和适量抗生素（青霉素、链霉素）。

③ 胰蛋白酶/EDTA 溶液。用无钙、镁 PBS 配制，胰酶的浓度为 0.05%，EDTA 的浓度为 0.02%，胰蛋白酶与 EDTA 溶液按 1∶1 混合，−20℃ 储存。

④ 活化系统。通常使用的是 S9 混合物。S9 混合物的制备方法如下：

选健康雄性成年 SD 或 Wistar 大鼠，体重 150～200g，5～6 周龄。将多氯联苯（Aroclor1254）溶于玉米油中，浓度为 200g/L，按 500mg/kg 无菌操作一次腹腔注射，5d 后处死动物，处死前禁食 12h。也可采用苯巴比妥钠和 β-萘黄酮联合诱导的方法进行制备，经口灌胃给予大鼠苯巴比妥钠和 β-萘黄酮，剂量均为 80mg/kg，连续 3d，禁食 16h 后断头处死动物。其他操作同多氯联苯诱导。

处死动物后取出肝脏，称重后用新鲜冰冷的氯化钾溶液（0.15mol/L）连续冲洗肝脏数次，以便除去能抑制微粒体酶活性的血红蛋白。每克肝（湿重）加氯化钾溶液（0.1mol/L）3mL，连同烧杯移入冰浴中，用无菌剪刀剪碎肝脏，在玻璃匀浆器（低于

4000r/min，1～2min）或组织匀浆器（低于 20000r/min，1min）中制成肝匀浆。以上操作需注意无菌和局部冷环境。

将制成的肝匀浆在低温（0～4℃）高速离心机上以 9000g 离心 10min，吸出上清液为 S9 组分，分装于无菌冷冻管或安瓿瓶，每安瓿 2mL 左右，用液氮或干冰速冻后置−80℃ 低温保存。

S9 组分制成后，经无菌检查，测定蛋白含量（Lowry 法），以每毫升蛋白含量不超过 40mg 为宜，并经间接致癌物（诱变剂）鉴定其生物活性合格后，贮存于深低温或冰冻干燥，保存期不超过 1 年。S9 的使用浓度为 1％～10％（终浓度）。

⑤ 选择剂。6-硫代鸟嘌呤（6-TG），建议使用终浓度为 5～15μg/mL，用碳酸氢钠溶液（0.5％）配制。

⑥ 预处理培养液（THMG/THG）。为减少细胞的自发突变频率，在试验前先将细胞加在含 THMG 的培养液中培养 24h，杀灭自发的突变细胞，然后再将细胞接种于 THG（不含甲氨蝶呤的 THMG 培养液）中培养 1～3d 至细胞恢复正常生长周期和形态。

THMG 所含各物质终浓度（除培养液成分外）为：胸苷，$5×10^{-6}$mol/L；次黄嘌呤，$5×10^{-5}$mol/L；甲氨蝶呤，$4×10^{-7}$mol/L；甘氨酸，$1×10^{-4}$mol/L。

（2）试验方法

① 受试物

a. 受试物的配制。固体受试物应溶解或悬浮于适合的溶剂中，并稀释至适当浓度。液体受试物可直接使用或稀释至适当浓度。受试物应在使用前现用现配，否则就必须证实贮存不影响其稳定性。

b. 溶剂的选择。溶剂必须是非致突变物，不与受试物发生化学反应，不影响细胞存活和 S9 活性。首选溶剂是蒸馏水；对于不溶于水的受试物可选择其他溶剂，首选二甲基亚砜（DMSO），但使用时浓度不应大于 0.5％。

c. 对照的设置。每一项试验中，在代谢活化系统存在和不存在的条件下均应设阳性和阴性（溶剂）对照组。

阳性对照：当使用代谢活化系统时，阳性对照物必须是要求代谢活化、并能引起突变的物质，可以使用 3-甲基胆蒽、N-亚硝基二甲胺、7,12-二甲基苯并［a］蒽等。在没有代谢活化系统时，阳性对照物可使用甲磺酸乙酯、乙基亚硝基脲等。也可使用其他适宜的阳性对照物。

阴性对照：阴性对照（包括溶剂对照）除不含受试物外，其他处理应与受试物相同。此外，当不具有实验室历史资料证实所用溶剂无致突变作用和无其他有害作用时，还应设空白对照。

② 剂量设定

a. 最高浓度选择。决定最高浓度的因素是细胞毒性、受试物在试验系统中的溶解度以及 pH 或渗透压的改变。

b. 细胞毒性确定。应使用指示细胞完整性和生长情况的指标，在代谢活化系统存在和不存在两种条件下确定细胞毒性，例如相对集落形成率或相对存活率。应在预试验中确定细胞毒性和溶解度。

c. 浓度设置和最高浓度选择。至少应设置 4 个可供分析的浓度。当有细胞毒性时，其浓度范围应包括从最大毒性至几乎无毒性，通常浓度间隔系数在 $2～\sqrt{10}$ 之间；如最高浓度是基于细胞毒性，那么该浓度组的细胞相对集落形成率或相对存活率应为 10％～

20%（不低于10%）。对于那些细胞毒性很低的化合物，最高浓度应是 $5\mu L/mL$、$5mg/mL$ 或 $0.01mol/L$。对于相对不溶解的物质，其最高浓度应达到或超过在细胞培养状态下的溶解度限值；最好在试验处理开始和结束时均评价溶解度，因为由于 S9 等的存在，试验系统内在暴露过程中溶解度可能发生变化；不溶解性可用肉眼鉴别，但沉淀不应影响观察。

③ 试验步骤和观察指标

a. 贴壁生长细胞的试验步骤和观察指标。

细胞准备：将 5×10^5 个细胞接种于直径为 100mm 平皿中，于 37℃、5% CO_2 培养箱中培养 24h。

接触受试物：吸去培养液，PBS 洗两次，加入一定量的无血清培养液、一定浓度的受试物及 S9 混合物（无需代谢活化者用无血清培养液补足），置于培养箱中 3～6h，结束后吸含有受试物的培养液，用 PBS 洗细胞两次，换入含 10% 血清的培养液，继续培养 19～22h。

表达：接触受试物的细胞继续培养 19～22h 后用胰酶-EDTA 消化，待细胞脱落后，加入含 10% 血清的培养液终止消化，混匀，放入离心管以 800～1000r/min 的速度离心 5～7min，弃上清液，制成细胞悬液，计数，以 5×10^5 个细胞接种于直径为 100mm 的平皿，3d 后传代，仍接种 5×10^5 个细胞培养 3d（最佳表达时间为 6～8d）。

细胞毒性测定：将上述首次消化计数后的细胞每皿接种 200 个，每组 5 个皿，37℃、5% 二氧化碳条件下培养 7d，固定，Giemsa 染色，计数每皿集落数。

突变体的选择及集落形成率的测定：表达结束后，消化细胞，分种，每组 5 个皿，每皿接种 200 个细胞，不加 6-TG，7d 后固定，Giemsa 染色，统计每皿集落数，计算集落形成率。同时另做突变频率测定，每组 5 个皿，每皿接种 2×10^5 个细胞，待细胞贴壁后加入 6-TG（建议使用终浓度为 5～10$\mu g/mL$），放入培养箱培养 8～10d 后固定，Giemsa 染色，统计每皿集落数，并计算突变频率。

b. 悬浮生长细胞的试验步骤和观察指标。

细胞准备及接触受试物：取生长良好的细胞，调整密度为 $5\times10^5/mL$，按 1% 体积加入一定浓度的受试物及 S9 混合物（无需代谢活化者用无血清培养液补足），37℃ 振摇处理 3～6h，以 800～1000r/min 的速度离心 4～6min，弃上清液，用 PBS 或无血清培养液洗细胞 2 次，重新悬浮细胞于含 10% 马血清的 RPMI 1640 培养液中，并调整细胞密度为 $2\times10^5/mL$。

PE_0（0d 的平板接种效率）测定：取适量细胞悬液，作梯度稀释至 8 个细胞/mL，接种 96 孔板（每孔加 0.2mL，即平均 1.6 个细胞/孔），每个剂量接种 1～2 块平板，37℃、5% CO_2、饱和湿度条件下培养 9～11d，计数每块平板有集落生长的孔数。

表达：取"细胞准备及接触受试物"中所得细胞悬液，作 6d 表达培养，每天计数细胞密度并保持密度在 $1\times10^6/mL$ 以下。

PE_6（第六天的平板接种效率）测定：表达培养结束后，取适量细胞悬液，按"PE_0 测定"中的方法测定 PE_6。

突变频率（MF）测定：表达培养结束后，取适量细胞悬液，调整细胞密度为 $1\times10^5/mL$，加入 6-TG（建议使用终浓度为 5～15$\mu g/mL$），混匀，接种 96 孔板（每孔加 0.2mL，即 2×10^4 个细胞/孔），每个剂量接种 2～4 块平板，37℃、5% CO_2、饱和湿度条件下培养 11～14d，计数有突变集落生长的孔数。

4.5.1.3 试验结果与评价

（1）数据处理

① 贴壁生长细胞 HGPRT 试验数据处理。

a. 细胞毒性。以相对于溶剂对照组的集落形成率表示细胞毒性，即以溶剂对照的集落形成率为 100%（1.00），求出各受试物组的相对值。

相对集落形成率的计算见式(4-7)：

$$A = B/C \times 100\% \tag{4-7}$$

式中　A——相对集落形成率，%；

　　　B——受试物组集落形成率，%；

　　　C——溶剂对照组集落形成率，%。

b. 集落形成率和突变频率。集落形成率的计算见式(4-8)：

$$D = E/F \times 100\% \tag{4-8}$$

式中　D——集落形成率，%；

　　　E——实际存活的细胞集落数；

　　　F——接种细胞数。

突变频率的计算见式(4-9)：

$$G = \frac{H}{I} \times \frac{1}{D} \tag{4-9}$$

式中　G——突变频率；

　　　H——突变集落数；

　　　I——接种细胞数。

② 悬浮生长细胞 HGPRT 试验数据处理。

a. 平板接种效率（PE_0、PE_6）。平板接种效率的计算见式(4-10)：

$$PE = \frac{-\ln(EW/TW)}{1.6} \times 100\% \tag{4-10}$$

式中　EW——无集落生长的孔数；

　　　TW——总孔数；

　　　1.6——每孔接种细胞数。

b. 相对存活率（RS）。相对存活率的计算见式(4-11)：

$$RS = \frac{PE_0（受试物组）}{PE_0（溶剂对照组）} \times 100\% \tag{4-11}$$

c. 突变频率（MF）。突变频率的计算见式(4-12)：

$$MF(\times 10^{-6}) = \frac{-\ln(EW/TW)/N}{PE_6} \tag{4-12}$$

式中　EW——无集落生长的孔数；

　　　TW——总孔数；

　　　N——每孔接种细胞数，即 2×10^4；

　　　PE_6——第六天的平板接种效率。

（2）结果评价

① 阳性结果的判定。受试物组在任何一个剂量条件下的突变频率为阴性（溶剂）对

照组的 3 倍或 3 倍以上，可判定为阳性。

受试物组的突变频率增加，与阴性（溶剂）对照组比较具有统计学意义，并有剂量-反应趋势，则可判定为阳性。

受试物组在任何一个剂量条件下引起具有统计学意义的增加并有可重复性，则可判定为阳性。

② 阴性结果的判定。不符合上述阳性结果判定标准，则可判定为阴性。

③ 试验的解释。若阴性对照中，集落形成率或存活率低于 50％，结果不采用。各实验室选用的阳性对照突变频率有一定范围，若受试物的结果为阴性或弱阳性时，阳性对照的突变率应达正常值的下限以上，否则结果不能成立。

4.5.2 药物溶血性研究

溶血性是指药物制剂经皮肤、黏膜、腔道、血管等非口服途径给药，对局部或全身产生的毒性，为临床前安全性评价的组成部分。

中药、天然药物、化学药物等药物的原型及其代谢物、辅料、有关物质及理化性质（如 pH 值、渗透压等）均有可能引起溶血性的发生，因此药物在临床应用前应研究其制剂在给药部位使用后引起的局部和/或全身毒性，以提示临床应用时可能出现的毒性反应、毒性靶器官、安全范围。

4.5.2.1 试验目的和原理

溶血性是药物制剂引起的溶血和红细胞凝聚等反应。溶血性反应包括免疫性溶血与非免疫性溶血。溶血性试验是观察受试品是否能够引起溶血和红细胞凝聚等。凡是注射剂和可能引起免疫性溶血或非免疫性溶血反应的其他局部用药制剂均应进行溶血性试验。

溶血试验包括体外试验和体内试验，常规采用体外试管法评价药物的溶血性，若结果为阳性，应与相同给药途径的上市制剂进行比较研究，必要时进行动物体内试验或结合重复给药毒性试验，应注意观察溶血反应的有关指标（如网织红细胞、红细胞数、胆红素、尿蛋白，肾脏、脾脏、肝脏继发性改变等），如出现溶血时，应进行进一步研究。

4.5.2.2 试验方法

（1）试验材料

① 受试物。

中药、天然药物：受试物应能充分代表临床试验样品或上市药品。应采用工艺路线及关键工艺参数确定的工艺制备，一般应为中试或中试以上规模的样品，否则应有充分的理由。应注明受试物的名称、来源、批号、含量（或规格）、保存条件及配制方法等，由于中药的特殊性，建议现用现配，否则应提供数据支持配制后受试物的质量稳定性及均匀性。试验中所用溶剂和/或辅料应标明名称、标准、批号、规格及生产单位。

化学药物：受试物应采用工艺相对稳定、纯度和杂质含量能反映临床试验拟用样品和/或上市样品质量和安全性的样品。受试物应注明名称、来源、批号、含量（或规格）、保存条件及配制方法等，并附有研制单位的自检报告。试验中所用辅料、溶剂等应标明批号、规格和生产单位，并符合试验要求。

在药品研发的过程中，若受试物的工艺发生可能影响其安全性的变化，应进行相应的安全性研究。化学药物试验过程中应进行受试物样品分析，并提供样品分析报告。成分基本清楚的中药、天然药物也应进行受试物样品分析。

② 其他材料：健康家兔，生理盐水、一次性注射器、移液器、试管等常用试剂和器械，恒温水浴锅。

（2）操作步骤

① 红细胞悬浮液的制备：取健康家兔的兔血 10mL，放入含玻璃珠的三角烧瓶中振摇 10min，或用玻璃棒搅动血液，除去纤维蛋白原，使成脱纤血液。加 0.9％氯化钠溶液约 100mL，摇匀，1000～1500r/min 离心 1min，除去上清液，沉淀的红细胞再用 0.9％氯化钠溶液按上述方法洗涤 2～3 次，至上清液不显红色为止。将所得红细胞用 0.9％氯化钠溶液配成 2％的混悬液，供试验用。

② 受试物的制备：除另有规定外，临床用于非血管内途径给药的注射剂，以药品使用说明书规定的临床使用浓度，用 0.9％氯化钠溶液 1∶3 稀释后作为受试品溶液；用于血管内给药的注射剂以各药品使用说明书规定的临床使用浓度作为受试品溶液。

③ 试验操作：取洁净试管 7 支，进行编号，1～5 号管为受试品管，6 号管为阴性对照管，7 号管为阳性对照管。按表 4-6 所示依次加入 2％红细胞悬液、0.9％氯化钠溶液或蒸馏水，混匀后，立即置 37℃ 的恒温箱中进行温育。开始每隔 15min 观察 1 次，1h 后每隔 1h 观察 1 次。一般观察 3h。有的需要观察 4h 以及次日再观察 1 次。同时及时记录。

表 4-6　各试管溶液加入顺序

试管序号	2％红细胞混悬液/mL	生理盐水/mL	蒸馏水/mL	供试品溶液/mL
1	2.5	2.4	0	0.1
2	2.5	2.3	0	0.2
3	2.5	2.2	0	0.3
4	2.5	2.1	0	0.4
5	2.5	2.0	0	0.5
6	2.5	2.5	0	0
7	2.5	0	2.5	0

4.5.2.3　结果观察

对体外溶血性试验的结果观察或检测，有多种方法，各种试验方法有各自的优缺点，以下列举例为参考。

（1）常规方法——肉眼观察法

① 试验原理：肉眼观察试验试管，若试验中的溶液呈澄明红色，管底无细胞残留或有少量红细胞残留，表明有溶血发生；如红细胞全部下沉，上清液无色澄明，表明无溶血发生。

若溶液中有棕红色或红棕色絮状沉淀，振摇后不分散，表明有红细胞凝聚发生。如有红细胞凝聚的现象，可进一步判定是真凝聚还是假凝聚。若凝聚物在试管振荡后又能均匀分散，或将凝聚物放在载玻片上，在盖玻片边缘滴加 2 滴 0.9% 氯化钠溶液，置显微镜下观察，凝聚红细胞能被冲散者为假凝聚，若凝聚物不被摇散或在玻片上不被冲散者为真凝聚。

② 结果判断：当阴性对照管无溶血和凝聚发生，阳性对照管有溶血发生时，若受试品管中的溶液在 3h 内不发生溶血和凝聚，则受试品可以注射使用。

若受试品管中的溶液在 3h 内发生溶血（或）凝聚，则受试品不宜注射使用。实际操作时，一般认为：第三管及第三管以前在 2h 内出现溶血、部分溶血或出现凝聚反应的制剂，不宜供静脉注射用。

（2）改进的体外溶血性试验方法——分光光度法

① 试验原理：根据红细胞破裂释放出来的血红素在可见光波长段具有最大吸收的原理，采用分光光度法测定受试品的溶血程度。

② 结果观察：按照"4.5.2.2"中"（2）操作步骤"中"③试验方法"操作。各溶液混匀后，立即置（37±0.5）℃的恒温箱中进行温育，1h 后取出。

最大吸收波长的确定：取阳性管的上清液，在紫外可见分光光度计上扫描，测得最大吸收波长。

溶血率的测定：将各管的溶液（受试物）置入干燥离心管中离心，取上清液在分光光度计上，在最大吸收波长处，以阴性管为空白读取各吸光度值（A 值）。

③ 结果判断：用下式计算各试验管的溶血率。

$$溶血率 = (A_{试} - A_{阴}) / (A_{阳} - A_{阴}) \times 100\%$$

式中，$A_{试}$ 为试验管吸光度；$A_{阴}$ 为阴性对照管吸光度；$A_{阳}$ 为阳性对照管吸光度。

一般溶血率 $<5\%$，否则不宜用于临床。

（3）改进的体外溶血性试验方法——红细胞计数法

① 试验原理：采用显微镜或全自动的血球分析仪直接计数红细胞的量，计算溶血百分率。

② 试验方法：红细胞悬浮液和受试物溶液的制备如"4.5.2.2"中"（2）操作步骤"中①和②中描述。

取洁净试管 6 支，进行编号，1～5 号管为受试物管，6 号管为空白对照管。按表 4-6 所示依次加入 2% 红细胞悬液、0.9% 氯化钠溶液，混匀后，立即置 37℃±0.5℃ 的恒温箱中进行温育，每小时取样计数 5 次，求平均值，一般做 3h。

③ 结果观察：每管分别摇匀后，精确吸取 0.1mL 待测溶液，以生理盐水稀释 10 倍或 20 倍，摇匀后加入计数板中，静置片刻，加盖玻片后置显微镜下计数；取四角方格及中央方格，共计 5 个方格的红细胞数，反复 5 次取样，求其均值。

④ 结果判断：用下式计算各试验管的溶血率。

$$溶血率 = [(空白对照管红细胞数 - 试药管红细胞数) / 空白对照管红细胞数] \times 100\%$$

（4）试验结果与评价　在溶血性试验中，若出现红细胞凝聚现象，应判定是真凝聚还是假凝聚。若体外出现可疑溶血现象，应采用其他方法进一步试验，以确定或排除受试物的溶血作用。利用分光光度法进行溶血性试验时，应注意离心速度及温度对结果的影响。此外，因不同的注射剂颜色及深浅不同，若其色泽对血红素的最大吸收有干扰，则应注意排除非药物因素。

参考文献

[1] 中华人民共和国农业部 . 兽药 Ames 试验指导原则 . 2009.

[2] 国家卫生和计划生育委员会 . GB 15193. 28—2020 体外哺乳类细胞微核试验 . 2020.

[3] 国家卫生和计划生育委员会 . GB 15193. 23—2014 体外哺乳类细胞染色体畸变试验 . 2014.

[4] 国家卫生和计划生育委员会 . GB 15193. 20—2014 体外哺乳类细胞 TK 基因突变试验 . 2014.

[5] 国家卫生和计划生育委员会 . GB 15193. 12—2014 体外哺乳类细胞 HGPRT 基因突变试验 . 2014.

[6] 国家食品药品监督管理总局 . 药物刺激性、过敏性和溶血性研究技术指导原则 . 2014.

[7] 章宝娟 . 中药注射剂溶血性试验方法的研究概述 . 海峡药学,2007,19(8):79-81.

第 5 章
兽药的剂型、给药途径和给药剂量设计

5.1

引言

兽药不能直接应用于兽医临床，必须制备成适宜的应用形式使用。为了达到最佳的治疗效果，可将药物制成不同形态的剂型，即一类药物制剂的总称，如片剂、注射剂、颗粒剂等。剂型是兽药发挥药效的载体，也是发挥药物作用的基础。兽药通过剂型输送到动物体内发挥药效。剂型可以改变药物作用的性质，调节药物作用的速度，降低或消除药物的毒副作用，实现定位靶向作用，甚至改变药物稳定性。通常根据药物的性质、临床治疗目的和市场需求设计合理的剂型与给药方式。

药物剂型与给药途径密切相关，如经皮给药多使用软膏剂、贴剂、凝胶剂、滴剂；注射给药必须选择液体制剂，如溶液剂、乳剂、混悬剂；直肠给药应选择栓剂；口服给药可选择多种剂型，如溶液剂、片剂、混悬剂、颗粒剂、预混剂等。总体来说，药物剂型必须与给药途径相适应。在畜牧生产中，兽药的常见给药途径有内服给药、注射给药、经皮给药、喷淋给药或浇淋给药等。在剂型和制剂的设计过程中，需紧密结合兽医临床的用药实际和不同动物的特点，既要考虑通用制剂，也要考虑特殊制剂的开发。

药物效应的发挥不仅受兽药剂型和给药途径的影响，同时也与给药剂量密切相关。剂量是指用药的分量，剂量的大小决定血药浓度的高低，血药浓度又决定兽药在体内的药理学效应。在一定剂量范围内，剂量越大，血药浓度越高，效应也会随之越强。如果超出最大无作用剂量，随着给药剂量的增加，反而会引起毒性反应，出现中毒。因此在剂型的设计和开发过程中，药物剂量的确定是非常重要的环节。

5.2

机制

兽药的治疗效果不仅与药物作用相关，同时受药物在体内的吸收、分布、代谢和排泄的影响。药物的作用是指药物小分子与机体细胞大分子之间的初始反应，从而引起机体生理、生化功能改变等药理学效应。药物可通过不同的方式对机体产生作用，药物在吸收进入血液以前在局部产生的作用，称为局部作用。药物经吸收进入全身循环后分布到作用部位产生的作用，称为全身作用。因此，在剂型设计的过程中根据局部或全身作用的不同需求，设计合理的剂型、给药途径和剂量。一般而言，局部作用多选用凝胶剂、软膏剂、乳膏剂等，全身作用多设计成注射剂、内服制剂等。通过合理的剂型设计可以有效调节药物在体内的吸收、分布、代谢和排泄过程，从而改变药物的体内吸收和转运过程，调节药物作用的大小和程度。

5.2.1 局部作用

药物吸收入血前在用药部位产生的作用称为局部作用。局部作用的制剂主要用于动物的体表皮肤、黏膜，发挥局部的抗菌、抗炎、镇痛等作用，如非泼罗尼的体表驱虫作用、碘酊的皮肤消毒作用、利多卡因的局部麻醉作用、碳酸氢钠的中和胃酸作用等。与全身作用相比，局部给药允许递送更高的"有效"剂量，同时增强治疗分子的稳定性，最大限度地减少了副作用以及全身给药后在肝脏和肾脏中的积聚。在设计局部作用的制剂时，应尽量减少药物在作用部位的吸收。

5.2.2 吸收和分布

吸收是指药物从用药部位进入血液循环的过程。除静脉注射（即药物直接进入全身血液循环的途径）外，其他给药途径均有吸收过程。药物吸收的速率和程度取决于药物的理化性质、剂型、剂量、给药途径、吸收部位的有效面积、血流量等多方面的因素。分布是指药物从血液转运到各组织器官的过程。大多数药物在体内的分布是不均匀的。通常药物在组织器官内的浓度越大，对该组织器官的作用就越强。但也有例外，如强心苷主要分布在肝和骨骼肌组织，却选择性地作用于心脏。影响药物在体内分布的因素有很多，包括药物分子跨膜转运能力、血浆蛋白的结合率、各器官的血流量、药物与组织的亲和力、生理学屏障、体液 pH 和药物的理化性质等。

5.2.2.1 药物转运

药物在体内的吸收和分布要经过一系列的生物膜，这一过程称为跨膜转运。药物的跨膜转运主要包括被动转运、主动转运和易化扩散等方式，它们各具特点，与药物吸收和分布速率密切相关。

被动转运，又称顺流转运，是由药物顺浓度梯度由药物浓度高的一侧扩散到药物浓度低的一侧。其转运速度与膜两侧药物浓度差（浓度梯度）的大小成正比。浓度梯度越大，越易扩散。当膜两侧的药物浓度达到平衡时，转运便停止。这种不需消耗能量、依靠浓度梯度进行转运的方式，称被动转运，包括简单扩散和滤过。

简单扩散，又称被动扩散，大部分药物通过这种方式转运。其特点是顺浓度梯度，不消耗能量和没有饱和现象。由于生物膜具有类脂质特性，许多脂溶性药物可以直接溶解于脂质中而通过生物膜，其转运速度与膜两侧药物浓度差成正比。同时，被动转运受药物的解离度、脂溶性的影响。扩散速率主要取决于膜两侧的浓度梯度和药物的脂溶性，浓度梯度越大，脂溶性越高，扩散越快。在简单扩散中，药物的解离度与体液的 pH 对扩散具有明显的影响，这是因为只有非解离型并具脂溶性的药物才容易通过生物膜。解离型（离子化）药物具极性，脂溶性很低，实际上不能通过生物膜。大多数药物是弱有机酸或弱有机碱，在溶液中以解离型和非解离型混合存在。非解离型药物脂溶性高，容易通过生物膜；而解离型或极性药物脂溶性低，难以通过，其解离度取决于药物的 pK_a 和体液的 pH。由于只有非解离型药物能通过生物膜，故不同组织体液的 pH 差异会引起解离度的不同，对药物的被动扩散产生影响。弱有机电解质在体内的分布也取决于 pK_a 和 pH，当脂质膜两侧水相 pH 不同时，药物解离的程度不同，当转运达到平衡时，解离度较高的一侧将有较高的药物总浓度（包括非解离型浓度和解离型浓度），这种现象称为离子陷阱机制。酸性药物（如水杨酸盐、青霉素、磺胺类药物等）在碱性较强的体液中浓度较高；碱性药物（如吩噻嗪类药物、红霉素、土霉素等）则在酸性较强的体液中浓度较高。

除简单扩散外，直径小于膜孔通道的一些药物（如乙醇、甘油、乳酸、尿素等）借助膜两侧的渗透压差，被水携带到低压一侧的过程，称为滤过。这些药物往往能通过肾小球细胞膜而被排出，大分子蛋白质却被滤除。滤过是许多小分子、水溶性、极性和非极性物质转运的常见方式。各种生物膜通道的直径有所不同，毛细血管内皮细胞的膜孔比较大，直径为 4～8nm（由所在部位决定）；肠道上皮细胞等的膜孔直径仅为 0.4nm。水通道转运是肾脏排泄（肾小球滤过）、脑脊液外排药物和肝窦膜转运的重要转运方式。

主动转运又称逆流转运，药物逆浓度差由膜的一侧转运至另一侧。这种转运方式需要消耗能量，并需要膜上的特异性载体蛋白参与。这种方式的转运能力有一定限度，即载体蛋白有饱和性，且同一载体转运的两种药物之间可能会出现竞争性抑制作用。相似化学性质的物质也有竞争性，竞争性抑制是载体转运的特征。载体与被转运物质发生迅速、可逆的相互作用，所以对转运物质的化学性质有相当的选择性。

主动转运又分为易化转运、胞饮和吞噬作用、离子对转运等。易化转运又称作促进扩散，也是载体介导的转运过程，故其具有饱和性和竞争性的特征。易化扩散是顺浓度扩散，不需要消耗能量，这是它跟其他主动转运方式的区别。氨基酸、葡萄糖进入红细胞，维生素 B_{12} 被肠道吸收等是易化扩散过程。生物膜具有一定的流动性和可塑性，因此细胞膜可以主动变形而将某些物质摄入细胞内或从细胞内释放到细胞外，这种过程称胞饮或胞吐作用，摄取固体颗粒时称为吞噬。大分子的药物进入细胞或穿过组织屏障一般是以胞饮或吞噬的方式完成的。胞饮，又称入胞，是指某些液态蛋白质或大分子物质可通过由生物膜内陷形成的小泡吞噬而进入细胞内，如垂体后叶激素粉剂可经鼻黏膜给药吸收。胞吐，又称出胞，是指某些液态大分子物质可从细胞内转运到细胞外，如腺体分泌物及递质的释放等。某些高度解离的化合物，如磺胺类和某些季铵盐化合物能被胃肠道吸收，很难用上述机制解释。现认为这些高度亲水性的药物，在胃肠道内可与某些内源性化合物结合，如与有机阴离子黏蛋白结合，形成中性离子对复合物，既有亲脂性，又有水溶性，然后通过被动扩散穿过脂质膜，这种方式称为离子对转运。

5.2.2.2 药物转运分布的影响因素

影响药物体内分布的因素有很多，包括药物分子跨膜转运能力、血浆蛋白的结合率、器官的血流量、药物与组织的亲和力、组织生理学屏障、体液 pH 和药物的理化性质等。

其中，药物与血浆蛋白的结合率是决定药物在体内分布的重要因素之一。药物能不同程度地与血浆蛋白结合，以游离型与结合型两种形式存在，并经常处于动态平衡。药物与血浆蛋白结合后分子量增大，不易透过血管壁，限制了它的分布，也影响药物从体内消除。例如，头孢维星长效作用是由于其高的血浆蛋白结合率。药物与血浆蛋白的结合是可逆、非特异性的结合，但具有一定的饱和性。药物剂量过大超过饱和时，游离型药物大量增加，可引起中毒。此外，若同时使用两种都对血浆蛋白有较高亲和力的药物，则将发生竞争性抑制现象，一种药物可把另一种药物从结合部位置换出来。例如，抗凝血药双香豆素几乎可全部与血浆蛋白结合（结合率为 99%），若同时使用保泰松，则可与血浆蛋白竞争性结合，将双香豆素置换出来，使游离型香豆素浓度急剧增加，可导致出血不止。与血浆蛋白结合的药物分子，在游离型药物浓度下降时，便可从结合状态下释放出来，延长了药物从血浆中消除的速率，使半衰期延长。药物与血浆蛋白结合率的高低主要取决于药物分子的化学结构。同类药物的血浆蛋白结合率也有很大的差距，如磺胺类的磺胺地索辛（SDM）和磺胺嘧啶（SD）与犬的血浆蛋白结合率分别为 81% 和 17%。动物的种属、生理病理状态也可影响药物与血浆蛋白的结合率。

除了血浆蛋白结合率，药物理化特性和局部组织的血流量对药物分布的影响也非常显著。脂溶性或水溶性小分子药物易透过生物膜，非脂溶性的大分子或解离型药物则难以透过生物膜，从而影响其分布。脂溶性高的药物易被富含类脂质的神经组织所摄取，如硫喷妥钠。药物从血液向组织器官分布的速率取决于该组织器官的血流量和膜的通透性。局部组织的血管丰富、血流量大，药物易于透过血管壁而分布于该组织。肺等血流量较为丰富的器官，药物分布快且含量较多，皮肤、肌肉等血流量较少的器官，药物分布慢且含量较少。某些药物对特殊组织有较高的亲和力，使药物在该种组织中的浓度高于血浆游离型药物的浓度。如碘在甲状腺的浓度比在血浆和其他组织高约 1 万倍，硫喷妥钠在给药 3h 后约有 70% 分布于脂肪组织，四环素可与 Ca^{2+} 络合储存于骨组织中。

药物在体内的转运往往还受血脑屏障和胎盘屏障等体内屏障的限制。其中，血脑屏障是由毛细血管壁与神经胶质细胞形成的血浆与脑细胞之间的屏障，以及由脉络丛形成的血浆与脑脊液之间的屏障。血脑屏障的通透性较差，能阻止许多大分子水溶性或解离型药物进入脑组织，与血浆蛋白结合的药物也不能通过。初生幼畜的血脑屏障发育不全或脑膜炎患病动物，血脑屏障的通透性增加，药物进入脑脊液增多。胎盘屏障是指胎盘绒毛组织与子宫血窦间的屏障，其通透性与一般毛细血管没有明显差别。大多母体所用药物均可进入胎儿体内，但因胎盘和母体交换的血液量少，进入胎儿的药物需要较长时间才能和母体达到平衡，即使脂溶性很大的硫喷妥钠也需要 15min，这样便限制了进入胎儿体内药物的浓度。

5.2.3 代谢

药物代谢是指药物在机体内发生的化学变化，也称生物转化。

5.2.3.1 药物生物转化的方式

生物转化是指药物在体内经化学变化生成更有利于排泄的代谢产物的过程。生物转化通常分两步（相）进行，第一步包括氧化、还原和水解反应，第二步为结合反应。第一步生物转化使药物分子产生一些极性基团，如—OH、—COOH 和—NH₂ 等，这些官能团有利于药物与内源性物质结合进行第二步反应。生成的代谢物，大多数药理活性降低或消失，称灭活。部分药物经第一步转化后的产物才具有活性（如百浪多息），或者作用加强（如水合氯醛），这种现象称为代谢活化。无活性母体药称为前药。经第一步代谢生成的极性代谢物或未经代谢的原型药物（如磺胺类等）能与内源性化合物如葡萄糖醛酸、醋酸、硫酸和氨基酸等结合，称为结合反应。通过结合反应生成极性更强、更易溶于水、更利于从尿液或胆汁排出的代谢产物，药理活性完全消失，称为解毒作用。

药物生物转化的主要器官是肝脏。此外，血浆、肾、肺、脑、皮肤、胃肠黏膜和胃肠道微生物也能进行部分药物的生物转化。各种药物在体内的生物转化过程不尽相同，有的只经第一步或第二步反应，有的则有多种反应过程。药物生物转化的效率具有显著差异，不同药物或不同种属动物间有很大的差别。例如恩诺沙星在鸡体内约有 50% 代谢为环丙沙星，但在猪体内生成的环丙沙星却很少。此外，还有一些药物大部分或全部不经过生物转化而以原型药物从体内排出。

5.2.3.2 药物代谢酶系

肝微粒体药物代谢酶系，也称混合功能氧化酶系或加单氧酶系（简称药酶），它存在于肝细胞滑面内质网内，主要催化药物等外源性物质的代谢，是一类特异性不高的代谢酶。微粒体是肝细胞匀浆超速离心后的沉淀物，实际上是内质网碎片形成的微粒。只有少数药物由非微粒体酶系代谢。一般说来，凡属结构类似的体内正常物质，脂溶性小、水溶性大的药物，均由这组酶系代谢。包括：①细胞质中酶系，如醇脱氢酶等。一些药物经微粒体药酶氧化生成醇或醛后，由这组酶继续代谢。有些药物如抗癌药 6-巯基嘌呤和硫唑嘌呤，主要由该酶系代谢。②线粒体中酶系，如单胺氧化酶等。它能使儿茶酚胺类、5-羟色胺等体内活性物质和外源性胺类（酪胺）等氧化成醛。③血浆中酶系，如胆碱酯酶等。血浆中的假性胆碱酯酶能水解琥珀胆碱和普鲁卡因。除了肝微粒体药物代谢酶系和非微粒体酶系外，肠道菌群的药酶系统也被逐渐重视。这组酶系的临床意义在于：有些药物的代谢物经胆汁排入肠中，经肠道菌群转变为原型后又被吸收形成肝肠循环，能使药物作用时间延长，也增加了肝内药酶的负担。肠道菌群能将某些营养物质如氨基酸变为胺类、羧酸或烃类等有毒物质，吸收后可增加药酶负担，或抑制其他药物代谢。因此，肠道菌群的药酶系统对于肝病动物、久病或对药物反应剧烈的患畜，能抑制其肠道菌群以减少毒性物质产生，或者切断肠肝循环加速药物排出。

5.3

常见给药途径

5.3.1 皮肤给药

药物制剂通过皮肤给药发挥药效必须具备两个条件：一是药物必须从制剂基质中释放出来，穿过角质层和上皮细胞。此过程主要通过被动扩散方式进行转运，故药物必须具有较好的脂溶性和较小的分子量。药物浓度和制剂基质是影响吸收的主要因素，如氮酮、肉豆蔻酸异丙酯、卵磷脂等可显著促进药物吸收。筛选和开发高效的透皮促进剂是经皮制剂开发的重要内容。由于角质层是穿透皮肤的屏障，一般药物在完整皮肤均很难被吸收。因此透皮吸收效率有限，目前经皮给药制剂的生物利用度约为 10%～20%。抗菌药或抗真菌药在治疗皮肤深层的感染时，全身注射给药常比局部用药和透皮给药效果更好。

5.3.2 注射给药

在兽医临床，注射给药是常用的给药方式，包括静脉注射、皮下注射、肌内注射、腹腔和乳管内注射等。静脉注射（IV）是直接将药物注入血管，无吸收过程，药效出现最快，适于急救或需要输入大量液体的情况。注射液、粉针可用于静脉注射给药，但一般的油溶液、混悬液、乳浊液不可静脉注射，以免发生栓塞；刺激性大的药物不可漏出血管。在静脉注射剂的开发过程中，热原是重要的考察内容，且不能加入防腐剂。皮下注射（SC）是将药物注射到皮下的结缔组织内。皮下组织血管较少，药物吸收较慢。油溶性缓释或储库型缓释制剂多通过皮下注射给药，一般在注射部位形成储库起到缓释作用。刺激性较强的药物不宜使用该方法。肌内注射（IM）是将药物注射到肌肉组织的给药方式。肌肉组织含丰富的血管，吸收较快而完全。水溶性注射液、油溶液、混悬液、乳浊液都可采用肌内注射。刺激性较强的药物应深层分点肌内注射。试验证明，肌内注射量分点注射比一次性注入吸收更快。皮下或肌内注射时，药物主要经毛细血管壁吸收，吸收速率与药物的水溶性、注射部位的血管分布状态相关。肌肉组织的毛细血管较皮下丰富，肌内注射给药要比皮下注射给药吸收快。水溶性制剂吸收迅速，油溶液、混悬液、胶体制剂或其他缓释剂可在局部滞留，延缓吸收。除了静脉、肌内和皮下注射外，腹腔注射也是常用的注射方式之一。腹腔注射是将药物直接注射到腹腔内，通过腹膜吸收。由于腹膜面积较大，吸收速率较肌内注射给药快，仅次于静脉注射给药。腹腔空间较大，可以承受较大量的药物，可代替静脉补液等，但刺激性强的药物不能采用腹腔注射方式。在兽医临床，特别是对泌乳母牛而言，乳管内注射也是常用的注射方式，用于治疗奶牛乳腺炎。乳管内注射常称为乳池注射，通过乳管将药物注入乳房，对治疗乳腺炎症起直接治疗作用，此方式注射药物集中，作用快，效果好。

5.3.3 内服给药

内服给药包括经口投服、混入饲料和饮水中给药，方法简便，适合群体给药。溶解性和渗透性高的药物通过内服吸收发挥全身性作用，而难溶性药物主要在胃肠道发挥局部作用，例如难溶性的磺胺药物。多数药物可经内服给药吸收，主要通过被动转运被胃肠道黏膜吸收。内服的主要吸收部位是小肠，因为小肠绒毛有较大的表面积和丰富的血液供应，不管是弱酸、弱碱化合物还是中性化合物均可在小肠被吸收。弱酸性药物在犬、猫胃中呈非解离状态，也能通过胃黏膜吸收。许多内服的药物是固体剂型（如片剂、丸剂等），吸收前药物首先要从剂型中释放出来，这是一个限速步骤，常常控制着吸收速率，可用于缓控释制剂的设计，一般溶解的药物或液体剂型较易被吸收。在内服药物剂型的设计时，我们要关注内服药物的影响因素，以进行合理的药物制剂设计，主要包括药物的理化性质、首过效应、胃肠生理学特征和药物的相互作用等方面。

药物的理化性质是影响药物内服吸收的重要因素。药物的分子量越小，脂溶性越大或非解离型比例越大，越易被吸收。在水和有机溶剂中均不溶的物质一般很难被吸收。如硫酸镁水溶液口服难被吸收，常用作泻药。因此，我们可以根据药物理化性质，利用合理的制剂技术改变药物的理化特征，从而促进药物的内服吸收。

首过效应会导致某些药物的内服生物利用度显著下降。内服药物从胃肠道吸收，经门静脉系统进入肝脏，有些药物在肝药酶和胃肠道上皮酶的联合作用下进行首次代谢，使进入全身循环的药量减少、药效降低。不同药物的首过效应强度不同，强首过效应的药物可使生物利用度明显降低。如硝酸甘油经首过效应可被灭活约90%，故内服疗效差，需要舌下给药。利多卡因经首过效应后，血液中几乎测不到原型药。有明显首过效应的药物还有氯丙嗪、乙酰水杨酸、哌替啶、利多卡因等。强首过效应的药物可使生物利用度明显降低，若治疗全身性疾病，则不宜采用内服给药方式，或者利用制剂手段增强药物的淋巴转运，减少首过效应。

畜禽的胃肠道生理学条件，如胃的排空率、pH、胃肠内容物和肠蠕动情况等均会影响药物的内服吸收效率。排空率会影响药物进入小肠的快慢，排空快可阻碍药物与吸收部位的接触，使吸收减少。不同动物有不同的排空率，如马胃容积小，不停进食，排空时间很短；牛胃则没有排空。此外，排空率还受其他生理因素（如胃内容物的容积和组成等）影响。胃肠液的pH能明显影响药物的解离度，不同动物胃液的pH有较大差别，是影响药物吸收的重要因素。胃内容物的pH：马5.5；猪、犬3～4；牛前胃5.5～6.5，真胃约为3；鸡嗉囊3.17。一般酸性药物在胃液中不解离，容易被吸收；碱性药物在胃液中解离，不易被吸收，要在进入小肠后才能被吸收。胃肠内容物过多时，大量食物可稀释药物，使浓度变得很低，吸收减慢。据报道，猪在饲喂后对土霉素的吸收少且慢，饥饿猪对土霉素的生物利用度可达23%，饲喂后猪的血药峰浓度仅为饥饿猪的10%。肠蠕动增加能促进固体制剂的崩解与溶解，使溶解的药物与肠黏膜接触，药物吸收增加，但肠蠕动过快时，有的药物来不及被吸收就被排出体外。有些矿物质元素（如镁、铁、钙等）在胃肠道内能与四环素和氟喹诺酮类药物发生整合作用形成不溶性配合物，从而阻碍药物的吸收或使药物失活。

5.3.4　其他途径给药

直肠给药也是较为常见的给药方式，是一种将药物灌注至直肠深部的给药方法。直肠给药能发挥局部作用（如治疗便秘）和吸收作用（如补充营养），吸收表面积虽小，但血液供应丰富，药物可迅速被吸收到血液循环，而不必首先通过肝脏。优点是避免首过效应，还可以避免药物对上消化道产生刺激，吸收也较迅速。缺点是吸收不规则，如直肠灌注给药等。

5.4

受试物的剂型

5.4.1　经皮给药制剂

经皮给药系统（transdermal drug delivery systems 或 transdermal therapeutic systems，TDDS 或 TTS）是指经皮给药的新制剂。该制剂经皮肤敷贴方式给药，药物分子穿过角质层，扩散通过皮肤，由毛细血管吸收进入全身血液循环达到有效血液浓度，从而起到治疗或预防疾病的作用。除贴剂外，广义的经皮给药制剂还应包括软膏剂、硬膏剂、涂剂和气雾剂等。皮肤一般被认为是一个防御与排泄器官，能抵御外来物质侵入机体和防止体内水分与营养成分的丧失，因此经皮给药过去主要用于治疗皮肤局部疾病。然而，20世纪 60 年代以来工农业生产上不断出现药物、农药或毒物通过皮肤吸收，产生中毒的现象，启发了药学工作者对药物通过皮肤吸收的研究。大量的研究阐明了皮肤的生理因素和药物性质对经皮吸收的影响，打破了药物不能通过皮肤吸收产生全身治疗作用的传统观念，开拓了药剂学中经皮给药研究的新领域。1981 年第一个经皮给药制剂——东莨菪碱经皮给药制剂上市，目前已有硝酸甘油、可乐定、雌二醇、芬太尼、尼古丁等多种经皮给药制剂上市，兽医临床众多抗寄生虫药物的滴剂和浇泼剂也批准上市。与其他常用的药物制剂相比，经皮给药系统具有以下特点：①经皮给药可避免口服给药可能发生的肝脏首过效应以及药物在胃肠道的降解，使药物的吸收不受胃肠道因素影响，减少用药的个体差异。②一次给药可以长时间使药物以恒定速率进入体内，减少给药次数，延长给药间隔。③可按需要的速率将药物输入体内，维持恒定的有效血药浓度，避免了口服给药等引起的血药浓度峰谷现象，降低了毒副反应。④使用方便，可以随时中断给药，特别适合于婴儿、老人或不宜口服的患者。尽管如此，TDDS 在应用上也具有一定的局限性，不是所有药物都适合制备经皮给药制剂。如对皮肤具有强烈刺激性、致敏性的药物，皮肤对药物的吸收率较低的药物都不适合制备经皮给药制剂。只有对皮肤不具强烈的刺激性、致敏性，作用剧烈的药物，即用药剂量很小就能产生药效的药物才能选用。

药物经皮吸收受药物性质和动物生理因素的影响。药物的油/水分配系数是影响药物经皮吸收的最主要的因素之一。一般而言，药物经皮吸收能力为油溶性药物大于水溶性药物。实际上，既能油溶又能水溶的药物具有较高的穿透性。究其原因是药物既能进入角质层，又不至于滞留在角质层，因而可以继续进入亲水性的其他表皮层形成动态转移，有利于到达真皮和皮下脂肪并吸收进入体循环而产生全身作用。如果药物在油、水中都难溶，则很难经皮吸收，油溶性很大的药物可能会聚集滞留在角质层而难被进一步吸收。药物吸收还与分子量有关，药物吸收速率与分子量成反比，一般分子量 3000 以上者不能透入，故经皮吸收制剂宜选用分子量小、药理作用强的小剂量药物。药物的熔点也具有一定的影响，低熔点的药物容易渗透通过皮肤。很多药物是有机弱酸或有机弱碱，它们以分子型存在时有较大的经皮吸收性能，而离子型药物难以透过皮肤。经皮吸收过程中药物溶解在皮肤表面的液体中，可能发生解离。当溶液中同时存在分子型与离子型两种形式的药物时，它们以不同的速率通过皮肤，总的经皮吸收速率与它们各自的经皮吸收系数及浓度有关。

除药物分子性质外，皮肤的生理因素对药物经皮吸收的影响不可忽视。皮肤的可透性是影响药物经皮吸收的主要因素之一，皮肤的可透性存在着个体差异，年龄、性别、用药部位和皮肤的状态都可能引起皮肤可透性的差异。身体不同部位的皮肤存在可透性差异，这主要是由角质层厚度与皮肤附属器密度不同引起，一般而言可透性的大小为：阴囊＞耳后＞腋窝区＞头皮＞手臂＞腿部＞胸部。药物的经皮吸收存在着个体差异，不同个体相同解剖部位的皮肤可透性可能相差很大。

皮肤的角质层能吸收水分使皮肤水化引起角质层细胞膨胀使结构变得疏松，皮肤的可透性变大。皮肤水化后不但可使亲水性的药物经皮吸收速率增大，亦可使亲脂性药物的经皮吸收速率增大，但二者增加的倍数可能有差异。如在皮肤的用药部位上覆盖敷料（如塑料薄膜）、封闭作用的软膏基质（如凡士林）时，均能防止水分蒸发，使汗液在皮肤内积蓄引起皮肤水化，进而使药物的经皮吸收增加。疾病状态对皮肤可透性具有显著的影响。皮肤有病变时，屏障作用可能会发生改变，如银屑病与混疹使皮肤的可透性增加；皮肤有炎症时药物吸收加快；烫伤的皮肤角质层被破坏，药物很容易被吸收。皮肤疾病还可引起皮肤内酶的活性改变。

根据目前生产及临床应用现状，经皮给药系统可大致分为膜控释型、黏胶分散型、骨架扩散型和微贮库型等。膜控释型主要由无渗透性的背衬层、药物贮库、控释膜、黏胶层和防黏层五部分组成。硝酸甘油、东莨菪碱、雌二醇、可乐定均为膜控释型 TDDS。黏胶分散型的药库层及控释层均由压敏胶组成。药物分散或溶解在压敏胶中成为药物贮库，均匀涂布在不渗透背衬层上。骨架扩散型，药物均匀分散或溶解在聚合物骨架中，然后分剂量成固定面积大小及一定厚度的药膜，与压敏胶层、背衬层及防黏层复合即得，也可以在复合后再行分割。微贮库型 TDDS 兼具膜控释型和骨架扩散型的特点。不同的剂型对透皮吸收效率影响较大。给药系统的剂型能影响药物的释放性能，进而影响药物的经皮吸收效率。药物释放越快，越有利于药物的经皮吸收。一般凝胶剂、乳剂型软膏中药物释放越快，骨架型经皮吸收贴片中药物释放越慢。传递系统的组成可影响药物的释放性能。溶解和分散药物的介质能影响药物在贮库中的热力学活性，即影响药物的溶解、释放和药物在给药系统与皮肤之间的分配。有的介质会影响皮肤的可透性，介质在穿透皮肤的过程中与皮肤相互作用，从而改变皮肤的屏障性能。制剂处方中的成分如表面活性剂、系统的 pH、药物的浓度与系统的面积等都会影响药物的经皮吸收。

在经皮给药制剂中，须加入渗透促进剂以增加药物经皮转运的能力。渗透促进剂是指能可逆地改变皮肤角质层的屏障功能，又不损伤任何活性细胞的化学物，理想的渗透促进剂应具备以下条件：①对皮肤及机体无药理作用、无毒、无刺激性及无过敏反应。②应用后立即起作用，去除后皮肤能恢复正常的屏障功能。③不引起体内营养物质和水分通过皮肤损失。④不与药物及其他附加剂产生物理化学作用。⑤无色、无臭。常用的经皮吸收促进剂可分为氮酮类化合物、表面活性剂、二甲基亚砜和醇类化合物等。

月桂氮䓬酮，也称氮酮，与多数有机溶剂混溶，与药物水溶液混合振摇可形成乳浊液。氮酮对亲水性药物的吸收促进作用强于亲脂性药物。氮酮主要作用在角质层部分，它能够扩大角质层中的细胞间隙，提高通过细胞间隙的水溶性药物的透过量，促进溶解在低级醇当中的脂溶性药物的透过。同时，氮酮透过角质层后可以对原有的脂质结构进行重新排列，降低脂质的黏性，提高其流动性。氮酮透皮作用具有浓度依赖性，有效浓度常在 1%～6%。氮酮起效较为缓慢，但作用持久。氮酮与其他促进剂合用常有更佳效果，如与丙二醇、油酸等都可配伍使用。其他该类促进剂还包括 a-吡咯酮（NCP）、5-甲基吡咯酮（5-NMP）、1,5-二甲基吡咯酮（1,5-NMP）、N-乙基吡咯酮（1-NEP）、5-羧基吡咯酮（5-NCP）等。此类促进剂用量较大时对皮肤有红肿、疼痛等刺激作用。

表面活性剂可以渗入皮肤并可能与皮肤成分相互作用，改变皮肤透过性质。在表面活性剂中，非离子型化合物主要增加角质层类脂流动性，它们刺激性最小，但透过促进效果也最差，可能是与它们的临界胶束浓度较低、药物容易被增溶在胶束中而较少释放有关。离子型表面活性剂与皮肤的相互作用较强，但在连续应用后会引起红肿、干燥或粗糙化。

二甲基亚砜（DMSO）是 20 世纪 60 年代应用很广泛的经皮吸收促进剂，它为无色透明的油状液体，有强吸水性，可与水、乙醇、丙酮、氯仿、乙醚等任意混溶，应用于皮肤后能被吸收，4～8h 血药浓度达峰值。DMSO 能促进甾体激素、灰黄霉素、水杨酸和一些镇痛药的经皮吸收，已用在一些外用制剂中。高浓度的二甲基亚砜虽然能产生较强的促透作用，但对皮肤有较严重的刺激性，会引起皮肤红斑和水肿，高浓度大面积使用能产生全身毒性反应，因此在有些国家已被限制使用。

醇类化合物包括各种短链醇、脂肪醇及多元醇等。结构中含 2～5 个碳原子的短链醇（如乙醇、丁醇等）能溶胀和提取角质层中的类脂，增加药物的溶解度，从而提高极性和非极性药物的经皮吸收。但短链醇只对极性类脂有较强的作用，而对大量中性类脂作用较弱。

薄荷油、桉叶油、松节油等挥发油的主要成分是一些萜烯类化合物。这些物质具有较强的透过促进能力，且能够刺激皮下毛细血管的血液循环。氨基酸以及一些水溶性蛋白质能增加药物的经皮吸收，其作用机制可能是增加皮肤角质层脂质的流动性。氨基酸的吸收促进作用受介质 pH 的影响，在等电点时有最佳的促进效果。氨基酸衍生物，如二甲基氨基酸酯比氮酮具有更强的吸收促进效果、较低的毒性和刺激性，其酯基的改变对吸收促进作用有很大影响。与角质层类脂成分类似的磷脂以及油酸等易渗入角质层而发挥吸收促进作用。以磷脂为主要成分制备的载药脂质体也可以增加许多药物的经皮吸收。

5.4.2 内服剂型

内服剂型是指药物制剂经内服后进入胃肠道，起局部作用或经吸收后发挥全身作用的剂型。可分为口服液体制剂（如混悬剂、乳剂等）和口服固体制剂（预混剂、颗粒剂和片剂等）。

5.4.2.1 内服液体制剂

（1）混悬剂　是指难溶性固体颗粒以微粒状态分散于分散介质中形成的非均匀的液体制剂。混悬液中药物微粒粒径一般为 $0.5～1.0\mu m$，小者可为 $0.1\mu m$，大者为 $50\mu m$ 或更大。混悬液属于热力学不稳定的粗分散体系，所用分散介质大多数为水，也可用植物油。混悬液的分散相微粒大于胶粒，微粒的布朗运动不显著，易受重力作用而沉降，因而属于热力学不稳定体系。因微粒有较大的界面能，容易聚集，使混悬微粒具有较高的表面自由能而处于不稳定状态，疏水性混悬液比亲水性药物存在更大的稳定性问题。

混悬剂在静置时液体中的微粒受各种因素的影响会以一定的速度沉降，一般情况下开始沉降速度较快，随着粒子不断沉降其速度逐渐减慢。沉降速度可用 Stoke's 公式来计算：

$$v = \frac{2r^2(\rho_1 - \rho_2)g}{9\eta}$$

式中，v 为沉降速度，m/s；r 为微粒半径，cm；ρ_1 和 ρ_2 分别为微粒和介质的密度，g/mL；g 为重力加速度，m/s^2；η 为分散介质的黏度，Pa·s。

从 Stoke's 公式可以看出，微粒沉降速度与微粒半径的平方、微粒与分散介质的密度差成正比，与分散介质的黏度成反比。混悬剂微粒沉降速度越大，动力稳定性越小。为了减小微粒沉降速度，应增加混悬剂的动力稳定性。一般可采取：①尽量减小微粒半径，以减小沉降速度，可采用适宜方法将药物粉碎得更细。②增加分散介质黏度，以减小固体微粒与分散介质间的密度差。可在混悬剂中加入高分子助悬剂，使增加介质浓度的同时，也减小了微粒与分散介质之间的密度差，同时微粒吸附助悬剂分子而增加亲水性；于混悬剂中加入低分子助悬剂如甘油、糖浆等，也可以增加混悬剂的黏度，达到降低沉降速度的目的。混悬剂中的微粒大小是不均匀的，大的微粒总是迅速沉降，细小微粒沉降速度很慢，细小微粒由于布朗运动，可长时间悬浮在介质中，使混悬剂长时间地保持混悬状态。

在水性混悬剂中的微粒可因药物的解离或吸附分散介质中的离子而带上电荷，粒子的周围会形成球形的双电层结构，并产生 ε 电位。其原因是微粒表面荷电，水分子可在微粒周围形成水化膜，这种水化作用的强弱随双电层厚度而改变。微粒荷电使微粒间产生排斥作用，加之有水化膜的存在，阻止了微粒间的相互聚集靠拢，混悬剂将更加稳定。如果在混悬剂中加入少量的电解质（如枸橼酸钠）可以改变双电层的构造和厚度，从而影响混悬剂微粒的聚集并产生絮凝。疏水性药物混悬剂微粒的水化作用很弱，对电解质更敏感。亲水性药物混悬剂微粒除荷电外，本身具有水化作用，受电解质的影响最小。

混悬剂中的微粒具有双电层结构（ε 电位），ε 电位受外加电解质的影响较大。当 ε 电位相对较高时（±25mV 或更高），微粒间斥力大于引力，微粒间无法聚集而处于分散状态，甚至当搅拌或随机运动使微粒接触时，由于高表面电位的存在，微粒也不会聚集，这种状态称为反絮凝状态。在混悬剂中加入与微粒表面电荷相反的某种电解质后可使微粒的 ε 电位下降，若将 ε 电位调节至 ±（20～25）mV（即微粒间的斥力稍低于引力），此时，微粒互相接近，形成疏松的絮状聚集体，经震荡又可恢复成均匀的混悬液，这种状态称为絮凝状态。使混悬剂的 ε 电位降低从而使微粒絮凝的电解质称为絮凝剂（flocculating agent）；使混悬剂的电位增加防止其絮凝的电解质称为反絮凝剂（loculating agent）。同一电解质因用量不同，在混悬剂中可以起絮凝（降低电位）作用或反絮凝（升高电位）作用。电解质的絮凝效果与离子价数有关，二价离子的絮凝作用较一价离子大约 10 倍，三价离子较一价离子大约 100 倍。

由于混悬剂中药物微粒大小不同，在放置过程中微粒的大小与数量在不断变化，即小的微粒数目不断减少，大的微粒数目不断增大，使微粒的沉降速度加快，结果必然影响混悬剂的稳定性。研究结果表明，其溶解度与微粒大小有关。药物的微粒粒径小于 $0.1\mu m$ 时，这一规律可以用 Ostwald-Freundlich 方程式表示：

$$\lg(S_2/S_1)=(2\sigma M/\rho RT)\times(1/r_2-1/r_1)$$

式中，S_1、S_2 分别是微粒半径为 r_1、r_2 的药物的溶解度；σ 为表面张力；ρ 为固体药物的密度；M 为分子量；R 为气体常数；T 为热力学温度。

由上式可知，当药物处于微粉状态时，若 $r_2<r_1$，r_2 的溶解度 S_2 大于 r_1 的溶解度 S_1，混悬剂溶液在总体上是饱和溶液，但小微粒因溶解度大而在不断地溶解，对于大微粒来说过饱和而不断地增长变大，这时必须加入抑制剂以阻止结晶的溶解和生长，以保持混悬剂的物理稳定性。

在同一分散介质中，分散相的浓度增加，混悬剂的沉降稳定性下降。温度通过影响混悬剂的黏度从而影响微粒的沉降速度，温度还能促使结晶长大及晶型转化。溶解度温度曲线斜率越大的药物，受温度的影响越明显。因此，混悬剂的储存、运输过程中应考虑到气温变化或地区温差对混悬剂稳定性的影响。

在制备混悬剂时，为增加混悬剂的稳定性，常需加入能使混悬剂稳定的附加剂，称为稳定剂。稳定剂主要包括助悬剂、润湿剂、絮凝剂和反絮凝剂等。

助悬剂是指能增加分散介质的黏度以降低微粒的沉降速度或增加微粒亲水性的附加剂。助悬剂对混悬剂的稳定作用在于：增加分散介质的黏度以降低微粒的沉降速度；吸附于微粒表面防止或减少微粒间的吸引；延缓结晶的转化和成长。理想的助悬剂应具备：助悬效果好，不粘壁，重分散容易，絮凝颗粒细腻，无药理作用。常用的助悬剂有低分子助悬剂、天然高分子助悬剂、合成或半合成高分子助悬剂、硅藻土和触变胶等。低分子助悬剂常用的有甘油、糖浆和山梨醇等。在外用制剂中经常使用甘油，具有助悬和湿润作用。亲水性药物的混悬剂可少加，疏水性药物的混悬剂可多加。在内服制剂中经常使用糖浆和山梨醇，起助悬和矫味双重作用。天然高分子助悬剂：主要是树胶类，如阿拉伯胶、西黄蓍胶、桃胶等。阿拉伯胶和西黄蓍胶可用其粉末或胶浆，其用量前者为 $5\% \sim 15\%$，后者为 $0.5\% \sim 1\%$。还有植物多糖类，如海藻酸钠、琼脂、淀粉浆等。合成或半合成高分子助悬剂：纤维素类，如甲基纤维素（MC）、羧甲基纤维素钠（CMCNa）、羟丙基纤维素（HPC）。其他如卡波姆、聚维酮（PVP）、葡聚糖等。此类助悬剂大多数性质稳定，受pH 影响小。但应注意某些助悬剂与药物或其他附加剂有配伍变化。硅藻土是天然的含水硅酸铝，为灰黄色或乳白色的粉末，直径为 $1 \sim 150 \mu m$ 不溶于水或酸，但在水中膨胀，体积增加约 10 倍，形成高黏度并且有触变性和假塑性的凝胶。在 $pH > 7$ 时，膨胀性更大，黏度更高，助悬效果更好。触变胶：利用触变胶的触变性，即凝胶与溶胶恒温转变的性质，静置时形成凝胶防止微粒沉降，振摇时变为溶胶有利于倒出。使用触变性助悬剂有利于混悬剂的稳定。单硬脂酸铝溶解于植物油中可形成典型的触变胶，一些具有塑性流动和假塑性流动特性的高分子化合物水溶液常具有触变性，可选择使用。

润湿剂是指能增加疏水性药物微粒被水湿润作用的附加剂。有很多疏水性、难溶性固体药物，其表面可吸附空气，不能被水润湿，这些疏水性药物在制备混悬剂时，必须加入润湿剂。润湿剂可破坏疏水微粒表面的气膜或降低固液两相的界面张力，有利于微粒分散于水中。最常用的润湿剂是 HLB 值为 $7 \sim 11$ 的表面活性剂，如聚山梨酯类、聚氧乙烯蓖麻油类、泊洛沙姆等。

常用的絮凝剂和反絮凝剂有枸橼酸盐、酒石酸盐、酒石酸氢盐、磷酸盐等，在选用絮凝剂和反絮凝剂时，要注意以下几个原则。从用药目的、混悬剂的综合质量以及絮凝剂和反絮凝剂的作用特点来选择，对于大多数需储放的混悬剂，宜选用絮凝剂，絮凝体系的沉降物疏松，易于再分散。充分考虑絮凝剂和反絮凝剂之间的变化。同一电解质可因在混悬剂中用量不同，而呈现絮凝作用或反絮凝作用。如在 ε 电位较高的混悬剂中加入带有相反高价电荷的电解质，由于电荷中和，电位下降，微粒间的斥力降低而絮凝，此时电解质起到絮凝剂的作用；持续加入这种电解质，可使 ε 电位降至零；若再继续加入同种电解质，微粒又可因吸附溶液中的高价离子而带与原粒子相反的电荷，随带电量增加，微粒间斥力增强，微粒又回到单个分子状态，此时电解质起到反絮凝作用。设计处方时，必须注意絮凝剂和助悬剂之间是否有配伍禁忌。常用的高分子助悬剂一般带负电荷，若混悬剂中的微粒亦带负电荷，此时加入的絮凝剂（带正电荷）会导致助悬剂凝结并失去助悬作用。

（2）乳剂 系指互不相溶的两相液体混合，其中一相液体以液滴状态分散于另一相液体中形成的非均相液体分散体系。形成液滴的一相液体称为分散相、内相或不连续相，另一相液体则称为分散介质、外相或连续相。乳剂由水相（W）、油相（O）和乳化剂组成，三者缺一不可。根据分散相的不同，乳剂分为水包油（O/W）型、油包水（W/O）型。此外还有复合乳剂，可用 W/O/W 或 O/W/O 表示。根据乳滴的大小，将乳剂分类为普通乳、亚微乳、纳米乳。普通乳为白色不透明的液体，液滴大小一般在 $1 \sim 100 \mu m$ 之间。亚微乳的液滴大小一般在 $0.1 \sim 1.0 \mu m$ 之间，亚微乳常作为胃肠外给药的载体。静脉注射应为亚微乳，粒径可控制在 $0.25 \sim 0.4 \mu m$ 范围内。当液滴小于 $0.1 \mu m$ 时，乳剂粒子小于可见光波长的 1/4，这时光线通过乳剂时不产生折射而是透过乳剂，肉眼可见乳剂为透明液体，这种乳剂称为纳米乳或微乳或胶团乳。纳米乳粒径在 $0.01 \sim 0.10 \mu m$ 范围内。普通乳、亚微乳乳剂中的液滴具有很大的分散度，其总表面积大，表面自由能很高，属热力学不稳定体系。纳米乳属热力学稳定体系。

乳化剂是乳剂的重要组成部分，在乳剂形成、稳定性以及药效发挥等方面起重要作用。优良的乳化剂应具备以下基本要求：①乳化能力强，并能在乳滴周围形成牢固的乳化膜。②不应对机体产生近期的和远期的毒副作用，无刺激性，对机体有一定的生理适应能力。③稳定性好，受 pH、电解质、温度等因素的影响小。④来源广泛，价格低廉。

乳化剂的种类众多，如表面活性剂乳化剂、天然乳化剂、固体微粒乳化剂、辅助乳化剂等。

表面活性剂乳化剂分子中有较强的亲水基和亲油基，容易在乳滴周围形成单分子乳化膜，乳化能力强，性质较稳定，混合使用效果更好。表面活性剂乳化剂包括阴离子型乳化剂、阳离子乳化剂和非离子型乳化剂。阴离子型乳化剂常用硬脂酸钾、硬脂酸钠、硬脂酸钙、油酸钠、十二烷基硫酸钠等；以上除硬脂酸钙（W/O 型）外，其余为 O/W 型乳化剂。非离子型乳化剂常用吐温类（O/W 型）、司盘类（W/O 型）、卖泽（O/W 型）、苄泽（O/W 型）、泊洛沙姆（O/W 型）、蔗糖脂肪酸酯类等。

天然乳化剂多为高分子化合物，由于亲水性较强，可形成 O/W 型乳剂，因黏性较大，能增加乳剂的稳定性。因天然乳化剂易受微生物污染，故常需加入适宜防腐剂。常用的天然乳化剂有阿拉伯胶、西黄蓍胶、明胶、杏树胶、卵黄等。①阿拉伯胶为阿拉伯酸的钠、钙、镁盐的混合物，可形成 O/W 型乳剂。适用于制备含植物油、挥发油的乳剂，多供内服乳剂使用。阿拉伯胶的常用浓度为 $5\% \sim 15\%$。在 pH $4 \sim 10$ 范围内乳剂较稳定。阿拉伯胶内含有氧化酶，使用前应在 80℃ 加热 30min 加以破坏。阿拉伯胶乳化能力较弱且黏度较低，常与西黄蓍胶、琼脂等合用。②西黄蓍胶为 O/W 型乳化剂，其水溶液黏度大，pH 为 5 时溶液黏度最大。西黄蓍胶乳化能力较差，一般不单独作乳化剂，而是与阿拉伯胶合并使用。③明胶为两性蛋白质，作 O/W 型乳化剂，用量为油量的 $1\% \sim 2\%$。常与阿拉伯胶合并使用。使用时须加防腐剂。④杏树胶乳化能力和黏度均超过阿拉伯胶，可作为阿拉伯胶的代用品。用量为 $2\% \sim 4\%$。⑤卵黄含有 7% 的卵磷脂，乳化能力强，为 O/W 型乳化剂，可供内服或外用，1g 卵黄磷脂相当于 10g 阿拉伯胶的乳化能力，可乳化脂肪油 $80 \sim 100g$、挥发油 $40 \sim 50g$。使用时应加防腐剂。受稀酸、盐类以及糖浆等影响较小。

固体微粒乳化剂为一些溶解度小、颗粒细微的固体粉末，可聚集于油水界面上形成固体微粒膜而起乳化作用。分为两种类型：①易被水润湿，能促进水滴的聚集成为连续相，形成 O/W 型乳剂，如氢氧化镁、氢氧化铝、二氧化硅、皂土等。②易被油润湿，能促进水滴的聚集成为连续相，形成 W/O 型乳剂，如氢氧化钙、氢氧化锌等。

辅助乳化剂的一般乳化能力很弱或无乳化能力，但能提高乳剂的黏度，并能使乳化膜的强度增大，防止乳滴合并，与乳化剂合并使用，增加乳剂稳定性。①增加水相黏度的辅助乳化剂：甲基纤维素、羧甲基纤维素钠、羟丙基纤维素、海藻酸钠、琼脂、西黄蓍胶、阿拉伯胶、黄原胶、果胶等。②增加油相黏度的辅助乳化剂：鲸蜡醇、蜂蜡、单硬脂酸甘油酯、硬脂酸、硬脂醇等。

乳剂属热力学不稳定的非均相分散体系，其不稳定现象主要表现在分层、絮凝、转相、合并与破裂以及酸败。①分层。乳剂的分层又称乳析，系指乳剂放置过程中出现分散相液滴上浮或下沉的现象，分层的主要原因是分散相和分散介质之间的密度差。乳滴上浮或下沉的速度符合 Stoke's 公式。减小液滴的半径，减小分散相和分散介质之间的密度差，增加分散介质的黏度，均可减小乳剂分层的速度。乳剂分层也与分散相的相容积有关，通常分层速度与相容积成反比，相容积低于 25% 时乳剂很容易分层，达 50% 时分层速度明显减慢。分层现象是可逆的，此时乳剂并未完全破坏，分层的乳剂经振摇后仍能恢复成均匀的乳剂。但分层后的乳剂外观较粗糙，容易引起絮凝甚至破坏。优良的乳剂分层过程应十分缓慢。②絮凝。乳剂中分散相的乳滴发生可逆的聚集现象称为絮凝。乳剂中的电解质和离子型乳化剂的存在是产生絮凝的主要原因，同时絮凝与乳剂的黏度、相容积比等有密切关系。絮凝状态仍保持乳滴及其乳化膜的完整性，絮凝与乳滴的合并是不同的，是可逆的聚集。但絮凝状态进一步变化就会引起乳滴的合并甚至破坏。③转相。由于某些条件的变化而改变乳剂的类型称为转相。由 O/W 型转变为 W/O 型或由 W/O 型转变为 O/W 型。转相主要是由乳化剂的性质改变而引起，如以油酸钠（O/W 型乳化剂）制成的乳剂，遇氯化钙后生成油酸钙（W/O 型乳化剂），乳剂则由 O/W 型变为 W/O 型。向乳剂中加入相反类型的乳化剂也可引起乳剂转相。此外，乳剂的转向还受相比的影响。④合并与破裂。乳剂中乳滴周围的乳化膜被破坏导致乳滴变大，称为合并。合并的乳滴进一步分为油、水两层称为破裂。此时乳滴界面消失，既使振摇也不可能恢复到原来的分散状态，故破裂是不可逆的变化。乳剂的稳定性与乳化剂的理化性质和乳滴大小有密切关系，乳化剂形成的乳化膜愈牢固，就愈能防止乳滴的合并和破裂，乳滴愈小乳剂就愈稳定，所以为了保证乳剂的稳定性，制备乳剂时尽可能地保持乳滴均匀一致。此外增加分散介质的黏度，也可使乳滴合并速度减慢。乳剂的合并与破裂还受多种外界因素的影响，温度过高过低、加入相反类型乳化剂、添加电解质、离心力的作用、微生物的增殖、油的酸败等均可导致乳剂的合并与破裂。⑤酸败。乳剂受外界因素及微生物的影响发生水解、氧化等变化而引起变质的现象称为酸败。所以制备乳剂时通常须加入抗氧剂、防腐剂，防止乳剂的酸败。

5.4.2.2 内服固体制剂

（1）预混剂 预混剂是指药物与适宜的辅料均匀混合制成的粉末状或颗粒状制剂。预混剂通过饲料以一定的药物浓度给药。药物粉末状预混剂与药物不溶性粉剂基本相同，二者没有严格的界定。习惯上将主要用于治疗目的的称为粉剂，而稀释适当倍数，添加在饲料中的药物或营养调节物，称为预混剂。现代养殖实践中，饲料中常添加微量活性成分，如微量矿物质、维生素、酶制剂、抗生素及其他药物性添加剂等，对提高动物生产性能和防治疾病极为重要。但此类微量活性成分过量或不足均会对动物生长产生较大的负面影响。为了保证这些微量活性成分能在全价料中均匀分布，首先需将这些微量活性成分生产成预混剂，通过载体和稀释剂使微量成分得到稀释，并均匀混合，从而使它们能比较容易地均匀分散到配合饲料中。

预混剂在生产与储藏期间应符合下列规定。①预混剂的药物应先粉碎、干燥；除另有规定外，应全部通过 4 号筛，允许混有通过五号筛不超过 10.0% 的粉末。②配制时，可按药物性质，用适当的方法使药物分散均匀。低浓度药物预混剂的配置应采用适宜的方法使药物混合均匀。③预混剂应流动性良好，易与饲料混合均匀。④除另有规定外，预混剂应密闭储存，含挥发性药物或易吸潮药物的预混剂应密封保存，并进行微生物限度控制。⑤预混剂的标签除另有规定外，还应标明辅料的名称。

预混剂辅料包括稀释剂、载体。稀释剂是仅起稀释作用的物料，如玉米粉、葡萄糖、磷酸二氢钙、硫酸钠等。载体（或吸收剂）不仅具有稀释作用，还能承载微量成分，提高物料的流散性，使微量药物活性成分更容易均匀分布到饲料中，如麦麸、脱脂米糠、膨润土等。吸收剂是能吸收少量液体成分的载体，是少量液体成分固化的重要方式，如二氧化硅等。预混剂辅料的选择及保证均匀混合是控制预混剂质量的重要因素。正确处理辅料的选择与用量、药物与辅料混合均匀，是保证预混剂品质的关键。①辅料选择的基本要求：辅料应稳定，流动性好，与药物及饲料成分易于混匀；含脂辅料应先进行脱脂；一般宜用单一的辅料；选用一种以上辅料时，其密度及粒度应接近，以免在运输和储存过程中出现分层现象；辅料中含重金属不得超过 20mg/kg，含砷盐不得超过 2mg/kg。②药物与辅料的比例：药物与辅料的比例相差过大时，难以混合均匀，此时应该采用等量递增混合法进行混合，即小量药物研细后，加入等体积其他细粉混匀，如此倍量增加混合至全部混匀。③药物与辅料的水分及吸湿性：载体和稀释剂的水分宜控制在合适水平上。若水分过高，易结块，影响物料混合，并易导致降解或霉变损失；若水分过低，物料间静电作用加大易造成粉尘，也不利于混合。一般无机基质和有机基质干燥失重分别不得超过 3.0% 和 8.0%，药物和维生素载体的水分要求在 5% 以下。载体和稀释剂，一般不要求其具有较强的亲水性和吸湿性，以防吸水、潮解或结块。必须使用的易结块基质，可加入抗黏剂如二氧化硅等以增强其流动性。④药物与辅料的粒度与密度大小：粒度大小是影响载体和稀释剂的堆密度、表面特性、流动性的主要因素。一般要求载体的粒度比承载的微量活性组分大 2~3 倍，且其承载的活性组分的承载量不能超过自身质量。稀释剂的粒度一般要求比载体小。基质与药物的密度相接近时，能保证药物在混合过程中分布均匀，从而降低输送过程中的分离现象。各成分间的密度差及粒度差较大时，先装密度小的或粒径大的物料，后装密度大的或粒径小的物料，并且混合时间应适当，以避免密度小者浮于上面、密度大者沉于底部而不易混匀。一般应根据药物的密度来选择载体和稀释剂。如在配制维生素和矿物质预混剂时，选用的基质就有所不同。一般维生素选择砻糠作载体，玉米芯作稀释剂，微量矿物质预混剂则需采用密度大的碳酸钙作载体。对载体来说，主要强调它们对微量活性成分的承载性能，因为微量组分吸附在载体上后，密度有了增加，混合后一般不易分离，因此，可以选用密度较小但承载能力强的物质作载体。⑤药物与辅料的带电性与黏附性粒度：很细的化合物常带有静电。颗粒越小，化合物越纯，越干燥，所带静电荷数就越大。静电作用会影响物料的流动性，当混合时，带电小颗粒与其他材料发生静电吸引作用，活性成分吸附于混合机或输送设备的表面，造成混合不均匀和活性成分的损失。若颗粒所带静电相同，颗粒间会互相排斥，造成粉尘。添加不饱和的植物油或糖蜜等抗静电物质，能消除静电的影响。

预混剂应混合均匀、色泽一致、流动性好、干燥松散、易与饲料混合。除另有规定外，预混剂应进行以下相应检查。①干燥失重。除另有规定外，取供试品，按 2020 年版《中华人民共和国兽药典》（简称兽药典）附录干燥失重测定法测定，在 105℃ 干燥至恒重，以无机物为辅料的，减失质量不得超过 3.0%，以有机基质为辅料的，减失质量不得超过 8.0%。②装量按最低装量检查法检查，应符合规定。③含量均匀度。主药含量小于 2% 者，按含量均匀度检查法检查，应符合规定。检查此项的药物，不再测定含量，可用此平均含量结果作为含量测定结果。复方制剂仅检查符合上述条件的组分。参见粉剂质量检查相应项目。

（2）颗粒剂　颗粒剂系指药物与适宜的辅料制成具有一定粒度的干燥的颗粒状制

剂。根据颗粒剂在体内的溶解情况可分为可溶性颗粒（通常为颗粒）、混悬颗粒、泡腾颗粒、肠溶颗粒、缓释颗粒与控释颗粒等。颗粒剂是临床应用上较广泛的剂型之一，具有以下特点：①与散剂比较，颗粒剂的飞散性、附着性、聚集性、吸湿性等均较小，有利于分剂量；②颗粒剂可溶解或混悬于水中，有利于药物在体内的吸收，保持了液体制剂奏效快的特点；③必要时可以包衣或制成缓释制剂；④服用方便，适当加入芳香剂、矫味剂、着色剂等可制成色香味俱全的药物制剂；⑤性质稳定，运输、携带、贮存方便；⑥由于颗粒剂粒子大小不一，在用容量法分剂量时不易准确，且混合性能较差，密度不同的颗粒相混合时容易发生分层现象。

颗粒剂的制备包括制软材、制湿颗粒、干燥、整粒与分级、包衣和质量检查与分剂量等过程。制软材是传统湿法制粒的关键技术；黏合剂的选择及其用量对制软材非常重要。根据药物性质的不同加入适宜的稀释剂（如淀粉、乳糖或蔗糖等），必要时加入崩解剂（如淀粉、纤维素衍生物等）混合均匀，再加入黏合剂或润湿剂（如水和乙醇）制备成软材，黏合剂的加入量可以经验"手握成团，轻压即散"为准。颗粒的制备常采用挤出制粒法。将软材用机械挤压通过筛网，即可制得湿颗粒。近年来一些新的制粒方法和设备也应用于生产实践，如流化床制粒（又称沸腾制粒），可在一台机器内完成混合制粒、干燥等多个步骤，称为"一步制粒法"。制得的湿颗粒必须用适宜的方法加以干燥除去水分，防止结块或受压变形。可用的方法有箱式干燥法、真空干燥法和流化床干燥法等。由于在干燥过程中，某些颗粒可能发生粘连，甚至结块，因此要对干燥后的颗粒给予适当的整理，以便结块粘连的颗粒散开，获得具有一定粒度的均匀颗粒。一般用过筛的办法进行整粒与分级。某些药物为了达到矫味、稳定、肠溶、缓释等目的，可对颗粒进行包衣，常采用高效薄膜包衣技术。将制得的颗粒按药典规定进行含量测定和质量检查后，按剂量装入适宜袋中，多选用铝塑袋分装。颗粒剂的贮存基本与散剂相同，但应注意均匀性，防止多组分颗粒的分层，防止吸潮。

颗粒剂的质量检查除主药含量测定外，《中国药典》（2020 年版）规定了粒度、干燥失重、溶化性、装量差异（单剂量包装）或装量（多剂量包装）等检查项目。①外观应干燥、颗粒均匀、色泽一致，无吸潮、软化、结块、潮解等现象。②粒度除另有规定外，照粒度和粒度分布测定法测定，不能通过一号筛（$2000\mu m$）与能通过五号筛（$180\mu m$）的总和不得超过供试量的 15%。③溶化性可溶颗粒可按下述方法检查：取供试品 10g，加热水 200mL，搅拌 5min，可溶性颗粒应全部溶化或轻微浑浊，但不得有异物。④装量差异：单剂量包装的颗粒剂参照药典有关方法检查。

5.4.3 非肠道给药剂型

注射剂系指药物制成的供注入体内的灭菌制剂。按分散系统分为灭菌溶液型注射剂、混悬型注射剂、乳剂型注射剂及临用前配制或配成溶液或混悬液的注射用无菌粉末（粉针剂）；按体积大小可分为小容积注射剂、大容积注射剂（输液）。注射剂是最广泛应用的兽药剂型之一。注射剂直接注入动物组织或血管，尤其静脉注射，无吸收阶段，作用迅速。由于注射给药不经胃肠道，故不受消化液及食物等因素影响，剂量准确，药效也易于控制，作用可靠，适用于抢救危重动物。有些药物易被消化液破坏（如青霉素），有些首过效应明显，有些口服不易吸收（如链霉素）或对消化道刺激较大，均可制成注射剂。

注射剂适用于不能口服给药的患畜，患畜吞咽困难、昏迷或手术后禁食，注射给药比较方便。可产生定位、长效作用。如局麻药局部注射，用于封闭疗法；油溶液型、混悬型注射剂，肌内注射给药往往有长效作用。注射剂注射需专业人员操作，不能自主给药。注射时，伴有明显的刺激疼痛。注射剂对生产环境及设备条件要求较高，生产费用大；溶液型注射剂存在液体制剂共有的化学稳定性问题，乳剂型和混悬型注射剂还存在物理稳定性问题等。

由于注射给药直接进入机体，作用迅速又无法收回，所以注射剂的质量要求特别高。①无菌。注射剂成品中不应含有任何活的微生物，必须达到药典无菌检查的要求。②无热原。无热原是注射剂的重要质量指标，热原进入机体可引发各种不良反应（如发热），严重时可危及生命。特别是供静脉注射及脊椎腔注射的注射剂，均需进行热原检查，合格后方能使用。③澄明度。注射剂在规定的条件下检查，不得有肉眼可见的混浊或异物，注射剂微粒较大，进入组织会造成肌肉疼痛、肉芽肿、水肿、血管栓塞或引起过敏与热原样反应等。④pH。注射剂 pH 应尽量与血液相等或接近（血液 pH7.4）。考虑药物本身溶解度和稳定性的不同，且机体本身有一定的缓冲能力，注射剂的 pH 宜控制在 4～9 范围内。⑤渗透压。注射剂渗透压应尽量与血液渗透压相等或接近。脊椎腔内注射液必须等渗，大输液剂也应等渗或偏高渗，其他途径注射剂由于机体耐受性和血液的稀释作用，渗透压要求可适当放宽。⑥稳定性。注射剂多系水溶液，要求注射剂具有必要的物理、化学和生物稳定性，确保产品在贮存期内安全有效。⑦安全性。注射剂不应对组织有刺激或毒性反应。特别在使用非水溶剂或一些附加剂时，必须经过严格的动物实验，证实使用的安全性。⑧新注射剂在研发过程中，要进行溶血试验、血管刺激性试验等。

注射剂由注射用原料药、注射用溶剂与附加剂组成。注射用水为最常用注射用溶剂。注射用水系纯化水再经过蒸馏所得的水，用作配制注射剂的溶剂。再蒸馏目的是除去热原，常采用塔式蒸馏水器或多效蒸馏水器。灭菌注射用水系注射用水经灭菌制得，多用作注射粉针剂的溶剂或稀释剂。药典规定，注射用水除符合一般蒸馏水的质量要求外，还必须通过热原检查，每毫升水中内毒素含量不得超过 0.5EU，pH 5.0～7.0，氨含量不超过 0.2×10^6。注射用油常用植物油，包括大豆油、花生油、麻油、茶油等。注射用油应无异臭，无酸败味；不得深于黄色 6 号标准比色液，在 10℃时应保持澄明，碘值为 79～128；皂化值为 185～200；酸值不大于 0.56。不符合上述药典标准的油类，需经过严格精制处理后，方可使用。

水溶性或油溶性的非水溶剂有乙醇、甘油、丙二醇、聚乙二醇（PEG）、苯甲酸苄酯、二甲基乙酰胺、油酸乙酯等。当需要增加药物溶解度或提高制剂稳定性时，可选择相应溶剂。此类溶剂多与注射用水或油以复合溶剂形式制备注射液。使用时，注意选择注射规格。

注射剂的附加剂及其作用：添加增溶剂、助溶剂，增加药物的溶解度；添加缓冲剂、等渗调节剂、抗氧剂与螯合剂，提高药物化学稳定性；添加混悬剂、润湿剂或乳化剂，提高注射剂物理稳定性；添加防腐剂，抑制微生物生长；添加止痛剂，减轻注射时疼痛等。

注射剂生产过程包括容器的预处理、洗涤、干燥、灭菌和冷却，原辅料及注射用水的准备，原辅料的称量、注射液配制、滤过、灌封、灭菌、质量检查及印字包装等，与这些过程密切相关的是优良的环境和性能完善的生产设备等。

供注射用的原辅料质量必须符合国家标准。在生产前需做小样试制，检验合格后方能使用。配制前，按处方规定及配液量，计算原料及附加剂投入量。计算时，要注意原辅料含量及配液损失量。如注射剂灭菌后含量下降，应酌情增加投料量；如原料含有结晶水，应注意换算。准确称量，并应两人核对。配制过程中，应严防微生物与热原污染及药物变质。已调配药液应在当日内完成滤过、灌装、封口及灭菌。

大量生产注射剂多用夹层配液锅加配轻便式搅拌器，夹层配液锅既可通蒸汽加热，也可通冷水冷却。调配器具应洁净干燥，用前要用洗涤剂或硫酸洗液处理洗净。临用时用新鲜注射用水荡洗或灭菌后备用，用毕一定要立即刷洗干净。注射剂的配制有两种：①稀配法，即将原料加入所需溶剂中，一次配成所需浓度，此法适合原辅料质量好的情况。②浓配法，即将全部原料药物加入部分溶剂中，配成浓溶液，加热滤过，必要时可冷藏后再滤过，然后稀释成所需浓度。当处方中有两种或两种以上药物时，难溶性药物应先溶。当需添加抗氧化剂时，应先将抗氧化剂溶解后，再加入药物。对不稳定药物，有时要控制温度且避光操作。配制用水必须是新鲜注射用水，如澄明度不好而必须使用时，可加0.01%～0.3%注射用活性炭处理。配制油性注射剂一般先将注射用油在150～160℃干热灭菌1～2h，冷却后配制。药液配好后，要进行半成品测定（包括pH、含量等项），合格后才能进行灌封。滤过是保证注射剂澄明度的关键操作，必须严加控制。注射液的滤过一般采用预滤（粗滤）与精滤相结合的方式。不同滤器性能不同，选择时应注意。粗滤多用3号垂熔玻璃滤器、砂滤棒及板框压滤器等。精滤可用4～6号垂熔玻璃滤器及微孔膜滤器，所需动力通过高位静压、减压或加压等方式实现。微孔滤膜的孔径小，需加较大压力才能滤过，必须安装于密闭的膜滤器中。醋酸纤维膜可用于无菌滤过及检验分析测定，如滤过低分子量的醇类、水溶液、酒类、油类等；硝酸纤维膜不耐酸碱，适用于水溶液、油类及酒类的除尘和除菌；醋酸纤维素和硝酸纤维素混合酯膜，适用于pH3～10的10%～20%的乙醇、50%的甘油、30%～50%的丙二醇，但2%吐温-80对膜有显著影响。耐溶剂膜有良好的耐溶剂性，可作为酸性、碱性和一般溶液的滤过。滤膜安装前，应放在注射用水中浸润12h以上，安放时，反面朝向被滤过液体，有利于防止膜的堵塞，滤膜上还可加2～3层滤纸，以提高滤过效率。

精滤药液经检查合格后，要立即进行灌装和封口（俗称灌封）。灌装、封口应在同室连续、及时进行。灌封区是灭菌制剂制备的关键区域，环境应严格控制，洁净度要求达到10000级（局部100级）。其工艺布局、人流、物流均有严格要求，否则对产品质量影响甚大。灌装要求剂量准确，药液不沾瓶。灌入容器的量要比标示量稍多，以抵偿给药时由于瓶壁黏附和注射器及针头吸留而造成的损失，保证制剂用量。黏稠性药液的增加量要比易流动药液稍多。对灌装后接触空气易变质的药物，容器应排除空气，填充二氧化碳或氮气等气体后熔封或严封。实用兽药制剂技术要求不漏气、顶端圆整光滑，无尖头、焦头及小泡。封口方式分拉封和顶封两种，拉封封口严密，不会像顶封那样易出现毛细孔，目前多用。粉末安瓿或具有广口的其他类型安瓿必须拉封。

注射液灌封后，必须尽快灭菌。灭菌方法选择根据药物性质，既杀灭微生物，保证用药安全，又要避免药物降解，影响药效，对保证产品质量甚为重要。热稳定产品或大输液常用热压灭菌（115.5℃，30min；121.5℃，20min），油溶剂的注射剂用干热灭菌，温度与时间根据主药性质而定；若注射剂生产污染较少，可用100℃流通蒸汽灭菌，1～5mL安瓿灭菌30min；10～20mL安瓿灭菌45～60min。热不稳定的产品可适当缩短灭菌时间或降低灭菌温度，如维生素C、地塞米松磷酸钠等采用100℃蒸汽灭菌15min，麦角碱采用80℃蒸汽灭菌1h；必要时以无菌操作法制备；如有条件，可采用微波灭菌和高速热风灭菌。灭菌效果验证要求 F_0 值大于 8。

灭菌后的安瓿应立即进行漏气检查。若安瓿未严密熔合,有毛细孔或微小裂缝存在,则药液易被微生物污染或药物泄漏而污损包装,应检查剔除。采用灭菌、检漏两用灭菌锅可将灭菌、检漏结合进行。灭菌后稍开锅门,同时放进冷水淋洗安瓿,使温度降低,然后关紧锅门并抽气,漏气安瓿内气体亦被抽出,当真空度达 85.3～90.6kPa 时,停止抽气,开启色水阀,使颜色溶液(0.05%曙红或亚甲蓝)盖没安瓿时止,开放气阀,再将颜色液抽回贮器中,开启锅门,用热水淋洗安瓿后,剔除带色的漏气安瓿。对于深色注射液的检漏,可将安瓿倒置于灭菌器内,灭菌时安瓿内气体膨胀,使药液从漏气的细孔挤出,将药液减少的安瓿和空安瓿剔除。还可用仪器检查安瓿隙裂。

注射剂主要的检查项目包括装量、不溶性微粒、无菌、细菌内毒素或热原等。①装量。注射剂及注射用浓溶液装量按照下述方法检查,应符合规定。标示装量不大于 2mL 者取供试品 5 支(瓶),2mL 以上至 50mL 者取供试品 3 支(瓶)。开启时注意避免损失,将内容物分别用相应体积的干燥注射器及注射针头抽尽,然后注入经标化的量入式量筒内(量筒的大小应使待测体积至少占其额定体积的 40%,不排尽针头中的液体),在室温下检视。测定油溶液或乳状液的装量时,应先加温(如有必要)摇匀,再用干燥注射器及注射针头抽尽后,同前法操作,放冷(加温时),检视。每支(瓶)的装量均不得少于其标示量。标示装量为 50mL 以上(至 500mL)的注射剂及注射用浓溶液按照最低装量检查法检查,应符合规定。②不溶性微粒。除另有规定外,溶液型静脉注射液、溶液型静脉注射用无菌粉末及注射用浓溶液按照不溶性微粒检查法检查,均应符合规定。③无菌。照无菌检查法检查,应符合规定。④热原或细菌内毒素。除另有规定外,静脉用注射剂按各品种项下的规定,照热原检查法或细菌内毒素检查法检查,应符合规定。

5.5

给药量的计算

5.5.1 传统的剂量滴定试验

最早期的给药方案制定采用剂量滴定的方式进行,即设置不同的剂量组,观察每个剂量组所取得的治疗效应,建立剂量-效应关系,以此为根据来判断达到预期效应所需要的剂量。剂量滴定试验设计一般包括两种方式:平行试验和交叉试验。两种试验方法的最大区别在于,平行试验得到的最佳剂量只能是试验中使用到的某一个剂量,如剂量 1、2、3 等,而交叉试验得到的最佳剂量可以是试验中所用剂量范围内的任一剂量,这是因为通过交叉试验可以建立剂量-效应关系方程。两种试验设计方案的示意图如图 5-1 所示。

交叉试验中拟合剂量和效应之间关系所用到的 Sigmoid Emax 方程见式(5-1):

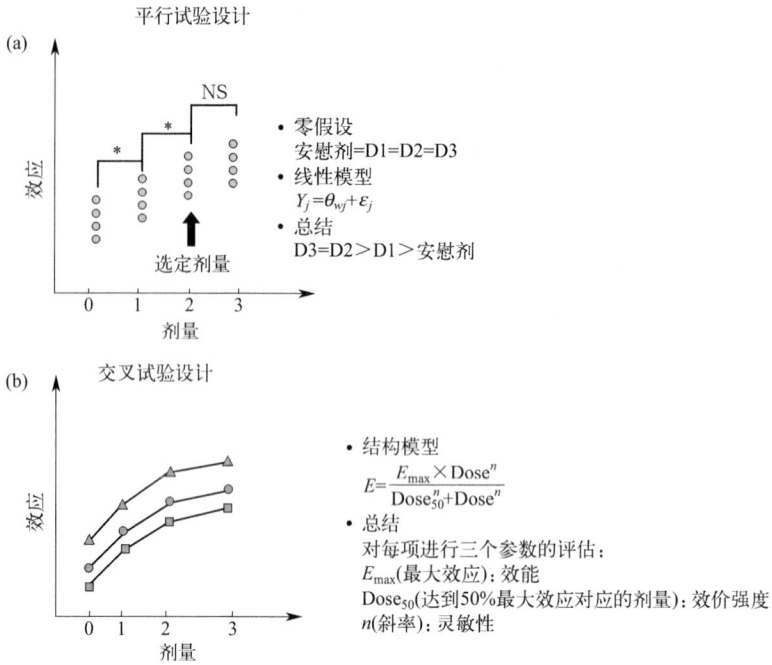

图 5-1 平行试验（a）和交叉试验（b）设计方案

$$效应 = E_0 \pm \frac{E_{\max} \times 剂量^n}{ED_{50}^n + 剂量^n} \tag{5-1}$$

式中，效应是独立的因变量；E_0 是当药物浓度为零时的效应，例如安慰剂的效应；$E_{\max}$ 是药物所能取得的最大效应；ED_{50} 为取得 50% 最大效应时的剂量，表示药物作用的强度；n 为斜率（当 $n=1$ 时，模型即为 $E_{\max}$ 模型）。

5.5.2 PK/PD 方法计算给药剂量

PK/PD 方法计算给药剂量的公式来源及推导过程：

在式（5-1）中 ED_{50} 表示半数有效剂量，并不是一个真正的 PD 参数，而是一个混合的 PK/PD 参数，由两个 PK 参数和一个 PD 参数决定，方程如下：

$$ED_{50} = \frac{CL \times EC_{50}}{F} \tag{5-2}$$

式中，CL 指血浆清除率；F 指任何血管外途径给药的系统生物利用度；EC_{50} 指达到半数最大效应的稳态血药浓度。

式（5-2）为根据 PK 和 PD 参数计算 ED_{50} 的方法，将式（5-2）以计算效应 x 所需要剂量的形式表达出来，x 可为 50%、90% 等任何目标效应，公式为：

$$ED_x = \frac{CL \times EC_x}{F} \tag{5-3}$$

根据上述剂量计算原理，抗菌药的给药剂量公式可表达为：

$$剂量率 = \frac{剂量}{给药间隔} = \frac{CL}{F} \times EC_x \tag{5-4}$$

$$剂量 = \frac{CL \times AUC_{24h}}{F} \tag{5-5}$$

$$每日剂量 = \frac{AUC_{24h}/MIC \times MIC \times CL}{F \times fu} \tag{5-6}$$

式(5-6)为目前利用 PK/PD 方法计算抗菌药给药剂量的常用公式，因为药-时曲线下面积（AUC）的计算时间为 24h，所以对应的剂量也为 24h 内给药剂量（Dose per day）。AUC_{24h}/最低抑菌浓度（MIC）为对应不同治疗效应的 PK/PD 参数折点值。

由此公式计算得到的剂量在 24h 内给予便可以达到该 AUC/MIC 折点值，取得相应的预防、治疗和根除等不同效应。这个剂量可以在 24h 内一次给予，也可以分多次给予，取得的总 AUC 值和 AUC/MIC 值是相同的，具体如何给药还需要结合其他 PK、PD 参数，如最大血药浓度（C_{max}）、平均驻留时间（MRT）等。

此外，式(5-7)也常被应用于 PK/PD 研究制订给药剂量。该公式的原理是如果体内药动学特征呈线性关系，即剂量和 AUC_{24h} 成正比，那么不同剂量取得的 AUC 比值等于剂量的比值。

$$\frac{Dose_{optimal}}{Dose_{experiment}} = \frac{AUC_{ex\ vivo}/MIC_{test}}{AUC_{in\ vivo}/MIC_{target}} \tag{5-7}$$

式中，$Dose_{optimal}$ 为最佳剂量；$Dose_{experiment}$ 为药动学试验中使用的剂量；$AUC_{ex\ vivo}/MIC_{test}$ 为半体内 PK/PD 模型计算得到的 AUC/MIC 折点值；$AUC_{in\ vivo}$ 为药动学试验给药剂量对应的 AUC，MIC_{target} 为目标感染菌株的 MIC，一般取 MIC_{50} 或 MIC_{90}。

5.5.3　给药剂量的换算

不同动物间以及实验动物和食品动物之间可以用等效剂量系数折算法换算、体表面积法换算、系数折算法与体表面积法的比较、系数折算法的相对误差、幼龄动物和成年动物的剂量换算、不同给药途径间的剂量换算法以及 LD_{50} 与药效学剂量间的换算。

5.6

赋形剂和辅药

5.6.1　辅料及附加剂概述

药物制剂辅料简称药用辅料，用于制造和（或）调配药物制剂的各种必需品。任何原料药物临床使用前，必须制成各种不同"形态"的药物制剂，制剂制备除原料药外，必须加入有助于制剂成形、稳定、增溶、助溶、缓释、控释等不同功能和作用的各种辅料。

药物制剂是由活性成分原料和辅料组成，没有辅料就没有制剂。辅料的作用主要有：①有利于制剂形态的形成；②使制备过程顺利进行；③提高药物的稳定性；④调节有效成分的作用或改善生理要求。辅料及附加剂，可以按多种方式分类。按制剂形态，可分为气体、液体、半固体和固体制剂辅料四类；按制剂剂型，可分为溶液剂辅料、混悬剂辅料、乳剂辅料、软膏剂辅料、粉剂辅料、颗粒剂辅料、片剂辅料、注射剂辅料；按辅料在制剂中的药用用途，可分为溶剂、增溶剂、助溶剂、助悬剂、乳化剂、等渗调节剂、防腐剂、抗氧剂、pH 调节剂、金属离子螯合剂、填充剂、稀释剂、载体、基质、润湿剂、助流剂、包衣材料、矫味剂、着色剂等 40 多类，该分类方法较实用。

5.6.2　液体制剂的辅料

（1）**溶剂**　是制备液体制剂的液体分散介质。存在于最终制剂中的溶剂应符合具有良好的物理化学稳定性、不妨碍主药药理作用和含量测定、价廉安全等条件。常根据极性分为极性溶剂：水、甘油、二甲基亚砜；半极性溶剂：乙醇、丙二醇、PEG300、PEG400、PEG600；非极性溶剂：植物油、液体石蜡、乙醚、油酸乙酯等。

（2）**助溶剂**　是为增加难溶性药物的溶解度而加入的一类物质。按其化学结构可分为三类，有机酸及其盐类，如苯甲酸、水杨酸及其钠盐；酰胺或胺类化合物，如烟酰胺、乙酰胺、三乙胺、乙醇胺；其他：包括无机盐（碘化钾、磷酸钠）、多聚物（PVP、PEG4000）、酯类、多元醇（甘油、丙二醇）等。其用量需根据具体药物及其浓度定。

（3）**增溶剂**　为增加药物溶解作用的表面活性剂，多为阴离子型表面活性剂和非离子型表面活性剂。表面活性剂形成胶团后，使药物在溶剂中溶解度增大并形成单相缔合胶体溶液。阴离子型表面活性剂主要用于外用制剂的增溶，包括：肥皂类（钠肥皂对煤酚的增溶）、硫酸化物（如硬质硫酸钠）、磺酸化物（如阿洛索）等；非离子型表面活性剂可用于外用、内服和注射等途径，主要有吐温类、卖泽类、平平加类等。

（4）**抗氧剂**　在药物制剂中加入某些氧化电位低的还原性辅料，以延缓或防止药物制剂发生氧化反应，这类辅料称为抗氧剂。抗氧剂具有较强的还原性，其还原电位低于药剂中易氧化物的还原电位，使其先被氧化而消耗，从而确保药物不被氧化。根据溶解性能不同分为水溶性抗氧剂和油溶性抗氧剂。水溶性抗氧剂，如亚硫酸盐类、抗坏血酸类、氨基酸类、有机酸类等；油溶性抗氧化剂，如叔丁基对羟基茴香醚、抗坏血酸棕榈酸酯等。

（5）**防腐剂**　在药剂中起防止或抑制病原微生物发育生长的辅料称为防腐。液体制剂加入防腐剂的目的是保证制剂的生物学安全性。一般在外用或口服液体制剂中称为防腐剂，而在滴眼剂和注射剂中一般称为抑菌剂。现多用有机酸及其盐类：如苯甲酸（钠）、山梨酸（钾）、硼酸（硼砂）等；植物油类：如桉叶油、紫苏油等；酯类：尼泊金甲酯、尼泊金乙酯、尼泊金丙酯和尼泊金丁酯；阳离子型表面活性剂：苯扎溴铵；醇类：乙醇、苯甲醇、三氯叔丁醇等。

（6）pH 调节剂　在药剂学中利用酸或碱来调节溶液的 pH 值使达到一定的酸碱度，所用的酸或碱就是 pH 调节剂。分为酸（盐酸、醋酸、枸橼酸、硼酸、酸性氨基酸类等）、碱（氢氧化钠、碳酸氢钠、有机胺类、碱性氨基酸等）及缓冲液（磷酸盐缓冲液）三类。

使用 pH 调节剂时，既需注意制剂的稳定性，又要考虑机体的适应性。

（7）**等渗调节剂**　调节药液的渗透压使其与血浆或体液的渗透压相等的辅料，称为等渗调节剂。当注射液渗透压超过机体耐受范围时，肌内注射往往会产生刺激且影响药物吸收，常用氯化钠、葡萄糖等。

（8）**着色剂**　制备兽药制剂时，加入使之着色的物质称为着色剂。这类物质多为色素，分为天然着色剂，如植物色素（如叶绿素、焦糖等）、矿物色素（如朱砂）；合成着色剂，如苋菜红、柠檬黄、胭脂红、靛蓝等。

（9）**矫味剂**　能掩盖和矫正药物的不良臭味，改善味觉的物质，称为矫味剂。主要掩盖原料药和辅料的苦味、涩味，以甜味剂、芳香剂、鲜味剂为主。甜味剂常用：单糖浆、糖精钠、阿巴斯甜、甜菊糖苷等。芳香剂常用：天然的薄荷油、橙皮油、桂皮油等，合成的各种香型有香蕉、柠檬、菠萝等。鲜味剂，是添加在制剂中能改善或增强制剂风味，增加动物食欲和促进动物采食（摄饮）的物质，多用谷氨酸钠（味精）等。

（10）**助悬剂**　是指能增加液体分散介质黏度，阻止液体制剂中微粒下沉的物质，分天然助悬剂和合成助悬剂两种。天然助悬剂，如：西黄蓍胶、阿拉伯胶、海藻酸钠、皂土、黄原胶、琼脂、糊精等；合成的助悬剂，如：聚维酮、聚乙烯醇（PVA）、甲基纤维素、羧甲基纤维素钠、羟丙基甲基纤维素（HPMC）、硬脂酸铝、双硬脂酸铝等。

（11）**乳化剂**　将两种互不相溶的液体制成均匀分散的多相稳定体系，必须加入第三种物质起乳化作用，这种起乳化作用的物质称为乳化剂。乳化剂一般分为四类：天然乳化剂（西黄蓍胶、阿拉伯胶、果胶、海藻酸钠、豆磷脂、卵磷脂、明胶、胆酸钠等）、合成乳化剂（阴离子型表面活性剂及非离子型表面活性剂）、半合成乳化剂（纤维素衍生物）和固体粉末乳化剂（氢氧化镁、氢氧化铝、硬脂酸镁、氢氧化钙等）。

5.6.3　固体制剂的辅料

（1）**填充剂**　包括稀释剂和吸收剂。稀释剂是在制备固体药物制剂时，用于增加固体制剂的重量和体积，以利于成形和分剂量的辅料。而用于吸收挥发油或一定量难以除去的水分以便于成形的辅料，称吸收剂或载体。在不同固体制剂中，填充剂可有不同称谓，如在可溶性粉剂中称为稀释剂或载体，在预混剂中称为基质，在片剂中为填充剂等。按水溶性可分为水溶性填充剂（如葡萄糖、乳糖、可溶性淀粉、山梨醇、甘露醇、硫酸钠、碳酸氢钠等）、水不溶性填充剂（如微晶纤维素、硫酸钙、皂土、滑石粉、磷酸氢钙、玉米芯粉、米糠、麦麸等）。

（2）**黏合剂和润湿剂**　具有一定黏性，以固体粉末或溶液状态加入能增加原辅料黏性，以便于直接压片、干法制粒或湿法制粒的辅料称黏合剂。某些液体辅料本身无黏性，但可诱发待制粒物料的黏性，以便于制粒，称润湿剂。黏合剂常用天然黏合剂（如淀粉、明胶）、合成黏合剂（如 MC、HPC、HPMC、PEG、PVP）。润湿剂常用水或不同浓度的乙醇。

（3）**崩解剂**　是指能促进片剂在胃肠液中易于崩解成小粒子或粉末，从而促进药物吸收的辅料。常用淀粉及其衍生物（淀粉、羧甲基淀粉）、纤维素类（微晶纤维素、低取代羟丙基纤维素）、泡腾混合物（枸橼酸和酒石酸与碳酸盐或碳酸氢盐混合物）、表面活性剂（吐温-80、月桂醇、硫酸钠）等。

（4）**润滑剂**　在压片时为了能顺利加料和出片，并减少黏冲及降低颗粒与颗粒、药片与模孔壁之间的摩擦力，使片面光滑美观，在压片前一般均需在颗粒（或结晶）中加入适宜的润滑剂。按其作用不同，分为三类。①助流剂：主要用于增加颗粒流动性，改善颗粒填充状态。②抗黏着（附）剂：主要用于减轻物料对冲模的黏附性。③润滑剂：主要用于降低颗粒间以及颗粒与冲头和模孔壁间的摩擦力，改善力的传递和分布。一般将具有上述任何一种作用的辅料都称为润滑剂。润滑剂必须是极细粉（至少要通过 100 目的筛），才能均匀分布在颗粒表面，并起到上述三种作用。常用的有水溶性润滑剂，如聚乙二醇（PEG6000、PEG8000）、苯甲酸钠、月桂醇、硫酸钠（镁）；水不溶性润滑剂，如硬脂酸、硬脂酸钠（镁、钙）、滑石粉等。

（5）**抗静电剂**　将容器或物料上聚集的有害电荷导引或消除，使其不对生产或生活造成不便或危害的化学物，称为抗静电剂。制剂学上，常用表面活性剂作为抗静电剂。

参考文献

[1] 毕殿洲. 药剂学[M]. 4 版. 北京：人民卫生出版社，2002.

[2] 陈俊琪. 中药药剂学[M]. 北京：中国中医药出版社，2003.

[3] 李向荣. 药剂学[M]. 杭州：浙江大学出版社，2010.

[4] 王国栋，朱凤霞，张三军. 兽医药理学[M]. 北京：中国农业科学技术出版社，2018.

[5] 陈杖榴，曾振灵. 兽医药理学[M]. 4 版. 北京：中国农业出版社，2017.

[6] 曾南，周玖瑶. 药理学[M]. 北京：中国医药科技出版社，2014.

[7] 李春雨，贺生中. 动物药理[M]. 北京：中国农业大学出版社，2007.

[8] 杨藻宸. 药理学和药物治疗学[M]. 北京：人民卫生出版社，2000.

[9] 张绪峤. 药物制剂设备与车间工艺设计[M]. 北京：中国医药科技出版社，2000.

[10] 陆彬. 药物新剂型与新技术[M]. 2 版. 北京：人民卫生出版社，2005.

[11] 罗杰英，王玉容，张自然，等. 现代物理药剂学理论与实践[M]. 上海：上海科技文献出版社. 2005.

[12] 罗明生，高天惠，宋民宪. 中国药用辅料[M]. 北京：化学工业出版社，2006.

第 6 章
免疫毒理学
在兽医开发
中的应用

6.1

引言

免疫毒理学（immunotoxicology）是在免疫学和毒理学基础上发展起来的一个毒理学分支学科，主要研究外源化学物、物理因素和生物因素对机体免疫系统的有害作用及其机制。免疫毒理学涉及多学科领域，是临床医学、环境医学、基础免疫学、分子生物学、细胞生物学、药理学、生理学等多学科的结合。

免疫毒理学真正成为毒理学的分支只有几十年，还十分"年轻"。20世纪60年代，人们开始认识到许多化学、物理因素可能引起机体的免疫异常，如青霉素等药物引起的过敏反应，灰尘、氮氧化物、二氧化硫等空气污染物引起的呼吸道疾病（如哮喘）等。免疫毒理学在毒理学研究中，尤其安全性评价中有重要作用，80年代后发展很快。国外有关免疫毒理学的研究也日益增多，多次召开有关会议和出版有关专著，如1989年德国召开的"金属的免疫毒性和免疫毒理学会议"、1993年瑞典召开的"体外免疫毒理学会议"、1994年英国召开的"国际环境免疫毒理学及人类健康研讨会"、1997年荷兰的"免疫毒理学的流行病学研讨会"等。1994年美国编著出版了《免疫毒理学和免疫药理学》，1995年出版了《免疫毒理学实验方法》，1996年世界卫生组织编写了《评价化合物质直接免疫毒性原理及方法》及《实验免疫毒理学》等书籍。我国从70年代末开始，在一些医院院校、科研院所和职业病防治所先后开展了有关粉尘与毒物、环境污染物、农药、药物等免疫系统的影响和作用机制方面的研究。1989年中华预防医学会卫生毒理学会正式建立了全国免疫毒理学组，1993年中国毒理学会建立免疫专业委员会，召开多次全国免疫毒理学学术交流会，积极推动了我国免疫毒理学的发展。2018年召开的"中国毒理学会免疫毒理专业委员会"以"免疫毒理与健康"为主题，针对环境污染物免疫毒性、免疫毒性评价方法、免疫评价替代实验方法以及免疫毒性相关机制研究新进展等问题进行了研讨，从不同的角度解读了免疫毒理学科的发展与展望。

从国内外免疫毒理学的发展历程来看，免疫毒理学大致经历了确定具有免疫毒性的外源物质；建立敏感、特异、简便的检测方法以及免疫毒性机制的研究等过程。目前，免疫毒理学的研究内容主要包括以下几个方面。

（1）**免疫毒性及作用机制研究** 采用各种有效的研究手段，从整体、器官到细胞、分子等不同水平研究外源化学物和物理因素对人和实验动物的免疫损害，包括免疫抑制、自身免疫反应和变态反应等，并研究其作用机制。

（2）**免疫毒性评价的方法学研究** 改进、规范和完善已有的免疫毒理学试验方法，探索更灵敏、特异，更有预测价值的新方法和更全面合理的试验组合，提高试验的可靠性和效能。同时，考虑动物伦理学，减少实验动物数量，研究新的免疫毒理学体外替代检测技术和方法，以应用于药物和化学物质免疫毒性的安全性检测。

（3）**免疫毒性检测规范的研究与制定** 免疫毒理学在药物安全性评价中的重要性逐渐被重视，针对免疫毒理学的评价，不同的国家采取不同的方案，制定了不同的制度，目前常见的方案有美国国家毒理学规划委员会（the National Toxicology Program，NTP）提出的《两级筛选方法的指导原则（1988）》、美国FDA药品评价和研究中心（CDER）

推荐的《新药免疫毒理学评价规范》。经济合作与发展组织（OECD）、荷兰国立公共卫生和环境研究所（RIVM）的两级实验方案，世界卫生组织（WTO）提出的人群免疫毒性检测方案等。而我国 2015 年新颁布的《医疗器械生物学评价》（GB/T 16886.20—2015）第 20 部分，规定了医疗器械免疫毒理学评价中进行免疫抑制、免疫刺激、超敏反应、慢性炎症检测试验的有关要求。

与一般的外源化学物不同，药品是有目的开发，并严格限制用量的化合物，其生物学效应也是经过了大量的研究和验证，其最终用于治疗疾病，以解决临床问题。有些药物的开发目的就是具有免疫调节或免疫抑制作用。但是免疫系统是一个高度复杂的细胞系统，涉及多种功能，如抗原的呈递、识别与扩增，细胞增殖和随后的细胞分化、分泌淋巴因子以及形成抗体等，最终形成一个完整的系统以抵御外来病原体和自发性的肿瘤，如果这些外来病原体及自发肿瘤未被查出，则可能引起机体感染和恶性肿瘤。有效的免疫系统必须既可以识别外来抗原，又能破坏外来抗原。为了保持这样的平衡及协调地发挥作用，就要求对细胞和细胞间的交流进行调节，以及对自身和非自身进行准确识别。

在给予治疗药物后可能会出现一些不希望出现的免疫系统反应，如免疫反应的下调节（免疫抑制）、免疫系统的上调节（即自身免疫）或对药物的直接免疫副作用（变态反应），以及对药物本身产生的直接免疫反应导致疗效受限或无效。近年来，国际上越来越强调对药物和化学物的免疫毒性作用的评价。已批准上市的药物很少出现不可预见的免疫毒性，除了用于治疗的一些免疫调节或免疫抑制药物之外，几乎没有可以引起免疫抑制的副作用，但引起变态反应（过敏反应）和自身免疫则很常见。很多已上市药物被撤销，最常见的安全性因素之一，就是出现免疫反应的副作用（变态反应）。此外，在临床反应中发现的意外情况也主要是这种免疫反应的副作用，如表现皮疹和荨麻疹。这些意外的发生，是因为缺少全身性变态检测，不能在临床前试验中很好地预测，尤其是经口给予的药物，结果在临床试验时遇到了阻碍，延误药物的进一步开发和投入市场。因此，进行临床前药物的免疫毒理学研究，可以很好地帮助研究人员早期发现这些副作用。本章节的内容主要是帮助读者理解药物免疫副作用，介绍可能用于发现这些免疫副作用的临床前试验类型，提供常用的评价方法和实验方法，以及对实验结果的理解，能更好地在兽药开发中应用免疫毒理学。

6.2

免疫系统概况

免疫系统是复杂且精巧的，巨大功能中的任何一点丧失，都可能引起免疫系统的病变。本章对该系统的重要组成成分及相互作用进行简单描述，以帮助更好地理解外源化学物如何影响免疫系统的功能。

6.2.1 免疫系统

免疫系统的主要功能是识别并清除入侵的外来物质及其产生的毒素和体内产生的早期肿瘤细胞，保持机体内环境的稳定。生物体免疫系统对抗外源物产生的免疫应答都具有特异性、多样性、记忆性、自我调节、区分"自身"和"非自身"的共同特征。免疫系统主要通过以下两种防范机制保护宿主。

（1）**特异性免疫机制**　或称获得性免疫、适应性免疫，以记忆性、特异性和将"自身"与"非自身"区分开来的能力为特征。机体于第一次遭遇抗原入侵后，一般需要7～10天的时间来提高其特异性免疫应答，其重要特点是具有免疫记忆功能，在机体再次遭遇相似抗原时，可以出现更快更强的免疫应答。

（2）**非特异性免疫机制**　或称天然免疫、先天性免疫，是机体防御感染的第一道防线，包括组织屏障（皮肤和黏膜系统、血脑屏障、胎盘屏障等）、固有免疫细胞〔吞噬细胞、杀伤细胞、树突状细胞（DC）等〕、固有免疫分子（补体、细胞因子、酶类物质等）。非特异性免疫应答缺乏记忆功能。

6.2.2 免疫系统的组成

机体具备以上免疫机制，是通过各种细胞及因子的共同调节完成的。免疫系统是由免疫器官、免疫细胞和免疫分子三个层次共同组成，各部分功能相互关联，一旦发生外源物质入侵，不同类型的细胞和体液常常发生连锁反应，通过对外源物质的识别、记忆和反应，以达到清除目的。

6.2.2.1 免疫器官

免疫器官按功能分为中枢（一级）免疫器官和外周（二级）免疫器官。中枢免疫器官是免疫细胞发生、分化和成熟的场所，包括骨髓（指哺乳类动物，禽类的是法氏囊）和胸腺。骨髓是重要的造血和免疫器官，是免疫干细胞的发源地，免疫干细胞的发生不依赖抗原的刺激。淋巴细胞（T细胞与B细胞）的前期发育是在骨髓内完成；B细胞分化为浆细胞后，也回到骨髓，并在这里产生大量抗体。正常胸腺的结构，是发生最早的免疫器官。胸腺是T淋巴细胞分化成熟的场所，对机体免疫功能的建立，以及丧失免疫功能的重建均具有很重要作用。

外周免疫器官富含血管和淋巴管，是成熟T淋巴细胞和B淋巴细胞定居的场所，也是产生免疫应答的部位，包括脾脏、淋巴结及黏膜相关淋巴组织和皮下组织。脾脏是T淋巴细胞和B淋巴细胞定居和增殖的场所，提供特异性细胞免疫及体液免疫，脾脏中B淋巴细胞比例较大，是产生特异性抗体的主要基地。淋巴结是T淋巴细胞及B淋巴细胞集居的场所，而T淋巴细胞的比例较大，在外源物入侵后，淋巴结产生细胞免疫和体液免疫以排除异己，淋巴结通过淋巴窦内巨噬细胞、抗体及其他免疫分子的作用杀灭抗原，防止其扩散。其他淋巴样组织包括黏膜相关淋巴组织（主要有胃肠道相关淋巴组织和呼吸道相关淋巴组织）、皮肤相关淋巴组织和血管相关淋巴组织。

6.2.2.2 免疫细胞

免疫细胞指参与免疫应答以及与免疫应答有关的细胞，包括淋巴细胞、树突状细胞、单核巨噬细胞、粒细胞及肥大细胞等。结合前文，表 6-1 描述了免疫系统的细胞组成及其功能。

表 6-1　免疫系统的细胞组成及其功能

细胞亚群	标记物	功能
非特异性免疫		
粒细胞		脱颗粒释放调节因子
中性粒细胞(血液)		
嗜碱性粒细胞(血液)		
嗜酸性粒细胞(血液)		
巨细胞(结缔组织)		
自然杀伤(NK)细胞		未致敏淋巴细胞；直接杀伤靶细胞
网织内皮细胞	CD14；HLA-DR	抗原处理，呈递及细胞吞噬(体液及某些细胞介导的反应)
巨噬细胞(腹膜,胸膜,泡腔)		
组织细胞(组织)		
单核细胞(血液)		
特异性免疫		
体液免疫		
激活的 B 细胞	CD19；CD23	增殖；形成浆细胞
浆细胞		分泌抗体；最终分化
休眠细胞		分泌 IgM 抗体(原发性反应)
记忆细胞		分泌 IgG 抗体(继发性反应)
细胞介导的免疫		
T-细胞类型		
辅助 T 细胞(T_h)	CD4；CD25	在体液免疫中起辅助作用；产生抗体所必需
细胞毒 T 细胞(T_k)	CD8；CD25	溶解靶细胞
抑制 T 细胞(T_s)	CD8；CD25	抑制/调节体液及细胞介导的免疫反应

注：用特异性的单克隆抗体发现的激活表面标记物，可用流动细胞仪进行试验。

淋巴细胞在免疫应答过程中发挥主要作用，按其表面标志物分为三类：T 淋巴细胞、B 淋巴细胞和自然杀伤细胞 (natural killer cell，NK 细胞)。T 细胞在骨髓产生，随血循环到胸腺分化成熟，形成三个亚群，包括辅助 T 细胞、抑制 T 细胞和细胞毒 T 细胞，成为功能细胞。T 细胞接受抗原刺激后，分泌细胞因子，介导细胞免疫并对 T 细胞依赖性抗原的体液免疫进行调控，杀伤性 T 细胞具有杀伤肿瘤细胞等靶细胞的功能。B 细胞在骨髓中分化成熟，接受抗原刺激后产生抗体 (免疫球蛋白)，参与体液免疫。而 NK 细胞不需要依赖抗原刺激，可自然地发挥细胞毒效应直接杀伤靶细胞。树突状细胞和单核巨噬细胞作为专职的抗原呈递细胞 (APC) 通过 Fc 受体或补体受体摄取抗原，处理抗原，通过与 T 细胞表面的Ⅱ型主要组织相容性复合物 (MHC) 蛋白结合，将抗原呈递给 T 细胞，激活免疫系统。巨噬细胞释放可溶性的调节因子[如白介素-1(IL-1)]，刺激 T 细胞的增殖。T 细胞受到刺激时增殖，分化并表达白介素-2(IL-2)受体，还能产生及分泌 IL-2，其反作用于抗原特异性 B 细胞，B 细胞增殖并分化成为浆细胞 (形成抗体)。中性粒细胞的主要功能是吞噬作用，在化学趋化因子的作用下，通过血管壁的微管移行至感染或炎症部位，识别和内化微生物，最终将吞入的微生物杀死在细胞内。图 6-1 为 T 细胞和 B 细胞激活的免疫调节简图。

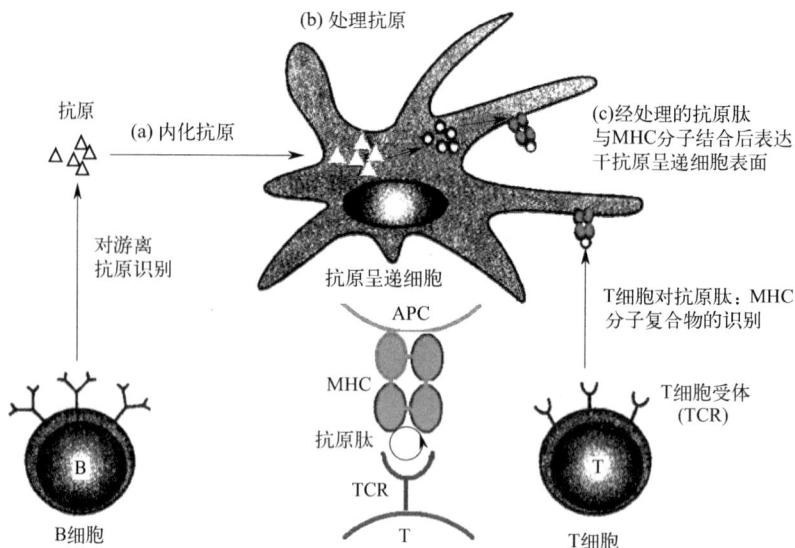

图 6-1　T 细胞和 B 细胞激活的免疫调节简图

6.2.2.3　免疫分子

免疫分子中的抗体是机体经抗原物质刺激后，由 B 淋巴细胞产生的，由此介导的免疫称为体液免疫。抗体在体内随血液和淋巴液移动，对中和外来抗原非常重要。抗体因结构不同具有其特异性，表 6-2 中描述了不同类型的抗体特性及功能。

表 6-2　不同抗体的特性及功能

抗体	结构	特性及功能
IgG	单体结构	继发性免疫反应时由 B 细胞分泌；结合补体；能通过胎盘屏障。数量最多，是对细菌、病毒、毒素起作用的主要抗体
IgM	五体结构	黏膜分泌，不能通过胎盘；抗原初次刺激时最先产生，在机体的早期防御中起着重要的作用
IgA	单体或双体结	分为血清型及分泌型，其中分泌型 IgA 存在于分泌液中，是机体黏膜局部抗感染免疫的主要抗体
IgD	单体结构	出现在 B 淋巴细胞表面，功能不明，可能是抗原受体，与细胞识别有关
IgE	单体结构	定位于肥大细胞，参与快速过敏反应，既能启动速发相过敏反应，也可诱发迟发相过敏反应

免疫系统的调节是庞大而复杂的，除了抗体之外，还有细胞黏附分子，参与调节细胞-细胞间、细胞内-细胞外基质相互结合的辅助因子，以及细胞因子。细胞因子是由白细胞和其他细胞释出的调节多肽类，作为细胞信号，在很多免疫应答中起到中枢作用。细胞因子种类繁多，到目前已鉴定和克隆的细胞因子超过 150 种，如白细胞介素类（已确定的有 30 多种）、干扰素、肿瘤坏死因子、集落刺激因子等。

这些细胞因子的功能相互交叉，单纯某个因子的升高或降低，并不能表现出整体性的生理意义。

6.3

免疫毒性效应

免疫系统的高度综合和高度调节作用，形成了庞大复杂的细胞网络系统。在神经内分泌系统的调节下，免疫系统不同的免疫细胞和免疫分子协同作用，产生适当的免疫应答，这时免疫系统处于"正常状态"，能够充分发挥其免疫防御和免疫监视功能。但是，外源化学物和物理因素可能通过直接损伤免疫细胞的结构和功能，影响免疫分子的合成、释放和生物活性，或通过干扰神经内分泌网络等间接作用，使免疫系统对抗原产生不适当的应答，即过高或过低的应答，或对自身抗原的应答，都会导致免疫病理过程，继而发展为免疫性疾病，对机体造成损伤。

根据对正常免疫系统的抑制或刺激作用，已经确定了两大类免疫毒性。其中，免疫抑制是免疫应答过低引起的，是一种免疫系统的下调节，以细胞损耗、功能丧失或调节功能不全为特征，从而可能导致宿主对感染或肿瘤的易感性增加，严重时表现为免疫缺陷。相反，免疫刺激是免疫应答过高，是一种增加的或扩大的免疫反应，表现为超敏反应；如自身抗原应答细胞被激活，则引起致病性自身免疫。

然而，值得注意的是外源化学物对免疫系统的影响是复杂的过程，有的药物在一个剂量和暴露期内引起免疫抑制，又在其他剂量引起免疫刺激。有的可引起多种异常的免疫应答，如铅、汞等重金属既可以引起免疫抑制，又可以引起超敏反应和自身免疫。有的化学物既可以直接作用于免疫系统，又可以通过其他组织器官的毒性影响免疫功能。在以免疫系统为毒作用靶的同时，对非免疫系统的毒作用也可以影响免疫功能；反过来，对免疫系统的损害也可以影响其他组织器官的功能，有时两者之间是很难区别的。

近年来，我国学者在多领域开展了免疫毒性的大量研究工作，如环境持久性有机污染物的免疫毒性、空气污染物的免疫毒性、金属的免疫毒性、农药的免疫毒性、药物免疫毒性及免疫原性、纳米材料的免疫毒性、食品免疫毒性、化妆品免疫毒性、疫苗和生物制品免疫毒性，以及其他外源化学物、物理因素的免疫毒性等。尽管这些研究不在兽药研究领域，但是研究方法和技术及处理方案值得借鉴。尤其一些药物导致免疫抑制、自身免疫反应、超敏反应，或诱发对药物本身产生直接免疫反应而使疗效受限或无效（如产生中和抗体）的研究。如黄芪糖蛋白、雷公藤甲素可对体外培养的脾细胞增殖均表现出显著的抑制活性；中药漆黄素（FIS）能够有效地抑制 T 淋巴细胞增殖等。这些研究也提示了药物的免疫毒性在兽药开发过程中应该引起重视。

6.3.1　免疫抑制

免疫抑制是指外源物质对机体的免疫功能产生抑制，造成机体对各种感染因子的抵抗力和监视能力降低。许多化学物质可以引起机体的免疫抑制，免疫系统的各种细胞对某些外源物质的敏感性可能不同，反应也不同。因此，免疫抑制可能表现为多种免疫细胞中的某些类型的细胞活性出现不同程度的降低。一些淋巴器官如脾脏、胸腺或淋巴结可能同时受到影响，或单独某一个免疫器官出现免疫缺陷，这些免疫异常可能导致一系列不同程度的临床表现。

6.3.1.1　免疫抑制对病原微生物感染和肿瘤的影响

外源化学物免疫抑制的结果是宿主抵抗力降低，对感染的易感性增加，感染程度加重或感染时间延长等。免疫抑制除了表现为细胞免疫和体液免疫的有关功能指标发生变化外，还可因机体抵抗力改变，继发性对某些感染因素特别敏感，或因失去自我监督功能容易发生肿瘤。

通过各种宿主抵抗力试验，在动物身上已经得到充分的证明。由于人群接触某些潜在免疫抑制剂的剂量和接触时间较难估计，加上其他众多的影响因素，有时难以做出准确的评价，但是可以从相对控制的临床用药人群中得到比较可靠的证据。如患自身免疫性疾病、慢性炎症和器官移植的临床患者使用免疫抑制剂后，细菌、病毒和寄生虫感染性并发症的发生率增高，使用免疫抑制剂的器官移植患者继发肿瘤的发生率增高。在一项大规模的临床研究中发现，存活 10 年的肾移植患者癌症发生率可高达 50%，出现的肿瘤是异质的，包括皮肤癌和唇癌（发病率比普通人群高 21 倍）、非何杰金氏淋巴瘤（高 28～42 倍）、卡波西肉瘤（高 400～500 倍）和宫颈癌（高 14 倍）。因此人们推测，非临床接触免疫抑制剂也有可能产生严重的不良后果。实际上其他环境污染物引起的人群免疫抑制也有不少报道，如台湾多氯联苯和二呋喃污染食用油中毒事件中受害者免疫功能下降，肺部感染率增高。非何杰金氏淋巴瘤的病因与接触二噁英、多氯联苯、氯丹、氯酚等环境污染物有关；室内烹调油烟污染与女性肺癌之间也存在一定的关系。

6.3.1.2　免疫抑制的机制

实验表明，当治疗试剂所给剂量少于引起明显毒性反应的剂量时，就有可能产生一种与剂量相关的免疫抑制作用。此外免疫抑制与接触试剂的时间和剂量相关，也可以与遗传性体质无明显的关系。

（1）特异性免疫机制　体液免疫以产生抗原特异性抗体为特征，抗体通过增加吞噬作用及调理作用来消除病原微生物及其他抗原物质的免疫作用。因此，体液免疫（B 淋巴细胞）的缺陷可能会导致抗体滴度降低，与细菌的感染明显相关。

由于细胞免疫会引起趋化性淋巴细胞的释放，从而增加吞噬作用，所以细胞免疫缺陷也会引起慢性感染。细胞免疫又是由 T 细胞、巨噬细胞和 NK 细胞组成的复杂调节系统，免疫抑制试剂可能直接破坏 T 细胞，也可能间接阻断有丝分裂、淋巴因子的合成、淋巴因子的释放，或者膜受体与淋巴因子的结合，从而干扰它们的调节作用。除此之外，细胞免疫也参与一些细胞因子如干扰素的产生和释放，其可以阻碍病毒复制。病毒通常结合在感染细胞的表面，对 T 细胞的细胞溶解很敏感。因此，对于细胞免疫的任何一部分发生免疫抑制，都会引起原生动物、真菌以及病毒感染的增加，还会发生机会性的细菌感染。

细胞免疫功能的降低可以引起机体对病毒抵抗力的降低和恶性肿瘤发生概率的增加，这是通过调节对畸变细胞的免疫监视的间接机制引起的。T 淋巴细胞、巨噬细胞及 NK 细胞均参与对病毒感染细胞或肿瘤细胞进行溶解的免疫监视过程，每种免疫的机制各有不同。每种肿瘤细胞表面都有其特异的表面抗原，这使得肿瘤细胞与正常细胞有所不同。一旦发现肿瘤细胞，这些外来物就会被呈递给辅助 T 细胞，并与 MHC 分子结合形成抗原-MHC 复合物，接着被导向细胞毒性 T 淋巴细胞，与抗原-MHC 复合物受体结合。然后这些细胞进行增殖，并与特异性病毒抗原或肿瘤细胞膜上的抗原反应，并对其进行破坏。

（2）**非特异性免疫机制**　皮肤、黏膜屏障是机体抵抗感染的第一道屏障，外援物质可改变上皮细胞的完整性和功能而促成感染的发生。如各种大气污染物对呼吸道直接产生毒性和伤害，继而容易引发感染，同时对吞噬细胞和细胞免疫功能也产生负面影响。此外还有对补体系统、趋化因子的破坏和损伤，造成免疫防御能力的降低。吞噬细胞和 NK 细胞与机体非特异性免疫有关，其功能的降低，可能会与细菌、病毒和恶性肿瘤的高发有关。

外源化学物引起免疫抑制的机制并未完全明了，而且不同的外源化学物可以通过不同的途径影响免疫功能。外源化学物可以直接作用于免疫器官、免疫细胞和免疫分子，影响正常的免疫应答，也可以通过影响神经内分泌系统的调节功能，间接造成免疫功能紊乱，或者继发于其他靶器官毒性而引起免疫损伤。免疫系统不是单独发挥作用的，而是与神经系统和内分泌系统相互作用、相互调节，构成复杂网络以维持机体自身稳态，任一环节的损害都有可能影响正常的免疫功能。

6.3.1.3　免疫抑制类药物

可以引起免疫抑制的外源化学物种类繁多，常见的免疫抑制因子有环境污染物（如重金属及其化合物、空气污染物、紫外线、粉尘、农药、霉菌毒素等）、工业化学物（有机溶剂、多氯联苯、多环芳烃等）、不良嗜好品（如乙醇、烟草、大麻、可卡因、鸦片等），以及各种药物。由于兽药有关的研究较少，故以人药有关研究为参考，简单描述如下。

（1）**抗代谢类药物**　包括已经成功治疗各种肿瘤、自身免疫性疾病及皮肤病如银屑病的嘌呤、嘧啶和叶酸类药物等。如喷司他丁、硫鸟嘌呤和巯基嘌呤等，这些药物由于与DNA 和 RNA 合成过程中的正常组分有相似的结构，因此能够与正常大分子和烷基化的生物亲核性分子竞争。这些药物可能抑制 T 细胞或 B 细胞的分化，有些在高剂量作用下可能抑制整个免疫系统，或可能在临床使用时伴随白细胞的减少等，严重的条件致病菌感染也与临床用药有关。

（2）**皮质激素类药物**　这类药物常用于减轻炎症，治疗自身免疫性疾病（如全身性红斑狼疮），以及作为预防移植排斥反应的一项预防措施。糖皮质激素抑制特异性淋巴细胞功能如淋巴因子活性从而诱发免疫抑制及抗炎性反应，还能抑制淋巴细胞和巨噬细胞进入炎症部位。但是免疫抑制的作用是可逆的，一旦终止治疗，其免疫功能可以得到恢复。

（3）**环孢菌素**　如环孢菌素 A，抗菌谱较窄，可抑制淋巴细胞的增殖，不适宜作为抗生素使用。但在治疗剂量下不具有骨髓抑制作用，继发感染的发生率较其他类型的免疫抑制剂低，因此在预防移植排斥反应方面是理想的免疫抑制药物。环孢菌素 A 还可作为抗蠕虫药及抗炎性反应药物，用于治疗类风湿性关节炎及其他自身免疫性疾病。

（4）**氮芥类药物**　属于该类的药物，如环磷酰胺、美法仑、苯丁酸氮芥等，对骨髓和淋巴器官的细胞毒性效应均相似。这类的代表，以环磷酰胺应用最为广泛，在作为一种肿瘤化疗药及治疗自身免疫性疾病等方面具有一定的效应。环磷酰胺能够抑制所有类型的淋巴细胞，可能引起淋巴细胞功能降低、减少和中性粒细胞减少。

（5）**雌激素类药物**　β-雌二醇、己烯雌酚等也具有免疫抑制性，能够增加脾细胞中的抑制 T 细胞的活性，降低辅助 T 细胞数，抑制 IL-2 的合成，以及调节免疫调节因子的产生。

（6）**重金属类药物**　大多数重金属类药物能够抑制有丝分裂、抗体反应以及宿主对抗原入侵及肿瘤生产的抵抗力。如铂，现已表明其能够抑制体液免疫、淋巴细胞增殖以及聚酯细胞的功能。

（7）**抗生素类药物**　β-内酰胺类抗生素，如各种头孢菌素，在狗的6个月给药试验中可以观察到贫血、中性粒细胞减少、血小板减少以及骨髓抑制等副作用。

6.3.2　免疫刺激

目前已经发现有许多环境化合物和药物对免疫系统具有免疫刺激作用或致敏作用，产生特异性病理反应。超敏反应也叫过敏反应或变态反应，是机体对某些抗原初次应答后，再次接受相同抗原刺激时发生的一种以生理功能紊乱和组织细胞损伤为主的异常免疫应答。

6.3.2.1　超敏反应类型

1967年Gell和Coombs根据超敏反应的发生机制和临床特点，将其分为四型，见表6-3。前三种类型为抗体介导的速发型反应，第四型为细胞介导的迟发型反应，后者在第二次接触后可能需要1～2d的时间才能发生反应。

表6-3　超敏反应的类型

反应类型	药物	参与细胞和分子	机制	临床效应
Ⅰ型 速发型	食品添加剂	IgE、肥大细胞、嗜碱性粒细胞	致敏细胞释放血管活性物质等，使毛细血管扩张、通透性改变，导致腺体分泌增加、平滑肌收缩	哮喘、鼻炎、特应性皮炎、关节炎、胃肠变态反应、荨麻疹、过敏性休克等
Ⅱ型 细胞毒型或细胞溶解型	青霉素、头孢菌素、奎尼丁	IgG、IgM、补体、巨噬细胞、NK细胞	IgG或IgM与靶细胞结合，活化补体、巨噬细胞吞噬、NK细胞抗体依赖细胞介导的细胞毒（AD-CC)杀伤作用	溶血性贫血、粒细胞减少、血小板减少性紫癜、输血反应等
Ⅲ型 免疫复合物型或血管炎型	甲氧西林	抗原-抗体复合物	抗原抗体复合物在组织中沉淀引起细胞浸润、释放水解酶等	类风湿性关节炎、肾小球肾炎等自身免疫性疾病等
Ⅳ型 迟发型	青霉素	TD亚群细胞、巨噬细胞	致敏TD释放淋巴因子吸引巨噬细胞并发挥作用	接触性皮炎、湿疹、结核、移植排斥等

6.3.2.2　超敏反应的外源物

能引起超敏反应的外源化学物或混合物至少有数百种，这些外源化学物与生产和生活息息相关。常见的如药物中青霉素类药、磺胺类药、抗组胺药、奎尼丁、麻醉药、血浆替代品等，食品中的添加剂、霉菌、生咖啡豆、蓖麻子等，化妆品中的护肤品、染发剂、指甲油等，以及各种植物及花粉，混合有机体如棉尘，工业化合物如重金属、增塑剂、抗氧化剂等。

6.3.2.3　超敏反应的临床表现

接触性皮炎也叫过敏性皮炎，约占全部职业性皮炎的60%，是致敏因子引起的迟发型（Ⅳ型）超敏反应，皮肤表现可以多样化，一般为红肿、硬结和湿疹样改变，严重时可引起局部组织坏死、皮肤溃疡和剥脱性皮炎。组织病理学改变为血管周围有单核细胞浸润，表皮与真皮之间发生水肿。另外有一种光过敏性皮炎，主要表现为类似晒斑的皮肤损害，为光敏性化学物与光线照射同时作用所引起的皮肤超敏反应，可伴有全身表现。常见的光敏性化学物有沥青、焦油等工业化学物，氯丙嗪、磺胺类、四环素、氢氯噻嗪、某些喹诺酮类等药物，清洁剂、化妆品等生活用品，以及藜、芥菜、马齿苋、马兰、无花果等食物。这类化学物单独作用时无明显的皮肤损害，但吸收特定波长的光线后发生化学变化，成为具有抗原性的物质，从而产生光敏性接触性皮炎。

过敏性哮喘是过敏性肺病的典型表现。美国和欧洲职业性哮喘人群占 $0.2\%\sim6\%$，日本约 15% 的哮喘病例与职业有关。接触甲苯二异氰酸酯（TDI）的工人有 $5\%\sim10\%$ 出现过敏性哮喘，生产洗涤剂的工人约有 2% 因吸入产品中的酶类引起过敏性哮喘，金属冶炼厂接触铂盐的工人，呼吸道疾病的发病率也非常高。其他过敏性肺病可表现为过敏性鼻炎、过敏性肺炎、肺部肉芽肿等。

有些化学物可以在不同的条件下引起不同类型的超敏反应，或者多种超敏反应同时存在。如青霉素通常引起 Ⅰ 型超敏反应，表现为过敏性休克、哮喘和荨麻疹，但也可以引起 Arthus 反应和关节炎等 Ⅲ 型超敏反应，长期大剂量静脉注射还可以引起 Ⅱ 型超敏反应，反复多次局部涂抹则可引起 Ⅳ 型超敏反应所致的接触性皮炎。

6.3.2.4　超敏反应的机制

目前有关外源化学物引起超敏反应机制的研究资料较少，远不如对免疫抑制机制的认识。常见的致敏因子有些本身就是一种抗原，如异种血清白蛋白、洗涤剂中添加的酶、动物毛发和皮片、植物、花粉、微生物、尘螨等。但大多数致敏性外源化学物本身是小分子的半抗原，如氯乙烯、TDI、三硝基氯苯、重金属镍和铂等，当它们进入机体后与某些蛋白或其他大分子载体形成复合物才具有抗原性。外源化学物获得抗原性后可以通过上述四种不同的反应机制引起各种超敏反应。致敏性外源化学物可能因为有某些结构上的特性使它们更容易与蛋白相结合，另一种可能是有的外源化学物可以调节机体识别、处理抗原的能力或免疫应答的强度，使机体处在高敏感状态，可以对更多的物质过敏或使超敏反应的强度增加。如职业性接触铅的工人过敏者血清 IgE 抗体高于非过敏者。汽车尾气、石英、炭黑等粉尘还能作为佐剂，刺激针对其他抗原的免疫反应。

6.4

免疫系统的评价

免疫系统评价包括固有性免疫应答和适应性或获得性免疫应答的评价。固有性免疫应答也叫先天性免疫应答，主要评价 NK 细胞活性和巨噬细胞功能，获得性免疫应答主要评价体液免疫功能和细胞免疫功能。

美国 FDA《食品添加剂免疫毒性试验指导原则》是从第 Ⅰ 类的一组试验开始的，可以来源于啮齿类动物的短期和亚慢性试验的常规检测，包括血液学检查、血清生化检查、对与免疫有关的器官及组织的常规组织病理学检查以及包括胸腺和脾脏在内的脏器和体重的检查等。如果这些检查结果提示某受试物能够引起某些原发性的免疫毒性，那么则需要进一步进行更多的确定性的免疫毒性试验。表 6-4 描述了美国 NTP 推荐的小鼠免疫毒性检测方案，以供参考。

表 6-4 美国 NTP 推荐的小鼠免疫毒性检测方案
① 此实验方案是利用雌性小鼠建立的，但已成功应用于大鼠。
② 检测某种化学物质的免疫毒性时可选择 2~3 种宿主。

检测项目	检测内容
筛选（一级）①	
免疫病理	血液学：白细胞分类和总数
	血浆蛋白（白蛋白和球蛋白比值）
	血浆免疫球蛋白
	脏器重量：体重、脾脏、胸腺、肾脏、肝脏及脏体比
	组织学：脾脏、胸腺、淋巴结
	细胞学：脾脏的 B 细胞、T 细胞和淋巴细胞亚群
体液免疫	空斑形成细胞试验（对 RBC 初级免疫反应 IgM）
细胞免疫	对有丝分裂原 LPS 的反应
	对有丝分裂原 ConA 的反应
	混合淋巴细胞反应
非特异性免疫	NK 细胞活性
广泛研究（二级）	
非特异性免疫	巨噬细胞功能
体液免疫	对 SRBC 次级免疫反应（IgG）
细胞免疫	细胞毒性 T 淋巴细胞（CTL）杀伤试验
	迟发型超敏反应（DTH）
宿主抵抗力②	同种移植瘤：PYB6 肿瘤细胞　B16F10 肿瘤细胞
	细菌感染：李斯特菌、链球菌
	病毒感染：A2 型流感病毒
	寄生虫感染：旋毛虫

下面对用来评价体液免疫、细胞免疫和非特异性免疫常用的试验进行介绍，以便了解常规的免疫毒理学试验。

6.4.1　免疫病理学评价

外源化学物对免疫系统的毒作用可表现为淋巴器官重量或组织学的改变、淋巴组织及骨髓细胞的量或质的改变、外周血淋巴细胞数目以及淋巴细胞表面标记物的改变等。除了检查外周血组分的异常外，还要观察免疫器官的大小（重量）和大体形态，然后进行组织病理学检查。

6.4.1.1　器官重量及体重

脏器组织如脾脏、胸腺的绝对重量，以及与体重或脑重量的比值，是评价潜在免疫毒理学的一般性指标。但是这些指标相对于免疫毒性来说是非特异性的，也可能反映一般的毒性效应，以及能够间接影响免疫系统的内分泌功能效应。

6.4.1.2　血液学

可以用血液分析仪对外周血中的白细胞进行分类计数和评价，对骨髓液也可以进行类似分析。这些血液学指标包括计数或分类比值的改变、淋巴细胞增多或减少、嗜酸性细胞增加或减少等，都可能是潜在免疫毒性的表现。

6.4.1.3 临床生化

一些临床非特异性生化指标，如血清白蛋白水平以及与之相关的白蛋白和球蛋白比值（A/G）的改变，免疫球蛋白的血清浓度变化，细胞因子如白介素、干扰素的含量改变等，都提示潜在的免疫毒性。

6.4.1.4 组织病理学

主要观察胸腺、脾脏、淋巴结和骨髓的组织结构和细胞类型，同时也要注意检查局部黏膜相关淋巴组织（mucosa-associated lymphoid tissue，MALT），包括鼻黏膜相关淋巴组织（NALT）、支气管黏膜相关淋巴组织（BALT）、肠黏膜相关淋巴组织（GALT）、皮肤黏膜相关淋巴组织（SALT）等。一般先用常规染色法染色，根据需要也可选择免疫组化等特异性方法。

利用荧光标记单克隆抗体和流式细胞仪观察淋巴细胞表面标记是目前检查淋巴细胞表型的可靠方法，而以往多采用直接或间接免疫荧光法。双色荧光染料可以让细胞同时染上两种标记，用这一方法，在单一细胞样品中可以同时检测 $CD4^+$ 和 $CD8^+$ 细胞。用这种双染色法可以确定胸腺中 $CD4^+$/$CD8^+$（双阳性）和 $CD4^-$/$CD8^-$（双阴性）细胞数，这样可以发现哪种 T 细胞是外源化学物毒作用的靶细胞，还可以了解外源化学物是否影响 T 淋巴细胞的成熟。利用细胞表面免疫球蛋白（Ig）和 B220（B 细胞上的 CD45 磷酸酶）抗体，可以区分 B 淋巴细胞。根据细胞表面标记可以发现淋巴细胞亚群的改变，这往往是免疫功能完整性受损的表现。但是，免疫功能试验检测外源化学物免疫毒性的敏感性更高。因此，分析细胞表面标记结合 2～3 种免疫功能试验，可以大大提高外源化学物免疫毒性的检测能力。

6.4.2 体液免疫

体液免疫反应能够在抗原暴露及刺激后引起 B 细胞增殖、激活，继而产生抗体。对参与体液免疫的三种主要免疫细胞（T 细胞、B 细胞和巨噬细胞）功能及作用的评价，可以用外周血或淋巴组织细胞的多种体外试验进行。

一般用特异性抗原免疫动物，刺激脾 B 细胞活化并分泌抗体，然后观察抗体生成量或抗体形成细胞数。前者可用酶联免疫吸附法（ELISA）、免疫电泳法、血凝法等直接测定血清抗体浓度，后者常用空斑形成细胞（plaque forming cell，PFC）试验。PFC 试验是检测体液免疫功能敏感的试验方法，反映宿主对特异性抗原产生抗体的能力。当用绵羊红细胞（SRBC）等 T 细胞依赖性抗原免疫动物时，免疫应答需要一系列不同的免疫细胞参与协同作用，如巨噬细胞、T 细胞、B 细胞等。因此，对这些细胞功能的任何损害（如抗原处理和呈递、细胞因子生成、细胞增殖和分化等）都可以影响 B 细胞产生抗体的能力。而用非 T 细胞依赖性抗原，如 DNP-Ficoll 或 TNP-LPS 等，则不受 T 细胞功能的影响。

6.4.3　细胞免疫

细胞免疫可用 T 淋巴细胞表面标记、细胞毒性 T 淋巴细胞（CTL）杀伤试验、T 淋巴细胞增殖试验、迟发型超敏反应（DTH）试验和皮肤移植排斥反应等方法。其中 CTL 杀伤试验、DTH 试验和 T 淋巴细胞增殖试验是最常用的三种方法。

CTL 杀伤试验评价脾 T 淋巴细胞识别和溶解经抗原处理靶细胞的能力。经丝裂霉素 C 预处理的 P815 肥大细胞瘤细胞作为靶细胞，与脾淋巴细胞共同孵育，CTL 识别靶细胞并出现增殖。5 天后收集致敏 CTL，与放射性标记的 ^{51}Cr-P815 肥大细胞瘤细胞共同孵育，此时 CTL 获得记忆，识别 P815 肥大细胞瘤细胞上的 MHC I 型抗原，并将其溶解，放射性同位素释放到培养液中。反应结束时吸出培养液，测定放射性强度，与对照组比较可反映 CTL 活性。

DTH 试验先用某种抗原致敏，再用相同抗原做皮肤试验，观察局部出现以红肿为特征的迟发型超敏反应，方法简便易行。可以用二硝基氟苯（DNFB）等小分子半抗原，也可以用从病原体中提取的生物抗原，如结核菌素、麻风菌素等，后者又可以帮助诊断某些病原微生物感染。致敏和激发的方法可采用局部皮肤涂抹或皮内注射。

检测淋巴细胞增殖功能一般选用不同有丝分裂原刺激体外培养的淋巴细胞，然后观察淋巴细胞的增殖情况。细菌脂多糖（LPS）主要刺激 B 细胞，植物血凝素（PHA）和刀豆素（ConA）主要刺激 T 细胞。观察淋巴细胞增殖的方法有形态学法、同位素掺入法和比色法。形态学法是在显微镜下计数转化细胞，仪器要求低，操作简便，但客观性差；同位素掺入法采用 ^{3}H-TdR 掺入，液闪仪定量，客观性好，方法成熟，但有一定的设备要求，且要接触放射线；比色法根据活细胞能代谢染料四甲基偶氮唑盐（MTT），产生紫色的甲臜，可通过比色定量，客观性和灵敏度都比较理想，是目前国内常用的方法。此外，也可以观察淋巴细胞对抗原（抗 CD3＋IL-2）或异种抗原刺激的增殖反应，后者又叫混合淋巴细胞反应（MLR）试验，常用于器官移植前的组织配型，也可以反映细胞免疫功能。

6.4.4　非特异性免疫

非特异免疫应答主要评价 NK 细胞活性和巨噬细胞功能。

6.4.4.1　NK 细胞活性测定

主要是观察 NK 细胞对敏感的肿瘤细胞（小鼠 NK 细胞敏感的 YAC-1 细胞株或人 NK 细胞敏感的 K562 细胞株）的溶解作用。将接触和未接触外源化学物的动物脾淋巴细胞与同位素（^{51}Cr）标记的靶细胞共同孵育，NK 细胞溶解肿瘤靶细胞，将同位素释放至培养液。培养结束离心分离上清液，用 γ 计数仪测定同位素强度，可反映 NK 细胞的活性。同位素释放法虽然客观、灵敏，但需价格昂贵的仪器，并有放射性污染环境问题。国内常用乳酸脱氢酶（LDH）释放法，也可以得到比较客观、准确的结果，却无上述缺点，因此不失为检测 NK 细胞活性较实用的方法。

6.4.4.2　巨噬细胞功能检测

有多种方法可以用来检测巨噬细胞的各种功能，包括检测腹膜细胞含量、抗原呈递、细胞因子的产生、吞噬功能、细胞内自由氧残基以及直接杀死肿瘤细胞的能力等。经典的方法是同位素铬标记的鸡红细胞（^{51}Cr-cRBCs）吞噬法。从小鼠腹腔收集巨噬细胞，在24孔板贴壁生长，加^{51}Cr-cRBCs孵育后，弃去上清液中的^{51}Cr-cRBCs，再加氯化铵短暂培养，去除与巨噬细胞结合但未被吞噬的^{51}Cr-cRBCs。最后用NaOH溶解巨噬细胞，测定溶解液中的放射性强度。为了避免同位素，可以在显微镜下直接观察吞噬鸡红细胞的情况，分别计数出吞噬百分比和吞噬指数。也可以用乳胶珠代替鸡红细胞进行计数。巨噬细胞吞噬试验可以在体外或体内接触外源化学物。其他反映巨噬细胞功能的方法还有炭粒廓清试验、巨噬细胞溶酶体酶测定、巨噬细胞促凝血活性测定、巨噬细胞表面受体检测等。正常小鼠肝脏枯否细胞可吞噬清除90％炭粒，脾巨噬细胞约吞噬清除10％炭粒，给小鼠定量静脉注射印度墨汁（炭粒悬液），间隔一定时间反复取静脉血，测定血中炭粒的浓度，根据血流中炭粒被廓清的速度，判断巨噬细胞的功能。巨噬细胞富含溶酶体酶，如酸性磷酸酶、非特异性酯酶、溶菌酶等，测定这些酶的活性也可反映巨噬细胞的功能。激活巨噬细胞可产生一种与膜结合的凝血活性因子，加速正常血浆的凝固，因此取经37℃预温的正常兔血浆和CaCl$_2$混合液，加入经黏附单层巨噬细胞的试管中，移置37℃，即时记录血浆凝固时间。当巨噬细胞与LPS、肿瘤相关抗原等温育后，可见血浆凝固时间明显缩短。成熟的巨噬细胞表面具有Fc受体和C3b受体，这些受体能识别经IgG和C3b调理的颗粒，并迅速与之结合，促使细胞对相应颗粒的吞噬，因此检测这些受体可间接判断巨噬细胞的功能。常用抗羊红细胞致敏的羊红细胞悬液作指示物进行EA花环试验，也可用抗原(E)-抗体(A)-补体(C)复合物作EAC花环试验。

6.4.5 变态反应

变态反应也叫超敏反应或过敏反应，是机体对某些抗原初次应答后，再次接受相同抗原刺激时发生的一种以生理功能紊乱和组织细胞损伤为主的异常免疫应答。

一般用被动皮肤过敏试验（PCA）、主动皮肤过敏试验（ACA）和主动全身过敏试验（ASA）检测Ⅰ型超敏反应，但多用于检测蛋白或多肽的致敏性，而在检测小分子致敏原方面并没有得到充分验证。用小分子化学物处理后的动物血清，在PCA或ACA中出现阳性反应，提示可能有致敏性，但阴性结果并不能排除其致敏性。小鼠皮肤给药后检测血清IgE和细胞因子，并与局部淋巴结试验（LLNA）联合应用可以检测呼吸道致敏性。还可以用大鼠或豚鼠经皮肤或吸入致敏，经吸入激发，再用支气管容积测定或其他观察终点检测呼吸道致敏性。目前还没有预测Ⅱ型和Ⅲ型超敏反应的标准试验方法。在动物实验中发现蛋白或多肽类药物形成免疫复合物，尤其当免疫复合物沉积引起病理改变时应引起重视。

检测Ⅳ型超敏反应最常用的是Buecher试验（BA）、豚鼠最大值试验（GPMT）和豚鼠迟发型皮肤超敏反应（DTH）。这些方法比较可靠，而且与人皮肤致敏试验有良好的相关性。人类皮肤超敏反应的特点为瘙痒、红斑、水肿、丘疹、小水疱或大疱，动物仅见红斑和水肿。

鼠局部淋巴结试验（LLNA）用于检测局部淋巴细胞增殖，其结果与传统的豚鼠皮肤致敏试验有良好的相关性，且比豚鼠试验有优越性，能定量而不是主要靠主观判断，不需要佐剂，还可以检测带颜色的样品。

目前还没有预测药物自身免疫反应的标准方法。鼠腘窝淋巴结试验（PLNA）和其他局部淋巴结试验（LLNA）可以用来预测药物引起的自身免疫。其他还可以检测有自身免疫倾向的鼠类 Th2 活化情况等。

6.4.6 宿主抵抗力试验

宿主抵抗力试验可以用来评价受试动物对体液或细胞介导的免疫系统抵御病原性微生物感染或抵抗肿瘤发生及转移的整体免疫力。这些试验完全在体内进行，并且依赖于免疫系统的所有组分都能正常地发挥功能。因此这种方法对仅仅评价一种来源的细胞或一种类型的细胞功能的体外试验有更好的生物相关性。由于这些试验需要对动物接种病原微生物或外源性肿瘤细胞，因此是特殊的临床前毒理学评价。而且这些试验对操作的环境、操作技巧，以及操作中避免污染都有较高要求，要预防对动物和人体的感染。

6.4.7 免疫毒理学评价的替代方法

免疫抑制可导致机体适应性免疫应答的抑制，宿主抵抗力下降和经常性的严重感染。与免疫抑制相关的免疫毒理实验还是仅限于一般的毒性测试阶段。下面主要描述免疫刺激毒理学试验有关的替代方法。

6.4.7.1 眼刺激体外替代方法

主要用体外器官模型、基于鸡胚绒毛膜尿囊膜的试验、基于细胞功能试验及组织工程等替代方法模拟体内兔眼刺激试验（Draize 试验）。

（1）体外器官模型　体外器官模型使用宰杀动物（猪、牛、鸡、兔）的眼球、角膜等作为试验材料，利用检测角膜水肿、混浊及荧光素滞留，和组织学观察等结果来评估受试物的眼刺激性。体外兔眼（isolated rabbit eye，IRE）试验区分不同刺激物较为敏感，加上角膜组织学观察和水肿两个指标后，对刺激物的分类与体内试验一致性高；而牛角膜混浊和渗透性（bovine corneal opacity and permeability，BCOP）试验只能筛选严重眼刺激性受试物，加上组织学观察后才能区分不同刺激性的受试物。

（2）鸡胚绒毛膜尿囊膜　基于鸡胚绒毛膜尿囊膜的试验（chorioallan-toic membrane vascular assay，CAMVA），利用尿囊绒膜与眼黏膜组织结构有类似的特点，筛选发育良好的鸡胚绒毛膜尿囊膜，给予试验样品，利用肉眼可见的出血、凝血、充血等指标并计算 RC_{50} 作为刺激判断依据。Draize 试验大部分原理可以通过蛋白变性和细胞膜破坏来解释，由此发展而来的血红细胞溶血试验，可以通过测定漏出红细胞的血红蛋白量来评价膜损伤。采用化合物与哺乳动物红细胞直接接触，通过定量检测红细胞溶血，以及释放出细胞外的血红蛋白变性程度，模拟角膜的损伤作用，适用于区分极轻度和非轻度刺激物，特别是潜在急性眼刺激性物质的快速筛查。检测物质类型包括表面活性剂及相关产品。

（3）单层细胞培养试验　皮肤刺激、腐蚀的体外替代试验建立的模型有皮肤角质形成细胞培养、皮肤成纤维细胞培养等单层细胞培养。单层细胞培养存在着不少的缺陷，最重要的是模型缺乏完整皮肤的一些重要特征，如表皮细胞排列紧密、表皮选择性渗透屏障以及皮肤不同细胞类型之间的相互作用，不能模拟正常皮肤。而且，因为缺乏角质层的屏障作用，化学物对细胞产生直接的细胞毒性，使细胞模型呈现高敏感性。所以，单层细胞实验所获得的结果一般难以用来解释体内情况或与体内情况相联系。

为突破单层细胞培养的这些局限性，更好地模拟体内的真实状态，科学家从正常人或动物身上获取完整的皮肤组织块培养来进行试验研究。欧洲替代方法验证中心（EC-VAM）采纳并进行验证前研究的皮肤组织培养模型包括人皮肤组织块体外培养模型（Prediskin™模型）、非灌注猪耳朵实验，还有体外小鼠皮肤完整功能实验（SIFT）。皮肤组织块来源有限，体外存活时间短限制了它作为科研对象的应用前景。而近年来组织工程学研究发展迅速，用复合细胞层构建人重组皮肤层的方法已实现商业化。常用的皮肤刺激重建模型有 Episkin™、EpiDerm™、SkinEthic™，因其呈现良好的重现性和预测能力而被 ECVAM 所采纳，现已进入正式验证研究阶段。

6.4.7.2 迟发型超敏反应替代试验

传统上检测迟发型超敏反应的方法是豚鼠法，分为豚鼠最大剂量法和局部封闭涂敷法，不仅动物用量大，耗时长，而且终点判断主观因素强。继豚鼠法后，有小鼠局部淋巴结试验（LLNA），依旧需要使用动物，并且因为试验中使用放射核素做标记，有造成环境污染和危害操作者健康的风险。皮肤致敏是复杂的过程，涉及多个细胞相互作用过程。主要的皮肤致敏分为 induction、elicitation 两阶段。在 induction 阶段，致敏原穿透皮肤，与体内蛋白质或半抗原前体（经皮肤代谢活化）相互作用。紧接着，角质细胞分泌像 IL-1α 和 IL-18 这样的细胞因子。DC 识别共价结合的蛋白质-致敏结合物，并在一些细胞因子的作用下成熟并向淋巴结迁移。在淋巴结内 DC 将抗原呈递给幼稚 T 细胞，使得幼稚 T 细胞分化、成熟并释放到外周血液循环中。在 elicitation 阶段，游离在外周血中的成熟 T 细胞如果遇到相同的致敏原，则发生大规模的免疫炎症反应。

例如，直接肽反应性分析（DPRA），就是针对以上介绍的迟发型超敏反应原理，最直观的检测方法就是测定致敏物与体内蛋白（半抗原、半抗原前体、完全抗原）共价结合的发生情况。DPRA 是假设多肽的损失都是由与待测物产生共价修饰造成的。将合成的含半胱氨酸或赖氨酸的多肽与过量的待测物共孵育，然后用高效液相色谱法（HPLC）检测未经共价修饰的多肽的吸收量。有研究使用谷胱甘肽和含赖氨酸、组氨酸或半胱氨酸的具有反应性残基的合成七肽进行测试。

6.4.7.3 慢性炎症体外替代试验

慢性炎症特征为巨噬细胞和淋巴细胞浸润，并形成免疫性肉芽肿和更为严重的免疫毒性反应。现有评估慢性炎症使用动物模型植入后观察局部反应。炎症过程因涉及器官、组织、细胞种类多，机制复杂，故体外替代试验报道不多。有研究表明，对外周血单个核细胞中的 IL-1、IL-6、粒细胞-巨噬细胞集落刺激因子（GM-CSF）、肿瘤坏死因子（TNF）等细胞因子的变化可预测炎症反应。

6.4.7.4 自身免疫体外替代试验

自身免疫是免疫原与组织或血清白蛋白结合，改变蛋白的构象，使得机体可对这些修饰后的自身抗原进行识别，产生针对自体细胞的抗体或 T 淋巴细胞与宿主的自身抗原发生反应，导致免疫细胞对自体组织进行攻击，进而细胞损伤或组织破坏，并可能导致慢性、消耗性自身免疫性疾病。自身免疫一般表现为较高的个体差异性，影响因素复杂，很难使用动物模型进行模拟试验。

参考文献

[1] 谢恩 C. 加德 . 药物安全性评价 . 范玉明，李毅民，张舒，等译 . 北京：化学工业出版社，2005.
[2] 陈成章 . 免疫毒理学 . 郑州：郑州大学出版社，2008.
[3] 邹楠，王爱平 . 免疫毒理学在新药安全评价中的应用 . 中国临床药理学与治疗学，2004，9（8）：855- 858.
[4] 陈虹，王春仁，周小婷，等 . 免疫毒理学体外替代方法研究进展 . 中国医疗器械信息，2016，22（3）：29-34，55.

第 7 章

兽药评价中的药代、毒代动力学

7.1

房室模型与非房室模型

新兽药的临床药代动力学研究旨在阐明药物在动物体内的吸收、分布、代谢和排泄的动态变化规律。对药物上述处置过程的研究，是全面认识动物机体与药物间相互作用不可或缺的重要组成部分，也是临床制订合理用药方案的依据。

药代动力学分析过程中房室模型和非房室模型为两大主要分支。房室模型分析法的基础是把机体以类群形式分为几个不同的隔室或房室，然后根据药物在各房室间的转运或消除速率常数建立能够反映药物在机体内的变化规律的数学模型。其参数的估测都是依据房室模型而进行的。非房室方法不需要对药物或代谢物设定专门的房室。事实上，只要药物符合线性药代动力学（简称药动学），那不管它属于什么样的隔室模型，都能采用此法。同时非房室方法是处理药物在体内分布和消除不规则的药代动力学分析的主要手段。

7.1.1 房室模型的基本概念

药物在体内的处置过程较为复杂，涉及其在体内的吸收、分布、代谢和排泄过程，且始终处于动态变化之中。药物在体内的命运是这些处置过程综合作用的结果。为了定量地描述药物体内过程的动态变化规律性，常常要借助数学的原理和方法来系统地阐明体内药量随时间而变化的规律性。在药动学研究中，常用房室模型（compartment model）描述药物浓度在体内的变化规律。房室模型理论是将机体视为系统，根据药物在体内各组织或器官中的转运速率，将转运速率相同或相似的组织或器官归纳为一个房室，从而将机体分为一个或若干房室（二室或三室模型）。房室只是便于数学分析的抽象概念，与机体的解剖部位和生理功能没有直接的联系，但与器官组织的血流量、生物膜通透性、药物与组织的亲和力等有一定的关系。因为绝大多数药物进入机体后又以代谢物或原型从体内排出，所以模型是开放的，又称开放房室模型。

在房室模型的经典药动学中，其参数的可靠性依赖于所假设的模型的准确性。在药动学研究时，对实际测定的血药浓度-时间数据进行处理，可用半对数纸作图，如所得为一直线，则可能是单室模型，如不是直线，则可能是二室或多室模型。目前一般用计算机程序可自动选择模型。

7.1.1.1 房室模型的动力学特征

在应用房室模型研究药物的动力学特征时，最常采用的方法是把机体表述为由一些房室组成的系统，并假定药物在各房室间的转运速率以及药物从房室中消除的速率均符合一级反应动力学。在这里不妨回顾一下化学反应动力学是如何将各种反应速率进行分类的。若反应速率与反应物的量（或浓度）成正比，则称为一级反应，其数学式表达为：

$$\frac{\mathrm{d}x}{\mathrm{d}t} = -kx^1$$

式中，x 为反应物的量；$\mathrm{d}x/\mathrm{d}t$ 表示反应速率；k 为速率常数；负号表示反应朝反应物量减少的方向进行。若反应速率不受反应物量的影响而始终恒定，则称为零级反应，其数学式表达为：

$$\frac{\mathrm{d}x}{\mathrm{d}t} = -kx^0 = -k$$

若反应速率与反应物的量的二次方成正比，则称为二级反应，其数学式表达为：

$$\frac{\mathrm{d}x}{\mathrm{d}t} = -kx^2$$

在药代动力学里把 N 级速率过程简称为 N 级动力学，k 为 N 级速率常数。在房室模型的理论中假设药物在各房室间的转运速率以及药物从房室中消除的速率均符合一级反应动力学，因此其动力学过程属于线性动力学，故房室模型又称线性房室模型，只适合于描述属于线性动力学药物的体内过程。

按一室房室模型处置的药物静注给药后的血药浓度-时间曲线如图 7-1 所示；按二室房室模型处置的药物静注给药后的血药浓度-时间曲线如图 7-2 所示。按一室房室模型处置的药物静注给药后，其血药浓度-时间曲线呈单指数函数的特征，即半对数血药浓度-时间曲线呈直线关系；按二室房室模型处置的药物静注给药后，其血药浓度-时间曲线呈现出双指数函数的特征，即半对数血药浓度-时间曲线呈双指数曲线，这是我们判别一室模型和二室模型的重要的动力学特征，同理，按三室房室模型处置的药物静脉给药后的血药浓度-时间曲线如图 7-3 所示。

图 7-1　一室房室模型血浆药物浓度（C_p）药时曲线（a）和血药浓度半对数药时曲线（b）

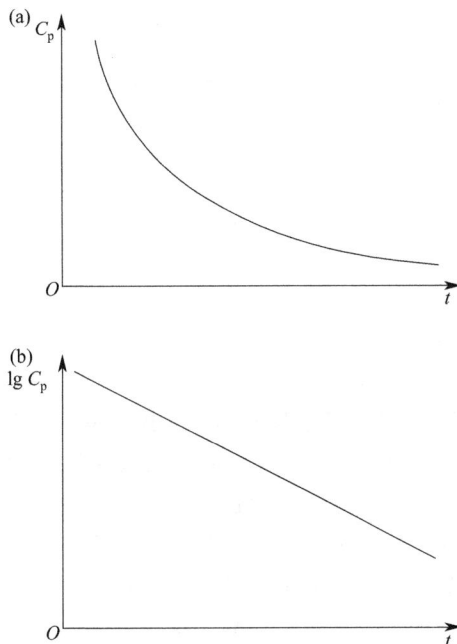

图 7-2　二室房室模型血浆药物浓度（C_p）药时曲线（a）和
血药浓度半对数药时曲线（b）

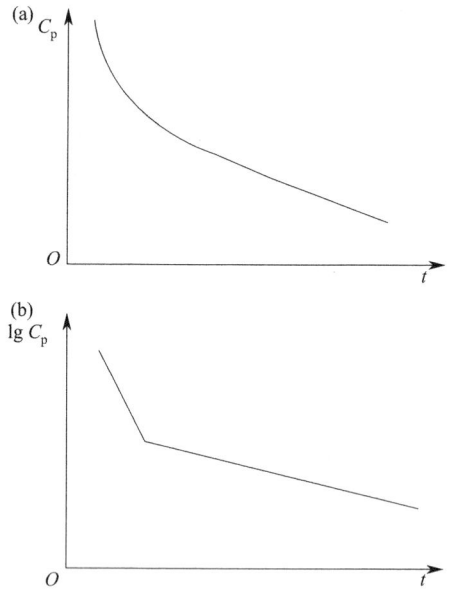

图 7-3　三室房室模型血浆药物浓度（C_p）药时曲线（a）和
血药浓度半对数药时曲线（b）

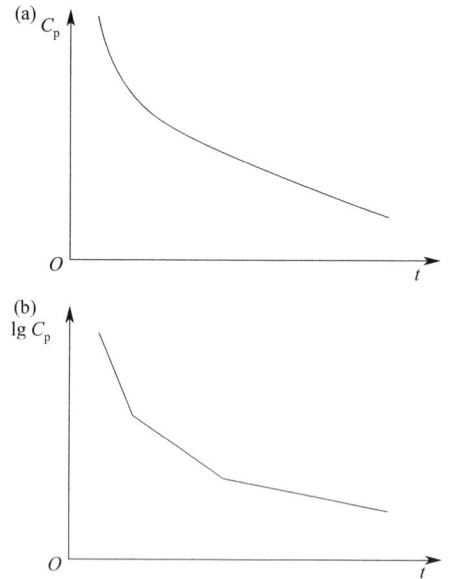

7.1.1.2　药动学参数的生理及临床意义

　　药动学参数（pharmacokinetic parameter）是反映药物在体内动态变化规律性的一些常数，如吸收、转运和消除速率常数，表观分布容积，消除半衰期等，通过这些参数来反映药物在体内经时过程的动力学特点及动态变化规律性。药动学参数是临床制订合理化给药方案的主要依据之一，根据药动学参数的特性，设计和制订安全有效的给药方案，包括给药剂量、给药间隔和最佳的给药途径等；针对不同的生理病理状态，制订个体化给药方案，提高用药的安全有效性。此外，这些参数还有助于阐明药物作用的规律性，了解药物在体内的作用和毒性产生的物质基础。有些参数还是评价药物制剂质量的重要指标，在药剂学和新药的开发研究中常常被用于制剂的体内质量评价。下面简单介绍几种基本的和常用的药动学参数的生理学和临床意义。

（1）**消除速率常数**（elimination rate constant，K）**和消除半衰期**（half life time，$t_{1/2}$） K 是药物从体内消除的一个速率常数，而消除半衰期是指血药浓度下降一半所需的时间，两者都是反映药物从体内消除速率的常数，且存在倒数的关系，由于后者比前者更为直观，故临床上多用 $t_{1/2}$ 来反映药物消除的快慢，它是临床制订给药方案的主要依据之一。按一级消除的药物的半衰期和消除速率常数之间的关系可用下式表示：

$$t_{1/2} = \frac{0.693}{K}$$

（2）**表观分布容积**（apparent volume of distribution，V_d） 表观分布容积是指药物在体内达到动态平衡时，体内药量与血药浓度相互关系的一个比例常数，其本身不代表真实的容积，因此无直接的生理学意义，主要反映药物在体内分布广窄的程度，其单位为 L 或 L/kg。对于单室模型的药物而言表观分布容积与体内药量（X）和血药浓度（C）之间存在下列关系：

$$V_d = \frac{X}{C}$$

药物表观分布容积的大小取决于其脂溶性、膜通透性、组织分配系数及药物与血浆蛋白等生物物质的结合率等因素。如药物的血浆蛋白结合率高，则其组织分布较少，血药浓度高。

（3）**血药浓度曲线下面积**（area under the curve，AUC） AUC 表示血药浓度-时间曲线下面积，它是评价药物吸收程度的一个重要指标，常被用于评价药物的吸收程度。AUC 可用梯形面积法按下式进行估算：

$$AUC = \sum_{i=1}^{n} \frac{C_{i-1} + C_i}{2}\left(t_i - t_{i-1} + \frac{C_n}{K}\right)$$

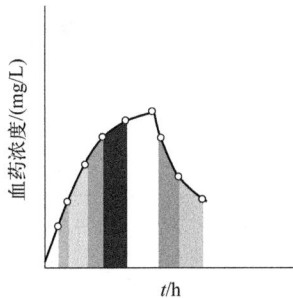

$$曲线下面积(A) = \frac{C_1 + C_2}{2} \times (t_2 - t_1)$$

$$AUC = \sum A = A_1 + A_2 + A_3 + \cdots$$

$$AUC_{t \to \infty} = \frac{C_t}{K}$$

（4）**生物利用度**（bioavailability，F） 生物利用度是指药物经血管外给药后，药物被吸收进入血液循环的速率和程度的一种量度，它是评价药物吸收程度的重要指标。生物利用度可以分为绝对生物利用度和相对生物利用度，前者主要用于比较两种给药途径的吸收差异，而后者主要用于比较两种制剂的吸收差异，可分别用下式表示：

$$绝对生物利用度 \ F = \frac{AUC_{ext}}{AUC_{iv}} \times \frac{D_{iv}}{D_{ext}} \times 100\%$$

式中，AUC_{iv} 和 AUC_{ext} 分别为静注给药和血管外给药后的血药浓度曲线下面积；D_{iv} 和 D_{ext} 分别为静注和血管外给药后的剂量。

$$相对生物利用度 \ F = \frac{AUC_{T}}{AUC_{R}} \times \frac{D_{R}}{D_{T}} \times 100\%$$

式中，AUC_{T} 和 AUC_{R} 分别为服用受试制剂和参比制剂的血药浓度曲线下面积；D_{T} 和 D_{R} 分别为受试制剂和参比制剂的剂量。

（5）**清除率（clearance，CL）**　是指在单位时间内，从体内消除的药物的表观分布容积数，其单位为 L/h 或 L/(kg·h)，表示从血中清除药物的速率或效率，它是反映药物从体内消除的另一个重要的参数。清除率 CL 与消除速率常数和表观分布容积之间的关系可用下式表示：

$$CL = KV_{d}$$

（6）**药峰时间（t_{max}）和药峰浓度（C_{max}）**　药物经血管外给药吸收后出现的血药浓度最大值称为药峰浓度，达到药峰浓度所需的时间为药峰时间，如图 7-4 所示。两者是反映药物在体内吸收速率的两个重要指标，常被用于制剂吸收速率的质量评价。与吸收速率常数相比它们能更直观和准确地反映出药物的吸收速率，因此更具有实际意义。药物的吸收速率快，则其峰浓度高，达峰时间短，反之亦然，如图 7-5 所示，图中 A、B、C 三个制剂的吸收程度相似，但吸收速率不同，其吸收速率为 A＞B＞C。由此可见吸收速率是影响药物疗效或毒性的一个重要的因素。

图 7-4　血管外给药的血药浓度-时间曲线

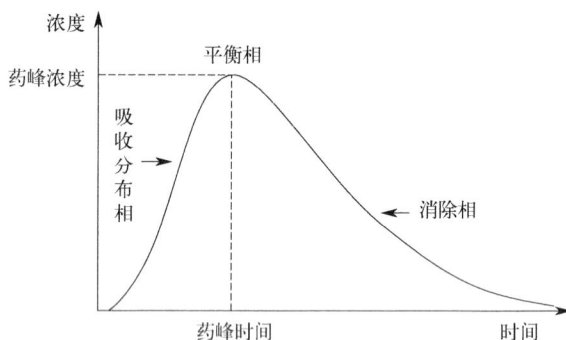

图 7-5　制剂 A、B 和 C 后的药时曲线

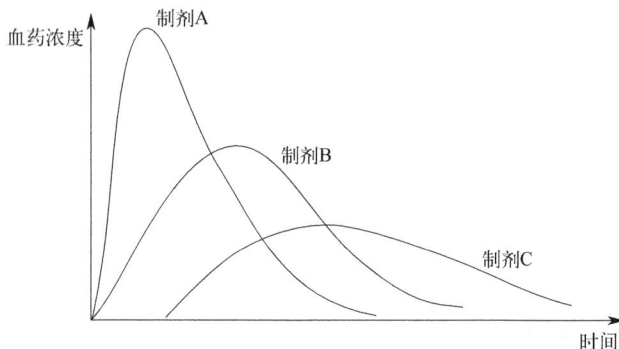

7.1.1.3 房室模型的分类

根据药物在体内的动力学特性，房室模型可分为一室房室模型、二室房室模型和多室房室模型。多室房室模型又叫延迟分布模型。由于动物机体是由不同的组织组成的，药物对各种组织的亲和力是不同的，因而有不同的平衡速度。

（1）用于静脉给药的一室、二室和三室模型

① 一室房室模型：药物进入全身循环后，迅速分布到机体各部位，在血浆、组织与体液之间处于动态平衡的"均一"体；将整个机体作为一个房室处理的模型。即给药后，药物可立即均匀分布到全身，并以一定速率再从中消除。一室房室模型示意图见图7-6，Dose是静脉内给药的药物剂量，k_{10}表示药物从隔室1排出的速率。

图7-6　静脉给药的一室房室模型示意图

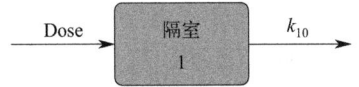

② 二室房室模型：药物转运符合一级速率过程，消除只在中央室发生。药物在吸收后，只能很快进入机体的某些部位（主要是血流丰富的某些组织器官，如肝、肾脏等），较难进入另一些部位（特别如脂肪、骨骼等血流贫乏的组织），药物要完成向这些部位的分布需要一段时间。

隔室1包括血液以及瞬时分布的组织，称为中央室；隔室2则综合了那些慢分布的区域，称为周边室。假设机体由两个房室组成（中央室和周边室），并有两种消除（转运和转化）的速率。给药后，药物立即分布到中央室（包括血液和能与血液瞬间分布平衡的组织，以及肾、脑、心、肝），然后慢慢分布到周边室（血流供应较少的组织、脂肪、肌肉、骨、软骨）（图7-7）。

图7-7　静脉给药的二室房室模型示意图

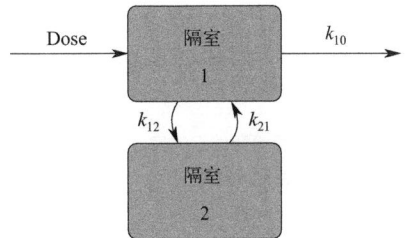

③ 三室房室模型：由中央室与两个周边室组成，药物以很快的速度分布到中央室（第1室），以较慢的速度进入浅外室（第2室，为血流灌注较差的组织或器官，又称组织隔室），以更慢的速度进入深外室（第3室，为血流灌注更差的组织或器官，如骨髓、脂肪等，又称深部组织隔室，也包括那些与药物结合牢固的组织）（图7-8）。K_{13}表示从隔室1到隔室3的传递速率常数，并且K_{31}表示从隔室3到隔室1的传输速率常数。在这些情况下，隔室1是中央隔室，隔室2和3是外围隔室。在隔室模型中，药物只能从中央隔室给药和消除。

注意：同一药物，在某些动物机体呈二室模型，在另一些动物机体可能呈一室或多室模型，同一药物静脉注射时呈二室模而口服则呈一室模型。属于一室模型的药物，在体内分布平衡后，其血药浓度将只受吸收和消除的影响。属于多室模型的药物，首先在中央室范围内达分布平衡，然后再向周边室转运，若中央室血药浓度降低时，周边室药物还可向中央室转移，如此不断，以求达到分布的动态平衡。其血药浓度除受吸收和消除的影响

外，在各室间未达分布平衡前，还受分布的影响。

图 7-8　静脉给药的三室房室模型示意图

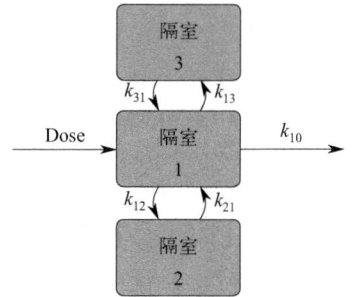

（2）用于血管外给药的一室、二室和三室模型　血管外给药，例如口服给药，不同于静脉推注和输注，因为在药物进入中央室之前有一个吸收阶段。图 7-9～图 7-11 分别给出了口服给药时一室、二室和三室模型的示意图。

图 7-9　口服给药的一室房室模型
（具有吸收相）示意图

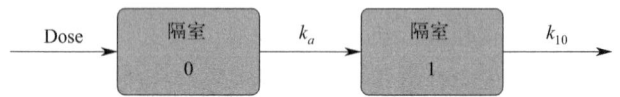

图 7-10　口服给药的二室房室模型
（具有吸收相）示意图

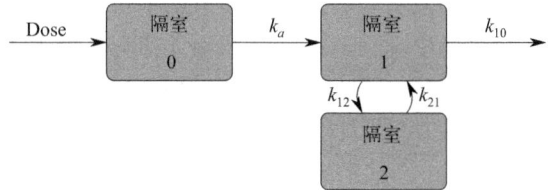

图 7-11　口服给药的三室房室模型
（具有吸收相）示意图

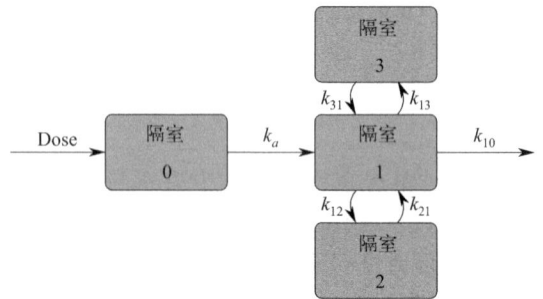

7.1.1.4　房室模型建立注意点

（1）参数初值设置　预估药动学模型选定后，必须赋予参数初始值以不断拟合寻求最小赤池信息量准则（akaike information criterion，AIC），参数通过查询同类药物已有数据、文献、公式计算或非房室模型法来获得参数初值。例如，先通过非房室模型法得到清除率、表观分布容积、末端清除率，将此分别作为房室模型参数 CL、V_d 和 K_e 初值。

（2）寻优界限的设置　PK 参数的寻优界限应设置合理，确保模型的一定范围内获取最佳拟合结果，上下限建议设置为模拟值的 2 倍和 1/2 倍。开展房室模型分析时，可进行数次迭代计算。例如，将某次参数寻优结果作为下一次参数寻优初值，然后开始参数寻优，如此循环往复。当参数估算结果十分接近参数寻优初值时，提示房室模型拟合达到终点。

7.1.1.5 房室模型分析常用软件

目前房室模型分析常用软件有 WinNonlin、DAS、Monolix Suite、Kinetica 等。

7.1.1.6 房室模型分析局限性

① 对数据有要求：房室模型参数个数必须少于数据点数。例如，某个体药时曲线有 5 个点，那么房室模型参数最多 4 个，如果房室模型参数超过 5 个，将出现不定解。因而，开展房室模型分析要求药时曲线最好是密集采样。如果研究对象为稀疏采样，需将不同个体数据汇总到一起，当作一个个体，然后估算房室模型参数。

② 如果分析协变量（如体重、年龄）对 PK 参数的影响，需分两步进行：首先分析个体药时曲线，获得房室模型参数，然后开展房室模型参数与协变量的关系分析。此局限性可用群体 PK 模型法解决，详见本章 7.4。

7.1.2 非房室模型的概念

经典房室模型计算公式多，原理抽象晦涩，解析繁杂，一些计算工作例如房室模型嵌合必须借助计算机才能处理。在实际工作中由于情况复杂，而且模型嵌合具有不确定性，实际数据和房室模型经典理论有时候吻合很不理想，于是 20 世纪 70 年代前后就有人提出了用非房室模型来处理药动学数据。非房室模型不受经典房室模型的限制，适用于任何房室，仅仅假设药物末端以单指数消除。虽然统计矩的公式推导依旧复杂（已经有专家完成了这些工作），但是公式的使用和经典房室模型相比简单得多。目前的体内数据解析中非房室模型已经成为主流处理的方法，各国药品审评当局均推荐采用。需要指明的是，统计矩方法和房室模型各有优缺点，并不互相排斥。

7.1.3 统计矩的基本概念

统计矩原理源于概率统计理论。单个药物分子通过体内隔室的运行是由概率支配的，而血浆中药物浓度的经时过程可视作统计分布曲线，故药物在体内的滞留时间可以认为是带有均值与方差的频率分布，因此可用统计矩来分析。

统计矩理论是非房室模型分析方法。该法估计药代动力学参数，通常是建立在药时曲线下面积的基础上的，且不需要预先设定药物或其代谢产物属于何种隔室模型。从目前发展的趋势来看，以统计矩理论为基础的非房室模型分析方法，是一种很有用的工具。事实上，如果我们认定是线性药代动力学特征的话，该法可适用于任何隔室模型。该非房室模型分析方法已用于估算药物制剂的生物利用度、体内总清除率、生物半衰期、表观分布容积、平均稳态血药浓度、消除速率常数和吸收速率常数等药代动力学参数。

经典药代动力学研究，是以隔室模型理论为基础的分析方法。但该法计算药代动力学参数较为复杂，且模型的确定受实验设计和药物浓度测定方法的影响。因此，统计矩方法应用越来越广泛，已经成为最普遍适用的药代动力学数据分析方法。1969 年 W. Perl 和 P. Samuel 将统计矩理论用于胆固醇在生物体内的药代动力学分析；1975 年科学家们将统计矩理论用于碘甲状腺素在人体内的分布和代谢动力学研究；1978 年 Yamaoka 及 Cutler 同时报道了统计矩应用于药代动力学研究；1980 年 Riegelman 将统计矩理论用于药物的吸收动力学研究；1982 年 Gibaldi 和 Perrier 首次在专著中系统介绍了统计矩理论在药代动力学中的应用。

当一定量的药物输入机体时，不论是在给药部位还是在整个机体内，各药物分子的滞留时间的长短均属于随机变量。药物的吸收、分布及消除可视为这种随机变量所相应的总体效应，因此，药时曲线是某种概率统计曲线，亦即药时曲线可看作是药物分子在体内滞留时间的概率分布曲线。

应用药代动力学研究的统计矩分析，是一种非隔室的分析方法，它不需要对药物设定专门的隔室，也不必考虑药物的体内隔室模型特征。目前这种分析方法主要适用于体内过程符合线性动力学的药物。

概率统计中关于"矩"的概念由力学中延伸而来，用"矩"来表示随机变量的某种分布特征。常用的"矩"有两种：原点矩（K 阶原点矩、一阶原点矩）和中心矩（K 阶中心矩、二阶中心矩）。

7.2

非线性药代、毒代动力学

在线性动力学中，我们假设将用药剂量加倍，体内的血药浓度也会加倍，因为清除率和表观分布容积与血药浓度和时间无关。在目前临床使用的药物中，绝大多数药物在体内的动力学过程属于线性药代动力学（linear pharmacokinetics）。这类药物在体内的转运和消除速率常数呈现为剂量或浓度非依赖性（dose independent），表现为血药浓度或血药浓度曲线下面积与剂量呈正比。但有些药物不会这样。在非线性系统中，药物浓度将与给药剂量不成比例地变化，而这更高或更低将取决于引起非线性的机制。如临床上某些药物存在非线性的吸收或分布（如抗坏血酸、甲氧萘丙酸等）；还有一些药物以非线性的方式从体内消除，过去发现有水杨酸、苯妥英钠和乙醇等。这主要是由于酶促转化时药物代谢酶具有可饱和性，其次肾小管主动转运时所需的载体也具有可饱和性，所以药物在体内的转运和消除速率常数呈现为剂量或浓度依赖性（dose dependent），此时药物的消除呈现非一级过程，一些药动学参数如药物半衰期、清除率等不再为常数，AUC、C_{max} 等也不再与剂量成正比变化。上述这些情况在药动学上被称为非线性药代动力学（nonlinear pharmacokinetics）。

非线性药代动力学的研究对临床上一些治疗指数较窄的药物（如苯妥英等）来说意义非常重大，了解它们的药动学特征，有利于避免出现药物不良反应和保证临床疗效。目前新药的药动学研究中规定，必须对药动学性质进行研究，即研究不同剂量下药物的药动学行为是否发生变化，有时还需研究药物在中毒剂量下的药动学性质。

在本章中，我们将了解影响非线性系统结果的不同变量，Michaelis-Menten 动力学如何适应非线性系统，以及我们从 Michaelis-Menten 动力学推导出的方程如何帮助我们确定清除率、AUC，以及在临床环境中管理正确剂量的其他重要变量。我们还将讨论非平稳动力学，其中清除率或体积等参数随时间变化，而非线性动力学参数则随浓度变化。

7.3

生物利用度、生物等效性及生物类似物评价

7.3.1 药物制剂生物利用度研究和生物等效性评价的意义

在进行药物两种或两种以上制剂的比较时，需要进行制剂生物利用度（bioavailability，BA）和生物等效性（bioequivalence，BE）评价。在新剂型的研制和申报过程中，必须进行生物利用度和生物等效性研究，提供其研究资料。BE 试验在新兽药开发和新兽药评价过程中发挥着非常重要的作用。通过比较受试药品和参比药品的药代动力学参数的等同性，推断两种药品产生类似的治疗效果。

药物制剂的生物利用度是衡量药物制剂中主药成分进入血液循环速率和程度的一种量度。同一种药物，不同的制剂，生物利用度是不同的。同一制剂，不同厂家产品的生物利用度往往也是不同的，甚至同一厂家的制剂，不同的生产批次也可能出现生物利用度的差异，从而影响药物疗效和安全性。典型的例子如苯妥英钠、尼莫地平和地高辛等。有文献报道符合药典规定的两种地高辛制剂峰浓度相差 65%，血药浓度-时间曲线下面积相差 55%。可见充分了解药物制剂的生物利用度，有助于：①指导药物制剂的研制和生产；②指导临床合理用药；③寻找药物无效或中毒的原因；④提供评价药物处方设计合理性的依据。因此，制剂的生物利用度是评价药物制剂的质量标准项目之一。

7.3.2 药物制剂生物等效性评价和临床评价之间的关系

药物制剂生物等效性评价是为了替代临床评价，但是有一个前提，药物必须经过吸收后进入血液循环到达作用部位，如果两制剂血药浓度等效，疗效和不良反应亦等效。和临床试验相比，生物等效性评价试验所需经费较少，试验周期一般也会降低。有些药物，例如氢氧化铝片，在胃肠道直接发挥作用，就无法通过生物利用度研究和等效性评价来替代

临床试验。

7.3.3 生物利用度研究和生物等效性评价的主要参数

在进行制剂的生物利用度和生物等效性评价时，主要考虑下列三个参数：

① 血药浓度-时间曲线下面积（area under the curve，AUC）；

② 血药浓度达峰时间（peak $time$，t_{max}）；

③ 血浆药物峰浓度（peak concentration，C_{max}）。

通常用 AUC 反映药物的吸收程度，同一受试者，AUC 大，表示吸收程度大。生物利用度研究就是在同一受试者中比较两个制剂 AUC 的大小。C_{max} 和 t_{max} 的大小综合反映药物制剂的吸收、分布、代谢和排泄情况，在同一受试者中，C_{max} 和 t_{max} 主要与药物制剂有关，其他参数 $t_{1/2}$、MRT 和血药浓度也可用作生物等效性评价的指标。

7.3.4 影响生物利用度的因素

血管外途径给药，药物必须先从给药部位吸收进入血液循环，然后才能分布到靶器官或组织中发挥药效。口服是最常用的途径，但影响因素较为复杂。药物只有溶解后，才能被吸收。多数口服制剂为固体制剂。口服后，先崩解并分散到胃肠液中，再经溶解等过程后方能吸收。在这一系列的过程中，存在许多因素，但可归结为制剂因素和生理因素两大类型。制剂因素主要包括药物的理化性质（如粒径大小、表面积、溶解度、溶解速度、药物晶型等）、处方中赋形剂的性质与种类、制剂工艺、药物剂型以及处方中其他相关物质的性质等。生理因素主要包括患者的生理特点，如胃肠道 pH、胃肠活动性、肝功能和胃肠血液灌注速率等；年龄、性别、遗传因素；患者的饮食习惯、空腹程度、肠道菌群状况以及其他药物应用情况等。

7.3.5 生物利用度的分类

生物利用度可分为绝对生物利用度和相对生物利用度两大类。绝对生物利用度是指吸收进入体内循环的药量占总给药剂量的分数。其测定方法和原理是在同一受试者中不同的时期进行静脉注射和血管外途径给药，测定血药浓度，计算 AUC。假定两种给药途径，药物的分布和消除性质不变，以静脉注射给药为 100%，比较两种给药途径的 AUC 即得绝对生物利用度。

相生物利用度是一种受试制剂与已知的参比制剂的吸收分数的比较，其测定方法和原理是在同一受试者中不同的时期分别给予两种制剂后，测定血药浓度，计算 AUC。受试制剂和参比制剂的 AUC 的比即为相对生物利用度。

7.4

群体药代、毒代动力学模型

药物在动物体内的药代动力学（pharmacokinetics，PK）行为普遍存在个体间变异。这种变异可由内在因素和外在因素导致，当其具有临床意义时，需要根据不同患病动物群体情况调整给药方案。因此，合理、定量分析内在因素和外在因素对药物暴露等体内 PK 行为的影响，是药物临床研究的重要部分。通常有两种 PK 分析方法，一种为标准两步法，首先获得个体 PK 参数，之后采用统计学方法考察这些参数的统计学特征及其与潜在因素的相关性；另一种为群体 PK 分析，当前主要采用非线性混合效应模型方法，在获得 PK 参数群体典型值的同时，可识别并量化影响群体 PK 参数的协变量因素。相较于标准两步法，群体 PK 分析可有效整合多个临床研究数据，在表述药物体内 PK 行为的同时，获取 PK 参数的群体典型值及其变异，并诠释和量化药物在个体间 PK 差异的影响因素和随机效应等，是目前应用广泛的定量分析方法。

通常通过独立的临床药理学研究对可能影响药物暴露的内在因素和外在因素进行考察。合理设计、良好实施的独立临床研究，可为考察内在因素和外在因素的影响提供较为可靠的评估。但独立临床研究通常通过事先判断和设计对最有可能影响药物暴露的内外因素进行评估，可能造成一些潜在影响因素的遗漏，采用群体 PK 分析方法可在一定程度上予以补充。相较于独立临床研究，群体 PK 分析可整合临床研究各阶段中健康受试者和患者在不同剂量下单次和多次给药后密集和稀疏采集的 PK 相关信息，有助于研究未在独立临床研究中考察过的其他影响药物暴露的潜在因素。群体 PK 分析中纳入了相对较大样本量受试者的 PK 信息，可提高影响药物暴露的协变量参数估算的可靠性，也有助于识别、确认对药物暴露影响较小的内外因素。

通过数据整合、协变量分析和模型模拟，群体 PK 分析有助于更好地理解药物 PK 特征，帮助制订后续研究计划，包括为目标人群优化用药策略等。但在开展群体 PK 分析时，需充分考虑药物的特性、所处的研发阶段以及用于群体 PK 分析的数据和信息等引起的局限性。

7.4.1　群体药动学的概念

群体药代动力学（population pharmacokinetics）这一概念是 20 世纪 70 年代由 Sheiner 等药代动力学专家将经典的药代动力学理论与统计模型结合起来而提出的一种药动学理论。群体药代动力学可以将患者的个体特征与药代动力学参数联系起来，并作为患者临床个体化给药的依据。

在群体药代动力学的研究过程中，通常把一些基本的药学参数（如 CL、V_d、F 等）的平均值作为群体药动学参数。将群体平均值与标准差结合构成药动学参数的群体分布。

大量的研究证实，药代动力学参数的分布规律一般符合正态分布，或取对数后符合正态分布。而将试验人群按年龄、性别、体重、病种等分类后再进行统计分析，会发现对某类患者来说标准差显著变小。这些按体征分类后的药动学参数被称为次群体药动学参数，利用次群体药动学参数作为患者用药剂量调整的依据时，必然会提高其准确度。

7.4.2 群体药动学参数的估算方法分类

群体药动学参数的估算方法可分为单纯聚集（naive pooled data，NPD）法、二步（two-stage，TS）法、非线性混合效应模型（nonlinear mixed effect model，NONMEM）法和非参数期望极大值（nonparametric expectation maximization，NPEM）法。

上述的单纯聚集法是将所有个体的血药浓度-时间数据集中起来取平均值，再进行拟合得到群体药动学参数，由于所得参数不能反映个体间的误差，其临床应用价值不大。

二步法先得到不同个体的血药浓度-时间数据，并利用该数据计算出各个体的药动学参数，再计算出各参数的平均值和标准差，并以此作为其他患者用药的依据，这种方法一般取点较多，试验周期较长，另外用少数个体的数据代表整个人群，其准确度一般较差，下面着重介绍另外两种方法。

7.4.2.1 非线性混合效应模型法

非线性混合效应模型是最基本的，基于动力学和动态学的一体化，描述药物代谢和/或药理学反应模型，根据患者特征（协变量）定量分析药物代谢和药效反应，统计学分析个体内和个体间以及试验间差异（图 7-12）。

非线性指因变量（如浓度）与模型参数和自变量是非线性关系。混合效应是指参数化，主要有固定效应和随机效应，其中固定效应是不随个体变化的参数，随机效应指随个体变化的参数。建立群体药动学模型主要有五个方面：数据、结构模型、统计学模型、协变量模型和建模软件。群体药动学模型包含三个子模型：结构模型、统计学模型和协变量模型。结构模型是描述群体内典型的浓度-时间过程，用固定效应参数描述数据整体走势。统计学模型是用来解释群体内浓度"无法说明的"变异（如个体间变异、不同试验、残差变异等）。协变量模型解释了由个体特征（协变量）预测的变异，即协变量和模型参数的关系。非线性混合效应建模软件将数据和模型结合在一起，找到描述数据的结构模型、统计学模型和协变量模型参数。

非线性混合效应模型主要是发现群体中的药动学参数和变异来源。混合效应模型的优点是不仅可以每个个体取样少，而且许多个体也可被研究，以及所谓的描述生理学因素影响药物代谢和/或药理学作用的协变量（如性别、年龄、体重、肌酐水平和其他生物指标变量），都可被鉴别和整合进来。此外，混合效应模型不仅可以处理稀疏数据，也可处理密集数据。同时，也可使用临床前研究获得的数据应用到个性化给药目标推荐剂量。

非线性混合效应模型建模过程如下。

根据 Sheiner 和 Ludden 研究报道，非线性混合效应模型可被如下公式表示：

$$DV = IPRED + \varepsilon_{ij}$$

其中，$IPRED = PRED + n_i$；$IPRED = F(\phi_i, t_{ij})$，$\phi_i = \mu + n_i$；

DV（observations）是第 i 个个体在 t_{ij} 时刻的观察变量（如血药浓度）；

PRED（populations predictions）：群体预测值；

IPRED（individual predictions）：个体预测值是一个体在 t_{ij} 时刻参数为 ϕ_i 时的观察变量的值。

个体统计学（随机）模型可被如下公式表示：

$$\text{IPRED} = y_{ij} = F(\text{Dose}, \phi_i, t_{ij}) + G(\text{Dose}, \phi_i, t_{ij}, \beta)\varepsilon_{ij} \qquad \text{第一层（个体）}$$

$F(\text{Dose}, \phi_i, t_{ij})$ 是药动学参数为 ϕ_i，t_{ij} 时刻的个体观察值；

$G(\text{Dose}, \phi_i, t_{ij}, \beta)$ 是测量误差在 t_{ij} 时刻的标偏差；

群体药动学模型中 $F(\text{Dose}, \phi_i, t_{ij})$ 是结构模型；$G(\text{Dose}, \phi_i, t_{ij}, \beta)$ 是残差模型；

ϕ_i 是个体参数的向量（如：K_{a_i}，CL_i，V_{d_i}）；个体参数 ϕ_i 的变异来源通过群体特征（如协变量）来解释，这些群体特征相对于 μ 加和或成比例的。

$$\phi_i = \mu e^{\eta i} \qquad \text{第二层（群体）}$$

μ 是模型参数的典型值（如 $K_{a_{pop}}$，CL_{pop}，$V_{d_{pop}}$）；

ε_{ij} 是独立的随机变量，代表误差（个体内/实验间的变异）；随机变量 ε_{ij} 以 0 为中心，分别以 σ^2 标准差的正态分布或对数正态分布。标记为 $\varepsilon(0, \sigma^2)$。

n_i 是独立的随机变量，表示个体参数 ϕ_i 与其中值 μ 之间无法解释的差异（个体间的随即变异）。随机变量 n_i 以 0 为中心，分别以 ω^2 标准差的正态分布或对数正态分布。标记为 $n_i(0, \omega^2)$。

随机变量 ε_{ij} 和 n_i 是 0 为中心，分别以 σ^2 和标准差的正态分布。DV 和 ϕ_i 通常是正态分布或对数正态分布。

7.4.2.2 模型评估

基于似然函数的一种随机近似版本的期望最大化（SAEM）算法，来处理非线性混合效应模型的固定效应和随机效应参数估计问题。拟合优度（goodness of fit，GOF）诊断个体预测值与观察值的误差，加权残差的分布（distributions of weighted residuals，IWRES）和正态预测误差（normalized prediction distribution errors，NPDE），这些被用来评价最优的模型。500 次蒙特卡洛模拟（Monte Carlo simulations）的预测值，评价最终模型重现观察药动学参数的变异性。来自数学模型的残差估值评价提供信息判断模型是否合适。使用直方图、分位图（quantile-quantile plots）、权重残差的条件性分布相关性评价残差条件性和正态性。所有满足拟合的模型均基于贝叶斯信息准则（Bayesian information criterion，BIC）和精确的模型参数估值。BIC 根据 AIC，选择最简单的最准确的模型。

7.4.3 适用范围

目前，群体 PK 研究主要可应用于以下场景。用于评价其他内容时，应谨慎评估。

7.4.3.1 给药方案的优化

群体 PK 研究可帮助识别显著影响药物暴露的内外因素，为临床试验的给药方案提供指导。如，当体重和药物暴露之间相关性强时，可考虑按体重（如 mg/kg）或体重分组进行给药。群体 PK 分析应结合对药物暴露与药物疗效、靶点占有率或药物毒性之间关系的充分理解，共同指导优化给药方案。

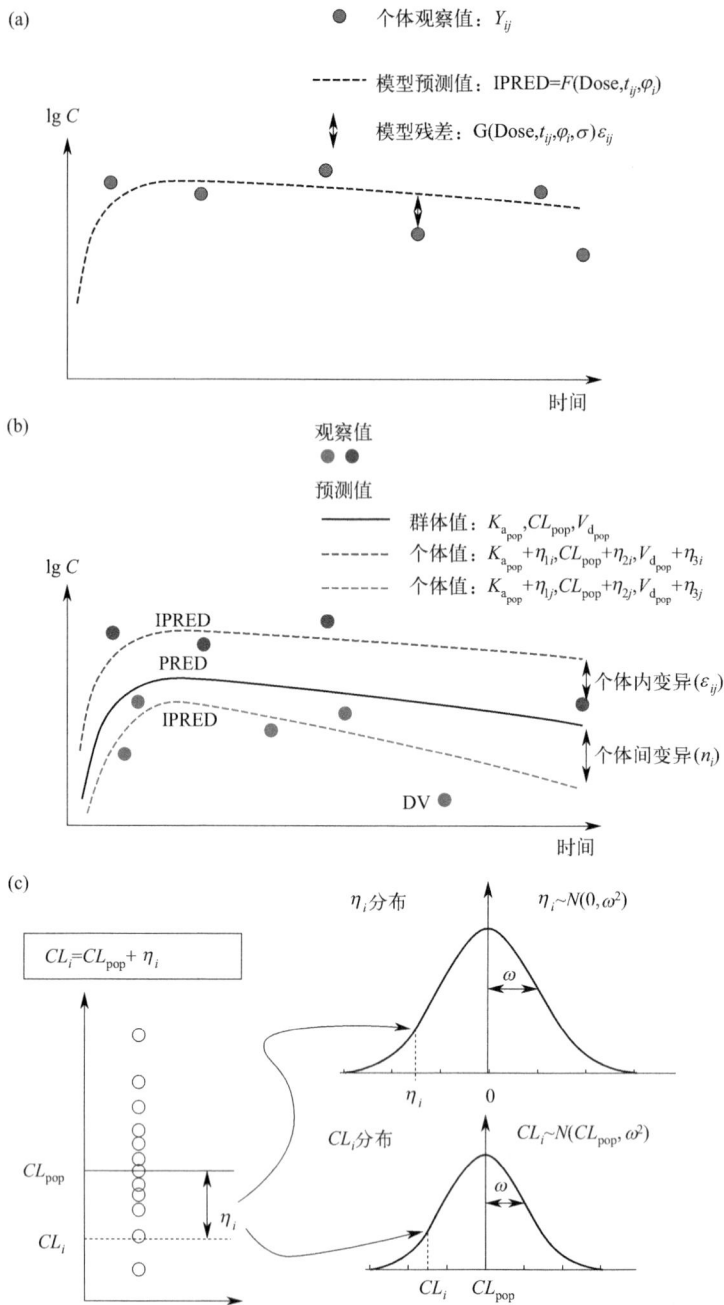

图 7-12 非线性混合效应的原理

在合理假设的前提下，群体 PK 分析可模拟未经临床试验过的给药方案的药物暴露水平。例如，群体 PK 分析可预测增加负荷剂量、改变给药剂量或给药频率引起的暴露变化，为药物研发后期临床试验的剂量选择和调整提供依据。

在极少数具备充分科学依据的情况下，此类分析还可与暴露-效应分析一起，用于支持尚未在临床试验中直接评估的给药方案的申请。

7.4.3.2 特定动物种群用药方案的选择

群体 PK 分析通常会合并来自不同研究的信息，评估协变量对药物及其代谢产物（如适用）PK 的影响。当协变量对药物暴露产生影响时，应结合药物暴露-效应关系充分考量，决定是否需要基于该协变量进行剂量调整。

群体 PK 研究结果可考虑纳入药品说明书，用于描述药物在一般或特定患者人群中的PK 特征。例如，由于高毒性药物在无相关临床状况的肝、肾功能损害患者中进行独立的PK 研究有可能违背伦理，可考虑在临床试验目标人群中纳入肝、肾功能损害的患者。通过良好的 PK 研究设计获得足够的 PK 信息，进行群体 PK 分析考察肝、肾功能损害对PK 特征的影响，以帮助判断此类患者是否需要进行剂量调整，并支持说明书中的用药方案。

协变量分析结果能否用于支持说明书取决于多种因素，如协变量分析中受试动物特征和样本量、协变量分布以及可用的 PK 数据量等。基于群体 PK 分析结果对特定动物群的用药建议中，通常包括协变量对药物 PK 的影响程度和对临床相应有效性和安全性影响的评估，并可包含剂量调整的建议。

一些潜在影响因素，如性别、年龄、体重、药物代谢酶的基因多态性、疾病因素等，可能会因缺乏对药物 PK 有重大影响的先验假设，未开展独立的临床药理学研究。群体PK 分析可用于在没有独立临床试验考察的情况下，分析上述潜在因素对药物 PK 特征的潜在影响。

群体 PK 分析可整合多个密集或稀疏采样的临床试验数据信息，并通过协变量分析等方法得到特定种族人群相关的 PK 参数，相关结果可作为种族因素评价的支持性信息。是否需根据种族因素调整给药方案，须结合暴露-效应关系分析以及疾病机制和医疗背景等多方面的种族差异进行综合判断。

7.4.3.3 药物相互作用评价

在设计良好的临床研究中，有足够信息支持的情形下，可通过群体 PK 分析方法评价药物相互作用，具体内容可参考相关指导原则。

7.4.3.4 生成暴露-效应分析的暴露指标

药物暴露-效应关系在新药研发中的重要性，已在多个指南或专业共识中进行了阐述。除上述应用场景外，群体 PK 分析可用于生成患者的个体 PK 暴露指标，如药时曲线下面积、峰浓度、谷浓度、平均稳态血药浓度等，用于进行后续暴露-效应分析。基于群体 PK分析生成药物暴露指标时建议考虑以下因素：剂量中断或调整，药物的 PK 特征是否随时间或疾病状态的变化而改变等。

群体 PK 分析可预测个体患者在特定时间点的暴露情况，而不受采样设计的限制（如可预测所有受试者的谷浓度）。当少数受试者的 PK 信息缺失时，群体 PK 分析可基于这些受试者的协变量特征（如体重、年龄、性别、药物代谢酶的基因多态性等）预测其最有可能的药时曲线。这种预测方法在个体间变异和残差变异较小，并且观察到的协变量对药物 PK 特征影响较大时，可提供可靠信息。

基于经验贝叶斯估计（empirical Bayesian estimation，EBE）方法估算个体受试者的暴露指标时，若个体数据稀疏或缺乏足够信息，需评估个体暴露指标预测的可靠性。

7.5

手性药物的药代动力学

分子的结构基团在三维排列不同的化合物称为立体异构体，在空间上不能重叠，互为镜像关系的立体异构体称为对映体。这一对化合物就像人的左右手一样，称为手性。反之，不成对映关系的立体异构体称为非对映体。分子的手性是由分子中含有手性中心、手性轴或手性面所致。手性药物是指药物分子结构中引入手性中心后，得到的一对互为实物与镜像的对映异构体。这些对映异构体的理化性质基本相似，仅仅是旋光性有差别，分别被命名为 R-型（右旋）或 S-型（左旋）、外消旋。在偏振光中，对映体对偏振光面旋转方向相反。在生物系统中与酶或受体相互作用时，由于蛋白质分子的非对称性，与对映体的识别方向和结合位点不同，导致生物活性的差异。非对映体之间，彼此属于不同结构的化合物，所以物理化学和生物学性质均不相同。

手性药物具有立体选择性，一对对映体中与受体有较强亲和力或有较高药理活性的一个对映体称为优对映体（eutomer，Eu）。一对对映体中与受体有较弱亲和力或有较低药理活性的一个对映体称为劣对映体（distomer，Dis）。优对映体活性与劣对映体活性的比值称为优劣比（eudismic ratio，ER）。优劣比是对映体药理作用的立体特异性的量度。优劣比值越大，立体特异性越高。

手性是自然界的本质属性之一。生命活动重要基础的生物大分子，如蛋白质、多糖、核酸和酶等，几乎全是手性的。这些小分子在体内往往具有重要的生理功能。目前，批准上市的药物中具有光学活性的超过 50%。2020 年 FDA 批准的 35 种药物中有 20 种是手性的。绝大多数人工合成的药物通常是以外消旋体方式给药的。药理作用是通过与体内大分子之间严格手性匹配与分子识别实现的。含手性因素的对映体在人和动物体内的药理活性、代谢过程及毒性存在显著的差异。当前手性药物的研究在国际已成为新药研究的主要方向之一。

手性药物的药代动力学过程，如吸收、分布、代谢和排泄具有立体选择性。这个过程取决于药物立体异构体与手性生物大分子之间的相互作用。药物-蛋白质相互作用中存在的对映选择性被认为是影响对映异构体药代动力学的决定性因素，其差异会直接影响到药物的临床药效和毒副作用。例如，当载体蛋白转运药物通过细胞膜时，对映异构体吸收的程度会有差异。这些蛋白质还可以执行其他类型的功能，因为药物-蛋白质复合物可以恢复游离药物的浓度，这些游离药物通过代谢消除过程被去除。在代谢过程中，差异主要体现在首过代谢过程中，与内服相比，静脉给药时血浆中对映异构体浓度的比例会发生变化。对映异构体可以被不同的酶系统代谢，导致代谢清除率的变化。此外，年龄、性别等因素也会影响对映体的酶代谢。与构型反转相关的现象，例如外消旋化和对映异构化，也可以发生在代谢中。代谢酶和膜转运蛋白影响药物吸收、分布、代谢和排泄的整个过程。

手性药物的对映体在药物代谢过程中的立体选择性，表现在药物吸收、分布、代谢和排泄的整个生物转化过程中，也就是说来源于手性药物在生物体内的手性环境中与内源性手性大分子的相互作用，其差异会直接影响到药物的临床药效和毒副作用。绝大多数的药物由手性分子构成，两种手性分子可能具有明显不同的生物活性。药物分子必须与受体

（起反应的物质）分子几何结构匹配，才能起到应有的药效。因此，往往两种异构体中仅有一种是有效的，另一种无效甚至有害。

7.5.1 手性药物的吸收过程

药物的吸收受其物理和化学性质、剂型和给药途径的影响。生物大分子对手性药物的立体特异性，可能仅对一种对映体有利，或对两种对映体具有不同的吸收特性。细胞膜是影响药物通过的生物屏障，由于细胞膜上特异性转运蛋白的手性环境可与通过主动转运被吸收的药物发生特异性相互作用，并区分对映体，从而对药物具有选择性，药物可以通过被动扩散或主动运输两种方式被吸收进入体内。大多数药物是通过被动扩散透过细胞膜而吸收，其穿越细胞膜的速率与药物分子的大小、分配系数和 pK_a 相关。手性药物的一对对映体的分配系数和 pK_a 值相同，因而药物由高浓度处向低浓度处扩散吸收的速率和数量是相同的，没有立体选择性。主动运输过程由于是需要特异性酶、载体的协助而输送到细胞内的，载体转运系统，包括天然氨基酸、糖类和其他内源性的化学物的吸收，是具有立体选择性的。主动转运要借助于与生物膜上高分子特异性载体（蛋白质）的结合或释放而进行。具有类似结构的药物可被立体选择性地吸收，所以不同手性的药物吸收的速率和吸收量不同，表现出一定的立体选择性。例如，在 $15\sim800\,mol/L$ 浓度范围内，S-缬沙坦的转运速率在低浓度区（$15\sim60\,\mu mol/L$）与底物浓度呈正相关，随着底物浓度继续增加则转运速率的增幅逐渐降低；R-缬沙坦的转运速率在所考察的浓度范围内与底物浓度呈正相关，故 S-缬沙坦在 Caco-2 单层细胞模型中存在主动转运的机制，R-缬沙坦主要以被动扩散的方式进行转运。S-缬沙坦与 R-缬沙坦的表观渗透率在吸收侧和外排侧均具有显著性差异，由此说明 S-缬沙坦和 R-缬沙坦在转运过程中存在明显的立体选择性，在双向转运过程中均表现为 R-缬沙坦的转运速率明显高于 S-缬沙坦。

另外，药物吸收进入脂肪组织和与血浆蛋白结合也可以是立体选择性的。药物吸收过程中转运蛋白起了非常关键的作用，常见转运蛋白包括 P-糖蛋白（P-gp）、多药耐药蛋白（MRP/ABCC）、乳腺癌耐药蛋白（BCRP/ABCG2）、肽转运蛋白（PEPT/SLC15）、质子偶联叶酸转运蛋白（PCFT/SLC46A1）、有机阴离子转运蛋白（OAT/SLC22）、有机阳离子转运蛋白（OCT/SLC22）等。某些蛋白转运系统能够识别甲氨蝶呤和氨基蝶呤抗叶酸剂这两种手性药物。另外，有机阴离子转运蛋白多肽（OATP）2B 存在于肠边界膜中，具有识别转运非索非那定、塞利洛尔和孟鲁司特等手性化合物的功能，使其介导的转运具有立体特异性。P-gp 抑制剂对外排转运有一定抑制。一种长效抗疟药 R-（－）-甲氟喹对映体选择性抑制 P-gp 转运体，影响药物环孢菌素和长春花碱的转运。P-gp 转运蛋白能够对对映异构体进行手性区分，更倾向于转运（S）-非索非那定，导致人体内 R-（＋）-非索非那定的血浆浓度比 S-（－）-非索非那定高 1.5 倍。Silva 研究表明，戊酮和甲基酮在 Caco-2 细胞中的渗透性和吸收程度存在差异，R-（－）-戊酮表现出更大的渗透性，而 S-（－）-甲基酮是吸收最多的对映异构体。普萘洛尔皮肤给药也具有立体选择性，S-（－）-普萘洛尔的透皮能力是外消旋体的 3 倍，可开发成透皮给药制剂，原因是皮肤酯酶的立体选择性倾向于水解 R-普萘洛尔而吸收 S-普萘洛尔。

7.5.2 手性药物的分布过程

药物分布是指药物从血浆到组织的可逆转移过程。这个过程经历了两个连续的阶段，首先药物在血浆中被稀释，然后分布到各个组织脏器，其分布能力主要由血浆及组织蛋白结合率以及药物穿过细胞膜的分配系数决定。药物分布虽不直接受手性影响，但药物对映体会影响蛋白结合率，因而存在立体选择性。大多数药物在一定程度上可与血浆蛋白可逆性结合。药物血浆蛋白结合是药物在体内的重要参数之一，将影响药物的体内分布。血浆蛋白结合增加了药物的吸收和延长了半衰期，但也会限制药物的自由运动，并减少其表观分布容积、肾脏排泄、肝脏代谢和组织渗透，降低其药理活性。血浆中结合态与游离态药物处于动态平衡，但若血浆蛋白与手性药物的一对对映体的结合能力不同，则结合态与游离态浓度的比例不同，导致组织中的分布和作用部位的浓度有差异。例如，人血浆中存在三种最重要的蛋白，分别为人血清白蛋白（HSA）、α_1-酸性糖蛋白（AGP）和脂蛋白，与蛋白质相互作用相关的对映选择性已被广泛研究。HSA 是最丰富的血浆蛋白，在血浆中占 60%，而 AGP 的含量非常低，在人血浆中仅达到约 3%。血浆蛋白结合的立体选择性体现在血浆主要结合成分为 HSA 和 AGP。通常前者易于与酸性药物结合，后者易于与碱性药物结合。药物分子的血浆蛋白结合具有种属依赖的立体选择性。因此血浆蛋白的结合部位类似于其他药物受体的部位。例如，普萘洛尔的 R-（+）-对映体与人体 AGP 结合力小于 S-（−）-对映体，其游离分数（f_u）分别为 0.162 和 0.127，但 R-（+）-对映体与 HSA 结合力大于 S-（−）-对映体（游离分数分别为 0.607 和 0.647）。普萘洛尔在血浆蛋白结合中，与 AGP 结合占主要作用，R-（+）-对映体与总血浆蛋白结合力小于 S-（−）-对映体（游离分数分别为 0.203 和 0.176）。

7.5.2.1 药物与血浆蛋白的立体选择性

有许多关于与 HSA 的对映体选择性结合的研究。例如，有些酸性药物如布洛芬，其 R-（+）-对映体与 HAS 的结合能力最强，HSA 与 R-（+）-布洛芬和 S-（−）-布洛芬之间相互作用的差异会影响代谢行为和药物相互作用。布洛芬的 R-（+）-对映异构体与 HSA 的优选相互作用导致更大比例的游离形式的 S-（−）-对映体对映异构体。在另一项研究中，R-（+）-奥美拉唑比 S-（−）-奥美拉唑与 HSA 在模拟生理条件下具有更高的结合常数。HSA 是药物结合的主要血浆蛋白。由于这种蛋白质易于固化，也可以键合成为色谱柱，因此便于研究 HSA 与药物的结合，手性蛋白柱还用于分离立体异构体。

AGP 的量只有 HSA 的 3%，作用较小。在疾病状态下，AGP 显著增加，这对与之显著性结合的药物具有重要意义。与 AGP 结合的药物种类较多并能呈现立体选择性。以普萘洛尔为例，它的血浆蛋白结合的立体选择性对不同的蛋白质呈现出相反的方向，即 R-（+）-对映体对人体 AGP 的结合（游离部分，f_u=0.162）小于 S-（−）-对映体（游离部分，f_u=0.127）；而对 HSA 的结合（游离部分，f_u=0.607）则大于 S-（−）-对映体（游离部分，f_u=0.649）。在整个血浆蛋白结合过程中，由于与 AGP 结合起决定作用，导致了 R-（+）-对映体（f_u=0.203）在血浆中的蛋白结合小于 S-（−）-对映体（f_u=0.176）。R-（+）-普萘洛尔竞争性地取代活性体 S-（−）-普萘洛尔，导致后者血浆蛋白结合率下降。在大鼠的毒性研究中发现，消旋体的毒性比单个对映体更强。尽管 HSA 和 AGP 存在相对量的差异，但 AGP 仍是主要与普萘洛尔结合的血浆蛋白。与 HSA 一样，AGP 已可固化在色谱柱上并用于证明 AGP 与许多分子的结合具有立体特异性。

大多数药物在一定程度上可逆地与血浆蛋白结合。高结合的对映体可显著影响血药浓度，并且立体选择性药物的血浆蛋白结合程度将影响某些药物代谢动力学参数，如表观分布容积、总清除率等。

7.5.2.2 药物与组织结合的立体选择性

药物吸收后，是否分布进入脂肪组织大多取决于化合物的脂溶性，但是在脂肪组织中的磷脂和膜也提供呈现立体选择性的环境。酸性药物能因化学结合进入脂肪，如布洛芬类抗炎药，其药效学变化主要源于代谢性手性转化，R-$(-)$-对映体转化成为 S-$(+)$-对映体，选择性与血浆蛋白结合。布洛芬的转化机制是生成 R-$(+)$-布洛芬的辅酶 A 硫酯，然后吸收进入脂肪组织并缓慢释放，而服用 S-$(+)$-布洛芬则很少吸收。这种吸收是由于辅酶 A 硫酯中间体在组织中结合成为杂交甘油三酯，再经酯酶或水解酶的作用而缓慢释放。在其他 NSAID 和含羧基基团药物中也有类似现象。由于这类甘油三酯干扰正常脂代谢且引起生物膜功能的混乱并破坏生物膜结构，可产生毒性。

除脂肪组织外，手性药物在其他组织中也具有立体选择性。对血浆中未结合药物的分布容量的比较说明，β-受体阻断剂具有立体选择性组织结合。对犬来说，S-$(-)$-对映体的分布容量比 R-$(+)$-对映体更大，而对人来说则正好相反。其他数据证实，高活性的普萘洛尔和阿替洛尔的 S 型异构体优先在心肌或其他组织中的肾上腺素能神经末梢选择性储存和分泌。活性的 S-布洛芬异构体在人体关节滑液的吸收具有明显的立体选择性，这可被解释成对映体在与血浆蛋白结合上的差异，而立体选择性又影响了游离药物扩散时的浓度梯度。手性药物透过胎盘屏障时也存在着立体选择性带来的差异。静脉注射 0.25mg 沙丁胺醇后，测定剖宫产妇女母血和胎儿脐带静脉血中药物浓度，发现 R 型对映体浓度分别为 (0.46 ± 0.35)ng/mL 和 (0.89 ± 0.50)ng/mL，两者存在差异；而 S 型对映体浓度分别为 (0.92 ± 0.45)ng/mL 和 (1.11 ± 0.67)ng/mL，两者相近；但胎儿脐带静脉血中 R-/S-对映体浓度比值高于母体血。

7.5.3 手性药物的代谢过程

代谢是大多数对映选择性发生的药代动力学事件，在此阶段大量代谢酶具有区分对映异构体的能力。由于底物的三维性质和代谢酶的手性识别，药物代谢可以为血浆浓度的立体选择性提供许多可能的途径。然而，给定药物的立体选择水平和方向可能取决于所涉及的路径。立体选择性不仅涉及底物的立体选择性，还包括产物的立体选择性。

药物代谢和清除的立体选择性对手性药物的临床药效具有较大的影响。绝大多数药物的代谢是在肝中进行的，因此药物代谢能力通常用肝清除率（clearance，CL）表示，其大小取决于肝血流速率、血浆蛋白结合率和药酶内在活性（通常用内在清除率表示）。对于高摄取的药物来说，肝清除率主要依赖于肝血流速率，而对于低摄取的药物则药酶活性和血浆蛋白结合率成为主要影响因素。肝清除率通常可用下式表示：

$$CL = \frac{Qf_u CL_{int}}{Q + f_u CL_{int}} CL_{int}$$

式中，CL 为内在清除率；f_u 为药物游离分数；Q 为肝脏血流速率。对于酶促反应，内在清除率可用下式计算：

$$CL_{int} = \sum \frac{V_{max,i}}{K_{m,i}}$$

式中，$V_{\max,i}$ 和 $K_{m,i}$ 分别是第 i 个酶促反应的最大速度和米氏常数。

肝代谢过程牵涉到与酶系统的相互作用，在体内有两个功能：一是帮助生成新细胞构造物质，二是产生化学分子以有助于其功能发挥和降解与消除体内废物与毒性物质。细胞色素 P450（CYP）是体内主要的药物代谢酶，类似于受体作用，CYP 具有广泛的底物并呈现极大的立体化学敏感性。代谢酶系统的作用将影响代谢途径，引起治疗效果的改变。通过分子的结构修饰，引入手性，可避免迅速代谢和有害的副产物。手性代谢的类型可分成：①两个对映体与代谢酶形成非对映体复合物但具有不同的代谢速率，称为"底物立体选择性"；②非手性分子代谢生成一个新的手性中心，并以不同速率形成对映体，称为"产物立体选择性"；③手性分子以不同速率代谢形成非对映体，称为"底物-产物立体选择性"。当代谢产物具有活性时，产物立体选择性就具有极为重要的意义。另一特殊的现象是某些对映体在代谢过程中发生代谢转化。

在很多情况下，代谢过程很复杂，几条代谢途径同时以不同立体选择性代谢对映体。例如，普萘洛尔有广泛的代谢途径，有些还产生生物活性代谢物。这个过程具有立体选择性，普萘洛尔在人体中代谢时 N-脱烃基和对位羟化的选择性是 R 型＞S 型，脱氨基和葡萄糖醛酸化（简称葡醛酸化）的选择性是 S 型＞R 型，总的结果是血浆中 S-（－）-对映体占优势。然而在犬体内代谢时 N-脱烃基和脱氨基的选择性是 R 型＞S 型，对位羟化和葡醛酸化的选择性是 S 型＞R 型，总的结果是 R-（＋）-对映体占优势。

在对映体代谢和清除中可发生对映体之间的立体选择性的相互作用，改变由其他药物诱导产生的立体选择性。在代谢过程中，化合物与酶结合或作为酶底物的能力存在差异，发生的相互作用类似于受体过程。在立体选择性和代谢优先性方面存在种属差异；有时在种属内也存在差异（遗传药理学）。代谢过程还可发生手性中心转化。因此，只有采用手性识别的分析方法，才能测定获得"真实"的对映体药物代谢动力学参数，而以外消旋体测药物代谢动力学参数不但浪费财力还产生误差。极为复杂的手性转化和手性相互作用研究，更是需要建立立体特异性的测定方法，分析生物性样品如血浆、尿、各种组织、微粒体等中的各个对映体，才能获得正确的结果。

7.5.3.1 手性分子代谢

对映体在代谢过程中，由于与生物大分子形成非对映体复合物导致底物立体选择性。两种对映体的代谢速率不同会引起两者相对浓度的差异。因此，每种单个对映体和外消旋体的治疗效果可能不同。加之，由于代谢酶的种属差异，手性药物的作用难以预测。手性药物代谢通常是通过酶的作用进行的，CYP 代谢酶起着关键的作用（表 7-1）。

表 7-1　手性药物代谢方式

药物	代谢途径	代谢酶(手性选择性[①])
奥美拉唑	羟基化	CYP2C19(R＞S)
	磺氧化	CYP3A4(S＞R)
	O5 位脱甲基化	CYP2C19(R＞S)
普萘洛尔	葡萄苷酸化	UGT1A9(S＞R)；UGT1A10(R＜S)
沙丁胺醇	硫酸化	M-PST[②](R≫S)
布洛芬	连接	乙酰辅酶 A 合成酶(R≫S)

① 手性选择性是基于手性代谢物生成的固有清除率；

② M-PST：雌激素转磺酶。

代谢途径立体选择性分为代谢底物立体选择性和代谢产物立体选择性，代谢过程常常是相互竞争的。当药物代谢牵涉到两种代谢途径时，一种对映体倾向于经一种途径代谢，而另一对映体则可能主要经其他途径代谢。不同的代谢过程可具有相反的底物立体选择性。

7.5.3.2 前手性分子的代谢

研究对映体（产物立体特异性）或非对映体（底物-产物立体特异性）生成手性中心的代谢，可以推断牵涉到的代谢途径的酶学机制。为了减缓代谢或转为其他代谢途径，可加入一个代谢阻断基因而获得良好的药效。例如，前手性亚甲基通过羟化代谢产生一个手性中心，生成仲醇。这个过程的立体特异性导致对映体富集。硫原子也可能是前手性中心，例如，硫醚的孤对电子与单氧酶发生相互作用。4-甲苯基乙硫醚由 CYP 代谢主要生成 S-亚砜（$S : R = 4 : 1$），但由 FAD 单氧酶代谢，则主要生成 R 型对映体（$R : S = 20 : 1$）。

前手性分子的代谢同样存在种属差异。例如，二苯基乙内酰脲，在人和大多数动物体内发生前 S-苯基对位羟化[S-(−)：R-(+)=10：1]；相反，在犬体内主要是发生前 R-苯基的邻位羟化，极少数通过前 S-苯基代谢。这说明不同种属的 CYP 酶性质可能不同，因此与手性药物可发生相反立体选择性的代谢反应或通过不同代谢途径代谢。在兽医上广泛应用的驱虫药苯并咪唑、芬苯达唑、奥芬达唑和阿苯达唑也是前手性分子，在体内会转化为手性的亚砜、氧化阿苯达唑、氧化芬苯达唑。他们的大多数活性归因于亚砜类的过氧化物和亚砜的代谢物。在绵羊中，口服芬苯达唑后，氧化芬苯达唑在血浆中的比例在 9～120h 之间从 1.8：1 变为 6.7：1。阿苯达唑在 3～120h 之间从 3.3：1 变为 22.4：1。口服硫氧化的奥芬达唑和阿苯达唑，亚砜的代谢物血浆 AUC 比率：奥芬达唑为 26：74，阿苯达唑为 14：86。

7.5.4 手性药物的排泄过程

药物的肾脏清除率是肾小球过滤、主动分泌、主动和被动重吸收过程的综合结果。一些药物在肾小管通过主动分泌而清除，这种清除具有立体选择性，而肾小球滤过是没有立体选择性的。对主动消除过程中的内在立体选择性的确证，要求计算未结合药物的肾清除率（CL_{UR}）。在此基础上，发现许多胺类药物经肾排泄具有对映体选择性。这种选择性差异多来自主动分泌过程，但不能排除主动再吸收和肾脏药物代谢过程中对立体选择性的作用。特布他林（+）-对映体在肾小管重吸收过程中与（−）-对映体发生竞争而增加后者的肾清除率。索他洛尔的 R 型对映体具有 β-受体阻滞作用，S 型对映体具有抗心律失常作用。R 型对映体减少了肾血流量，故导致消旋体给药后 S 型对映体的系统清除率下降。提示消旋体索他洛尔用于抗心律失常治疗时，剂量应减少。除了对映体外，一些非对映异构体经肾排泄时也呈现出选择性，例如，奎尼丁的未结合药物的肾清除率比奎宁大 4 倍。

目前对药物胆汁分泌的主动过程中的立体选择性所知甚少，但对映体在胆汁中的回收率已被证明有显著差异。药物包括代谢产物在胆汁中排泄涉及主动过程和被动过程，也可能存在立体选择性。酮洛芬对映体葡醛酸化反应后，在大鼠体内主要出现在胆汁中，其

S/R 值要比血浆中高约 2 倍。卡维地洛葡萄糖醛酸苷胆汁排泄存在立体选择性，注射和灌胃 ^{14}C-R-（＋）-和 S-（－）-卡维地洛，发现注射后胆汁中 R-（＋）-和 S-（－）-卡维地洛放射活性为 43.7% 和 40.0%，而灌胃后分别为 41.4% 和 41.5%。在大鼠体内，酮洛芬的代谢物酮洛芬葡糖醛酸苷主要经胆汁排泄，胆汁中 S 型对映体与 R 型对映体浓度的比值是血浆中的 2 倍。

7.5.5 手性转化

代谢过程主要通过两种机制引起外消旋化，通常与差向立体异构作用有关。一是存在一种能够可逆结合的基团，它引起结合中间体的差向立体异构化；二是两种代谢途径具有相反的反应结果，引起差向立体异构化。两种作用方式最终使得一种对映体转化为另一种对映体。然而，一般来讲，大多数代谢过程是不可逆的。手性药物在体内的代谢按照底物和代谢物的不同可分为 5 种：①前手性→手性；②手性→手性；③手性→非对映异构体；④手性→非手性；⑤手性对映体之间的转换。

早在 1922 年研究 2-苯基丙酸代谢时，就发现存在代谢转化，后来人们又观察到布洛芬的代谢转化。酮洛芬和维达洛芬也存在类似的情况。在对布洛芬同系物研究的基础上，有学者提出了布洛芬对映体转化机制：辅酶 A（CoA）合成酶立体选择性地将 R-（－）-布洛芬先转化 CoA 硫酯，在乙酰基 α 位与高酸性的次甲基形成中间体。在此位置可发生脱质子和重新质子化的差向立体异构化，再水解产生 S-（＋）-布洛芬。S-（＋）-布洛芬以甘氨酸结合物形式排泄，而 R-（－）-布洛芬不是甘氨酸 N-乙酰转移酶的底物。非活性的 R-（－）-布洛芬作为活性 S-（＋）-布洛芬的前体药在外消旋体的药效中发挥作用。并非所有的 NSAID 手性转化过程都具有与布洛芬同样的易感性，转化速率也可能不同。当转化速率快时，R-（－）-对映体作为前体药；而转化慢时，R-（－）-对映体则是不需要的杂质并可能产生副作用。有人将 150mg S-（＋）-布洛芬与 200mg 外消旋体进行了生物等效性评价，并通过临床试验证明，服用较低剂量 S-（＋）-布洛芬可减轻代谢负担，维持疗效。这一转化现象比其他常规代谢途径（氧化、葡醛酸化、去葡醛酸化）更复杂。两个异构体之间的剂量吸收速率依赖动力学和动力学相互作用，使转化程度评估变得复杂。此外对映体的代谢速率还取决于物种，有研究表明，R-（－）-对映体：S-（＋）-对映体的药时曲线下面积在不同种属中的比值：马为 4.6∶1，猫为 2.2∶1，狗为 1.5∶1，牛为 1.4∶1。

两个相反的代谢过程发生立体化学转化，主要是通过氧化与还原机制。例如，由醇脱氢酶催化的醇-酮转化，手性仲醇氧化成为酮。通常一个对映体优先氧化（底物立体特异性）；而酮还原则通常是氢优先到羰基一面（产物立体特异性）。两个过程由不同的机制控制，最终结果是醇的手性转化。在酮经醇脱氢酶还原的过程中，前-R 氢通过 NADH 或 NADPH 辅酶的二氢烟酰胺基团优先转化生成 S-醇。酮在过渡状态自身重排，以使取代基与酶的相互作用最小。R-醇和 S-醇生成的比例取决于取代基的相对大小和底物中存在的其他手性中心。

7.6

临床前药代、毒代与临床药代动力学试验

7.6.1　兽药临床前药代试验

非临床药代动力学研究是通过体外和实验动物（有时还有靶动物）体内的研究方法，揭示药物在体内的动态变化规律，获得药物的基本药代动力学参数，阐明药物的吸收、分布、代谢和排泄（absorption，distribution，metabolism，excretion，简称 ADME）的过程和特征，在新药研究开发的评价过程中起着重要作用。

药物在体内外的动态过程受药物的理化性质、剂型等影响。理化性质包括解离常数、脂溶性、粒度、晶型和稳定性（胃肠道稳定性）等。剂型包括制剂、制备工艺、给药途径等。兽药非临床药代动力学研究目的体现在以下五点：①在药效学和毒理学评价中，药物或其代谢物体内外浓度数据及其相关药代动力学参数，是产生、决定或阐明药效或毒性大小的基础，是提供药物对靶器官的效应（药效或毒性）的依据。②在药物制剂学研究中，药代动力学研究也是评价药物制剂特性和质量的重要依据。③在药物临床研究中，药代动力学研究为设计和优化临床研究给药方案提供有关信息，是临床有效性和安全性研究的前提与基础。④在药物设计研究中，为药物结构改造和设计提供结构与动力学关系的信息。⑤在药物残留研究中，药代动力学研究能够揭示药物代谢及动力学参数的种属差异，是兽药残留及动物源食品安全性研究的重要内容。

7.6.1.1　药时曲线和药动学参数研究

（1）试验药品　应提供受试药物的名称、剂型、批号、来源、纯度、保存条件、配制方法及研制单位的质检报告。使用的受试药物及剂型应与药效学或毒理学研究使用的一致。

（2）实验动物　一般采用成年和健康的动物。常用动物种属有小鼠、大鼠、兔、豚鼠、犬、小型猪等。

选择动物的原则如下：

首选动物尽可能与药效学和毒理学研究一致。尽量在清醒状态下试验，动力学研究最好从同一动物多次采样。创新药应选用两种或两种以上的动物，其中一种为啮齿类动物；另一种为非啮齿类动物。其他类型的药物，可选用一种动物，建议首选非啮齿类动物。同一动物应能多次给药。

以血药浓度-时间曲线的每个时间点有不少于 5 个数据为限计算所需动物数。最好从同一动物多次取样。如由多只动物的数据共同构成一条血药浓度-时间曲线，应相应增加动物数，以反映个体差异对试验结果的影响。建议受试动物采用雌雄各半，如发现动力学存在明显的性别差异，应增加动物数量以便认识试验药物的药代动力学的性别差异。对于单一性别用药，可选择与临床用药一致的性别。

（3）给药　给药途径、方式和次数，应尽可能与临床用药一致。口服给药的，动物一般在给药前禁食 12 小时以上。给药后的禁食时间，应根据具体情况统一规定，以避免

数据波动和食物的影响。

动物体内药代动力学研究应设置至少 2～3 个剂量组，其高剂量最好接近最大耐受剂量，中、小剂量根据动物有效剂量的上下限范围选取。主要考察在所试剂量范围内，药物的体内动力学过程是属于线性还是非线性，所得结果是否有利于解释药效学和毒理学研究中的发现，并为新药的进一步开发和研究提供信息。

对于消除半衰期长（如给药间隔短于 4 个 $t_{1/2}$）、有蓄积倾向且临床需重复给药的药物，应进行多次给药的药代动力学研究。多次给药的药代动力学一般用一种剂量（有效剂量）试验。根据药效学和单次给药的药代动力学结果，确定给药剂量、间隔和疗程。

（4）采样　采样点的安排对完整药时曲线和药动学参数的获得影响很大。给药前需要采血作为空白样品，以利于获得给药后的一个完整的血药浓度-时间曲线，采样时间点的设计应兼顾药物的吸收相、平衡相（或峰浓度附近）和消除相。一般在吸收相不低于 3 个采样点，平衡相在峰浓度附近至少需要 3 个采样点，消除相需要 4～6 个采样点。对于吸收快的药物，应尽量避免第一个点是 C_{max}。整个采样时间至少应持续到 3～5 个半衰期，或持续到血药浓度为 C_{max} 的 1/20～1/10。为保证最佳采样点，建议在正式试验前，选择 2～3 只动物进行预试验确定合理的采样点。

（5）数据处理与分析　要选用合适的数据处理及统计学方法。计算机程序要注明名称、版本和来源。将试验中测得的各受试动物的血药浓度-时间数据分别进行药代动力学参数的估算，求得受试药物的主要药代动力学参数。静脉注射给药，应提供 $t_{1/2}$（消除半衰期）、V_d（表观分布容积）、AUC（血药浓度-时间曲线下面积）、CL 或 CL/f（清除率）等参数值；血管外给药，除提供上述参数外，尚应提供 C_{max}、t_{max} 和速率常数（K_a）等参数，以反映药物吸收的规律。提供一些统计矩参数，如：MRT、AUC（0～t）和 AUC（0～∞）等，对于药物药代动力学特征的描述也有意义。

7.6.1.2　药物的吸收与生物利用度研究

对于经口给药的创新药，应进行整体动物实验，尽可能同时进行血管内给药的试验，提供绝对生物利用度。如有必要，可进行体外吸收模型、体内或体外肠道吸收试验以阐述药物吸收特性。对于其他血管外给药的药物及某些改变剂型的药物，应根据立题目的，尽可能提供绝对生物利用度。

7.6.1.3　药物的分布与血浆蛋白结合研究

选用大鼠或小鼠做组织分布试验较为方便。选择一个剂量（一般为有效剂量）给药后，至少测定药物在心、肝、脾、肺、肾、胃肠道、生殖腺、脑、体脂、骨骼肌等组织的浓度，以了解药物在体内的主要分布组织。要特别注意药物浓度高、蓄积时间长的组织和器官，以及在药效或毒性靶器官的分布（如对造血系统有影响的药物，应考察在骨髓的分布）。参考血药浓度-时间曲线的变化趋势，选择至少 3 个时间点分别代表吸收相、平衡相和消除相的药物分布。若某组织的药物浓度较高，应增加观测点，进一步研究该组织中药物消除的情况。每个时间点，至少应有 5 个动物的数据。做组织分布试验，必须注意取样的代表性和一致性。

以下情况应考虑做重复给药的组织分布研究：药物或代谢物在组织中的消除半衰期明显大于其血浆消除半衰期，并且是毒性研究给药间隔的两倍；重复给药的药代动力学或毒代动力学发现，血中药物或代谢物的稳态浓度显著高于单次给药药代动力学预期的浓度；

在短期毒性、单次给药的组织分布和药效学等研究中观察到未预料的、有重要意义的组织病理学改变；定位靶向释放药物。

采用放射性同位素标记法做组织分布试验的，应说明标记物的放化纯度、标记率（比活度）、标记位置、给药剂量等；放射性示踪生物学试验的详细过程，以及生物样品测定时对放射性衰变进行校正的方程。要尽可能提供给药后不同时相的整体放射自显影图像。

研究药物与血浆蛋白结合试验可采用多种方法，如平衡透析法、超过滤法、分配平衡法、凝胶过滤法、光谱法等。根据药物的理化性质及实验室条件，可选择使用一种方法进行至少 3 个浓度（包括有效浓度）的血浆蛋白结合试验，每个浓度至少重复试验三次，以了解药物的血浆蛋白结合率是否有浓度依赖性。一般情况下，只有游离型药物才能通过脂膜向组织扩散，被肾小管滤过或被肝脏代谢，因此药物与蛋白的结合会明显影响药物分布与消除的动力学过程，并降低药物在靶部位的作用强度。对于血浆蛋白结合率高于 90％的药物，建议开展体外药物竞争结合试验，以考察临床上有可能合用的高蛋白结合率的药物在蛋白结合上的相互作用。

为预测和解释实验动物、靶动物在药效学及毒性反应方面的差异性和相关性，建议同时开展实验动物和靶动物的血浆蛋白结合率比较试验。

7.6.1.4 药物的生物转化

对于新药，尚需了解在体内的生物转化情况，包括转化类型、主要转化途径及其可能涉及的代谢酶。对于新的前体药物，除对其代谢途径和主要活性代谢物结构确证外，尚应对原药和活性代谢物进行系统的药代动力学研究。而对于主要在体内以代谢消除为主的药物（原型药排泄＜50％），生物转化研究则可分为两个阶段：临床前可先采用色谱方法或放射性核素标记方法分析和分离可能存在的代谢产物，并用色谱-质谱联用等方法初步推测其结构。如果 II 期临床研究提示其在有效性和安全性方面有开发前景，在申报生产前可进一步研究并阐明主要代谢物的可能代谢途径、结构及代谢酶。当多种迹象提示可能存在有较强活性的代谢产物时，应尽早开展活性代谢产物的研究，以确定开展代谢产物动力学试验的必要性。对于创新药，应观察药物对药物代谢酶，特别是细胞色素 P450 同工酶的诱导或抑制作用。在临床前阶段可以用底物法观察对动物肝微粒体 P450 酶的抑制作用，比较种属差异。药物对酶的诱导作用可观察整体动物多次给药后的肝 P450 酶或在药物反复作用后的肝细胞（最好是人肝细胞）P450 酶活性的变化，以了解该药物是否存在潜在的代谢性相互作用。

实验动物和靶动物肝的组织匀浆、细胞悬液、微粒体及灌流器官等，可方便地、经济地用来研究药物的代谢途径、动力学特点、代谢酶对动力学参数影响、药物或代谢物与蛋白质或 DNA 结合等，是体内药代动力学研究的补充，对深入阐明药物的药效和毒性机制有重要价值。

7.6.1.5 药物排泄研究

经尿和粪排泄：一般采用小鼠或大鼠，将动物放入代谢笼内，选定一个有效剂量给药后，按一定的时间间隔分段收集尿或粪的全部样品，测定药物浓度。粪样品晾干后称重（不同动物粪便干湿不同），按一定比例制成匀浆，记录总体积，取部分样品进行药物含量测定。计算药物经此途径排泄的速率及排泄量，直至收集到的样品测定不到药物为止。每个时间点至少有 5 只动物的试验数据。应采取给药前尿及粪样，并参考预试验的结果，设计给药后收集样品的时间点，包括药物从尿或粪中开始排泄、排泄高峰及排泄基本结束的全过程。

　　胆汁排泄：一般用大鼠在乙醚麻醉下做胆管插管引流，待动物清醒后给药，并以合适的时间间隔分段收集胆汁，进行药物及主要代谢物的含量测定，计算排泄的量和速率。

7.6.2　药代动力学与毒代动力学

　　毒代动力学研究通常结合毒性研究进行，将获得的药代动力学资料作为毒性研究的组成部分，以评价全身暴露的结果，试验的目的为：一是根据研究结果，确定评价对受试物毒理学研究中的发现和临床安全用药的相关性；二是可为临床前毒理学研究对有关实验设计，如动物选择、给药剂量、剂型、途径等提供依据；三是有助于解释动物不同种属、性别间和不同受试物剂量间毒性作用的共同点和不同点。

　　药代动力学和毒代动力学研究的目的不同，但两者又是相互联系的，其分析方法是相同的，技术可以共享或相互借鉴，毒代动力学侧重观察动物长期反复用药后血药浓度的变化，且不要求提供全部药代动力学参数。大多数情况下，毒代动力学试验可与其他毒性试验同步进行，但有些也可早于其他毒性试验或于临床研究后再补充进行研究。总之，其最终要求是提供该受试物的应用危险性与安全性的充分研究资料。

　　毒代动力学根据不同情况，可进行单剂量或多剂量的毒性研究试验。生殖毒性试验、遗传毒性试验和致癌试验以及为改变给药途径提供有价值的参考。其测定的主要参数有，药时曲线下面积（AUC）、峰药浓度（$C_{\max}$）或特定剂量特定时间的血药浓度（C_t）及消除半衰期（$t_{1/2}$），血浆蛋白结合率宜测定血浆中未结合药物或根据体外血浆蛋白结合率计算其未结合药物的药时曲线下面积，其组织分布当有特殊的毒理学意义时才进行测定。

　　根据同种动物的药理作用与毒性作用，毒代动力学的研究试验可设置 3 个剂量组。低剂量应选择具有药效作用而无毒性作用的量，高剂量一般从毒理学角度考虑确定，中剂量通常为低剂量（或高剂量）的适当倍数（或分数）。采血时间点应满足 AUC 计算的要求（大动物 6～8 点，小动物 4～6 点），时间跨度应达 3 个半衰期以上，故能供多时间点采血的大动物也应每组不少于 4 只，而小动物不少于 6 只，且雌雄各半。血药浓度测定方法应专一、灵敏，将所获得的药动学参数的分析结果进行评价，并对毒理学发现作出解释。

7.6.3　兽用化学药物临床药代动力学试验

　　新兽药的临床药代动力学是研究药物在靶动物体内的吸收、分布、代谢和排泄的规律，对药物在动物体内随时间变化而发生的量变规律进行测定，其目的是通过试验获取新兽药在靶动物的药动学参数。药动学参数是评价兽药质量的重要指标之一，是药物制剂学研究的主要依据和工具，也是制订合理的给药方案（包括剂型、疗程、给药途径、给药间隔等）的重要理论和实践依据。由于各种疾病的病理状态均不同程度地对药物的药代动力学产生影响，为使其更加客观，故多选用健康成年靶动物进行试验。

健康成年靶动物的药代动力学研究包括静脉注射给药的药代动力学研究、内服给药的药代动力学研究、肌内（或皮下）注射给药的药代动力学研究、其他途径（如透皮剂、气雾剂）给药的药代动力学研究。供内服给药的药物，需进行静注和内服给药的药动学试验；可供内服和注射的药物，则还须增加肌内（或皮下）注射给药的药动学试验；其他途径给药的药物，则需进行静注和其他途径给药的药动学试验。不能静注的药物，可测定相对生物利用度。

7.6.3.1　单次给药的药代动力学研究

实验动物及数量：应为健康成年靶动物。每个剂量组包括大动物 5～6 头，中动物 6～8 头，小动物 8～10 头，禽 12～15 只。

受试药物：供试药品应与临床验证的药品一致，应提供受试药品的名称、批号、来源、纯度、保存条件及配制方法。在试验前应对药品的质量进行检查测定。给药剂量、途径与临床应用一致。

药物质量：试验药品应当在符合《兽药生产质量管理规范》条件的车间制备，并经检验符合质量标准。

药品保管：试验药品应有专人保管，记录药品使用情况。试验结束后剩余药品和使用药品应与记录相符。

药物剂量：一般选用低、中、高三种剂量。剂量的确定主要根据临床耐受性试验的结果，并参考在实验动物的药效学、药代动力学及药理学试验的结果。以及经讨论后确定的拟在临床试验时采用的治疗剂量推算。高剂量组剂量必须小于或等于靶动物最大耐受的剂量，但一般应高于治疗剂量。应能够根据研究结果对药物的药代动力学特性作出判断，如该药物呈线性或非线性药代动力学特征等，以及剂量与体内药物浓度的关系，为临床合理用药提供有价值的参考信息。

给药：每头动物给药剂量（一般按每 kg 体重计算）、途径、方法、部位、速度均应一致。

采样：一般采用血浆或血清，必要时也可采用尿液或其他样品。一般采用静脉血液，牛、马、羊可由颈静脉采血，猪由前腔静脉或耳静脉采血，禽由翼下静脉采血。采样点的安排对完整药时曲线和药动学参数获得影响很大。采样点应覆盖药物的吸收相、平衡相和消除相。吸收相不少于 3 个点，血药峰浓度（C_{max}）附近至少要 3 个点，消除相 4～6 个点。对于血管外给药吸收快的药物，应避免第一点是峰浓度。采样时间至少应持续到 3～5 个消除半衰期（$t_{1/2}$）或 C_{max} 的 1/20～1/10。给药前采空白样品。试前应通过预试确定合理的采样点。例如：某待测药物的峰时预试结果约为 1 小时，消除半衰期约为 3～4 小时，则采血点可设计为：10、15、30、45、60 分钟和 1.5、2、4、8、16、24 小时。一般最后一个点的血药浓度应等于或在定量限以下。

如果同时收集尿样时，则应收集给药前尿样及服药后不同时间段的全部尿样。取样点的确定可参考在实验动物的药代动力学试验中药物排泄过程的特点，应包括开始排泄时间、排泄高峰及排泄基本结束的全过程。为保证最佳的采样点，建议在正式试验前进行预试验工作，然后根据预试验的结果，审核并修正原设计的采样点。

参数计算：用药代动力学计算软件处理每一动物的血药浓度-时间数据，获得药代动力学参数，对其进行分析，说明其临床意义，并对临床研究方案提出建议，如：剂量（首次剂量、维持剂量）、途径、给药间隔时间、疗程等。药代动力学计算软件主要用于数据处理、计算药代动力学参数、模型判断、统计学分析及图形显示等。目前国内外常用的药代动力学软件有 MCPKP、3P97、WinNonlin、NONMEN、PKBP-N1、NDST 及 ABE 等，在实际工作中可根据需要合理选用。根据试验中测得的每头靶动物的血药浓度-时间数据，绘制每头靶动物的药时曲线及平均药时曲线，一般可用模型法或非房室模型分析，进行药代动力学参数的计算，求得药物的主要药代动力学参数，以全面反映药物在靶动物体内吸收、分布和消除的特点。主要药代动力学参数有：K_a、t_{max}、C_{max}、AUC，主要反映药物吸收速率和程度；V_d 主要反映理论上药物在体内占有的表观分布容积；而 K_e、$t_{1/2}$、MRT 和 CL 等主要反映药物从血液循环中消除的特点。

从尿药浓度估算药物经肾排泄的速率和总量。

7.6.3.2 多次给药的药代动力学研究

当药物在临床上将连续多次应用时，需明确多次给药的药代动力学特征。根据研究目的，应考察药物多次给药后的稳态浓度（C_{ss}），达到稳态浓度的速率和程度，药物谷、峰浓度之间的波动系数（DF），是否存在药物蓄积作用，明确 C_{ss} 和临床药理效应（药效和不良反应）的关系。

实验动物与数量：均同单次给药的药代动力学研究。

受试药物：同单次给药的药代动力学研究。

药物剂量：采用临床试验拟订的一种治疗剂量，并根据单次给药的药代动力学参数中消除半衰期和临床试验给药方案中制订的服药间歇以及给药日数，确定总给药次数和总剂量。

采样点的确定：根据单剂量药代动力学求得的消除半衰期，估算药物可能达到稳态浓度的时间。一般采样点最好安排在早上空腹给药前，以排除饲料、时辰以及其他因素的干扰。应连续测定 3 次（一般为连续 3 天）谷浓度（给药前）以确定已达稳态浓度。当确定已达稳态浓度后，在最后 1 次给药后，采集一系列血样，记录时间点包括各时相（同单次给药），以测定稳态血药浓度-时间曲线。

参数计算：根据试验中测定的 3 次谷浓度及稳态血药浓度-时间数据，绘制多次给药后药时曲线，求得相应的药代动力学参数，包括峰时间（t_{max}）、峰浓度（C_{max}）、消除半衰期（$t_{1/2}$）、清除率（CL）、稳态血药浓度（C_{ss}）、稳态血药浓度-时间曲线下面积（AUC_{ss}）及波动系数（DF）等。

说明多次给药时药物在体内的药代动力学特征，同时应与单剂量给药的相应药代动力学参数进行比较，观察它们之间是否存在明显的差异，特别在吸收和消除等方面有否显著的改变。

7.6.3.3 长效制剂（包括缓释、控释制剂）的药代动力学研究

长效制剂与普通制剂的药代动力学行为明显不同，因此须进行与参比制剂相比较的单次药代动力学研究（必要时应做多次给药的药动学试验），以证实制剂的长效特征。

实验动物、数量要求、受试药物的要求均同单次给药的药代动力学研究和多次给药的药代动力学研究。

参比制剂的选择及受试药物剂量：根据产品的不同以及试验目的的差别，试验中所选择的参比制剂以及用药剂量的选择都会有所不同。一般而言，其参比制剂应选择普通制剂或其他已经上市的长效制剂。而受试制剂和参比制剂每次用药的剂量和每日用药的次数，

则应该按照各自临床用药的方案来制订，但两者每日用药总量通常应该是相同的。

试验设计：采用随机交叉设计。

采样点的确定：参考单次给药的药代动力学研究和多次给药的药代动力学研究。

药代动力学参数的估算：根据试验中测定的血药浓度-时间数据，绘制单次给药和多次给药后药时曲线，求得相应的药代动力学参数，单次给药主要药代动力学参数有：K_a、t_{max}、C_{max}、AUC、K_e、$t_{1/2}$、MRT、CL 和 F 等。多次给药主要药代动力学参数有：t_{max}、C_{max}、$t_{1/2}$、CL、C_{ss}、AUC_{ss} 及 DF 等。参数的估算方法参照前面内容。药代动力学参数的统计分析：说明长效制剂在靶动物体内的药代动力学特征，同时应与参比制剂给药的相应药代动力学的参数进行比较，观察它们之间是否存在明显的差异，特别在吸收和消除或有效血药浓度维持时间等方面是否有显著的改变。药动学参数差异的显著性检验一般采用单双侧 t 检验。

7.6.3.4 数据分析与评价

应提供各项实测具体数据，说明数据处理的统计方法。如用计算机处理数据，应指出所用程序的名称。对所获取的数据进行科学和全面的分析。应对药物在靶动物体内的药代动力学特点进行综合性论述，包括吸收、分布代谢、排泄的特点；经尿、粪和胆汁的排泄情况；与血浆蛋白结合的程度；并提供药物在体内蓄积的程度及主要蓄积的器官或组织；如为创新药，还应阐明其在体内的代谢、排泄过程及物质平衡情况。在评价的过程中注意进行综合评价，即把药代动力学特点与药物的制剂选择、有效性和安全性进行横向联系，找出其中的相关性，为药物的整体评价和临床研究提供更多有价值的信息。

7.7

种属间比例定量外推和低剂量外推

种属间的外推，可以预测靶动物的药动学或药效学。各种哺乳动物的多数生理参数，如组织容积、血液流量等都是体重的函数，这是将不同种属的动物实验（或临床前实验）结果外推到人类或其他动物（或临床试验）的基础，称为种属间外推。对于同一动物（包括人类）也可将健康个体的实验结果外推到生理条件改变（如血液速率变化、高龄或幼龄、体重过重等）或不正常生理条件下（如肝、肾功能减退，器官移植等）的个体。

7.7.1 种属间比例定量外推

7.7.1.1 同种动物的剂量换算

一般动物的用药剂量均以 mg/kg 值来表达，但不能一概而论。例如，金线蛙用强心苷只规定每只蛙用多少毫克，小鼠用胰岛素也是每只用多少毫单位，在规定体重范围内不再按千克体重调整用药剂量。另一些实验，则建议按体表面积用药，如对抗癌药、抗生素、强心苷等药物来说，按体表面积用药（mg/m^2）比按体重用药更为合理，实验误差可以明显减小。

体表面积不易直接测定，一般可根据体重和动物体型按下式近似地推算：

$$A = RW^{2/3}$$

式中，A 是动物体表面积，m^2；W 是体重，kg；R 是动物的体型系数，参看表 7-2。

表 7-2　不同动物的体型系数（R）

动物	小鼠	大鼠	豚鼠	兔	猫	犬	猴	人
体型系数	0.06	0.09	0.099	0.093	0.082	0.104	0.111	0.1～0.11

同种动物之间进行折算，可采用以下比例式：

$$D_1 : D_2 = A_1 : A_2 = W_1^{2/3} : W_2^{2/3}$$

式中，D_1、D_2 为公斤体重剂量，mg/kg。

【例】已知 20g±2g 小鼠的 LD_{50} 为 58mg/kg，现欲取 40g±4g 的老年小鼠以 1/10 LD_{50} 剂量进行老年药理学研究，应取多少剂量为宜？

按体表面积计算，20g 小鼠用药量为 0.02kg×58mg/kg＝1.16mg；其体表面积为 0.06×（0.02）$^{2/3}$＝0.0044m^2，故按体表面积计算得 LD_{50}＝1.16/0.0044＝264mg/m^2。40g 小鼠体表面积为 0.06×（0.04）$^{2/3}$＝0.007m^2，故 1/10 LD_{50} 为 0.007×264/10＝0.185mg。相近的体重剂量是 0.185/0.04＝4.6mg/kg。请注意该剂量已与 20g 小鼠的剂量（58mg/kg）有相当差别。

7.7.1.2　不同种属动物的剂量换算

剂量换算方法过去一直沿用 Bios 公式，近年由于犬和豚鼠实验品系有变化，过去用一般犬体重 12～20kg，现在用比格犬标准体重为 8kg；过去豚鼠标准体重为 400g，现在体重为 1000g。另外，原法中没有仓鼠、狒狒、微型猪的资料，对小白鼠的体表面积的计算与实测值相差很大。所列表格又是计算每只动物的剂量；药理研究中常用 mg/kg 的千克体重剂量，还要再进行折算，很不方便。FDA 对于 I 期临床研究提出了人体等效剂量（human equivalent dose，HED）的概念，从动物实验数据推算可能产生等价药效的人体剂量，同理也可以推算产生等价药效的其他靶动物的剂量。这里根据其主要原理，经适当推导和计算，引进新的动物体型系数（表 7-3），并根据近年资料及实测的数据编制了新的换算公式，进行不同动物间的等效剂量换算，较为方便。

表 7-3　新的不同动物的体型系数（k）

动物（标准体重）	小鼠	仓鼠	大鼠	豚鼠	兔	猫	犬	猴	人
体型系数（新法）	0.0899	0.0862	0.086	0.092	0.1014	0.1086	0.1077	0.118	0.1057

动物剂量换算的经典公式：由于动物剂量大致与体表面积成正比，而体表面积可用 $A = RW^{2/3}$ 估算，也即：

$$\mathrm{Dose}_{(a)} : \mathrm{Dose}_{(b)} \approx A_a : A_b \approx k_a \times W_a^{2/3} : k_b \times W_b^{2/3}$$

故动物剂量换算公式可表达如下：

每只动物剂量：$\mathrm{Dose}_{(b)} = \mathrm{Dose}_{(a)} \times (k_b/k_a) \times (W_b/W_a)^{2/3}$

千克体重剂量：$D_b = D_a \times (k_b/k_a) \times (W_a/W_b)^{1/3}$ 　　　　　　　　　　（7-1）

式中，$\mathrm{Dose}_{(a)}$ 是已知动物 a 的剂量，mg/只，$\mathrm{Dose}_{(b)}$ 是欲求动物 b 的剂量，mg/只；D_a、D_b 是其千克体重剂量，mg/kg；A_a、A_b 为其体表面积，m^2；k_a、k_b 为其体

型系数；W_a、W_b 为其体重，kg。

以上公式是通式，适用于任何动物，任何体重。同种动物间换算时，体重系数相同（$k_a/k_b=1$），公式可简化为：

$$\text{Dose}_{(b)} = \text{Dose}_{(a)} \times (W_b/W_a)^{2/3} \ \text{及} \ D_b = D_a \times (W_a/W_b)^{1/3}$$

药理实验中常将药物配成一定浓度的溶液，再按每千克（或每10g）用多少 mL 进行注射或灌胃。只要动物体重与标准体重相差不到 ±20%，就可以按同一千克体重剂量用药。因此，剂量换算时，千克体重剂量的公式更为常用。

动物剂量换算及校正系数见表 7-4 和表 7-5。

每次实验都按式(7-1)计算颇为麻烦。现将动物体型系数及其标准体重引入公式预先算出换算系数（R_{ab}）及校正系数（S_a，S_b）。查表值 $R_{ab}=(K_a/K_b) \times (W_b/W_a)^{1/3}$，$S_a=(W_a/W_标)^{1/3}$，$S_b=(W_标/W_a)^{1/3}$，由此设计成由动物 a 到动物 b 的剂量（mg/kg）换算表，其中 D_a 和 D_b 是标准体重剂量（mg/kg），D'_a 和 D'_b 是非标准体重剂量。R_{ab}、S_a、S_b 可由表中查出。

由标准体重到标准体重： $D_b = D_a R_{ab}$ (7-2)

由标准体重到非标准体重： $D'_b = D_a R_{ab} S_b$ (7-3)

由非标准体重到非标准体重： $D'_b = D'_a S_a R_{ab} S_b$ (7-4)

当动物为标准体重时，$S_a/S_b=1$，式(7-4) 就变化成式(7-2)、式(7-3)，如要直接计算则用式(7-1)。在药理实验设计中主要用标准体重，在 ±20% 范围内基本适用，故式(7-2) 最为常用。要计算每只动物的用量，以 mg/kg 剂量乘以体重即可。

表 7-4 动物剂量换算表

动物品种	小鼠 b	仓鼠 b	大鼠 b	豚鼠 b	兔 b	猫 b	猕猴 b	比格犬 b	狒狒 b	微型猪 b	成人 b
标准体重 W/kg	0.02	0.08	0.15	0.4	1.8	2.5	3	10	12	20	60
表面积	0.0066	0.016	0.025	0.05	0.15	0.2	0.25	0.5	0.6	0.74	1.62
体重系数 k	0.0899	0.0862	0.0886	0.092	0.1014	0.1086	0.1202	0.1077	0.1145	0.1004	0.1057
系数 S	3	5	6	8	12	12.5	12	20	20	27	37
小鼠 a	1.00	0.600	0.500	0.375	0.250	0.240	0.250	0.150	0.150	0.111	0.081
仓鼠 a	1.67	1.00	0.833	0.625	0.417	0.400	0.417	0.250	0.250	0.185	0.135
大鼠 a	2.00	1.20	1.00	0.750	0.500	0.480	0.500	0.300	0.300	0.222	0.162
豚鼠 a	2.67	1.60	1.33	1.00	0.667	0.640	0.667	0.400	0.400	0.296	0.216
兔 a	4.00	2.40	2.00	1.50	1.00	0.960	1.00	0.600	0.600	0.444	0.324
猫 a	4.17	2.50	2.08	1.56	1.04	1.00	1.04	0.625	0.625	0.463	0.338
猕猴 a	4.00	2.40	2.00	1.50	1.00	0.960	1.00	0.6	0.600	0.444	0.324
比格犬 a	6.67	4.00	3.33	2.50	1.67	1.60	1.67	1.00	1.00	0.741	0.541
狒狒 a	6.67	4.00	3.33	2.50	1.67	1.60	1.67	1.00	1.00	0.741	0.541
微型猪 a	9.00	5.40	4.50	3.38	2.25	2.16	2.25	1.35	1.35	1.00	0.730
成人 a	12.33	7.40	6.17	4.63	3.08	2.96	3.08	1.85	1.85	1.37	1.00

表 7-5 校正系数

$B=W/W_{标}$	0.3	0.4	0.5	0.6	0.7	0.8	0.9	1	1.1	1.2	1.3	1.4
$S_a=B^{1/3}$	0.669	0.737	0.794	0.843	0.888	0.928	0.965	1	1.032	1.063	1.091	1.119
$S_b=1/B^{1/3}$	1.494	1.357	1.26	1.186	1.126	1.077	1.036	1	0.969	0.941	0.916	0.894
$B=W/W_{标}$	1.5	1.6	1.7	1.8	1.9	2	2.2	2.4	2.6	2.8	3	3.2
$S_a=B^{1/3}$	1.145	1.17	1.193	1.216	1.239	1.26	1.301	1.339	1.375	1.409	1.442	1.474
$S_b=1/B^{1/3}$	0.874	0.855	0.838	0.822	0.807	0.794	0.769	0.747	0.727	0.709	0.693	0.679

7.7.1.3 等效剂量外推

选择动物临床给药剂量主要参考临床动物 PK/PD 试验数据，应首先明确药效剂量下动物的 PK/PD 和靶动物 PK/PD 特征，根据 PK/PD 数据选择关键药效试验中采用的药效剂量，最终指导临床靶动物给药剂量的选择。动物剂量的选择方式主要有以下几种，应根据受试药物的具体情况，挑选合适的剂量外推方法。

其一，若受试药物的作用机制为直接作用于病因或致病因素，而不是通过作用于宿主起效，可直接用体外试验中靶部位有效药物暴露浓度指导动物剂量的选择。例如，抗菌药体外药敏试验可考察药物的 PD 特征，获得最低抑菌浓度（MIC）。在非临床动物实验中可明确与药效相关的一些 PK/PD 指标，如 C_{max}/MIC、AUC/MIC、MIC 以上有效浓度维持时间，用这些参数指导动物药效剂量的选择。

其二，若受试药物曾批准用于其他适应证，可根据已获得的人体或其他动物 PK/PD 数据指导新的靶动物药效剂量的选择。例如，治疗肺炎的某上市抗菌药物，明确的人体暴露量-反应关系可指导支持鼠疫肺炎适应证动物关键药效试验的剂量选择。

其三，在动物药效试验中考察与药物作用机制和临床获益直接相关的药效终点指标，如一些生物标记物，也可用于指导新的靶动物剂量的选择。即临床剂量应使靶动物体内的上述药效终点指标达到经动物药效试验验证的起效范围内。

其四，当遇到受试药物在动物体内的暴露/效应关系已经建立，但缺乏合适的生物标记物可作为桥接终点指标时，若没有其他的替代方法，在充分了解动物暴露/效应关系、动物最大药效剂量下的暴露量的情况下，可采取一种更保守的方式选择新靶动物给药剂量。即通过直接比较试验和新靶动物暴露量的药代参数（如 AUC、C_{max}、C_{min}、C_{ss}）选择临床给药剂量。

不同种属间动物暴露量外推也可采用其他方法，如 PK 模型、PK/PD 模型、生理药动模型（physiologically-based pharmacokinetic modeling，PB-PK 模型），或群体药动学模型等。

7.7.2 低剂量外推

有毒致癌物质等达到一定浓度时会危害动物机体，但是这些有害物质的安全剂量比较小，所以需要根据高剂量时得到的剂量反应关系外推到低剂量中。靶剂量和阈剂量的研究，可为制定标准提供科学依据。例如，美国在发现吸入 $250\mu L/L$ 氯乙烯可以诱发大鼠肝血管肉瘤以后，将车间工人 8 小时接触氯乙烯的容许标准定为 $1\mu L/L$；苏联学者发现大鼠气管内注入苯并［a］芘不致癌的总剂量为 0.02 毫克，根据这一事实，有人建议将车间空气中苯并［a］芘的最高容许浓度定为 14 微克每 100 立方米，居住区大气最高容许浓度定为 0.1 微克每 100 立方米。

本章相关术语中英文对照见表 7-6。

表 7-6　中英文术语对照表

英文缩写	中文术语	英文释义	中文释义
BSV	个体间变异	Between-subject variability, a measure of variability between subjects	受试者间的变异，是受试者间变异性的度量指标
covariate	协变量	An observed factor that correlates with drug exposure in subjects (e.g., renal function, body weight, age, sex, genetic polymorphism)	与药物暴露相关的受试者因素（如肾功能、体重、年龄、性别、遗传多态性）
CWRES	条件加权残差	Conditional weighted residuals, a type of diagnostic	条件加权残差，一种模型诊断的度量指标
DV	因变量（观测值）	Dependent variable (e.g., drug plasma concentrations)	因变量（如药物血浆浓度）
EBE	经验贝叶斯估计值	Empirical Bayesian estimates, or individual parameter estimates in a mixed-effects model	经验贝叶斯估计值，或混合效应模型中的个体参数估计值
fixed effect	固定效应	Parameters in the pharmacokinetic model that do not vary across subject	药代动力学模型中受试者间没有变化的参数
GOF	拟合优度	Goodness of fit, a collection of diagnostic criteria used to evaluate model performance	拟合优度，用于评估模型性能的系列诊断标准
IOV	场景间变异	Variability arising from changes in parameters for a subject during the evaluation period.	同一个体在不同场景下参数差异的大小
IPRED	个体预测值	Individual predicted data, based on individual empirical Bayesian parameter estimates	个体预测值，基于个体经验贝叶斯参数估计
IWRES	个体加权残差	Individual weighted residuals, a type of residual	个体加权残差，残差的一种类型
NPC	数值预测检验	Numerical predictive check, a GOF method related to VPC	数值预测检验，一种与视觉预测检验相关的基于模拟的评价方法
NPDE	正态预测分布误差法	Normalized predictive distribution error	正态预测分布误差法，一种基于模拟的评价方法
PRED	群体预测值	Predicted data, based on population parameter estimates	基于群体参数估计的预测数据
pcVPC	预测校正的视觉预测检验	Prediction corrected VPC, a GOF plot related to VPC	预测校正的可视化预测检验，与视觉预测检验相关的基于模拟的诊断图
QQ	分位数图	Quantile-quantile, a type of GOF plot	分位数图，用于评价数据是否符合正态分布，一般用于评价残差
random effect	随机效应	Effects varying in a random way between subjects, between occasions, or within subject	受试者间、场景间或受试者内以随机方式变化的效应
residual error	残差变异	An estimate of the remaining unexplained variability	无法解释的剩余变异的估算值
shrinkage	收缩	A phenomenon in which post hoc individual parameters (empirical Bayesian estimates) shrink around the population mean (η-shrinkage) or the distribution of residual error shrinks toward zero (ε-shrinkage), due to excessive random effect parameters	由于过度的随机效应，个体参数趋向于群体典型值、残留误差分布趋向于 0 的现象
VPC	可视化预测	A type of visual predictive check	可视化预测检验的一类

参考文献

[1] 谢晓环. 缬沙坦对映异构体的吸收机制和代谢研究[D]大连:大连理工大学, 2012.

[2] Martinez-Gomez M , Villanueva-Cama As R , Sagrado S , et al. Multivariate optimization approach for chiral resolution of drugs using human serum albumin in affinity electrokinetic chromatography-partial filling technique[J]. Electrophoresis, 2005, 26 (21):4116-4126.

[3] Uwai Y Enantioselective drug recognition by drug transporters [J]. Molecules, 2018, 23 (12): 3062.

[4] Brocks D R Drug disposition in three dimensions: An update on stereoselectivity in pharmacokinetics[J]. Biopharmaceutics & Drug Disposition, 2006, 27 (8): 387-406.

[5] Smith S W. Chiral toxicology: It's the same Thing⋯ Only different[J]. Toxicological Sciences, 2009, 110 (1): 4-30.

[6] Li F, Howard K D, Myers M J. Influence of P-glycoprotein on the disposition of fexofenadine and its enantiomers[J]. The Journal of Pharmacy and Pharmacology, 2017, 69 (3): 274-284.

[7] Silva B, Silva R, Fernandes C,et al. Enantioselectivity on the absorption of methylone and pentedrone using Caco-2 cell line:Development and validation of an Uhplc method for cathinones quantification[J]. Toxicology and Applied Pharmacology, 2020, 395: 114970.

[8] Chuang V T G , Otagiri M. Stereoselective binding of human serum albumin[J]. Chirality, 2006, 18 (3): 159-166.

[9] Zielinski K, Sekula B, Bujacz A, et al. Structural investigations of stereoselective profen binding by equine and leporine serum albumins[J]. Chirality, 2020, 32 (3): 334-344.

[10] Zielinski K, Sekula B, Bujacz A, et al. Structural investigations of stereoselective profen binding by equine and leporine serum albumins[J]. Chirality, 2020, 32 (3): 334-344.

[11] Jana K, Bandyopadhyay T, Ganguly B. Stereoselective metabolism of omeprazole by cytochrome P450 2C19 and 3A4: Mechanistic insights from DFT study[J]. The Journal of Physical Chemistry B, 2018, 122 (22): 5765-5775.

[12] Hazai E, Visy J, Fitos I,et al. Selective binding of coumarin enantiomers to human α 1-acid glycoprotein genetic variants[J]. Bioorganic & Medicinal Chemistry, 2006, 14 (6): 1959-1965.

[13] Hong Y, Tang, Y, Zeng, S. Enantioselective plasma protein binding of propafenone: Mechanism, drug interaction, and species difference[J]. Chirality, 2009, 21 (7): 692-698.

[14] Day R O, Williams K M, Graham G G, et al. Stereoselective disposition of ibuprofen enantiomers in synovial fluid[J]. Clinical Pharmacology and Therapeutics, 1988, 43 (5): 480-487.

[15] FDA. Guidance for industry and reviewers :Esti mating the safe starting dose in clinical trials for therapeutics in adult healthy volunteers[S]. 2002.

[16] FDA. Guidance for Industry:food-effect bioavailability and fed bioequivalence studies[S]. 2002.

第 8 章
兽药 MRL
与休药期
制定

8.1

兽药 MRL 的制定

兽药是指用于预防、治疗、诊断动物疾病，或者有目的地调节动物生理功能的物质（含药物饲料添加剂）。兽用药品是不可或缺的农业生产投入品，是保障养殖业健康发展和农产品有效供给的重要物质基础。安全、有效、质量可控是评价药品（包括兽药）优劣的基本标准。其中，安全问题始终处于首要位置，贯穿于兽药的研发、评价、生产、使用，以及"从田间到餐桌"的动物源食品生产全产业链。

动物源食品（如肉、蛋、奶）中的兽药残留直接关系到消费者的身体健康和国际贸易壁垒，已成为国内外备受关注和争议的食品安全焦点问题。大量科学研究已表明，科学、合理使用兽药，控制动物产品中的兽药残留（低于 MRL），不会对人类身体健康造成不良影响。然而，养殖中兽药不合理使用导致的兽药残留过高将对人类食品安全、生态环境和公共卫生造成巨大危害。

从食品安全风险分析角度，动物源食品中兽药残留限量标准是以科学数据和风险评估结果为基础建立的强制性法规，是政府相关部门进行食品安全风险管理的科学依据。因此，兽药残留限量标准的制定过程至少包括以下三个部分：①研究机构（一般为兽药研发企业或科研组织）按照相关指南和技术标准对兽药和兽药残留毒理学、微生物学、药理学等特征进行全面的研究，为风险评估提供科学基础；②风险评估机构（通常为专家咨询机构）以科学研究数据为基础对食品中的兽药残留危害进行风险评估，并推荐食品中允许的残留的最高限量；③风险管理机构（立法或行政管理机构）根据风险评估的结果，发布强制性的兽药残留最高限量标准或法规，并以此为依据开展食品中兽药残留风险管理，保障动物源食品安全。因此，兽药残留限量标准的产生至少需要三个参与者：研究机构、风险评估机构、风险管理机构。国内外不同组织和国家，如联合国粮食及农业组织（FAO）/WHO、美国、欧盟、中国等，均对动物源食品中的兽药残留开展风险评估，并分别发布了兽药残留最大限量标准（表 8-1），作为国内外主要兽药残留限量标准。

表 8-1　不同组织和国家发布的 MRL 标准

国家或组织	兽药残留风险评估机构	MRL 标准法规及其发布机构
FAO/WHO	食品添加剂专家委员会（JECFA）	CX/MRL 2—2018 CAC（CCRVDR）
欧盟	欧洲药品管理局-兽用药品委员会（EMA-CVMP）	Commission Regulation（EU）No 37/2010 欧盟理事会
美国	美国食品药品监督管理局-兽药中心（FDA-CVM）	Code Federal Regulations Title 21 联邦政府
中国	全国兽药残留专家委员会	GB 31650—2019 农业农村部、卫生健康委员会、市场监督管理总局

（1）**欧盟**　新兽药注册评审机构为 European Medicines Agency（EMA）。EMA 规定，申请者应在新药注册申请前至少 6 个月，提交 MRL 评估材料。在进行新兽药的注册评审的同时，EMA 下属的 Committee for Medicinal Products for Veterinary Use

（CVMP）负责对新兽药 MRL 相关的试验数据开展风险评估，并给出评估意见总结。根据 CVMP 的风险评估意见，欧洲委员会将通过一项建立新兽药 MRL 的法规（Commission Regulation）。相关法规正式实施后，EMA 会发布详细的欧洲 MRL 评估报告（European public maximum-residue-limit assessment report，EPMAR）。目前，最新的欧盟兽药 MRL 限量标准法规为 Commission Regulation（EU）No 37/2010。

（2）**美国** FD&C Act 规定，在新兽药申请时，应提交该药物在动物可食组织中的建议容许量（a proposed tolerance）和相关的研究数据。同时，还要求提供可行的检测方法（a practicable method）用于检测可食组织中兽药残留量、休药期或其他必要的药物安全监管。在新药申请通过 FDA 兽药中心（CVM）的评审和评估后，可食组织中的容许量被批准为联邦法规，收录在 21CFR556 Part B 中。

（3）**FAO/WHO** 根据各成员国和各组织提交的研究数据，FAO/WHO 的食品添加剂专家委员会（JECFA）负责定期对已上市使用兽药在食品中的残留进行风险评估，并形成风险评估报告，给出兽药的 ADI 以及兽药最高残留限量推荐值。作为风险管理者，FAO/WHO 的食品中兽药残留法典委员会（CCRVDF）采纳 JECFA 的风险评估意见和 MRL 推荐值，制定国际通用的食品中兽药最大残留限量标准，并提供风险管理建议（risk management recommendations，RMR）。目前，CAC 最新的兽药残留限量标准是 2018 年修订的 CX/MRL 2—2018，是国际贸易中认可的食品中 MRL 的参考标准。

（4）**中国** 农业农村部兽药评审中心是我国负责新兽药注册评审的机构。与美国和欧盟相同，在食品动物用兽药或进口兽药注册申请时，如国内还未发布相应的 MRL 标准，申请者应提交相关研究资料、推荐的 MRL 和配套的残留检测方法。在进行新兽药评审的同时，也会对所提交的 MRL 相关资料和残留检测方法进行评估。通过新兽药注册评审后，在农业农村部发布新兽药注册公告中会包括药物的临时 MRL 标准和检测方法标准。近年来，农业农村部全国兽药残留专家委员会以 JECFA、FDA、EMA 等发布风险评估报告为依据，并参考国际食品法典委员会（CAC）、美国、欧盟等国际组织和国家（地区）公布的 MRL 标准，对 2002 年发布的《动物性食品中兽药最高残留限量标准》（农业部第 235 号公告）进行了风险评估和全面修订，并推荐以食品安全国家强制标准形式发布。根据《食品安全法》，作为我国食品安全的风险管理机构，农业农村部、国家卫生健康委员会、国家市场监督管理总局联合于 2019 年 9 月 6 日发布了《食品安全国家标准 食品中兽药最大残留限量》（GB 31650—2019），已于 2020 年 4 月 1 日实施。

兽药最大残留限量（MRL）的制定是对食品中兽药残留（或代谢物）可能导致的消费者健康风险进行定量评估，为动物源食品安全风险管理提供科学依据的过程。兽药 MRL 制定的主要过程包括：①根据化合物的分子结构、理化性质等基础信息，评估兽药的结构-活性关系和可能的毒理学作用。整理药物的体内吸收、分布、代谢和排泄（ADME）数据。在此基础上，通过体外试验，实验动物体内或人体实验，评估有害作用的剂量-反应关系，识别潜在的危害因子。②通过剂量-反应评估，推荐健康指导值（HBGV），包括 ADI 或 ARfD。③利用食物消费数据和不同动物源食品中的兽药残留量，进行慢性和急性膳食暴露评估。④以危害特征和暴露评估结果为基础，对兽药残留导致的人类健康风险进行定量描述，推荐 MRL。

8.1.1 最大无作用剂量

对食品中兽药残留的危害进行识别，首先要对兽药的组成、化学结构、药理学、毒理学数据及其代谢转归进行总结和分析。

然后，根据风险评估的需要，开展一系列毒理学试验。国际兽药协调组织（VICH）规定，食品动物用兽药研发需开展的毒理学试验一般包括基本试验、补充试验和其他必要的试验三类，具体见表8-2。

表8-2 兽药安全评价所需的毒理学试验

分类	试验名称	VICH GL
基本试验	重复剂量(90天)毒性试验(repeat-dose toxicity testing)	31,37
	繁殖毒性试验(reproduction toxicity testing)	22
	发育毒性试验(developmental toxicity testing)	32
	遗传毒性试验(genotoxicity testing)	23
补充试验	对人类肠道菌群的影响试验 (testing for effects on the human intestinal microflora)	36
	药理效应试验(pharmacological effects testing)	33
	免疫毒性试验(immunotoxicity testing)	33
	神经毒性试验(neurotoxicity testing)	24
	致癌试验(carcinogenicity testing)	28

如果毒理学试验证明一种药物或其代谢产物具有致癌、致畸、致突变作用，将禁止作为食品动物用药，如硝基呋喃类药物、氯霉素等。JECFA认为，如果毒理学试验显示兽药的安全边际足够大，暴露剂量很高时也不会产生可观察的毒理作用，就不需要为该药物制定MRL。

对于无"三致"作用的药物，需要根据剂量-反应关系研究，通过制定健康指导值进行危害特征描述。

8.1.2 健康指导值的制定

健康指导值是指人类在一定时期内（终生或24h）摄入某种（或某些）物质，而不产生可检测到的对健康产生危害的安全限值。在JECFA最新的兽药残留风险评估指南中，兽药残留的健康指导值（HBGV）主要包括日容许摄入量（ADI）和急性参考剂量（ARfD），分别用于定量描述食品中兽药残留的慢性和急性暴露风险。

基于毒理学、药理学和微生物学分离点（POD），以最敏感的生物学效应作为终点，选择最低的健康指导值（HBGV）作为该药物的ADI和ARfD，用于进行膳食暴露评估和推荐MRL。

8.1.3 危害特征描述

危害特征描述的主要目的是通过剂量-反应评估，确定兽药（或代谢产物）与危害之间是否存在明确的因果关系，并根据剂量-反应曲线推测危害特征描述的参考点或分离点，按照式(8-1)推导出健康指导值（HBGV）：

$$HBGV = \frac{POD}{UF} \tag{8-1}$$

健康指导值是具有潜在危害的物质经口（急性或慢性）暴露，不引起可观察到的健康风险的剂量水平。

POD 是由剂量-反应评估得到的不产生危害效应的暴露剂量，如未观察到不良作用水平（NOAEL）或观察到不良作用的最低水平（LOAEL）。UF 是指不确定系数或安全系数。兽药的毒理学试验一般采用实验动物，将动物实验的结果外推到人类，需要考虑动物与人类物种间的差异，以及人群间的敏感性不同，一般采用的不确定系数为 100（见表 8-3）。如果是人体实验结果，不确定系数可能为 10，或根据所获得的数据和药物的性质，选择最适合的不确定系数。

从计算公式可以看出，从基于动物实验得到的 POD 推导出健康指导值，已经考虑了安全系数或不确定系数，因此少量或偶尔的膳食暴露超过健康指导值，并不意味着一定会对人体健康产生副作用。

表 8-3　健康指导值推导中的不确定系数

项目	毒代动力学	毒效动力学	不确定系数（UF）
种属间差异	$10^{0.6}$	$10^{0.4}$	10
人群间差异	$10^{0.5}$	$10^{0.5}$	10
实验动物外推到人	—	—	100

在兽药残留风险评估中，健康指导值（HBGV）包括每日允许摄入量（ADI）和急性毒性剂量（ARfD），分别用于定量描述慢性和急性危害效应特征。JECFA 和 VICH 制定 ADI 或 ARfD 的技术指南见表 8-4。

表 8-4　健康指导值制定依据和相关技术指南

健康指导值	制定依据	相关指南
毒理学 ADI	慢性毒理学试验 NOAEL	VICH GL 22,23,28,31,32,33,37
微生物学 ADI	对肠道菌群的定植屏障或细菌耐药性的影响,体外培养 MIC	VICH GL 27,36
药理学 ADI	低于毒理学 NOAEL,但产生药理效应	VICH GL 33
ARfD	急性或短期暴露的毒理、药理或微生物学 NOAEL,体外培养 MIC 或 NOAEC	VICH GL 54 JECFA,2016

每日允许摄入量（ADI）被定义为终生每日摄入某种化学物，而不会对消费者健康造成可检测到的危害效应的剂量，用于评估长期暴露的风险。

急性毒性剂量（ARfD）是指 24h 或更短时间内，经食物或饮水摄入某一化学物，而不会对消费者健康造成可检测到的危害的剂量，用于评估短期、急性暴露的风险。

8.1.3.1　每日允许摄入量（ADI）

大部分兽药的 ADI 基于传统的毒理学和药理学试验的 NOAEL 制定。ADI 一般以每千克体重的摄入量表示，单位为 mg/kg bw，通常为 0 至上限的一个剂量范围。以实验动物数据为基础，不确定系数一般为 100。当采用人体试验或流行病学调查数据时，根据实际需要可在 1～10 内选择合适的 UF。按下式计算 ADI：

$$ADI = \frac{NOAEL}{UF} \tag{8-2}$$

8.1.3.2 药理学 ADI

药理学效应是对靶动物预期的治疗或预防作用。对动物源食品的消费者来说，兽药残留的药理学作用可能是有害的毒理作用。对于药理学作用剂量较小的药物，应制定药理学 ADI。例如，在有些国家批准用于动物的 β_2-受体激动剂类药物齐帕特罗，以对 β_2-受体产生兴奋作用为药理学终点建立了 ADI（0～0.04μg/kg bw）。

8.1.3.3 微生物学 ADI（mADI）

对于有抗菌活性的药物，需要根据药物对人类肠道菌群影响制定 mADI。JECFA 根据 VICH GL 36 建立了决策树方法，用来判断制定 mADI 的必要性并规定了建立 mADI 的流程。首先，根据以下三个问题判断是否需要建立 mADI。

① 牛奶或可食组织中的兽药或代谢物残留是否对人类肠道代表性菌群有抗菌活性？

② 药物残留是否可以进入人类结肠？

③ 进入结肠的残留物是否还保持抗菌活性？

如果以上三个问题任何一个是"否"，那么就没必要制定 mADI。但如果以上三个条件都满足的话，需要基于两个微生物学效应终点建立 ADI：①对肠道菌群定植屏障的破坏作用；②肠道菌群出现耐药性。除体内或体外试验的 NOAEL 外，还可以从体外 MIC 数据推导 mADI。

$$微生物学 ADI = \frac{结肠内容物量(mL) \times MIC_{calc}(\mu g/mL)}{口服给药后到达结肠的具有抗菌活性的药物比例 \times UF \times 60kg} \tag{8-3}$$

式中，MIC_{calc} 为对该药物敏感的人类肠道菌群 MIC_{50} 的平均值；60kg 为 JECFA 的标准体重；口服给药后到达结肠的具有抗菌活性的药物比例一般根据体内药代动力学试验数据进行估计；如果通过肠道时被灭活，这个比例可以适当减小；UF 为不确定系数，与毒理学 ADI 推导时相同；如果采用人体内试验数据，不同个体间差异的 UF 可为 10。

以氨苄西林为例，JECFA 以肠道菌群产生耐药性和对肠道菌群定植屏障的破坏作用为终点建立了微生物学 ADI，分别为 0～0.004mg/kg bw 和 0～0.0025mg/kg bw。经评估后，最终推荐氨苄西林的 mADI 为 0～0.003mg/kg bw。

8.1.3.4 急性参考剂量（ARfD）

ARfD 是最早被用于食品中农药残留的急性暴露毒性评估。2000 年，JECFA 在对卡拉洛尔残留进行风险评估时，基于急性的 β-受体阻断的药理学效应，规定卡拉洛尔的急性摄入剂量应不超过 0.0001mg/kg bw。残留消除结果表明，给药后 2h 的注射部位肌肉中的卡拉洛尔残留量很高，可能导致急性摄入量为急性摄入剂量上限的 3 倍，并建议严格控制卡拉洛尔注射用药后的休药期。2016 年，JECFA 发布了《食品中兽药残留急性参考剂量建立的指南》，详细规定了兽药残留 ARfD 建立的流程。与 ADI 类似，ARfD 建立的生物学终点也包括毒理学、药理学和微生物效应。

JECFA 指南规定，在对药物的理化性质、毒理学和药理学数据进行评估的基础上，如果同时满足以下所有条件，可不建立 ARfD。①不具有抗菌活性，或具有抗菌活性，但不满足建立微生物学 ARfD 的条件；②急性暴露剂量达到 500mg/kg bw（动物实验的 POD）时，未观察到明显的效应；③单次口服剂量达到 1000mg/kg bw 时，未出现与该物质相关的死亡，如果致死性是唯一的结果，应明确死亡原因与人类暴露的相关性；④在遵守兽药良好使用规范（GPVD）的情况下，通过注射部位摄入的残留暴露剂量不超过 5mg/kg bw。

以毒理学或药理学效应为终点，基于短期和急性暴露的 NOAEL，根据下列公式可推导毒理学或药理学 ARfD。

$$ARfD = \frac{NOAEL}{UF} \tag{8-4}$$

与 ADI 不同，ARfD 为一个以每千克体重的摄入量表示的限值，单位为 mg/kg bw。UF 的应用与 ADI 的制定相同。

对于具有抗菌活性的药物，是否需要制定微生物学的条件与 mADI 的相同。与制定 mADI 的方法不同，微生物学 ARfD 的建立主要考虑肠道菌群定植屏障的破坏作用。如果有充分的数据证明单次暴露的剂量可能导致耐药性，也应该考虑急性暴露对肠道菌群耐药性的影响。急性暴露对菌群定植屏障的破坏效应的 POD 可以是体外试验的 MIC（同 mADI）或体外 NOAEC。与 mADI 的计算公式不同，由于胃肠转运和食物摄入的稀释作用，微生物学 ARfD 的计算增加了一个修正系数 3，主要考虑细菌培养环境、pH 及其他的物理-化学因子。

$$微生物学\ ARfD = \frac{MIC_{calc}\ 或\ NOAEC(\mu g/mL) \times 修正系数 \times 结肠内容物量(mL)}{口服给药后到达结肠的具有抗菌活性的药物比例 \times UF \times 60kg} \tag{8-5}$$

目前，JECFA 根据 2016 年发布的指南已经建立了阿莫西林、氨苄西林、乙硫磷、氟氯苯菊酯和三合氯喹啉的 ARfD（表 8-5）。从表 8-5 可以看出，ARfD 的值一般都大于 ADI 的上限。

表 8-5　JECFA 已建立 ARfD 的兽药

药物	ADI(mg/kg bw)	ARfD/(mg/kg bw)
阿莫西林	0～0.002(微生物学)	0.005(微生物学)
氨苄西林	0～0.003(微生物学)	0.012(微生物学)
乙硫磷	0～0.002(毒理学)	0.02(毒理学)
氟氯苯菊酯	0～0.004(毒理学)	0.005(毒理学)
三合氯喹啉	0～0.3(微生物学)	0.9(微生物学)

8.1.3.5　暴露评估

膳食暴露评估的定义为对通过食品或其他相关来源摄入的物理、化学或生物性物质进行定性和（或）定量评估。

膳食暴露评估是将食物消费量与食品中兽药残留量的数据进行整合，并将获得的膳食暴露估计值与兽药残留量的健康指导值（ADI 或 ARfD）比较，进行兽药残留的急性或慢性暴露评估。急性暴露是指 24h 以内的暴露，而长期暴露是指每天暴露并持续终生。

急性和慢性膳食暴露评估的通用公式如下：

$$膳食暴露 = \frac{\sum(食品中化学物浓度 \times 食品消费量)}{体重(kg)} \tag{8-6}$$

对于兽药残留，残留清除试验通常是由生产商或其他商业机构进行，在目标种属动物上使用商业配方和推荐的剂量规格进行试验。选择的剂量应该代表注册剂量的最大水平。该试验是用来估计兽药在可食部分和产品中残留物的形成和清除（用作标记物残留），并用作推导 MRL 和估计暴露量的基础。

MRL 是残留物清除曲线上对应选定时间点的残留浓度的第 95 百分位数可信区间上限值。使用 MRL 进行暴露估计，会高估可能存在于动物性食品中的残留物的浓度，因为这是假定所有的目标种属动物都使用了该兽药，且动物性产品都是恰好在 95％的残留物浓度清除到 MRL 水平时获得的。因此，MRL 不能用作膳食暴露评估的首要数据。然而，MRL 可在下列情况下用作保守的膳食暴露评估：当残留清除试验中残留水平很低或未检出时，或 MRL 是根据其他因素制定的，例如分析方法的定量限（LOQ）。

兽药残留的模型膳食。JECFA 已经采用一个旨在研究动物食品高端消费人群的模型膳食，来分析动物性食品中兽药残留的 MRL 建议值会不会超出 ADI 值。这个模型假设了一名体重 60kg 个体的每日食物消费量，并且这个消费量包括所有以目标食品为成分的加工食品。模型认为一天内肉和鱼的消费量之和是固定的，鱼消费量高的个体，对肉的消费量就低。由于猪皮、禽类表皮和特定的鱼皮也会被消费，因此这些部位的残留也会被考虑在内。

JECFA 在第 70 次会议上对采用这种模型计算人群的蜂蜜消费量结果进行了审议。需要说明的是，蜂蜜除了以液体和蜂蜜制品形式被直接消费外，还在蜜饯产品、早餐谷物和烘烤食物中作为甜味剂和上光剂被广泛使用，在计算膳食暴露时应考虑这些用途。根据来自两个欧洲国家的有限数据，委员会认为对于蜂蜜消费者来说，每日 20g 的消费量处于每日消费量的中位数和第 95 百分位数之间。根据有限的数据提示，所有蜂蜜消费者的消费量不会高于每人每天 50g，但是需要更多的数据来确定这个数值的准确性，特别是这个数值是否也包括所有含蜂蜜产品的消费量。在蜂蜜和蜂蜡中都发现残留的情况下，在膳食暴露计算中还要考虑蜂蜜和蜂蜡的比例问题，在这里蜂蜜与蜂蜡的比例采用 9∶1。JECFA 过去已经计算了兽药的 MRL，以 MRL 作为浓度数据的点估计值，得到的膳食暴露估计值低于对应的 ADI 值。MRL 代表一个残留标志物的残留消除曲线上的点浓度值，表示残留浓度的第 95 百分位数的单侧第 95 百分位可信区间上限值。这种模型显然对应的是一种不合理的膳食，但是其目的是提供一种保守的膳食暴露估计值，即每日理论最大摄入量（TMDI）。

关于兽药残留的慢性膳食暴露水平的计算，从 2006 年开始，JECFA 决定采用残留分布的中位数来代替 MRL 进行膳食暴露水平的计算。这种新的膳食暴露评估方法称为估计的每日摄入量（EDI）。在计算残留中位数浓度时，低于 LOQ 值或者 LOD 值的结果被赋予对应 LOQ 值或 LOD 值的 1/2。此外，模型中关于食物的定义也进行了修改。消费一种动物组织对于 EDI 的贡献，是通过将模型膳食中这种组织的消费量与这种组织的 MRL 所对应标记物的残留中位数浓度相乘，再乘以总的残留浓度与标记物残留浓度之间的比值而得到的。例如通过消费 100g（0.1kg）肝脏的膳食暴露估计值可以计算为：

摄入量通过肝脏总的残留摄入 [mg/（人·天）] ＝0.1（kg）×残留中位数值肝脏（mg/kg）×比例肝脏。EDI 本身是所有食物组织通过相似的计算方法获得的单个兽药摄入量的总和。

8.2

兽药残留检测方法介绍和方法开发

8.2.1 简介

兽药残留（veterinary drug residue）是指食品动物用药后，动物产品的任何可食用部分中所有与药物有关的物质的残留，包括药物原型或/和其代谢产物。动物性食品中兽药残留，不仅给人们身体健康带来极大危害，也直接制约我国畜牧业的健康可持续发展，影响我国动物性食品正常的出口贸易。因此，必须采取切实有效的控制措施，确保动物性食品的质量安全。

兽药残留检测具有待测药物含量低、浓度范围波动大、样品基质复杂、干扰物质少、前处理过程较为烦琐等特点，这就要求兽药残留检测方法具有灵敏度高、特异性强、线性范围宽等特点。可见，兽药残留检测属于复杂基质中痕量组分的分析技术，对样品的前处理技术和分析技术都提出了较高的要求。兽药残留检测方法目前主流的技术是基于色谱、质谱等原理的理化分析方法，根据检测目的的不同，可将理化分析方法分为常规定量分析方法和确证分析方法。

8.2.2 样品前处理技术

兽药残留涉及的动物性食品复杂多样，包括的动物种类很多，既有猪、牛、羊、禽（鸡、鸭、鹅、鹌鹑等），也有鱼、虾、蟹、贝和蜜蜂等，检测的样品种类包括各种动物组织及产品，如肌肉、肝脏、肾脏、脂肪及蛋、奶、蜂蜜（蜂王浆）等。这些样品的基质组成非常复杂，既含有蛋白质、脂肪、糖类、维生素、酶类，又含有钾、钠、钙、铁等各种无机元素。这些组分之间往往通过各种作用力以复杂的结合态或络合态形式存在。兽药残留检测样品前处理的主要目的是将待测药物从这些样品基质中分离出来，将样品中的干扰杂质去除掉，并将待测药物转换为可检测的形式，达到仪器可检测的浓度范围。

样品前处理过程主要包括提取、净化和浓缩三大步骤。根据待测药物的存在状态，提取前有时需对样品进行水解处理；为满足仪器检测，有时需对样品进行衍生化处理。

8.2.2.1 提取方法

提取是用物理的或化学的手段将待测药物从样品中释放出来并转换成易于分析的状态。提取溶剂的选择应遵循"相似相溶"的原理。大多数兽药属于极性化合物，至少结构中含有极性基团，因此一般在极性的有机溶剂中有较高的溶解度，例如磺胺类、喹诺酮类、β-内酰胺类、大环内酯类等药物可以直接使用乙腈、甲醇等水溶性极性溶剂进行提取。对于一些脂溶性的药物或其液态样品的分析，可采用乙酸乙酯、二氯甲烷等非水溶性的极性溶剂进行提取，例如β-受体激动剂、雌激素类、苯二氮䓬类等药物先在酸性缓冲体系中酶解后调至碱性，再用乙酸乙酯萃取，苯并咪唑类药物直接加入碳酸钠碱性溶液后再用乙酸乙酯提取。

动物性食品中兽药残留检测常见的样品提取方法有组织捣碎法、振荡提取法、索氏提取法和超声提取法等。

（1）组织捣碎法　组织捣碎法又称匀浆提取法。将样品（固体样品预切碎或绞碎）和 3~5 倍样品体积的提取溶剂加入捣碎杯中，高速搅拌或匀浆，通过溶剂与样品充分混合，使待测药物从固体样品中快速溶出，将样品过滤或离心后移取提取液，残渣重复提取 1~2 次，合并提取液进行净化。该法容易造成药物的损失和交叉污染。

（2）振荡提取法　振荡法是较常用的提取方法。将样品（固体样品用匀浆物）和适量的提取溶剂加入具塞离心管内，中速振荡一定时间，将样品过滤或离心后移去提取液，残渣重复提取 1~2 次，合并提取液进行净化。该法操作简单，可同时对多个样品进行提取，已成为目前兽药残留检测的主要提取方法。

（3）索氏提取法　索氏提取法需使用索氏提取器。提取时需考虑待测药物的热稳定性，保证在长时间的回流过程中不分解。该法不需要转移样品，提取效率高，是一种彻底的提取方法，但提取时间较长，耗用较多的溶剂，需对提取液进行浓缩。动物组织样品可用无水硫酸钠等一起研磨制成干粉后再进行提取。

（4）超声提取法　超声提取法需借助超声波。将匀质样品置于离心管内，加入溶剂，浸于超声波水浴中进行超声，使固-液接触更加紧密、混合更加充分，增加待测药物的脱附和溶解，提高了提取效率。超声过程中产生的缓慢加热也有助于提取。

8.2.2.2 净化方法

提取过程中，许多与待测药物溶解性相似的杂质被一起转移出来，这些杂质对仪器检测具有干扰作用，如增加基线噪声、出现干扰色谱峰、降低色谱柱柱效、阻塞管路、污染检测器等。将待测药物与这些杂质分离的过程称为净化。净化过程复杂、灵活多样，以适应不同样品基质和检测的需要。

（1）液液萃取　液液萃取（LLE）是一种经典的净化方法，利用待测药物在互不相溶（或微溶）的两种溶剂中溶解性的差异达到净化的目的。LLE 通常采用漏斗振荡或涡旋萃取两种方法进行。LLE 具有操作费时、有机溶剂消耗大和易出现乳化等缺点。LLE 的影响因素有：①萃取用溶剂。萃取用溶剂的选择以“相似相溶”原理为基础。由于残留样品中待测药物含量很低，因此在溶解性足够的前提下所选萃取溶剂的极性越小，共萃取的杂质越少，选择性越高。②pH 值。pH 值对具有酸碱性的药物溶解性影响很大。调节 pH 使待测药物在水相中处于中性分子状态，或达到两性分子的等电点，水溶性降低，易被有机溶剂所萃取，因此可利用有机溶剂从酸性或碱性水溶液中反萃取待测药物。同样，调节 pH 使待测药物呈解离状态，水溶性增加，易被水相所萃取，因此可利用酸性或碱性水溶液从有机溶剂中反萃取待测药物。很多兽药属于弱碱性或弱酸性物质，如 β-受体激动剂类、硝基呋喃类代谢物、喹诺酮类、磺胺类、苯并咪唑类等均可采用此法进行萃取。③乳化。LLE 过程中由于剧烈的混合振摇，容易产生乳化现象。为提高待测药物的回收率，在溶剂混合振摇时，轻缓地向一个方向振摇，可避免乳化现象的形成。乳化现象一旦形成，可采用离心或超声处理的方式，也可采用添加溶剂或盐析的方法。④盐析。盐析是指向溶液中加入硫酸钠、氯化钠等中性强电解质促使待测药物析出的现象。利用盐析效应可以促进有机溶剂萃取、减少萃取乳化现象、促使有机相和水相分层等。例如用乙腈、甲醇或异丙醇等溶剂对样品进行提取时加入适量无水硫酸钠或氯化钠可促进溶剂与水相的分离，并提高待测药物的提取效率。

（2）**固相萃取**　固相萃取（SPE）是目前最常用的一种净化方法，它利用装有各种填料的可弃小柱，使待测药物保留在小柱的固定相上，然后淋洗杂质，再改变条件将待测药物从固定相上洗脱下来，达到净化和富集的目的。因此，固相萃取操作一般分为4个步骤：固定相活化、样品溶液过柱、淋洗杂质和洗脱待测药物。另外，使待测药物直接通过固定相而使大部分干扰杂质保留在固定相上，达到分离的目的，也属于固相萃取的范畴。

自1978年商用SPE柱问世以来，不同机制的SPE柱已被广泛应用于国家标准和行业标准中。根据不同的分离机制，常见的固相萃取柱可分为以下4种：①反相SPE柱：反相SPE柱适用于吸附或保留极性溶剂中的非极性和弱极性物质，常见的有C_{18}小柱、C_8小柱等。②正相SPE柱：正相SPE柱适用于吸附或保留非极性溶剂中的极性物质，常见的有氧化铝小柱、硅胶小柱等。③离子交换SPE柱：离子交换SPE柱适用于溶液中带有电荷的化合物的分离，常见的有阴离子交换柱和阳离子交换柱两种。④混合型SPE柱：混合型SPE柱是多种萃取模式相结合的技术，例如HLB小柱填料由亲脂性和亲水性两种单体按一定比例聚合而成，可以为极性物质的保留提供很好的水浸润性，属于反相保留。MAX小柱和MCX小柱可以提供离子交换与反相保留两种保留模式，MAX小柱适用于酸性化合物的阴离子交换和反相吸附，MCX小柱适用于碱性化合物的阳离子交换和反相吸附。

（3）**基质固相分散**　基质固相分散（MSPD）是一种快速样品处理技术，将固态或液态样品直接与适量的C_{18}或C_8等反相键合硅胶一起混合和研磨，使样品均匀分散于固定相颗粒表面，制成半固态填柱，然后采用类似SPE的方法进行淋洗和洗脱。与SPE相比，MSPD技术浓缩了样品前处理过程中样品均匀化、组织细胞裂解、提取和净化等步骤，具有处理样品速度快、溶剂用量少等优点。

自1989年Barker等人提出并给予理论解释后，MSPD技术已被用于四环素类、磺胺类、β-内酰胺类、苯并咪唑类、氯霉素、伊维菌素等多种兽药残留检测。

（4）**QuEChERS技术**　2003年，Anastassiades等开发了一种快速（quick）、简单（easy）、便宜（cheap）、高效（effective）、耐用（rugged）和安全（safe）的农药多残留检测样品前处理方法，并用首字母缩写将此方法命名为QuEChERS。其基本操作流程是采用乙腈或含1%乙酸的乙腈提取，加入无水硫酸镁和氯化钠吸水并促使提取液分层，上清液加入硅胶基伯胺仲胺键合相吸附剂（PSA）、C_{18}或石墨化炭黑（GCB）等吸附剂除去基质干扰物，最后用GC-MS或LC-MS/MS法分析测定。

该技术自发布以来，因其简化了以前繁杂的萃取步骤并扩大了所萃取农药残留的范围，在农药残留领域得到了广泛应用。在兽药残留分析中，该技术主要用于牛奶、鸡蛋、鸡肉或肝脏等动物性食品中磺胺类、喹诺酮类、苯并咪唑类等兽药残留的检测。

除上述净化技术之外，超临界流体萃取（SFE）、加速溶剂萃取（ASE）、凝胶渗透色谱（GPC）、免疫亲和色谱（IAC）、分子印迹（MI）等较为先进的净化技术也逐步在兽药残留检测中得以应用。

8.2.2.3　浓缩方法

经提取与净化后的待测药物的存在状态往往不能满足仪器检测的要求，如待测药物的溶剂与仪器不兼容、浓度低于检测器的响应范围等，因此必须进行浓缩。根据仪器及灵敏度情况选择合适的溶剂及溶解体积，常用的溶剂 LC 法一般选择对应的流动相，LC-MS/MS 法一般选择含 5％～50％甲醇或乙腈的水溶液，有时加入少量甲酸等以提高质谱的离子化效率。常用的溶解体积一般为 1.0mL 或 0.5mL。

常见的浓缩方法是溶剂挥发，一般选用旋转蒸发仪进行减压蒸馏，或选用氮吹仪进行气流吹蒸。稳定性差、蒸气压或极性高的待测药物在浓缩过程中容易损失，因此，蒸发温度不宜过高，吹蒸速度不宜过快，不管哪种浓缩方法都不应将样品蒸或吹得过干。

（1）气流吹蒸法　气流吹蒸法为常压浓缩法。使用氮吹仪将氮气或空气快速、连续、可控地吹入盛有净化液的容器中，不断降低液体表面蒸气压，同时通过水浴加热升高温度促使溶剂由液态转化成气态而挥发，而达到浓缩的目的。对于残留分析，由于多数待测组分不是太稳定，所以一般是用氮气作为吹蒸气体。要控制水浴温度，防止被测物氧化分解或挥发。

此法操作简单，可同时处理多个样品，适用于体积较小、溶剂沸点较低的溶液的浓缩。但是如果溶剂直接吹到实验室里，易造成环境污染和人员伤害，因此氮吹仪要在通风橱中操作。

（2）减压浓缩法　有些待测组分对热不稳定，在较高温度下容易分解，采用旋转蒸发仪，通过抽真空，使容器内产生负压，在不改变物质化学性质的前提下降低物质的沸点，使沸点高的溶剂在低温下由液态转化成气态被抽走或通过冷凝器被再次收集，利用装置内外的压力差来实现待测物的快速浓缩。在浓缩初始阶段小心调节系统的真空度及加热温度，以免引起溶液暴沸而导致损失。为防止出现暴沸现象，可加入适量正丙醇。

该法蒸发速度相对较快，整个过程可见，便于控制，溶剂回收十分方便。但一次只能处理一个样品，适合较大样品量的浓缩，效率较低。

8.2.2.4　滤膜过滤

样品前处理的最后一个步骤是过滤膜。兽药残留检测的仪器通常是色谱仪或色谱-质谱联用仪器，仪器系统管路及色谱柱填料非常细密，待测液中的颗粒会造成色谱柱或系统管路的堵塞，影响色谱柱及设备的使用寿命。过滤膜通过物理方式除去待测液中大于滤膜孔径的大颗粒，起到保护色谱柱和仪器的作用。注意滤膜使用前应进行验证，检查是否会对组分产生吸附。如果有吸附，需更换为对待测组分吸附少的滤膜。待测液量很少或难以找到吸附少的滤膜时，可通过高速离心的方法，达到除去大颗粒的目的，离心转速应不小于 10000r/min。

过滤通常选用针式微孔滤膜，针式微孔滤膜由外壳和滤膜两部分组成，滤膜的外径分 1.0cm、1.3cm、2.5cm 等，配合一次性注射器和针头使用，套在两者之间，接口是标准的。常见的滤膜孔径为 0.45μm、0.22μm，分别用于高效液相色谱仪和超高效液相色谱仪样品的过滤。微孔滤膜有水系、有机系和通用型三种，水系微孔滤膜一般用于纯水相的过滤。在过滤含有机相的混合溶剂时应尽量避免使用水系滤膜，以防滤膜被溶解。有机系微孔滤膜用于有机溶剂的过滤。通用型微孔滤膜一般水系、有机系均可过滤。选择滤膜时，既要避免外壳材料或滤膜被溶解或脱落颗粒物造成滤液的污染，也要避免滤液中的待测组分吸附到滤膜上导致结果不准确。

8.2.2.5　样品的水解

对于常规方法无法直接提取的样品基质（如毛发等）、组织结合力强的待测物组分或与葡萄糖醛酸或硫酸结合态的组分，通常要用酸或碱水解、酶水解的方法，使其转变为游离态或易于提取的状态。

（1）**酸或碱水解**　针对活体检测采集的动物毛发等样品，为提取其中的β-受体激动剂等药物，一般要用酸或碱对其进行水解，通常选用盐酸溶液或氢氧化钠溶液在较高温度下快速水解的方法进行，例如有报道针对动物毛发中克仑特罗、莱克多巴胺和沙丁胺醇使用 0.1mol/L 的盐酸溶液、60℃下水解 4h 的方法；针对动物毛发中克仑特罗使用 1mol/L 的氢氧化钠溶液、80℃下水解 1h 的方法。

一些与组织结合力较强的待测物应将其水解后再检测，例如因硝基呋喃类代谢物与蛋白质结合紧密，常用盐酸溶液进行水解，使其转换为游离态再进行衍生化反应并提取。喹乙醇代谢物 MQCA 在体内与肌肉组织结合紧密，常用盐酸溶液或氢氧化钠溶液进行水解，使其转换为游离态再进行提取。

β-受体激动剂等药物在动物组织或其排泄物中主要以葡萄糖醛酸轭合物或硫酸轭合物的形式存在，因此在提取前可用较稀的高氯酸、盐酸或三氯乙酸等无机酸进行酸水解，或用氢氧化钠溶液进行碱水解，使其结合态释放出来变为游离态，同时还可以起到沉淀蛋白或水解蛋白的作用，大大降低提取液中的杂质成分。

（2）**酶水解**　在动物体内以葡萄糖醛酸轭合物或硫酸轭合物形式存在的待测药物，目前主要采用酶水解的方法，有针对性地对其进行水解，使其转变为游离态再进行检测，例如β-受体激动剂的水解和糖皮质激素类药物的水解都采用了酶水解的方法。常用的酶解体系是在 pH＝5.2 的乙酸铵或乙酸钠缓冲体系中加入适量的 β-葡萄糖醛苷酶-芳基硫酸酯酶，37℃下水解 16h；提高温度可以加速酶水解的过程，因此同样的酶解体系，也可用 55℃下水解 2h 进行。

酸或碱水解简便、快速、成本低，但酸或碱水解反应较为剧烈，会造成部分待测药物的分解。酶水解针对性强，条件比较温和，不会引起待测物的分解，且重现性好，但酶水解成本较高，反应时间较长，酶制剂及水解后会产生蛋白类干扰性杂质，对后续净化提出了更高要求。

8.2.2.6　化学衍生化

化学衍生化是指通过化学反应使待测药物与衍生化试剂反应定量生成衍生物，使其适合于特定的分析方法。样品中待测药物和衍生化试剂在一定条件下反应，反应的副产物和过量试剂应不干扰衍生物的仪器分析，并要求反应速度快，反应完全或转化率稳定，产物色谱行为良好，易于分离和检测。

（1）**气相色谱衍生化方法**　某些药物结构中含有多个极性基团，热稳定性差，沸点高，不容易挥发，因此一般不能直接用气相色谱法（GC）进行分离。通过衍生化反应可将难以气化、热不稳定的待测药物转变成易于挥发、热稳定的、易于气相色谱分析的衍生物。GC 衍生化的方法很多，主要包括硅烷化、烷基化、酰化、酯化、缩合和环化等反应。其中，硅烷化衍生化反应是最常见的衍生化反应，含有羟基、羧基、巯基和氨基等官能团的化合物与硅烷化试剂反应，生成相应的硅烷化衍生物。

（2）**液相色谱衍生化方法**　某些药物结构中没有相应的发色基团，在进行液相色谱法（LC）检测时，通过衍生化反应，转变成具有紫外吸收能力的衍生物以适应紫外检测器，或生成具有荧光的衍生物以适应荧光检测器，或转化成在电极上能氧化还原的衍生物以适应电化学检测器。根据衍生化反应发生的时间和部位不同，可将衍生化反应分为柱前衍生化和柱后衍生化。柱前衍生化是将待测药物与衍生化试剂反应后再进行 LC 分离和检测，一般在样品前处理过程中进行，脱离了色谱流路系统。柱后衍生化是一种在线衍生化方式，待测药物经 LC 分离后，与从旁路泵入的衍生化试剂混合，反应后再由流动相带入检测器进行检测，需要特定的柱后衍生化装置。

8.2.3　理化分析方法

兽药残留检测的仪器方法主要包括色谱法、色质联用法，如气相色谱法（GC）、液相色谱法（LC）、气相色谱-质谱联用法（GC-MS）和液相色谱-串联质谱法（LC-MS/MS）等。由于残留样品的复杂性，色谱法及色质联用法在兽药残留分析中具有显著的优势，也是兽药残留检测的主流方法。

8.2.3.1　气相色谱法

气相色谱法（GC）是用气体作流动相的一种色谱法，适合分析较易挥发且化学性质稳定的有机物。但是大多数兽药极性或沸点偏高，需烦琐的衍生化步骤，限制了 GC 的应用范围。气相色谱仪由载气系统、进样器、分离系统、检测器和记录系统五部分组成。

GC 常见的检测器有电子捕获检测器（ECD）、火焰光度检测器（FPD）、氢火焰检测器（FID）、氮磷检测器（NPD）等。ECD 适合于电负性强的化合物，如含卤素的化合物，灵敏度较高；FPD 适合于含硫或磷的化合物；NPD 适合于含氮或磷的化合物。

8.2.3.2　液相色谱法

液相色谱法（LC）是用液体作流动相，适合分析极性强、难气化、挥发性差、热稳定性差以及具有生物活性的有机物，在兽药领域的使用范围远超气相色谱法。液相色谱仪由高压输液泵、进样器、色谱柱、检测器和记录系统 5 部分组成。LC 常用紫外检测器（UVD）、荧光检测器（FLD）、二极管阵列检测器（DAD）等。

色谱柱是液相色谱实现分离的核心部件，要求柱效高、柱容量大，性能稳定。目前商品化的液相色谱柱固定相基质可分为硅胶、聚合物、无机填料（如石墨化炭、氧化铝基质等）。兽药残留分析中常用硅胶基质，有反相色谱柱（C_{18} 和 C_8 柱等）、正相色谱柱（氨基柱等）和离子交换色谱柱。为改善反相色谱中保留较差的强极性物质的保留行为，亲水作用色谱柱（HILIC 等）成为近年来色谱研究领域的热点之一。

2004 年，Waters 公司对 HPLC 系统进行了整体创新设计，推出了世界上第一台商品化的超高效液相色谱仪（UPLC）。与传统的 HPLC 相比，UPLC 采用更细粒径（$<2\mu m$）的填料和耐高压系统，从而大幅度提高了样品检测的分离度、灵敏度和工作效率。后来，其他仪器公司也推出类似的 UPLC。目前，UPLC 在兽药残留检测中的应用较为广泛，尤其是与质谱仪的联用更为普遍。

8.2.3.3　气相色谱-质谱联用法

气相色谱-质谱联用法（GC-MS）是由气相色谱和质谱仪相连得到的方法。GC-MS 一般使用毛细管色谱柱进行气相色谱分离，分离效率高且载气流量小（一般为 1~3mL），其末端可以直接插入离子源内而不改变真空状态。载气一般选择氦气（He）。进样方式通常选择分流或不分流进样，炉温一般选择程序升温。质谱条件包括电离源、扫描速度、扫描方式、质量范围或质荷比（m/z）等，需根据样品情况进行设定。为了保护灯丝和电子倍增器，质谱还需要设置溶剂去除时间，使溶剂峰在通过离子源之后再打开灯丝和电子倍增器。

GC 的优点是操作简单，可以利用标准质谱图库进行化合物定性，主要应用于农药残留检测，大多数兽药及代谢物极性较大，且热稳定性差，必须衍生化后才能进行 GC-MS 检测。早期的兽药残留确证检测一般也采用 GC-MS，后来随着 LC-MS/MS 的飞速发展，LC-MS/MS 已取代 GC-MS 成为兽药残留确证检测的主要仪器。

8.2.3.4 液相色谱-串联质谱法

液相色谱-串联质谱法（LC-MS/MS）适用于分析极性高、热不稳定、难挥发的化合物。20 世纪 80 年代，电喷雾电离源（ESI）和大气压化学电离源（APCI）的出现，使得 LC-MS/MS 的应用领域已远远超过 GC-MS。

为改善峰型，增加分离度和提高灵敏度，LC-MS/MS 多采用梯度洗脱，流动相中常加入挥发性酸、碱、缓冲盐，如甲酸、乙酸、氨水、乙酸铵、甲酸铵等。为减少污染，避免化学噪声和电离抑制，这些缓冲盐或添加剂的量都有一定的限制，如甲酸、乙酸、氨水的浓度应控制在 0.01%～1%（体积分数），乙酸铵、甲酸铵的浓度最好保持在 20mmol/L 以下。为防止破坏真空，流速设置较液相色谱低，一般不超过 1mL/min。

极性化合物、难挥发或热不稳定化合物常采用 ESI；有一定挥发性的中等极性或低极性的小分子化合物可采用 APCI。电离方式可以根据化合物的性质选择正离子模式或负离子模式。兽药及其代谢产物通常具有较强的极性，因此，绝大多数的兽药残留检测都使用 ESI 正离子模式，仅有氯霉素、甲砜霉素、氟苯尼考、激素类等少数药物采用 ESI 负离子模式。定量分析常用四极杆质量分析器，定性分析常用 TOF、轨道阱等质量分析器。

与 GC-MS 相比，LC-MS/MS 具有以下优点。①不需要衍生化：由于大多数的兽药属于极性强，热稳定性差的化合物，不用衍生化即可直接进行 LC-MS/MS 检测；②灵敏度高：通过两级四极杆质谱的选择，降低了背景噪声干扰，显著提高了目标化合物的信噪比；③确证准确：采用 MRM 模式，直接对待测物进行靶向检测，降低了假阳性的可能性；④检测通量高：利用 MRM 可以实现多种目标物的同时检测，极大提高了分析效率；⑤适用范围广：大多数的兽药或其代谢产物都可以使用 LC-MS/MS 进行定性和定量检测。

基质效应（matrix effect，ME）是指样品中除被测物以外的组分对被测物的测定结果的干扰和影响，表现为离子抑制和离子增强。因此，基质效应可分为基质抑制效应和基质增强效应。GC-MS 中多表现为不同程度的基质增强效应，LC-MS 中多表现为基质抑制效应。基质效应受待测物的极性和浓度、样品类型、前处理方法、色谱条件等多种因素影响，会对定性、定量分析造成干扰，是色谱-质谱分析中不可忽视的一个问题。由于样品基质效应的影响，兽药残留检测优先采用同位素内标法进行定量。在缺乏合适内标物的情况下，LC-MS/MS 的准确定量较为复杂，往往需要采用基质匹配标准或基质添加标准进行定量。

8.2.4 兽药残留检测方法开发和验证

8.2.4.1 查阅文献

兽药残留检测过程十分复杂，所用仪器方法、前处理方法、试剂耗材、仪器设备等较多，因此，在进行残留检测方法开发设计时往往带有较多经验成分，无论是参考、改进或设计新的残留检测方法都具有较高难度。新的兽药残留检测方法很少存在可供直接参考使用的"标准方法"。文献检索通常仅能显示较适宜的方法，并提供样品前处理、分离和检测方面的粗略信息。通过查阅文献可以对以往检测方法进行比较和借鉴，了解与方法设计相关的背景资料。这些工作对于研究人员根据具体的试验条件调整、改进或新建立符合要求的分析方法都十分重要。开发设计全新的分析方法时，如针对新药物或新技术，可以从已发表的文献得到待测物理化性质或分离方面的原始资料，或从具有相近结构或官能团化合物的分析方法中获得某些信息或启示。

通过查阅文献，除掌握有关检测分析方法研究与应用的动态和存在的问题之外，还需要了解以下内容：待测物的理化性质，如极性、溶解性、酸碱性、稳定性、熔沸点等；药物在畜禽等动物体内代谢过程，包括代谢产物、组织分布、排泄途径和药动学特征（生物利用度、蛋白结合率）等；待测物的药理毒理学资料，如药物残留毒性、靶动物、靶组织、残留标志物、最大残留限量等；待测物国内外对其在食品动物上的批准使用情况等。这些材料尤其是药物理化性质、残留标志物和最大残留限量等对于残留检测方法的建立至关重要。

基于以上查阅材料，这时应该做到：①明确检测方法的适用范围，适用于什么动物什么可食性组织，对于亲脂化合物来说，一般必须选择脂肪作为目标组织；对于其他大多数化合物来说，选择肝脏或肾脏作为目标组织，这取决于残留的主要消除途径。②明确检测的残留标志物是原型药物还是代谢产物，有时，原型药物或代谢产物可能以结合态形式存在，这就需要用酸碱或酶进行水解将残留物释放出来进行分析。③明确检测方法预期的灵敏度，根据药物的批准使用情况以及药物的 MRL 大小，初步确定方法的检测限和定量限等性能参数。

8.2.4.2 仪器方法建立

大多数兽药及其代谢产物属中等极性或较高极性化合物，不能直接进行 GC 分离，需经过衍生化使其极性降低、热稳定后才能进行 GC 法分析，因此，LC 法才是兽药残留检测首选的测定方法。仪器方法的建立，一般通过适当浓度的纯溶剂标准溶液得到最佳的仪器条件。这里重点介绍 LC 分析方法及 LC-MS/MS 分析方法条件的建立。

（1）液相色谱条件的建立

① 色谱柱的选择。色谱柱是实现 LC 色谱分离的核心部件，要求柱效高、柱容量大、性能稳定。对于绝大多数兽药而言，反相色谱柱是标准的分离方法，操作方便，易获得尖锐的峰形和良好分离。根据待测物的极性或酸碱性，通过优化流动相的有机溶剂比例、pH 离子强度、离子对试剂和柱温达到分离目的。必要时可以改变反相色谱柱的类型，如不同公司推出的不同性质的 C_{18} 色谱柱、C_8 色谱柱等，结合高比例水相/低比例有机相组成的流动相来实现极性化合物的分离。

为改善反相色谱（RPLC）中保留较差的强极性物质的保留行为，近年来研究人员经常使用亲水作用色谱（HILIC），它通过采用强极性固定相，并且结合高比例有机相/低比例水相组成的流动相来实现强极性化合物的分离，一般用乙腈-水体系作为流动相，其中水相的比例为 $5\% \sim 40\%$ 以保证其显著的亲水作用。HILIC 提供了一种与传统 RPLC 互补的保留方式，能够使在 RPLC 上保留较弱或没有保留的物质在 HILIC 柱上实现合适的保留。

随着超高效液相色谱（UPLC）的出现，需要采用更细粒径（<2μm）填料的色谱柱，来实现样品检测的高分离度、灵敏度和工作效率。目前，UPLC 在兽药残留检测中尤其是与质谱仪的联用中更为普遍。

②流动相的选择。LC 常用的流动相一般包括乙腈、甲醇等有机相和各种水溶液等，C_{18} 等反相色谱柱和 HILIC 等亲水作用色谱柱的有机相和水相的应用比例刚好相反。为改善峰型，增加分离度和提高灵敏度，LC 流动相大多采用梯度洗脱的方式运行。

③ 检测器的选择。目前 LC 法比较成熟和常用的检测器有紫外检测器（UVD）、荧光检测器（FLD）和二极管阵列检测器（DAD）等，根据药物的化学结构和理化性质，一般选用 UVD 和 FLD 的较多。

对于 LC-MS/MS 而言，串联质谱仪相当于液相色谱的检测器，只是借助串联质谱仪通过光电倍增器或电子倍增器进行离子质谱信号的检测。串联质谱的种类很多，主要有串联四极杆（QQ）、四极杆-线性离子阱（QTrap）、四极杆-飞行时间（Q-TOF）等。这里重点介绍目前兽药残留检测应用最广的串联四极杆质谱仪。

（2）串联质谱条件的建立 LC-MS/MS 法作为确证方法，应提供分析物的化学结构信息。质谱检测时前体离子或母离子应为准分子离子、分子离子的特征加合物、特征产物离子或其中一种同位素离子。碎片离子或子离子应为典型的特征离子碎片，非选择性的碎片离子（如失水离子等）应尽可能不选。

LC-MS/MS 应使用鉴别点（identification points，IP）系统选择适当的采集模式和评价标准。为了确证基质中已有 MRL 的药物，至少需要 3 个鉴别点；对于禁用药物，至少需要 4 个鉴别点。有 MRL 有药物 3 个鉴别点和禁用药物 4 个鉴别点的规定是来自欧盟法规 2002/657/EC，但 2002/657/EC 已于 2021 年作废。2021 年 5 月，欧盟又发布了新的法规 2021/808 来替代 2002/657/EC，新法规规定为了确证基质中已有 MRL 的药物，至少需要 4 个鉴别点；对于禁用药物，至少需要 5 个鉴别点。其中一个鉴别点，必须来自色谱分离。也就是说，所有质谱法都应与一种色谱分离技术相结合，适合的分离技术包括液相色谱（LC）、气相色谱（GC）、毛细管电泳（CE）和超临界流体色谱（SFC）。

表 8-6 给出了每种技术产生的鉴别点。表 8-7 给出了特定技术和技术组合得到鉴别点的示例。从表中可以看出，对于有 MRL 的药物检测时也采集一个母离子和两个子离子，且必须通过色谱进行分离；对于禁用药物检测时采集一个母离子，至少两个子离子，且必须通过色谱进行分离。

表 8-6 每种技术产生的鉴别点

技术	鉴别点
分离技术（GC、LC、SFC、CE）	1
LR-MS 离子	1
LR-MS^{n} 产物离子	1.5
HR-MS 离子	1.5
HR-MS^{n} 产物离子	2.5

表 8-7 特定技术和技术组合得到鉴别点的示例（n = 整数）

技术	分离	离子数	鉴别点
GC-MS(EI 或 CI)	GC	n	$1+n$
GC-MS(EI 和 CI)	GC	2(EI)+2(CI)	$1+4=5$
LC-MS	LC	n(MS)	$1+n$
GC-或 LC-MS/MS	GC 或 LC	1 个前体离子+2 个产物离子	$1+1+2×1.5=5$

技术	分离	离子数	鉴别点
GC-或 LC-MS/MS	GC 或 LC	2 个前体离子＋2 个产物离子	$1+2+2\times1.5=6$
GC-或 LC-MS^3	GC 或 LC	1 个前体离子＋1 个 MS^2 产物离子＋1 个 MS^3 产物离子	$1+1+1.5+1.5=5$
GC-或 LC-HRMS	GC 或 LC	n	$1+n\times1.5$
GC-或 LC-HRMS/MS	GC 或 LC	1 个前体离子（＜±0.5Da 质量范围）＋1 个产物离子	$1+1+2.5=4.5$

为了实现上述鉴别点数的要求，LC-MS/MS 一般采用多反应监测模式（MRM）或选择离子监测模式（SIM），即待测物经离子源电离后，通过第一级质谱获得母离子，母离子在碰撞室经过碰撞产生子离子，再通过第二级质谱获得子离子的形式。对待测物进行确证一般有至少两个子离子作为定性离子，选定响应值较强的子离子作为定量离子。

为了实现兽药残留的确证检测，不同仪器公司生产不同型号的串联质谱仪，其涉及的离子源、质谱类型和检测器等功能基本一致，其参数类型及参数值大小略有不同，但是，影响定性定量检测的主要参数必须在仪器条件中给出。

8.2.4.3 前处理方法建立

兽药残留检测的样品根据药物的批准使用动物或可能的使用动物，一般要建立肌肉、脂肪、肝脏和肾脏等可食性组织的前处理方法，对于禽类和反刍动物还要分别建立蛋和奶中的前处理方法。

兽药残留样品前处理过程主要包括提取、净化和浓缩三大步骤。提取与净化方法的选择取决于待测物的理化性质、样品基质的性质（水分、蛋白质和脂肪含量等），肌肉、脂肪、鸡蛋和牛奶样品相对于肝脏、肾脏样品前处理过程较为简单。无论最终确定何种提取或净化方法，一般均包含专门或兼有的脱蛋白质、脱脂肪、脱水等步骤，这些常见的基质成分会干扰分析过程、污染色谱柱和检测器。如果待测物具有明显的脂溶性、弱酸性或弱碱性，可首选针对这些性质的处理方法，如酸/碱萃取法、离子交换法等，能获得较高的选择性。如果待测物仅为一般的极性化合物，则前处理方法比较复杂，方法设计主要根据样品基质的性质进行，如将基质所含成分按照脂溶性、水溶性、酸性、碱性等分类依次与待测物分离。为减少样品杂质的引入，在不严重影响回收率的情况下应选用较低极性或洗脱强度的溶剂进行萃取或洗脱。具体建立前处理方法时可以根据这些性质，结合已有文献或已发布相关标准，确定具体的提取溶剂和用量以及具体的净化方法。

最后的浓缩步骤，LC 法测定时溶解样品所用溶剂要与流动相互溶，最好与流动相一致或接近，以免干扰色谱平衡，导致色谱峰变形或保留值改变。当反相色谱柱流动相中水的含量高于 30% 时，用纯甲醇和乙腈制备的终样品溶液进样会严重影响分离和峰形。当用 LC-MS/MS 法时，由于离子源的特殊要求，一般选择含 5%～50% 甲醇或乙腈的水溶液制备最终样品溶液进样上机，有时加入少量甲酸、乙酸铵等提高离子化效率，常用的溶解体积一般为 1.0mL 或 0.5mL。

8.2.4.4 定性方法和定量方法

（1）液相色谱法定性与定量

① 对于液相色谱法（LC），待测物的最小可接受保留时间应为色谱柱死体积保留时

间的两倍。待测物在提取物中的保留时间应与标准溶液的保留时间一致，保留时间偏差在±2.5%之内。

② 对于液相色谱法（LC），无论采用紫外检测器，还是荧光检测器等，在进行定量时都以纯标准溶液作为校正溶液进行定量，一般不用基质匹配标准溶液校正。

（2）液相色谱-串联质谱法定性与定量　LC-MS/MS 的确证方法，在提取步骤开始前应添加适当的内标物。根据可用性，应使用特别适用于质谱检测的稳定同位素标记形式的分析物，或与分析物在结构上密切相关的类似化合物。当没有合适的内标物时，可以使用基质匹配或基质添加标准。

液相色谱-串联质谱法（LC-MS/MS）定性时要求待测物的最小可接受保留时间应为色谱柱死体积时间的两倍，一般要求待测物在提取物中的保留时间应与校正溶液保留时间一致，偏差在±2.5%之内。待测物定性离子对的相对丰度与浓度接近的校正溶液中定性离子对的相对丰度应符合表 8-8 的要求。

表 8-8　定性确证时离子相对丰度的允许偏差

离子相对丰度	>50	>20~50	<10~20	≤10
允许偏差/%	±20	±25	±30	±50

上述 LC 法和 LC-MS/MS 法对保留时间和离子相对丰度的要求都是参考欧盟法规 2002/657/EC 而定的。2021 年 5 月，欧盟又发布了新的法规 2021/808（替代 2002/657/EC），规定待测物的最小可接受保留时间应为色谱柱死体积时间的两倍，待测物在提取物中的保留时间应与标准溶液、基质匹配标准溶液或基质添加标准溶液的保留时间一致，允许偏差为±0.1min。对于保留时间小于 2min 的快速色谱，保留时间的容许偏差小于 5%。待测物的离子丰度比应与在相同条件下测定的浓度相当的标准溶液、基质匹配标准溶液或基质添加标准溶液的离子丰度比相对应，允许偏差在±40%以内。

8.2.4.5　方法学考察

兽药残留检测的方法学考察，重点对药物稳定性、方法特异性、基质效应（质谱法）、方法线性、方法灵敏度、方法准确度和方法精密度等技术参数进行全面系统的考察。

（1）药物稳定性　通常情况下，被分析物的稳定性在不同储存条件下都应有良好表现，包括在标准储备液、标准工作液、仪器进样溶液和基质中都应稳定。若能够从以往官方发布的标准中获得被分析物的稳定性数据，则无需再测定其稳定性，直接引用即可。但是一定注意，必须在相同的条件下这些溶液和基质中被分析物的稳定性数据才会被认可。如果是比较新的药物或者溶液和基质发生改变，则应重新考察其稳定性。

如果无法获取所需的稳定性数据，则可采用下述方式。

① 溶液中分析物的稳定性：制备新鲜的分析物储备液，并按照测试方法进行稀释，每个选定浓度（MRL 附近浓度）有足 40 份重复。用于添加的标准溶液和最终分析的进样溶液和关注的其他溶液（例如衍生化标准品）等都要制备。按测试计划将上述溶液分装到适当容器中，贴上标签，按表 8-9 储存条件保存。保存时间可选择为 1 周、2 周、4 周或更长时间，例如保存到经定性定量测定开始发现降解现象时为止。储存液 5 次重复计算的平均值与新鲜制备溶液重复计算的平均值的差异不应超过 15%。记录最长保存时间和最适宜的保存条件。

表 8-9　溶液中药物稳定性考察储存条件和样品数

储存条件	−20℃	4℃	20℃
避光	10 份	10 份	10 份
光照	—	—	10 份

② 基质中分析物的稳定性：只要可能，应尽可能使用活体动物饲喂样品，否则，应使用空白基质添加药物样品。当使用活体动物饲喂样品时，要在样品还新鲜时测定其中目标分析物的浓度。将样品分成若干份，于储存后短期、中期或长期进行测定。应至少在−20℃保存，如有必要温度可更低。当使用空白基质添加药物样品时，取适量空白样混匀，分成 5 份，将待分析物配成小体积的水溶液，分别添加到空白样品中。立即分析其中的一份，将其他几份保存在−20℃，如有必要温度可更低，然后于储存后短期、中期或长期进行测定。储存溶液 5 次重复计算的平均值与新鲜制备溶液重复计算的平均值的差异不应超过 15％。记录最长保存时间和最适宜的保存条件。

（2）**方法特异性**　在实验条件下应尽最大可能确定被分析物与其密切相关物质之间的鉴别能力，确定同系物、同分异构体、降解产物、内源性物质、类似物以及目标残留物、基质化合物或任何其他可能干扰物质的代谢产物的干扰，最重要的是要研究可能来自基质组分的干扰。如有必要，应对所建立方法进行修改，以避免产生仪器可识别的干扰。

为确定该方法的特异性，应使用以下方式。①分析空白样品：分析适量的有代表性的空白样品，如不同批次或多种不同的动物物种，并在目标被分析物的预期出峰区域内检查信号、色谱峰或离子通道的干扰。②分析干扰物质：选择可能在样品中出现的一系列相关化合物，或可能与被分析物相同出峰时间的其他物质，并分析它们是否会对被分析物造成干扰。③添加干扰物：在相关浓度下，将可能干扰被分析物的化合物对代表性空白样品进行添加，并研究该添加物是否影响被分析物的准确定性和定量。

（3）**基质效应评价**　基质效应（ME）是指样品中除待测物以外的组分对待测物的测定结果的干扰和影响，一般是由于样品中杂质等在离子源竞争带电引起的，表现为离子抑制和离子增强。目前评价基质效应的简易方法如下：配制两组不同浓度的待测物溶液，每个浓度水平至少配 5 份样品。第一组用流动相配制，第二组用不同来源（至少 5 批）的空白样品提取液或提取物（提取液吹干后所得）的流动相复溶液配制。第二组测定结果与第一组测定结果相比，若待测组分响应值的相对标准偏差明显增加，表明存在基质效应。如果将第一组和第二组各浓度水平测得的相应的响应值（峰面积或峰高）分别用 A、B 表示，可按下列公式计算基质效应（ME）：

$$ME = \frac{B}{A} \times 100\%$$

$$(8-7)$$

当 ME 值等于或接近于 100％时，表明不存在基质效应；当 ME 值大于 100％时，表明存在基质增强效应；当 ME 小于 100％时，表明存在基质抑制效应。一般当 ME 在 85％～115％之间时，基质效应可以忽略。

基质效应消除或减弱的方法有：①采用同位素内标法进行分析；②采用空白基质配制基质匹配标准溶液；③选择合适的样品前处理方法，增加净化过程；④选择合适的色谱分离条件，使目标物与干扰物分离；⑤优化质谱条件，选择合适的离子源，基质效应对 ESI 影响显著，对 APCI 影响较小。

（4）**方法线性考察**　方法线性是指在一定的浓度范围内，线性试验结果与待测物浓度直接呈比例关系的能力。设计的浓度范围一般包括5～7个系列浓度范围，包括方法定量限和2倍MRL（有最高残留限量药物）或10倍LOQ（禁用停用药物）。每一浓度重复进样3次，从低浓度到高浓度依次进行测定，以得到的药物色谱峰面积（或与内标峰面积比值）为纵坐标，对应的标准溶液浓度为横坐标，绘制标准曲线，给出回归方程、相关系数、线性图等。

兽药残留检测标准曲线主要包括以下几种类型。①纯溶剂标准曲线：用一定的溶剂配制成的系列标准溶液，上机测定得出的标准曲线。②基质匹配标准曲线：用系列纯溶剂标准溶液溶解空白基质经提取、净化、浓缩吹干后的残余物配制成的系列基质匹配标准溶液，上机测定得出的标准曲线。③基质添加标准曲线：在空白样品前处理之前加入系列纯溶剂标准溶液，经提取、净化等前处理后，上机测定得出的标准曲线。LC法一般选择纯溶剂标准曲线，LC-MS/MS法在有同位素内标情况下一般也优先选用纯溶剂标准曲线，在没有内标的情况下如果存在较强的基质效应，一般选用基质匹配标准曲线，极少情况下也用内标法基质匹配标准曲线。基质添加标准曲线应用相对较少。

（5）**方法灵敏度确定**　方法灵敏度是指检测方法对单位浓度待测物质变化所致的响应值的变化程度，一般用检测限（LOD）和定量限（LOQ）表示。

检测限（LOD）是指样品中待测物能被检出的最低值，检测限仅作为定性鉴别的依据，没有定量意义，无法进行准确定量。确定检测限常用的方法如下。①信噪比（S/N）法：将已知低浓度样品仪器检测出的信号与附近基线噪声进行比较，一般以信噪比为3：1时相应的浓度确定为方法的检测限。②基于响应值标准偏差和标准曲线斜率法：按照 $LOD = 3.3\delta/S$，这里 δ 是响应值的偏差，可以通过测定空白值的标准偏差或标准曲线的剩余标准偏差或截距的标准偏差确定；S 是标准曲线的斜率。

定量限（LOQ）是指样品中待测物能被定量测定的最低量，定量限的测定结果需要满足下面方法准确度和精密度的要求。确定定量限常用的方法如下。①信噪比（S/N）法：将已知低浓度样品仪器检测出的信号与附近基线噪声进行比较，一般以信噪比为10：1时相应的浓度确定为方法的检测限。②基于响应值标准偏差和标准曲线斜率法：按照 $LOQ = 10\delta/S$，这里 δ 是响应值的偏差，可以通过测定空白值的标准偏差或标准曲线的剩余标准偏差或截距的标准偏差确定；S 是标准曲线的斜率。

目前，动物性食品中兽药残留检测方法的检测限和定量限大多选择信噪比（S/N）法进行确定，而且更多的残留检测方法只给出定量限，不再给出检测限。

（6）**方法准确度考察**　准确度是指用所建立检测方法测定的结果与真实值或参比值接近的程度，一般用回收率（%）表示。

方法准确度通常采用空白添加方法进行考察，一般至少添加低、中、高三个浓度水平。对于有最高残留限量（MRL）规定的药物，一般至少添加定量限（LOQ）、MRL和2倍MRL三个浓度，也可增加1/2MRL浓度。对于禁止使用药物、停用药物或允许作治疗用但不得检出的药物，一般至少添加1倍LOQ、2倍LOQ和10倍LOQ三个浓度，也可增加5倍LOQ浓度。每一浓度一般进行5～7个重复，连做3天，计算回收率、平均回收率和日内、日间变异系数。

回收率计算时可以采用单点法或标准曲线法，可以采用外标法或内标法，对应的校正溶液可以采用纯溶剂标准溶液、基质匹配标准溶液或基质添加标准溶液，具体计算时根据不同的方法选用相应的定量方法。例如：LC法常用纯溶剂标准溶液外标法定量，LC-MS/MS法常用纯溶剂标准溶液内标法定量、基质匹配标准溶液外标法定量等。

方法回收率范围不同来源的法规要求略有不同，其中欧盟法规（EU）2021/808 中规定如表 8-10 所示。

表 8-10 方法的回收率范围

空白添加浓度	回收率范围
$\leqslant 1\mu g/kg$	$-50\%\sim20\%$
$1\sim10\mu g/kg$	$-30\%\sim20\%$
$\geqslant10\mu g/kg$	$-20\%\sim20\%$

（7）**方法精密度考察** 精密度是指在规定的测试条件下，相同样品平行测定结果之间的接近程度，精密度一般用变异系数（CV）或相对标准偏差（RSD）表示。

在实验室内重现性条件下，对空白添加样品进行重复分析的变异系数（CV）不得超过 Horwitz 方程计算的水平。此方程为：

$$CV=2^{(1-0.5\lg C)}$$

式中，C 是以 10 的幂（指数）表示的质量分数（例如，$1mg/g=10^{-3}$）。对于 $120\mu g/kg$ 以下的质量分数，应用 Horwitz 方程将得出非常高的值。因此，允许的最大变异系数不得大于表 8-11 所示值。在重复性条件下进行的分析，其变异系数应小于等于表 8-11 所列值的 2/3。

表 8-11 可接受的变异系数

添加浓度	重现性 CV/%
$>1000\mu g/kg$	16（根据 Horwitz 方程计算）
$120\sim1000\mu g/kg$	22（根据 Horwitz 方程计算）
$10\sim120\mu g/kg$	25①
$<10\mu g/kg$	30①

①此处给出的 CV（%）是一个指导值，应尽可能低。

8.2.5 LC-MS/MS 残留确证检测方法举例

8.2.5.1 牛、羊可食性组织中莫昔克丁残留检测液相色谱-串联质谱法

（1）**制定背景** 莫昔克丁（moxidectin）又称莫西菌素，是由链霉菌发酵产生的半合成单一成分的大环内酯类抗生素，是尼莫克汀的衍生物，属于米尔贝霉素类抗寄生虫药物。其特点是成分单一、驱虫活性更高、长效、安全等。莫昔克丁相对于伊维菌素和阿维菌素有着更广的驱虫活性、长效性和安全性。20 世纪 80 年代中期，莫昔克丁开始作为兽用驱虫药使用。作为新一代驱虫药物，莫昔克丁能够高效地杀灭线虫和体表寄生虫，同时对动物有很好的安全性，对皮肤无刺激性。它在用药剂量、剂型开发、耐药性和体内药物分布等方面优于伊维菌素。目前，莫昔克丁是被广泛用于兽医临床的广谱、高效、新型大环内酯类驱虫抗生素。

莫昔克丁具有很高的亲脂性，在脂肪中的分布浓度极高。研究表明，给牛用药后 28 天，其在脂肪中的浓度是伊维菌素的 10 倍，且广泛分布在黏膜液、胆汁、粪便、皮肤、血浆等各组织和体液中。莫昔克丁主要经胆汁、粪便（约 5%）排泄，其次是乳汁，少量自尿液（<1%）排泄。其在脂肪、靶组织和牛奶中的药物浓度明显高于伊维菌素。从组织和粪便中残留物的检测来看，莫昔克丁是主要的残留形式。长期食用含有莫昔克丁的动

物性组织，会对人体带来一定的危害，我国 GB 31650—2019 中规定莫昔克丁在牛肌肉、肝脏、肾脏和脂肪中的 MRL 分别为 20、100、50、500μg/kg，在羊肌肉、肝脏、肾脏和脂肪中的 MRL 分别为 50、100、50、500μg/kg。

（2）**方法原理** 试料中残留的莫昔克丁，用乙腈提取，C_{18} 固相萃取柱净化，液相色谱-串联质谱测定，基质匹配标准溶液外标法定量。

（3）**样品前处理**

① 提取：称取试料各 2g±0.02g 于 50mL 离心管中，加乙腈 6mL，加入陶瓷均质子，涡旋后中速水平振荡 5min，10000r/min 离心 5min，转移上清液至另一 50mL 离心管中，加水 10mL，混匀，备用。

② 净化与浓缩：C_{18} 固相萃取柱依次用乙腈 5mL 和洗涤溶液 5mL 活化，取备用液 8mL 过柱，用洗涤溶液 5mL 淋洗，抽干，用乙腈 5mL 洗脱，收集洗脱液于 10mL 试管中，于 50℃水浴氮气吹干。用 50%乙腈水溶液 1.0mL 溶解残余物，充分溶解。过微孔滤膜后供液相色谱-串联质谱仪测定。

基质匹配标准曲线的制备：精密量取莫昔克丁标准工作液适量，用 50%乙腈水溶液稀释成浓度为 1、2、5、10、20、50 和 100ng/mL 的系列标准工作液（适用于牛肌肉、肾脏和羊肌肉、肾脏）；或 1、2、5、10、20、50、100 和 200ng/mL 的系列标准工作液（适用于牛肝脏和羊肝脏）；或 1、2、5、20、100、200、500 和 1000ng/mL 的系列标准工作液（适用于牛脂肪和羊脂肪），从中各取 1.0mL，分别加入空白试料经提取、净化和吹干后的残余物中，充分溶解，过微孔滤膜后作为基质匹配标准溶液上机测定。以特征离子质量色谱峰面积为纵坐标，基质匹配标准溶液浓度为横坐标，绘制标准曲线。

（4）**仪器条件**

① 液相色谱参考条件。

色谱柱：BEH C_{18}（50mm×2.1mm，粒径 1.7μm），或相当者。

流动相：A 相为 0.1%甲酸水溶液，B 相为 0.1%甲酸乙腈溶液。流动相梯度：0～1min 保持 75%B；1～3min，75%B 线性变化到 95%B，3～4.5min 保持 95%B，4.6～6min 保持 75%B。

流速：0.4mL/min。

进样量：5μL。

柱温：30℃。

② 串联质谱参考条件。

离子源：电喷雾离子源。

扫描方式：正离子扫描。

检测方式：多反应离子监测（MRM）。

电喷雾电压：5500V。

离子源温度：550℃。

辅助气 1：55psi（1psi=6.895kPa）。

辅助气 2：55psi。

气帘气：25psi。

碰撞气：Medium。

待测药物定性、定量离子对和对应的去簇电压、碰撞能量参考值见表 8-12。

表 8-12　待测药物定性、定量离子对和对应的去簇电压、碰撞能量参考值

药物	定性离子对 （m/z）	定量离子对 （m/z）	去簇电压 /V	碰撞能量 /eV
莫昔克丁	640.4/528.2 640.4/498.2	640.4/528.2	45	11 16

（5）定性方法与定量方法

① 定性方法：试样溶液的保留时间在基质匹配标准溶液保留时间的±2.5％之内。试样溶液中的离子相对丰度与基质匹配标准溶液中的离子相对丰度应符合表 8-13 的要求。

表 8-13　定性确证时离子相对丰度的允许偏差

离子相对丰度	>50	>20～50	>10～20	≤10
允许偏差/％	±20	±25	±30	±50

②定量方法：取基质匹配标准溶液和试样溶液，做单点或多点校准，按外标法，以峰面积计算。基质匹配标准溶液及试样溶液中莫昔克丁的峰面积应在仪器检测的线性范围之内。

（6）技术参数

① 灵敏度：方法对牛、羊的肌肉、肝脏、肾脏和脂肪的定量限均为 2μg/kg。

② 准确度：本方法对于牛肌肉样品中莫昔克丁在 5～40μg/kg 添加浓度水平上的回收率为 60％～120％；牛、羊肝脏样品中莫昔克丁在 5～200μg/kg 添加浓度水平上的回收率为 60％～120％；牛肾脏和羊肌肉、肾脏中莫昔克丁在 5～100μg/kg 添加浓度水平上的回收率为 60％～120％；牛、羊脂肪中莫昔克丁在 5～1000μg/kg 添加浓度水平上的回收率为 60％～120％。

③精密度：本方法批内相对标准偏差≤20％，批间相对标准偏差≤20％。

（7）代表性图谱　空白牛肉基质匹配标准溶液中莫昔克丁特征离子质量色谱图（20ng/mL）见图 8-1。

8.2.5.2　动物性食品中黏菌素残留量测定液相色谱-串联质谱法

（1）制定背景　黏菌素（colistin），属多肽类抗生素，主要成分为黏菌素 A 和黏菌素 B，其结构为由七环和末端的三肽组成的十肽菌素，对革兰阴性杆菌具有较强的抗菌作用，广泛应用于治疗猪及禽类肠道大肠杆菌感染，作为饲料添加剂还有促进动物生长作用。

大量使用黏菌素会对动物机体造成较大的毒性作用，主要是肾毒性和神经毒性，并以药物原型或其代谢产物形式在动物可食性组织（如蛋、奶）中形成药物残留，欧盟制定了黏菌素在动物可食用组织中的最高残留限量标准，我国农业农村部第 594 号公告规定的黏菌素最高残留限量与欧盟的相一致，其中猪肌肉、脂肪、肝和肾的最高残留限量（MRL）分别为 150、150、150、200μg/kg，鸡肌肉、鸡皮＋脂、肝和肾的最高残留限量（MRL）分别为 150、150、150、200μg/kg，鸡蛋中的 MRL 为 300μg/kg。

目前我国尚未发布动物性食品中黏菌素残留量检测方法食品安全国家标准。本方法建立了猪、鸡的肌肉、脂肪、肝、肾等可食性组织及鸡蛋中黏菌素残留检测的样品前处理方法和仪器检测方法，并从方法灵敏度、线性、准确度和精密度等几个方面进行了方法学考

察，制定出一种特异性高、专属性强、灵敏度高的 UPLC-MS/MS 方法，为猪、鸡可食性组织及禽蛋中黏菌素残留量监控检测提供科学依据。

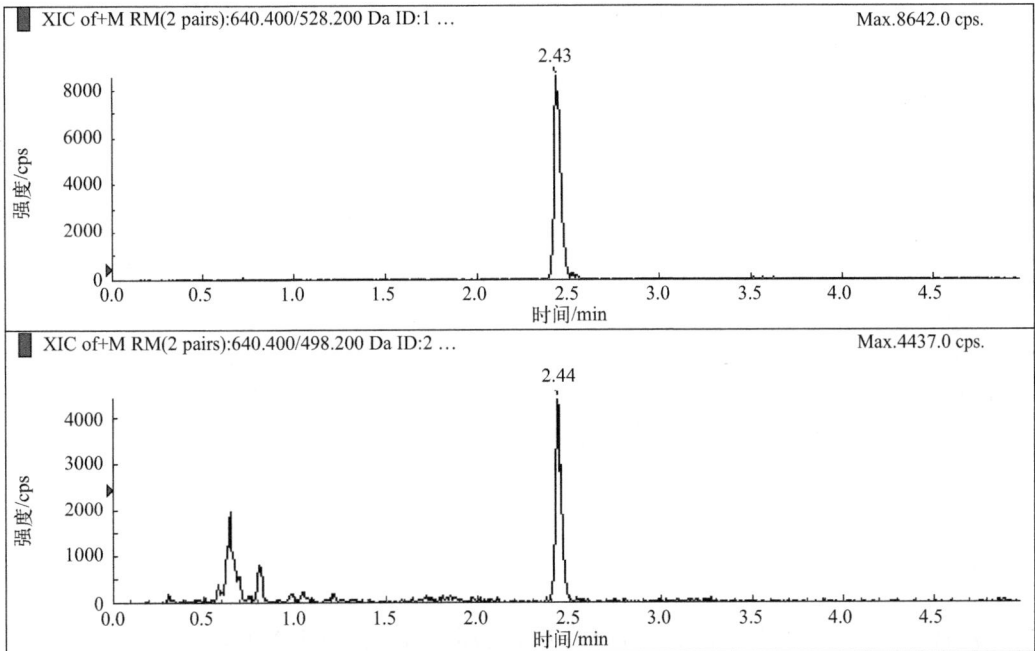

图 8-1　空白牛肉基质匹配标准溶液中莫昔克丁特征离子质量色谱图（20ng/mL）

（2）**方法原理**　试样中残留的黏菌素经 25％甲醇提取后，正己烷去脂，固相萃取柱净化，液相色谱-串联质谱法测定，基质匹配标准溶液外标法定量。

（3）**样品前处理**

① 提取。称取试料 5g±0.05g，置于 50mL 离心管内，加入 25％甲醇水溶液 25mL，涡旋 2min，再加入 1mol/L 硫酸 2mL，中速振荡 10min，3000r/min 离心 5min，取上清液。向残渣中加入 25％甲醇水溶液 15mL，同样的方法重复提取 1 次，合并上清液。合并的提取液中加入正己烷 25mL，振荡 5min，5000r/min 离心 10min，弃上层正己烷，并用 25％甲醇水溶液将下层提取液定容至 50mL，备用。

② 净化。Plexa 固相萃取柱依次用 10mL 甲醇、10mL 水活化，取备用液 5mL 过柱，然后用 10mL 水洗涤，最后用 1％甲酸∶甲醇（1∶4，体积比）溶液 5mL 洗脱，洗脱液于 40℃水浴氮气吹干。向残余物中加入 0.5％甲酸水溶液 1.0mL，充分溶解，过 0.22μm 微孔滤膜后供液相色谱-串联质谱测定。

基质匹配标准曲线的制备：精密量取黏菌素 A 和黏菌素 B 混合标准溶液，用 0.5％甲酸水溶液配制成 5、10、25、50、100 和 200ng/mL 的系列标准溶液（适用于猪肌肉、脂肪、肝、肾和鸡肌肉、皮＋脂、肝、肾）或 10、25、50、100、200 和 400ng/mL 的系列标准溶液（适用于鸡蛋），取 1.0mL 依次加入 5g±0.05g 空白试料经提取、净化、氮气吹干后的残余物中，充分溶解，过滤膜后上机测定。以特征离子质量色谱峰面积为纵坐标，基质匹配标准溶液浓度为横坐标，绘制标准曲线。

（4）仪器条件

① 液相色谱参考条件。

色谱柱：BEH C_{18} 色谱柱，50mm×2.1mm（内径），粒径 1.7μm，或相当者。

流动相：A 相为 0.5%甲酸水溶液，B 相为 0.5%甲酸乙腈溶液。流动相梯度为 0～0.5min 保持 5%B；0.5～3min，5%B 线性变化到 50%B，3～4min 保持 95%B，4～5.5min 保持 5%B。

流速：0.4mL/min。

进样量：5μL。

柱温：30℃。

② 串联质谱参考条件。

离子源：电喷雾离子源。

扫描方式：正离子扫描。

检测方式：多反应离子监测（MRM）。

电喷雾电压：5500V。

离子源温度：550℃。

辅助气 1：50psi。

辅助气 2：60psi。

气帘气：30psi。

碰撞气：Medium。

待测药物定性、定量离子对和对应的去簇电压、碰撞能量参考值见表 8-14。

表 8-14 待测药物定性、定量离子对和对应的去簇电压、碰撞能量参考值

药物	定性离子对（m/z）	定量离子对（m/z）	去簇电压/V	碰撞能量/eV
黏菌素 A	390.8/385.0 390.8/101.2	390.8/385.0	50	15 23
黏菌素 B	386.2/380.1 386.2/101.0	386.2/380.1	55	15 23

（5）定性方法与定量方法

① 定性方法：试样溶液的保留时间在基质匹配标准溶液保留时间的±2.5%之内。试样溶液中的离子相对丰度与基质匹配标准溶液中的离子相对丰度应符合表 8-15 的要求。

表 8-15 定性确证时离子相对丰度的允许偏差

离子相对丰度	>50	>20～50	>10～20	≤10
允许偏差/%	±20	±25	±30	±50

② 定量方法：取基质匹配标准溶液和试样溶液，作单点或多点校准，按外标法，以峰面积计算。基质匹配标准溶液及试样溶液中黏菌素 A 和黏菌素 B 的峰面积应在仪器检测的线性范围之内。

（6）技术参数

① 灵敏度：黏菌素 A 和黏菌素 B 在猪肌肉、脂肪、肝和鸡肌肉、皮＋脂、肝中的定量限均为 15μg/kg，在猪、鸡肾中的定量限均为 20μg/kg，在鸡蛋中定量限为 30μg/kg。

② 准确度：本方法对于猪肌肉、脂肪、肝和鸡肌肉、皮＋脂、肝样品中黏菌素 A

和黏菌素 B 在 15～150μg/kg 添加浓度水平上的回收率为 60％～120％；猪、鸡肾样品中黏菌素 A 和黏菌素 B 在 20～200μg/kg 添加浓度水平上的回收率为 60％～120％；鸡蛋样品中黏菌素 A 和黏菌素 B 在 30～300μg/kg 添加浓度水平上的回收率为 60％～120％。

③ 精密度：本方法批内相对标准偏差≤15％，批间相对标准偏差≤20％。

（7）**代表性图谱** 空白鸡蛋基质匹配标准溶液中黏菌素 A 和黏菌素 B 特征离子质量色谱图（15ng/mL）见图 8-2。

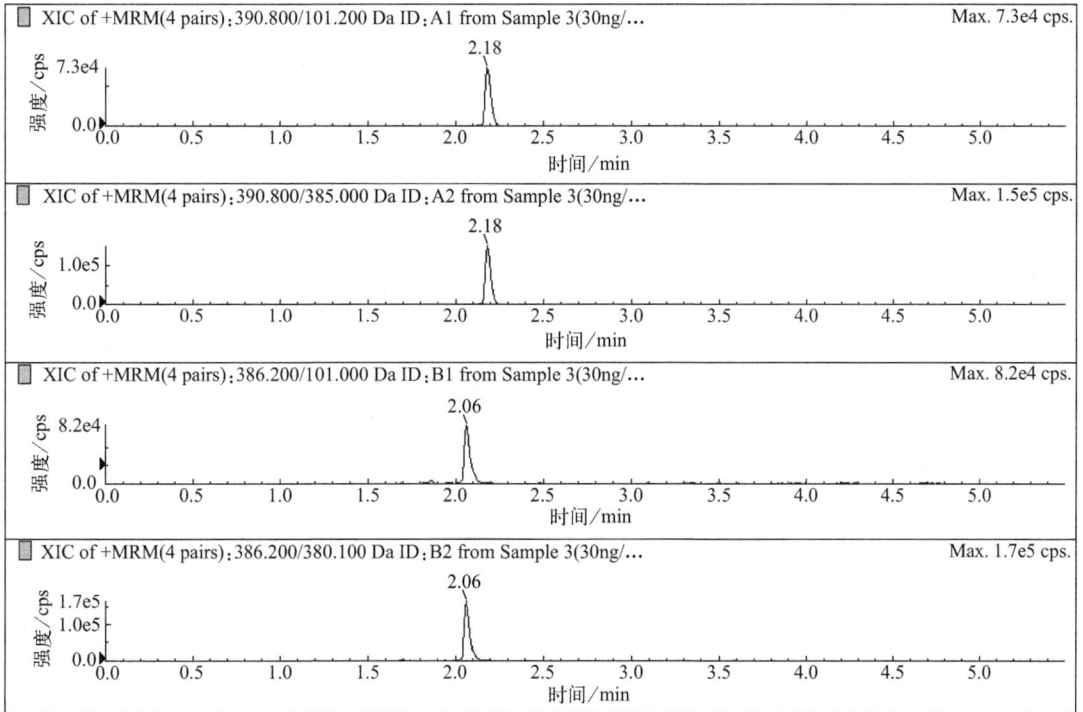

图 8-2 空白鸡蛋基质匹配标准溶液中黏菌素 A 和黏菌素 B 特征离子质量色谱图（15ng/mL）

8.2.5.3 奶中环丙氨嗪残留检测液相色谱-串联质谱法

（1）**制定背景** 环丙氨嗪（cyromazine）是一种在世界范围内养殖业和种植业中广泛使用的昆虫生长抑制剂类杀虫剂。该药可控制几乎所有威胁集约化养殖场的蝇类，包括家蝇、黄腹厕蝇、光亮扁角水虻和厩螫蝇等，并可控制跳蚤及羊身上的绿蝇属幼虫等。临床上环丙氨嗪主要作为预混剂拌入全价饲料中，通过饲喂方式进入动物体内，大部分以原型及其代谢产物三聚氰胺（melamine）的形式随粪便排出体外沉积在粪便中，从而在粪便中杀灭蝇蛆等。已有报道表明环丙氨嗪能够造成实验动物体重下降、肝大、血细胞减少，使动物胎儿体重减轻、存活率下降等。美国 EPA 在 1993 年将环丙氨嗪列为具有潜在致癌性的化合物，其代谢物三聚氰胺能够引起小鼠膀胱肿瘤等，因此美国和我国都对环丙氨嗪在动物性食品中的限量作了严格规定，在牛奶、羊、禽肌肉、脂肪和动物副产品中的 MRL 为 50μg/kg。我国 2019 年发布的《食品安全国家标准 食品中兽药最大残留限量》（GB 31650—2019）中，规定了该药物在羊的泌乳期禁用，但并未规定牛奶中环丙氨嗪的最大残留限量，因此参照羊泌乳期禁用情况，有研究者又进行了牛羊奶中的环丙氨嗪残留检测方法学研究。

国内外关于奶中环丙氨嗪残留检测方法的报道较少。本方法针对牛奶和羊奶，制定了环丙氨嗪残留检测的 LC-MS/MS 确证方法，该方法简便、灵敏度高且专属性和可操作性强，为该类药物的残留监控提供了科学依据。

（2）**方法原理** 试料中残留的环丙氨嗪，用 3％三氯乙酸溶液提取，混合型阳离子固相萃取柱净化，过滤膜后用液相色谱-串联质谱法测定，同位素内标法定量。

（3）**样品前处理**

① 提取：称取牛奶或羊奶 2g±0.02g 于 50mL 离心管内，加入适量环丙氨嗪-^{13}C 内标工作液，加入 3％三氯乙酸溶液 8mL，涡旋混合 30s，超声提取 10min，静置 10min，10000r/min 离心 10min，上清液备用。

② 净化：MCX 小柱依次用甲醇、水各 3mL 预洗；取备用液全部过柱，用 2％甲酸水溶液、甲醇各 3mL 淋洗，真空抽干；用 5％氨化甲醇溶液 3mL 洗脱，真空抽干，收集洗脱液，于 50℃下氮气吹干，残余物用 95％乙腈水溶液 1.0mL 溶解，取适量体积过微孔滤膜后，供液相色谱-串联质谱仪测定。

标准曲线的制备：精密量取环丙氨嗪标准工作液和环丙氨嗪-^{13}C 工作液适量，用 95％乙腈水溶液稀释成含环丙氨嗪浓度分别为 0.5、1、2、5、10 和 20ng/mL 以及含环丙氨嗪-^{13}C 均为 2ng/mL 的系列标准工作液，上机测定。以特征离子质量色谱峰面积为纵坐标，标准溶液浓度为横坐标，绘制标准曲线。

（4）**仪器条件**

① 液相色谱参考条件。

色谱柱：HILIC 色谱柱（50mm×2.1mm，1.7μm），或相当者。

流动相：A 相 0.02％乙酸铵水溶液；B 相为乙腈。流动相梯度为 0～1min 保持 95％B；1～3min，95％B 线性变化到 60％B，3～3.1min 保持 60％B 线性变化到 95％B，3.1～4.5min 保持 95％B。

流速：0.4mL/min。

进样量：5μL。

柱温：35℃。

② 串联质谱参考条件。

离子源：电喷雾离子源。

扫描方式：正离子扫描。

检测方式：多反应离子监测（MRM）。

电喷雾电压：5500V。

离子源温度：550℃。

辅助气 1：55psi。

辅助气 2：55psi。

气帘气：30psi。

碰撞气：Medium。

待测药物定性、定量离子对和对应的去簇电压、碰撞能量参考值见表 8-16。

表 8-16　待测药物定性、定量离子对和对应的去簇电压、碰撞能量参考值

药物	定性离子对（m/z）	定量离子对（m/z）	去簇电压/V	碰撞能量/eV
环丙氨嗪	167.1/85.0 167.1/125.1	167.1/85.0	24	45
环丙氨嗪-^{13}C	170.1/87.0	170.1/87.0	24	60

（5）定性方法与定量方法

① 定性方法：试样溶液的保留时间在标准溶液保留时间的 ±2.5% 之内。试样溶液中的离子相对丰度与标准溶液中的离子相对丰度应符合表 8-17 的要求。

表 8-17　定性确证时离子相对丰度的允许偏差

离子相对丰度	＞50	＞20～50	＞10～20	≤10
允许偏差/%	±20	±25	±30	±50

② 定量方法：取标准溶液和试样溶液，做单点或多点校准，按外标法，以峰面积计算。标准溶液及试样溶液中黏菌素 A 和黏菌素 B 的峰面积应在仪器检测的线性范围之内。

（6）技术参数

① 灵敏度：本方法环丙氨嗪对牛奶和羊奶的定量限均为 0.5μg/kg。

② 准确度：本方法环丙氨嗪对牛奶和羊奶样品在 0.5～5μg/kg 添加浓度水平的回收率为 70%～120%。

③ 精密度：本方法批内相对标准偏差≤20%，批间相对标准偏差≤20%。

（7）代表性图谱　标准溶液特征离子质量色谱图（0.5ng/mL）见图 8-3。

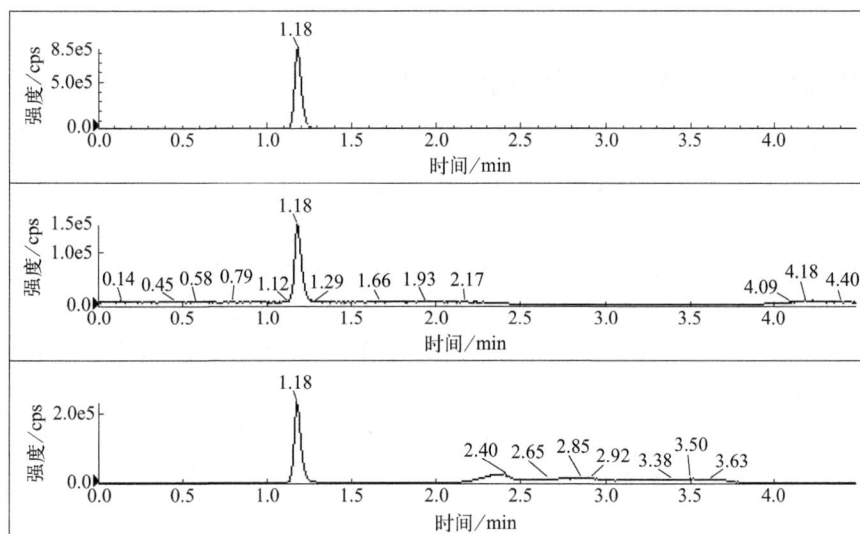

图 8-3　标准溶液特征离子质量色谱图（0.5ng/mL）

8.3

食品动物休药期的制定

8.3.1 简介

休药期（withdrawal time），又称消除期，是指食品动物从停止给药到许可屠宰，或它们的产品（即动物性食品，包括可食性组织、蛋和奶等）许可上市的间隔时间。凡供食品动物应用的药物或其他化合物，均需规定休药期。休药期的规定是为了减少或避免供人食用的动物组织或动物性产品中残留的药物超量，避免影响人的健康和安全。在休药期间，动物组织或产品中存在的具有毒理学意义的残留活性物质可逐渐减少或被消除，直到残留浓度降至规定的安全浓度（最高残留限量）以下。

兽药休药期的制定原则可以描述为：药物或其他外源性化学物必须从体内排出，或减少到人在食用其组织或产品后不会危害人体健康。休药期随动物种属、药物种类、制剂形式、用药剂量及给药途径等不同而有差异，一般为几小时、几天到几周不等，具体产品的休药期可见农业农村部的相关公告。除应遵守我国有关的法规外，为满足动物性食品出口贸易的需要，在养殖生产中还可参考美国、欧洲共同体等制定的动物组织（或产品）中药物和化学物的允许残留量、应用限制及休药期等。

8.3.2 残留消除试验与休药期的确定

一般，休药期的制定是以最高残留限量（maximum residue limit，MRL）为标准依据，采用科学的统计方法来制定的。因此，药物在动物体内的休药期，与药物在动物体内的残留消除规律和最高残留限量相关。目前，开展药物残留限量标准制定的国际组织或机构有联合国粮食及农业组织和世界卫生组织下的食品添加联合专家委员会（JECFA）、国际兽药协调组织（VICH）、国际食品法典委员会（CAC）及食品中兽药残留法典委员会（CCRVDF）。其中，JECFA 也是国际食品法典委员会（CAC）制定国际兽药最高残留限量标准的技术依托机构。此外，美国（FDA）、欧盟（EMEA）等国家也有相对独立、完善的兽药安全性评价体系和兽药 MRL 标准制定技术规程。其中，JECFA 兽药残留风险评估基本程序包括：危险鉴定和危害特征描述，开展毒理学研究，建立每日允许摄入量（acceptable daily intake，ADI），开展暴露评估，依据以上研究科学推荐动物组织、蛋、奶等食品中的药物 MRL。FDA 对兽药最大残留限量制定过程包括：确定无观察作用剂量（no observed effect level，NOAEL）和 ADI，确定安全浓度（safety concentration，SC），最终推荐 MRL。欧盟药品管理局的兽药风险评估程序与 JECFA 基本一致。危害鉴定环节涉及的毒理学研究包括：繁殖毒性、遗传毒性、致畸毒性、致癌毒性、发育毒性和亚慢性毒性试验。我国农业部于 2003 年发布了关于药物残留试验技术规范性的试行文件，规定了兽药残留试验的主要内容为：确定兽药在食品动物体内的原型化合物、主要代谢物或标志残留物；确定 MRL；建立残留检测方法；研究药物在食品动物体内的消除规律并确定休药期。

8.3.2.1 确定主要的代谢物、靶组织、残留标志物

根据我国农业部颁布的农牧发[2003]1号文件，除经毒性试验证明有严重毒性或疑有"三致"作用的兽药需按如下要求进行兽药在食品动物的主要代谢物或标志残留物的确定试验，一般兽药不做此项试验。

① 主要代谢物是通过测定零休药期（大动物在最后一次给药之后 8～12h，奶在最后一次给药之后 12h，禽在最后一次给药之后 4h）的峰浓度确定的。代谢物的含量超过 10%，总残留量或其浓度超过 0.1mg/kg，则认为该代谢物为主要代谢物。根据 VICH 发布的指南，在进行零休药期研究设计时，试验家禽数应保证 12 只（提供最少 6 个个体样本进行分析），大型动物 6 只。

② 靶组织是指药物（包括原型药物和代谢物）在实验动物体内残留浓度最高、时间最长的可食性组织。

③ 残留标志物则是指靶组织中残留时间最长的药物（原型药物或代谢物）。

我国最新的食品中兽药最大残留限量标准于 2022 年 4 月 1 日正式实施，该标准由农业农村部、卫生健康委员会、市场监督管理总局三部门联合发布。该标准规定了 267 种（类）兽药在畜禽产品、水产品、蜂产品中的 2191 项 MRL 及使用要求，基本覆盖了我国常用兽药品种和主要食品动物及组织。表 8-18 总结了该标准中对常见药物在牛、羊和猪等动物体内残留标志物的最新规定。

表 8-18 药物在动物体内的残留标志物

药物分类	药物	残留标志物
抗线虫药	阿苯达唑	奶:阿苯达唑亚砜、阿苯达唑砜、阿苯达唑-2-氨基砜 其他组织:阿苯达唑-2-氨基砜
	越霉素 A	越霉素 A
	非班太尔、芬苯达唑、奥芬达唑	芬苯达唑、奥芬达唑和奥芬达唑砜的总和,以奥芬达唑砜等效物表示
	多拉菌素	多拉菌素
	乙酰氨基阿维菌素	乙酰氨基阿维菌素 B_{1a}
	阿维菌素	阿维菌素 B_{1a}
杀虫药	双甲脒	双甲脒、2,4-二甲基苯胺
	敌敌畏	敌敌畏
	倍硫磷	倍硫磷及代谢产物
	氟氯氰菊酯	氟氯氰菊酯
抗球虫药	氯羟吡啶	氯羟吡啶
	二硝托胺	二硝托胺及其代谢物
	氨丙啉	氨丙啉
	地克珠利	地克珠利
抗吸虫药	氯氰碘柳胺	氯氰碘柳胺
抗梨形虫药	咪多卡	咪多卡
抗锥虫药	三氮脒	三氮脒
氨基糖苷类抗生素	安普霉素	安普霉素
	卡那霉素	卡那霉素 A
	庆大霉素	庆大霉素
β-内酰胺类抗生素	阿莫西林	阿莫西林
	氨苄西林	氨苄西林

药物分类	药物	残留标志物
β-内酰胺类抗生素	青霉素、普鲁卡因青霉素	青霉素
	氯唑西林	氯唑西林
四环素类抗生素	多西环素	多西环素
	土霉素、金霉素、四环素	土霉素、金霉素、四环素单个或组合
多肽类抗生素	黏菌素	黏菌素 A 和黏菌素 B
	杆菌肽	杆菌肽 A、杆菌肽 B 和杆菌肽 C
头孢氨苄类抗生素	头孢氨苄	头孢氨苄
头孢菌素类抗生素	头孢喹肟	头孢喹肟
	头孢噻呋	去呋喃头孢噻呋
β-内酰胺酶抑制剂	克拉维酸	克拉维酸
寡糖类抗生素	阿维拉霉素	二氯异苄酸
喹诺酮类合成抗菌药	达氟沙星	达氟沙星
	氟甲喹	氟甲喹
	二氟沙星	二氟沙星
	恩诺沙星	恩诺沙星、环丙沙星
大环内酯类抗生素	红霉素	红霉素 A
	吉他霉素	吉他霉素
酰胺醇类抗生素	氟苯尼考	氟苯尼考、氟苯尼考胺
性激素类药	醋酸氟孕酮	醋酸氟孕酮
林可胺类抗生素	林可霉素	林可霉素
解热镇痛抗炎药	安乃近	4-氨甲基-安替比林
糖皮质激素类药	倍他米松	倍他米松
	地塞米松	地塞米松
抗肾上腺素类药	卡拉洛尔	卡拉洛尔
镇静剂	氮哌酮	氮哌酮、氮哌醇
合成抗菌药	氨苯胂酸、洛克沙胂	总胂计
	喹乙醇	3-甲基喹噁啉-2-羧酸

8.3.2.2 确定养殖用药物的最高残留限量

（1）最大无毒性作用剂量（no observed adverse effect level，NOAEL）的确定 最大无毒性作用剂量是根据最敏感实验动物（一般为大鼠、兔、狗）的毒理学试验确定的，对动物不产生任何毒性的最大剂量，通常表示为每千克体重中含有的微克或毫克化学物。实际上是一种从实验动物外推到人的安全性数据。NOAEL 是根据兽药的三性（急性、亚慢性和慢性）试验和三致（致突变、致畸和致癌）试验结果得来。

（2）每日允许摄入量（ADI）的确定 ADI 是指人终生每日摄入某种药物或化学物残留而不引起可观察到危害的最高剂量。将毒理学试验中得到的 NOAEL 除以适当的安全因子，即可得到 ADI 值，计算公式为 ADI＝NOAEL/安全因子。在 ADI 的计算中引入安全因子主要考虑到风险评估过程中存在的种间和种内的不确定性。一般而言，如果 NOAEL 来源于长期毒性试验结果，安全因子通常设定为 100，这是考虑到化合物的毒性在人与动物之间以及人与人之间分别存在 10 倍的敏感性；若 NOAEL 是根据急性试验得到的，则安全因子为 1000。

（3）最高残留限量（maximum residue limit，MRL）的确定 MRL 是指对食品动物用药后产生的法律允许或认可接受的存在于食物表面或内部的该兽药残留的最高量或最高浓度，表示为 µg/kg。我国农业农村部发布的 MRL 计算方法如式(8-8) 所示。此外，包括 JECFA、FDA 以及 EMEA 等组织机构也规定了最大残留限量的计算方法。其中，

JECFA 推荐使用 MRLs Tool 计算程序进行迭代计算获得最大残留限量。根据规定，在使用过程中，应选择以 99% 的概率和 95% 的置信区间的拟合曲线作为药物在动物各可食性组织 MRL 的制定依据。FDA 规定的 MRL 计算如公式（8-9）所示。欧盟则建议对不同种属动物设定相同的残留靶组织、残留标志物和 MRL，选取最保守 MRL 值作为所有动物组织 MRL 的标准。

$$MRL = \frac{(ADI \times 60kg/天)}{组织消费量/天} \tag{8-8}$$

其中，根据世界卫生组织（WTO）推荐，肌肉、脂肪、肝脏、肾脏、蛋和奶的组织消费量分别为 300kg、50kg、100kg、50kg、100kg 和 1.5L。

$$MRL = SC \times RM\% \tag{8-9}$$

其中，RM 表示残留标志物占总残留的比例。

8.3.2.3 建立药物残留检测方法

由于残留消除试验的样品一般来自动物可食性组织或蛋、奶等产品，具有取样量少、药物浓度低、内源性物质（如激素、维生素、胆汁以及可能同服的其他药物）干扰多以及个体差异大等特点。因此，在开展药物残留消除试验之前，必须建立灵敏、专一、精确、可靠的生物样品定量分析方法，并对建立的方法进行方法学验证。目前，应用最广泛、检测效率最高的方法包括气相色谱法、高效液相色谱法和液相色谱-质谱联用法。此外，包括免疫学方法（如放射免疫分析法、酶免疫分析法和荧光免疫分析法等）和微生物学方法（主要用于抗生素或部分抗寄生虫药的检测）也被用于残留药物检测。

对建立的检测方法进行方法学验证是必须的。为了了解待测目标物浓度与仪器响应值之间的关系，需要设定至少 5～6 个浓度来建立标准曲线。标准曲线一般是通过回归方程计算得到的，回归方程对应的相关系数则表明了待测目标物浓度与仪器响应值之间的相关性，通常，色谱法要求的相关系数应大于 0.99，生物法则应大于 0.88。此外，标准曲线的高低浓度范围为该方法的定量范围，在定量范围内浓度测定结果应达到试验要求的精密度和准确度；准确度指分析物实际浓度值与用该方法得到的平均结果之间接近的程度。精密度是指在确定的分析条件下，相同基质中相同浓度样品的一系列测量值的分散程度，常以变异系数表示。国际上均规定了对应方法的精密度、回收率和最低检测限要求。如表 8-19 所示，针对不同待测物浓度，其组间变异系数和组内变异系数有所区别。

表 8-19 不同代谢物浓度的精密度要求

待测物浓度 /(mg/kg)	变异系数要求	
	批内变异系数	批内变异系数
100	1.5%	2.3%
10	7%	11%
1	11%	16%
0.1	17%	26%
0.01	21%	32%

由于动物性食品基质复杂，蛋白质、脂质和细胞色素等"杂质"可能对目标分析物的检测产生干扰，因此，需要对建立的检测方法进行特异性考察。特异性是指在样品中存在干扰成分的情况下，分析方法能够准确、专一地测定分析物的能力。

为了保证所建立的方法在实际应用中的可靠性，在进行待测样品药物浓度分析时，应进行质量控制。这一过程一般由独立的分析人员配制不同浓度的质控样品对分析方法进行考核。对于色谱法，在注明浓度的前提下，至少要考察空白生物样品色谱图、空白生物样品外加对照物质色谱图及用药后的生物样品色谱图。采用质谱法时，应考察分析过程中的基质效应，基质效应不应超过 LOQ 的 20％。针对不同药物残留检测方法，回收率是指被检测物质的实际测定浓度占已知浓度的百分比，包括绝对回收率和相对回收率。通过添加法测定回收率，至少选定 3 个添加浓度（低、中、高）。其中，最低检测限或 2 倍最低检测限为必选的试验浓度。每一个浓度 5 个样本，进行不少于 4 次的重复试验。如表 8-20 所示，针对不同添加浓度，其回收率要求亦不同。

表 8-20　不同添加浓度下的回收率要求

添加浓度/(mg/kg)	回收率要求/％
＞0.1	80～110
0.01～0.1	70～110
0.001～0.01	60～120
＜0.001	50～100

8.3.2.4　建立残留消除试验方法

残留消除试验通常需要收集并检测给药后一段时间内不同时间点药物在各组织中的浓度变化。因此，确定合理的试验用药剂量、采样时间段、采样时间点以及采样部位就显得尤为重要。通常，受试药物的给药剂量应按照推荐的最大给药剂量和给药时间进行试验。一般，用于残留消除试验的动物应符合成年、健康无患病的要求。此外，残留消除试验一般在主要品种的靶动物体内进行，获得的试验数据有时候可以外推到次要品种的动物。在肉牛进行的试验结果可以应用于非泌乳奶牛，反之亦可；成年反刍动物牛、羊的数据可以外推到犊牛和羔羊。但是，若有证据表明反刍动物反刍前和成年之间的代谢有明显不同，需要单独进行反刍前犊牛和羔羊的消除试验。关于动物的选择，必须是具有代表性的商业品种和靶动物群。对于组织采样，不同试验对象所要求的最少实验动物数量存在差异，如牛、猪、羊等大动物，要求每个采样点最少 4 头。

8.3.2.5　分析试验数据并进行休药期推算

根据残留消除试验得到的数据绘制残留消除半对数曲线，利用直线回归方法对试验数据进行统计处理，分析残留消除试验结果，进而计算得出不同药物在机体内的休药期。常用的残留消除试验数据分析软件包括 WT1.4 和 DAS 等。WT1.4 是一个根据德国兽医产品委员会（Committee for Veterinary Medicinal Products，CVMP）制定的统计方法来计算休药期的软件。借助这个软件，根据最高残留限量，选择合适的置信区间，可以计算出休药期。除了可以根据欧盟和 FDA 推荐的回归计算方法或者休药期计算软件 WT1.4 计算休药期，生理药物代谢动力学模型也被用于预测休药期。生理药物代谢动力学模型有利于描述药物体内分布规律；可以具体描述组织器官中药物浓度变化情况；有利于以动力学研究结果进行药物效应的解释；试验结果可以进行种属内内推或种属间外推，但该模型涉及机体多个器官和组织，需测定每一组织器官的浓度，工作量较大，还必须建立较大的微分方程组，需要参数较多，有些参数不易获得，从试验技术到数据处理都比传统的隔室模型复杂很多。此外，根据药物浓度和时间曲线（药时曲线）估算休药期是目前广泛采用的休药期估算方法，但缺点是所需试验周期较长。

8.3.3　休药期的影响因素

任何影响药物在机体内代谢速率、半衰期时间以及最大残留浓度等药学参数的因素均会影响到休药期的计算，因此在进行休药期制定的过程中，需要严格按照相关试验指导原则开展试验。详细地说，休药期主要取决于以下五种因素。

8.3.3.1　药物的种类和制剂类型

不同种类的药物在同一机体内的代谢速率存在差异。如注射用阿莫西林钠用于家畜时休药期为 14 日，而阿莫西林克拉维酸粉剂用于家畜时休药期为 1 天；土霉素注射液用于牛、羊、猪时休药期为 28 日，而土霉素片用于牛、羊、猪时休药期为 7 日。为了保障人类健康，在产蛋期或产奶期等动物生长特殊阶段，针对不同药物制定了不同使用管理办法。如在产蛋期规定禁用四环素片、吉他霉素、恩诺沙星、氟苯尼考、马杜霉素预混剂等，可以限量使用林可霉素、金霉素和四环素等；泌乳期禁用伊维菌素注射液、盐酸左旋咪唑注射液、碘醚柳胺混悬液等药物。此外，对于一些在机体内代谢较快的药物，目前还未规定最大残留限量，如庆大霉素、链霉素和螺旋霉素。因此，在产蛋期和产奶期间，对患病动物进行治疗时，除了对症选择药物，还应考虑各药物休药期的长短。此外，机体对药物的吸收受药物的剂型和制备工艺的影响。如，孙晨明等人研究了瑞普（天津）生物药业有限公司开发的替米考星肠溶颗粒新制剂在猪主要可食性组织中的残留消除规律。根据试验结果，该制剂在皮脂、肌肉、肝脏和肾脏中的休药期分别为 3、3、6.17 和 4.96 天，相比 2020 年版《中华人民共和国兽药典》规定的替米考星 14 天休药期显著缩短，表明不同制剂类型在同一动物体内的代谢消除规律存在差异。

8.3.3.2　药物的临床用药方式

目前，常用的临床用药方式包括口服用药、肌内注射用药、静脉注射用药以及皮下注射用药。不同的用药方式显著影响药物在体内的吸收速率、分布特点、代谢速率以及排泄过程及速率等。如我国规定盐酸林可霉素片在猪中的休药期为 6 日，而盐酸林可霉素注射液在猪中的休药期为 2 日；盐酸左旋咪唑在牛的休药期为 2 日，盐酸咪唑注射液在牛的休药期则为 14 日。

8.3.3.3　合并用药和重复用药

药物合并用药时，可使药物体内过程（吸收、分布、代谢和排泄）的任何环节发生变化，从而影响药物从体内消除和影响休药期。此外，重复给药也可通过药物蓄积作用，使药物在体内浓度增加，延缓消除时间。岳永波等人通过研究磷酸替米考星可溶性粉在三黄鸡组织中的残留消除规律，计算得到磷酸替米考星可溶性粉在三黄鸡中使用的休药期为 13 天。

8.3.3.4　动物品种、个体、性别及年龄差异

动物性别、种属、品系和个体差异均可影响动物的代谢和排泄功能，进而影响药物的消除和休药期。同一种药物对不同动物可能有不同的休药期便是此原因。如，土霉素片在牛、羊、猪体内的休药期为 7 日，而在禽体内的休药期为 5 日；注射用氨苄西林钠在牛体内的休药期为 6 日，在猪体内的休药期为 15 日。

8.3.3.5 胃肠道环境及动物机能状态

胃肠道充盈程度和日粮成分会影响药物的吸收。如油脂能促进脂溶性药物的吸收，钙、镁等金属离子能与某些药物螯合使药物吸收降低。药物的首过效应或肝肠循环效应均可影响药物在机体内的消除时间。

总而言之，影响药物在机体内吸收、分布、代谢和排泄的因素均能够影响药物在机体内的休药期。如动物营养状况、许多疾病以及发热和炎症等。制定休药期通常以健康动物为基础。休药期会随动物种属、药物种类、制剂形式、用药剂量以及给药途径等不同而有差异，一般为几个小时、几天、几周甚至更长时间。临床应用中，休药期要根据抗菌药的种类、剂型和应用的动物品种等具体制定和实施。

休药期的制定是基于受试药物在靶动物体内残留消除试验获得的药物在机体内的处置特点（吸收、分布、代谢和排泄）及其对应的详细的残留参数计算得到的。因此，针对不同药物、不同种类靶动物进行残留消除试验的合理设计是十分重要的，接下来将分别从家畜/家禽可食性组织（包括注射部位）、奶、蛋和水产动物可食组织进行残留消除试验的介绍和相应的休药期的制定。

8.3.4 家畜/家禽可食组织中药物残留消除试验与休药期制定

我国作为农业大国，鸡肉、猪肉、牛肉、羊肉等家畜/家禽的消耗量是巨大的，用于预防和治疗家畜/家禽动物疾病的药物相对更多。因此，药物在家畜/家禽可食组织中的药物残留消除试验的评价流程相对成熟，其评价过程与一般评价规则基本一致。确定实验动物种类和数量是开展药物残留消除试验的第一步。我国规定兽药在可食性组织残留浓度及其消除规律的研究中，食品动物应选择公母各半的成年健康动物20～25头。根据VICH发布的指南，建议4个采样点至少16只动物（即每个采样点最少4只动物）才具有统计学意义，采样点应设置在最高残留限量附近，且试验猪的体重范围应在40～80kg，绵羊40～60kg，肉牛约250～400kg，对于非泌乳期奶牛，亦可作为药物在可食组织残留消除研究的研究对象。对于家禽类的药物残留消除试验，VICH规定每个采样点最少有6个样本。

目前，包括注射剂（肌内注射、静脉注射、皮下注射）、口服制剂、浇泼剂、滴剂等多种药物剂型被开发用于猪、牛和羊等大型动物的疾病预防和治疗。针对不同给药方式，在进行药物残留消除试验过程中，给药时的细节需要注意。VICH建议，对于多次注射给药的产品，在给药过程中应在动物的左右两侧交替注射。若开发的制剂拟通过不止一种注射给药方式（即肌内注射、皮下注射或静脉注射），则应为每种给药途径提供单独的标记物残留消除研究。在实验过程中，应收集足够数量的食用组织样本，若样本不能及时完成分析，则应该将样品储存在冷冻条件下等待分析，且样品储存过程中要保证样本的稳定性。

由于注射给药后，给药部位药物代谢特点与其他组织不同，因此，对于注射给药的制剂，样本应包含注射部位的残留消耗数据。我国农业农村部规定，对于肌内注射，注射部位的采样应在皮肤去毛后，以注射点为中心，画 $10cm \times 10cm$ 方形，采 $10cm \times 10cm \times 6cm$（深）的肌肉为样本；对于皮下注射，皮肤去毛后，画 $15cm \times 15cm$ 方形，采 $15cm \times 15cm \times 2.5cm$（深）的肌肉为样本。根据VICH发布的指南，对于注射制剂，注射部位残留物是局部残留物，可能会或可能不会局限于给药部位。因此，在给药部位采集样本时，以注射点为中心采集约 500g±20% 的肌肉样本是必须的。此外，考虑到药物可能不会局限于给药部位，以第一次给药部位采样点为中心，进行第二次约 300g±20% 的采样或沿着注射轨迹收集椭圆形样本也是应该被考虑的。对于皮肤灌注剂、浇泼剂等能够留下局部残留物的制剂，应收集相关组织的产品（如肌肉、皮下脂肪或施用部位的皮肤或脂肪）。

根据 2020 年版兽药典和最新部颁标准，表 8-21 列举了常用药物在家畜/家禽动物可食性组织中的休药期。

表 8-21 常用药物在家畜/家禽可食性组织中的休药期

药物种类	抗生素	休药期
酰胺醇类	甲砜霉素片	畜、禽 28 日
	甲砜霉素粉	畜、禽 28 日
	氟苯尼考子宫注入剂	牛 28 日
	氟苯尼考可溶性粉	鸡 5 日
	氟苯尼考注射液	猪 14 日，鸡 28 日
磺胺类	磺胺甲噁唑片	家畜 28 日
	复方磺胺甲噁唑片	家畜 28 日
	磺胺间甲氧嘧啶片	家畜 28 日
	磺胺脒片	家畜 28 日
	复方磺胺氯达嗪钠粉	猪 4 日，鸡 2 日
	磺胺嘧啶片	猪 5 日，牛、羊 28 日
β-内酰胺类	注射用阿莫西林钠	家畜 14 日
	注射用头孢噻呋钠	猪 4 日
	注射用氨苄西林钠	牛 6 日，猪 15 日
	注射用青霉素钠	牛、羊、猪、禽 0 日
氨基糖苷类	注射用硫酸链霉素	牛、羊、猪 18 日
	注射用硫酸卡那霉素	牛、羊、猪 28 日
	硫酸卡那霉素注射液	家畜 28 日
	硫酸新霉素可溶性粉	鸡 5 日，火鸡 14 日
四环素类	注射液盐酸四环素	牛、羊、猪 8 日
	盐酸多西环素片	牛、禽 28 日，羊 4 日，猪 7 日
	土霉素片	牛、羊、猪 7 日，禽 5 日
氟喹诺酮类	恩诺沙星片	鸡 8 日
	恩诺沙星可溶性粉	鸡 8 日
	恩诺沙星注射液	牛、羊 14 日，猪 10 日，兔 14 日
	恩诺沙星溶液	禽 8 日
大环内酯类	注射用乳糖酸红霉素	牛 14 日，羊 3 日，猪 7 日
	盐酸泰乐菌素预混剂	猪、鸡 5 日
	注射用酒石酸泰乐菌素	猪 21 日，禽 28 日
	替米考星注射液	牛 35 日
	替米考星预混剂	猪 14 日
	替米考星溶液	鸡 12 日
	伊维菌素注射液	牛、羊 35 日，猪 28 日
	伊维菌素溶液	羊 35 日，猪 28 日
林可胺类	盐酸林可霉素片	猪 6 日
	盐酸林可霉素注射液	猪 2 日
多肽类	硫酸黏菌素可溶性粉	猪、鸡 7 日
	亚甲基水杨酸杆菌肽可溶性粉	肉鸡 0 日
	维吉尼霉素预混剂	猪、鸡 1 日
	硫酸黏菌素预混剂	猪、鸡 7 日；产蛋期禁用

药物种类	抗生素	休药期
抗寄生虫药	碘硝酚注射液	羊90日
抗吸虫药	碘醚柳胺混悬液	牛、羊60日
抗线虫药	磷酸哌嗪片	猪21日，禽14日
二硝基类抗球虫药	二硝托胺预混剂	鸡3日
抗原虫药	注射用三氮脒	牛、羊28日
聚醚类抗球虫药	马度米星铵预混剂	鸡5日
杀虫药	双甲脒溶液	牛、羊21日，猪8日
解热镇痛抗炎药	安乃近片	牛、羊、猪28日
	安乃近注射液	牛、羊、猪28日
	安定通注射液	牛、羊、猪28日
镇痛性化学保定药	盐酸赛拉唑注射液	牛、羊28日
化学保定药	盐酸塞拉嗪注射液	牛、羊14日，鹿15日
糖皮质激素类药	醋酸地塞米松片	马、牛0日
	醋酸泼尼松片	牛、羊、猪0日
解热镇痛抗炎药	卡巴匹林钙粉	猪0日，鸡0日
镇静药	地西泮注射液	牛、羊、猪28日

8.3.5　奶中药物残留消除试验与弃奶期的制定

弃奶期是指泌乳动物从停止给药到许可上市的间隔时间。一般而言，对泌乳期动物进行给药治疗的药物均需要进行弃奶期的确定。在进行弃奶期制定前，需要进行奶中药物残留消除试验。其中靶动物的选择以及推算弃奶期所用软件有其自身特点。

8.3.5.1　靶动物的选择

奶中药物残留消除试验应选择泌乳期的动物进行。以牛为例，入选奶牛应是临床检查健康，检疫合格，体重相近，经诊断无临床型及隐性乳房炎的健康奶牛；此外，泌乳期的试验奶牛还应涵盖泌乳早期（高产）、中期、晚期（低产）三个阶段，各阶段动物数量应大致相当，且高产奶牛和低产奶牛的数量不应过少。关于奶样本的采集，我国目前还未有具体的规定，仅规定采样过程中应采取4个乳区的混合奶作为检测样本。根据 VICH 发布的指南，12 小时的采样间隔是最常用的采样频率，对于多次给药的残留消除试验采样，应在最后一次治疗后采集样本，且最后一次治疗应在从乳房中挤出全部牛奶后进行。

8.3.5.2　弃奶期的计算

如前所述，药物在可食性组织中的休药期一般通过 WT1.4 软件计算，而牛奶有单独的计算软件 WTM1.4。如陈晨根据残留消除试验结果，利用软件 WTM1.4 计算了注射用头孢噻呋钠在牛奶中的弃奶期为 7.148h。孔伶俐等人利用软件 WTM1.4，根据残留消除试验结果，计算盐酸多西环素子宫注入剂在牛奶中的弃奶期为 9 天。

根据 2020 年版兽药典和最新部颁标准，表 8-22 列出了部分药物关于弃奶期的规定。

表 8-22　国内外常用药物关于弃奶期的规定

药物种类	抗生素	休药期	参考标准
酰胺醇类	甲砜霉素片	弃奶期 7 日	兽药典 2020 版
	甲砜霉素粉	弃奶期 7 日	兽药典 2020 版
	氟苯尼考子宫注入剂	弃奶期 7 日	兽药典 2020 版
磺胺类	磺胺甲噁唑片	弃奶期 7 日	兽药典 2020 版
	复方磺胺甲噁唑片	弃奶期 7 日	兽药典 2020 版
	磺胺间甲氧嘧啶片	弃奶期 7 日	兽药典 2020 版
	磺胺脒片	弃奶期 7 日	兽药典 2020 版
	磺胺嘧啶片	弃奶期 7 日	兽药典 2020 版
β-内酰胺类	注射用阿莫西林钠	弃奶期 120 小时	兽药典 2020 版
	注射用氨苄西林钠	弃奶期 48 小时	兽药典 2020 版
	注射用青霉素钠	弃奶期 72 小时	兽药典 2020 版
氨基糖苷类	注射用硫酸链霉素	弃奶期 72 小时	兽药典 2020 版
	注射用硫酸卡那霉素	弃奶期 7 日	兽药典 2020 版
	硫酸卡那霉素注射液	弃奶期 7 日	兽药典 2020 版
四环素类	注射液盐酸四环素	弃奶期 48 小时	兽药典 2020 版
	土霉素片	弃奶期 72 小时	兽药典 2020 版
	土霉素注射液	弃奶期 7 日	部颁标准
大环内酯类	注射用乳糖酸红霉素	弃奶期 72 小时	兽药典 2020 版
	注射用酒石酸泰乐菌素	弃奶期 96 小时	部颁标准
林可胺类	盐酸林可霉素乳房注入剂（泌乳期）	弃奶期 7 日	兽药典 2020 版
喹诺酮类	乳酸环丙沙星注射液	弃奶期 48 小时	部颁标准
抗寄生虫药	碘硝酚注射液	弃奶期 90 日	兽药典 2020 版
大环内酯类抗寄生虫药	乙酰氨基阿维菌素注射液	弃奶期 24 小时	兽药典 2020 版
抗原虫药	注射用三氮脒	弃奶期 7 日	兽药典 2020 版
抗蠕虫药	硝碘酚腈注射液	弃奶期 5 日	部颁标准
	碘硝酚注射液	弃奶期 90 日	部颁标准
抗线虫药	阿维菌素片	泌乳期禁用	部颁标准
	阿维菌素注射液	泌乳期禁用	部颁标准
	阿维菌素粉	泌乳期禁用	部颁标准
	阿维菌素胶囊	泌乳期禁用	部颁标准
	阿维菌素透皮溶液	泌乳期禁用	部颁标准
解热镇痛抗炎药	安乃近片	弃奶期 7 日	兽药典 2020 版
	安乃近注射液	弃奶期 7 日	兽药典 2020 版
	安定通注射液	弃奶期 7 日	兽药典 2020 版
镇痛性化学保定药	盐酸赛拉唑注射液	弃奶期 7 日	兽药典 2020 版
吡啶类降压药	二氢吡啶	弃奶期 7 日	部颁标准
孕激素类药	醋酸氟孕酮阴道海绵	泌乳期禁用	部颁标准

8.3.6　蛋中药物残留消除试验与弃蛋期的制定

弃蛋期是指蛋鸡从停止给药到它们所产的蛋许可上市的间隔时间。由于鸡蛋的形成过程与其他可食性组织不同，因此鸡蛋的弃蛋期评价过程也有其特点。蛋黄的形成时间约为 12 日，且不同时期的蛋黄形成是套叠过程，因此弃蛋期不为 0 日的药物无法合理执行弃蛋，这使得只有零日弃蛋期的药物才能获得批准用于产蛋鸡。鸡蛋要作为单独的靶组织研究，残留标志物也可能与可食性组织不同，因此，鸡蛋的残留消除试验要单独进行。进行鸡蛋残留消除研究时，给药期间和停药至（含）卵黄发育时间（约 12 日）需每天收集蛋，每个时间点采样不能少于 10 枚蛋。根据 FDA 建议，对于连续使用的产蛋鸡用新兽药，应在药物浓度达到稳态后使用 12 日的给药方案，近似于蛋黄完全发育所需时间，从停止治疗前 2 日到停止治疗后 2 日为鸡蛋采样时间点。

8.3.7 水产动物可食组织中药物残留消除试验与休药期的制定

药物在水产动物体内休药期的评价过程与一般评价规则相似，但也有其特点。水生动物属于变温动物，休药期与水温密切相关。通常水温每升高 1℃，药物的代谢和消除速率将提高 10%，休药期则应适当缩短。因此，在对水产动物进行药物残留消除试验设计时，首先要考虑的是试验水环境。根据 VICH 颁布的水产动物产品休药期研究指南，不同种类的鱼产品，规定了推荐残留消除试验的水温范围。包括三文鱼、银鲑鱼在内的鲑形目推荐水温为 5～10℃，以鲤鱼为代表的鲤形目和以欧洲鲈鱼为代表的鲈形目推荐水温为 15～20℃。此外，还应确保充足的环境条件与动物福利相一致，控制或消除地方性病原体、寄生虫，以保持实验动物的健康。由于水产动物种类丰富，对每一种水产动物进行残留消除试验和休药期的制定是不符合实际的。因此，选择具有代表性的物种进行残留消除研究以代表一个目的群体动物是有必要的。根据 VICH 的规定，大西洋鲑鱼、虹鳟、鲑鱼可以作为鲑目类残留消除试验的代表动物；日本虎虾、白对虾可以作为虾类或十足目虾的代表动物；大比目鱼/夏季比目鱼可以作为鲽形目残留消除试验的代表动物。更详细的动物代表信息可以参考 VICH 和 FDA 等组织机构发布的指南。

由于水产动物生存环境的特殊性，对水产动物进行个体给药是不可能的。目前我国批准的用于水产动物疾病预防和治疗的药物以可溶性粉剂和混悬剂为主，如盐酸多西环素粉、氟苯尼考粉、硫酸新霉素粉、诺氟沙星粉、地克珠利预混剂等（表 8-23）。在给药过程中，为防止药物在水环境中的渗透，药物如何快速被实验动物快速摄入体内是需要被考虑的。如在适应期内应进行测试，以确定群体摄食率和体重，以确保给药剂量。

表 8-23　水产品中抗生素和杀虫驱虫类药物的休药期

药物类别		药物名称	水产动物	休药期
抗菌药	四环素类	盐酸多西环素粉	鱼类	750 度日
	氯霉素类	氟苯尼考粉	鱼、虾、蟹	375 度日
	氨基糖苷类	硫酸新霉素粉	鱼、虾、蟹	500 度日
	磺胺类	磺胺间甲氧嘧啶钠粉	鱼类	500 度日
	喹诺酮类	诺氟沙星粉	鱼、鳖	500 度日
驱杀虫药	抗蠕虫药	吡喹酮预混剂	鱼类	500 度日
		复方甲苯咪唑粉	鱼类	500 度日
	抗原虫药	地克珠利预混剂	鱼类	500 度日
		盐酸氯苯胍粉	鱼类	500 度日

水产药物的休药期一般用度日表示，如 500 度日即指水温 20℃的情况下停药期需要 25 天，25℃的情况下停药期需要 20 天。

8.3.8 小结

目前，我国畜牧业处于快速发展阶段，对于在新药开发过程中需要获得的 MRL、ADI 和休药期等数据，我国还未有成熟的评价体系，药物研究中心往往还需要参考 VICH、JECFA 和 FDA 等组织机构发表的指南和标准来确定药物的 MRL、ADI 和休药期。考虑到我国居民饮食习惯和肠道环境与其他国家居民存在不同，建立一套更加适用于我国居民的药物 MRL、ADI 和休药期等参数的评价体系是十分重要的。显然，这离不开我国畜牧兽医和食品安全相关专业人员的共同努力。从行业的角度来看，我国从事畜牧养殖业的人员专业水平参差不齐，对休药期意义的了解程度亦不相同，很多养殖者习惯自己摸索养殖经验，致使在动物疫病的防治过程中一定程度上存在着乱用、滥用药物和不执行休药期规定等现象。熟悉用于诊断、预防和治疗动物疾病的各种药物的药效和毒性，对不同药物在不同动物及不同动物性食品上的休药期的特征是兽医的必备知识。在对食品动物使用药物时，兽医必须告知畜主，在用药期间和用药后的一定时间内，不能将动物屠宰出售或将其产品（奶、蛋等）上市，否则会引起动物性食品中药物残留量的超标，危害人体健康和生态环境健康。

参考文献

[1] 陈杖榴，曾振灵. 兽医药理学[M]. 4 版. 北京：中国农业出版社，2017.

[2] 沈建忠. 动物毒理学[M]. 北京：中国农业出版社，2002.

[3] 俞良莉，王硕，孙宝国. 食品安全化学[M]. 上海：上海交通大学出版社，2014.

[4] 中华人民共和国农业部. 兽药残留试验技术规范（试行）. 2003.

[5] 中华人民共和国农业农村部. GB/T 41734.2—2022 食品安全国家标准 食品中 41 种兽药最大残留限量[S]. 2022.

[6] 中华人民共和国农业农村部. GB 31650—2019 食品安全国家标准食品中兽药最大残留限量. 2019.

[7] 孙雷，徐士新. 兽药残留的风险、产生原因及主要监管措施[J]. 北京工商大学学报（自然科学版），2012，30（1）：6-9.

[8] 孙雷，徐士新. 我国食品中非法添加物的监管——以动物性食品为例[J]. 北京工商大学学报（自然科学版），2012，30（6）：28-30.

[9] 孙雷，王亦琳，叶妮，等. 欧盟关于食品动物用药理活性物质残留分析执行条例（EU）2021/808 概述[J]. 中国兽药杂志，2022，56（6）：77-81.

[10] 孙雷，张玉洁，王亦琳，等. CAC 关于兽药最大残留限量在不同动物间外推的方法及示例[J]. 中国兽药杂志，2022，56（7）：30-34.

[11] VICH. Studies to evaluate the safety of residues of veterinary drugs in human food: general approach to establish a microbiological ADI. 2019.

[12] WHO. Evaluation of certain veterinary drug residues in food. Sixty-sixth report of the Joint FAO/WHO Expert Committee on Food Additives[J]. World Health Organization Technical Report

Series, 2006（939）：1-80，backcover.

[13] VICH. Studies to evaluate the metabolism and residue kinetics of veterinary drugs in food producing animals: validation of analytical methods used in residue depletion studies. 2015.

[14] 中国兽药典委员会. 中国兽药典（2020 年版）. 北京：中国农业出版社，2020.

[15] 孙晨明，潘超男，葛臣，等. 替米考星肠溶颗粒在猪体内的残留消除试验[J]. 中国兽医杂志，2021，57（9）：58-63.

[16] 岳永波，吴好庭，刘波，等. 磷酸替米考星可溶性粉在三黄鸡体内的组织残留消除研究[J]. 黑龙江畜牧兽医，2017（9）：212-215.

[17] VICH. Studies to evaluate the metabolism and residue kinetics of veterinary drugs in food~producing animals: marker residue depletion studies to establish product withdrawal periods. 2015.

[18] 陈晨. 注射用头孢噻呋钠治疗细菌性 BRD 疗效与在牛体内的残留消除研究[D]. 北京：中国农业科学院，2021.

[19] 孔伶俐，林翠萍，陆毅兴，等. 牛奶中多西环素残留消除及最大残留限量[J]. 中国兽医学报，2022，42（4）：750-755.

[20] VICH. Studies to evaluate the metabolism and residue kinetics of veterinary drugs in food~producing species: marker residue depletion studies to establish product withdrawal periods in aquatic species. 2015.

第 9 章
兽药靶动物
安全性评价

9.1

毒性病理学

9.1.1 概述

9.1.1.1 概念

动物病理学（animal pathology）是以解剖学、组织学、生理学、生物化学、微生物学及免疫学等为基础，运用各种方法和技术研究疾病的发生原因（病因学），在病因作用下疾病的发生发展过程（发病学/发病机制），以及机体在疾病过程中的功能、代谢和形态结构的改变（病变），从而揭示患病机体的生命活动规律的一门科学。从最广义上来说，病理学是异常的生物学。作为一门科学，它囊括了机体的各种结构和功能的异常，其研究涉及细胞、组织、器官和体液。它是连接基础科学和临床科学的链环。从本质上来讲，病理学是研究组织和细胞对损伤的应答。

疾病是指在一定病因的作用下，自稳调节紊乱而发生的异常生命活动过程，并引起一系列代谢、功能、结构的变化，表现为症状、体征和行为的异常。常见的病因有：①蛋白质缺乏、维生素过剩、维生素缺乏等引起的营养失调；②寄生虫和原虫等大的寄生物；③细菌、微生物、病毒等小的寄生物；④电磁波、热、光、放射线等物理性刺激；⑤医药、农药、一般的化学物所产生的化学性刺激等。毒性病理学主要是研究化学物所引起的疾病的发生发展规律。

9.1.1.2 常见病理学变化

9.1.1.2.1 局部血液循环障碍

在动物机体内，血液循环有着向全身各器官组织运输氧气和各种营养物质，同时把组织中的二氧化碳和其他代谢产物运走，以保证机体物质代谢的正常进行和机体内环境的相对稳定的功能。当机体在某些致病因子的作用下，心脏或血管系统受到损伤，血容量或血液性状改变，致使血液运行发生异常，而引起机体一系列病理变化的过程，称为血液循环障碍。

血液循环障碍可以分为全身性和局部性两种类型。全身性血液循环障碍，是由心脏血管系统机能及血液的质和量改变所造成的，波及全身各器官的血液循环障碍。局部性血液循环障碍则是指机体某一局部或个别器官发生循环障碍的现象。二者虽然在具体表现形式和对机体的影响上有所不同，但其关系十分密切。例如局部较大血管破裂引起大失血时，可导致全身性贫血；而当心力衰竭出现全身性血液循环障碍时，常通过肺、肝、肾等脏器的淤血和水肿表现出来。局部血液循环障碍的表现形式是多种多样的，有的表现为血液速度和血量的变化，如动脉性充血、静脉性充血和局部贫血；有的表现为血液性状的改变，如血栓形成和栓塞；有的表现为血管壁完整性和通透性的改变，如出血等。血液循环障碍的各种病变是疾病重要的基本病理变化，常出现在许多疾病过程中。

（1）充血 局部器官或组织的血管内血液含量增多的现象称为充血。根据其发生的血管种类不同，可分为动脉性充血和静脉性充血。

① 动脉性充血。局部器官或组织因动脉输入血量的增多而发生的充血，称为动脉性充血，简称充血。

a. 病理变化。充血的组织或器官，由于动脉血流入增多，血液供氧丰富，组织代谢旺盛，而呈现温度升高，色泽鲜红，机能增强，体积稍肿大等变化。机能活动增强时，发生于黏膜的充血可伴有腺体的分泌亢进。

b. 动脉性充血对机体的影响。动脉性充血多属暂时性的血管反应，病因消除后即可恢复正常，但如发生长时间的充血，则将继发淤血（即静脉性充血），甚至出血。一般说来，轻度短时间的充血对机体是有利的。因为充血时，由于含氧血流量增加和血流速度加快，一方面使组织获得更多的氧、营养物质和抗体等，另一方面又可将病理产物迅速运出，这对增强组织的防御能力和消除病因均有积极作用。临床上的理疗、涂擦刺激剂等就是一种充血疗法。但是严重的或持久性的充血，可引起局部血管过度扩张或麻痹，甚至血管破裂，导致淤血、组织内水肿和出血等不良后果。如果充血发生在脑部（如中暑），常可引起颅内压升高，而出现神经症状，甚至因脑出血而致死。

② 静脉性充血。局部器官或组织由于静脉血液回流受阻，使血液淤积于小静脉和毛细血管内而发生的充血称为静脉性充血，简称淤血。

a. 病理变化。淤血的器官组织呈暗红色或蓝紫色，体积肿大，机能减退，温度降低。淤血组织由于各级静脉，特别是小静脉和毛细血管扩张，血液回流障碍，血流缓慢，动脉血液流入量减少，于是血液内氧和血红蛋白减少，还原血红蛋白含量增多，淤血组织呈暗红色甚至蓝紫色，在可视黏膜上，称为发绀。由于淤血区血流缓慢，缺氧，氧化代谢受阻，因而淤血组织机能降低，产热减少，同时因血管扩张，使散热增加，故体表淤血处温度降低。若淤血持续发展，静脉压升高和因缺氧而致代谢不全，引起代谢产物的蓄积造成毛细血管壁的通透性增大，使血浆外渗，称为淤血性水肿。淤血严重时，血管壁因严重缺氧而通透性进一步加大，红细胞漏出至血管外，称为淤血性出血。另外，长时间淤血时，组织器官的实质细胞可发生萎缩、变性，甚至坏死。纤维结缔组织反而增生，最后导致器官硬化，称为淤血性硬化。镜下观察，淤血区小静脉和毛细血管扩张，充满红细胞，有时可伴有水肿，严重时可伴有淤血性出血。

b. 结局和对机体的影响　淤血对机体的影响取决于淤血的范围、淤血的器官、淤血的程度、淤血发生的速度以及能否建立有效的侧支循环。一般短时间的轻度淤血，原因消除后，即可完全恢复。如发生长时间严重淤血，就会引起淤血组织水肿，出血实质细胞发生萎缩、变性和坏死，间质结缔组织增生和网状纤维胶原化，导致组织器官体积变小、变硬。此外，淤血的组织器官由于代谢和机能活动减退，抵抗力降低，容易继发感染，发生炎症和坏死。

（2）出血　血液流出血管或心脏之外，称为出血。血液流出体外，称为外出血；血液流入组织间隙或体腔内，称为内出血。

根据血管破损的不同，出血可分为破裂性出血和渗出性出血两种类型。破裂性出血是由血管破裂而引起的出血。见于外伤、炎症和肿瘤的侵蚀，或在血管发生动脉瘤、动脉硬化、静脉曲张等病变的基础上，血压突然升高，导致血管破裂。破裂性出血可发生于各种血管（动脉、静脉、毛细血管）和心脏。它经常发生于机体的某一局部，很少是全身性的。渗出性出血只发生于毛细血管、微动脉和微静脉，由于这些血管的通透性增高，红细胞通过扩大的内皮细胞间隙和损伤的血管基底膜渗出到血管外。

出血对机体的影响，可因出血发生的原因、出血量、时间、部位不同而异。一般体表小血管破裂出血，可因血管破裂处发生反射性收缩及血小板聚集于血管破口处，形成凝血块而止血；如果损伤的血管较大，出血较多，机体还可通过神经体液的作用，反射性引起血管收缩，以减少出血，并有利于凝血块的形成。流出血管外的红细胞可被巨噬细胞吞噬，或崩解后游离出血红蛋白，后者也被巨噬细胞吞噬，在溶酶体酶的作用下，血红蛋白被分解，而转化为含铁血黄素。含铁血黄素还可因巨噬细胞的崩解而游离于组织中，或再被吞噬。因此，在一些陈旧的出血灶中，往往可以看到数量不等的吞噬含铁血黄素的巨噬细胞。总之，少量短时间的出血，又发生于非生命重要器官，对机体影响不大。但皮肤、黏膜、浆膜及实质器官的点状和斑状出血，虽然出血量不多，但表明有败血症或毒血症，提示疾病的严重性。如果出血发生于脑、心脏，即使是少量出血也会造成严重后果。长期持续的小量出血，可导致全身性贫血。在发生急性大失血时，如失血量达总血量的三分之一以上，机体将难以代偿适应，可发生失血性休克而危及生命。

（3）血栓形成　在活体的心脏或血管内血液成分发生凝集或凝固的过程，称为血栓形成，所形成的固体物质称为血栓。血液中存在凝血系统和抗凝血系统，在生理状态下，血液中的凝血因子不断地有限度地被激活，形成微量纤维蛋白，沉积在血管内膜上，随即又被激活的纤维蛋白溶解酶所溶解。同时，已激活的凝血因子可以被单核巨噬细胞系统吞噬而灭活。这种凝血系统和纤维蛋白溶解系统的动态平衡，保证了血液潜在的可凝固性与生理情况下的流体状态。若凝血和抗凝血过程中出现调节障碍或凝固系统在心血管内被不适当地激活，则造成血栓形成。

① 血栓形成的过程。在心血管内膜受损伤时，血小板不断地从轴流分离向边流，黏附于损伤处裸露的胶原纤维表面，被黏附的血小板进而发生黏性变态，释放出二磷酸腺苷（ADP）和血栓素 A_2（TXA_2）等物质。ADP 和 TXA_2，又将血液中的血小板不断地黏着在黏性变态的血小板上，形成血小板黏集堆。这种早期的血小板黏集可以被血流冲散，散开的血小板仍保持正常状态，也不释放活性物质。但是，随着 ADP 和 TXA_2 的增多，加之内、外源性凝血过程启动后产生的凝血酶，血小板黏集则变为不可逆过程。因为凝血酶将纤维蛋白原转变为纤维蛋白，后者与损伤内膜处基质中的粘连蛋白[如纤维连接蛋白（FN）]一起能将黏附于内膜的血小板牢牢地固定于内膜之上。此时血小板肿胀、融合、脱颗粒，形成均质无结构的小体。随着血小板堆不断增大呈小丘状及少量白细胞和纤维蛋白的混入，而形成白色血栓，它构成血栓的头部。血栓头形成后，因其突出管腔，阻碍血流，使该处血流形成旋涡，这样又促使大量血小板析出黏集，并形成许多分枝状和血小板小梁，呈珊瑚状，表面黏附许多白细胞。此时，小梁间血流逐渐变慢，是由于血液中凝血系统被激活，同时局部凝血因子和血小板第 3 因子的浓度大大增加，因而在血小板小梁框架之间及其下游发生血液成分凝固过程，即使可溶性纤维蛋白原变为不溶性的纤维蛋白，其中网罗红细胞和白细胞，形成红白相间的血凝块，称为混合血栓，构成血栓的体部。如果血栓进一步延长增大，直至血管腔被完全阻塞，血流停止，血液则迅速凝固形成红色血栓，即血栓的尾部。血栓形成开始时，常常是血小板析出并沉积在管壁上，成为一个个小丘。这些小丘逐渐增大并彼此连接，形成许多小梁。流经小梁间的血流愈来愈慢，白细胞开始附着在小梁表面。之后血小板破裂，放出凝血致活酶，促使凝血过程的发生，在小梁间形成由纤维蛋白网罗着红细胞等血液成分的凝块。可见，血栓形成开始是血小板的析出黏集，以后则是血液的凝固过程。

② 血栓的形态特征。根据血栓形成过程和形态特点，可将其分为以下四种类型。

a. 白色血栓。为血栓的头部，主要由血小板、白细胞和不同数量的纤维蛋白组成。通常见于心脏和动脉系统。这是由于心脏和动脉的血流速度较快，血小板在动脉内膜的心瓣膜上黏集后，崩解释放出的血小板因子易被血液迅速地稀释、冲走，血液凝固不易发生。眼观血栓呈灰白色，质地较坚实。白色血栓的形态常随发生的部位不同而异，例如，在心瓣膜上的常为疣状；在动脉内膜上的多呈块状或球状和小结节状。

b. 混合血栓。它是继白色血栓之后而形成的，构成血栓体部，多见于静脉，主要由血小板梁、纤维蛋白网和多量红细胞构成。眼观，血栓红白相间，表面干燥；经时较久者，由于血栓内的纤维蛋白发生收缩而使表面呈波纹状。

c. 红色血栓。为血栓的尾部，主要由红细胞和纤维蛋白组成，也多见于静脉。眼观呈红色，故称红色血栓。新鲜的红色血栓较湿润，并有一定的弹性，与血凝块无异。经一定时间后，由于水分被吸收而失去弹性，变得干燥易碎，并容易脱落而造成血栓栓塞。

d. 透明血栓。见于弥散性血管内凝血（DIC），血栓发生于全身微循环小血管内，只能在显微镜下见到，故又称微血栓。主要由纤维蛋白构成。

（4）**梗死**　机体器官和组织由于动脉血流供应中断，侧支循环不能代偿，而引起局部组织缺血性坏死，称为梗死，此过程称为梗死形成。根据梗死灶眼观的颜色及有无合并细菌感染，可将之分为三种，即贫血性梗死、出血性梗死和败血性梗死。

梗死的结局和对机体的影响主要与其发生部位、范围大小、有无病原微生物感染和侧支循环状态有关。发生在一般器官（如肾、脾）的无感染的小梗死灶，对机体影响不大，可借自溶软化而吸收。稍大的梗死灶，其周围先发生反射性充血，然后白细胞渗出和巨噬细胞增殖并向病灶集中，对坏死组织进行溶解清除，而后由新生的结缔组织取代，形成灰白色稍凹陷的疤痕组织。梗死灶不能被完全机化时，可以被钙化。如果梗死灶内有病原菌感染，则可继发化脓或腐败溶解。当心、脑发生梗死时，常引起严重的机能障碍，甚至造成动物急性死亡。

9.1.1.2.2　细胞的变性

变性系指细胞或间质内出现异常物质或正常物质的数量显著增多，并伴有不同程度的功能障碍。但有时细胞内某种物质的增多属生理性适应的表现而并非病理性改变，对这两种情况，应注意区别。一般而言，变性是可复性改变，当原因消除后，变性细胞的结构和功能仍可恢复。但严重的变性则往往不能恢复而发展为坏死。

变性可概括分为两大类：细胞含水量异常和细胞及间质内物质的异常沉积。常见的细胞变性有细胞肿胀、脂肪变性及玻璃样变性等；细胞间质的变性有淀粉样变性、黏液样变性、玻璃样变性及纤维素样变性，以及组织中色素、尿酸盐的沉着和病理性钙化。

（1）**细胞肿胀**　细胞肿胀是指细胞内水分增多，胞体增大，细胞质基质内出现微细颗粒或大小不等的水泡。细胞肿胀好发于心、肝、肾等实质器官的实质细胞，也可见于皮肤和黏膜的被覆上皮细胞。它是一种常见的细胞变性，是细胞对损伤的一种最普遍的反应，大多数急性损伤时都能出现，很容易恢复，但也可能是其他严重变化的先兆。

发生细胞肿胀的器官眼观体积增大，边缘变钝，被膜紧张，色泽变淡，浑浊无光泽，质地脆软，切面隆起，边缘外翻。根据显微镜下的病变特点不同可分为颗粒变性和空泡变性。

① 颗粒变性。是具有细胞肿胀的病变特征的早期细胞肿胀，是组织细胞最轻微且最常见的细胞变性。其主要特征是变性细胞的体积肿大，细胞质基质内出现微细的淡红色颗

粒，这是颗粒变性这一名词的由来。胞核一般无明显变化，或稍显淡染。由于变性的实质器官如心、肝、肾外观肿胀浑浊，失去原有光泽，呈土黄色，似沸水烫过一样，所以也称浑浊肿胀，简称浊肿。此外，又因这种变性主要发生在心、肝、肾等实质器官的实质细胞，故又有实质变性之称。

② 空泡变性。空泡变性多发生于皮肤和黏膜上皮，如痘疹、口蹄疫等所见的皮肤和黏膜上的疱疹，即为上皮细胞的空泡变性。在神经组织中神经节细胞、白细胞及肿瘤细胞也可发生空泡变性。实质器官如心、肝、肾的空泡变性常常由颗粒变性转化而来。空泡变性又名水变性，也是主要见于急性病理过程的一种细胞肿胀。随着细胞肿胀的病变的发展，变性细胞的体积进一步增大，细胞质基质内水分增多，变得淡染、稍显透明，微细颗粒逐渐消失，并出现大小不一的水泡（空泡）；胞核也肿大、淡染。稍后小水泡可相互融合成大水泡。细胞质基质内出现水泡为特征的细胞肿胀又称为水泡变性。严重时细胞明显肿胀，细胞质基质十分疏松呈蜂窝状或空网状或几乎呈透明状，胞核或悬浮于中央，或被挤于一侧偏心位，核内也出现空泡，此时变性的细胞显著肿大，细胞质基质空白，外形如气球状，故称为气球样变。

电镜观察和细胞病理学研究结果表明，颗粒变性和空泡变性只是病变的程度不同，是同一病理过程的不同发展阶段，即细胞中毒的不同过程或不同形式的表现，其发病机制都属于细胞肿胀，所以细胞病理学者主张不再采用这些名称。不过在临床病理上做光镜描述时，习惯上还使用这两个术语，尚有一定价值。

在电镜下可见肿胀细胞的胞膜和细胞器发生改变。胞膜上产生大的表面突起或小泡，微绒毛发生扭曲。细胞肿胀早期除可见细胞质基质疏松或稀薄变淡外，尚可见线粒体肿胀，嵴变短或减少、消失；内质网扩张、脱颗粒；细胞质基质中糖原减少，自噬体增多。此时光镜下所见细胞质基质中出现的微细颗粒在线粒体丰富的细胞中主要是肿大的线粒体，在缺乏线粒体的细胞中则主要是内质网，但有时也可为小泡状的蛋白质或其他物质的沉积，故为避免误解，现已放弃浑浊肿胀这一名称。而细胞肿胀是由细胞质基质中水分增加及线粒体、内质网等细胞器肿胀或扩张所致。细胞肿胀后期的变化为细胞明显肿大，细胞质基质疏松变淡，线粒体高度肿胀，内质网极度扩张并空泡化和断裂成囊泡（囊泡变），扩张的粗面内质网伴有核蛋白体颗粒脱落，高尔基复合体的扁平囊也发生扩张。严重时线粒体可发生破裂，内质网广泛解体，甚至崩解。光镜下所见细胞质基质中的水泡（空泡）主要是极度扩张和囊泡变的内质网及扩张成囊状的线粒体。

结局和对机体的影响：细胞肿胀是一个可复性过程，是细胞轻度或中等度损伤的表现，在病因消除后，细胞的结构和功能即可恢复正常，对机体影响不大。若病因持续作用，可使细胞损伤加剧，该器官、组织功能降低。例如：肾小管上皮细胞颗粒变性时，可出现蛋白尿。若进一步发展，则能导致细胞死亡（坏死）。

（2）**脂肪变性**　脂肪变性是细胞内脂肪代谢障碍时的形态表现。其特点是，细胞质基质内出现了正常情况下在光镜下看不见的脂肪滴，或细胞质基质内脂肪滴增多，简称脂变。电镜下可见脂滴形成于内质网中，为有界膜包绕的圆形均质小体，称为脂质小体，其电子密度一般较高。初形成的脂滴很小，以后可逐渐融合为较大脂滴，从而可在光学显微镜下观察见，此时常无界膜包绕而游离于细胞质基质中。脂滴的主要成分为中性脂肪（甘油三酯），也可有磷脂及胆固醇等（类脂质，或为二者的混合物）。在石蜡切片中，脂滴被脂溶剂（酒精、二甲苯等）溶解而呈圆形空泡状，有时不易与水泡变性相互区别，此时可作脂肪染色，即用冰冻切片能溶于脂肪的染料染色，如苏丹Ⅲ或油红将脂肪染成橘红色，苏丹Ⅳ将脂肪染成红色，苏丹黑 B 及锇酸将脂肪染成黑色。脂肪变性也是一种常见于急性病理过程的细胞变性。在急性发热性传染病、中毒、败血症以及各种可以导致缺氧的病理过程（如贫血、淤血等），都可能出现这种变性。脂肪变性往往和颗粒变性同时或先后发生（一般先发生颗粒变性，后发生脂肪变性）在同一器官。脂肪变性常发生于代谢旺盛耗氧多的器官，如肝、肾、心等，尤以肝最为常见，因为肝是脂肪代谢的重要场所。

① 肝脂肪变性。轻度肝脂肪变性时，眼观无明显改变，如脂肪变性比较显著和弥漫，则可见肝脏肿大，质地脆软，色泽淡黄至土黄，切面结构模糊，有油腻感，有的甚至质脆如泥。重度弥漫性肝脂肪变性称为脂肪肝。如鸡脂肪肝综合征时，则肝切面由暗红色的淤血部分和黄褐色的脂肪变性部分相互交织，形成红黄相间的类似槟榔或肉豆蔻切面的花纹色彩，故称之为"槟榔肝"。由于病因的不同，脂肪变性在肝小叶中发生的部位也不同，妊娠中毒、有机磷中毒时脂变主要出现在肝小叶的边缘区，称为周边性脂变；而慢性肝淤血、缺氧、氯仿中毒、四氯化碳中毒等引起的脂肪变性则主要发生于肝小叶的中央区，称为中心性脂变；严重中毒或感染时，各肝小叶的肝细胞可普遍发生重度脂肪变性，同一般的脂肪组织相似，因而被称为脂肪肝。光镜下发生脂变的肝细胞的细胞质基质内出现大小不等的脂肪空泡（石蜡切片）。脂变初期脂肪空泡较小，多见于核的周围，以后逐渐变大，较密集分布于整个细胞质基质中，严重时可融合为一个大脂滴（大空泡），将肝细胞核挤向一边，状似脂肪细胞或"戒指状"。严重脂肪变性的肝细胞可发生破裂，细胞内的脂滴逸出并相互融合，形成缩微的脂肪滴，肝细胞则发生坏死。长期重度脂肪变性的肝可发生纤维组织增生，继而发展为肝硬化。

② 心肌脂肪变性。心肌在正常情况下可含有少数脂滴，脂肪变性时脂滴明显增多，在严重贫血、中毒、感染（如恶性口蹄疫）及慢性心力衰竭时，心肌可发生脂肪变性。透过心内膜可见到乳头肌及肉柱的静脉血管周围有灰黄色的条纹或斑点分布在色彩正常的心肌之间，呈红黄相间的虎皮状斑纹，故有"虎斑心"之称。心肌间质内脂肪组织增多时不叫脂肪变性，而称之为脂肪浸润或称脂肪心。光镜下，可见脂肪小滴呈串珠状排列在心肌原纤维之间。电镜下可见脂滴主要位于肌原纤维 Z 带附近和线粒体分布区。肌纤维闰盘被掩盖。核也呈现退行性变化。

③ 肾脏脂肪变性。当严重贫血、缺氧、中毒或肾小球毛细血管通透性升高时，肾小管特别是近曲小管的上皮细胞可吸收漏出的脂蛋白而导致脂肪变性。外观肾脏稍肿大，切面可见皮质增厚，略显浅黄色，有黄色条纹或斑纹。镜检可见脂滴起初多位于肾小管上皮细胞基底部，严重时散布整个细胞质基质，肾小管上皮的刷状缘消失。

结局和对机体的影响：脂肪变性是一种可复性的病理过程，当病因消除，物质代谢恢复正常后，细胞结构能完全恢复。严重的脂肪变性则可进一步导致细胞死亡。由于发生原因和变性程度不同，脂肪变性所造成的影响也不一致。有些只引起轻微的障碍，有些可导致严重的后果。如肝脏的脂肪变性，可导致肝糖原合成和解毒机能降低；心肌的脂肪变性，则可引起全身血液循环障碍和缺氧等一系列机能障碍。

（3）**玻璃样变性**　玻璃样变性又称透明变性或透明化，简称玻璃样变，是指在细胞内或细胞间（如血管壁和纤维结缔组织）出现一种均质、无结构的嗜伊红蛋白样物质，即透明蛋白或透明素。这里所说的透明蛋白是多种蛋白质变性后的一种物理性状，并不是某一蛋白质的专有名词。根据病因及发生部位不同，玻璃样变性可分为以下三种类型。

① 细胞内玻璃样变性：亦称为细胞内透明滴样变，是指在变性的细胞质中出现大小不一、均质红染的玻璃样圆形小滴，是由细胞从周围液体中吸收的或自身产生的过量蛋白

质所形成的。这种病变常见于肾小球肾炎时，或其他疾病而伴有明显的蛋白尿时，肾小管上皮细胞内可出现多个大小不等的红色蛋白滴。当变性上皮细胞被破坏时，透明蛋白即游离在肾小管腔内，相互融合凝集成透明管型。

② 血管壁玻璃样变性：主要见于小动脉壁，光镜下可见小动脉内皮下出现均质、无结构的红染物质，严重时小动脉中的膜结构被破坏，平滑肌纤维变性溶解和原纤维结构消失，加上大量的血浆蛋白的沉积，使中膜变成致密的无定形透明蛋白，呈均匀一致的无定形红染结构，此时管壁增厚，管腔狭窄甚至闭塞，导致该器官缺血。血管壁玻璃样变性常发生于脾、心、肾等器官的小动脉管壁，表现为急性和慢性变化两种。急性变化的特征是管壁坏死和血浆蛋白渗出，浸润在血管壁内。慢性变化为急性变化的修复过程，最后导致动脉硬化。家畜临诊上常见的是急性变化，慢性变化仅见于狗的慢性肾炎。

③ 纤维结缔组织玻璃样变性：常见于慢性炎症、瘢痕组织、包囊、纤维化的肾小球、动脉粥样硬化的纤维性瘢块、增厚的器官被膜和硬性纤维瘤等。眼观发生玻璃样变的结缔组织为灰白半透明，质地坚实，缺乏弹性。光镜下可见结缔组织中纤维细胞明显减少，胶原纤维增粗融合成为均质无结构红染的梁状、带状或片状结构。其发生机制尚不甚清楚，有人认为在纤维瘢痕老化过程中，原胶原蛋白分子之间的交联增多，胶原纤维也相互融合，其间并有较多的糖蛋白积聚，形成所谓玻璃样物质；也有人认为可能由于缺氧、炎症等，造成局部 pH 或温度升高，致使原胶原蛋白分子变性成明胶并相互融合形成玻璃样物质。

结局和对机体的影响：轻度的透明变性可以吸收，组织可以恢复，如肾小管上皮细胞的玻璃滴状物可通过溶酶体酶的溶解而消失；但变性严重时，不能被完全吸收，变性组织易发生钙盐沉积，引起组织硬化。小动脉发生玻璃样变时，管壁增厚变硬，管腔变狭窄或完全闭塞，可导致局部组织缺血和坏死，如猪瘟脾脏的贫血性梗死。如果血管硬化发生在一些生命重要器官（如脑和心脏），则可造成严重的后果。

（4）**淀粉样变性**　淀粉样变性也称为淀粉样变或淀粉样物质沉积症，是指在某些组织的网状纤维、血管壁或间质内出现淀粉样物质沉着的一种病变。

淀粉样物质化学性质上属糖蛋白，是具有 β-片层结构的多肽链组成的一种纤维性蛋白，新鲜变性组织往往具有淀粉遇碘的显色反应，即遇碘时被染成棕褐色，再滴加 1% 硫酸溶液后则呈紫蓝色，故传统称之为淀粉样物质，其实和淀粉并无关系，之所以出现淀粉样变色反应，是由于其中含有多糖物质。因为淀粉样物质在沉着过程中沾染糖胺聚糖类物质。淀粉样物质在苏木素-伊红（HE）染色切片中为淡红色、无结构均质状；对刚果红有高度亲和力而被染成橘红色，并在偏光显微镜下呈黄绿色；对甲基紫可出现异染性，即淀粉样物质呈红色或紫红色，周围组织呈蓝色；范吉逊（Van Gieson）染色呈黄色，梅森（Masson）染色呈蓝色，PAS 染色呈红色。

电镜下淀粉样物质呈无分枝的纤细丝状结构，直径约 $7.5 \sim 10nm$，长度差异很大，可达 $30 \sim 10000nm$。细丝形成海绵状的支架，上面吸附着糖胺聚糖等物质，其他化学成分在同一个体、不同个体以及动物种类之间均有差别。X 射线衍射结果证明，该纤维是由逆行排列 β-片层结构的多肽链组成，并呈现双螺旋结构，约 100nm 为一个周期。各纤维断面约 $4nm \times 4nm$，其长度是多个 $0.475nm$ 的薄片重复堆积构成。迄今为止已证实淀粉样蛋白至少有十种，但在形态上并无区别。淀粉样变性可为全身性和局部性两种。全身性又分为原发性、继发性、家族性三种；局部性则包括老年性、内分泌源性和皮肤的淀粉样变等。

① 肝淀粉样变性。眼观肝脏肿大，呈灰黄或棕黄色，质脆易碎，常见有出血斑点，切面结构模糊似橡皮样或似脂变的肝脏。淀粉样物质大量沉着的肝脏易发生肝破裂，造成大出血而使病畜（禽）死亡。镜下可见淀粉样物质主要沉着在肝细胞索和窦状隙之间的网状纤维上，形成粗细不等的粉红色均质的条索或毛刷状。严重时，肝细胞受压萎缩、消失，甚至整个肝小叶全部被淀粉样物质取代，残存少数变性或坏死的肝细胞。

② 脾脏淀粉样变性。可呈局灶型和弥漫型。局灶型又称滤泡型，其淀粉样物质沉着于淋巴滤泡的周边部分、中央动脉壁的平滑肌和外膜之间及红髓的细胞间，其中以淋巴滤泡周边的量最多。在 HE 染色切片上可见淀粉样物质呈大的粉红色团块，周围有网状细胞包围，使淋巴滤泡和红髓逐渐萎缩消失，严重时仅见少量的红髓和脾小梁残存在淀粉样物质之中。弥漫型的淀粉样物质大量弥漫地沉着于脾髓细胞之间和网状纤维上，呈不规则形的团块或条索，淀粉样物质沉着部位的淋巴组织萎缩消失。眼观脾脏体积增大，质地稍硬，切面干燥。淀粉样物质沉着在淋巴滤泡部位时，呈半透明灰白色颗粒状，外观如煮熟的西米，俗称"西米脾"。如淀粉样物质弥漫地沉着在红髓部分，则呈不规则的灰白区，没有沉着的部位仍保留脾髓固有的暗红色，互相交织成火腿样花纹，故俗称"火腿脾"。

③ 肾脏淀粉样变性。眼观肾脏体积增大，色泽变黄，表面光滑，被膜易剥离、质脆、不易察觉淀粉样变。镜下可见淀粉样物质主要沉着在肾小球毛细血管基膜上，在血管球的管壁间出现淀粉样物质。有时肾小球囊腔基膜和肾小管基膜上也有沉着。

④ 淋巴结淀粉样变性。眼观淋巴结肿大，呈灰黄色，质地较坚实，易碎裂，切面呈油脂样。镜下可见淀粉样物质沉着于淋巴结滤泡和淋巴窦的网状纤维上。

结局和对机体的影响：淀粉样变在初期是可以恢复的，但淀粉样变是一个进行性过程，单核巨噬细胞系统不能有效地将淀粉样物质清除掉，因为淀粉样蛋白分子很大，对吞噬作用和蛋白分解作用有很强的抵抗力。当肾小球淀粉样变时，可使血浆蛋白大量外漏，最终造成肾小球闭塞而滤过减少，引起尿毒症。肝脏发生淀粉样变时，可引起肝功能下降，严重时可引起肝破裂。

（5）**黏液样变性** 黏液样变性又称黏液样变。是指组织间质内出现黏液物质（糖胺聚糖和黏蛋白）蓄积的一种病理变化。从组织化学的角度可将黏液物质分为两大类，即糖胺聚糖和黏蛋白。

体内的黏液物质有两种：一种是由上皮细胞分泌的黏液，另一种是由结缔组织细胞产生的类黏液。两者均为黏蛋白与糖胺聚糖的复合物。其化学成分稍有不同，HE 染色为淡蓝色，阿尔新蓝（alcian blue）染成蓝色，对甲苯胺蓝呈异染性而染成红色。类黏液是体内一种黏液物质，由结缔组织细胞产生，正常见于关节囊、腱鞘的滑囊和胎儿的脐带。黏液是由上皮细胞分泌的另一种黏液物质，其外观性状及上述染色反应均与类黏液相同，只是过碘酸雪夫氏（periodic acid schiff，PAS）染色反应不同，黏液染色为阳性呈紫红色，类黏液为阴性。

病理变化。眼观变性黏膜表面覆盖大量浑浊、黏稠、灰白或灰黄色黏液。结缔组织发生黏液样变性时，失去原来的组织结构，变成透明、黏稠的同质化的黏液样物质，好像胚胎的黏液组织。镜下：上皮性黏液变性可见黏膜上皮的杯状细胞显著增多，上皮细胞细胞质基质内含有很多黏液小滴。随着黏液物质的不断增多，细胞体积逐渐增大，细胞核和细胞质基质被挤向细胞的基底部，最后细胞破裂，黏液从细胞内排出并游离于黏膜表面。黏液物质中混有大量变性、坏死、脱落的上皮细胞、细胞核碎裂屑及渗出的白细胞等。发生于黏液细胞癌，如胃癌、小肠癌、卵巢癌等的上皮性黏液变性，镜下可见癌细胞的细胞质基质大部分被 PAS 及阿尔新蓝染色阳性物质所占据，核偏位于一侧，呈印环状，即印环细胞。结缔组织的黏液样变性时，HE 染色的切片上可见结缔组织纤维溶解，间质变疏松，充以大量染成淡蓝色的胶状液体，其中散在一些多角形、星芒状细胞，并以突起互相连缀，与间叶组织的黏液瘤很相似，所以，又称结缔组织黏液样变性为黏液瘤样变性。

结局和对机体的影响：黏液样变性是可复性过程，在病因消除后，组织结构可以恢复正常，黏膜上皮可通过再生修复。结缔组织的黏液样变性如果进一步发展，则可引起纤维组织增生，从而导致组织硬化。

（6）纤维素样变性　纤维素样变性又称纤维蛋白样变性，是发生于间质胶原纤维及小血管壁的一种病理变化。其病变特点是变性部位的组织结构逐渐消失，变为一堆境界不甚清晰的颗粒状、小条或团块状无结构的物质，呈强嗜酸性红染，类似纤维素（纤维蛋白），并且有时呈纤维素染色阳性，故称此改变为纤维素样变性。其实为组织坏死的一种表现，因而也称为纤维素样坏死或纤维蛋白样坏死。

纤维素样变性常见于变态反应性疾病，如急性风湿病、类风湿性关节炎、系统性红斑狼疮、新月体性肾小球肾炎，以及某些病毒感染如牛的恶性卡他热、猪胶原病等引起的结节性动脉周围炎等。也可见于非变态反应性疾病如急进性高血压的小动脉和胃溃疡底部的动脉壁。至于所谓纤维素样物质的性质和形成机制，至今尚不明确，其发生机制可能与胶原纤维肿胀崩解（由于抗原-抗体复合物引发）、结缔组织中免疫球蛋白沉积或血液中纤维蛋白渗出变性有关。一般认为，病变早期，结缔组织基质中有 PAS 阳性的糖胺聚糖增多，以后纤维肿胀崩解为碎片，从而失去原来的组织结构而变为纤维素样物质。此外，病变部常有免疫球蛋白沉着及纤维蛋白增多。这种变化可能是抗原抗体反应时形成的生物活性物质使间质受损、胶原纤维崩解所致。同时，附近小血管也可受损，引起通透性升高、血浆渗出，并在酶的作用下，血浆纤维蛋白原转变为纤维蛋白。可能由于疾病的不同，纤维素样物质的成分也有异。

纤维素样变性主要发生于血管壁，胶原纤维的变性、膨化是纤维素样变性的主体，加上血浆蛋白的渗出就形成了纤维素样变性。

（7）色素沉着　组织中的有色物质称为色素。某些正常组织中就含有色素，如眼球虹膜的黑色素、卵巢黄体的脂色素等。组织中色素的增多或原来不会含色素的组织中有色素的异常沉着称为色素沉着。沉着的色素有的来源于机体自身生成，称为内源性色素（含铁血黄素、胆红素、卟啉、黑色素、脂褐素、橙色血质等）；有的则从外界进入体内，称为外源性色素（炭末、石米、铁末以及其他有机或无机的有色物质）。

① 外源性色素沉着。外源性色素沉着是由于吸入了矿物或有机粉尘里的化合物。这些物质长期滞留在动物的呼吸器官及其局部的淋巴结，引起呼吸障碍，甚至诱发肿瘤。在人类生活中，这类色素沉着主要见于许多职业病，如硅肺、炭末沉着病、铁末沉着病、石末沉着病及石棉沉着病等。对家畜来讲，较常见的外源性色素沉着是炭末沉着。由于沉着的量一般较多，可给机体带来不良影响，故将造成这种疾病的物质称为炭末沉着物。

炭末沉着较轻时，肺表面局部可见黑色素或黑褐色纹理；如果沉着严重，则肺的大片区域甚至全肺均呈黑色，偶见伴发肺硬化。在靠近肋骨间的肺表面，常因淋巴不如其他部位通畅，而出现带状沉积。支气管或纵隔淋巴结有炭末沉着时，其切面见黑色小点和条纹，严重时相当区域均呈黑色。在淋巴结内，炭末主要存积于髓质和皮质淋巴窦的巨噬细胞内。严重时，淋巴组织几乎被内含炭末的大量巨噬细胞所取代，有时淋巴组织发生纤维化。

结局和对机体的影响：炭末沉着病对机体的影响取决于炭末沉着量的多少和沉着范围。如果沉着的量多，有可能引起肺的纤维化，导致呼吸机能障碍；如果沉着的量少，则对机体的影响不大。

② 内源性色素沉着。内源性色素沉着是指体内自身色素的异常沉着。其种类较多，主要有以下几种。

A. 含铁血黄素沉着。含铁血黄素是由铁蛋白微粒集结而成的色素颗粒，是一种血红蛋白源性色素，为金黄色或棕黄色而具有折光性的大小不等、形状不一的颗粒。因其含铁，故称含铁血黄素，它是单核吞噬细胞系统的巨噬细胞吞噬红细胞后由血红蛋白衍生的，所以在肝、脾和骨髓内有少量含血铁黄素存在是正常现象。含铁血黄素是一种黄棕色的色素，凡有此色素沉着的器官和组织，都呈不同程度的黄棕色或金黄色。该色素常见于富含巨噬细胞的器官和组织，如脾、肝、淋巴结和骨髓等。含铁血黄素沉着的器官和组织，除颜色变黄外，还常出现结节和硬化等病变。镜下，在 HE 染色的切片下，可见病变组织和细胞内有颗粒沉着，如用普鲁士蓝反应染色，可见吞噬含铁血黄素的巨噬细胞细胞质基质内有蓝色颗粒，而细胞核呈红色。当巨噬细胞破裂后，此色素颗粒也可在组织间质中出现。

结局和对机体的影响：含铁血黄素在体内某器官组织或某一区域内大量积聚，说明该处曾发生过出血，提示陈旧性出血。若这些色素大量存在于肝、脾、肾等器官，可使这些器官组织质地变硬，结构破坏，机能障碍；若此色素沉着很少，可被溶解吸收，含铁血黄素中的铁，可被再利用来合成血红蛋白。

B. 卟啉症。卟啉色素在全身组织中沉着，称为卟啉症。卟啉又称无铁血红素，是血红素的不含铁的色素部分，是合成血红素的主要原料。动物体内的卟啉主要有三种，即尿卟啉、粪卟啉和原卟啉。他们对体内氧的运输储存及利用等都有重要的生理作用。当卟啉代谢紊乱，血红素合成障碍时体内产生大量卟啉（主要是尿卟啉和粪卟啉），就会在全身组织中沉着，从而发生卟啉症。眼观上因全身骨骼、牙齿和内脏器官有红棕色或棕褐色的色素弥漫沉着，故骨骼均呈红棕色、棕褐色或黑色（屠宰场工人俗称之为"乌骨猪"），骨的结构无变化，这有助于与其他色素沉着相区别。肝、脾、肾等器官均有卟啉沉着，外观呈黑色。全身淋巴肿大，切面中央部分呈棕褐色。光镜下，在骨髓、肝、脾、肾、肺和淋巴结等中均可见一种棕褐色、颗粒状、不含铁的卟啉色素，大小和形状不规则，会存在于网状内皮细胞细胞质基质内，与含铁血黄素相似。不产生普鲁士蓝反应；用 Mallory 氏无铁血黄素法染色呈红色阳性反应，可以和含铁血黄素及胆红素鉴别。在肝细胞、肾小管上皮细胞细胞质基质内以及肾小管管腔中也有卟啉色素颗粒或团块。肾实质萎缩，并伴发间质结缔组织显著增生和淋巴细胞、单核细胞浸润。牙齿呈淡红棕色，因为牙质和牙骨质中有卟啉色素沉着，牙釉质则无改变。尿液中排出和体液内大量沉着的卟啉，这种色素在细胞内形成颗粒状或是弥漫性地在组织内沉着，或是溶解于血液中（卟啉血）或是尿液（卟啉尿）中。

C. 胆红素沉着。胆红素主要是红细胞破坏后的代谢产物，如果血液中胆红素含量过高，可使全身各组织器官呈黄色，如巩膜、黏膜、皮肤等。这种病理状态称为黄疸。

根据引起黄疸的原因可将黄疸分为以下三种类型。

a. 溶血性黄疸：血液中红细胞大量破坏（如溶血），生成过多的间接胆红素，如果超过了肝脏的间接胆红素处理和直接胆红素的能力限度，则造成血液中间接胆红素含量增高，引起黄疸。多见于中毒、血液寄生虫病、溶血性传染病、新生仔畜溶血病和腹腔大量出血后腹膜吸收胆红素等。溶血性黄疸时，血液中蓄积的是间接胆红素，范登白试验呈间接反应阳性。因间接胆红素不通过肾脏排出，所以尿液中不含间接胆红素。

b. 肝性黄疸：又称实质性黄疸，主要是毒性物质和病毒作用于肝脏，造成肝细胞物质代谢障碍和退行性变化，一方面肝处理血液中间接胆红素能力下降；另一方面，由于肝细胞肿胀，压迫毛细血管，胆汁排出障碍，导致肝脏中间接胆红素蓄积并进入血液。所以，此型黄疸血液中直接胆红素和间接胆红素含量均增多。范登白试验时直接反应和间接反应均呈阳性。因直接胆红素可以通过肾脏排出，故尿中含有直接胆红素。

c. 阻塞性黄疸：阻塞性黄疸是由胆管系统的闭塞，胆汁排出障碍，直接胆红素进入血液所致。多见于肝细胞肿胀引起的毛细胆管狭窄或闭塞、寄生虫性胆管阻塞、肝硬化和肿瘤压迫性阻塞等情况下。阻塞性黄疸时范登白试验直接反应阳性。由于胆红素在肠道内排泄障碍，粪便色变浅，呈脂肪痢。直接胆红素可通过肾脏排出，因而尿中含直接胆红素。

病理变化：胆红素一般呈溶解状态，光镜下并不明显，但也可以成为黄棕色的颗粒或团块，在阻塞性黄疸时，可见肝内小胆管和毛细胆管扩张，充满浓缩的胆红素，肝细胞内也含有胆红素颗粒。黄疸明显时在网状内皮细胞、肾小管上皮细胞内也可见胆红素颗粒，并可在肾小管腔内形成胆汁管型，在电镜下，胆红素呈电子密度高颗粒状、原纤维状或无定型物质。

D. 黑色素沉着。黑色素是由黑色素细胞浆中酪氨酸氧化聚合而成的一种黑褐色的颗粒色素，存在于一些正常的器官、组织，如眼脉络膜和皮肤表皮基层内，细胞内含有酪氨酸酶，能将细胞内的酪氨酸氧化为二羟苯丙氨酸（dihydrorxyphenylalanine，DOPA，多巴）。多巴被进一步氧化为多巴醌（吲哚醌），失 CO_2 后转变为二羟吲哚，后者聚合成一种不溶性的聚合物，即黑色素，再与蛋白质结合为黑色素蛋白。黑色素细胞产生的黑色素由一种巨噬细胞来贮存和运输，这种吞噬了黑色素的巨噬细胞称为噬黑色素细胞。黑色素细胞内因含有酪氨酸酶，故当加上多巴时，则出现与黑色素相似的物质，谓之多巴反应阳性；相反，表皮下的噬黑色素细胞，因不含酪氨酸酶，故多巴反应阴性。用此方法可以鉴别黑色素细胞和噬黑色素细胞。皮肤黑色素能大量吸收紫外线，对紫外线的辐射具有防护作用，又能捕获在损伤时皮内产生的有害自由基。但当日光暴晒或其他原因，刺激局部黑色素细胞产生多量黑色素被噬黑色素细胞吞噬于皮内形成小的棕色斑点，称为雀斑。黑色素沉着有先天性和后天性之分。先天性黑色素沉着称黑变病，它在胚胎发育过程中由于黑色素细胞错位而引起黑色素沉着在平时不存在黑色素地方的病变。如胸膜、脑膜或心脏等器官组织出现局灶性黑色素沉着区，这些沉着的色素，通常随动物年龄增长而消失。但也有不消失的，如：在牛和羊的主动脉及脑膜肾上腺的网状带，猪的皮肤，母猪的乳腺及其周围脂肪组织内沉着的黑色素。局部性黑色素增多见于黑色素痣及黑色素病等；而全身皮肤、黏膜的黑色素沉着，多是肾上腺功能低下（如 Addison 病），促肾上腺皮质激素（adrenocorticotropic hormone，ACTH）分泌减少，对垂体的反馈抑制作用减弱，致使 ACTH 和黑色素细胞刺激素（melanin stimulating hormone，MSH）分泌增多，在 ACTH 和 MSH 促进下，促黑色素细胞产生过多的黑色素所致。

病理变化：眼观黑色素沉着的组织呈黑色或褐色，光镜下，单个黑色素颗粒为很小的棕色小体，呈球形，大小基本一致。大多数黑色素存在于黑色素细胞或噬黑色素细胞内。黑色素较少时细胞核可辨认，若黑色素大量积聚，则细胞体增大，充满棕色或黑色的颗粒，甚至整个细胞变成黑褐色球状团块，细胞的原有结构不清。电镜下，黑色素为直径约 5nm 的电子不透明椭圆体。黑色素沉着对机体无明显不良影响。

E. 脂褐素沉着。脂褐素是一种不溶性的脂类色素，是不饱和脂类由于过氧化作用而衍生的复杂色素。是一种含脂的黄褐色的颗粒状色素，脂褐素颗粒为细胞内自噬溶酶体中未被消化的细胞器碎片的一种不溶性残余小体。因为脂褐素沉着较常发生在慢性消耗性疾病和老龄动物的实质器官的细胞内，所以被称为"消耗性色素"或"萎缩性色素"。

病理变化：脂褐素常沉着于犬的神经元、牛的心肌纤维和有些衰弱动物的肾上腺和甲状腺。脂褐素沉着的器官组织常发生萎缩和衰退，呈深棕色。光镜下细胞质基质内有棕黑色颗粒，常位于细胞核周围，用紫外线激发，在显微镜下能够见棕色荧光。电镜下，脂褐素为具有界膜的致密颗粒、空泡和脂肪小滴的凝状物，呈小球状或不规则状。

结局和对机体的影响：脂褐素沉着常发生于高龄或患有慢性消耗性疾病的动物，因此认为，这类色素的沉着是一种衰老的表现。有这些色素沉着的组织器官，其细胞发生萎缩、变性甚至坏死，器官的机能随之减退或障碍。色素沉着严重时，影响肉品外观，故作废弃处理。

（8）**病理性钙化**　在骨和牙齿以外的组织内有固态钙盐沉积称为病理性钙化。沉积的钙盐主要是磷酸钙，其次为碳酸钙。病理性钙化可分为营养不良性钙化和转移（迁徙）性钙化两种类型。由于局部组织的理化环境改变而促使钙在局部组织析出和沉积。后者发生在高血钙的基础上。当血液中钙离子浓度升高时，钙盐可沉着在多处健康的器官与组织中。两种钙化的形态表现基本相同，但其发生机制及对机体的影响则不同。

无论营养不良性钙化还是转移性钙化，其病理变化基本相同。病理性钙化表现程度与钙盐沉着量多少有关。

眼观轻度的钙化不易辨认，光镜下才能识别。若严重钙化，范围较广时，则钙化组织表现为白色石灰样的坚硬颗粒或团块，触之有沙粒感，刀切时发出磨砂声，甚至不易切开，或使刀口轻卷，缺裂。如宰后常见牛和马肝脏表面形成大量钙化的寄生虫小结节，此种病变常称之为沙粒肝。光镜下，在 HE 染色切片时，钙盐呈蓝色颗粒状，开始时颗粒细，以后聚集成较大颗粒或片块。如果沉着的钙盐很少，有时易与细菌混淆，但细心观察，钙盐颗粒粗细不一。为了鉴别诊断，可用特殊染色方法鉴定。即冯可沙（Von kossa）氏反应，用硝酸银溶液处理标本，经曝光后，盐所在部位呈棕黑色，电镜下，钙表现为不定型颗粒或结晶。根据 Ca、Mg、P 比例的不同可判定磷酸钙复合物的类型。高的 Ca：Mg 比例有利于结晶磷灰石沉着。而高的 Mg：Ca 比例有利于不定形或固定形化合物的沉着，不定型磷灰石（Ca-PO_4）沉着通过 Ca：P 的比例大于 1.67 可区别于结晶型，X 射线分析时无明显的衍射形成，在抑制结晶形成浓度的二磷酸化合物存在时形成。随着无定形的钙化中心在有机物质周围形成，高血钙或高血镁多次反复发生，导致形成极层性靶状椭圆形小体。

转移性钙化，钙盐常沉积在某些健康器官尤其是肺泡壁、肾小管、胃黏膜的基膜和弹力纤维上。沉着的钙盐可均匀或不均匀地分布。若细胞内钙化时，钙盐沉着在细胞，特别是线粒体上。

结局和对机体的影响：物理性钙化的结局和对机体的影响，视其具体情况而定。少量的钙化物，有时可被溶解吸收，如小鼻疽结节和寄生虫结节的钙化。若钙化灶较大或钙化物较稳定时，则难完全溶解吸收。历时经久的钙常能刺激周围的结缔组织增生，并将其包裹限制起来。

一般说来，营养不良性钙化是机体的一种防御适应性反应。通过钙化及钙化后引起的纤维结缔组织增生和包囊形成，可以减少或消除钙化灶中的病原和坏死组织对机体的继续损害，它可使坏死组织或病理产物在不能完全吸收时变成稳定的固体物质，例如结核病灶的钙化则有可能使其中的结核菌逐渐失去活力，促进病灶愈合，减少复发的危险。然而结核菌在钙化灶中经常可以继续存活很长时间，一旦机体抵抗能力下降，则有可能引起复发。钙化严重时，易造成组织器官硬化，机能降低。

转移性钙化常给机体带来不良的影响。其中影响的大小取决于钙化发生的部位和范围，如血管壁的硬化，能使血管壁弹性减弱变脆，影响血流，甚至导致血管破裂出血。

（9）尿酸盐沉着（痛风）　　尿酸盐沉着，即痛风，是指体内嘌呤代谢障碍，血液中尿酸增高，并伴有尿酸盐（钠）结晶沉着在体内一些器官组织而引起的疾病。痛风可发生于人类及多种动物，但以家禽尤其是鸡最为多见。尿酸盐结晶易于沉着在关节间隙、腱鞘、软骨、肾脏、输尿管及内脏器官的浆膜上。临床特点是：高尿酸血症，反复发作的关节炎，关节、肾脏或其他组织内尿酸盐结晶沉着而引起相应器官组织的损伤，痛风石形成等。该病可分为原发性和继发性两种，原发性痛风，又称特发性痛风，是先天性嘌呤代谢障碍（尿酸生成过多）或肾小管分泌尿酸的遗传性缺陷所致。继发性痛风则是以核酸分解增多或肾脏的获得性缺陷为特征。上述表现均可单独或联合存在。

根据尿酸盐在体内沉着的部位，痛风可分为内脏型和关节型，有时这两型可以同时发生。①内脏型。肾脏肿大，色泽变淡，表面呈白褐色花纹状，切面可见尿酸盐沉积而形成的散在的白色小点。输尿管扩张，管腔内充满白色石灰样沉淀物。有时尿酸盐变得很坚固，呈结石状；有时则呈撒粉样被覆于器官的表面。严重时体腔浆膜面及心、肝、脾、肠系膜表面出现灰白色粉末状尿酸盐沉着，量多时形成一层白色薄膜覆盖在器官表面。此型痛风多见于鸡。②关节型。特征是脚趾和腿部关节肿胀，关节软骨、关节周围结缔组织、骨膜、腱鞘、韧带及骨骼等部位，均可见白色尿酸盐沉着。随着病情的发展，病变部周围结缔组织增生，形成致密坚硬的痛风结节。痛风结节多发生在趾关节。尿酸盐大量沉着可使关节变形，并可形成痛风石。

组织学变化：在 HE 染色的组织切片，可见均质、粉红色、大小不等的痛风结石。在经酒精固定的组织切片上，可见针尖或菱形尿酸盐结晶，局部组织细胞变性、坏死，其周围有巨噬细胞和炎性细胞浸润，时久者有结缔组织增生。

结局和对机体的影响：轻度尿酸盐沉着可因原发性肾病好转或饲料变更而逐渐消失，但尿酸盐大量沉着常常可引起永久性病变并可导致严重的后果，如关节痛风带来的运动障碍；肾脏的尿酸盐沉着引起慢性肾炎，或因急性肾功能衰竭而导致死亡。

9.1.1.2.3　细胞的坏死

坏死是指活体局部组织、细胞的病理性死亡。坏死组织、细胞的物质代谢停止，功能丧失，出现一系列形态学改变，是一种不可逆的病理变化。坏死除少数是由强烈致病因子（如强酸、强碱）作用而造成组织的立即死亡之外，大多数坏死是由轻度变性逐渐发展而来，是一个由量变到质变的渐进过程，故称为渐进性坏死。这就决定了变性与坏死的不可分割性，在病理组织检查时，往往发现两者同时存在。在渐进性坏死期间，只要坏死尚未发生而病因被消除，则组织、细胞的损伤仍可能恢复（可复性损伤）。一旦组织、细胞的损伤严重，代谢停止，出现坏死的形态学特征时，则损伤不可能恢复（不可复性损伤）。组织、细胞一般在死亡数分钟内，细胞质基质内的溶酶体释放出水解酶，很快分解细胞内物质，包括细胞器及其他细胞膜系统，这种细胞的自身消化过程称为自溶，急性坏死时，在坏死初期是看不到坏死细胞的形态改变，要在自溶过程出现后才能看到。

（1）基本病理变化　　细胞损伤过程中的可复性改变与不可复性改变之间并无截然的界限。在光镜下，通常要在细胞死亡后数小时至三十小时以上才能辨别。

① 细胞核的变化。细胞核的改变是细胞坏死的主要形态学标志，胞核一般依序表现为：a. 核浓缩：因为核蛋白分解，DNA 游离，核脱水，使细胞核染色质凝聚，嗜碱性增加，故

表现为核体积缩小，染色加深，呈深蓝染，提示 DNA 停止转录；b. 核碎裂：核染色质崩解为小块，先堆积于核膜下，以后核膜破裂，核染色质呈许多大小不等、深蓝染的碎片散在于细胞质基质中；c. 核溶解：染色质中的 DNA 和核蛋白被 DAN 酶和蛋白酶分解，染色变淡，或只见核的轮廓或残存的核影。当染色质中的蛋白质全部被溶解时，核便完全消失。

② 细胞质的变化。坏死细胞细胞质基质内常可见蛋白颗粒、脂滴和空泡。由于细胞质基质内微细结构崩解而使细胞质基质碎裂成颗粒状。当含水分高时，细胞质基质液化和空泡化以至溶解。由于坏死细胞细胞质基质内嗜酸性物质（核蛋白体）解体而减少或丧失，细胞质基质吸附酸性染料伊红增多，故细胞质基质红染，即嗜酸性增强。有时细胞质基质水分脱失而固缩为圆形小体，呈强嗜酸性染色，此时核也浓缩而后消失，形成所谓嗜酸性小体，称为嗜酸性坏死（常见于病毒性肝炎）。电镜下，坏死的细胞膜突起或塌陷，细胞质基质浓缩、空泡化，细胞器减少或消失，自噬泡和自噬溶酶体增加，线粒体溶解或浓缩，内腔出现绒毛或钙盐沉着。胞核染色质浓缩、碎裂或溶解消失，严重时胞核、胞质完全消失。

③ 间质的变化。坏死时细胞间质的基质发生解聚，纤维成分（胶原纤维、弹力纤维和网状纤维）肿胀、崩解、断裂和液化，失去纤维结构。于是坏死的细胞和崩解的间质融合成一片颗粒状、无结构的红染物质。

（2）坏死的类型　根据坏死组织的病变特点和机制，坏死组织的形态可分为以下几种类型。

① 凝固性坏死（干性坏死）。坏死组织由于水分减少和蛋白质凝固而变成灰白或黄白、干燥无光泽的凝固状，称凝固性坏死。肉眼观察凝固性坏死组织肿胀，质地坚实干燥而无光泽，坏死区界限清晰，呈灰白或黄白色，周围常有暗红色的充血和出血。光镜下，坏死组织仍保持原来的结构轮廓，但实质细胞的精细结构已消失，胞核完全崩解消失，或有部分核碎片残留，细胞质基质崩解融合为一片淡红色均质无结构的颗粒状物质。凝固性坏死常见以下几种形式：a. 贫血性梗死。常见于肾、心、脾等器官，坏死区灰白色、干燥、早期肿胀、稍突出于脏器的表面，切面坏死区呈楔形，周界清楚。b. 干酪样坏死。常见于结核、鼻疽等引起的干酪样坏死灶。坏死灶外观呈灰白色或黄白色，松软无结构，似干酪（奶酪）样或豆腐渣样，故称为干酪样坏死。c. 蜡样坏死。多见于动物的白肌病。可见肌肉肿胀、无光泽、浑浊、干燥坚实，呈灰红或灰白色，如蜡样，故名蜡样坏死。

② 液化性坏死（湿性坏死）。坏死组织因酶性分解而变为液态，称液化性坏死。常见于富含脂质（如脑）和蛋白分解酶（如胰腺）的组织。如富含水分与磷酸类物质而蛋白成分少的脑组织，坏死后呈半流体物，称脑软化。化脓性炎灶，由于大量嗜中性粒细胞的渗出，释放水解酶，坏死组织溶解形成脓肿。脑软化和化脓性炎灶均属液化性坏死。

③ 脂肪坏死。主要有酶解性脂肪坏死和外伤性脂肪坏死两种。前者常见于胰腺炎或胰腺导管损伤时，此时胰腺组织受损，胰酶外逸并被激活，引起胰腺自身及其周围器官的脂肪组织分解为甘油与脂肪酸，前者可被吸收，后者与组织中的钙结合形成不溶性的钙皂，常呈灰白色斑点或斑块。光镜下坏死的脂肪细胞仅留下模糊的轮廓，内含粉红色颗粒状物质，并见脂肪酸与钙结合形成深蓝色的小球（HE 染色），周围常见吞噬脂滴的巨噬细胞（泡沫细胞）和多核异物巨细胞。外伤性脂肪坏死是因外伤引起脂肪细胞破裂，脂肪外溢，引起巨噬细胞和异物巨细胞吞噬脂质反应，局部形成肿块。

④ 坏疽。继发有腐败菌感染和其他因素影响的大块坏死而呈现灰褐色或黑色等特殊形态改变，称为坏疽。主要是血红蛋白分解产生的铁与组织蛋白分解产生的硫化氢结合成硫化铁，使坏死组织呈黑色。坏疽可分为以下三种类型。

a. 干性坏疽。常见于缺血性坏死、冻伤等，多继发于肢体、耳壳、尾尖等水分容易蒸发的体表部位。坏疽组织干燥、皱缩，质硬，呈灰黑色，腐败菌感染一般较轻，坏疽区与周围健康组织间有一条较为明显的炎性反应带分隔，所以边界清楚。最后坏疽部分可完全从正常组织分离脱离下来。如慢性猪丹毒时，颈部、背部直至尾根部常发的皮肤坏死；牛慢性锥虫病的耳、尾、四肢下部飞节和球节的皮肤坏死；皮肤冻伤形成的坏死，都是典型的干性坏疽。

b. 湿性坏疽。多发生于与外界相通的内脏（肠、子宫、肺等），也可见于动脉受阻同时伴有淤血水肿的体表组织坏死，由于坏死组织含水分较多，故腐败菌感染严重，使局部肿胀，呈黑色或暗绿色。由于病变发展较快，炎症比较弥漫，故坏死组织与健康组织间无明显的分界线。牛、马的肠变位，马的异物性肺炎及母牛产后坏疽性子宫内膜炎等均是实例。坏死组织经腐败分解产生吲哚、粪臭素等，故有恶臭。同时组织坏死腐败所产生的毒性产物及细菌毒素被吸收后，可引起全身中毒症状（毒血症），威胁生命。

c. 气性坏疽。常发生于深在的开放性创伤（如阉割、战伤等）并合并产气荚膜杆菌等厌氧菌感染时。细菌分解坏死组织时产生大量气体（H_2、CO_2、N_2），使坏死组织内含气泡呈蜂窝样和污秽的棕黑色，用手按之有"捻发"音，这也是气性坏疽的一个特征。牛气肿疽时常见身体后部的骨骼肌发生气性坏疽。由于气性坏疽病变可迅速向周围和深部组织发展，产生大量有毒分解产物，可致机体迅速自体中毒而死亡。

（3）坏死的结局及其对机体的影响　坏死组织作为机体内的异物，和其他异物一样刺激机体发生防御性反应，机体对坏死组织通过种种方式加以处理和消除。

① 反应性炎症。因坏死组织分解产物的刺激作用，在坏死区与周围活组织之间发生反应性炎症，表现为血管充血、浆液渗出和白细胞游出。眼观表现为坏死局部的周围呈现红色带，称为分界性炎症。

② 溶解吸收。较小的坏死灶可通过本身崩解或中性粒细胞释出的溶蛋白酶分解为小的碎片或完全液化，经淋巴管或血管吸收，不能吸收的碎片则由巨噬细胞加以吞噬消化。小坏死灶可被完全吸收、清除。大坏死灶溶解后不易完全吸收，可形成含有淡黄色液体的囊腔，如脑软化灶。

③ 腐离脱落。位于体表和与外界相通的脏器的较大坏死灶不易完全吸收，其周围由于分界性炎症，其中的白细胞释放溶蛋白酶，可加速坏死灶边缘组织的溶解吸收，使坏死灶与健康组织分离、脱落，形成缺损。皮肤、黏膜处的浅表性坏死性缺损称为糜烂，较深的坏死性缺损称为溃疡，由于坏死形成的开口于表面的深在性盲管称为窦道，两端开口的通道样坏死性缺损称为瘘管。在有天然管道与外界相通的器官（如肺、肾等）内，坏死组织液化后可经自然管道（支气管、口腔、输尿管、尿道）排出，残留的空腔称为空洞。溃疡和空洞以后仍可修复。

④ 机化和包囊形成。坏死灶范围较大，不能完全溶解吸收或腐离脱落，则由新生肉芽组织吸收、取代坏死物，这个过程称为机化，最终形成瘢痕组织。如果坏死组织不能被完全机化，则可以由周围新生的肉芽组织将坏死组织包裹起来，称为包囊形成。包囊形成后，中央的坏死组织逐渐干燥，可以进一步发生钙化，例如结核、鼻疽的干酪样坏死灶和陈旧的化脓灶等。

⑤ 钙化。指坏死灶出现钙盐沉着，即发生钙化，如结核、鼻疽病的坏死灶、陈旧的化脓灶、寄生虫的寄生灶均易发生营养不良性钙化。坏死组织的机能完全丧失。坏死对机体的影响取决于其发生部位和范围大小，如心、脑等重要器官的坏死，常导致动物死亡，

而坏死范围越大则对机体的影响也越大。一般器官的小范围坏死通常可通过相应健康组织的机能代偿而不致产生严重影响。坏死组织中有毒分解产物大量吸收后可导致机体自身中毒。

9.1.1.2.4　组织修复和再生

（1）**代偿**　是指机体在致病因素作用下，体内出现代谢功能障碍或组织结构破坏，机体通过原组织、器官的正常部分或别的组织器官的代谢改变、功能加强或形态结构变化来代替、补偿的过程。这种过程主要是通过神经-体液调节来实现的。它是机体在进化过程中，环境条件对机体长期作用而逐渐形成和发展起来的一种重要抗病能力，是机体重要的适应性反应。代偿常以代谢、功能和形态结构相互联系的代偿方式为特征，以物质代谢加强为基础，先出现功能增强，进而逐渐在功能增强的部位发生形态结构变化；这种形态结构变化又为功能增强提供了物质保证，使功能增强能够持续下去。代偿通常有以下三种形式。

① 代谢性代偿。是指在疾病过程中体内出现以物质代谢改变为特征的代偿形式。例如，慢性饥饿的动物主要依靠糖原异生，消耗体内贮存的脂肪来提供能量。

② 功能性代偿。是指机体通过各种功能活动的增强来补偿体内的功能障碍和损伤的一种代偿形式。例如肝脏的一部分或成对器官肾脏中的一个因损伤而功能丧失时，健康部分的肝脏或健侧的肾脏可出现功能加强，以维持肝脏或肾脏的正常功能。功能代偿是最常见的代偿形式。

③ 结构性代偿。是指机体在功能增强的基础上伴发形态结构的变化来实现代偿的一种形式。而形态结构的变化主要表现在该器官的实质细胞的体积增大（即肥大）或数量增多（即增生）。这种形式的代偿通常是在代谢和机能改变的基础上产生的，是一种慢性过程。例如：肠管狭窄时，狭窄处前段肠壁由于蠕动增强而肌层增厚；一侧肾脏因病切除后，另一侧肾脏可出现功能加强，体积代偿性增大。

机体的代偿能力是相当大的，这是因为中枢神经系统具有十分完善的调节功能，体内各器官又有巨大的贮备力量。然而机体的代偿能力又是有限的，如果某器官的功能障碍超过了机体的代偿能力，代偿已不能克服功能障碍所引起的后果，新建立起来的器官间的平衡关系又被打破，出现各种障碍，就发生代偿失调，或称失代偿。如心功能不全、呼吸功能不全、肾功能不全等均是失代偿的结果。

代偿作为机体重要的适应性反应，对机体是有利的，使机体得以在新的情况下建立起新的动态平衡，但有时代偿又有不利的一面，它可掩盖疾病的真相，造成患病动物似乎处于"健康"状态的假象，这就可能延误疾病的诊断和治疗，使原来不太严重的功能障碍继续发展下去，从而导致代偿失调。另外，机体在发挥代偿作用的过程中，有可能派生出其他病理过程。例如，前述的慢性饥饿动物的代谢性代偿过程中主要靠消耗体内脂肪提供能量，而脂肪大量分解所产生的中间代谢产物含量超过机体组织所能利用的限度，从而使血液中酮体增多（酮血症），甚至引起酸中毒。因此，我们要很好地认识和掌握代偿的发生发展规律，在临床实践中正确区分疾病中的损伤障碍和代偿适应性反应，才能在实践中及时采取合理的治疗措施，既要保护代偿适应性反应的积极作用，又要防止可能出现的不利影响。

（2）**萎缩**　已发育成熟的器官、组织或细胞发生体积缩小的过程，称为萎缩。器官、组织的萎缩通常是由实质细胞体积缩小或数目减少所致。萎缩和发育不全及不发育不同，后两者是指组织或器官未发育至正常大小，或处于根本未发育的状态，器官表观完全缺乏或只有一个由结缔组织构成的痕迹性结构。萎缩的本质实际上就是器官或组织的实质细胞体积缩小和数量减少，一般是由细胞功能活动降低、血液及营养物质供应不足，以及神经和（或）内分泌刺激减弱等引起。

组织和器官发生萎缩的原因不尽相同。根据病因，可将萎缩分为生理性萎缩及病理性萎缩两大类。

① 生理性萎缩。在生理情况下，动物体的许多组织和器官随着机体的生长发育到一定阶段时乃逐渐萎缩的现象，也称为退化。如老龄动物的动脉导管和脐带血管的退化，动物性成熟后胸腺、法氏囊的退化。妊娠分娩后子宫及泌乳期后乳腺组织恢复原来大小则称为复旧。此外，动物的老龄阶段几乎一切器官和组织均不同程度地出现萎缩，即老龄性萎缩，如皮肤表皮变薄、脂肪组织减少或消失、毛囊皮脂腺萎缩以致皮肤干燥无弹性，尤以脑、心、肝、骨骼等萎缩明显。

② 病理性萎缩。组织、器官受某些致病因素作用而发生的萎缩，称为病理性萎缩。它与机体的生理代谢和年龄无直接关系，根据萎缩波及的范围，病理性萎缩可分为全身性萎缩和局部性萎缩。

萎缩是一种可复性病变过程，病因消除之后，萎缩的器官、组织、细胞均可恢复其形态和机能。但病因不能及时消除，病变继续发展，则萎缩的细胞可最后消失。全身性萎缩是伴发于不全饥饿或严重消耗性疾病的一种全身性病理过程，而体内各器官、组织的萎缩又会对原发性疾病产生不良的影响，但其结局主要取决于原发病的发展。局部性萎缩的后果取决于发生的部位和萎缩的程度。如果发生在生命重要器官（如脑），就可引起严重后果；如发生于一般器官，特别是程度较轻时，通常可由健康部分的机能代偿而不产生明显的影响。

（3）肥大　组织、器官因其实质细胞体积增大而使整个组织器官体积增大，称为肥大。组织、器官的肥大通常是由细胞体积变大引起的，而细胞体积变大的基础是细胞内合成了大量的细胞器，而使其细胞器增多，因此，肥大的组织器官功能增强。肥大的组织、器官常伴有细胞数量的增多（增生），即肥大常与增生并存，只有心肌、骨骼肌的肥大不伴有增生。

肥大在生理及病理情况下均可发生，故可分为生理性肥大和病理性肥大两种类型。细胞肥大通常具有功能代偿意义，多属于代偿性肥大。由激素引发的肥大称为内分泌性肥大。

① 生理性肥大。指机体为适应生理机能需求或激素的刺激所引起的组织器官的肥大。特点是：肥大的组织器官不仅体积增大，机能增强，而且具有更大的贮备力。如经常锻炼的和使役的马，肌腱发达，心肌和骨骼肌的肥大等均是因为生理机能需求、功能增强、代谢增高，使细胞内合成较多的膜、酶、ATP和肌丝，因而细胞体积增大。此外，动物妊娠期的子宫，由于雌激素刺激平滑肌受体，从而导致平滑肌蛋白合成增多，细胞体积增大，使子宫发生生理性肥大。泌乳动物的乳腺肥大也属于这种情况。

② 病理性肥大。在疾病过程中，为了实现某些功能代偿而引起的肥大称为病理性肥大。其又可分为真性肥大和假性肥大。

a. 真性肥大是指组织、器官的实质细胞体积增大，同时伴有机能增强的一种变化。因其多数是由代偿部分组织和器官的机能障碍而引起的，因此又称为代偿性肥大。如心脏主动脉瓣闭锁不全引起的左心室肥大，由于左心室不能完全排空，而使心脏收缩机能增强。在心室收缩力加强时，心肌的血液循环和物质代谢也增强，心肌摄取氧的能力加强，能量的生成和利用加速，心肌纤维中的核糖核酸和蛋白质等的合成加强，形成较多的细胞器，如线粒体、肌浆质网，特别是肌丝，从而使心肌细胞体积增大，心脏表现肥大。食道某一部分阻塞、狭窄时，前部食管肌层肥厚，外形粗大。还如成对的器官（肾），一侧发育不良或切除时，对侧肥大。肥大的组织器官体积增大，外形也相应改变，质地变实，颜色加深。镜下，肥大的细胞体积增大，细胞质基质增多，核变大，细胞质基质中的细胞器也比正常大。如肌肉的肥大，肌纤维显著变粗，肌原纤维的长度和数量都增加，并含有较大的线粒体。细胞肥大的超微结构改变主要是细胞器增多、蛋白合成和微丝增加。因此肥大时细胞的增大并非由细胞水肿所致。肥大细胞蛋白合成增加的机制还未完全清楚。在心脏至少有两个机制参与。一是心肌本身的机械性伸展，通过伸展受体，刺激 RNA 和蛋白质合成。二是肌细胞表面受体活化从而改变某些收缩蛋白基因的表达。代偿性肥大对机体是有利的，但也是有限的，负荷超过一定的极限就会使器官功能发生衰竭（失代偿），如心肌肥大超过一定限度，增大的心肌便不能代偿增高负荷，最后发生心力衰竭。这种情况可能与肥大心肌的血供受到限制，线粒体氧化磷酸化能力有一定限度，或与蛋白合成和降解改变有关。此时在心肌纤维可见多种可逆性损伤，如肌原纤维收缩成分的溶解和消失。

b. 假性肥大是指组织、器官因间质增生所形成的肥大，而实质细胞周围受增生的间质的压迫而萎缩。假性肥大实际上是一种萎缩过程，它虽然使组织、器官的外形呈体积增大，但其机能却降低。如长期休闲、缺乏锻炼而喂精料过多的役畜常出现这种肥大。役畜由于脂肪蓄积过多，不仅外形肥胖，同时心肌纤维之间也有大量的脂肪组织浸润，而心肌纤维发生萎缩。虽然外观心脏体积增大，但功能却降低，并且容易发生急性心力衰竭而死亡。

（4）增生　增生是指实质细胞数量增多并常伴有组织器官体积增大。增生细胞的各种功能物质，如细胞器和核蛋白等并不或仅轻微增多。细胞增生是由于各种原因引起的细胞分裂增殖的结果，当原因消除后可恢复原状。增生和再生可同时出现，如皮肤创伤愈合时，丧失的表皮发生再生，而创伤变硬却出现明显的上皮增生，说明增生和再生的刺激是相同的。一般来说，增生主要是为了适应增强的机能需求，而再生则为了替代丧失的细胞。

增生可分为生理性增生和病理性增生。

① 生理性增生：是指生理条件下，组织器官由于生理机能增强而发生的增生，如妊娠后期与泌乳期，由于雌激素和孕酮的刺激引起的子宫平滑肌和乳腺上皮的增生（激素性增生）。

② 病理性增生：是指在致病因素作用下引起的组织器官的增生。如过量雌激素刺激引起的子宫内膜的增生（激素性增生）；慢性传染病与抗原刺激所引起的网状内皮系统和淋巴组织的增生（慢性感染与抗原刺激性增生；如慢性马传染性贫血时脾脏淋巴细胞的增生）；某些器官可因内分泌障碍而出现增生（内分泌障碍性增生），如缺碘时可通过反馈机制障碍引起甲状腺上皮细胞增生；当皮肤、消化道、呼吸道有寄生虫寄生时，被覆上皮由于长期受到刺激而增生（慢性刺激性增生），如牛羊肝片吸虫病时，由于肝片吸虫的成虫寄生在胆管内生长成熟而长期刺激胆管上皮，引起胆管上皮呈瘤样增生。无论是生理性增生还是病理性增生，皆由刺激所引起，是适应机体需求并在机体控制下进行的一种局部细胞有限的分裂增殖现象，一旦刺激消除，则增生停止。这是与肿瘤性增生的主要区别之一。

（5）**化生** 为适应环境变化，一种分化成熟组织转化为另一种分化成熟组织的过程称为化生。化生主要发生于上皮细胞，也见于间叶细胞，可能与干细胞（如上皮组织的贮备细胞，间叶组织的原始间叶细胞）调控分化的基因重新编程有关，属于细胞的转型性分化。这种分化上的转向通常只发生于同源性细胞之间，即上皮细胞之间和间叶细胞之间。如上皮细胞不能转化为结缔组织细胞，反之亦然。故柱状上皮、移行上皮等可能转化为鳞状上皮，称为鳞状上皮化生（简称鳞化），但不能转化为间叶性组织，萎缩性胃炎时胃黏膜腺上皮的肠上皮化生（简称肠化）。在间叶组织中，纤维组织可化生为软骨组织或骨组织（例如骨化性肌炎时的骨组织形成），但不能化生为上皮组织。故化生一般多在类型相近的组织之间发生。

根据化生的方式可分为直接化生和间接化生两种。

① 直接化生。是指一种组织不经过细胞分裂增殖而直接转变为另一种类型的组织。如结缔组织的骨化生，就是通过胶原纤维融合成为类骨基质、纤维细胞直接转变为骨细胞的方式经钙化而形成骨组织。这种方式的化生比较少见。

② 间接化生。是指一种组织通过新生的幼稚细胞而转变为另一种类型组织的化生。如肾盂、膀胱结石时引起的移行上皮的鳞化；鸡维生素 A 缺乏所引起的食管腺由单层柱状上皮转变为角化性复层鳞状上皮等均采取这种方式。这种化生比较多见。

化生对机体的影响 化生的生物学意义利害兼有，以呼吸道黏膜纤毛柱状上皮的鳞化为例，化生的鳞状上皮一定程度地强化了局部抗御环境因子刺激的能力，因此属于适应性变化，但是，却减弱了黏膜的自净机制和分泌黏液的功能，而且还有可能在此基础上发生鳞状上皮癌。此外，某些化生没有适应意义，仅是一种病理表现，维生素 A 缺乏引起的支气管黏膜的鳞化即如此。因此，对于化生，我们既要掌握它对机体有利的一面，同时也要注意不利的一面。

（6）**机化** 机体对疾病过程中所出现的各种病理产物（如渗出物、血栓、坏死组织）不能被炎性细胞吞噬、吸收，而被新生肉芽组织清除、取代的过程，称为机化。对于不能完全机化的病理产物（如大的脓肿、干酪样坏死）或异物（如弹片、缝线、寄生虫及其卵等），由新生的肉芽组织将其包裹的过程，称为包囊形成。机化完成后，肉芽组织逐渐成熟并瘢痕化。

由于病理产物发生的部位、性质和数量不同，其机化的表现与影响也各异。下面分别叙述几种病理产物的机化。

① 纤维素性渗出物的机化。炎症过程中渗出在浆膜面的纤维素性渗出物被机化时，可使浆膜面呈结缔组织性肥厚，有的呈绒毛状或灰白色不透明的斑块状分布于浆膜面上；如果浆膜的壁层与脏层之间充满纤维素性渗出物，机化后可使两层浆膜间出现粘连，甚至闭塞。在纤维素性肺炎时，肺泡内的纤维素性渗出物机化后，使结缔组织充塞于肺泡，肺组织变实，致密如肉样，所以称为肉变，其呼吸功能丧失。

② 坏死组织的机化。小的坏死灶被肉芽组织取代后，在局部可形成瘢痕，但由于瘢痕所填补的较小缺损，可通过周围实质细胞的再生来置换而使整个瘢痕完全消失，这种现象常见于幼年体强营养良好的机体。如果坏死灶范围较大，不能被完全机化，则由肉芽组织形成包囊。包囊形成后，继续对坏死组织或寄生虫体和虫卵进行溶解和吸收，并随病程的发展，包囊壁愈来愈厚，中心坏死物愈来愈小，最后整个坏死物有可能完全被吸收，并为新生结缔组织所取代。也有包囊内残留的坏死组织，由于水分被吸收而逐渐变平，常有钙盐沉积而发生钙化。小的脑液化性坏死灶可由增生的神经胶质瘢痕取代。较大的脑软化

灶则由神经胶质细胞和血管周围结缔组织增生形成包囊，其中的软化物质逐渐被吸收，组织液渗入，在局部形成一个充满澄清水样液体的囊腔。

③ 异物的机化。组织内出现异物（如铁钉、弹片、缝线、寄生虫等），则在其周围肉芽组织增生将其包裹，而肉芽组织中往往可见多核的异物性巨细胞。较小的异物（如缝线、寄生虫卵、细菌等），可由肉芽组织中形成的异物性巨细胞，逐渐将它吞噬、溶解和吸收。在异物被吸收后，异物性巨细胞也随之消失，局部仅留下瘢痕组织。较大而坚硬的异物，如子弹，则由结缔组织性包裹包绕，使异物局限化，和周围组织完全隔离开来。

机化在消除或限制各种病理性产物的致病性和保持机体内环境的稳定性中起着重要的作用，是机体的一种具有适应意义的修复性反应。但是，机化在某些情况下却会给机体带来不利的影响。例如，纤维素性胸膜肺炎时，由于机化而造成肋胸膜与肺胸膜粘连，可造成持久性的呼吸障碍，故在评价机化对机体的意义时，应作具体分析，既要看到它具有修复作用的有利一面，也要注意到它可能带来机能障碍的不利一面。

9.1.2　毒性病理学常规技术

毒性病理学常规技术主要为尸体剖检。

通常所说的病理诊断即病理剖检诊断，是对病死动物或濒死期扑杀的动物（或人为处死的实验动物）的尸体，进行病理剖检观察，用肉眼和显微镜或电子显微镜等查明病死动物尸体各器官及组织的病理变化，进行科学的综合分析，作出符合客观实际的病理学诊断，以便正确诊断畜禽疾病，也可检验生前诊断的正误，借以提高临床诊疗技术和提高对疾病的理论认识，特别是对传染性和群发性的传染病和寄生虫病，通过病理剖检，可以及早确诊，以便及时采取有效的防治措施，杜绝传染扩散，减少生产损失。其次，病理剖检也是兽医学和生物医学研究工作中，最常用的方法之一，通过病理剖检，为揭示疾病的发生、发展及转归的规律提供直接的形态学依据。尤其是对于未知的新病的研究更是不可缺少。再次，由于病理剖检在一定程度上可以判断疾病的性质和死亡的原因，所以病理剖检在兽医学方面无疑也具有十分重要的意义。此外，病理剖检资料的积累还可为各种疾病的综合研究提供重要的数据。因此掌握病理剖检技术，对于做好疾病的诊断防治工作具有重要的意义。病理剖检诊断技术是兽医病理工作者、兽医卫生检验工作者、医学工作者及法兽医学工作者的必备技能之一。

在动物疾病诊断中，尸体剖检是最重要的，也是最常用、最基本的诊断方法。因为不同的疾病作用于机体，所引起的器官组织的病理形态学变化及其相互组合不同。所以，病理形态学变化常常是提示诊断的出发点，并成为建立诊断的重要依据。不同病原体引起的机体反应有其特异性，例如新城疫、禽流感、禽痘、马立克氏病等的病变特点，这些具有证病意义的病变，即为诊断相应疾病的依据。

9.1.2.1　病理剖检的基本原则

尸体检查是病理诊断技术的核心，是尸体剖检工作的重要组成部分，要求检查系统，观察全面，判断准确。因此，剖检时应遵循一定的程序，特别是初学者，应当掌握剖检的基本方法和原则。

尸体剖检的检查是收集病变，认识病变，在此基础上分析判断，通过鉴别病变，综合分析，作出病理解剖学诊断，这一过程是一种创造性劳动。在检查过程中只有认真细致观察，才能发现异常变化，在收集大量的感性材料的基础上去粗取精、去伪存真，进行分析判断，作出病理学诊断，为做好尸体剖检工作，必须系统、按一定程序地进行。

在剖检之前，剖检人员，特别是主检应对死亡动物的发病经过、临床症状、流行病学、防治经过等进行调查了解，必要时可亲自对病群进行一般临床检查，同时可观察畜舍的周围环境、防疫卫生、饲养管理、饲料质量等情况，但病理工作者的主要任务还是依尸体剖检所获得的资料作为分析判断的依据，不应以病史调查、畜主和管理人员主诉的情况作为分析判断的依据，这是因为主诉介绍的情况可能是问题的表面现象，是不确切、不准确的，只能提供一些线索，在法医学剖检时，更应注意不应隐瞒某些重要情节。

尸体剖检的基本技术包括动物尸体的解剖顺序和方法，尸体剖检技术为检查尸体病变提供方便，是尸体病理检查顺利进行以及提高尸体剖检工作质量的基础。病理剖检的基本原则应是：

① 根据畜禽解剖和生理学特点，确定剖检术式的方法和步骤。

② 剖检方法，要方便操作，适于检查，遵循一定程序，但也应注意不墨守成规，术式服从检查，灵活运用。

③ 剖检者应按常规步骤系统全面进行操作，不应草率从事，切忌主观臆断随意改变操作规程。

④ 剖检前应对剖检对象的生前饲养管理、临床症状、流行病学免疫状况等进行了解。

⑤ 可疑炭疽的动物不准剖检。

目前有许多资料关于尸体剖检的术式和检查，各家不一，有的把解剖术式和尸体检查合并叙述，有的分开叙述。尽管如此，目的是一致的，都是为了提高剖检工作质量和效果。但在尸体解剖实施过程中，都是同时进行检查，往往同时完成。不同种类动物，主要是消化道的解剖不同，例如马与反刍动物、猪、禽类等。为了方便操作，在器官的采取上有所不同。

9.1.2.2　病理剖检的顺序

一般剖检都是先体表后体内，通常的剖检顺序如下。

（1）尸体的外部检查　观察被毛、皮肤、结膜、天然孔状态，检查动物营养状况、有无外寄生虫等。

（2）尸体的内部检查　尸体的内部检查可按下列顺序进行：

① 剥皮和皮下检查。

② 剖开腹腔和腹腔内脏器的视检。

③ 摘出腹腔器官。

④ 剖开胸腔和胸腔内脏器的视检。

⑤ 摘出胸腔器官。

⑥ 摘出口腔颈部器官。

⑦ 颈部、胸腔和腹腔脏器的检查。

⑧ 骨盆腔脏器的摘出和检查。

⑨ 剖开颅腔、取出和检查脑。

⑩ 剖开鼻腔和检查鼻黏膜。

⑪ 剖开脊椎管、摘出和检查脊髓。

⑫ 检查肌肉和关节。

⑬ 检查骨和骨髓。

上述仅是剖检的参考程序，剖检者可根据病理剖解的原则和现场实际情况，采用灵活可行的尸体剖检程序。

9.1.3 毒性病理学特殊技术

组织病理学诊断技术是病理学（基本的）最重要的常规研究手段，广泛应用于动物和人类疾病的临床诊断及发病机制的探讨。通过该技术可观察到疾病过程中组织细胞微观结构的变化，并对其化学成分、某些病原、病理产物进行定性、定位、定量，以此了解疾病过程中形态、代谢、机能的变化特点和规律以及它们之间的相互关系，同时综合临床表现、大体剖检、病原学检查等对疾病作出病理学诊断，及时指导临床制订治疗方案，采取防制措施。虽然近些年来有许多高新技术不断应用于病理学领域，使我们对疾病的认识更加精确，也提高了对疾病诊断的准确性，但病理学最基本、最重要的技术仍然是常规组织病理学技术，是其他技术无法取代的，离开它，一切病理学诊断或研究都将无从谈起。

9.1.3.1 石蜡切片技术

石蜡切片是以石蜡作为组织样品支持剂，使组织保持一定的硬度，再用切片机切成薄片或连续切片（一般厚 $3\sim5\mu m$），切片贴于载玻片上，经脱蜡后即可染色观察。由于石蜡切片能够较好地保存组织结构，并可长期保存，因此是病理学最经典、用得最普遍的方法。其基本程序是：取材→固定→漂洗→脱水→透明→透蜡→包埋→切片→贴片→烤片→染色。

（1）石蜡切片染色的一般程序 染色前的处理（脱蜡至水）→染色→染色后的处理（脱水、透明、封固）。

① 染色前的处理。多数染液以水为溶剂，而切片上的石蜡不溶于水会影响染色，因此在染色前要进行脱蜡处理。一般用二甲苯溶解石蜡，但二甲苯不能与水混合，故还需用由高至低的各级浓度酒精处理（酒精既是二甲苯的溶剂又能与水混合），既置换了存留在组织中的二甲苯，也利于组织切片水洗和染色。经酒精处理后，切片用自来水和蒸馏水分别冲洗，保持切片洁净，然后进行染色。

② 染色。按书中介绍的染色程序一般都能显示出所要观察的内容，但要制作出理想的组织切片，还应掌握染色时常出现的问题及一些注意事项。

a. 配制染液注意事项。配制染液时应严格按规定的程序加入试剂；不能久存的染液应临时配制；要求低温保存的试剂，配制后立即置于冰箱（4℃）备用；需避光的试剂用棕色瓶保存，并放于暗处；染液的 pH 值是许多染色的关键，尤其有些染液的 pH 值不同，所显示的成分也不相同，故染液的 pH 应准确无误；对于不能重复使用的染液尽量少配制，并采取滴染法；重复使用的染液或有沉淀、不纯的染液应过滤，以免污染切片。

b. 各种染色方法均有供参考的染色时间，但影响染色时间的因素有很多，因此可根据染液的染色能力、组织标本的新旧程度、固定时间的长短、染色环境温度等适当延长或缩短染色时间。大批量染色时，应进行预染，找到最佳时间再行正式染色。

c. 如染液的染色能力较弱，可加促染剂加强染料的染色能力。常规染色和特殊染色一般用冰醋酸作促染剂，但应注意少量多次加入，避免过量而影响着色。

d. 染色过程中有时会出现切片脱落，补救的方法是将脱落的组织重新捞于载玻片上，按滴染法处理切片。

③ 染色后的处理。用干性封固剂封藏的各种染色切片，均需经过脱水、透明和封固处理过程。常规染色和多数特殊染色，常用酒精脱水、二甲苯透明，但有些特殊染色则需用丙酮或其他脱水剂脱水。因脱水剂对很多染色有分化或对某些颜色有减弱作用，所以脱水时应掌握适度。

封固剂分干性封固剂和湿性封固剂两种，前者应用较多，可永久保存。中性光学树胶（简称中性树胶）是最常用的干性封固剂。

（2）石蜡切片常规染色（苏木素-伊红染色） 苏木素-伊红染色是病理学、组织学、细胞学及生物学等学科最基本的染色方法，在病理诊断和病理学研究中具有重要的应用价值。

① 试剂配制

A. 苏木素染液：苏木素染液有多种配法，此处仅介绍改良的哈瑞氏（Harris）苏木素染液。

A 液：苏木素 1g，无水乙醇 10mL。

B 液：硫酸铝钾 20g，蒸馏水 200mL。

A 液、B 液分别溶解后混合，加热煮沸后，徐徐加入氧化汞 0.5g（此时有大量气泡产生，故容器宜大，以防液体溢出），将染液迅速冷却后过滤，每 100mL 加入冰醋酸 6mL、甘油 10mL。

该染液染色时间为 3～10min，保存时间为 1 年。

B. 伊红染液：伊红有水溶和醇溶之分。伊红 Y 为水溶性伊红，伊红 B 为醇溶性伊红。

a. 0.5%～1%水溶性伊红染液：伊红 Y 0.5～1g，蒸馏水 100mL。先用少量蒸馏水将伊红溶解，然后加蒸馏水至 100mL，并滴加一滴冰醋酸。染色时间为 1～5min。

b. 0.5%醇溶性伊红染液：伊红 B 0.5g，80%酒精 100mL。染色时间为 1～3min。

C. 分化液

a. 0.5%盐酸酒精溶液：浓盐酸 0.5ml，70%酒精 100mL。

b. 0.5%盐酸水溶液：浓盐酸 0.5mL，蒸馏水 100mL。

D. 弱碱性水溶液：将 0.5mL 氢氧化铵（氨水）溶于 100mL 自来水中。

② 染色程序

a. 二甲苯Ⅰ、Ⅱ脱蜡各 5～10min。

b. 无水乙醇Ⅰ、Ⅱ各 2～5min。

c. 95%酒精 2～5min。

d. 80%酒精 2～5min。

e. 70%酒精 1～3min。

f. 蒸馏水洗 2min。

g. 入苏木素染液染色 3～10min。

h. 流动自来水冲洗 3～5min。

i. 0.5%盐酸酒精溶液分化数秒。

j. 流动自来水洗（显蓝）5～10min。

k. 弱碱性水溶液（促进显蓝）30s～1min（可省略）。

l. 流动自来水冲洗5～10min或更长时间。

m. 入0.5%～1%水溶性伊红液1～5min。

n. 蒸馏水速洗。

o. 80%酒精15～30s。

p. 95%酒精30s～1min。

q. 无水乙醇Ⅰ、Ⅱ各5min。

r. 二甲苯Ⅰ、Ⅱ各5min。

s. 中性树胶封固。

③ 注意事项

a. 脱蜡应彻底，否则影响染色。脱蜡干净的组织切片一般为透明状，而脱蜡不净的组织切片有蜡痕或呈白色云雾状，应重新脱蜡。

b. 染色时间的长短主要取决于染液的新鲜程度、染色能力的强弱、组织特性、样品的新旧、固定液的种类及其固定时间的长短、环境温度等。一般新配制的染液、新鲜组织、固定时间较短的组织以及胞核密集的组织染色时间短，而对于陈旧的染液、陈旧的组织应适当延长染色时间。

c. 分化是染色的关键，它的作用是把浓染的部分褪至适当的程度，把由于吸附作用染上去的颜色去掉。如果分化过度，细胞核染色浅，仅能看到核的轮廓，甚至形态不清楚。如果分化不足，细胞核染色过深，不能辨认核的微细结构，同时细胞质也被着色，进一步影响伊红的染色。为了易于控制分化程度，分化液的浓度不宜超过1%，当组织经分化由原来的深蓝色变为红色时，即可中止分化。对无经验的初学者来说最好以镜下观察结果为准。

d. 苏木素染色的组织切片经分化后颜色由深蓝色变成粉红色，但经自来水冲洗、弱碱性水溶液处理又变成蓝色，这一过程称为显蓝，也称返蓝或促蓝。显蓝是HE染色所必需的，它不仅能确定苏木素染色程度和分化是否适度，同时还能增强染色的强度。

e. 染色后脱水所用80%、95%酒精除有脱水作用外，还兼有分化作用，因此作用时间不宜长，但在无水酒精中可适当延长时间，以达到彻底脱水的目的。如果切片浸入二甲苯后不透明，呈白色云雾状，表明脱水不彻底，此时应查找原因。如倒退回去，从95%酒精重新脱水仍出现上述情况，说明脱水用酒精不纯，已不再是原浓度或用于透明的二甲苯使用过久混入水分，此时可将各级脱水用酒精或二甲苯更换新液，即可消除。

9.1.3.2 冰冻切片技术

冰冻切片也是病理学常规制片技术。它是将所取新鲜病理材料直接或经固定后快速冷冻，然后再进行切片。同石蜡切片相比，冰冻切片的突出优点是组织不经脱水、透明、浸蜡等程序，因而可缩短制片时间，快者十分钟左右即能制成切片，更重要的是能够较完好地保存酶类及各种抗原活性，尤其是对热或有机溶剂耐受能力弱的酶及细胞表面抗原。同时因组织样品不经有机溶剂处理直接切片，所以能很好地保存脂类物质。鉴于上述优势，冰冻切片常用于组织化学尤其酶组织化学、某些特殊染色（如脂类物质和某些神经组织染色）、免疫组织化学或核酸原位杂交以及临床快速病理诊断等。但冰冻切片也有不足之处，主要是冷冻过程中组织细胞内容易形成冰晶，影响细胞形态及抗原等定位，这一问题通常可采取骤冷、速冻的方法加以解决。此外，冰冻切片还有不易切薄片、染色不及石蜡切片清晰等缺点。

（1）**取材**　冰冻切片的取材和石蜡切片相同，但应注意组织样品不宜过大过厚，否则不易冰冻。

（2）**固定**　冰冻切片根据需要可用新鲜组织（不固定）或低温冰箱冷藏的组织块，也可用固定的组织。如果需要固定，为防止酶和其他物质的移动、弥散，常用福尔马林钙（FCa）在 4℃ 固定 18h 后进入胶-蔗糖液包埋剂处理（18～24h，4℃），吸干，骤冷时不必用液氮。冰冻切片所用样品的固定，多用甲醛液，一般短时水洗即可冻切。如果是经酒精固定的组织，必须经 12～24h 流水冲洗，完全除去组织内的酒精，否则酒精冰点低，对冷冻有抑制作用。同时还应在洗去酒精后，再放入甲醛液固定 3～4h。对于 Zenker 氏液固定的组织，也应在漂洗后经甲醛液重新固定。

阿拉伯胶-蔗糖包埋剂配制：阿拉伯胶 1g，蔗糖 30g，蒸馏水 100mL。配制后贮存于 4℃ 冰箱内备用。

（3）**切片**　冰冻切片的方法可分三种，即恒冷箱切片、半导体制冷切片、CO_2 冰冻切片，以前两种常用。

① 恒冷箱切片。恒冷箱切片机的型号因国内外厂家不同而有很多，但其性能基本相同，只是在一些结构部位及操作上不完全一样，为此对各类型的恒冷切片机的性能和操作程序，应以仪器说明书为准，尤其对抗卷板与切片刀的关系要认真调整适宜，才能切出较薄的切片（10μm 以下）。

恒冷箱切片机实际上就是装有切片机的低温冰箱，温度可调到恒定的低温，一般为 -40～-20℃。切片机的操作控制柄安装在恒冷箱的外面，在恒冷箱上面有玻璃窗，内有照明灯，有专门取样品的门，双手可伸进箱内操作，但切片时将门关上，保持恒温，在箱外操作。切片时的温度一般控制在 -25～-15℃（多数组织可在这种低温条件下得到理想的切片），将新鲜组织或固定的组织，用液氮、干冰等冷冻后进行切片，也可将组织块直接放置恒冷箱内，经组织吸热器处理后切片，还可把组织直接置于包埋托上，滴加 OCT（optimal cutting temperature）包埋剂或甲基纤维素，待其遇冷固化后直接进行切片。冰冻切片的厚度为 6～8μm。

恒冷箱切片的主要优点在于可获得较薄的连续冰冻切片（可切成 2～5μm）。

② 半导体制冷切片。切片机由整流电源和半导体制冷器构成，后者的主要部件是冷台和冷刀两部分，用整流电源来控制温度。切片是在室温下进行。组织块放在切片机载物台后，要注意先接通循环水源，再调节制冷电源，使组织及切片刀制冷后切片。切片厚度一般为 10～20μm。

③ CO_2 冰冻切片。在室温条件下，组织样品直接放在切片机载物台上，滴加蒸馏水或 1% 葡萄糖水溶液，用压缩的 CO_2 气体喷射到组织样品及切片刀上，冻结后进行切片。此法所用组织块应在 0.5cm×1cm×1cm 左右，切片一般较厚，为 10～15μm。

（4）**组织样品的速冻方法**　为了防止冰冻时在细胞内形成冰晶，影响细胞结构，通常采取骤冷或速冻的方法加以解决。常用的方法有液氮法和干冰-丙酮法。

① 液氮法。将组织样品平放于瓶盖或样品盒等适当容器中，再缓慢放入盛有液氮的小杯内。当组织样品接触液氮开始汽化沸腾后，使组织块保持原位，组织即由底部向表面迅速冷冻形成冻块，取出后用铝箔包好，编号存入液氮罐或 -70℃ 低温冰箱内，可保存数月至数年。如短期内用，可保存于 -30℃ 冰箱。

② 干冰-丙酮法。将组织块放进内盛 OCT 包埋剂或甲基纤维素糊状液的容器内，组

织块完全浸没即可。把丙酮倒入盛有10g干冰的保温杯调成糊状，再将装有组织块的标本盒放入保温杯，待包埋剂成白色冻块时取出，如上法保存。

（5）贴片与保存

① 贴片。未经固定的新鲜组织样品切片可直接贴在没有涂抹附贴液的洁净载玻片上，在孵育过程中不易脱落。但经固定的组织样品切片在孵育时易脱落，因此要用涂有蛋白甘油或明胶-甲醛液（1%明胶5mL、2%甲醛5mL混合而成）的载玻片进行贴片。切下的冰冻切片可直接迅速贴片，也可将其推入水中，再捞于载玻片上。

② 保存。贴好的冰冻切片可晾干或放置37℃恒温箱烤干（1h或过夜），使组织切片和载玻片牢固黏附，之后进行染色。如暂时不染色，可用锡箔纸包好后置于冰箱中保存，一般在4℃可保存一周左右，−20℃下1～3个月，−70℃下6～12个月。

（6）制作冰冻切片时的注意事项

① 切片时组织冷冻要适宜，过度冷冻切片易碎，也损伤刀口；不足无法制片。这一点需要在实践中逐渐掌握。

② 切片刀要锋利，切片动作也要迅速。

③ 新鲜组织不能放入−10℃冰箱内缓慢冷却，否则组织内形成冰晶，造成组织结构的破坏。

④ 组织样品速冻时，标本盒不能直接浸入液氮，以免组织膨胀破碎。

⑤ 半导体制冷切片时，先接通散热器的环流水，然后接通电源，注意正负极，切勿接反。半导体制冷机和切片机配合安装稳定后，先开水源，后开电源。切片结束后，应先关电源，后关水源。

9.2

兽药靶动物安全

9.2.1 概述

9.2.1.1 目的

靶动物安全性试验的目的是了解畜禽对受试药物推荐剂量、多倍剂量和延长用药时间使用时的临床反应、组织病理学和生理生化指标变化的特征；从而为明确受试药物的不良反应和临床应用时的注意事项提供依据。

9.2.1.2 适用范围

本指导原则适用于申报用国内外已上市的原料药研发的畜禽用药物新制剂或增加靶动物的已上市制剂等。对局部应用的药物通常不要求进行靶动物安全性试验，但供全身皮肤用药、可能引起全身吸收作用的药物以及通过局部用药发挥全身作用的药物则应进行靶动物安全性试验。对于含全新创制的原料药制成的制剂进行的靶动物安全性试验应参照 VICH 的《兽药靶动物安全性指导原则》进行。

该指导原则旨在为获得与靶动物安全性评价有关的必要信息而提供一般性指导（说明），特提出进行合理解释。

9.2.1.3 基本原则

① 靶动物安全性试验应根据养殖业生产实际开展，以保证评价结果的科学性、客观性。

② 靶动物安全性试验原则上应对受试药物所适用的每种靶动物分别进行。

③ 靶动物安全性试验应在符合兽药 GCP 条件下进行。

④ 靶动物安全性试验的设计应充分考虑实验动物毒理学研究的结果。

9.2.2 试验设计

9.2.2.1 实验动物

（1）品种　靶动物安全性试验一般选择受试药物拟用的健康且具有代表性的动物种属和类别。

（2）试验阶段　应根据药物的推荐使用阶段慎重选择动物的年龄。如果该制剂预期用于幼龄未成熟动物，则靶动物安全性试验中的动物通常选用拟申请产品适用的最低年龄；否则，应使用成熟健康动物。畜禽靶动物安全性试验阶段可参考表 9-1。

表 9-1　畜禽靶动物安全性试验阶段选择参考表

药物使用阶段	试验阶段
哺乳仔猪	哺乳仔猪
断奶仔猪	断奶仔猪
哺乳、断奶仔猪	哺乳仔猪
生长、育肥猪	生长猪
猪全程	仔猪或生长猪
泌乳母猪	分娩前两周至断奶
犊牛或羊羔	犊牛或羊羔
成年牛、羊	成年牛、羊
牛、羊全程	犊牛或羊羔
繁殖母猪、牛、羊	受精至断奶,至少一个繁殖周期
肉鸡	全程
产蛋鸡	产蛋高峰期

（3）来源　应从有实验动物资质证明的饲养单位购买，如果没有资质证明的动物，应来源清楚，并经检疫合格后才能用于试验。

（4）饲养环境　动物应在试验环境下进行适应性饲养后再开展试验。饲养环境不应对试验结果造成影响。处理组和对照组的动物应进行相同饲养管理，实验动物在试验前通常应有 1 周或更长的时间适应新环境。并且在试验基线期之前完成预防性治疗（如免疫和驱虫等）。试验期间不能同时使用其他兽药。

9.2.2.2 受试药物

受试药物应与拟上市的制剂完全一致，有完整的产品质量标准，有符合规定格式的说明书。受试药物应来源于同一批号，由申报单位自行研制并在符合 GMP 条件下的车间生产，并提供中国兽医药品监察所或其他兽药检验机构出具的产品检验合格报告。

9.2.2.3 动物分组与剂量设计

（1）剂量与分组　一般设置 4 个试验组：空白对照组、推荐剂量组、中间剂量组（高于推荐剂量）和估计的药物中毒剂量组。一般选择最大推荐剂量的倍数，分别为 1、3、5 倍剂量组，另设空白对照组。毒性强的药物可以根据具体情况设计 1、2、3 倍最大推荐剂量试验组。对安全范围较窄的药物，还可按 1、1.5 和 2 倍的最大推荐剂量进行试验。

（2）动物数　靶动物安全性试验通常包括相对少量的试验单元，每个试验组大动物（如牛）、繁殖母猪等不少于 4 头，中动物（育肥猪、羊等）不少于 6 头，小动物（鸡、鸭、鹅、家兔等）不少于 8 只。除非产品预期仅用于一种性别，原则上每个剂量组应包含雄性和雌性动物各半。

9.2.2.4 给药方案

（1）给药途径与方法　按标签说明书中推荐的给药途径和方法给药。

（2）给药周期　按照受试药物拟在临床推荐的给药周期制订给药方案，对于只给药一天的制剂，应至少连续给药 3 天；对短期用药（2 天及以上）的制剂，试验持续用药至推荐用药时间的 2 倍，但一般不超过 15 天；对于推荐长期应用（15 天或更长）的药物，必须持续至推荐的最长时间。

9.2.2.5 试验周期

每个靶动物安全性试验都要进行一个完整的试验周期，试验周期包括实验环境适应期、给药周期和停药后观察期。一般情况下环境适应期为一周，给药周期按给药方案进行，停药后观察期一般不能少于 7 天；用于繁殖动物的药物的靶动物安全性试验周期应为一个繁殖周期。

9.2.3 临床病理学分析

9.2.3.1 观察指标

（1）临床观察　试验期间观察动物是否有与药物相关的不良反应，如体温、脉搏、呼吸、行为异常、精神抑制及排粪异常等变化情况。记录试验前及试验结束时动物体重和饲料消耗量。

（2）血液学检查　给药前、给药中期及给药结束后，采集所有动物的血样进行血常规检查，检测参数主要有：血红蛋白、红细胞计数、白细胞计数、红细胞比容、血小板计数等。

（3）血液生化检查　给药前、给药中期及给药结束后，采集所有动物的血样进行血液生化检查，检测参数有：血清钾、钠、钙、无机磷及氯化物等无机离子浓度，总胆固醇、血糖、肌酐、总胆红素、ALT（丙氨酸氨基转移酶）、AST（天冬氨酸氨基转移酶）、碱性磷酸酶，血清总蛋白、血清白蛋白、血清尿素氮等。

（4）**尿液检查** 给药前、给药中期及给药结束后，采集所有动物的尿液进行检查，检测参数有：pH、比重、尿蛋白、尿糖、尿胆红素和尿酮等。

（5）**尸体剖检** 最高剂量组和对照组全部进行剖检。

① 肉眼观察：试验结束时对尸体进行详细的系统解剖学检查，为进一步的组织学检查提供依据。

② 脏器系数测定：试验结束时每组随机剖检一定数量动物（雌雄各半），剖检取心、肝、脾、肺、肾等脏器称重，并计算各器官与体重的比值。

（6）**组织病理学检查** 试验结束时对高剂量组及尸检异常的尸体进行系统的组织病理学检查，需详细检查的器官有：心、肝、脾、肺、肾、胸腺、胰腺、胃、十二指肠、回肠、直肠、淋巴结、骨髓等。

9.2.3.2 结果分析

选择合适的统计分析程序，对数据进行分析。比较试验组与对照组间脏器系数、平均增重、血液学、血液生化和尿液等各项指标的显著性差异，分析药物不良反应产生的原因，并提出注意事项。

9.2.3.3 试验报告

为公正、科学地评价药物疗效，对试验报告内容作如下要求：

① 试验目的。

② 受试药物需注明宠物药名称、生产厂家、规格、生产批号及用法与用量。

③ 试验时间与地点。

④ 试验设计者、负责人、参加者及电子邮箱。

⑤ 安全性试验的综合评估。对受试药物对宠物的安全性以及有可能引起的不良反应等给出综合的评价结论。

⑥ 试验数据，应有详细的试验原始记录。原始资料保存处、联系人、电话。

⑦ 试验单位（加盖公章）。

9.2.4 组织病理学分析

9.2.4.1 临床病史调查

通过问诊了解患病动物的临床表现，要做到心中有数，有的放矢。主要了解临床情况、发病表现、饲养管理情况等。包括畜禽的类别、品种、年龄、性别、营养状况、畜禽的用途、发病时间、发病地点、病程、症状、临床诊断治疗情况、临床发病部位及表现等，对于考虑疾病的性质，可指引方向，是病理诊断所必需的参考资料。

（1）**病例登记** 病例登记是病理剖检诊断的第一步，它是将送诊动物的尸体特征系统地记录下来，以便了解病死动物的个体特征，同时为诊断工作提供某些参考性资料。病畜登记的内容包括种类（品种）、性别、年龄，因为不同品种、年龄、性别的猪，其常发病、多发病也不同。此外对于作为个体特征标志的畜号、毛色、特征等也应做登记。

（2）**病史调查**　是诊断疾病的一个重要内容。包括群体病史调查和个体病史调查两方面，主要是通过详细询问饲养管理人员来获得情况。

群体病史调查内容包括：发病后，本场（村）及附近场（村）是否有类似的疾病发生，是群发还是单发，是同时发生还是相继发生，发病率、死亡率等，以帮助判断是传染病还是普通病。第二方面应了解防疫制度和措施的执行情况，如预防接种、疫苗的使用，有无从疫区引进动物及人员往来等。第三方面应了解本场（村）周围的环境情况，如周围有无厂矿企业的有毒废气、废水污染，饲料有无霉变或调制不当，农药的保管使用情况，有无在沼泽地放牧（与寄生虫病有关）等。

个体病史调查的内容包括发病时间、病程长短、病后表现。病死动物的日常和病前的饲料种类、饲料品质、饲料制度等。还有临床诊治情况，如病后是否进行过治疗，治疗措施和效果如何等，以供剖检诊断时参考。

必要时应深入养殖场现场进行实地调研。

9.2.4.2　病理学观察与初诊

病理学观察的方法包括大体病理剖检观察、组织病理学观察、细胞病理学观察、组织和细胞化学观察、超微病理学观察。对于诊断疾病而言，其中最基本的、首要的是大体病理剖检观察，它是病理学观察的第一步，其他病理学观察方法根据需要而定。大体病理剖检观察，可以指示病变的原发器官组织，对于判断疾病的性质具有重要意义。有些疾病需要在进行组织病理学（包括组织和细胞化学）观察，甚至超微病理学观察后方可作出病理诊断。

一般在剖检中可能会看到多种病理变化，对于每一变化的特殊性大小和各个变化的相互关系，要作恰如其分的估价。通过全面的分析，找出特征性的病变。根据特征性的病变及其彼此的相互关系，找出具有证病意义的病变群，并以此为依据作出初步的诊断。

9.2.4.3　病原学检查

包括细菌培养和病料涂片染色观察。

9.2.4.4　综合诊断与结论

用尸体剖检中眼观病变和组织学病变中主要的和特殊性较大的变化及它们的相互关系，判断动物是否患病及其性质。如果尸体剖检的组织器官病理形态变化没有特征性或特点不够，难以作进一步诊断，就停止在这样的简单诊断，能勉强地帮助临床解决治疗问题。若组织器官病理形态变化特点较明显、较肯定，就根据眼观与组织学病变的形态、性质，参考其他有用材料（病史、部位、群体状态、临床诊治情况、微生物学与免疫学检测等），作出较完整的初步诊断。

用这一诊断，反过来考虑，看它能否解释临床表现、眼观标本和组织切片的各种病理变化。如果能够完全解释，而毫不勉强，这一诊断一般是正确的，就写出报告。但有时所下的诊断并不完全、不准确，甚而完全错误，还要随时准备修改。若所提出的诊断不能完全解释临床、眼观标本和组织形态变化，还存在着矛盾，这说明以前的观察或分析有错误，未抓住特殊性变化和它们之间的内在联系来掌握基本病理变化，没有抓住病变的本质，还需要认真地从头看病史、眼观标本和切片，进行系统全面分析。有时需要反复几次，有时也需要参考他人意见或书籍，或作特殊染色，才达到合理的诊断。即便通过上述步骤，由于病变特殊性不够强或未掌握一定疾病的特殊规律，而难下诊断。我们即按判断疾病的一般条件，结合该具体组织（或器官）所发生之疾病的一般规律，作出初步诊断，留待将来证实或修改。对于常见疾病，也不宜轻率地下诊断，例如猪的胃溃疡，也要根据观察、分析，判断是否肯定为溃疡、是否肯定有应激、有无其他病变（如胃癌、胃肠炎等）或其他组织器官的相关病变（如白肌病、肝坏死等）。

对于特点不足的病变，不强行诊断，而是按形态特点的多少写诊断。对于所下的诊断有充分根据者，直接写出诊断；根据不太充分时，写"考虑为××××"；有一些根据，但有矛盾时，写"怀疑为××××"；若临床诊断和组织形态都缺特殊性时，则写"可符合×××"。目的是使诊断能够接近或准确地反映客观事实。

对于缺乏经验、不掌握特殊规律的病变，其形态特点虽然明显，由于我们对此不够理解，以致对其特殊性观而不见，这是常有的。这就需要参考他人经验（包括文献）和反复观察、思考，提高观察、分析能力。同时要严格地从具体材料出发，进行观察、分析。对于同一器官和同一类型的疾病，进行综合性观察、分析，可以增强对于那类疾病的认识能力。

分析的结论常有学术性意义。对上述各方面的观察资料进行综合分析、综合判断，结合病原学鉴定的结果，对疾病作出确切的诊断。

9.2.4.5　提出防治措施建议

根据综合诊断结果，提出相应的防治措施。

9.2.4.6　死因的分析和判定

在系统而详细的剖检基础上，对收集的大量感性材料进行分析，才能作出最后判断，即：①诊断疾病；②分析病因；③探索直接致死原因。

（1）分清病理过程的主次　任何一种疾病的某一病例，都要出现许多临床症状及病理过程，特别是一些非传染性疾病，往往都可以找出最主要的死亡原因及直接致死原因，如便秘、肠破裂等。同一疾病不同病例，在形态学上表现，虽然主要的病理形态学变化基本一致，但由于病因的强度、机体的状态、病程等不同，所以同一疾病的同一器官的形态学变化还是有差异的，因此我们在判断时应分清病理过程的主次，找出疾病的主要形态学变化，特别是一些传染病，通常情况下都可以找出最主要的形态学变化，由此去分析和判断，最后作出科学的诊断。

（2）分析病变的先后

① 同一疾病，在流行的不同阶段，可以出现不同型。初期往往是特急性型的败血型，中期亚急性型，后期慢性型。例如猪瘟初期为急性型，中期胸型或继发肺疫，后期肠型有典型的扣状肿或继发副伤寒。

② 病变出现的先后，要根据病变的特征新旧程度来分析。如猪瘟淋巴结出血急性血色较鲜艳；慢性被吸收，色暗、较陈旧。

③ 要根据某一病变的形成过程来判断其先后。如猪瘟扣状肿的形成，结核结节、肿瘤的原发灶和转移灶等。

（3）全面观察，综合分析　对疾病的诊断，特别是群发病，要寻找病变群，一个病例仅仅能反映某一疾病的一个侧面。所以应尽量多剖检几个病例，才可能全面地观察到该疾病的病理特征，即所谓病变群。也就是说同一疾病的典型病变不一定会在一个被检动物身上全部表现出来，一个被检动物只能表现出疾病发展的某一个阶段的典型病理变化。因此应多剖检一些病例才具有代表性，为诊断疾病提供依据。根据剖检时所获得的资料，作出病理解剖学诊断。最后在全面观察和综合分析的基础上分析病因，探索死因，作出疾病的诊断。

9.2.5 免疫病理学分析

免疫组织化学（immunohistochemistry，IHC）又称免疫细胞化学（immunocytochemistry，ICC），其主要原理是用标记的抗体（或抗原）对组织内的相应抗原（或抗体）进行定性、定位或定量检测，经过组织化学的呈色反应之后，用显微镜、荧光显微镜或电子显微镜观察。凡是能作抗原、半抗原的物质，如蛋白质、多肽、核酸、酶、激素、磷脂多糖、受体及病原体等都可以用相应的特异性抗体在组织内将其用免疫组织化学手段检出和研究。免疫组织化学的概念和本质就是用标记的抗体追踪抗原，以确定组织中的某种化学物。根据标记物的不同，免疫细胞化学技术可以分为免疫荧光细胞化学技术、免疫酶细胞化学技术、免疫铁蛋白技术、免疫金银细胞化学技术、亲和免疫细胞化学技术、免疫电子显微镜技术等。近些年来，核酸分子原位杂交技术采用生物素、地辛高等非放射性物质标记探针和免疫细胞化学技术密切结合，发展为杂交免疫细胞化学技术。不同的免疫细胞化学技术，各具有独特的试剂和方法，但其基本技术方法是相似的，都包括抗体的制备、组织材料的处理、免疫染色、对照实验、显微镜观察等步骤。

Coons 及其同事们于 1941 年首次用荧光素标记抗体检测肺组织内肺炎双球菌获得成功，开创了细胞化学中"免疫细胞化学"的新篇章。

60 多年前，Coons 及其同事利用荧光色素（FITC）标记抗体而开创的免疫荧光抗体技术，具有一定的灵敏性、特异性、操作简单等优点，但亦存在抗体用量大、标本不能长期保存、需较昂贵的荧光显微镜等问题。几乎在同一时期，电子显微镜在医学生物学领域中得到了广泛的应用，为克服荧光抗体法的不足，并能在超微结构水平定位抗原物质的存在部位，Nakane 等于 1966 年成功地引入了酶代替荧光色素标记抗体，进行组织细胞内抗原或半抗原的定位，开辟了酶标抗体技术及免疫酶细胞化学之路。

免疫酶细胞化学是免疫细胞化学中最常用的方法之一，它是在抗原抗体特异反应存在的前提条件下，借助于酶细胞化学的手段，检测某种物质（抗原/抗体）在组织细胞内存在部位的一门新技术，即预先将抗体与酶连结，再使其与组织内特异抗原反应，经细胞化学染色后，于光镜或电子显微镜下观察分析的形态学研究方法。

近 30 多年来，相继发现了多种亲和物质，如植物凝集素与糖结合物、葡萄球菌 A 蛋白与 IgG、生物素与卵白素（亲和素）、激素、脂质与受体等。这些物质是一些有多价结合能力的物质，不但与亲和物质之间有高度亲和力，而且可以与标记物如荧光素、酶、同位素、铁蛋白等相结合。Bayer 于 1976 年将这种利用两种物质之间的高度亲和力而相互结合的化学反应，进行细胞化学检测，称为亲和细胞化学。它和免疫细胞化学的区别是亲和物质之间的结合不是抗原和抗体反应。然而抗原和抗体反应也是一种物质间的亲和反应，是一种特殊的亲和细胞化学。由于引入了亲和细胞化学，提高了免疫细胞化学的敏感性，扩大了检测范围，是免疫细胞化学的新发展。

免疫细胞化学的迅猛发展是在近 30 年。继 Nakane 建立的酶标记抗体技术后，Sternberger 等人于 1970 年在此基础上又作了改良，建立了非标记抗体酶法以及辣根过氧化物酶（HRP）技术，使免疫细胞化学得到日益广泛的应用。20 世纪 80 年代，Hsu 等建立了抗生素-生物素（ABC）法之后，免疫金银染色法、半抗原标记法、免疫电镜技术等相继问世，使免疫细胞化学技术不断发展、成熟，成为当今生物医学中形态、功能、代谢综合研究的一项有力工具。近年来，各种新技术的引入，使新抗体相继问世，随着抗原的提纯和抗体标记技术的改进，特别是应运而生的单克隆抗体制造技术的引入，经销商遍布世界各地，免疫细胞化学技术得到了更广泛的推广和应用，成为当今形态学研究领域中不可缺少的手段；同时也能为临床病理诊断、肿瘤性质的判定、预后的估测等提供重要依据，是临床实验室常规检查法之一。免疫细胞化学在生物医学基础研究如病理学、神经学、发育生物学、细胞生物学和寄生虫、微生物（细菌、病毒）等病原体的诊断和研究中已日益显示出巨大的实用价值，并使实验向临床，向定量和分子水平深入。近年，伴随分子生物学、分子遗传学的惊人进步，免疫细胞化学技术在基因表达产物的观察、细胞功能动态分析中，亦发挥着重要作用。

免疫组织化学和细胞化学技术的应用如下。

（1）**在消化道疾病诊断中的应用** 消化道直接与各种口服抗原接触，是局部黏膜免疫反应的场所和中枢器官，也是炎症、溃疡、感染和肿瘤等病变的好发部位。用免疫细胞化学和组织化学对 IgA 和各种抗体分泌细胞、T 淋巴细胞、巨噬细胞和肥大细胞等免疫细胞和组织相关抗原等的研究，观察胃肠道疾病与局部免疫反应的关系，对进一步探讨某些疾病的病因、诊断和治疗有重要价值。胃肠道分泌的各种酶对食物的消化和吸收起重要作用。用免疫细胞化学研究胃蛋白酶、乳糖酶、溶菌酶等酶类的分布和定位对探讨消化道溃疡、腹泻和消化吸收不良综合征等疾病有重要临床价值。免疫细胞化学技术还能对消化道内分泌激素细胞和肽能神经准确定位，也能确定 CEA、CA125 和 AFP 等消化道肿瘤相关抗原和肝炎病毒等致病性抗原的产生和分布。随着单克隆抗体技术的应用和免疫细胞化学技术特异性和敏感性的提高，必将加速消化道疾病的病因和诊治研究的发展。

（2）**在肾脏疾病诊断中的应用** 在肾脏疾病时，免疫细胞化学技术主要应用于肾脏穿刺组织的检查、血清或肾脏洗脱液及尿液的特殊检查。Coon 于 1942 年首先应用荧光素标记抗体检查肺炎球菌，为荧光抗体技术的发展奠定了基础，1961 年 Dixon 开始在肾脏疾病中应用，对肾脏的免疫病理研究起了重要的推动作用，并逐渐成为肾脏疾病的病理诊断中不可缺少的重要环节。由于免疫荧光技术的应用受一定条件的限制，1966 年 Nakane 使用辣根过氧化物酶（HRP）代替荧光素对抗体进行标记，通过酶的显示使抗原定位，称为酶标记抗体技术。其后，又在此基础上发展了非标记酶抗体法。近年来由于单克隆抗体的制备成功和应用，推动了免疫细胞化学技术的进一步发展。由于分子生物学的进展，原位核酸分子杂交技术已与免疫细胞化学技术相结合，而成为分子杂交免疫细胞化学技术。目前常使用乙型肝炎病毒（HBV）的 DNA 标记后作为探针，研究乙肝病毒相关性肾炎组织中 HBV-DNA 的存在状态。

免疫荧光或免疫酶标技术在肾脏疾病中应用的意义重大：对肾小球发病机制进行研究。可以对肾小球内免疫复合物沉积的机制、补体系统的激活途径、凝血机制的启动等进行研究，判断肾脏疾病是否为免疫性疾病。在肾小球或肾小管中如发现有免疫球蛋白或补体沉积时，一般皆为免疫性疾病，说明体液免疫参与其发病机制，有助于某些肾小球疾病的确诊。某些肾小球疾病，虽然其临床表现多样，但其肾穿刺组织检查有其免疫荧光或酶标染色的特征性表现，往往有助于肾小球疾病的确诊，甚至在光镜观察及电镜观察前即可作出诊断。

（3）在自身免疫性疾病诊断中的应用　Friou 等首先用免疫荧光细胞化学技术检查系统性红斑狼疮患者血清的抗核抗体，随后，在多种自身免疫性疾病的诊断中，广泛应用了免疫细胞化学方法，为这类疾病的诊断和研究提供了重要的依据。不论从临床诊断、治疗和预后，或是对自身免疫疾病的机制研究，自身抗体及其检查方法的研究都是一个重要的问题。用免疫荧光细胞化学方法，检查自身抗体的研究越来越广泛地应用于临床检查中。

（4）在病原学诊断方面的应用　免疫细胞化学方法可以检测任何一种细菌和病毒，其突出的优点是快速、敏感、简便，又能同时进行形态学鉴定。此外，它还可以更广泛地使用已知抗原间接法检查血清中抗体以帮助诊断。更多地应用单克隆抗体进一步提高特异性和应用的广泛性。

免疫细胞化学在细菌学中主要用于菌种鉴定和抗原结构的研究。细菌都各有其特异性抗原，应用特异性抗体的荧光素或酶标记物，可以鉴定任何一种细菌，已经成功地用于鉴定几乎所有致病菌的纯培养。尤其是应用免疫荧光技术具有较其他血清学方法简便、快速和敏感等优点，并能直接进行细菌形态观察。可用于鉴定的材料也比较多样，如培养物、感染组织、病畜分泌排泄物，外环境中采集的材料（土壤、水、杂物等）。由于此法对某些传染病能较常规方法作出更快速的诊断，因而具有特殊意义。由于单克隆抗体的应用，免疫细胞化学方法用于研究细菌抗原结构和形态观察，比其他方法更为有效。

免疫细胞化学在病毒学中应用最为广泛，并取得了很大的成果。免疫细胞化学技术十分适合于病毒和病毒抗原在组织培养和机体细胞内的生长繁殖定位的观察。用免疫细胞化学方法可以看到病毒从宿主的细胞到细胞，从一个部位到另一个部位的扩散过程，如用免疫荧光技术看到了犬肝炎病毒的血行扩散、犬瘟热病毒的淋巴和血行扩散；用免疫细胞化学可以观察肿瘤病毒和细胞，病毒抗原和肿瘤抗原之间的相互关系；用免疫荧光方法可以计数病毒感染的细胞数，从而对病毒作出间接的估计。利用显微光度计直接测量单个细胞的荧光强度，使病毒感染的定量工作进一步精确化。免疫细胞化学还为病毒感染性疾病的快速诊断开创了一个广阔的道路。

在寄生虫学中应用免疫细胞化学方法，对于人体大多数寄生虫都较其他血清学方法敏感，图像鲜明，易于观察。在诊断方面，免疫荧光间接法最常用于检查宿主的抗体。抗原制备容易，只需要做成切片、涂片或压印片标本，不需提纯可溶性抗原；有些可溶性抗原固定于醋酸纤维滤纸上，反应后以荧光计读数，可以定量。但是，对于血中缺乏抗体的寄生虫如皮肤利什曼病，则难以诊断。还有些寄生虫（如扁形蠕虫）抗原性的变化，则需要制备多种抗原。丝虫等有较强的抗原交叉性，解释结果必须慎重。

在我国医学领域，免疫组织化学技术已广泛应用于各种疾病的诊断，尤其是肿瘤及一些传染病病原的诊断，主要依赖此类方法。但在兽医领域，免疫组化方法还大多作为一种研究手段被少量应用。

在病原微生物的鉴定中已被广泛应用，包括细菌、病毒、霉菌、原虫及寄生虫等多种，可以根据其组成中某一特定蛋白成分进行免疫组化染色。常用的有乙型肝炎病毒表面抗原、核心抗原、E 抗原，乳头瘤病毒、巨细胞病毒、EB 病毒等相关抗原及霉菌、衣原体、疟原虫等。动物疾病病原体如猪瘟病毒、ND 病毒、IBD 病毒等。

9.3

兽药特殊靶动物安全

9.3.1 泌乳动物乳房刺激性试验

9.3.1.1 概述

申报单位必须证明拟上市的用于防治奶牛乳腺炎的产品对靶动物是安全的。下述的安全性试验用于证明受试药对靶动物的安全性。另外，在疗效试验期间，药物发生的任何不良反应也应予以报告。

9.3.1.2 基本内容

（1）受试动物

① 用于泌乳期的兽药。选择健康无乳腺炎的经产奶牛和初产奶牛各 6 头，每组应有半数奶牛（3 头）的日产奶量在 25kg 以上（泌乳早期）、半数奶牛（3 头）的日产奶量在 15kg 以下（泌乳后期）。

对每头受试动物应说明其年龄、泌乳阶段、挤奶次数以及日产奶量情况。

② 用于干乳期的兽药。选择 6 头正常经产奶牛（已完成 2 次及 2 次以上泌乳的经产奶牛）和 6 头初产奶牛（完成第一个哺乳期的初产奶牛）。

对每头受试动物应说明其年龄、挤奶次数方面的情况。对经产奶牛要说明前一个泌乳期的产奶量。

（2）受试药物　拟用于防治奶牛乳腺炎的制剂。

（3）给药与采样

① 给药前。给药前至少间隔 24h 连续 2 次采集每头牛的 4 个乳区奶样，分别进行细菌培养鉴定和体细胞定量计数，以确定受试动物是否健康。

② 给药。在第 2 次采样后间隔 24h 开始按照标明的药物给药方案给药，且每头牛的 4 个乳区均需给药。

③ 给药后采样

a. 泌乳期产品。对于多次给药的产品，自第二次给药开始，每次给药前采集每头牛的 4 个乳区奶样，进行体细胞定量计数，并分别在最后一次给药结束后 12h 和第 7 天采样进行细菌培养和体细胞定量计数。

b. 干乳期产品。分别于给药结束后 12h 和第 7 天采集每头牛的 4 个乳区奶样，进行细菌培养和体细胞定量计数。

9.3.1.3 数据收集与结果评价

一般性信息：包括动物身份的识别信息、试验地点、试验编号、观察日期、测试天数和时间，以及每个受试牛的产奶量和体温。

一般临床观察：每天 2 次，对每头牛的 4 个乳区进行检查，并进行触诊，以表明有无肿胀、潮红和疼痛等反应；另外，在每个阶段还要通过定量计数方法测定体细胞数。

根据所收集的上述数据及临床检查结果确定防治乳腺炎产品对靶动物的安全性。

9.3.2 对繁育食品动物生殖安全性评估

9.3.2.1 概述

申请单位必须证明拟上市的防治奶牛临床子宫内膜炎产品对靶动物的安全性。下述安全性试验用于证明受试药物对靶动物的安全性。另外，在疗效试验期间，药物发生的任何不良反应也应予以报告。

9.3.2.2 基本内容

（1）**受试动物** 选择10头产后无临床子宫内膜炎的健康奶牛，对每一受试动物的描述应说明年龄、泌乳阶段、生产次数以及日产奶量情况。

（2）**受试药物** 拟用于治疗临床奶牛子宫内膜炎的制剂。

（3）**药物处理**

① 处理前期。在处理前，应采用直肠触诊、阴道检查和（或）B超诊断评价奶牛子宫状态，并进行评分（表9-2）。

表9-2 子宫内膜炎评分标准

诊断方法	临床症状评价标准	评分
直肠触诊	子宫有弹性，正常大小	0
	子宫肿胀，子宫壁增厚	1
	子宫肿胀明显，子宫壁厚薄不均	2
阴道检查	无黏液或清澈的黏液，子宫无肿胀	0
	黏液含有白色或灰白色絮片样或干酪状物质（脓片）	1
	子宫分泌物中含<50%呈白色或灰白色黏液或黏脓性物，有异味的分泌物	2
	子宫分泌物中含>50%呈白色或灰白色黏液或黏脓性物，有严重异味的分泌物	3
子宫拭子	细菌分离无特定病原菌	0
	细菌分离有特定病原菌	1
B超诊断	宫腔无回声，子宫颈0～2.5cm	0
	宫腔内有线状无回声，子宫颈0～2.5cm	1
	宫腔内有无回声液性暗区，内膜边缘不规则，子宫颈2.5～5cm	2
	宫腔增大，宫腔内有回声液性暗区，子宫颈>5cm	3

② 药物处理。以推荐剂量和给药方案给药。

③ 处理后期。给药后3周（下一个生殖周期）或21～30日（下一个生殖周期不发情奶牛），应采用直肠触诊、阴道检查和（或）B超诊断评价奶牛子宫状态，并进行评分（表9-2）。

9.3.2.3 数据收集与结果评价

药物处理前、处理期间及处理后期的资料应包括动物身份的识别信息、试验地点、实验动物数、观察日期、试验天数，每头牛的奶产量和体温。

根据收集的上述数据及临床检查结果确定防治奶牛临床子宫内膜炎产品对靶动物的安全性。

9.3.3　对产蛋鸡生殖能力和产蛋能力的评估

9.3.3.1　对蛋鸡产蛋能力的评估

通过产蛋率、平均蛋重和料蛋比等指标来评估受试药物对蛋鸡产蛋能力的影响。

要求：① 至少评价 90 天的产蛋情况。

② 每组实验动物不少于 30 只。

9.3.3.2　对蛋鸡生殖能力的评估

通过促卵泡素（FSH）、促黄体素（LH）、雌二醇（E2），以及催乳素（PRL）的各指标来评估受试药物对蛋鸡生殖能力的影响。

要求：① 至少评价 90 天产蛋期的激素水平。

② 每组实验动物不少于 30 只。

参考文献

[1] 农业农村部兽药评审中心. 兽用化学中药研究技术指导原则汇编（2022 年）. 北京：中国农业科学技术出版社,2022.

[2] 佘锐萍. 动物病理学[M]. 北京：中国农业出版社，2007.

[3] 汪明. 兽医学概论[M]. 北京：中国农业大学出版社，2011.

[4] 萧惠来. VICH 兽药靶动物安全性研究指导原则概述[J]. 中国兽药杂志，2009，43（12）：33-37.

[5] 李丹，徐倩，王学伟，等. VICH GL43 指导原则适用性研究[J]. 中国兽药杂志，2023，57（7）：56-61.

[6] 中华人民共和国农业农村部. 中华人民共和国农业农村部公告 第 326 号[J]. 中华人民共和国农业农村部公报，2020（9）：127.

第 10 章
兽药临床
有效性评价

10.1

临床试验的设计原则

10.1.1 临床试验方案的设计与撰写

药物临床试验方案是药物临床试验的主要文件，是实施《兽药临床试验质量管理规范》（good clinical practice，GCP）的重要环节，是进行研究、监查、协查的重要依据，是对兽药进行有效性、安全性评价的可靠保证。

10.1.1.1 兽药临床试验方案的内容

兽药临床试验开始前应制订试验方案，该方案应由研究者与申办者共同商定并签字，报实验动物福利伦理委员会审批后实施。兽药临床试验方案应包括以下内容：

① 临床试验的题目和立题理由。

② 试验的目的和目标、试验的背景，包括试验用兽药的名称、非临床研究中有临床意义的发现和与该试验有关的临床试验结果、已知对动物的可能危险与优势。

③ 进行试验的机构和场所，申办者的姓名和地址，试验研究者的姓名、资格和地址。

④ 试验设计包括对照或开放、平行或交叉、双盲或单盲、随机化方法和步骤、单点或多点试验等。

⑤ 受试动物的入选标准和排除标准，选择受试动物的步骤，受试动物分配的方法及受试动物退出试验的标准。

⑥ 根据统计学原理计算要达到试验预期目的所需的病例数。

⑦ 根据药效学与药代动力学研究的结果及量效关系制订试验用兽药和对照药的给药途径、剂量、给药次数、疗程和有关联合用药的规定。

⑧ 拟进行临床和实验室检查的项目、测定的次数和药代动力学分析等。

⑨ 试验用兽药，包括安慰剂、对照药的登记与使用记录、递送、分发方式及储藏条件的制度。

⑩ 临床观察、随访步骤和保证受试动物依从性的措施。

⑪ 中止和停止临床试验的标准，结束临床试验的规定。

⑫ 规定的疗效评定标准，包括评定参数的方法、观察时间、记录与分析。

⑬ 受试动物的编码、治疗报告表、随机数字表及病例报告表的保存手续。

⑭ 不良事件的记录要求和严重不良事件的报告方法，处理并发症的措施以及随访的方式和时间。

⑮ 试验密码的建立和保存，紧急情况下何人破盲和破盲方法的规定。

⑯ 评价试验结果采用的方法和必要时从总结报告中剔除病例的依据。

⑰ 数据处理与记录存档的规定。

⑱ 临床试验的质量控制与质量保证。

⑲ 临床试验预期的进度和完成日期。

⑳ 试验结束后的治疗措施。

㉑ 各方承担的职责和论文发表等规定。

㉒ 参考文献。

临床试验中，若确有需要，可以按规定程序对试验方案作修正。

10.1.1.2 药物临床试验方案设计需考虑的因素

所有的兽药临床试验必须遵守有关兽药管理的法律法规，如《兽药注册办法》《兽药临床试验质量管理规范》等。

进行兽药临床试验必须有充分的科学依据。准备对靶动物进行试验前，必须周密考虑该试验的目的、要解决的问题、预期的治疗效果及可能产生的危害，预期的受益应超过可能出现的损害。选择临床试验方法必须符合科学和伦理标准。进行临床试验前，申办者必须提供该试验用兽药的临床前研究资料，包括质量检验结果。所提供的药学、临床前和已有的临床数据资料必须符合开始进行相应各期临床试验的要求，同时还应提供该试验用兽药已完成和其他地区正在进行与临床试验有关的疗效和安全性资料以证明该试验用兽药可用于临床研究，为其安全性和临床应用的可能性提供充分依据。

开展药物临床试验单位的设施与条件必须符合安全有效地进行临床试验的需要。所有研究者都应具备承担该项临床试验的专业特长、资格和能力，并经过《兽药临床试验质量管理规范》培训。临床试验开始前，研究者和申办者应就试验方案、试验的监查、试验的协查和试验标准操作规程以及试验中的职责分工等达成书面协议。

10.1.1.3 各期药物临床试验方案设计原则与要点

（1）Ⅰ期药物临床试验方案设计原则与要点

Ⅰ期药物临床试验方案，包括单次给药耐受性试验方案、单次给药药代动力学试验方案、连续给药药代动力学与耐受性试验方案。

① 单次给药耐受性试验方案设计要点

a. 一般采用无对照开放试验，必要时设立安慰剂对照组进行随机双盲对照试验。

b. 最小初试剂量一般按 Blackwell 改良法计算，并参考同类药物临床用量进行估算。

c. 最大剂量组的确定：相当于或略高于常用临床剂量的高限。

d. 剂量组常设 5 个单次给药的剂量组，最小与最大剂量之间设 3 组，剂量与临床接近的组动物数 8～10 只，其余各组每组 5～6 只。由最小剂量组开始逐组进行试验，在确认前一个剂量组安全耐受的前提下开始下一个剂量，每只动物只接受一个剂量，不得对同一受试动物在单次给药耐受性试验中进行剂量递增连续试验。

e. 方案设计时需对试验药物可能出现的不良反应有充分的认识和估计，方案应包括处理意外情况的条件与措施。

f. 与试验方案同时设计好病例报告表、流程图与各项观察指标。

② 单次给药药代动力学试验方案设计要点

a. 剂量选择：选择单次给药耐受性试验中全组受试动物均能耐受的高、中、低 3 个剂量，其中的中剂量应与准备进行临床Ⅱ期临床试验的剂量相同或接近，3 个剂量之间应呈等比或等差关系。

b. 受试动物选择：选择符合入选标准的 6～12 只健康动物。

c. 试验设计多采用三向交叉拉丁方设计。全部受试动物随机进入 3 个试验组，每组受试动物每次试验时分别接受不同剂量的试验药，3 次试验后，每个受试动物均按拉丁方设计的顺序接受高、中、低 3 个剂量，两次试验间隔至少 7～10 个半衰期。

d. 生物样本选择适宜的分离测试方法，最常用的方法为高效液相色谱法或液质联用测定法。

e. 药代动力学测定方法的标准化与质控方法包括专属性、线性范围与定量下限、精密度、准确度、回收率、稳定性等考察，必须符合生物样品分析方法的有关要求。

③ 连续给药药代动力学与耐受性试验方案设计要点

a. 受试动物选择 6～12 只健康受试动物，各项健康检查观察项目同单次给药耐受性试验。

b. 受试动物于给药前 24 小时、给药后 24 小时、给药后 72 小时（第四天）及给药 7 天后（第八天即停药后 24 小时）进行全部检查，检查项目与观察时间点应符合审评要求。

c. 全部受试动物试验前 1 日单独笼养，接受给药前 24 小时各项检查，饲喂后禁食 12 小时。试验当天空腹给药，给药后 2 小时饲喂。剂量选用准备进行 II 期临床试验的剂量，按照临床给药方案，连续给药 7 天。

（2）II 期临床试验方案设计原则与要点

① 随机对照盲法设计。II 期临床试验设计必须进行随机化分组。随机化的目的就是减少偏倚干扰、排除分配误差、保证可比性。多采用区组随机化、分层随机化等分组方法，当样本大小、分层因素及分段长度确定后，由生物统计学专业人员在计算机上使用统计软件产生随机数字表。

为尽可能避免或减少由各种因素干扰而造成的误差，排除非药物因素对新药临床评价的影响，新药临床试验必须设置对照。对照试验主要可分两种类型，即平行对照试验与交叉对照试验。前者同时设试验组与对照组，将病情相同的患畜分为两组（试验组与对照组）。交叉对照试验则在同一组患畜中先后试验两种或两种以上不同药物，如试验两种药物则同一组患畜等分为两组，第一组先试 A 药，间隔一定时间后试 B 药；第二组则先试 B 药，间隔一定时间后试 A 药。各组试药的顺序通过随机化方法确定。对照药物的选择分为阳性对照药（即有活性的药物）和阴性对照药（即安慰剂）。新兽药为注册申请进行临床试验，阳性对照药原则上应选同一兽药类别中公认较好的品种。新兽药上市后为了证实对某种疾病或某种病症具有优于其他药物的优势，可选择特定的适应证和选择对这种适应证公认最有效的药物（可以和试验药不同结构类型、不同药理分类但具有类似作用的药物）作为对照。而安慰剂对照仅用于轻症或功能性疾病患畜。

在新兽药临床试验中，为有效地避免研究者或者受试动物的测量性偏倚和主观偏见，常采用盲法设计。盲法设计包括双盲法和双盲双模拟法。双盲法试验的前提是能够获得外观与气味等均无区别的 A 与 B 两种药，兽医与患畜均不知 A 与 B 哪种为试验药，哪种为对照药。双盲双模拟法用于 A 与 B 两种药的外观或气味均不相同又无法改变时，可制备两种外观或气味分别与 A 或 B 相同的安慰剂，分组服药时，服 A 药组加服 B 药安慰剂，服 B 药组加服 A 药安慰剂，则两组均分别服用一种药物和另一种药物的安慰剂两种药，且外观与气味均无不同，临床兽医无法区别。

② 多点临床试验。多点临床试验是由多位研究者按同一试验方案在不同地点和单位同时进行的临床试验，由一位主要研究者总负责，并作为各点的协调研究者。多点临床试验有利于保证样本量的均衡性，保证试验数据与结论的科学性、客观性与可靠性。但多点

试验要求各点充分合作，在试验前、进行中及总结阶段均需交换信息、召开会议，各点样本量大小及分配应符合统计学分析的要求，要保证不同试验点以相同程序管理试验用药，包括分发、储存和回收，要建立标准化评价方法，各点所采用实验室和临床评价应有统一的质量控制，保证各点研究者遵从试验方案。

③ 病例数估计。按照农业农村部要求，Ⅱ期临床试验按规定需进行盲法随机对照试验 100 对，即试验药与对照药各 100 例共计 200 例。临床上应根据试验需要，按统计学要求估算试验例数。

④ 应规定明确的诊断标准、病例选择标准、病例排除标准与病例退出标准。根据不同类别的药物特点和试验要求，在试验方案中规定明确的标准。

⑤ 有效性评价。我国规定疗效采用 4 级评定标准：痊愈、显效、进步、无效。（痊愈例数＋显效例数）/可供评价疗效总例数×100％＝总有效率

安全性评价每日观察并记录所有不良事件，应尽可能确定上述各种异常与所述药物之间的相关性。不良事件与所疑药物的因果关系判断依据如下：不良事件是否符合可疑药物常见不良反应类型；可疑药物与不良事件的出现是否有合理的时间关系；停药后不良事件是否有所缓解或消失；重复用药时不良事件是否重现（应尽量不重复用药）；不良事件是否与原发病、并发症、合并用药及食物、环境等有关。

不良事件与试验药的关系评定标准有 5 级评定标准与 7 级评定标准。5 级评定标准包括：肯定有关、很可能有关、可能有关、可能无关、不可能有关；7 级评定标准包括：肯定有关、很可能有关、可能有关、很可能无关、可能无关、肯定无关、无法评定。

应严格执行严重不良事件报告制度。严重不良事件为：死亡、威胁生命、致残。发现严重不良事件后，须在 24 小时内报告申办者与主要研究者。

（3）Ⅲ期药物临床试验方案设计原则与要点

① Ⅲ期药物临床试验。在Ⅱ期药物临床试验之后，紧接着进行Ⅲ期药物临床试验。

② Ⅲ期药物临床试验病例数。按照农业农村部规定，试验组大于等于 300 例，未具体规定对照组的例数。可根据试验药适应证的多少、患畜来源的多寡来考虑。单一适应证，一般可考虑试验组 100 例、设对照组 100 例（1∶1），试验组另 200 例不设对照，进行无对照开放试验。有 2 种以上主要适应证时，可考虑试验组与对照组各 200 例（1∶1），试验组另 100 例不设对照，进行无对照开放试验。若有条件，试验组 300 例全部设对照当然最好。若农业农村部根据品种的具体情况明确规定了对照组的例数要求，则按规定例数进行对照试验。小样本临床试验中试验药与对照药的比例以 1∶1 为宜。

③ Ⅲ期药物临床试验中对照试验的设计要求。原则上与Ⅱ期盲法随机对照试验相同，但Ⅲ期临床的对照试验可以设盲也可以不设盲，进行随机对照开放试验。某些药物类别，如心血管疾病药物往往既有近期试验目的，如观察一定试验期内对血压血脂的影响；也有长期的试验目的，如比较长期治疗后疾病的死亡率或严重并发症的发生率等，则Ⅲ期临床试验就不单是扩大Ⅱ期临床试验的病例数，还应根据长期试验的目的和要求进行详细的设计，并做出周密的安排，才能获得科学的结论。

10.1.2　药物临床试验的质量保证和数据管理

新兽药研究开发上市前，必须经过临床试验，其研究资料和结果是兽药监督管理部门

进行新兽药审批的关键依据，因此保证兽药临床试验质量是至关重要的。我国颁布实施的《兽药临床试验质量管理规范》（GCP）强调了对新兽药临床试验的质量要求。GCP 对兽药临床试验的质量保证体系包括四个环节，即质量控制（三级质控）、监查、协查和视察。

10.1.2.1　三级质控

在兽药临床试验过程中，研究者是保证试验质量的主体，研究者应严格遵循药物临床试验方案，采用标准操作规程，接受研究机构的三级质控管理模式，强化过程管理，不断提高兽药临床试验质量，保证将数据真实、准确、完整、及时、合法地载入研究病历和病例报告表（case report form，CRF）。

（1）专业质控员的"一级质控"　在研究机构的每个专业组内，均应设立专业质控员进行兽药临床试验的"一级质控"。专业质控员在本专业组负责人的指导下，认真把好兽药临床试验质量第一关。专业质控员必须具有相应的专业技术职称和执业兽医师资格，参加过兽药临床试验技术和 GCP 法规培训，并取得培训合格证书。专业质控员严格遵照执行 GCP 及遵守国家有关法律、法规和道德规范，并严格按照试验方案进行质控。专业质控员应保证有充分的时间对临床试验全过程进行质控，明确其主要职责：始终对临床试验的全过程进行质控，掌握兽药临床试验的进度和试验过程中发现的问题，及时向专业负责人、质量保证室和 GCP 办公室报告，以便及时改进。必须严格按照方案的要求对每一观察病例的纳入标准、临床化验和检查、临床用药记录以及疗效判定等进行审查和核对，对发现的问题及时与研究人员取得联系并指导他们解决好问题。审核知情同意书是否按知情同意过程的标准操作规程签署，是否符合 GCP 的要求。

（2）专业负责人的"二级质控"　专业负责人是指临床试验项目负责人，参加过兽药临床试验技术和 GCP 法规培训，并取得培训合格证书。严格按照 GCP 及国家有关法律、法规组织实施药物临床研究。专业负责人必须保证有充分的时间领导和组织兽药临床试验，可以支配进行兽药临床试验所需的人员和设备条件。明确其主要职责：负责参与由申办者主办的多点的临床试验前协调会议，讨论临床试验方案和知情同意书等。负责对本专业所有参加兽药临床试验的研究人员进行试验前培训。负责临床试验的"二级质控"，按时检查和监督各临床研究者执行临床试验方案、标准操作规程（standard operating procedure，SOP）及流程图的情况，及时纠正任何偏离研究方案的情况。与申办者保持联系，定期接受监查员的访视。负责与机构办公室按期组织召开试验中期和后期的临床试验协调会，讨论并解决试验中存在的问题。当有严重不良事件发生时，专业负责人需在接到专业研究人员的报告后立即报告机构办公室，并组织实施对受试动物的治疗。每一份完成的 CRF 经专业质控员质控后，专业负责人对 CRF 要进行复核，查对数据并签字。

（3）机构办公室的"三级质控"　机构办公室下设专职的兽药临床试验质量监查员，负责"三级质控"，其主要职责包括：协助专业负责人提请召开伦理委员会审议方案。药物临床试验开始前协助专业负责人对研究者进行培训（包括方案、法规、SOP 等培训）、考核、授权。药物临床试验进行中负责定期巡查项目进展情况，记录存在的主要问题，通报给专业负责人并向上级领导汇报，及时解决发现的问题。要求临床试验药房管理员严把药物发放关，定期核对研究者开具的临床试验专用处方和药物发放登记是否符合要求，巡查临床试验用药物的发放和使用是否按方案执行，是否和 CRF 记录相符，检查药房管理人员是否按 GCP 规范管理试验用药物。不定期抽查检验科、相关功能科室仪器设备的使用、保养、维修是否按已制定的 SOP 执行。协助做好 CRF 的质控，每份完成的

CRF 经专业负责人审核签字后，再由办公室质控员做最后的检查。抽查 CRF 上的实验室数据是否可溯源，是否真实。

通过实行"三级质控"，层层把关，加上申办者委派的监查员定期进行监查等多层次、多环节质量监控，强化过程管理，及时地发现和解决试验中存在的问题，不断完善各项管理制度和标准操作规程。

10.1.2.2　监查、协查和视察

监查、协查和视察是兽药临床试验质量保证的重要环节，对规范和完善兽药临床试验的管理与实施起着关键作用。

（1）**监查**　监查的目的是保证药物临床试验中受试动物的权益受到保障，试验记录与报告的数据准确、完整无误，保证试验遵循已批准的方案和有关法规。监查员是申办者与研究者之间的主要联系人。监查员由申办者委派，应有适当的兽医学、药学或相关专业学历，并经过必要的训练，熟悉兽药管理有关法规，熟悉有关试验药物的临床前和临床方面的信息以及临床试验方案及其相关的文件。监查员应遵循标准操作规程，督促临床试验的进行，以保证临床试验按方案执行。

监查的具体内容包括：

① 在试验前确认试验承担单位已具有适当的条件，包括人员配备与培训情况，实验室设备齐全、运转良好，具备各种与试验有关的检查条件，估计有足够数量的受试动物，参与研究人员熟悉试验方案中的要求。

② 在试验过程中监查研究者对试验方案的执行情况，确认在试验前取得所有受试动物的知情同意书，了解受试动物的入选率及试验的进展状况，确认入选的受试动物合格。

③ 确认所有数据的记录与报告正确完整，所有病例报告表填写正确，并与原始资料一致。所有错误或遗漏均已改正或注明，经研究者签名并注明日期。每一受试动物的剂量改变、治疗变更、合并用药、间发疾病失访、检查遗漏等均应确认并记录。核实入选受试动物的退出与失访已在病例报告表中予以说明。

④ 确认所有不良事件均记录在案，严重不良事件在规定时间内作出报告并记录在案。

⑤ 核实试验用兽药按照有关法规进行供应、储藏、分发、收回，并做相应的记录。

⑥ 协助研究者进行必要的通知及申请事宜，向申办者报告试验数据和结果。

⑦ 应清楚如实记录研究者未能做到的随访、未进行的试验、未做的检查，以及是否对错误、遗漏作出纠正。

⑧ 每次访视后作一书面报告递送申办者，报告应述明监查日期、监查时间、监查员姓名、监查的发现等。

（2）**协查**　协查由申办者委托其质量保证部门或第三方（独立的协查机构）进行。是指由不直接涉及试验的人员对药物临床试验相关行为和文件所进行的系统而独立的检查，以评价药物临床试验的运行及其数据的收集、记录、分析和报告是否遵循试验方案、GCP 和相关法规要求，报告的数据是否与试验机构内的记录一致，即病例报告表内报告或记录的数据是否与病历和其他原始记录一致。

协查方式分为常规协查与"究因"协查。常规协查：用来确证申办者遵守了要求、国家和当地法规。这常常是申办者对药物临床试验预先计划的协查活动的一部分，针对那些须提交给药政管理机构以支持其上市申请的临床试验。"究因"协查（for-cause audit），有时也可以称为指导性协查。它们通常是在申办者有理由相信研究者没有遵守药物临床试

验的要求，并且担心该中心试验数据的质量时进行的。

申办者对研究单位进行协查的目的有许多，最重要的目的之一是评价受试动物的权益是否得到了保护、研究者是否依从了试验方案和遵守了法规。另一个重要的协查目的是评价申办者的监查活动并将其反馈给临床人员。研究者可以根据协查的结果来改进药物临床试验中存在的问题，并对提高药物临床试验水平提出自己的建议。申办者进行协查，也可以为管理部门对该研究中心的视察做准备。

协查可以在试验中或试验后进行，协查的流程主要有以下几个方面。

① 准备阶段。协查的准备阶段主要包括选择临床试验项目、明确试验方案中直接影响试验结果的关键因素、确定协查的试验中心和时间、制订协查方案并通知被协查的对象。协查项目的选择主要根据申办者的新药开发和市场战略的要求。确定协查的对象可以是所有承担药物临床试验的中心，也可以是其中之一。在选择协查对象时主要考虑的因素是：第一次承担本公司项目的中心；承担病例数较多的中心；在过去的协查中存在较大问题的中心；已发现问题迹象的中心。协查的时间最好在受试动物入选数为 20% 左右的时候，这时一方面已能够根据入选和病例和试验开展的情况进行协查，另一方面在发现严重质量问题时，能够给予及时的纠正而不会造成不可弥补的损失。对研究周期长的项目适当增加协查的次数。在必要的时候或者法规有要求时，应当进行终期协查。

② 启动会议。在开始协查前召开启动会议，向药物临床试验机构的有关人员介绍本次协查的目的、内容和程序，并请主要研究者介绍试验的有关情况，包括有关人员的基本情况、GCP 和 SOP 的培训情况、伦理委员会的批准情况、知情同意书的签署情况、入选病例情况和试验进展情况等。

③ 现场核查。协查现场查看的内容一般包括：

a. 是否保存 GCP 所要求的所有档案资料。包括法规文件、伦理委员会批件、试验方案、研究者说明书、各种合同、研究者简历、签署的知情同意书、原始数据档案、病例报告表、不良事件报告表、兽药签收表、兽药发放及回收表、监查访视报告等。

b. 原始数据和 CRF 的核对。包括：是否存在所有的原始数据；比较 CRF 和原始数据的准确性、完整性和可读性；任何遗漏、不一致和修改是否有说明、记录和存档。

c. 查看仪器设备。包括就诊设施、实验室设施、计算机设施、仪器保养、维修记录、监测记录和档案等。

d. 查看兽药的储存和管理：兽药的使用、分发、回收制度和记录；兽药的储存条件；清点已用药、待发药、归还药和已被销毁药；查看所有有关兽药的入出记录和档案，以及入出不符的说明、记录和存档等。

e. 查看监查员职责的履行情况：在试验启动前是否有对有关人员进行充分的试验方案和 GCP 的培训；监查的时间、频度和内容是否适当；对访视中发现的问题的记录、纠正、跟踪情况；访视的文件、电话记录、传真等资料是否保存齐全等。

④ 询问有关人员。对参加药物临床试验的人员进行抽查和询问是非常重要的协查手段，临床试验的研究者承担了许多任务，因此协查员必须确定谁在真正参与本试验项目，而且是否真正符合既定的条件，自始至终遵循 GCP、SOP 和试验方案的要求，尽职尽责。

作为一个研究者，为准备协查，很重要的一点是在整个研究过程中要准确、完整地保存好所有的试验文件，而且所有的研究人员都要熟悉 GCP 原则和申办者、研究机构以及当地的法规的要求。面对协查员时，研究者应该要求确认其身份，明确协查员希望协查哪个试验，然后取出相关的 CRF 以及原始文件。确定试验中有哪些原始文件并将所有受试动物的文件取出，这应该包括知情同意书、心电图、临床记录以及实验室检查结果等。保证协查员可以找到参与试验的研究人员以便询问有关问题，并且确保研究者已经通知了伦理委员会的负责人本中心将要被协查。

（3）**视察** 视察又称检查，指兽药监督管理部门对从事兽药临床试验的单位对 GCP 和有关法规的依从性进行的监督管理手段，是对开展药物临床试验的机构、人员、设施、文件、记录和其他方面进行的现场考核。现场视察根据其主要内容分为机构检查与研究检查，根据其主要目的可分为常规视察与有因视察。视察与协查一样，可以在试验的任何时候或试验完成之后进行。视察主要关注法规的依从性、受试动物的安全性和数据的真实可靠，对试验是否成功关注较少，视察员有权查阅所有试验中与 GCP 相关的文件，在检查中研究者只需按视察员的要求提供相应的文件，要确保已存档文件能快速被抽调出来，视察员可能要求复印相关资料以说明所发现的问题，并在视察结束时提供一份视察报告。

10.1.2.3 临床数据电子化管理

临床数据管理是药物临床研究中的重要内容，数据的质量直接关系到能否对药物的安全性和有效性做出正确的评价。近年来，随着计算机与网络技术的发展，基于网络的电子数据获取方式（electric data capture，EDC）将成为今后临床研究数据获取的主要方式。国际上药物临床研究出现了电子化临床数据管理模式，数据的收集、录入、核查、整理已经不再采用纸张型的病例报告表（CRF），而是以电子 CRF（e-CRF）的形式收集数据，并通过计算机系统实现了临床试验全程信息管理的自动化，极大地提高了临床研究效率，节省了时间和成本，更好地保证了数据的真实性、准确性和完整性。目前，我国绝大多数的药物临床试验都采用等试验完成后再由数据管理部门组织数据双份录入的形式，导致不能及时进行临床试验的数据和安全监查，对临床试验数据的采集缺乏时效性，试验过程中的不良事件报告制度不健全，缺乏严格的质量控制机制等。这些不足之处都会对最终的试验结果造成不可挽回的影响。随着信息技术的发展，应用计算机系统进行数据采集和监查，将试验资料交由计算机进行实时的数据化处理，才能真正实现准确完整的数据和安全监查。因此，积极推动我国药物临床研究数据管理电子化十分必要。

（1）**传统的临床数据管理存在的问题**

① 数据的可靠性和安全性得不到保证：由于新药临床研究的投资大、历时长，个别厂家片面追求经济利益，为获得好的试验结果，进行各种违规的操作，有意删改原始数据。由于纸张型 CRF 上的数据和常规的数据库系统缺少可靠的保护措施，各种不相关的人员都有可能接触到，有意或无意改动都会给数据的真实性和可靠性带来严重的影响。

② 数据的准确性存在问题：研究人员通过手工的方式填写纸张型 CRF，手工书写的工作量大，容易产生书写错误。同时在录入过程中，由于手工书写的笔迹问题，容易造成数据录入人员识别困难，产生录入错误，增加了数据核查的工作量。

③ 易产生数据丢失：临床试验的研究时间跨度长，涉及地点多，大多为多中心的临床研究。纸张型的 CRF 如果管理不当，在填写、封装、运输、保存等过程中容易缺页、破损、遗失，从而引起重要数据的丢失，影响数据的完整性。

④ 数据核查的工作量大：为了保证用于分析的计算机数据库中的数据与 CRF 上的原始记录完全一致，核查人员必须花费较多的精力手工翻阅大量的 CRF，对 CRF 上存在的问题还要花费较多的时间查阅研究场所的原始记录，影响了研究的整体效率。

⑤ 数据管理的费用高、过程烦琐：纸张型 CRF 的设计制作费用较高，并在数据的收

集与管理的整个过程中，需要对其进行分发、汇总和封装，并需要在研究场所与数据管理中心之间进行运送，过程烦琐，使得数据管理成本较高而效率低下，数据资料的保存与管理较为不便。

要解决以上的问题，必须有完善的标准操作规程作为保证，但由于研究过程中涉及的环节多、人员广，加上各种客观条件的限制，标准操作规程很难得到完整的实施，难以形成有效的质量保证体系。同时药物临床研究的管理机构监管的费用高、难度大、周期长，不能形成有效的督促和制约机制，造成了国内药物临床研究的低效率、数据的低质量，以及不必要的人、财、物和时间的消耗，影响了整个新药上市的进程，导致我国药物在国际市场上的竞争力始终无法提高，因此，改革传统的临床数据管理模式已经成为提高我国药物临床研究水平的重要手段。

（2）临床数据管理电子化的优势　　电子化和网络化是当今社会各个行业提高效率、节约成本、改善效益的重要手段。在临床研究中数据管理的电子化降低了临床研究的费用，缩短了研究的周期，简化了管理环节，研究者可以实施较好的 SOP，保证研究的质量，从而加快药物申报注册进程，提高其产品的市场竞争力和经济效益。具体来说，使用良好的临床数据管理系统，可以防止未经授权的人员接触数据，保证数据的安全性、私密性、真实性和可靠性；对数据的录入进行控制，减少错误录入，提高数据的准确性；通过网络实现各种研究场所和数据管理中心的数据传输和信息的交互，简化数据的收集、整理、核查等过程。同时电子化的数据具有易于查看、备份、保存等优点，从而保证了整个研究过程获得高质量数据。对于兽药的监管部门来说，临床数据管理的电子化和网络化可简化数据审查方式，提高对药物临床研究监管的效率；检查人员通过临床数据管理系统提供的协查记录对数据的产生、查看、修改、保存等的任何一个环节进行审查，确保整个研究过程都按照有关的规范进行，保证申报数据真实可靠；电子化的申报材料便于提交、查看、存档和维护，可以缩短新药评审的时间，提高新药评审和上市的效率。其中需要特别指出的是，完善的电子化临床数据管理软件系统可以有效防止研究过程中的数据造假行为，通过系统设置的用户名和权限，研究的主管人员可以防止未经授权的人对数据进行任何操作，即使某些人为了获得良好的试验结果对数据进行了有意的修改，系统也可以记录这些改动所涉及人员、时间和地点等信息，便于管理机构在检查中发现问题。此外，某些软件具有与医疗仪器的数据接口功能，可以将医疗仪器上的数据直接下载至计算机，进一步减少了违规操作发生的机会。但同时也必须认识到，软件并不是万能的，它只能提供技术上的保证和约束，要完全彻底地确保数据的真实性和可靠性，除了技术、制度、规范的保证之外，最为需要的仍然是所有参与研究的人员科学严谨的研究态度和良好的科研道德水准。

（3）临床研究数据管理软件所应具备的功能　　临床数据管理的电子化必须依赖于专业的临床数据管理软件。根据国际通用的规范和国内外相关法规的要求，以现有的软件为参考，专业的临床数据管理软件应当具备以下功能。

① e-CRF 的设计功能：软件应有可视化的电子 CRF 设计功能，研究者可以编制与纸张型 CRF 基本一样的 e-CRF；同时在设计 e-CRF 的时候，应当可以同时设置各变量的属性，如变量的范围、编码、逻辑关系和跳转设定。

② 临床试验数据的实时性获取功能：各试验站点之间及时交换信息是多中心试验面临的一个关键技术问题。EDC 系统应保证数据的快速、准确获取与及时更新，使各站点能及时获得最新数据。基于网络的 EDC 系统可以较好地解决数据实时性获取问题，如

Open-Clinic、caBIGCTMS 均采用了基于网络的构建形式，为数据的实时性获取提供了基础。

③ 数据一致性检查功能：软件系统要能对两次录入的数据进行自动校验，并将两次录入不一致的变量列表，供数据管理人员核查；软件系统还要能根据 e-CRF 设计时设定的逻辑关系，对录入的数据进行逻辑合法性检查，减少错误录入以及数据漏输入。

④ 质疑管理和数据的修改功能：系统应对质疑的产生、发布、回复及关闭等处理过程进行管理，以提高质疑处理的速度和准确性；系统要保证只有经授权的人员才可对已录入的错误数据进行修改。

⑤ 数据的可溯源性：所有修改过的数据和原数据及修改人、修改日期和修改原因等都将作为痕迹自动保存在计算机自动生成的文件中，该文件不能修改；同时应当能够方便审核人员查询到所有数据处理的痕迹，应能够让其知道何数据在何时被哪一位授权用户进行了修改，并可以查看原始记录和修改后的记录。

⑥ 系统管理功能：系统要具备严密的安全管理功能，只有经过允许的人员才可以进入系统完成指定的任务。系统应锁定经清理过的数据，供统计分析用。

⑦ 生成便于分析的数据文件：系统应该可以从 e-CRF 自动产生临床数据库，同时应可以将需要分析的数据导出到权威的统计分析系统中，如 SPSS 及 SAS 统计分析系统，或者系统也可以集成权威的统计分析工具。

⑧ 电子提交功能：为了使临床试验的相关文档能够快速、有效地提交给兽药监督管理部门进行审批，系统还应具备与有关管理部门进行规范化文档交互的功能。所以电子提交不仅要符合相关规范的要求，还应当与兽药审评机构的管理活动信息化程度相一致。

总之，临床数据管理的电子化是新药临床研究发展的必然趋势，是临床试验数据质量保证的重要因素。只有积极加快临床数据管理的电子化发展，才能真正提高国内的临床研究水平，提高我国的新药在国际市场上的竞争力。

10.2

消化系统疾病兽药临床试验的一般考虑

消化系统疾病兽药临床研究基本内容也包括耐受性试验、药代动力学试验、探索性试验和确证性试验。通常，根据前期研究结果开展推进后续的研究是新药临床研发阶段的基本思路，这是一个逐步推进的逻辑过程，最终通过一系列研究证明新药的有效性和安全性。消化系统疾病药物的耐受性试验和药代动力学试验与其他系统药物要求基本一致，在此不再赘述。本节介绍消化系统疾病药物探索性试验和确证性试验中方案设计的关键点。

临床方案的设计不是孤立的，需要综合药学、药理毒理研究结果及临床治疗学而全面考虑。试验方案能否合理地设计并严格地执行以得到真实、客观、科学的结论，是整个临床试验成败的关键。

10.2.1 试验目的

试验目的在药物临床试验中起重要作用。通常，探索性研究的目的是初步探索研究药物的有效性，并对最佳剂量和治疗疗程进行探索。确证性研究的目的是在前期初步临床研究的基础上，进一步证实研究药物的安全性和有效性。药物临床试验往往是证明或回答有价值的临床问题，作为研究者应该很清楚地知道研究所需回答的临床问题。同一药物，如试验目的不同，试验方案设计（包括受试动物、对照选择等）也会随之改变。比如，同一活性药物成分（API）制剂，一项研究评估其治疗消化性溃疡的疗效和安全性，另一项研究是了解其与胃黏膜保护剂合用是否可进一步提高消化性溃疡的愈合率，虽然为同一药物治疗同一疾病，但目的不同，对照的选择上也不同，前者可考虑用另一已上市的API制剂作对照，后者则应考虑用研究药物直接对照。需注意的是，在设定试验目的时，应注意与立题依据和新兽药临床定位联系，反映药物特点。

10.2.2 适应证的确定和受试动物的选择

一般而言，新兽药适应证的确定取决于临床前动物药效学试验的结果。同一种药物，可以用于治疗发病机制相同的不同消化系统疾病，如作为抑酸药的API制剂可用于治疗与酸过度分泌相关的消化性溃疡等，尽管如此，在进行临床试验前，也需获得相应药效学试验提供的充足依据。

通常，临床试验中的目标受试动物取决于治疗的适应证和试验目的。方案设计时应规定合适的入选、排除、剔除标准。目标受试动物根据相应指南应符合临床公认的诊断标准和临床治疗学原则。排除标准应具有特殊性及合理性。对研究者而言，入选/排除标准的设定尚需考虑临床的实际情况及可操作性。

10.2.3 样本量

临床试验的本质是一种统计学假设，需足够的样本量来证明某药"治疗有效"的假设是存在的。临床试验中所需病例数必须足够大，确保对所提出的问题给予一个可靠的回答。

主要研究终点可以决定临床试验的样本量，设计时应考虑试验设计是优效性还是非劣效性，并应根据疗效作用大小、把握度等因素来计算并确定试验的样本量。

10.2.4 对照组

临床试验中设立对照组的目的是判断受试动物治疗前后的变化是由试验药物引起的，还是由其他原因引起的。同一个临床试验可以采用一个或多个类型的对照组形式，需视具体情况或试验目的而定。临床试验中较常用的主要为安慰剂对照和阳性药物对照。安慰剂对照可以检测受试药的"绝对"有效性和安全性，以确定受试药本身是否有肯定的治疗作用，常用于轻症/功能性疾病、无已知有效药物可以治疗的疾病的药物临床研究中，若目前尚无明确的治疗药物，应考虑用安慰剂作为对照；治疗功能性消化不良的药物临床研究中，也可用安慰剂作对照。阳性对照药物必须是在国内上市的，而且，应是治疗领域中学术界公认的、对所研究的适应证疗效最为肯定并且是最安全的药物，如治疗消化性溃疡的新药临床研究中，应选择已上市具有相同治疗适应证的 API 作为阳性对照药。

10.2.5 研究终点

研究终点的选择是临床试验最关键的因素。对消化系统的肝脏疾病临床研究而言，理想的主要研究终点应是能反映阻止肝脏疾病进展，改善肝病临床结局，进而降低肝脏疾病患畜的死亡率或提高生存率，提高生活质量，因此，主要终点的重要组成部分应包括死亡率、并发症、生活质量。在一些小型研究中，往往使用复合终点以减少样本量，使用复合终点固然能使事件发生率增加，但这需要对试验结果有完整的合理解释。需要注意的是，替代终点不应被列为首要的终点，除非这些替代终点已被完全证实与那些理想的主要研究终点有明确的关联，否则，这些替代终点的临床意义或价值可能有限。

10.2.6 有效性评价

有效性指标选择的合理性、检测方法的公认性，以及有严格质控、疗效判断标准的公认性，是有效性评价的主要依据。此外，尚需结合研究设计、对照选择、样本量、统计学方法和意义等综合考虑及评价，才能作出客观的有效性评价。有效性指标选择中应慎重考虑主要疗效和次要疗效指标的选择，原则上应选择反映疾病进展或临床结局的终点事件作为主要疗效指标。如选择替代终点作为主要疗效指标时，应有充分证据证明其与疾病进展或临床结局的关联。应注意的是，在药物临床试验中，主要疗效指标需有符合统计学假设的统计学结论，而次要疗效指标则未必。对主要疗效指标的检测方法应有足够的敏感性、特异性和准确性，是公认的标准检测方法。在临床试验中的检测应遵循既定的标准操作规程，具有良好的质控。疗效判断标准应采用国内外颁布的不同消化系统疾病的诊疗指南作为主要的依据，符合临床公认的原则。

10.2.7 安全性评价

药物的安全性是临床试验中另一重要的考核指标，通常，试验期间定期监测不良事件和常规实验室指标，是方案设计中安全性评价的基本要求。此外，尚需结合药物的临床前药理毒理试验结果及国外临床试验结果，注重观察动物实验提示的毒性作用及特殊靶器官损害。安全性指标设定中也应重视同类药物可能出现的毒性作用。

10.2.8　混杂因素的考虑

临床试验中往往有很多的混杂因素干扰试验的结果，严重的可导致临床试验的失败，因此，在方案设计时应充分考虑到这些混杂因素的影响并努力控制。例如，有的试验中因合并用药而影响了新药的疗效和安全性评价。有时，这些混杂因素与疾病本身有关。

10.2.9　统计学要求

统计学概念对方案设计至关重要，试验设计应遵循随机、对照、盲法重复的基本原则，随机化和盲法是临床试验中避免偏倚的两个重要的设计技巧。平行、交叉、成组序贯等试验设计类型应明确。选择合适对照后，应界定优效、等效、非劣效性试验设计。研究者在确定与疾病进展或转归相关的主要疗效终点后，应报告样本大小的计算方法。

10.2.10　综合考虑

临床研究方案设计时应综合考虑新兽药的药学、药理毒理特点，这对设计出反映新兽药特点的方案尤其重要。如剂量设定时，初试剂量应由有经验的临床药理研究人员和临床兽医，根据动物药效学试验的结果、动物毒性试验的结果或同类产品应用的剂量来确定。另外，某些新兽药的独特作用特点及剂型不同等导致的临床不同治疗效果，也应在方案设计中体现。

10.3

抗菌药物临床试验设计技术指导原则

10.3.1　概述

抗菌药物（antibacterial agents）是指具有杀菌或抑菌活性，主要供全身应用［含口服、肌注、静注、静脉滴注（简称静滴）等，部分也可用于局部］的各种抗生素、磺胺类、吡咯类、硝基咪唑类、喹诺酮类等化学药物。抗菌药物包括抗细菌药物和抗真菌药物，本指导原则所涉及的抗菌药物仅指具有抗细菌作用的抗菌药物。

感染性疾病的症状和体征是多样的，如急性细菌性呼吸道感染、急性感染性腹泻、败血症等。感染性疾病的治疗需要结合具体病种、菌种特点制定明确的针对性抗菌治疗方案。

抗菌药物的临床试验遵循药物研究和开发的基本规律，遵循《兽药临床试验质量管理规范》的相关要求，探索病种和用药剂量，最终确认药物的安全性和有效性，并为药物注册、临床应用以及药物说明书的撰写提供依据。

抗菌药物的临床试验要体现抗菌药物自身的特点，要探索其杀灭或抑制细菌生长的机制，要确认其对疾病的治疗作用，因此，既要反映药物对细菌的抗菌作用及效果，也要反映机体对药物的代谢过程，以及药物对机体感染的疗效和不良影响，同时还需要注意细菌耐药性问题。

10.3.2 临床试验的一般考虑

所有临床研究的问题应得到解决，并纳入整体方案设计，包括临床前问题（如化学、毒理学、药理学、体外微生物学问题），以及临床问题（如药代动力学，方案设计、实施、合规性，药物疗效和安全性结果问题）。

10.3.3 抗菌药物临床试验方案设计的考虑

虽然大家期望每一种感染性疾病都有临床试验指南清晰而且详细地描述具体试验步骤、试验过程、疗效评估时间点等，但由于药物类别、疾病状态和受试动物的不同，抗菌药物临床试验方案设计应考虑到所试验的特定药物的唯一性。

10.3.3.1 目的

在临床试验之前，必须明确试验的目的，包括但不限于对药物、剂量、靶动物和研究目的的探讨。

10.3.3.2 实验动物

入选的受试动物应患有待研究的疾病。在大多数的临床试验中，患畜入选应指定年龄范围。在一般情况下，将来可能用药的患畜都应该纳入临床试验。一旦受试动物被确证为患有待研究的感染疾病并入组试验，则应尽一切努力，以确保必要的信息收集和受试动物完成试验。

10.3.3.3 设计方法

（1）盲法 研究应尽可能双盲，以避免偏倚。当不具备双盲条件时，应该提供合理的论证，且试验方案中应该阐明如何保证参加者的客观性。例如，以微生物培养结果为主要终点时，可在实验室中遮蔽受试动物治疗和测试样本获得的信息；以影像检查或组织学检查为主要终点时，应将受试动物治疗的所有方面对评价者设盲。

（2）开放试验 在开放试验中，为避免研究者在病例入选时出现选择偏倚，要求每位研究者或者每个试验点应建立受试动物入选日志（当适合时）。该日志应在受试动物入选之初即启用。日志应该记录每一被筛选动物未入选本研究的原因。入选日志应作为新兽药注册的组成部分来备份，并将在疗效评估时使用。

（3）随机化　生物统计部门基于分层和区组随机的设定，由计算机生成相应的随机表，入组时应随机分配患畜接受试验用药物。不符合入选标准或符合任何排除标准的患畜在任何情况下均不能随机进入研究，如果一旦发现不满足研究标准的患畜错误随机，或不正确的开始治疗，或患畜入选后不满足研究标准，需进行讨论并退出研究。

（4）对照　在抗菌药物的临床试验中很少使用安慰剂对照，通常采用阳性对照试验，试验药物与阳性对照药对比显示非劣性或优效性。一般建议所选用的阳性对照药也应为当前治疗指南中推荐使用的药物。

（5）多点　抗菌药物多点试验必须遵循一个共同制订的试验方案，各点试验组和对照组例数的比例应与总样本的比例相同。

目前多点临床试验所选择的承担单位数量及每点可评价患畜的最小数目并无明确的规定，为保证及时获得数据，应结合药物和拟观察病种的具体情况选择多个试验场所。

因为已知病原微生物易感性模式和不同感染性疾病的病原微生物在不同的地方有所不同，因此，应该关注和重视国内多点临床试验中某些感染性疾病数据与区域患畜的相关性。

进行多点临床试验时，要说明如何控制因治疗、试验点或者研究者引起的潜在偏倚。

（6）样本量　样本量必须足够大，以支持其研究目的，以及说明重要亚组（如性别、年龄、种属等）中的安全性和有效性问题。用于计算样本大小的方法必须在试验方案中明确说明。样本量主要根据试验的主要指标来确定，试验设计的检验类型、主要指标的性质、临床公认的有意义的差值、检验统计量、检验假设、Ⅰ类和Ⅱ类错误的概率等都对样本量产生影响。样本量大小应能反映主要终点是通过置信区间还是显著性检验来进行评价。所选择的样本大小与计算方法应该考虑到由违反试验方案、阴性培养结果、无法用药、失访和其他结果遗失所导致的预期的患畜丢失。另外，还应考虑中心效应的影响。

10.3.3.4　入排标准

（1）入选标准　入选的受试动物应患有待研究的感染性疾病，确定受试动物是否符合入选的标准。具体应根据受试动物的临床症状、影像学和微生物学的结果进行入组筛选。受试动物应有一份完整的病史和体格检查的项目，既要确认符合入选标准，也要确认符合排除标准。

（2）排除标准　制订排除标准的主要目的是：①把未患有要研究感染性疾病的患畜排除在外；②把病情已经进展至药物干预太迟或不足以显示效果的阶段的患畜排除在外；③保护患畜，以免出现潜在的不可接受的不良事件；④把患有严重基础疾病以至于干扰安全性有效性评估的患畜排除在外，即如果患畜的病情、基础情况以及其他条件有导致无法获得药物安全有效性方面信息的风险时，就应该把其排除在研究之外。

排除标准包括如下内容：①患畜对受试药物或同类药物有已知/可疑的过敏，或已知/可疑的严重不良反应；②在入选前1个月以内曾接受过其他试验药物治疗，在入组前7天内因为相同的症状接受抗菌药物治疗的患畜；③正在给予有导致明显的药物相互作用风险的药物的患畜；④正在接受其他治疗或有其他疾病可能影响药物有效性和安全性评价的患畜；⑤以前入组该试验的患畜；⑥患畜有其他伴随情况，研究者认为其有可能干扰结果评价或无法完成试验治疗或无法随访的；⑦患畜伴随其他感染，需加用其他抗感染药物的。

10.3.3.5　临床微生物学问题

应具有专业资质的微生物学实验室及微生物学家；在抗菌药物临床试验方案中应尽可

能详细描述标本采集、转运、分离、鉴定、细菌培养、药敏试验、血清学诊断或直接免疫学和分子测序及质量控制等，并列出具体的临床和微生物学诊断和疗效评估的标准。

10.3.3.6　药物选择和给药方案

有关药物选择和给药方案、对照药物以及合并用药的决定，应该根据药物的药代动力学特征、预期患畜的治疗结果、对照药物的已知信息以及合并用药的作用来综合衡量考虑。

（1）试验药选择　试验药给药方案的选择应当考虑药学研究、非临床研究以及所研究的疾病和试验人群等方面的研究结果。应当明确表明试验药的给药途径和具体给药方法，给药方法应结合药物剂型来详细描述。例如：①口服给药的药物，应规定饲喂前或饲喂后给药；②肌内注射或静脉给药（滴注或注射）的药物，应详细说明药物的配制情况、明确给药部位，静脉给药的药物还应注明给药持续时间。

（2）对照药选择　选择对照药需考虑满足下列条件：①该药被农业农村部批准用于治疗被研究的疾病，其抗菌谱可与试验药不完全一致；②该药具有良好的体外抗致病菌的活性；③药物可以双盲的方式被检验。

（3）合并用药　需明确规定禁止和允许合并应用的药物，并对合并用药详细记录。由于开始治疗前约1周内，以及在研究期间和随访期间使用其他抗菌药或其他处方和非处方药物可能影响患畜的临床过程，所以应该报告并需详细记录。

10.3.3.7　随访时间点的设定

试验方案应提供患畜评价访视的日程安排，并且应规定每次访视时间和具体执行的研究安排。在所有研究中，至少应有2次检查。在大多数研究中，需要增加访视时间点，并应当在病例报告表（CRF）中记录访视中获得的调查结果。

可以将访视分类如下：

（1）治疗前检查　通常在治疗开始之前进行。主要是对患畜进行疾病的基线指征和症状评价，获取病史，进行身体检查，留取血样和尿样，用于实验室检验。在大多数研究中，获取标本用于微生物培养，根据试验适应证的情况可以进行影像学检查（如X射线）。

（2）治疗中检查　可以评价患畜是否对治疗产生反应和是否耐受试验药物，也可以用于审查任何基线微生物培养及药敏试验结果以确定治疗是否应当进行调整。这种访视一般根据需要进行选择。

（3）治疗结束检查　可以评价患畜对治疗的反应及患畜对药物的任何不良反应，并通过实验室检验评价安全性。

（4）治愈检验访视/治疗后随访　可以基于对药物的安全有效性作出最终评价。

治愈访视时间点的选择，应该考虑被研究的疾病以及药物的药代动力学特征。对于多数半衰期短的药物，治愈访视应该安排在治疗完成后数日或者数周内进行。如果药物的半衰期长，治愈访视应该安排在治疗完成后1周或者2周内进行。

10.3.3.8　疗效评价

抗菌药物最终疗效评价应根据临床疗效、细菌学疗效和综合疗效三个方面进行综合考虑。

（1）临床疗效　临床疗效评价是对患畜治疗结果的判断，是在比较患畜基线和治疗结束后随访时的症状和体征及其他非微生物学指标（如影像学指标）的基础上作出的。临床疗效分为治愈和无效。因此，应当在制订方案时有明确量化的定义，达到某一定程度可归入治愈，否则应归入无效。

① 治愈。治愈是指患畜在治疗结束后随访时，所有入选时的临床表现和体征都已经消失或完全恢复正常，且影像学和实验室检查等非微生物学指标均已恢复正常。

实际情况下，在某些适应证中，治疗结束后随访时可能仍会观察到一些临床症状或体征，或仍存在一些非微生物学指标的异常。如果上述情况是生理状态下存在的，或其仅提示感染后状态或基础疾病，而不是提示活动的感染，则也可认为是临床治愈。

② 无效。患畜在治疗结束后随访时，所有入选时的症状、体征持续或不完全消失或恶化；或者出现了这一疾病的新的症状或体征和/或使用了其他的针对这一疾病的抗菌治疗措施，因此那些症状及体征有一定程度的改善，但仍需要改变治疗或增加治疗方案的患畜，仍应被划为无效。

患畜因为对足够疗程的治疗反应差，应被划为无效（疗效无效）；因为不良事件而停药和未接受足够疗程的治疗而表现出对治疗反应差（不良事件无效），也应划为无效。

（2）细菌学疗效　细菌学疗效是指在完成治疗并经过恰当时间的随访后，根据最终确定的微生物学转归情况及敏感性测定情况对细菌清除、敏感及耐药情况的分析和判断。这种分析或判断是以细菌培养结果（绝大多数情况下）、血清学结果（仅用于无适当培养方法的情况下）或分子生物学结果（仅用于无适当培养方法及血清学方法的情况下）为基础的。细菌学疗效评价时重点关注的是这一药物能否清除病原体，或者说病原体是否持续存在。

进行细菌学疗效评价时尚需考虑其他因素，如使用这一药物是否诱导了细菌耐药性，或者药物是否使患畜对其他新的病原体易感等。因此，在研究报告中应列举所有出现的细菌学结果。

① 有关细菌学清除的定义。

A. 清除。a. 明确的清除：治疗后来自原感染部位的标本未培养出原感染的病原体。b. 假定清除：因某些疾病症状体征的消失，使得可培养的材料无法获取（如痰液）；或者获取标本的方法对于康复的患畜侵袭性过强，则认为细菌学结果为假定清除。为了最终分析的需要，上述两种清除的分类可以合并用于计算清除率。

B. 未清除。a. 明确的未清除：治疗后，来自原感染部位的标本中仍然培养出原感染的病原体。b. 假定未清除：对于被判断为临床无效的患畜，其培养未做或不可能做的情况下，可假定病原体未清除。为了最终分析的需要，上述两种未清除的分类可以合并用于计算未清除率。

C. 部分清除。治疗结束后，在原感染部位分离的多种致病菌中有一种已被清除。

② 二重感染。从正接受治疗的具有感染症状和体征的患畜提取的标本中分离出除原病原体外的新的病原体。

③ 复发。从治疗结束后随访的培养中分离出原病原体。注意：在治疗结束后随访之前，分离出原病原体，被认为是未清除。

④ 再燃。疗程结束后，在出现感染症状和体征的患畜中培养出新的病原体。

⑤ 定植。在没有感染症状和体征的患畜中培养出微生物。

（3）综合疗效　综合疗效仅评价细菌培养阳性病例，是指对细菌培养阳性患畜的症状、体征、影像学、实验室检查以及病原检查在治疗前后的变化情况所进行的综合分析和判断，是对临床结果和细菌学结果综合考虑后所进行的评价。进行综合疗效分析和判断的时间与细菌学疗效一致，是在完成治疗并经过恰当时间的随访后进行的。综合疗效分为治愈和无效。

① 治愈。患畜在治疗结束后随访时临床治愈，且细菌清除或假定清除。

② 无效。患畜在治疗结束后随访时临床无效或者细菌未清除、假定未清除和部分清除，或者两者兼有。这意味着如果患畜临床和细菌学结果中的某项为无效而另一项缺失，则综合疗效应判为无效。

需要注意的是，进行综合疗效分析时还要对临床疗效和细菌学疗效的一致性进行分析。

10.3.3.9　安全性评价

在对临床试验中出现的任何异常症状、体征、实验室检查或其他特殊检查进行详细记录的同时，应对其进行关联性评价。关联性评价分为肯定、很可能、可能、可能无关、待评价、无法评价等。

在对安全性进行分析时，要尽可能结合药物的化学结构、药理作用特点、已上市同类药的不良反应、药物与不良反应的出现是否有时间关系、不良反应的性质与药物的药理作用是否相符合、停药后反应是否有所减轻、重复用药时反应是否重现、与伴发疾病或同用的其他类药物的关系等方面进行考虑，对安全性的具体内容及程度作出评价，并对后期的临床使用提出建议。

10.3.3.10　临床监查和质量控制

为保证遵循临床试验方案和 GCP 的要求，在试验过程中充分、及时和适当的监查对确保提交的数据的完整性和有效性是至关重要的。

10.4

伴侣动物用细胞毒类抗肿瘤药物临床试验设计及评价要点

近年来，伴侣动物的发病率逐年增长，肿瘤也逐渐发展成了伴侣动物中较常见的疾病，伴侣动物用抗肿瘤药被越来越多研发者所关注。抗肿瘤药物可分为细胞毒类和非细胞毒类抗肿瘤药，细胞毒类抗肿瘤药物因为作用较强，是目前治疗恶性肿瘤的主要手段之一。本节以 EMA 和 FDA 发布的伴侣动物抗肿瘤药物评价指导原则为依据，结合国家兽药监督管理局兽药审评中心（CDE）发布的《抗肿瘤药物临床试验技术指导原则》和《抗肿瘤药物临床试验终点技术指导原则》对比分析，对伴侣动物使用的细胞毒类抗肿瘤药研发过程中的临床试验设计关键技术要点进行分析，为伴侣动物细胞毒类抗肿瘤药物临床研究阶段提供参考。

10.4.1　Ⅰ期临床试验设计及评价要点

Ⅰ期临床试验旨在对细胞毒类抗肿瘤药在靶动物体内安全性和耐受性进行评价，以此来确定药物对伴侣动物的剂量限制性毒性（DLT）和最大耐受剂量（MTD），同时了解新药在患病伴侣动物中的药代动力学特征，获取初步药代动力学参数，并初步观察疗效，进行可能的药代动力学/药效动力学（PK/PD）分析，以便为后续临床研究最终给药方案的确定提供依据。

10.4.1.1　受试动物

根据 EMA 规定，在Ⅰ期临床研究阶段，健康动物或患病动物均可被用作研究对象，但应该充分说明理由，而对于入组动物选择标准 EMA 未进行规定。CDE 在抗肿瘤药物临床试验技术指导原则中指出：对于细胞毒类抗肿瘤药，由于抗肿瘤药物往往伴随着较大的毒性反应，为避免健康受试动物遭受不必要的损害，同时为了真实反映药物在患畜中的安全有效性，一般应当选择肿瘤患畜进行首次研究，同时对入组和排除标准进行了规定。FDA 建议在选择入组动物时，应考虑其既往治疗史、肿瘤分期或等级、肿瘤位置、是否转移等事项。

结合目前伴侣动物用细胞毒类抗肿瘤药物的临床研究，除参考邱基程等人的《伴侣动物非细胞毒类抗肿瘤药物临床试验设计及要点浅析》中动物纳入和排除标准，还需注意以下几点：①进入Ⅰ期试验的伴侣动物应是对标准治疗无效或缺乏有效治疗的个体；②入组治疗时间应与以往治疗有足够的时间间隔，无药期至少 14 天，且建议试验期间不采用其他治疗方式；③肿瘤溃疡的伴侣动物应排除（仅限于药物直接注射进肿瘤的情况，因其可能导致药物剂量损失）。试验过程中应详细记录年龄、品种、性别、绝育状态和体重等信息，并对治疗过程进行详细记录。

10.4.1.2　试验设计原则

给药方案是决定药物疗效和安全性的关键性因素之一。剂量越高，疗效可能越好，但对于细胞毒类抗肿瘤药而言，起始剂量需慎重选择，因为大多数此类药物会出现剂量-毒性关系。CDE 建议细胞毒类抗肿瘤药人体Ⅰ期临床试验的单次给药起始剂量是非临床试验中啮齿类动物 MTD 剂量的 1/10 或非啮齿类动物 MTD 剂量的 1/6。FDA 规定大型动物（体重>10kg）应使用体表面积为剂量单位给药（mg/m²），而小型动物（体重≤10kg）使用 mg/kg bw 为剂量单位进行给药。长期毒性试验中测得的受试动物的最大耐受量（按体表面积计算）是估算Ⅰ期临床试验起始剂量的重要因素之一。

参考 FDA，伴侣动物用细胞毒类抗肿瘤药Ⅰ期临床试验给药方案主要采用剂量爬坡的方式进行，以确定 MTD。一旦确定了起始剂量，Fibonacci 或其改良版方法是设计剂量增量的最常用方法。细胞毒类抗肿瘤药物在临床试验阶段常采用经典 3+3 设计，如：每一剂量水平 3 只受试动物，若某一剂量组有一例出现 DLT，则在该剂量水平上增加 3 例受试患病动物，若不再出现 DLT，则继续下一剂量水平试验，若仍然出现则停止剂量爬坡试验。当某一剂量水平≥2 例出现 DLT，该剂量水平的前一个剂量水平定义为 MTD。即使某些毒性是可逆的，但毒性的严重程度依旧限制进一步增加剂量，CDE 建议细胞毒类药物，剂量逐渐递增到 MTD 就可停止爬坡。有研究者表示，MTD 的前一个剂量水平可作为Ⅱ期临床试验推荐剂量。

10.4.1.3　不良反应观察和评价

在动物肿瘤药物疗效和安全性研究中，FDA 指南建议用最新的兽医合作肿瘤学小组-不良事件通用术语标准（VCOG-CTCAE）来评价在临床试验中发生的不良反应。伴侣动物在细胞毒类抗肿瘤药治疗过程中的不良反应主要包括皮肤反应、神经毒性、骨髓抑制、消化道毒性、心脏毒性等。

结合伴侣动物用细胞毒类抗肿瘤药物的临床研究，其Ⅰ期临床研究不良反应评价与分析内容包括但不限于：①眼观是否有皮肤反应；②进行血常规、生理生化、尿液等检测；③根据美国东部肿瘤协作组（ECOG）制定的体力评分标准对受试动物进行体力状况评分；④对不良事件进行统计（根据 VCOG-CTCAE 对受试动物的不良反应进行分级评估并做好记录，判断不良反应与研究药物的相关性、可逆性和可预防措施。需特别注意毒性反应）。

10.4.2　Ⅱ期临床设计及评价要点

Ⅱ期临床研究是为了考察药物是否具有抗肿瘤作用，了解药物的抗肿瘤谱，选择敏感瘤种，判断给药剂量和方案的可行性，为Ⅲ期临床试验提供充分的依据。除此之外，需观察不良反应并详细记录，除常见的不良反应外，还有毒性（细胞毒类抗肿瘤药需特别注意剂量限制毒性）等也需要重点观察。

10.4.2.1　实验动物

Ⅱ期临床试验的受试动物其入选条件和排除标准与Ⅰ期基本相同，或可根据Ⅰ期结果做适当调整。其中，CDE 建议人医Ⅱ期临床试验尽可能选择多种瘤种分别进行考察，这样更便于选出最具开发价值的适应证进行Ⅲ期临床研究，减少研发风险。伴侣动物用抗肿瘤药物开展Ⅱ期临床试验前，建议对患病宠物的基本信息进行详细记录、确定瘤种、肿瘤分期。每个受试动物所患肿瘤至少有一种客观可测量指标或可评价的指标，动物入组应建立跟踪档案，详细记录入组信息。

10.4.2.2　试验设计原则

Ⅱ期临床试验是在Ⅰ期基础上的探索性试验，为进一步优化Ⅰ期给药方案而设计。在探索单药治疗效果时，可采用单臂设计或剂量对照。单臂研究即单组临床研究，没有为试验组设计对应的对照，需采用他人或过去的研究结果，与试验组进行对照。在人用抗肿瘤药的临床试验阶段，许多研究会采用单臂设计。若采用剂量对照进行Ⅱ期临床试验，参考ICH E10，对照组应根据实际需求从安慰剂对照、空白对照、剂量对照、阳性药物对照中进行选择。CDE 建议有常规标准有效治疗方法时，应尽量采用随机对照设计，将常规标准有效治疗方法作为对照，目的是尽早检验出药物与常规有效药物相比，在疗效上是否具有优势。对于给药方案的优化，可以同时采用两个或多个剂量组，对包括给药剂量、速度、间隔、疗程等进行细化和调整。细胞毒类抗肿瘤药物由于其毒性较大，为减少不良反应，可能涉及联合用药，联合用药的选择标准包括但不限于：①影响试验药物的疗效；②与试验药物存在相互作用；③增加不良反应的可能性。在试验过程中若发生联合用药或有其他药物伴随治疗，需详细记录和说明。

10.4.2.3　疗效评价及临床终点

Ⅱ期临床试验的主要目的是初步考察药物的生物活性，所以对试验药物疗效的观察和评价变得尤为重要。Ⅱ期临床试验通常采用的疗效观察指标是客观缓解率（ORR），遵照国际上通用的 RECIST 标准来评估。ORR 作为反映药物活性的良好指标，但不一定能代表生存方面的获益，CDE 建议在观察 ORR 的同时观察其他能反映临床获益的指标，如，无病生存期（DFS）、疾病进展时间（TTP）、无进展生存期（PFS）和治疗失败时间（TTF）。EMA 指出细胞毒性抗肿瘤药物通过引起细胞死亡从而使肿瘤缩小发挥作用，这表明除了毒性之外，ORR 是活性的准确标志物。

人用细胞毒类抗肿瘤药在 II 期临床考察药物安全性和有效性时，常评估 ORR、疾病控制率（DCR）、PFS、总生存期（OS）和毒性特征。FDA 指南指出实体瘤的 RECIST 和世界卫生组织（WHO）标准都描述了评估疾病进展的标准。结合研究者的报道，在进行伴侣动物用抗肿瘤药的有效性研究中，常使用兽医合作肿瘤学小组-实体瘤反应评估标准（VCOG-RECIST）以评估伴侣动物用细胞毒类抗肿瘤药物的疗效。伴侣动物用细胞毒类抗肿瘤药在 II 期临床试验评估环节，评估肿瘤反应主要归类于完全缓解（CR）、部分缓解（PR）、进行性疾病（PD）和疾病稳定（SD）。完全缓解定义为肿瘤消退且六个月内无复发；肿瘤大小减小 30% 以上即为部分缓解；肿瘤大小减小 30% 以内或增大 20% 以内定义为疾病稳定；若肿瘤大小增大 20% 以上即为进行性疾病。同时，伴侣动物和人一样，在治疗过程中，健康相关的生活质量（HRQoL）也属于重要考察因素。值得注意的是，选择 ORR 和 CR 作为终点指标，该试验可设计为单臂或随机研究，但单臂试验不能充分体现时间-事件终点，所以 DFS、OS、PFS、TTP 等可作为随机研究的终点指标，但在单臂试验中不适用。

10.4.3　III 期临床设计及评价要点

III 期临床试验为确证性研究，即在非临床试验和 I／II 期临床试验的基础上进一步研究，通过大样本、随机、对照研究设计，明确药物在特定伴侣动物上的有效性和安全性，评价受试药物的临床获益情况和药物毒性反应。

10.4.3.1　实验动物

试验入选患病动物所患肿瘤应是 II 期发现药物对其有疗效的肿瘤类型，其余基本入选要求和排除标准参考 I／II 期即可。

10.4.3.2　试验设计原则

CDE 规定 III 期临床试验必须采用随机设计，一般选择生存期作为临床终点指标。由于细胞毒类抗肿瘤药物具有明显的毒性特点，所以需要采用不同的给药方案和给药途径，导致盲法在大部分细胞毒类抗肿瘤药中难以实施。若选择开放设计，则需对减少开放设计导致的偏差所采取的措施都予以考虑和说明。EMA 建议 III 期临床试验选择通常采用的随机盲法设计，但出于对安全性的考虑，不同研究中药物毒性有差异，尽管开放设计可能影响准确终点的可用性，仍可以被接受。根据 II 期临床研究结果确定的预期剂量进行治疗，在治疗期间使用 VCOG-RECIST 评估药物疗效，并以 VCOG-CTCAE 对不良事件进行分级，记录试验期间每只受试动物收集的数据（包括体格检查和肿瘤相关检查）。若有剂量调整、辅助治疗或抢救，应阐明原因并详细记录。参考王学伟等人发表的综述，细胞毒类抗肿瘤药物无须做靶动物安全性试验。

10.4.3.3 疗效评价及临床终点

Ⅲ期临床试验主要对药物是否能提供临床获益进行评价，因此通常选用能衡量临床受益的终点指标，如总生存的延长等，来支持该抗肿瘤药物是否被批准上市。目前常用的疗效观察指标有 PFS、DFS、OS、TTP、TTF、ORR、HRQoL 等，也可参考以临床受益率（CBR）等作为疗效观察指标。EMA 指出，Ⅲ期临床试验的总体目标是将疾病进展推迟到有临床意义的程度，并在剩余的生命中维持或提高生活质量，所选临床终点应考虑以上目标内容。在Ⅲ期临床试验中，应根据细胞毒类抗肿瘤药实际情况进行综合考虑，选择合适的主次要疗效观察指标，但一般来说，总生存期应为评价抗肿瘤药物临床获益的首选终点。

10.4.4 讨论

由于一般的细胞毒类抗肿瘤药皆具有多种不良反应，在Ⅰ期临床试验阶段需对受试药物安全性进行更精密的评价。若采用 MTD 作为建议剂量，虽会尽可能多地杀死肿瘤细胞，但不良反应依旧可能影响细胞毒类抗肿瘤药的使用和治疗。有研究推荐可使用 MTD 的前一个剂量水平作为Ⅱ期的推荐剂量。Ⅱ期通常采用 ORR 作为疗效观察指标，可以较直观了解受试药的效果，病情稳定是反映疾病的自然进程，可通过 TPP 和 PFS 进行评价。而与 TPP 相比，PFS 更常被选为替代终点。细胞毒类抗肿瘤药具有剂量-毒性关系，而 PFS 其定义中包括死亡，所需生存研究病例较少，且可以更好地反映出受试药物的毒副作用。但并不是所有情况都适用，需根据受试药物具体分析。在Ⅲ期临床试验中，临床获益和对不良事件的评估并不是评价受试药物的唯一方式，对于伴侣动物而言，受试药物使用后是否可以提高生活质量也至关重要，HRQoL 已日渐成为伴侣动物治疗肿瘤疾病时的重要考察因素之一，可以帮助研究者分析受试药物的有效性。伴随着新型细胞毒类抗肿瘤药的出现，不同的药物往往差异较大，需对受试药物进行具体分析，从而为Ⅱ期、Ⅲ期选择适合的疗效评价及临床终点。

10.5

伴侣动物用非细胞毒类抗肿瘤药临床试验设计及评价要点

肿瘤已经成为影响伴侣动物生存和生活质量的主要疾病之一，伴侣动物临床罹患多种复杂、高异质性肿瘤，然而目前临床却面临无药可用的尴尬局面。相较于人肿瘤治疗目的，伴侣动物肿瘤治疗更关注患肿瘤动物生活质量的提高。非细胞毒类抗肿瘤药的靶向作用在肿瘤治疗过程中可以极大减少药物对伴侣动物自身的伤害，因而，被越来越多的研发者所关注。本节结合伴侣动物用非细胞毒类抗肿瘤药临床试验文献及技术指南要求，对伴侣动物用非细胞毒类抗肿瘤药研发中的临床试验设计、疗效评价及其要点进行分析。

10.5.1 Ⅰ期临床试验设计及评价要点

Ⅰ期临床试验旨在对非细胞毒类药在靶动物体内的安全性和耐受性进行评价，以此来确定该药物在伴侣动物上的剂量限制性毒性（DLT）和最大耐受剂量（MTD），次要目标可能包括确定给药间隔、临床获益率、生物标志物开发、PK 和 PD 研究以及免疫原性研究，以便为后续临床研究最终给药方案确定提供依据。

10.5.1.1 受试动物

根据 EMA 规定，在Ⅰ期临床研究阶段，健康动物或患病动物均可被用作研究对象，但应该充分说明理由，而对于入组动物选择标准未进行规定。CDE 在抗肿瘤药物临床试验技术指导原则中指出：对于非细胞毒类抗肿瘤药可以选用健康志愿者进行部分研究，同时对入组和排除标准进行了规定。

结合目前报道的伴侣动物用非细胞毒类抗肿瘤药临床研究的入组标准和排除标准，建议Ⅰ期临床选择患病动物进行研究。入选动物应符合以下基本要求：①宠物主人首先需理解并签署知情同意书，确保主人了解并认可试验中潜在风险以及益处；②经病理组织学和/或细胞学确诊肿瘤发生类型以及相关靶点表达，应根据世界卫生组织的标准明确患病动物的临床分期；③受试动物应至少年满一周岁，预期寿命应能达到试验预期设想；④采用改良版美国东部肿瘤协作组（ECOG）体力评分标准对患病动物进行体力评价，受试患病动物的体力评分应在 0 至 1 级；⑤入组前一定时间内未接受其他方式对肿瘤治疗，若在规定时间之前接受其他治疗，应对治疗方式和周期详细记录；⑥试验前应通过影像学等手段对肿瘤进行实际测量并记录，明确入组肿瘤体积大小和肿瘤直径；⑦主要器官功能经临床评估应满足试验开展基本要求，且无消化道出血或凝血功能障碍（胃肠道肿瘤或肝脏肿瘤除外）。对于器官功能要求应做出细致规定和描述，如：绝对中性粒细胞计数＞2000 个细胞/μL，血细胞比容＞25%，血小板计数＞75000/μL，血清肌酐＜2.5mg/dL，胆红素≤正常上限，转氨酶≤3 倍于正常上限。对于不符合要求的患病动物，在入组过程中应该予以排除，排除标准主要包括但不限于如下条件：①患病动物存在严重系统性疾病；②以生育繁殖为目的的宠物，包括已经受孕、哺乳期或短期内有繁殖计划的宠物。试验过程中应详细记录年龄、品种、性别、绝育状态和体重等信息。

10.5.1.2 试验设计原则

对于非细胞毒类抗肿瘤药Ⅰ期临床研究，首次给药剂量选择十分关键。CDE 建议非细胞毒类抗肿瘤药非临床阶段起始给药浓度为该药物无可见有害作用水平（NOAEL）的1/5 或者更高浓度。对于伴侣动物用非细胞毒类抗肿瘤药，Ⅰ期临床起始剂量可参考临床前靶位点药效学相关试验结果设置。

与人抗肿瘤药物临床研究不同，宠物种属间差异较大，FDA 对伴侣动物抗肿瘤药计量单位作出规定：大型犬（体重＞10kg）应采用 mg/m^2 体表面积为剂量单位给药，而小型犬（体重≤10kg）应以 mg/kg bw 为剂量单位进行给药。

与人抗肿瘤药物临床研究一致，伴侣动物用非细胞毒类抗肿瘤药Ⅰ期临床试验给药方案也主要采用剂量爬坡的方式进行，临床常采用（3＋3）递增设计进行剂量爬坡试验。对每级动物数和递增幅度均应详细描述，如：每组 3 只动物，当未出现 DLT，则进行更高一级剂量水平研究；当出现 1 例 DLT，则在该剂量水平上增加 3 例受试患病宠物；当未再出现新的 DLT，则继续下一剂量水平试验；当出现≥2 例 DLT，该剂量水平的前一个剂量水平定义为 MTD（MTD 定义为当前剂量水平下，6 例受试宠物出现<2 例 DLT）。非细胞毒类药可能在较高剂量下仍观察不到 DLT，建议将靶点占位或抑制以及临床实际使用相结合，尽可能研究更高水平的剂量。给药间隔应结合前期靶点占位或抑制相关研究来确定。值得注意的是，由于非细胞毒类抗肿瘤药毒性较小，有研究报道使用"加速滴定"剂量递增策略来进行剂量递增。

10.5.1.3　不良反应观察和评价

与人用抗肿瘤药临床研究中的不良反应评估一样，伴侣动物用非细胞毒类抗肿瘤药的不良反应也需从多个角度进行综合评价。人医通常采用美国国立癌症研究所给出的常见毒性反应标准（NCI-CTC）进行治疗过程中不良反应的评估，而这一标准并不适用于伴侣动物临床研究。兽医合作肿瘤学小组-不良事件通用术语标准（VCOG-CTCAE）更适用于伴侣动物非细胞毒类抗肿瘤药的不良反应分级评估。仅少数伴侣动物非细胞毒类抗肿瘤药临床研究时采用改良 NCI-CTC 标准进行不良反应评估。伴侣动物在非细胞毒类抗肿瘤药治疗过程中的不良反应主要包括皮肤症状、食欲不振、腹泻、呕吐、中性粒细胞减少和后肢无力等，大多数不良反应都是短期存在的，停止治疗后短期内即可消失。

基于上述描述和分析，伴侣动物用非细胞毒类抗肿瘤药Ⅰ期临床研究不良反应评价应从多个方面综合分析，包括但不限于：①实验室检测指标：生理、生化、尿液等。②患病宠物评分：改良 ECOG 体力评分等。③不良事件统计：患病宠物不良事件统计应根据 VCOG-CTCAE 进行分级记录评估，并判断不良反应与研究药物的相关性、可逆性和可预防措施，所有不良事件应详细记录。对于剂量限制性毒性（DLT）应进行明确定义，如任何 3 级或 4 级非血液学毒性，任何无并发症（如无发热、出血等）4 级血液学毒性，或任何复杂的 3 级或 4 级血液学毒性。此外，若不良反应低于 3 级，但临床试验过程中发现出现严重的皮肤病变也应被视为 DLT。④生物标志物水平和靶位点抑制情况可同时作为疗效评价指标进行检测。

10.5.2　Ⅱ期临床设计及评价要点

Ⅱ期临床研究是为了确定在Ⅰ期建议给药方案下的抗肿瘤效果，评价药物的安全性和有效性，进一步研究药物不良反应特征、最佳给药途径以及识别与效应相关的生物标志物，进而为Ⅲ期临床研究提供依据。值得注意的是，EMA 发布的指南中注明若Ⅰ期临床研究中已对患病动物进行单药对拟定适应证肿瘤类型的抗肿瘤活性评价，同时考虑剂量选择及临床终点明确，即剂量特征信息已经足够，则可考虑豁免Ⅱ期研究，直接进行Ⅲ期临床研究。

10.5.2.1　实验动物

若开展Ⅱ期临床研究，动物入组标准和排除标准与Ⅰ期入组标准和排除标准基本一致。试验前，需准确记录患病宠物基本信息，肿瘤适应证的准确定义，肿瘤分级和临床分期，既往治疗和靶点表达量（如适用）。每只入选病例至少有一种客观可测量指标或可评价的指标，动物入组应建立跟踪档案，详细记录入组信息。

10.5.2.2 试验设计原则

Ⅱ期临床研究在Ⅰ期临床研究的基础上进一步优化给药方案，研究可根据实际需要选择性设立对照组，对照组应给予安慰剂或支持治疗。现有伴侣动物用非细胞毒类抗肿瘤药Ⅱ期临床研究过程大多采用单臂、开放性研究，可选择性采用多个剂量组给药，入组病例的数量可根据具体试验要求调整，取决于最小有效反应率和自发消退率（通常<5%）。试验设计时，可针对Ⅰ期临床试验结果对给药方案（剂量、间隔、滴注速度、疗程）进行细化和调整。若为获得预期效果或避免毒性反应需要采用辅助治疗（如利尿、止吐），应在给药方案中给予规定和说明。使用任何化疗药物增效剂、化疗药物保护剂、耐药性调节剂作为伴随治疗时应进行详细的说明和记录，同时，在研究过程中应尽量避免使用类固醇药、非甾体类抗炎药、靶向免疫系统药。

人临床上，一些新型的Ⅱ期研究设计已经开始应用于非细胞毒类抗肿瘤药，如随机停药设计（RDT）。在随机停药设计方案中，所有入组患畜首先接受2～4个月的药物治疗。在此期间有进行性疾病、毒性或不依从性的动物则从研究中剔除。其余受试动物被随机分为两组，分别继续接受药物治疗和使用安慰剂治疗。临床终点是动物在试验期间接受药物治疗维持疾病稳定的比例。

10.5.2.3 疗效评价及临床终点

Ⅱ期试验的主要目标是评估药物活性/疗效，因此用于评估反应的终点对设计至关重要。在人用抗肿瘤药临床，CDE认为客观缓解率（ORR）为Ⅱ期临床的疗效观察指标，同时应该观察受试动物其他临床获益指标。在兽医临床，EMA指南中认为对于非细胞毒类抗肿瘤药，其作用机制并非通过对肿瘤细胞杀伤来直接发挥作用，而是通过对相关靶点和通路进行调节从而抑制肿瘤生长，其药效终点应选择以疾病进展时间（TTP）作为主要药效学评价指标。在不能以TTP作为终点时，也可以选择ORR作为药效终点，但应该注意药物治疗引起的肿瘤肿胀对于结果判定的准确性。值得关注的是，EMA指南中明确指出对于伴侣动物而言，维持伴侣动物生活质量比治疗使肿瘤缩小更加重要。

目前对于伴侣动物用非细胞毒类抗肿瘤药的临床研究，主要采用犬实体瘤的反应评估标准（cRECIST）进行药效评价，同时，在一些研究中也采用主人对犬的健康相关生活质量（HRQoL）的评价作为次要药效指标进行分析。同时在某些病毒类宠物抗肿瘤用药研究中，也使用细胞因子浓度水平作为药效评价指标。

因此，鉴于非细胞毒性药物的特殊作用机制，若由于试验设计本身而无法使用TTP作为主要评价指标，可以选择ORR进行评价，应对治疗反应进行明确定义，如肿瘤的完全缓解（CR）、部分缓解（PR）、疾病稳定（SD）或疾病进展（PD）。同时，应将健康相关的生活质量（HRQoL）评价和体力评分作为药效指标进行综合分析，任何为了增加临床疗效而使不良反应增加的给药方案都是不可接受的。鼓励在药效评估的过程中进行生物标志物探索性研究，对于某些特殊的非细胞毒类抗肿瘤药，可以使用生物标志物水平进行药效评价。

10.5.3 Ⅲ期临床设计及评价要点

Ⅲ期临床即在Ⅰ期临床和/或Ⅱ期临床的基础上进一步确证研究，通过对临床大样本、随机、对照研究明确药物在特定患病动物上的有效性和安全性，对给药方案进行进一步确证。

10.5.3.1 实验动物

试验入组病例应遵从与Ⅱ期入选病例相应的基本要求标准和排除标准，选择在前期临床研究中有疗效的肿瘤类型进行研究，入组规则可以根据前期临床研究结果进行适当调整。

10.5.3.2 试验设计原则

经典的细胞毒类抗肿瘤药物Ⅲ期临床研究通常采用随机、盲法、对照试验设计，以死亡时间为主要终点，旨在比较新开发药物和标准治疗或安慰剂之间的疗效。对于非细胞毒类抗肿瘤药，Ⅲ期临床思路与经典的细胞毒类抗肿瘤药Ⅲ期设计思路一致，应采用随机、盲法、对照试验进行研究，EMA强调伴侣动物用抗肿瘤药物Ⅲ期临床研究不接受单臂研究。入组的患病动物以一定比例（如1∶1或2∶1）随机分配，接受药物治疗或给予安慰剂/支持治疗。如果药物作用的机制是针对某一靶点发挥作用，那么最好应针对靶点进行试验设计，即首先对患病宠物进行靶点检测，并且只有在阳性的情况下，才可参加试验并随机分配到两个治疗组。根据Ⅱ期临床研究结果确定的预期临床给药方案给药，对于伴随治疗或其他辅助手段应明确记录，试验过程中可进行剂量调整，但是应提前在方案中制定具体的剂量调整原则。

10.5.3.3 疗效评价及临床终点

与Ⅱ期研究不同，Ⅲ期侧重于对药物是否能达到临床获益进行评价，因此在临床研究的过程中应该侧重选择能显示临床获益的药效指标，主要包括：①与肿瘤发展相关的指标（TTP、ORR和不同生物标志物）；②与生存相关的疗效指标［总生存期（OS）、无病生存期（DFS）、无进展生存期（PFS）］；③HRQoL评估。临床终点的选择应该将疾病进展推迟到有临床意义的程度，选择与生存相关的疗效指标和与肿瘤发展相关的指标作为主要的药效指标，与健康相关的生活质量（HRQoL）评估作为重要次要药效指标来进行综合分析。

10.5.4 靶动物安全性试验

该试验旨在分析不同给药剂量下对靶动物的安全性和毒性进行全面系统性的评价，是伴侣动物用抗肿瘤药开发过程中的重要环节。通过对靶动物临床观测，生理、生化和尿液等分析指标和组织病理学观察，进而明确受试药物对机体可能造成的危害以及临床使用过程中可采用的预防措施。EMA规定，对于非细胞毒类宠物抗肿瘤药，靶动物安全性试验应按照VICH GL43中相关要求进行。

10.5.4.1 实验动物

根据VICH、我国农业农村部对于伴侣动物用药物靶动物安全性相关要求和已上市的伴侣动物用抗肿瘤药物靶动物安全性研究内容，试验应选择健康动物进行研究，动物的年龄应与临床使用对象保持一致。在试验开始前，应由专业的宠物医师对入组动物进行检查，同时对计划入组动物应进行生理、生化等健康指标检查，确保入组动物为健康动物。

10.5.4.2 试验设计原则

根据VICH和我国农业农村部关于靶动物安全相关要求，宠物安全试验设计通常采用随机试验设计进行，每个处理组应不少于6只动物，雌雄各半，如受试药物存在性别差异，则每组应不少于 8 只动物，雌雄各半。给药剂量设置应依照临床推荐剂量和给药时间的倍数递增进行研究，通常递增倍数为推荐使用的最高剂量，以及在一段时间内超出推荐使用最高剂量的三倍（中剂量）和五倍（高剂量）使用剂量进行研究。同时，应设立空白对照组。治疗疗程设置应至少进行 3 次推荐的给药方案处理，若需要短期内间歇性进行治疗，则应该至少按照推荐给药方案间隔进行 3 次给药治疗。若治疗周期超过三个月，适当情况下，可根据药动学与毒理学进行 6 个月或更长时间的安全性研究（例如：药物在使用过程中会出现明显的蓄积作用，药物在单次使用后两个月后仍具有药效或需长期使用）。

由于伴侣动物用非细胞毒类抗肿瘤药毒性作用较低，因此在靶动物安全性试验过程中可进行更高剂量递增倍数、更短给药间隔或更长治疗时间的安全性研究，如 Masitinib 在靶动物安全性研究阶段分别进行 1 倍、3 倍和 10 倍剂量和以 4 周、13 周、39 周为治疗疗程的靶动物安全性研究；Palladia 在安全性研究阶段进行一项为期 13 周的长期安全性研究，按照推荐给药方式每两天给药一次，给药剂量为推荐给药剂量的 3 倍；同时将每天多次给药作为支撑性研究同时纳入分析；Stelfonta 在靶动物安全评价阶段在以 4 周单次的推荐给药方案下进行 4 周内重复静脉注射给药的安全性评价，同时将安全给药剂量下单次长时间给药作为支撑性研究同时纳入分析。所有已上市的药物均将临床过程中的不良反应观测作为支撑性研究纳入靶动物安全性分析。

10.5.4.3　安全性评价指标

根据 VICH 和我国农业农村部关于靶动物安全的相关要求，伴侣动物用非细胞毒类抗肿瘤药靶动物安全性评价应主要从如下三个方面进行。①临床观测。在适应期和整个试验过程应进行多次体况检查；主要但不限于：体重、体温、呼吸、行为、精神状况、采食量、饮水量等。②血液学检查。如血液学、血生化、尿分析。③大体剖检及组织病理学检查。VICH 规定对创新兽药，所有剂量组的动物均需进行大体剖检和组织病理学检查。对于仿制药，应至少对阴性对照和最高剂量组的所有动物进行大体剖检和组织病理学检查；若高剂量组发现药物造成的组织病变，则继续对中剂量组进行大体剖检和组织病理学检查，直至病理学检查无任何病变。

同样地，伴侣动物用非细胞毒类抗肿瘤药在靶动物安全研究过程中，也主要从临床观测、血液学检查和大体剖检及组织病理学检查三个层次开展安全性评价。此外，对于某些局部使用的非细胞毒类抗肿瘤药（如瘤内注射给药），应对注射部位的安全性进行评价。伴侣动物用非细胞毒类抗肿瘤药的不良反应主要表现如下。临床观测上：饲料消耗量下降、跛行、呕吐、体重减轻、心动过速、躁动和口腔黏膜发白；血液学检查上：中性粒细胞、白细胞减少，贫血，碱性磷酸酶、谷草转氨酶和肌酸激酶升高；组织病理学上：十二指肠和空肠肠道紊乱，胆管上皮空泡化，以及骨髓、胰腺、肝脏和肾脏也存在病变。对于非细胞毒类的大分子抗肿瘤药物，关于其免疫原性的研究在人医上已经进行了广泛的开展，但兽药临床刚刚开始关注，尚未有相关指南发布，后续研究中应密切关注该类制剂的免疫原性问题。

10.5.5　讨论

10.5.5.1　疗效终点的选择

由于Ⅱ期临床试验的主要目标是评估药物活性/疗效，因此用于评估的反应终点对设计至关重要。总生存期（OS）是确定药物是否获益最直观的终点，然而，该终点可能需要耗费较长时间，并且可能受到宠物安乐死或寻求替代疗法的影响。因此，大多数Ⅱ期试验使用临时或次要终点，通常称为替代终点，包括 ORR、基于成像技术的终点、生物标志物或靶标抑制水平，这些终点可以合理地预测临床疗效。对于非细胞毒类抗肿瘤药，其主要作用是防止肿瘤的进一步生长，而可能不具有明显缩小肿瘤的作用，因此，ORR 可能不是评估药物效果合适的终点，无进展生存期（PFS）、疾病进展时间（TTP）、预定的时间点无进展率（PFR）可能是更合适的终点。与人肿瘤治疗不同，EMA 强调伴侣动物肿瘤治疗的目的是减少宠物的病痛和不适，延缓肿瘤进展，提高生活质量。在研究过程中，任何为了增加疗效而严重影响宠物生活质量的给药方案都是不可接受的，同时，伴侣动物的治疗往往受宠物主人的主观意识决定，因此Ⅱ期试验的次要终点可能包括生活质量评估、治疗比较成本、住院天数等。在涉及时间相关的疗效终点判定时，应考虑安乐死对试验结果的影响。

10.5.5.2 给药方案确定的选择

在细胞毒类抗肿瘤药的Ⅰ期临床试验中，DLT 是主要的毒性终点。通过剂量递增的方式，依次在每个顺序剂量水平下接受治疗，通过不良反应发生率确定在随后的Ⅱ期和Ⅲ期临床试验中采用 MTD。对于非细胞毒类抗肿瘤药，由于其作用机制通常为抑制肿瘤生长，可能缺乏临床上显著的器官毒性，因此，毒性和疗效可能不是剂量依赖性的，通常在无毒性剂量下就具有最大抑制活性作用，这使得以 MTD 为终点的研究可能不适于非细胞毒类抗肿瘤药剂量确定。基于这一特点，最佳生物剂量（OBD）可作为 MTD 的替代终点。理想情况下，OBD 是基于增加剂量以达到最佳药效学的抗肿瘤活性参数，即靶位被药物饱和/或靶标介导的最佳信号转导途径的给药剂量。不过，使用 OBD 作为替代指标，应明确药物作用靶点，同时应结合群体药动学（PPK）进行分析，通过群体 PK/PD 模型建立暴露与靶点药效之间的关系进而确定最佳给药剂量和给药间隔，也可采用群体 PK/TD 对 OBD 剂量下的不良反应进行评估。在人临床，CDE 最新颁布的《以临床价值为导向的抗肿瘤药物临床研发指导原则》中指出：给药剂量的确定可以根据剂量-暴露量-效应进行确定，鼓励在早期采用模型引导的药物开发（MIDD）进行研究。

不同的非细胞毒类抗肿瘤药作用机制往往存在较大差异，因此在临床研究评价过程中，应结合药物作用机制综合分析后选择合适的药效学指标来进行评价。对于药效指标的适用性，应积极向新兽药审评机构进行咨询沟通，同时和行业内相关的专家开展论证和交流，进而制定最终的试验方案。鼓励研发企业积极开展研究，选择与疗效相关的生物标志物用于药效评价。

参考文献

[1] 国家食品药品监督管理局 . 药物临床试验质量管理规范 . 2003.

[2] ICH E6. Guideline for Good Clinical Practice. 2002.

[3] World Medical Association. World Medical Association Declaration of Helsinki. Ethical Principles for Medical Research Involving Human Subjects. Nursing Ethics, 2002, 9（1）: 105-109.

[4] Machin D, Day S, Green S. Textbook of Clinical Trials（Second Edition）. John Wiley & Sons, Ltd, 2006: 177-240.

[5] Kamath P S. The need for better clinical trials. Hepatology, 2008, 48（1）: 1-3.

[6] Sorensen H T, Lash T L, Rothman K J. Beyond Randomized Controlled Trials: A Critical Comparison of Trials With Nonran-domized Studies. Hepatology, 2006, 44（5）: 1075-1082.

[7] 国家食品药品监督管理局. 抗菌药物临床试验技术指导原则. 2007.

[8] U. S. Department of Health and Human Serices Food and Drug Administration Center for Drug Evaluation and Research Guidance for Industry Developing Antimicrobial Drugs General Considerations for Clinical Trials. 1998.

[9] Agency E M. Revised policy for classification and incentives for veterinary medicinal products indicated for minor use, minor species（MUMS）/limited market（EMA/429080/2009-Rev. 1）. 2013.

[10] EMA/CVMP. Guideline on dossier requirements for anticancermedicinal products for dogs and cats. 2022.

[11] FDA. Oncology Drugs for Companion Animals Guidance for Industry. 2017.

[12] CDE. 抗肿瘤药物临床试验技术指导原则. 2012.

[13] CDE. 抗肿瘤药物临床试验终点技术指导原则. 2012.

[14]Cai S, et al. Phase Ⅰ-Ⅱ clinical trial of hyaluronan-cisplatin nanoconjugate in dogs with naturally occurring malignant tumors. American journal of veterinary research, 2016, 77（9）: 1005-1016.

[15] Axiak S M, et al. Phase Ⅰ dose escalation safety study of nanoparticulate paclitaxel（CTI 52010）in normal dogs. International journal of nanomedicine, 2011, 6: 2205.

[16] Vail D M. Cancer clinical trials: development and implementation. Veterinary Clinics of North America: Small Animal Practice, 2007, 37（6）: 1033-1057.

[17] De R, Thomas R, et al. Randomized controlled clinical study evaluating the efficacy and safety of intratumoral treatment of canine mast cell tumors with tigilanol tiglate（EBC-46）. Journal of veterinary internal medicine, 2021, 35（1）: 415-429.

[18] Penel N, Kramar A. What does a modified-Fibonacci dose-escalation actually correspond to? BMC medical research methodology, 2012, 12（1）: 1-5.

[19] Rogatko A, et al. Translation of innovative designs into phase I trials. Journal of Clinical Oncology, 2007, 25（31）: 4982-4986.

[20] Richardson P G, et al. Phase 1 study of pomalidomide MTD, safety, and efficacy in patients with refractory multiple myeloma who have received lenalidomide and bortezomib. Blood, 2013, 121（11）: 1961-1967.

[21] Wouda R M, Hocker S E, Higginbotham M L. Safety evaluation of combination carboplatin and toceranib phosphate（Palladia）in tumour-bearing dogs: A phase I dose finding study. Veterinary and comparative oncology, 2018, 16（1）: E52-E60.

[22] Infante J R, et al. Phase Ⅰ and pharmacokinetic study of IHL-305（PEGylated liposomal irinotecan）in patients with advanced solid tumors. Cancer chemotherapy and pharmacology, 2012, 70（5）: 699-705.

[23] Robat C, et al. Safety evaluation of combination vinblastine and toceranib phosphate（Palladia®）in dogs: a phase I dose-finding study. Veterinary and comparative oncology, 2012, 10（3）: 174-183.

[24] Gan H K, et al. First-in-human phase Ⅰ study of the selective MET inhibitor, savolitinib, in patients with advanced solid tumors: safety, pharmacokinetics, and antitumor activity. Clinical Cancer Research, 2019, 25（16）: 4924-4932.

[25] Rassnick K M, et al. In vitro and in vivo evaluation of combined calcitriol and cisplatin in dogs

with spontaneously occurring tumors. Cancer Chemotherapy and Pharmacology, 2008, 62 (5): 881-891.

[26] Eisenhauer E, et al. Phase I clinical trial design in cancer drug development. Journal of Clinical Oncology, 2000, 18 (3): 684-684.

[27] Eguia B, et al. Skin toxicities compromise prolonged pemetrexed treatment. Journal of Thoracic Oncology, 2011, 6 (12): 2083-2089.

[28] Yildiz, O, et al. Paraneoplastic pemphigus associated with fludarabine use. Medical oncology, 2007, 24 (1): 115-118.

[29] Lacouture M, et al. Hand foot skin reaction in cancer patients treated with the multikinase inhibitors sorafenib and sunitinib. Annals of Oncology, 2008, 19 (11): 1955-1961.

[30] Schiff D, Wen P Y, and M. J. Van D B. Neurological adverse effects caused by cytotoxic and targeted therapies. Nature Reviews Clinical Oncology, 2009, 6 (10): 596-603.

[31] Chabner B A, Wilson W, Supko J. Pharmacology and toxicity of antineoplastic drugs. Williams hematology, 2001, 8: 288-289.

[32] Marr A K, Kurzman I D, Vail D M, Preclinical evaluation of a liposome-encapsulated formulation of cisplatin in clinically normal dogs. American journal of veterinary research, 2004, 65 (11): 1474-1478.

[33] Tenhunen O, et al. Single-arm clinical trials as pivotal evidence for cancer drug approval: a retrospective cohort study of centralized European marketing authorizations between 2010 and 2019. Clinical Pharmacology & Therapeutics, 2020, 108 (3): 653-660.

[34] Oxnard G R, et al. Response rate as a regulatory end point in single-arm studies of advanced solid tumors. JAMA oncology, 2016, 2 (6): 772-779.

[35] Hamauchi S, et al. A multicenter, open-label, single-arm study of anamorelin (ONO-7643) in advanced gastrointestinal cancer patients with cancer cachexia. Cancer, 2019, 125 (23): 4294-4302.

[36] MEA. ICH E10 Choice of control group in clinical trials. 2001.

[37] Horwitz S M, et al. Objective responses in relapsed T-cell lymphomas with single-agent brentuximab vedotin. Blood, 2014, 123 (20): 3095-3100.

[38] Anzai M, et al. Efficacy and safety of nanoparticle albumin-bound paclitaxel monotherapy as second-line therapy of cytotoxic anticancer drugs in patients with advanced non-small cell lung cancer. Medicine, 2017, 96 (51).

[39] Kaira K, et al. A phase II study of amrubicin, a synthetic 9-aminoanthracycline, in patients with previously treated lung cancer. Lung Cancer, 2010, 69 (1): 99-104.

[40] Hersh E M, et al. A phase 2 clinical trial of nab-paclitaxel in previously treated and chemotherapy-naive patients with metastatic melanoma. Cancer: Interdisciplinary International Journal of the American Cancer Society, 2010, 116 (1): 155-163.

[41] Hu W, Zhang Z. A phase II clinical study of using nab-paclitaxel as second-line chemotherapy for Chinese patients with advanced non-small cell lung cancer. Medical Oncology, 2015, 32 (6): 1-5.

[42] Miller J, et al. Dose characterization of the investigational anticancer drug tigilanol tiglate (EBC-46) in the local treatment of canine mast cell tumors. Frontiers in veterinary science, 2019, 6: 106.

[43] LeBlanc A K, et al. Veterinary Cooperative Oncology Group-Common Terminology Criteria for Adverse Events (VCOG-CTCAE v2) following investigational therapy in dogs and cats. Veterinary and comparative oncology, 2021, 19 (2): 311-352.

[44] Brown G K, et al. Intratumoural Treatment of 18 Cytologically Diagnosed Canine High-Grade Mast Cell Tumours With Tigilanol Tiglate. Frontiers in Veterinary Science, 2021, 8.

[45] Grant I, et al. A phase II clinical trial of vinorelbine in dogs with cutaneous mast cell tumors. Journal of veterinary internal medicine, 2008, 22 (2): 388-393.

[46] Rassnick K, et al. Phase Ⅱ, open-label trial of single-agent CCNU in dogs with previously untreated histiocytic sarcoma. Journal of veterinary internal medicine, 2010, 24（6）: 1528-1531.

[47] Allstadt S, et al. Randomized phase Ⅲ trial of piroxicam in combination with mitoxantrone or carboplatin for first-line treatment of urogenital tract transitional cell carcinoma in dogs. Journal of veterinary internal medicine, 2015, 29（1）: 261-267.

[48] Skorupski K A, et al. Carboplatin versus alternating carboplatin and doxorubicin for the adjuvant treatment of canine appendicular osteosarcoma: a randomized, phase Ⅲ trial. Veterinary and comparative oncology, 2016, 14（1）: 81-87.

[49] 王学伟, 冯华兵, 徐倩, 等. 犬猫用抗肿瘤药指导原则要点分析. 中国兽药杂志, 2022, 56（7）: 12-17.

[50] Jinwan W, et al. Results of randomized, multicenter, double-blind phase Ⅲ trial of rh-endostatin（YH-16）in treatment of advanced non-small cell lung cancer patients. Zhongguo fei ai za zhi, 2005, 8（4）.

[51] 国家兽药监督管理局兽药审评中心. 抗肿瘤药物临床试验技术指导原则. 2012.

[52] Mitchell L, Thamm D, Biller B. Clinical and immunomodulatory effects of toceranib combined with low-dose cyclophosphamide in dogs with cancer. Journal of Veterinary Internal Medicine, 2012, 26（2）: 55-362.

[53] London C A, Hannah A L, Zadovoskaya R, et al. Phase I dose-escalating study of SU11654, a small molecule receptor tyrosine kinase inhibitor, in dogs with spontaneous malignancies. Clinical Cancer Research, 2003, 9（7）: 2755-2768.

[54] Bernabe L F, Portela R, Nguyen S, et al. Evaluation of the adverse event profile and pharmacodynamics of toceranib phosphate administered to dogs with solid tumors at doses below the maximum tolerated dose. BMC Veterinary Research, 2013, 9（1）: 1-10.

[55] Sadowski A R, Gardner H L, Borgatti A, et al., Phase Ⅱ study of the oral selective inhibitor of nuclear export（SINE）KPT-335（verdinexor）in dogs with lymphoma. BMC Veterinary Research, 2018, 14（1）: 1-7.

[56] London C A, Malpas P B, Wood-Follis S L, et al. Multi-center, placebo-controlled, double-blind, randomized study of oral toceranib phosphate（SU11654）, a receptor tyrosine kinase inhibitor, for the treatment of dogs with recurrent（either local or distant）mast cell tumor following surgical excision. Clinical Cancer Research, 2009, 15（11）: 3856-3865.

[57] Weishaar K M, Wright Z M, Rosenberg M P, et al. Multicenter, randomized, double-blinded, placebo-controlled study of rabacfosadine in dogs with lymphoma. Journal of Veterinary Internal Medicine, 2022, 36（1）: 215-226.

[58] FDA. Oncology Drugs for Companion Animals Guidance for Industry. 2017.

[59] Gan H K, Millward M, Hua Y, et al. First-in-human phase I study of the selective MET inhibitor, savolitinib, in patients with advanced solid tumors: safety, pharmacokinetics, and antitumor activity. Clinical Cancer Research, 2019, 25（16）: 4924-4932.

[60] Kummar S, Gutierrez M, Doroshow J H, et al. Drug development in oncology: classical cytotoxics and molecularly targeted agents. British Journal of Clinical Pharmacology, 2006, 62（1）: 15-26.

[61] London C A, Malpas P B, Wood-Follis S L, et al. Multi-center, placebo-controlled, double-blind, randomized study of oral toceranib phosphate（SU11654）, a receptor tyrosine kinase inhibitor, for the treatment of dogs with recurrent（either local or distant）mast cell tumor following surgical excision. Clinical Cancer Research, 2009, 15（11）: 3856-3865.

[62] Saba C F, Vickery K R, Clifford C A, et al. Rabacfosadine for relapsed canine B-cell lymphoma: Efficacy and adverse event profiles of 2 different doses. Veterinary and Comparative Oncology, 2018, 16（1）: E76-E82.

[63] Sadowski A R, Gardner H L, Borgatti A, et al. Phase Ⅱ study of the oral selective inhibitor

of nuclear export (SINE) KPT-335 (verdinexor) in dogs with lymphoma. BMC Veterinary Research, 2018, 14 (1)： 1-7.

[64] Simon R. Optimal two-stage designs for phase Ⅱ clinical trials. Controlled Clinical Trials, 1989, 10 (1)： 1-10.

[65] Rosner G L, Stadler W, Ratain M J. Randomized discontinuation design： application to cytostatic antineoplastic agents. Journal of Clinical Oncology, 2002, 20 (22)： 4478-4484.

[66] EMA. Revised policy for classification and incentives for veterinary medicinal products indicated for minor use, minor species (MUMS)/limited market (EMA/429080/2009-Rev. 1) . 2018.

[67] Triozzi P L, Allen K O, Carlisle R R, et al. Phase Ⅰ study of the intratumoral administration of recombinant canarypox viruses expressing B7. 1 and interleukin 12 in patients with metastatic melanoma. Clinical Cancer Research, 2005, 11 (11)： 4168-4175.

[68] VICH. Guideline on target animal safety for veterinary pharmaceutical products. 2009.

[69] 中华人民共和国农业农村部 . 宠物用药物靶动物安全性试验技术指导原则 . 2010.

[70] EMA. Masivet EPAR -Summary for the public. 2009.

[71] EMA. Stelfonta： EPAR -Medicine overview. 2019.

[72] EMA. Palladia： EPAR -Summary for the public. 2009.

[73] Eisenhauer E. Phase Ⅰ and Ⅱ trials of novel anti-cancer agents： endpoints, efficacy and existentialism. The Michel Clavel Lecture, held at the 10th NCI-EORTC Conference on New Drugs in Cancer Therapy, Amsterdam, 16-19 June 1998. Annals of Oncology, 1998, 9 (10)： 1047-1052.

[74] Korn E L. Nontoxicity endpoints in phase Ⅰ trial designs for targeted, non-cytotoxic agents. Journal of the National Cancer Institute, 2004, 96 (13)： 977-978.

[75] Parulekar W R, Eisenhauer E A. Phase Ⅰ trial design for solid tumor studies of targeted, non-cytotoxic agents： theory and practice. Journal of the National Cancer Institute, 2004, 96 (13)： 990-997.

[76] 国家兽药监督管理局兽药审评中心 . 以临床价值为导向的抗肿瘤药物临床研发指导原则 . 2021.

第 11 章
兽药生态
毒性评价

近二十年来，随着我国畜禽养殖业的集约化、规模化养殖模式的快速发展与普及，包括抗生素在内的兽药及其他兽用投入品被集中大量使用，且呈日益增加的趋势。兽药在预防与治疗畜禽感染性疾病、促进动物生长、保护动物健康和降低养殖成本方面发挥了积极作用。但兽药经动物使用后，除小部分在动物组织中残留之外，绝大部分以原型或（和）代谢物的形式随粪、尿等排出体外，经各种途径直接或间接进入环境中，在土壤、水体等生态系统中经迁移、转化与吸附等环境行为产生残留蓄积，带来兽药污染的生态风险与潜在危害。

目前，风险评估是国际上公认管理安全问题的有效工具，它是由危害识别、危害特征描述、暴露评估以及风险特征描述等四个基本步骤组成。国内外普遍根据风险评估结果开展风险预警及风险交流，甚至风险管理。本章将从兽药进入环境的途径、种类，兽药在环境中的污染状况，兽药环境风险评价的基本原则与要求，兽药的环境行为，兽药的环境生态毒性效应等进行叙述。

11.1

环境中兽药的污染状况

养殖源性畜禽粪便与废水排放对环境造成的污染已引起我国的全面重视，而养殖生产过程中大量使用的兽药及添加剂经废弃物的排放，对环境造成的潜在影响与对人类造成的健康风险亦应引起关注。现代畜牧业为预防和治疗动物疾病与促进动物生长、提高动物性食品的品质与产量，普遍经饲喂和饮水等途径，以单方或复方添加多类兽药及添加剂的现象非常普遍，甚至出现超剂量、超期限、非法使用与滥用等现象。所使用的兽药大多数为各类抗生素或化学合成抗菌类药物，它们在动物肠道内很少被吸收或者经吸收后部分代谢成多种代谢产物，它们除极少部分残留在肉、蛋、奶等食品中之外，绝大部分是随粪尿等废弃物排出体外，经直接或以有机肥等方式间接进入环境中，经迁移、吸附、转化等多种方式进行蓄积，对环境生态带来长期的潜在危害风险。尽管自然界土壤中存在着某些细菌种类本身可以产生抗生素，如链霉菌等放线菌类，但总的说来其产生的抗生素的环境本底值是非常微量的。

11.1.1 兽药进入环境中的途径及种类

11.1.1.1 兽药进入环境中的途径

近年来，尽管我国畜禽养殖业朝集约化、规模化模式得到了快速发展，但大多数畜禽场仍属于中小型养殖模式，相当比例仍沿袭多种较低端混养殖模式，如鸡/鸭/鹅-鱼立体混养、猪场-鱼塘模式等，其粪尿排泄物较少进行类似大型规模化养殖场的集中收集的多级处理方式，更多的是采用自然排放，或直接用于灌溉、水淋排放等。据估测，一个万头猪场每年可能产生含水粪污至少 1.38 万吨，按此计算，仅 2017 年我国养殖源动物粪、尿产量约达 38 亿吨，但其综合利用率可能不足 50％。大多数未经处理直接进入水体，或作有机肥施用于农田菜地，或经雨水淋洗入河流湖泊中。

目前来看，环境中以抗生素及化学合成类抗菌药为主的药物残留，主要来源于以下方面。

（1）畜禽摄入兽药后经粪尿等排出的兽药原型及其代谢物等　畜禽粪便是环境中兽药的主要来源，也是兽药进入环境的"第一站"。在集约化畜禽养殖场的废水和粪便中常检测到较高浓度的兽药，检出率较高的抗生素主要有四环素类、喹诺酮类、磺胺类和大环内酯类等兽药，其检出浓度多在 $\mu g/L$ 或 mg/kg 级别。含这些兽药的畜禽废弃物，无论用作肥料施用于农田，还是直接排放，都可能随着地表径流汇入江河或淋溶至地下水，并很有可能通过饮用水源和植物吸收积累进入食物链，威胁人类健康。

（2）水产养殖中兽药的直接施用　水产养殖中抗生素等药物的使用主要以直接投放为主，因此大量未被水产生物吸收及随粪便排泄的抗生素会长期残留于水体或沉降富集于底泥中，成为水环境中抗生素的一个重要污染源。尽管各国对水产养殖用药规定不同，但磺胺类和喹诺酮类药物均被频繁检出，其浓度甚至高达几十 mg/L 或 mg/kg。

（3）医药生产企业（制药厂）废水及医疗机构废料等排放引起的环境药物残留　制药厂污水废料是环境抗生素的重要来源，但对其抗生素类型和含量的报道不多。医疗与家庭废水中抗生素种类较少，并以喹诺酮类、β-内酰胺类、大环内酯类、磺胺类药物为主，其浓度可在 $\mu g/L$ 级别。家庭使用抗生素一部分通过人体排泄进入环境水体，另一部分作为固体垃圾被丢弃，并极有可能因为浸泡、腐蚀而渗入水体环境。

环境中兽药（以抗生素及化学合成类抗菌药为主）残留的来源与迁移途径见图 11-1。

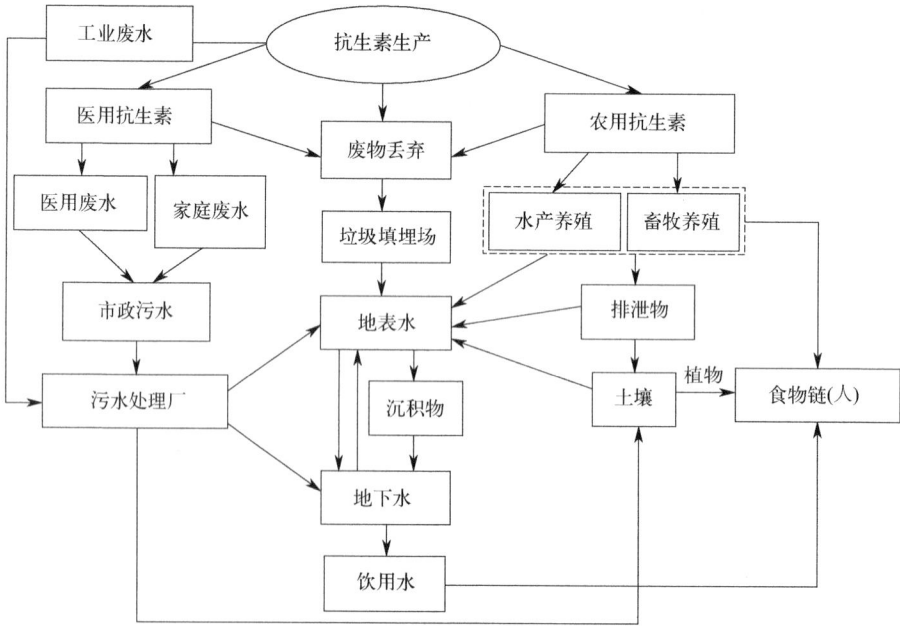

图 11-1　环境中兽药（以抗生素及化学合成类抗菌药为主）残留的来源与迁移途径

11.1.1.2　兽药进入环境中的种类

土壤及水环境中的各类污染物日渐增加，其中比较重要的一类是兽药污染。我国养殖业的规模、容量及分散度远大于欧美国家，加上畜禽感染性疾病的严重性与复杂性，使得我国兽用抗菌药物的用量巨大。进入环境中的兽药主要有抗菌类药物、消毒药、驱虫药、重金属及性激素等。据有关统计，2007年我国各类抗菌药物年产量约21万吨，46%用于养殖业，2013年我国抗菌药总用量16.2万吨，52%为兽用，2018年起因开展减量化行动计划，其兽用抗菌药物达2.98万吨。

在环境土壤、水体以及沉积物中常被检出多种常用兽药，主要如下。

（1）**抗微生物药物**　抗生素是微生物在生命活动中产生的代谢产物，具有选择性杀灭或抑制特异病原体的作用，常用的有β-内酰胺类、四环素类、大环内酯类、氨基糖苷类等。由于抗生素的耐药性、过敏性和稳定性等原因，化学合成类抗菌药的研发与上市得到迅速发展。在畜禽中主要使用的化学合成抗菌药物，主要包括氟喹诺酮类（诺氟沙星、恩诺沙星、环丙沙星等）、磺胺类［磺胺间甲氧嘧啶（SMM）、磺胺二甲氧嘧啶（SMD）、磺胺甲基异噁唑（SMZ）等］以及喹噁啉类（乙酰甲喹）等药物。

据中国兽医药品监察所（农业农村部兽药评审中心）发布的有关报告，多年来我国养殖业中兽用抗菌药（含促长剂）的使用在兽药中占有绝对主导地位。据统计，2019年我国兽用抗生素累计用量排前五位的分别为：四环素类11297.65t，占比36.56%；多肽类3500.7t，占比11.33%；β-内酰胺及抑制剂类3154.53t，占比10.21%；大环内酯类3020.1t，占比9.77%；酰胺醇类2167.37t，占比7.01%。2019年使用量在1000t以上的抗生素品种分别为金霉素、土霉素、杆菌肽、氟苯尼考、泰妙菌素、阿莫西林、替米考星、喹烯酮、吉他霉素和多西环素，总用量为22945t，占全部抗生素的74.25%。

抗微生物药物用于畜禽感染性疾病的预防与治疗，包括大多数抗生素在被禁用作促生长添加剂之前均被大量使用，例如土霉素、金霉素、黏菌素等饲料添加剂。它们经动物代谢后大部分以原型或代谢物经粪便和尿液排入环境中，进而在土壤、水体以及水生生物、植物等中蓄积或残留，引起对生态环境的潜在危害。

（2）**抗寄生虫药物**　抗寄生虫药在养殖中被广泛用于多种畜禽寄生虫病的预防与治疗，包括抗蠕虫（线虫、绦虫、吸虫）、抗原虫、杀体外寄生虫等三类药物。抗蠕虫药物常用的有伊维菌素、多拉菌素、阿苯达唑、芬苯达唑、左旋咪唑等，其中苯并咪唑类药物（阿苯达唑、芬苯达唑等）因驱虫谱广（线虫、绦虫、吸虫）、驱虫效果好、毒性低，并有一定的杀灭幼虫和虫卵的作用，在猪场普遍经混饲给药用作广谱驱虫，内服易吸收，首过效应强，血中药物浓度少，主要代谢物为砜和亚砜两种形式，发挥抗蠕虫活性的主要为阿苯达唑亚砜、芬苯达唑亚砜等。

球虫病是鸡、兔等动物常见的一种原虫病，抗球虫药物用作预防和治疗用途的用量巨大，药物种类也较多。常用的抗球虫药有地克珠利、氨丙啉、盐霉素、马杜霉素、氯苯胍、妥曲珠利、尼卡巴嗪、磺胺喹噁啉等。

畜禽体外寄生虫主要指螨、蜱、虱、蚤、库蠓、蚊、蝇、蝇蛆等直接侵袭机体并传播疾病的一大类节肢动物，兽医临床上常使用伊维菌素、多拉菌素、有机磷化合物、二嗪农、拟除虫菊酯类（胺菊酯、氯菊酯、溴氰菊酯）等进行驱杀。

伊维菌素作为一种高效的广谱抗寄生虫药应用广泛。已有不少报道表明，伊维菌素类药物应用后，其原型及其代谢物经动物排泄进入自然生态系统中，其环境风险问题已逐渐显现。该类药物在自然环境中难以快速降解，并对水生枝角类具有高毒性。伊维菌素进入水域环境的方式主要有两种，一种是水产养殖中直接喷洒，使药物以最直接的方式进入水体；另一种较为普遍的方式是随着牛、羊等动物的代谢产物进入天然环境直至自然水体。有研究人员对牛体内的伊维菌素残留进行研究，结果表明45天之后，在牛的排泄物中依然留有未被吸收的原药。

（3）金属类添加剂　随着养殖业的快速发展，多种金属类化学物，例如有机胂制剂（阿散酸和洛克沙胂）、$CuSO_4$和ZnO等化合物在畜禽生产中得到了大量应用，主要用作动物促生长、防腹泻类饲料添加剂。畜禽经饲喂后排泄出的重金属类化合物可破坏土壤微生物的蛋白质结构，造成土壤板结、土壤肥力下降等，因为金属类物质的稳定性与化学价态的活跃性最终经食物链危及农产品安全与人体健康。

有机胂制剂［洛克沙胂（roxarsone）、阿散酸（p-arsanilic acid）］自1996年我国批准用作促生长剂以来，据估测，在我国总用量已达4.6万～5.2万吨，有机胂在畜禽体内仅10%～20%被吸收，大部分经粪便排出体外，以元素砷（As）计（约30%），经测算已向周边环境中释放1.4万～1.6万吨元素As。据估测，一个万头猪场仅按肉猪添加100mg/kg阿散酸，则每年需360kg阿散酸，将向周边环境排放约124kg As，若连续使用5～8年，即可向周边排放1吨元素As。$CuSO_4$和ZnO在我国养猪业被广泛应用促生长与防腹泻等，近年来高Cu、高Zn使用现象尤为突出，$CuSO_4$、ZnO的添加量甚至分别达到3kg/吨、7kg/吨饲料；通过排泄试验，结合当前应用现状，推算出一个万头猪场1年将可能向体外排放Cu、Zn分别达到433kg和701kg。

（4）环境中的耐药基因　进入环境中的抗生素除造成化学污染外，还可能诱导产生耐药菌和耐药基因（antibiotics resistance genes，ARGs），抗生素残留压力加速耐药基因的传播和扩散。耐药菌可能通过直接或者间接接触（如食物链）等途径进入人体，促进人体内产生耐药性，从而给人类健康带来威胁。自Piuden等首次提出将ARGs作为一种环境污染物后，对其来源、分布和传播的研究开始受到人们的重视。

环境中ARGs的来源主要有以下两种。

① 内在耐药性：土壤中一些土著微生物本身就能够产生低浓度的抗生素，这些低浓度抗生素均可作为微生物种群间或种群内的信号分子，使微生物可通过随机突变或表达潜在耐药基因而获得抗性，因此土壤中必然存在着相应的ARGs。另外，环境中残留的抗生素构成筛选耐药细菌的环境选择压力，从而促进环境中ARGs的产生，加速内在ARGs突变和水平转移。目前，许多研究发现环境中的抗生素残留与耐药基因之间有很好的相关性。

② 外源输入：抗生素主要经内服给药，在动物肠道内诱导出细菌耐药菌株，从基因水平上看，耐药菌株是由于其体内基因发生变异产生ARGs，而表现出耐药性，这些耐药菌株随粪便排泄进入环境，使其成为环境中ARGs的重要来源。

11.1.2　兽药在环境中的污染状况

20世纪80年代初，一些发达国家如德国、美国、西班牙等已经陆续在土壤、水体等环境中检测到兽药的存在，90年代末欧洲部分国家开始进行较系统的调查与研究环境中兽药的污染问题。至今已在很多国家的海水、城市污水、土壤、饮用水、地下水、动物粪便和工厂废水中发现了兽药的残留。我国对兽药污染调查开始较晚，但近十多年来陆续有不少兽药环境残留检测的相关报道。兽药残留污染主要有两大类，即抗菌药物与重金属、类金属类添加剂环境污染。

11.1.2.1 抗菌药物在环境中的污染状况

（1）畜禽粪便、有机肥和土壤中抗菌药物的残留污染　　目前，在畜禽粪便中抗菌药物的检出种类较广泛，其含量可达到 mg/kg 级别水平，且在不同国家与地区之间污染水平差别显著，可能与各地用药模式及粪污处理方式有关。张慧敏等对浙江北部畜禽粪便中抗生素进行检测后发现，四环素、土霉素和金霉素残留量均值达到 1.57、3.10 和 1.80mg/kg。任君焘等对山东东营地区的猪粪、鸡粪和牛粪中抗生素浓度进行检测，发现其浓度普遍较高，尤其是猪粪中最高，四环素类、磺胺类含量平均值分别可达到 3.74×10^3、$9.86 \times 10^2 \mu g/kg$，其次为鸡粪、牛粪，这与给药动物种类有关。曹胜男等研究表明，四环素类相对于磺胺类、喹诺酮类药物的积累能力更强，在粪便中残留量可达 12.5mg/kg，这可能与四环素类药物结构较稳定，不易发生降解有关。

粪便中抗菌药物经有机肥施用、污水灌溉、降雨径流和渗透等作用进入周边环境。不同国家和地区土壤中药物残留水平有所差异，土壤中抗生素含量一般以 $\mu g/kg$ 级别为多。有报道，在我国北方部分地区采集的施肥土壤中四环素类最高检出浓度为 $2683\mu g/kg$、磺胺类达 $32.7\mu g/kg$。山东省 20 个蔬菜大棚土壤中检测出 14 种抗生素，其中四环素、土霉素、金霉素和多西环素的总含量为 $26.79 \sim 1010.11\mu g/kg$，平均含量为 $274\mu g/kg$；诺氟沙星和氧氟沙星含量分别达 373.73 和 $643.34\mu g/kg$，均远远地超过抗生素生态毒害效应触发值（$100\mu g/kg$）。

汇总部分文献报道，畜禽粪便、有机肥和土壤中抗菌药物的残留量见表 11-1。

表 11-1　畜禽粪便、有机肥和土壤中抗菌药物的残留量

地区	废弃物种类	抗菌药种类	残留浓度
广东	猪粪	喹诺酮类	$24.5 \sim 1516.2\mu g/kg$
		磺胺类	$1.04 \sim 15.93mg/kg$
华东漳溪	猪粪	四环素类	$3.57 \sim 9.09mg/kg$
	鸡粪	四环素类	$1.39 \sim 5.97mg/kg$
东北地区	畜禽粪便	14 种抗生素	$0.08 \sim 56.81mg/kg$
	猪粪	磺胺类	$7.11mg/kg$
天津	猪粪	磺胺类	$170.6 \sim 1060.2\mu g/kg$
		氟喹诺酮类	$411.3 \sim 1516.2\mu g/kg$
		四环素类	$3.33 \sim 12.30mg/kg$
杭州	猪粪	四环素类	$37.2 \sim 139.4mg/kg$
	猪粪	磺胺嘧啶	$7.1mg/kg$

（2）水体中抗菌药物的残留　　环境中绝大部分药物残留最终都会进入水环境体系中。相关研究表明，世界各国和地区的地表水、地下水和饮用水中抗菌药物残留现象较普遍。

与污废水相比，地表水中药物残留的种类较多，但含量相对较低，一般在几十到几百 ng/L 范围内。地表水中的药物有很大一部分被吸附到沉积物中，以喹诺酮类和四环素类为主，主要是由于这两类药物在固体颗粒上吸附能力较强。抗菌药物在水和沉积物间是一个动态平衡的过程，沉积物是药物的贮存库，同时也是水中潜在的污染源。

安徽部分饮用水源中 9 种抗菌药，如磺胺嘧啶（SDZ）、磺胺二甲嘧啶（SM2）、磺胺甲噁唑（SMZ）、磺胺氯哒嗪（SCP）、磺胺间甲氧嘧啶（SDM）、四环素（TC）、土霉素

（OTC）、金霉素（CTC）和多西环素（DOC）的残留调查显示：自来水、地下水和地表水中检出浓度分别为 $1.71\sim21.92$ng/L、$1.53\sim20.56$ng/L 和 $1.54\sim78.74$ng/L，污水处理厂进出水中抗生素总浓度分别为 $73.7\sim248.99$、$34.51\sim166.29$ng/L。苕溪流域某规模化养猪场排放的典型废水中四环素、土霉素、金霉素和多西环素的最高单体污染浓度可达 13.65×10^3ng/L，磺胺二甲嘧啶最高检出量为 675.4ng/L。

11.1.2.2　金属、类金属类添加剂在环境中的污染状况

经对我国七省区 43 个猪场环境总 As 测定结果表明：土壤总 As 含量普遍为我国背景值（15）的 $2\sim3$ 倍，水体总 As 含量普遍为我国规定渔业水质标准的 $2\sim6$ 倍，大部分水生植物 As 含量超过陆生植物自然 As 含量（1.0mg/kg），甚至超过 7 倍。施肥的甘薯地中土壤 As 平均含量为 38.83mg/kg，为非猪场区甘薯地的 4.2 倍。鱼塘水及鱼体内的 As 含量已超过国家规定标准（0.5mg/kg），鱼组织 As 含量在鱼鳃和内脏中最高达（1.94 ± 0.08）mg/kg 和（3.65 ± 0.18）mg/kg，脂肪和鱼脑中含 As 为肌肉中 $3\sim4$ 倍。15 个猪场附近土壤中 As 的含量检测结果表明，离排污口 5m 的土壤中含 As33.13mg/kg，离排污口 500m 的土壤中含 As8.03mg/kg。

11.1.2.3　环境中抗生素和抗生素抗性基因（AGRs）的污染

养殖中抗菌药物的使用极大地刺激了动物肠道内 ARGs 的发展。大量报道已从畜禽粪便中分离出耐药菌株（如粪肠球菌、大肠杆菌等），并检测到多种 ARGs。粪便施肥是 ARGs 进入土壤环境的主要途径。Li 等在北京 3 个地区的养猪场废水中检测出 5 种喹诺酮类耐药基因（$qnrD$、$qnrS$、$qepA$、$oqxA$ 和 $oqxB$），其绝对浓度在 $1.66\times10^7\sim4.06\times10^8$copies/mL 之间。Luo 等在海河（中国天津）河水和沉积物中检测出 4 种磺胺耐药基因（$sul1$、$sul2$、$sul3$、$sulA$）和 7 种四环素耐药基因（$tetB$、$tetM$、$tetO$、$tetQ$、$tetS$、$tetT$、$tetW$），沉积物中的耐药基因是水样中的 $120\sim2000$ 倍。研究发现，畜禽养殖场周边的土壤存在多种 ARGs，表明畜禽粪便中的 ARGs 作为污染源能够迁移到土壤土著微生物。这些研究表明地表水和沉积物已成为 ARGs 库并可能加速了 ARGs 的传播。

2019 年 7 月 10 日，农业农村部发布了中华人民共和国农业农村部公告第 194 号，决定停止生产、进口、经营、使用部分药物饲料添加剂，并对相关管理政策作出调整。值得指出的是，农业农村部并没有提出全面禁止在饲料中添加抗生素，而是在抗生素的减量替代方面作出相关部署。随着畜禽养殖业蓬勃发展，抗生素仍将被继续大量使用，其对生态环境和人类健康所造成的潜在风险也将一直存在。由此可见，兽药对生态环境的污染已成为我国一个突出的问题，兽药对生态环境的潜在危害作用不容忽视。

目前，兽药（以抗生素为主）的环境消除与使用管控已成为环境保护中亟待解决的问题。国家为限制抗生素使用已出台了相关政策法规，在《农业部公告禁用兽药目录汇总》中对常用的几类抗生素提出了明确的停药期，并下发《农业部办公厅关于严厉打击饲料生产和养殖环节违法使用兽用抗菌药物行为的通知》，严格控制抗生素在畜禽养殖业中的使用量。为加强兽用抗菌药物的管理，综合治理兽药残留等问题，农业农村部也发起了《全国遏制动物源细菌耐药性行动计划》。国内外学者已对抗生素等对环境的生态毒性、非生物及生物降解等开展了系列研究，取得了大量阶段性成果，为科学解决兽药残留污染问题提供了理论基础支撑，通过对抗生素风险评价方法进行探索和总结，也为抗生素的使用及

管控措施提供了依据。

11.2

兽药环境风险评价的基本原则与要求

环境风险评价，是指对因一种或多种内部或外界因素导致的不利生态影响所进行的评估，包含对化学品排放、人类活动和自然灾害等产生不利影响的可能性和强度进行定性和定向研究。目的是帮助环境管理部门了解和预测生态影响因素和所产生的生态后果之间的关系，利于环境决策的制定。环境风险评价基于暴露特征和后果特征两种因素，主要进行提出问题、问题分析和风险表征等三个阶段的风险评估。

11.2.1 我国对兽药开展环境风险评估的基本概况

近年来，生态风险评价在欧美国家环境保护中的地位越来越突出，已经成为环境管理的重要依据，并在法律上得到了确认。我国区域生态风险评估研究相对滞后，实践更加缺乏。2020 年 3 月，生态环境部发布了《生态环境风险评估技术指南总纲》，但需要进一步在医药、个护、兽药、渔药、肥料登记环节开展环境危害性评估研究，进一步完善登记的环境资料要求，从源头防范抗生素环境风险。

我国对新型污染物的环境风险评价工作提出的政策与需求呈现出倾向性。2001 年 12 月，国家 863 项目"环境内分泌干扰物的筛选与控制技术"的立项，标志着我国新型污染物研究工作正式开展。2015 年实施的《中华人民共和国环境保护法》在生态责任、企业罚则、公众权利等方面都有较大突破，作为环境污染防治顶层设计的《水污染防治行动计划》（2016 年"水十条"）、《土壤污染防治行动计划》（2016 年"土十条"）都提出了对新药生态风险评价的目标。由于缺乏新型污染物排放标准和环境质量标准，也没有相关法律和国际公约的制约，我国新型污染物的控制技术缺乏实际应用。

2020 年农业农村部修订了《中华人民共和国兽药典》，2020 年 4 月修订了《兽药生产质量管理规范》，提高了无菌兽药和兽用生物制品的生产标准，并对生产厂房以及排水设施、肥料的生态风险评估报告明确了级别要求。同年 11 月，"国家环境保护新型污染物环境健康影响评价重点实验室"获批，由上海市环境科学研究院、上海市疾病预防控制中心、上海交通大学联合建立，这将为新兽药的影响评价提供新的研究支撑。

2021 年，上海市毒理学会发布了由上海交通大学编撰的《兽药环境风险评价指南》。《兽药环境风险评价指南》针对我国目前缺乏统一的兽药环境风险评价标准的情况，参考了国际兽药协调委员会（Veterinary International Cooperation on Harmonisation，VICH）所推荐的《兽药环境影响评价指南》（GFI ♯89-VICH GL6 和 GFI ♯166-VICH GL38），并在充分考虑了欧洲药品管理局（European Medicines Agency，EMA）颁布的《人用药品的环境风险评价指南》（EMA/CHMP/SWP/4447/00 Rev）与我国《化学物质环境与健康危害评估技术导则(试行)》《化学物质环境与健康暴露评估技术导则(试行)》《化学物质环境与健康风险表征技术导则(试行)》及相关试验的中国国家标准、OECD 标准、ISO 标准和一些期刊论文等的基础上，因地制宜，形成了充分考虑我国生态环境特点的兽药环境风险评价程序。

近年来，多项相关环保公益项目得到了支持并顺利开展。"集约养殖业兽药的环境风险分析及环境安全评价技术研究"项目对典型兽药进行了环境分布和污染状况调查，研究了兽药的理化性质、环境行为和生态效应，预测兽药对环境的潜在危害，项目的产出成果为兽药的环境安全管理提供了有力支撑。此外一项"兽药污染的健康风险评估与风险管理技术研究"项目亦对畜禽养殖场及其周围水体、土壤开展了抗生素污染调研，研究了集约化养殖业兽药环境污染状况与典型药物的环境安全，建立了兽药类抗生素的环境安全评价技术与评价程序方法。

11.2.2 兽药环境风险评价的基本原则

兽药环境风险评价程序是在遵循一般化学品环境风险评价方法原则的基础上，根据兽药的特殊使用情况制订的。风险评价一般要求按四个步骤进行：危害鉴定、暴露评价、剂量反应关系评定及风险特征分析。

（1）危害鉴定　主要研究化学品会产生哪些有毒有害作用，由于兽药在开发初期就已经在动物体内进行了药效学和毒理学的评价，因此，进行兽药环境风险评价时，这一步不必单独进行，但前期动物实验的资料可以为后面的生态毒性试验提供参考。

（2）暴露评价　主要研究化学品对非靶标生物的暴露剂量，由于兽药不直接用于环境，对一般环境生物的暴露剂量不高，故应该将暴露评价放在剂量反应关系评价之前。如果进入环境的兽药浓度过低，则无需进行生态毒性评价。因而，评价过程首先是确定兽药通过各种途径进入环境的预测浓度（predicted environmental concentration，PEC），即暴露评价。

（3）剂量反应关系评定　主要研究化学品对非靶标生物毒性的剂量反应关系。评价过程主要是通过对环境生物的生态毒性试验，确定兽药进入环境后对非靶标生物的预期无作用浓度（predicted no effect concentration，PNEC）。根据兽药对非靶标生物的毒性大小，将生态毒性试验分为 A、B 两级，根据 A 级试验的结果判定是否需要进行 B 级试验，然后对试验结果进行风险特征分析。

（4）风险特征分析　根据兽药进入环境及对环境生物的作用特点，将兽药的环境风险评价过程分为暴露评价和生态毒性试验与效应评价两个阶段，通过两个阶段的试验判断兽药对生态环境的影响。

根据以上原则，在不同的养殖模式下进行的适合的环境归趋研究，主要包括：土壤吸附/吸附、土壤生物降解、水生沉积物系统的好氧和厌氧转化、光解（可选）和水解（可选）。通过这些数据了解兽药在环境中的分布情况，为计算 PEC 打下基础。同时，不同饲养模式中所受到兽药影响的环境生物也不同，因此，在各个饲养模式中应针对容易受到影响的环境生物进行生态毒性研究，以此推测整个生态系统对兽药排放的响应，并判断兽药排放的环境风险。

11.2.3　兽药环境风险评价的基本内容与研究方法

11.2.3.1　预评估与第一阶段兽药环境暴露评估

（1）预评估　在对兽药进行评价之前，需要先进行预评估，以判断兽药是否需要进行暴露评价与生态毒性评价。因此，首先要综合国内外的相关标准，对兽药的性质有初步的判断。有下列情况之一的不用进行后续评价。

① 法律法规明确的可以免除环境风险评价的兽药类型：满足此项的兽药不需要继续进行环境风险评价，但应遵守有关规定，提交相应的文件。

② 兽药是一种天然物质，其使用不会改变物质在环境中的浓度或分布。

③ 兽药已进行过评价，仅改变适用动物种类或品种：已进行过环境风险评价且经批准用于其他动物，现申请用于饲养和给药方式相似的动物的兽药，经证明给药途径相同、用药剂量在原批准限度内的，可以推定此兽药在该动物中的使用对环境产生的影响有限，可不进行环境风险评价。

④ 兽药在动物中彻底代谢，同时具备以下两种条件，视作药物不会释放具有环境影响的残留物：一是兽药转化为动物体内正常生化过程的代谢物或者已知的无毒物质；二是兽药转化后的残留物已被证明没有生态毒性。

（2）第一阶段兽药环境暴露评价

① 兽药排放情况：一些兽药经无害化处理（如焚烧等）后，不会以原型或其代谢物的形式进入环境，则推定该兽药不会对环境产生较大影响，无需进行下一步环境风险评价。但兽药申请人应提供文件证明兽药及其代谢物的无害化处理能完全阻断其进入环境的途径。

② 兽药的环境预测浓度计算

a.土壤环境预测浓度（predicted environmental concentration，$PEC_{土壤}$）的计算。计算兽药的$PEC_{土壤}$，可以根据实际情况采用不同的计算模型。推荐采用 AHI Environmental Risk Assessment Working Group 发布的基于粪便还田所构建的计算模型中的基础计算法和修正计算法。此模型采用总残留量的概念，即假定药物及其代谢物完全从动物体内排出。也可以类推其他的等效性模型进行兽药的环境风险评价，并加以说明。

兽药在粪肥和土壤中降解研究的结果可用于修正对土壤中兽药浓度的估算。土壤中兽药的浓度可能因畜牧业的标准管理措施、处理粪便或其他措施而降低，若证明存在相应措施，在计算$PEC_{土壤}$时可以进行修正。

对于存在生物蓄积效应的持久性化合物（如$DT_{90}>1$年的化合物），需重新估算$PEC_{土壤-初始}$，以防错误估计兽药的环境风险。

b.其余环境预测浓度的计算。$PEC_{地表水}$、$PEC_{地下水}$和$PEC_{沉积物}$可以根据$PEC_{土壤}$和各环境介质中的分配系数等数据进行估算。由于部分数据与兽药使用区域相关，因未列出推荐的计算方法，可选择适合兽药使用区域的模型进行计算，并加以说明。

c.水体环境引入浓度（environmental introduction concentration，$EIC_{水体}$）的计算。为了计算$EIC_{水体}$，采用总残留估算水产养殖设施出水中预期的兽药浓度，即将原型药物和靶标物种排泄并进入水生环境的所有相关代谢产物相加，并考虑未食用饲料中的兽药和释放到水中的兽药。

若证明存在加速兽药降解的工程措施，可以利用相关数据修正$EIC_{水体}$。

11.2.3.2　第二阶段兽药环境生态毒性效应评估

（1）第二阶段的触发条件

① 陆地养殖的第二阶段触发条件。在陆地养殖中使用且不属于体内/外寄生虫杀灭剂、所处养殖设施直接排放或经过处理排放的兽药，其土壤环境预测浓度 $PEC_{土壤}$ 小于 $100\mu g/kg$ 的，可以不进行第二阶段的评价。

统计发现，兽药在土壤环境中对土壤动物、植物、微生物产生生态毒理学效应所需要的浓度均大于 $100\mu g/kg$，因此，推荐以 $PEC_{土壤}=100\mu g/kg$ 作为触发第二阶段试验的判定阈值。但是体内/外寄生虫杀灭剂具有特殊的生态毒性效应，需要在第二阶段明确对无脊椎动物及其相关性生物等特定生物群体的影响，如粪居动物区系。使用的体内/外寄生虫杀灭剂应直接进入环境风险评价的第二阶段以明确其对特定生物群体的影响。由于原生动物与陆地养殖模式中的无脊椎动物没有生物学相关性，本指南讨论的体内/外寄生虫杀灭剂不包含原生动物杀灭剂。

② 水域养殖的第二阶段触发条件。水生物种在封闭设施中饲养、兽药不是体内/外寄生虫杀灭剂，并且水产养殖设施直接排放或经过处理排放的兽药的水体环境引入浓度（environmental introduction concentration，$EIC_{水体}$）小于 $1\mu g/L$，可以不进行第二阶段的评价。

统计发现，在水体环境中，约 90% 的兽药的生态毒性起点大于 $1\mu g/L$，因此选择以 $EIC_{水体}=1\mu g/L$ 作为触发第二阶段试验的判定阈值。$EIC_{水体}$ 仅限用于处理封闭设施中饲养的鱼类和其他水生生物的兽药。同时不在封闭设施内的养殖过程中使用，由于水产养殖设施相通而可能直接进入水生环境的兽药，建议进行第二阶段评价。部分寄生虫杀灭剂的现有数据库不足以建立该类化合物的定量触发值的，也建议进行第二阶段试验。

（2）第二阶段的兽药生态毒性效应评价　当兽药未通过第一阶段时，需要继续进行第二阶段的评价。我国幅员辽阔，不同地区存在显著的区域差异（如畜牧业生产方式，气候、土壤和水体类型等）。因此，需要针对兽药的使用区域和特点，参照我国相关试验的国家标准进行试验。如果参照相关 OECD 标准、ISO 标准和文献，则需改选符合我国实际情况的试验物种。同时，在某些环境区域中可能存在对特定兽药敏感的生物种类，应该根据当地的具体情况予以考虑，可以与监管部门进行沟通协调。

在生态毒性评价中，建议采用两级法进行环境风险评价。A 级利用简单、低成本的试验研究，根据兽药暴露量及其对生态系统的影响，来对生态风险进行评价。如果预测的风险不可接受，则将进入 B 级进行完善的环境风险评价。

第二阶段环境风险评价是基于风险商（RQ）法，即非目标生物的环境预测浓度（PEC）和预测无影响浓度（PNEC）的比值。如果风险商（PEC/PNEC）值小于 1，则表示不用进行进一步的测试。

① 第二阶段 A 级生态毒性试验与风险评价

A. A 级理化性质研究。兽药进入第二阶段后，首先进行 A 级评价。在 A 级评价中，首先需要研究兽药的物理化学性质，包括水溶性、水中解离常数、紫外可见吸收光谱、熔点/熔化范围、蒸气压、正辛醇/水分配系数。所有兽药都需要进行这部分试验，通过这些数据可以对兽药的基本性质有一定的认识。其中正辛醇/水分配系数是判定是否进行生物富集试验的重要参数。

表 11-2 列出了 A 级宜进行的物理化学性质研究试验。

表 11-2　A级物理化学性质研究

试验研究	标　准
水溶性试验	GB/T 21845—2008 或 OECD 105
水中解离常数试验	OECD 112
紫外可见吸收光谱试验	GB/T 9721—2006 或 OECD 101
熔点/熔化范围试验	GB/T 21781—2008 或 OECD 102
蒸气压试验[①]	OECD 104
正辛醇/水分配系数试验[②]	GB/T 21852—2008、GB/T 21853—2008、OECD 107 或 OECD 117

①仅计算，但当其他物理化学性质（例如分子量、熔化温度、热重分析）表明20℃时蒸汽压力可能超过 10^{-5} Pa 时，宜进行研究。

②该标准不直接适用于环境 pH 下的电离物质。如果适用，应在环境相关 pH 下以非电离形式测量此类物质的正辛醇/水分配系数。

B. A级环境归趋研究。表 11-3 列出了 A 级宜进行的环境归趋研究试验。

表 11-3　A级环境归趋研究

试验研究	标准	备注
土壤吸附/解吸试验[①]	GB/T 21851—2008 或 OECD 106	土壤根据国标进行选择，建议至少选择三种不同土壤进行试验
土壤生物降解（途径和速率）试验[②]	GB/T 27856—2011 或 OECD 307	土壤根据国标进行选择
水生沉积物系统的好氧和厌氧转化试验[②]	GB/T 27853—2011 或 OECD 308	沉积物和水根据国标进行选择
光解试验（可选）	OECD 316	如果有证据表明兽药存在光解现象，则申请人可以选做光解试验，并利用光解试验数据作为修正 PEC 的资料
水解试验（可选）	GB/T 21855—2008 或 OECD 111	如果有证据表明兽药存在水解现象，则申请人可以选做水解试验，并利用水解试验数据作为修正 PEC 的资料

①吸附/解吸研究应报告一系列土壤的 K_{oc} 值和 K_d 值。应注意将研究结果从土壤推断到沉积物，尤其是在环境相关的 pH 下电离的物质。

②这些研究仅建议分别用于陆地和水产养殖暴露场景。在水产养殖中使用的兽药可以加上在海水中进行的试验（应寻求监管机构指导）。

　　不同饲养模式所需要环境归趋研究的数据不同，主要包括土壤吸附/解吸、土壤生物降解、水生沉积物系统的好氧和厌氧转化、光解（可选）和水解（可选）。通过这些数据了解兽药在环境中的分布情况，为计算 PEC 打下基础。

　　其中各实验所选用的土壤、水和沉积物根据国标进行选择。我国幅员辽阔，土壤、水和沉积物等种类多样，受兽药影响的区域较大。在对兽药的环境风险评价中，应根据兽药所主要使用区域的土壤、水和沉积物等进行试验，综合考虑各类材料的理化性质和分布区域，兼顾我国南北差异，农耕区畜牧业和牧区畜牧业差异。GB/T 21851—2008 中建议所用土壤有 7 种，可以通过现场采集或是购买得到相应的土壤，但需注意按照国标中的要求记录土壤信息，设置保存条件。GB/T 27856—2011 建议使用土壤与 GB/T 21851—2008 相似，并且此国标中有我国不同地区不同类型土壤的主要理化性质，在选用土壤时可以作为参考。GB/T 27853—2011 中有所用水和沉积物的采集要求，需要按照相关要求在典型兽药使用区域采样。

C. A 级生态毒性试验

a. A 级水生生物毒性试验。表 11-4 列出了 A 级宜进行的水生生物效应试验。建议采用表 11-4 中推荐的试验种类和评估因子，并选择至少一种鱼类、一种水生无脊椎动物和一种藻类进行测试。

表 11-4 A 级水生生物效应试验

媒介	试验	毒性终点[①]	评估因子[①]	标准	备注
淡水	藻类生长抑制试验	EC_{50}	100	GB/T 21805—2008 或 OECD 201	藻类根据国标进行选择
淡水	溞类活动抑制试验	EC_{50}	1000	GB/T 21830—2008 或 OECD 202	溞类根据国标进行选择
淡水	鱼类急性毒性试验	LC_{50}	1000	GB/T 27861—2011 或 OECD 203	淡水鱼类根据国标进行选择
海水	藻类生长抑制试验	EC_{50}	100	ISO 10253[②]	ISO 10253 中建议采用骨条藻属（*Skeletonema sp.*）或三角褐指藻（*Phaeodactylum tricornutum* Bohlin）作为试验对象。在充分考虑我国物种情况和相关生态毒理学研究进展的条件下，建议采用中肋骨条藻（*Skeletonema costatum*），三角褐指藻（*Phaeodactylum tricornutum* Bohlin）作为试验对象
海水	甲壳类动物急性毒性试验	EC_{50}	1000	ISO 14669[②]	ISO 14669 中建议采用汤氏纺锤水蚤（*Acartia tonsa* Dana）、日角猛水蚤属的 *Tisbe battagliai* Volkmann-Rocco 或美丽猛水蚤属的 *Nitocra spinipes* Boeck. 作为试验对象。在充分考虑我国物种情况和相关生态毒理学研究进展的条件下，建议采用日本虎斑猛水蚤（*Tigriopus japonicus*）作为试验对象
海水	鱼类急性毒性试验	LC_{50}	1000	OECD 203[②]	OECD 203 中没有建议采用的海洋鱼类。在充分考虑我国物种情况和相关生态毒理学研究进展的条件下，建议采用诸氏鲻虾虎鱼（*Mugilogobius chulae*）作为试验对象

①本表所列试验的预测无效应浓度 PNEC=毒性终点/评估因子，表 11-5～表 11-9 与此同。若无评估因子，则以毒性终点作为 PNEC。

②试验参照 OECD 标准和 ISO 标准进行，推荐的物种为我国分布较广的物种，所以优先使用本指南的推荐物种。

在 A 级水生生物效应试验研究中，选取了藻类、甲壳类和鱼类 3 个分类水平，分别在淡水和海水中试验，以此研究兽药对水生生物的影响。其中淡水藻类、甲壳类和鱼类的试验物种根据国标进行选择，国标中的物种大多在我国广泛分布，是环境的指示生物，并且易于饲养，在许多机构中都有养殖。

在 ISO 10253 中，海水藻类生长抑制试验建议选用骨条藻属 *Skeletonema sp.* 和三角褐指藻 *Phaeodactylum tricornutum* Bohlin 作为试验对象，并给出了相应的培养方案。其中中肋骨条藻是常见的浮游种和广温广盐的典型代表种，分布极广，我国南海、东海、黄海、渤海皆有分布。三角褐指藻具有卵形、梭形和三出放射形三种不同的形态，这三种形态在不同的环境条件下可以转变。国内利用两种藻类评价化学品的毒性也有相关报道。因此海水藻类则建议采用中肋骨条藻 *Skeletonema costatum*、三角褐指藻 *Phaeodactylum tricornutum* Bohlin 作为试验对象。

b. A 级陆生生物毒性试验。对于陆地使用的兽药，表 11-5 列出了 A 级建议进行的陆生生物效应试验。

表 11-5　A 级陆生生物效应试验

试验	毒性终点	评估因子	标准	备注
氮转化试验[①]（28 天）	和对照之间的硝酸盐生成率差异是否小于 25%	无[②]	GB/T 27854—2011 或 OECD 216	土壤根据国标进行选择
陆生植物毒性试验	EC_{50}	100	OECD 208	所用植物可根据国标 GB/T 31270.19—2014 进行选择，但实验建议按 OECD 208 进行
线蚓科/蚯蚓繁殖试验	NOEC	10	OECD 220/222	OECD 220 中建议采用白线蚓（*Enchytraeus albidus* Henle 1837）作为试验对象。在充分考虑我国物种情况和相关生态毒理学研究进展的条件下，建议采用球囊线蚓（*Enchytraeus bulbosus* Nielsen&Christensen）作为试验对象。OECD 222 中建议采用赤子爱胜蚓（*Eisenia foetida*）或安德爱胜蚓（*Eisenia andrei*）作为试验对象。本指南在充分考虑我国物种情况和相关生态毒理学研究进展的条件下，建议采用赤子爱胜蚓（*Eisenia foetida*）作为试验对象

①研究应在最大 PEC 的 1 倍和 10 倍下进行。

②评估因子与毒性终点无关。当第 28 天之前的任何采样时间，较低处理（即最大 PEC）和对照之间的硝酸盐形成率差异等于或小于 25% 时，可评估兽药对土壤中的氮转化没有长期影响；否则，研究应延长到 B 级 100 天（见表 11-9）。

氮转化试验根据 GB/T 27854—2011 进行土壤选择，与 GB/T 27856—2011 和 GB/T 21851—2008 建议使用土壤相似。

陆生植物试验根据 OECD 208 或 GB/T 31270.19—2014 进行植物、土壤选择。其推荐选择的植物皆是常见物种，易于获得和培养。土壤选择和其他国标类似。

OECD 220 中推荐采用安德爱胜蚓 *Eisenia andrei* 和赤子爱胜蚓 *Eisenia foetida*。但是国内几乎没有安德爱胜蚓分布，但赤子爱胜蚓广泛分布于我国黑龙江、吉林、辽宁、北京、河北、山东、河南、内蒙古、甘肃、新疆、贵州、湖北和台湾等多地。赤子爱胜蚓是土壤污染的模式动物，其毒理试验在土壤生态环境进行监测、修复评价以及归类和分级污染土壤的潜在生态风险方面已经被广泛应用。蚯蚓亚急性/繁殖试验建议采用赤子爱胜蚓 *Eisenia foetida* 作为试验对象。OECD 222 推荐采用线蚓科作为试验对象，球囊线蚓 *Enchytraeus bulbosus* Nielsen&Christensen 是近些年我国发现的新记录种，兼营寄生与腐生生活，蛀食西洋参催芽籽和幼苗根部，在国内已有球囊线蚓的养殖方法，因此可以选用球囊线蚓作为试验对象。

表 11-6 列出了 A 级中用于体内/外寄生虫杀灭剂的附加试验。

表 11-6 　A 级中用于体内/外寄生虫杀灭剂的附加试验

试验	毒性终点	评估因子	标准	备注
粪蝇幼虫毒性试验	EC_{50}	100	参考相关文献[①]	建议采用黄粪蝇（*Scathophaga stercoraria*）作为试验对象
粪甲虫幼虫毒性试验	EC_{50}	100	参考相关文献[①]	建议采用蜉金龟属（*Aphodius sp.*）作为试验对象

①目前尚无国际指南或公认的处理过的方案可用于这些研究，可以参考相关文献进行。

此外，牧场养殖中使用的内/外杀虫剂在特定的情况下，推荐进行表 11-6 中列出的试验用于粪便暴露的研究。目前还没有国际公认的指导方针或处理过的草案可用于这些研究，国内相关研究较少，因此在参考国内外文献的基础上，结合我国的物种分布以及相关物种的获取难度，建议采用黄粪蝇（*Scathophaga stercoraria*）和蜉金龟属（*Aphodius sp.*）作为试验对象。黄粪蝇是粪蝇属的常见种，分布于国内各省、市、自治区。蜉金龟属类昆虫属于土壤动物中较为典型的一种，具有种类繁多、种群数量庞大等特点，因此蜉金龟属大型土壤动物其自身的特点对粪便的分解过程发挥着巨大的作用。

D. A 级环境风险评价

a. PNEC 的计算。PNEC 是由毒性试验所确定的效应终点除以适当的评估因子（assessment factor，AF）确定。评估中使用了介于 10～1000 之间的评估因子。数值为 1000 的因子仅在数据不足时使用，如果有相关数据，该值可逐渐减小至 10。这些数据包括：各物种（包括被认为代表最敏感物种的物种）的相关情况；与兽药结构相似的化合物的情况；兽药的降解速率等。

评估因子旨在涵盖不确定性，如实验室内和实验室间的差异、物种敏感度差异、从实验室研究结果外推到现场的差异和从短期外推到长期毒性的差异等。本指南提供了可供参考的 AF 值，申请人可以采用其他的 AF 值，并提供相应的参考依据。

b. PEC 的修正。如果兽药存在显著的动物体内代谢或环境降解，则其环境预测浓度 $PEC_{初始}$ 可以进行修正。根据 A 级的总残留量，通过考虑代谢、排泄信息和兽药在环境介质中的生物降解数据来修正 $PEC_{初始}$，进而得到 $PEC_{修正}$。

c. RQ 的计算。根据第一阶段计算得出的 PEC 与上述每个试验得出的 PNEC 进行比较，计算风险商值，即 $RQ = PEC_{初始}/PNEC$。

② 第二阶段 B 级生态毒性试验与效应评价

A. B 级理化性质研究。通常在 B 级中没有推荐的其他物理化学研究。

B. B 级环境归趋研究。如果 $\lg K_{ow} \geqslant 4.0$，则应考虑兽药的代谢、残留、排泄和生物降解的研究数据及其物理化学性质，以确定该兽药生物蓄积的可能性。如果存在生物蓄积的可能性，宜在 B 级测试中进行表 11-7 所列出的研究。为了评估蓄积后的二次毒性风险，可使用基于定量构效关系（QSAR）预测的生物富集因子（BCF）。如有疑问，应寻求监管机构指导。B 级环境归趋研究采用标准见表 11-7。

表 11-7 　B 级环境归趋研究

试验	标准	备注
鱼类生物富集试验	GB/T 21800—2008、GB/T 21858—2008 或 OECD 305	鱼类根据国标进行选择

如果 BCF＞1000，应寻求监管机构指导。鱼类中的生物富集试验中鱼的种类根据国标进行选择，国标中的鱼类易饲养且常年都可采集得到。

C.B 级生态毒性试验

a.B 级水生生物毒性试验。若特定水生生物毒性试验未通过 A 级评估，则宜参照表 11-8，仅进行相应的 B 级水生生物毒性试验。

表 11-8　B 级水生生物效应试验

环境	试验	毒性终点	评估因子	标准	备注
淡水	藻类生长抑制试验[①]	NOEC	10	GB/T 21805—2008 或 OECD 201	藻类根据国标进行选择，至少选择两种藻类进行试验
淡水	大型溞繁殖试验	NOEC	10	GB/T 21828—2008 或 OECD 211	溞类根据国标进行选择
淡水	鱼类生命早期毒性试验	NOEC	10	GB/T 21854—2008 或 OECD 210	淡水鱼类根据国标进行选择
淡水	底栖无脊椎动物毒性试验	NOEC	10	GB/T 27859—2011 或 OECD 218	底栖无脊椎动物根据国标进行选择
海水	藻类生长抑制试验[①]	NOEC	10	ISO 10253	ISO 10253 中建议采用骨条藻属(*Skeletonema sp.*)或三角褐指藻(*Phaeodactylum tricornutum* Bohlin)作为试验对象。本指南在充分考虑我国物种情况和相关生态毒理学研究进展条件下，建议采用中肋骨条藻(*Skeletonema costatum*)，三角褐指藻(*Phaeodactylum tricornutum* Bohlin)作为对象
海水	甲壳动物慢性毒性或繁殖试验	NOEC	10	参考相关文献[②]	建议采用日本虎斑猛水蚤(*Tigriopus japonicus*)作为试验对象
海水	底栖无脊椎动物毒性试验	NOEC	10	参考相关文献[②]	建议采用紫贻贝(*Mytilus edulis*)或日本大螯蜚(*Grandidierella japonica*)作为试验对象
海水	鱼类慢性毒性试验	NOEC	10	参考相关文献[②]	建议采用诸氏鲻虾虎鱼(*Mugilogobius chulae*)作为试验对象

①使用与 A 级相同的研究和物种，但 B 级毒性终点使用 NOEC。
②目前没有相关标准，可以参考相关文献。

在 B 级的水生生物效应试验研究中，在分类水平上增加了底栖无脊椎动物，在实验中也多为慢性试验，以此来进一步了解兽药对水生生物的影响。

淡水中的藻类、甲壳类和鱼类使用与 A 级相同的物种，试验也根据相应标准进行。

淡水底栖无脊椎动物毒性试验，建议按照国家标准进行选择。摇蚊为一类十分常见、耐受性极强的水生昆虫，在各类水体中均有广泛分布，其数量占底栖无脊椎动物总数的一半以上，生物量占到水生底栖动物的 70%～80%，是在淡水水域生态平衡和养鱼事业方面具有重要意义的昆虫。溪岸摇蚊 *Chironomus*（*Chironomus*）*riparius* Meige 是 OECD 和国标的推荐物种，其培养较为简单，在我国也有分布。

b.B 级陆生生物毒性试验。若特定陆生生物毒性试验未通过 A 级评估，则建议参照

表 11-9，仅进行未通过 A 级的相应的 B 级陆生生物毒性试验。

表 11-9　B 级陆生生物效应试验

试验	毒性终点	评估因子	标准	备注
氮转化试验（100天，A 级研究的扩展）	和对照之间的硝酸盐生成率差异是否小于 25%	无[①]	GB/T 27854—2011 或 OECD 216	土壤根据国标进行选择
陆生植物毒性试验（更多物种[②]）	NOEC	10	OECD 208	所用植物可根据国标 GB/T 31270.19—2014 进行选择，但实验宜按 OECD208 进行
蚯蚓行为毒性试验	NOEC	10	ISO 17512—1:2008 或参考相关文献[③]	ISO 17512-1:2008 中建议采用赤子爱胜蚓（*Eisenia foetida*）或安德爱胜蚓（*Eisenia andrei*）作为试验对象。在充分考虑我国物种情况和相关生态毒理学研究进展的条件下，建议采用赤子爱胜蚓（*Eisenia foetida*）作为试验对象

①评估因子与这一终点无关。在第 100 天之前的任何采样时间，当较低处理（即最大 PEC）和对照组之间的硝酸盐形成率差异等于或小于 25% 时，可认为兽药对土壤中的氮转化无长期影响。

②除了重复对最敏感物种的研究外，还应重复对 A 级研究中最敏感物种类别的两个额外物种的研究。

③由于目前已有其他蚯蚓行为学试验被提出，因此试验也可参考相关文献。

c. B 级环境风险评价。如果所有类别的风险商均<1、氮转化试验的硝酸盐形成率差异≤25% 且 BCF<1000，则可以视作兽药对环境造成风险较小，环境风险评价结束。否则，申请人宜寻求监管机构指导。

d. B 级环境风险评价的触发。触发的条件是任意试验的风险商 RQ≥1 或对土壤微生物的影响大于 25%。B 级的效应研究宜只进行未通过 A 级环境风险评价的相关物种的试验。

如果水生无脊椎动物实验（溞类活动抑制试验或甲壳类动物急性毒性试验）的 RQ≥1，建议考虑计算沉积物环境的 RQ。$PEC_{沉积物}$ 采用 $PEC_水$ 和沉积物/水分配系数计算，PNEC 由溞类活动抑制试验或甲壳类动物急性毒性试验获得。若 RQ≥1，则建议将药物混入沉积物中进行底栖无脊椎动物的长期暴露试验。对于 $\lg K_{ow}$≥5.0 的药物，PNEC 需要额外除以 10，以考虑通过摄入沉积物而吸收的物质。

如果正辛醇/水分配系数 $\lg K_{ow}$≥4.0，应考虑兽药生物富集的可能性，因此需进行 B 级环境归趋研究。

e. 环境风险评价结束的判定。如果 A 级或 B 级试验所有类别的风险商均<1、氮转化试验的硝酸盐形成率差异≤25% 且 BCF<1000，则可以视作兽药对环境造成风险较小，环境风险评价结束。否则，申请人宜寻求监管机构指导。

11.2.4　环境影响的评估指标与数据处理

环境影响的评估指标包括以下主要指标。

（1）风险指数　风险指数包括有：PNEC 的计算、PEC 的修正、RQ 的计算等，其定义与计算方法见以上"D. A 级环境风险评价"。

（2）评价因子　风险商的预测无影响浓度由试验确定的效果终点除以适当的评估因

子（AF）确定。试验确定的效果终点为半数致死浓度、半数效应浓度、未观察到的效应浓度等，根据试验进行选择。评估因子旨在涵盖不确定性，如实验室内和实验室间和物种变异，从实验室研究结果外推到现场的变化，以及从短期到长期毒性（急慢性比率）。该值随所进行的研究类型而变化。提交的文件中应明确说明所用评估因子的变化。在本指南中评估因子的赋值参考了国际兽药协调会（VICH）所推荐的兽药的环境风险评价指南（GFI♯89-VICH GL6 和 GFI♯166-VICH GL38.）中的赋值。

（3）代谢产物的影响　兽药在生物体内的代谢能显著影响其环境风险。若兽药在动物体内转化为动物体内正常生化过程的代谢物或者已知的无毒物质，或者兽药转化后的残留物已被证明没有生态毒性。在此条件下，兽药可以不进行环境风险评价。

如果兽药在动物体内不会完全转化，但是存在显著的动物体内代谢，则其环境预测浓度 $PEC_{初始}$ 可以进行修正。通过考虑代谢、排泄信息数据来修正 $PEC_{初始}$，进而得到 $PEC_{修正}$。

（4）生物降解数据的特殊考虑　兽药在粪肥和土壤中降解研究的结果可用于改进对土壤中兽药浓度的估算。土壤中兽药的浓度可以通过畜牧业的标准管理措施、处理粪便或其他缓解措施来降低。当证明存在缓解措施时，在计算 $PEC_{土壤}$ 时可以进行修正。

对于持久性化合物（如在土壤中降解 90% 所需的时间 DT_{90}＞1 年的化合物），由于存在生物蓄积，推荐重新估算 $PEC_{初始}$，将持久性污染所带来的效应纳入考虑。

（5）PEC 的精确值　由于我国不同地区环境差异较大，动物养殖的方式方法各有不同，因此目前在全国范围内，统一环境预测浓度的计算方法是不恰当的。所以可以根据监管机构的指导，为特定的兽药确定最合适的环境预测浓度计算方法。计算环境预测浓度的时候，一般采用总残留的概念，即将使用的兽药视为全部排放进入环境，同时也可以将兽药的体内降解和环境降解纳入考虑，对环境预测浓度进行修正。

11.2.5　兽药环境安全性评价相关法规

11.2.5.1　国外相关规范指南的研究进展

欧美发达国家开展药物（包括人用化学品药物和兽用化学品药物）的环境风险评价较早，在大量的针对化学品的毒性试验的标准的基础上，已经形成了完整的涵盖大部分药物使用情况的环境风险评价指南。

在人用药物方面，欧洲药品评估局（EMEA）所提出的 Guideline on the environmental risk assessment of medicinal products for human use（EMEA/CHMP/SWP/4447/00 Rev.1），如图 11-2 所示。在 2018 年进行了修订，在指南中详细规定了人用药物的环境生态风险评价方法。

在风险评价方面，此指南分为两个阶段：第一阶段罗列了进行风险评价所需要回答的 7 个问题；第二阶段进行环境行为试验和生态毒理学试验，针对不同的环境地质进行评价。

此指南还包括了持久性、生物蓄积性及毒性（PBT）评价，在 PBT 评价中，主要利用风险评价中得到的数据进行计算分析。由于 PBT 评估涉及活性物质的固有特性，因此不考虑随后的暴露。进入筛选阶段的化合物在决策树的第一部分中进行标识。根据筛选阶段的结果，可能需要进行最终评估。在特殊情况下，对于不符合 PBT 评估触发条件的物质（$\lg K_{ow} > 4.5$），则需要进一步评估持久性、生物累积性和有毒性的物质/强持久性、高生物累积性和有毒性的物质（PBT/vPvB）特性。

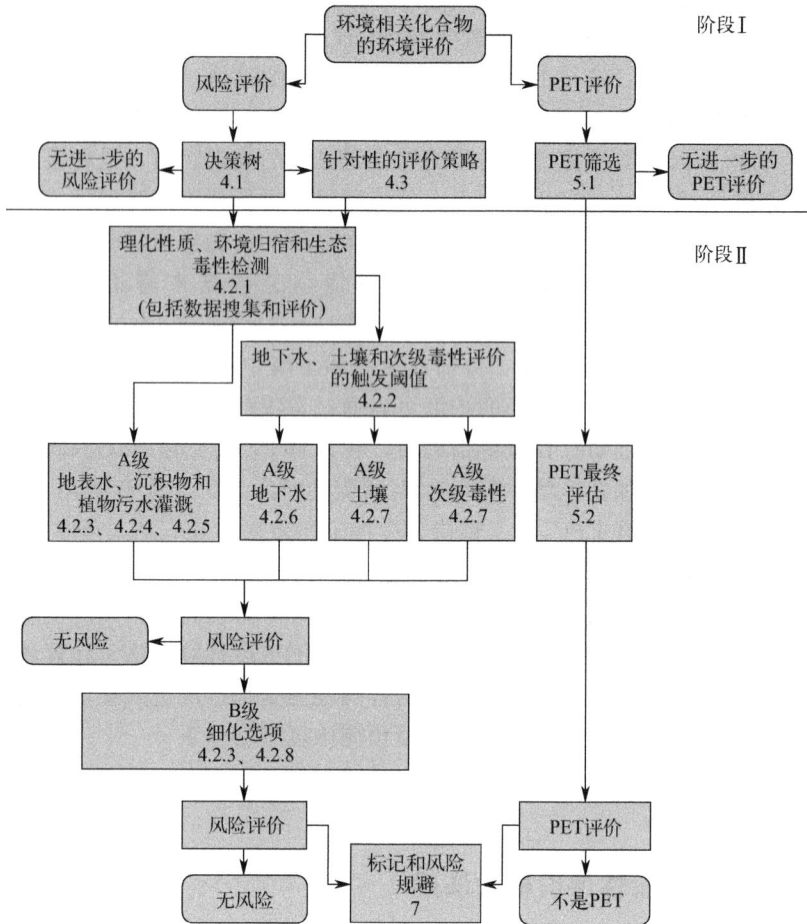

图 11-2　EMEA/CHMP/SWP/4447/00 Rev. 1 的流程图

2001 年 VICH 颁布了 ENVIRONMENTAL IMPACT ASSESSMENTS（EIA′S）FOR VETERINARY MEDICINAL PRODUCTS（VMP′S）-PHASE Ⅰ（VICH GL6）；2006 年 VICH 颁布了 ENVIRONMENTAL IMPACT ASSESSMENTS（EIA′s）FOR VETERINARY MEDICINAL PRODUCTS（VMP′s）-PHASE Ⅱ（VICH GL38）。两份指南组合起来形成了一套完整的兽药环境风险评价体系，并被美国、欧盟和日本采用作为指导文件。

VICH GL6 是评价的第一阶段。第一阶段列出了 17 个问题，通过回答这些问题，根据兽药的预期用途评估环境暴露的可能性，假设兽药的使用有限且环境暴露有限，则其对环境产生的影响有限。因此，环境风险评价可只进行第一阶段的评价（图 11-3）。

VICH GL38 是评价的第二阶段，当兽药未通过第一阶段的评价时会进入第二阶段。第二阶段主要评价兽药的环境行为和生态毒理。采用了两级方法进行环境风险评价，A 级利用更简单、成本更低的研究，并根据所关注的环境分区中的兽药暴露和影响对风险进

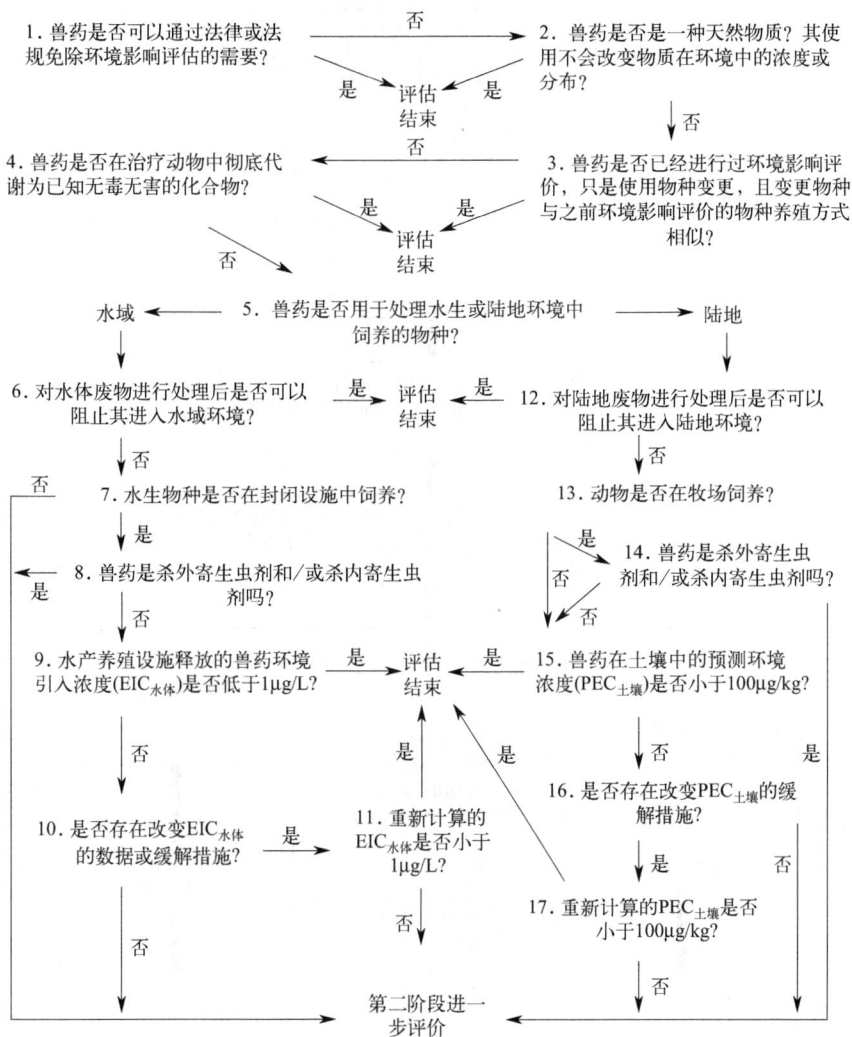

图 11-3 VICH GL6 的决策树

1. 兽药是否可以通过法律或法规免除环境影响评估的需要？ —否→ 2. 兽药是否是一种天然物质？其使用不会改变物质在环境中的浓度或分布？

是→评估结束←是

否↓

4. 兽药是否在治疗动物中彻底代谢为已知无毒无害的化合物？ ←否— 3. 兽药是否已经进行过环境影响评价，只是使用物种变更，且变更物种与之前环境影响评价的物种养殖方式相似？

是→评估结束←是

否↓

水域 ←— 5. 兽药是否用于处理水生或陆地环境中饲养的物种？ —→ 陆地

6. 对水体废物进行处理后是否可以阻止其进入水域环境？ —是→评估结束←是— 12. 对陆地废物进行处理后是否可以阻止其进入陆地环境？

否↓   否↓

7. 水生物种是否在封闭设施中饲养？   13. 动物是否在牧场饲养？

是↓   是↓

8. 兽药是杀外寄生虫剂和/或杀内寄生虫剂吗？   14. 兽药是杀外寄生虫剂和/或杀内寄生虫剂吗？

否←   否↓

是↓

9. 水产养殖设施释放的兽药环境引入浓度(EIC$_{水体}$)是否低于1μg/L？ —是→评估结束←是— 15. 兽药在土壤中的预测环境浓度(PEC$_{土壤}$)是否小于100μg/kg？

否↓   否↓

10. 是否存在改变EIC$_{水体}$的数据或缓解措施？ —是→ 11. 重新计算的EIC$_{水体}$是否小于1μg/L？   16. 是否存在改变PEC$_{土壤}$的缓解措施？ —是↓

是↑   是↑   17. 重新计算的PEC$_{土壤}$是否小于100μg/kg？

否↓   否↓   否↓

第二阶段进一步评价

行保守评估。如果预测的风险不可接受，则进入 B 级进行完善的环境风险评价。第二阶段将兽药的使用情况分为 3 类：集中养殖、牧场养殖、水产养殖。通过对三种养殖情况的相同点和不同点进行分析，确立了三种分支的第二阶段的决策树（图 11-4～图 11-6）。

11.2.5.2 我国相关规范指南的研究进展

我国已颁布了很多关于化学品毒性评价的标准，但是在综合性指南方面，国家层面的相关工作起步较晚，目前仅有少数文件提到了兽药的环境风险评价或者是生态毒理数据。虽然国内单一的毒性评价标准已经较为丰富，但是兽药在通过各种途径进入环境过后，会对整个生态系统产生影响，而不是仅仅对某一物种产生毒性。因此，需要针对兽药进行综合性的评价，了解兽药在环境中的迁移转化与对环境敏感生物的影响，由此判断兽药对环境生态的系统风险，以此进行风险管控与污染治理。

2020 年我国颁布的《化学物质环境与健康危害评估技术导则(试行)》《化学物质环境

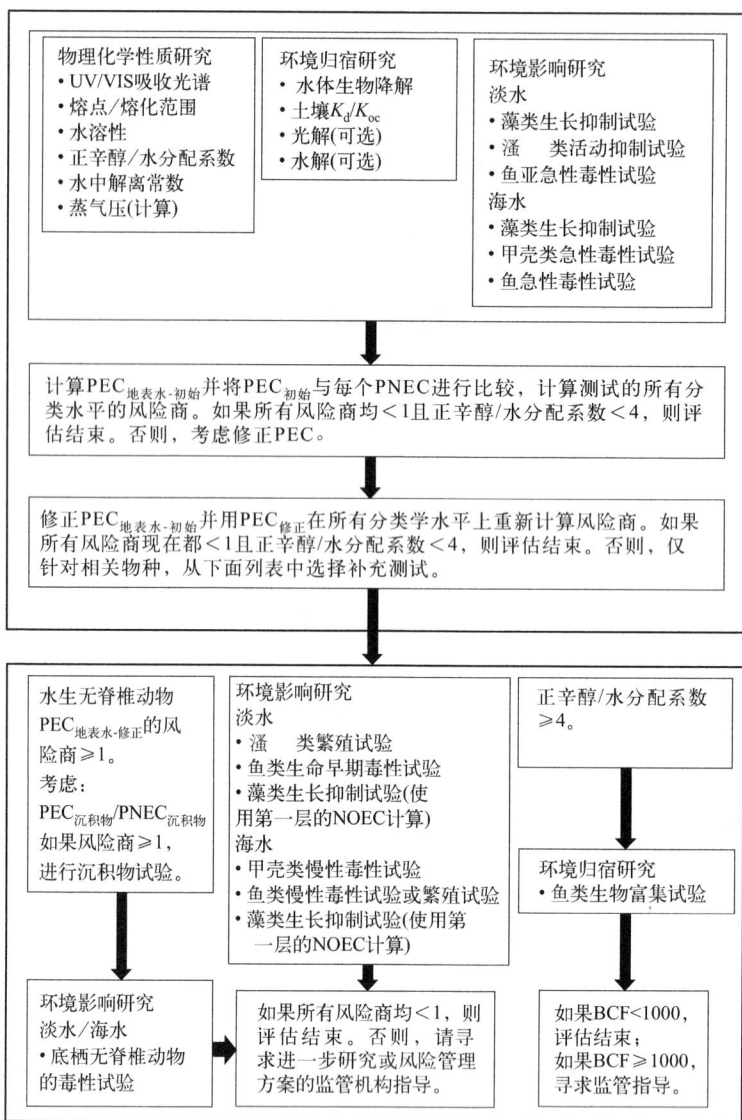

图 11-4　VICH GL38 的水产养殖决策树

与健康暴露评估技术导则（试行）》和《化学物质环境与健康风险表征技术导则（试行）》规定了化学物质环境与健康危害、暴露和风险表征评估的工作程序、评估内容、基本方法和技术要求（图 11-7～图 11-9）。三份文件中给出了推导化学物质对水环境、沉积物、土壤环境、STP 微生物环境以及捕食动物的预测无影响浓度（PNEC）和估算化学物质在 STP 微生物环境、大气、地表水、沉积物、土壤、捕食动物中的预测环境浓度（PEC）的方法。但是三份文件未针对兽药使用的实际情况，列出兽药预测环境浓度（PEC）的各类计算和修正方法，以及预测无影响浓度（PNEC）所采用的推荐物种。因此，3 份文件可以作为兽药环境风险评价的参考文件，但不能作为实际实施的指南文件。

2020 年颁布的《生态环境健康风险评估技术指南 总纲》中生态环境健康风险评估程序包括方案制定、危害识别、危害表征、暴露评估和风险表征。由危害识别和危害表征共

物理化学性质研究
- UV/VIS吸收光谱
- 熔点/熔化范围
- 水溶性
- 正辛醇/水分配系数
- 水中解离常数
- 蒸气压(计算)

环境归宿研究
- 土壤生物降解
- 土壤K_d/K_{oc}
- 光解(可选)
- 水解(可选)

环境影响研究
陆地
- 氮转化试验
- 陆生植物生长试验
- 蚯蚓亚急性毒性/繁殖试验

水体
- 藻类生长抑制试验
- 溞类活动抑制试验
- 鱼类急性毒性试验

计算$PEC_{初始}$并将$PEC_{初始}$与每个PNEC进行比较,计算测试的所有分类水平的风险商。如果所有风险商均<1、氮转化试验与对照之间的硝酸盐形成率差异≤25%且正辛醇/水分配系数<4,则评估结束。否则,考虑修正PEC。

如果一个或多个分类水平的风险商≥1,针对特定部分的问题修正$PEC_{初始}$并用$PEC_{修正}$重新计算风险商如果所有风险商均<1、氮转化试验与对照之间的硝酸盐形成率差异≤25%且正辛醇/水分配系数小于4,则评估结束。否则,仅针对相关物种,从下面列表中选择补充测试。对粪便昆虫的影响寻求监管机构指导。

水生无脊椎动物$PEC_{地表水-修正}$的风险商≥1。
考虑:
$PEC_{沉积物}$/$PNEC_{沉积物}$
如果风险商≥1,进行沉积物测试。

环境影响研究
陆地
- 氮转化试验(100天)
- 陆生植物生长试验(更多物种)
水体
- 溞类繁殖试验
- 鱼类生命早期毒性试验
- 藻类生长抑制试验(使用第一层测试的NOEC)

正辛醇/水分配系数≥4。

环境归宿研究
- 鱼类生物富集试验

环境影响研究
淡水
- 底栖无脊椎动物的毒性试验

如果所有风险商均<1,则满足其他条件,则评估结束。否则,请寻求进一步研究或风险管理方案的监管指导。

如果BCF<1000,评估结束;
如果BCF≥1000,寻求监管指导。

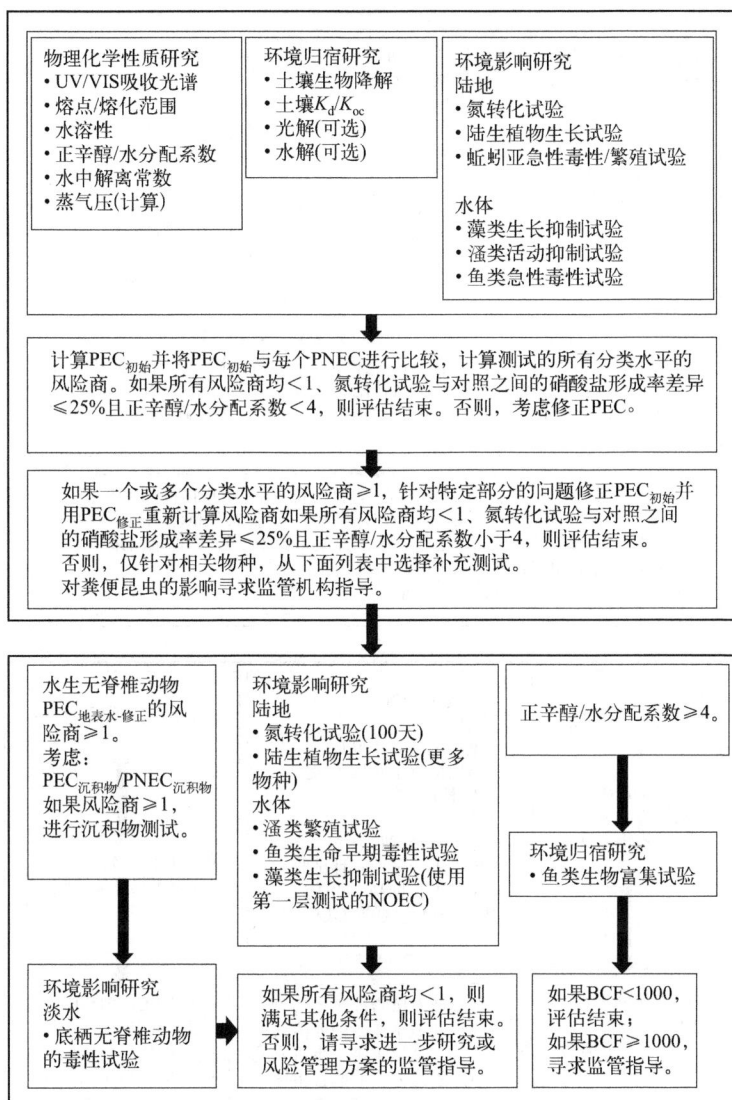

图 11-5   VICH GL38 的集中养殖决策树

同构成危害评估。危害评估确定的毒性效应和作用模式或机制,为暴露评估中暴露途径、暴露时间等暴露情景的构建提供依据。暴露评估确定的暴露途径、暴露时间、暴露频率和暴露水平等信息,为危害评估确定重点关注的效应终点提供线索和依据。

一般按照以下步骤进行。

(1)数据收集 国内外政府部门或国际组织已发布评估结论的,应结合我国人群特征、暴露特征对其进行相关性、可靠性和时效性评估;经评估适用的,可直接引用;直接引用国内外政府部门或国际组织发布的报告时,应描述目标环境因素的毒性效应、效应终点、证据权重、危害等级以及危害识别存在的不确定性等。国内外政府部门或国际组织未发布评估结论的,或已发布评估结论但经评估不适用的,风险评估者应与风险管理者和利益相关方沟通确定是否继续开展危害识别;如果不需要继续开展危害识别的,则终止风险评估。

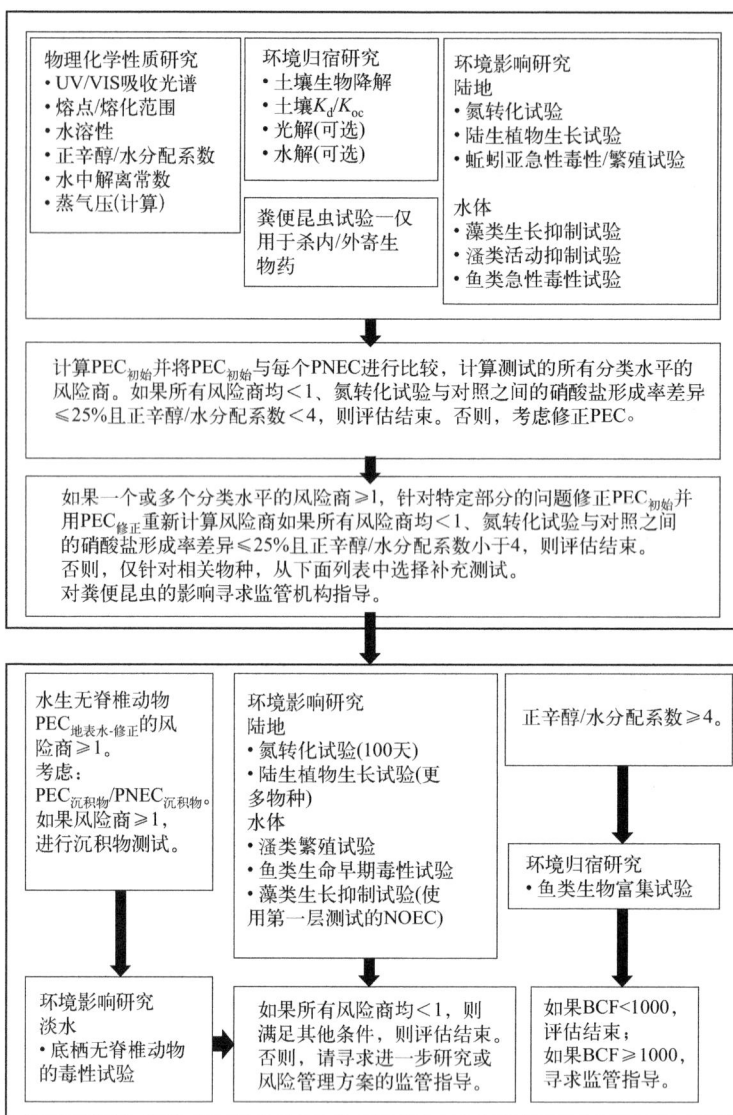

图 11-6　VICH GL38 的牧场养殖决策树

（2）**数据质量评价**　如果需要继续开展危害识别，则对来自文献或自行开展的科学研究的数据质量进行可靠性和相关性评价，剔除可靠性和相关性差的文献或试验数据。

（3）**证据综合**　识别目标环境因素可能的健康危害或毒性效应，评估并解释毒性作用机制，综合证据信息。

（4）**证据集成**　基于证据综合结果，依据因果推断准则评估目标环境因素与可能的健康危害之间的因果关系，作出证据充分性评价。经评价，证据充分的，进一步开展危害表征；证据不充分的，可开展模型、实验或调查等科学研究补充数据，进一步开展危害识别；无法进行科学研究补充数据的，则终止风险评估。

此标准偏向于医药、个护、兽药、渔药、肥料对人体健康的危害，对于环境生物受到的影响涉及较少，因此也不能满足兽药环境风险评价的需求。

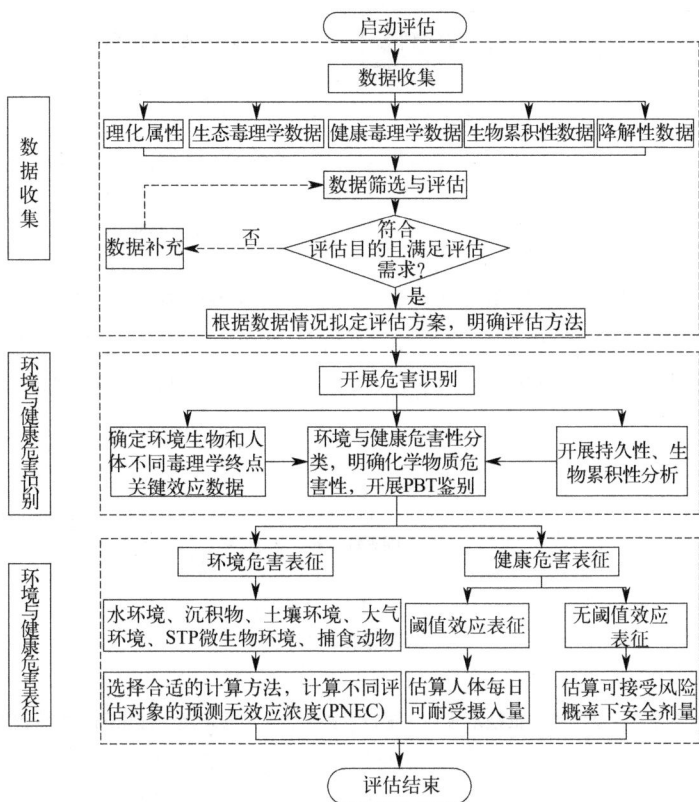

图 11-7 《化学物质环境与健康危害评估技术导则（试行）》中化学物质环境与健康危害评估程序示意图

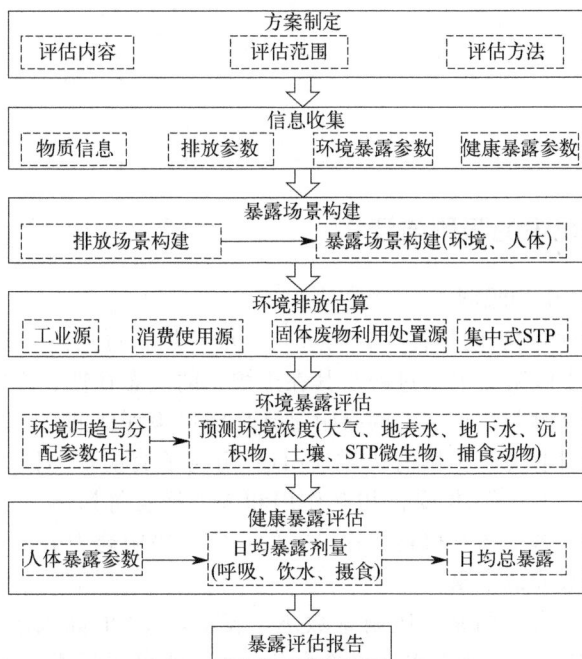

图 11-8 《化学物质环境与健康暴露评估技术导则（试行）》中暴露评估程序

信息整合

危害评估结果：PNEC、TDI、VSD等信息　　暴露评估结果：PEC、ADD等关键结果

风险表征

环境风险表征

计算风险表征比率RCR：水环境、土壤环境、沉积物、污水处理厂微生物环境和捕食动物

环境风险表征结论

健康风险表征

计算风险表征比率RCR：吸入、饮水和摄食

健康风险表征结论

迭代评估

不确定性分析

降低风险评估不确定性

风险评估结论

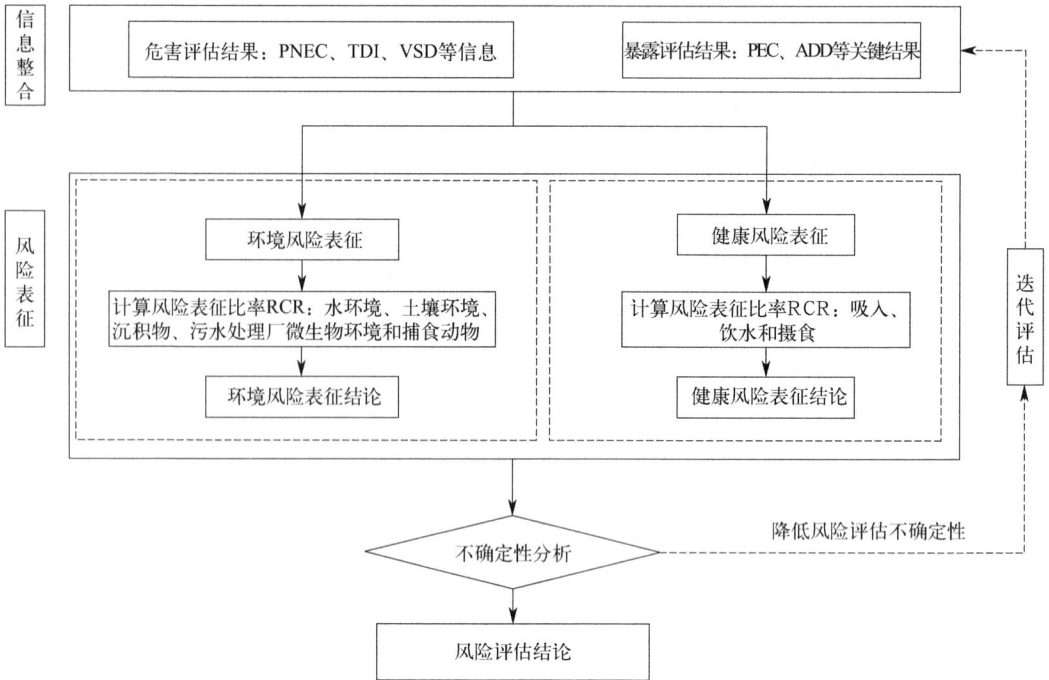

图 11-9　《化学物质环境与健康风险表征技术导则（试行）》中化学物质环境与健康风险表征程序

11.3

兽药的环境行为

11.3.1　兽药在环境中的吸附与迁移

11.3.1.1　兽药在土壤中的吸附

（1）兽药在土壤中的吸附特性　兽药进入土壤环境，可通过阳离子交换、表面络合和氢键等作用在土壤中吸附，吸附过程与其在土壤中的生态毒性、降解、迁移和生物积累密切相关，因此，研究兽药在土壤上的吸附是其环境风险评估的必要环节。

土壤对兽药的吸附取决于土壤有机质、pH、阳离子交换量等因素，同时也受药物的结构、形态、水溶性、电子供体-受体相互作用和表面络合等影响。吸附能力强的兽药会在土壤表层积累，对土壤生物和植物存在潜在的危害，吸附能力弱的在土壤中的迁移能力较强，会迁移至地表水或地下水。

兽药在土壤中的吸附强弱常用吸附常数 K_d 表示，K_d 值高表示易吸附、移动性差；K_d 值低表示不易吸附，并对地下水有潜在危害。K_d 值可通过批平衡实验直接确定，也可以通过水分配系数（K_{ow}）间接得出，K_{ow} 是表示疏水性的数值。兽药 K_{ow} 值通常小

于 5，表明相对不疏水，容易通过地表径流和淋滤进入水环境。但 K_{ow} 只反映疏水相互作用，不能准确解释静电相互作用、表面络合、氢键、阳离子交换或桥连，它们可能会随着 pH、有机质和离子强度的变化而改变。因此，兽药在土壤中的吸附研究通常会使用 Freundlich 模型，其常用参数是吸附系数 K_f。若 K_f 值接近 K_d 值，Freundlich 指数 n 等于 1，则吸附为线性；若 $n>1$，则吸附系数随固相中吸附化合物量的增加而增大；若 $n<1$，则吸附系数随吸附化合物量的增加而减小。

由于畜禽粪便在农田的应用，兽药的吸附与解吸行为研究主要集中在土壤中，主要参考 OECD 106 号指南，Rath 等用 HPLC 分析了 18 种兽药在 7 种亚热带土壤中的吸附情况，通过批平衡试验研究得出兽药在土壤中 K_f 大小顺序为：氟喹诺酮类＞磺胺类＞大环内酯类＞氟苯尼考，并且亚热带土壤的低 pH 有利于其对药物的吸附。Albero 等研究了 6 种常用抗生素在土壤和经堆肥家禽粪便改良的土壤中的吸附特性，药物吸附后，土壤水相中含量最高的是磺胺甲噁唑，其次是磺胺二甲嘧啶和林可霉素，而金霉素、多西环素、环丙沙星和恩诺沙星的含量非常低，金霉素和多西环素在土壤和粪土中的吸附性较高，移动性较低。

（2）兽药在土壤中吸附的影响因素　　兽药的环境吸附行为受多种因素的影响，其中主要因素有土壤 pH 值、土壤质地、有机质含量、阳离子交换量和兽药的物理化学性质等。

土壤 pH 值很大程度上取决于土壤的类型和组成，兽药多为极性化合物，在不同 pH 值土壤中可以是阴离子、两性离子或阳离子，因此其吸附系数值会随土壤类型和物理化学性质而变化，使得兽药吸附特性的预测变得困难。Kim 等根据 pH 依赖实验发现随着土壤 pH 的升高，兽药的 Kf 和 n 值降低，酸性土壤对土霉素、阿莫西林和磺胺噻唑的吸附能力大于碱性土壤。Aristilde 等发现在 pH＜7.0 时，含蒙脱石土壤中四环素的吸附能力增强，四环素的吸附能力随着 pH 值的增加而逐渐降低。

大多数土壤表面都带有负电荷，改变 pH 值会导致可电离化合物，如兽药质子化或去质子化，从而改变其物理化学性质和吸附行为。土壤质地是以砂、粉土和黏土的百分比为基础的一种重要土壤性质，它会影响药物在土壤中的吸附行为，药物吸附量也随土壤有机质含量的增加而增加，在粉质壤土中的吸附量大于砂质壤土。

土壤中共存离子，包括单价金属离子（如 Na^+ 和 K^+）和多价金属离子（如 Ca^{2+}、Mg^{2+}、Cu^{2+}、Al^{3+} 和 Fe^{3+}）对兽药的吸附行为有明显影响，因为单价金属离子通常可以与抗生素以阳离子或零价形式竞争吸附位点，这可能会阻止抗生素的吸附行为。例如，链霉素在土壤中的吸附能力随着钠离子浓度的增加而显著降低。

目前，研究兽药在农业土壤中的吸附大多数使用了不真实的高浓度（mg/kg 水平），以克服测量的局限性，这与实际环境暴露浓度并不符合。此外，兽药在土壤中的吸附研究通常使用 Freundlich 或 Langmuir 模型，这些传统模型既不能具体地反映药物在不同影响条件下的吸附行为，也不能模拟在不同电荷状态（阴、阳、两性离子）和土壤组分中的组合，因而不能准确地反映其在土壤里的吸附机制。因此，为了准确预测兽药在土壤中的吸附行为，需建立新的吸附模型。必须认识到不同的 K_d 测量可能会提供不同结果，导致风险评估出现较大的误差。

11.3.1.2　兽药在土壤中的迁移

目前报道的部分兽医和人类使用的抗生素从土壤表面到田间排水沟、沟渠、溪流、河流和地下水的迁移行为，表明土壤肥料胶体、土壤多孔介质和土壤 pH 值可以极大地影响许多抗生素的迁移。兽药在土壤中的迁移行为受到许多因素的影响，主要包括兽药的物理化学特性、土壤的性质与气候条件（降雨量和强度）。其中土壤性质，如土壤有机肥胶体、土壤多孔介质和土壤 pH 值对兽药在土壤中的迁移行为具有重要影响。土壤中的有机肥胶体可以作为其他溶质和颗粒的载体，促进兽药在土壤中的迁移。

土壤中多孔介质影响兽药的迁移行为。Dong 等研究了腐植酸存在和不存在时，四环素在饱和沙柱中的迁移行为，发现土壤中腐植酸的存在促进了四环素的迁移。Chen 等分析了铜/钙对环丙沙星在土壤中迁移行为的影响，虽然天然砂表面的铁/铝氧化物数量有限，但它显著阻碍了环丙沙星的迁移，在去除铁/铝氧化物的砂土中，钙和铜通过将阻滞因子从 22 降低到 2，明显促进了环丙沙星的迁移。

11.3.2 兽药在环境中的降解与蓄积

11.3.2.1 兽药在动物粪便中的降解特性

粪便的农田施用是兽药进入环境的主要途径。由于堆肥处理技术可以减轻畜禽养殖对周边生态环境造成的污染和破坏，实现资源的高效循环利用，已成为世界大多数国家粪污资源化处理的常用方法。多项研究表明，畜禽粪便处理过程中兽药发生显著降解，表11-10 总结了兽药在动物粪便处理过程中的降解半衰期或降解百分率。

表 11-10　兽药在粪便中的降解

类别	药物名称	降解条件	降解百分率与降解半衰期
四环素类	金霉素	牛粪，厌氧发酵	25%～43%，30 天
	金霉素	猪粪，厌氧发酵	100%
	四环素	鸡粪，好氧堆肥	93.8%，45 天
	多西环素	鸡粪，好氧发酵	DT_{50} 3.8 天，99.8%，40 天
	多西环素	猪粪，好氧堆肥	DT_{50} 为 5.6 天，97.49%，30 天
大环内酯类	泰乐菌素	猪粪，厌氧发酵	100%
	泰乐菌素	鸡粪，好氧发酵	DT_{50} 为 2.2 天，99.98%，40 天
	红霉素	鸡粪，好氧发酵	DT_{50} 为 1.4 天，99.52%，40 天
	替米考星	鸡粪，好氧发酵	DT_{50} 为 2.0 天，99.27%，40 天
氟喹诺酮类	恩诺沙星	鸡粪，好氧发酵	DT_{50} 为 2.8 天，99.96%，40 天
	诺氟沙星	鸡粪，好氧发酵	DT_{50} 2.1 天，99.81%，40 天
	环丙沙星	猪粪，好氧发酵	69%～83%，56 天
磺胺类	磺胺嘧啶	鸡粪，好氧发酵	DT_{50} 为 1.4 天，99.99%，40 天
酰胺醇类	甲砜霉素	猪粪，好氧堆肥	DT_{50} 为 1.6 天，30 天
	氟苯尼考	猪粪，好氧堆肥	DT_{50} 为 5.1 天，30 天
其他	甲氧苄啶	鸡粪，好氧发酵	DT_{50} 为 3.7 天，99.98%，40 天
	地克珠利	鸡粪，好氧堆肥	未发生显著降解，80 天
	莫能菌素	牛粪，厌氧发酵	8%（38℃）；27%（55℃）

兽药在粪便堆肥中的降解因氧气状态、温度、堆肥时间、含水量、药物初始浓度等因素不同而存在差异。与厌氧条件相比，好氧堆肥过程中兽药降解较快。多项研究表明，堆肥 pH、温度、总有机碳（TOC）、总氮（TN）、总磷（TP）和金属含量等理化性质影响了兽药的去除。高浓度的抗生素延迟了兽药的初始分解。关于生物作用温度对抗生素去除的影响，尚无可靠的结论。此外，Lin 等发现在重金属与抗生素联合污染时，农业石灰、

活性炭的加入加快了粪便中抗生素的去除。

然而，目前粪便中兽药的降解仅关注了药物浓度的变化，忽视了基质对兽药的吸附导致的去除。大多数研究是关于实验室内不同条件、单一抗生素的降解研究，然而兽药在环境条件下、多种抗生素混合的研究较少。降解特性研究也主要聚焦于母体化合物，关于其代谢产物及其环境安全性研究较少。

11.3.2.2 兽药在土壤中的降解特性

兽药在土壤中的降解是影响其迁移转化行为的重要因素，研究兽药在不同环境介质中的降解行为，可以预测出环境污染的程度，为有效地评估兽药危害风险提供重要的依据。

在土壤环境中，兽药可能发生生物或非生物降解。具有不同化学特性的药物在土壤中的降解机制不同，β-内酰胺极易水解降解，大环内酯类和磺胺类药物不太容易水解。四环素类和氟喹诺酮类药物易在土壤表面发生光降解。研究发现，微生物是土壤中兽药降解的重要影响因素之一。Pan 等评估了有氧和无氧条件下四环素、磺胺二甲嘧啶、诺氟沙星、红霉素和氯霉素的降解情况，发现这几种抗生素在有氧条件下均易受微生物降解的影响，未灭菌土壤的半衰期为 2.9~43.3 天，灭菌土壤的半衰期为 40.8~86.6 天，并且较高的初始浓度可减缓降解速度并延长其在土壤中的持久性。Ma 等发现氟苯尼考、甲砜霉素和氯霉素在灭菌土壤中几乎不降解，而在未灭菌土壤中的 DT_{50} 为 1.25~17.8 天。

动物粪便的添加促进了兽药在土壤中的降解。随着施肥量增加，金霉素和多西环素在土壤中的降解半衰期降低。然而 Albero 等发现土壤中肥料的添加延缓了抗生素在土壤中的降解。

兽药的降解速率取决于土壤性质，一般来说，养分含量高的土壤结构将为微生物的生长提供有利条件，从而促进土壤中化合物的降解。Koba 等研究了 12 种不同类型土壤中 3 种抗生素（克林霉素、磺胺甲噁唑和甲氧苄啶）及其代谢物的降解特性，结果表明，3 种母体化合物在 23 天实验期间完全降解，且 PCA 分析表明，土壤性质影响了药物的降解速率；然而其代谢产物在土壤中持久存在，对地下水和环境水体存在潜在风险。除此之外，土壤 pH 也影响了兽药在土壤中的降解。Xu 等研究氟苯尼考及氟苯尼考胺在土壤中的降解时发现，氟苯尼考和氟苯尼考胺在 pH 为中性时比在酸性或碱性时更稳定，降解半衰期为 4~27 天。

表 11-11 总结了兽药在土壤中的降解特性的部分文献资料。

表 11-11　兽药在土壤中的降解特性

类别	药物名称	降解半衰期/d
四环素类	四环素	31.5~81.6
	多西环素	2.51~25.52
	金霉素	25.9~30.8
磺胺类	磺胺甲噁唑	9~58.7
	磺胺二甲嘧啶	24.8~57.8
	磺胺嘧啶	20.83~53.27
大环内酯类	红霉素	20
	泰乐菌素	8
	盐霉素	5
氟喹诺酮类	诺氟沙星	2.91~53.4
酰胺醇类	氯霉素	6.70~53.3
	氯霉素	0.73~NA
	氟苯尼考	1.13~NA
	甲砜霉素	0.70~NA

类别	药物名称	降解半衰期/d
β-内酰胺类	头孢噻呋	0.76~4.31
抗寄生虫药	拉沙菌素	3.1±0.4
	拉沙菌素	1.5~3.6
	莫能菌素	<4
其他	甲氧苄啶	26.1
	万古霉素	16

11.3.2.3 兽药在水体中的降解特性

水产养殖的直接用药、药厂及养殖场未经处理的废水排放、地表径流冲刷等多途径导致了兽药在水环境中的暴露。兽药在水环境中暴露浓度较低，通常为 ng/L～μg/L，但低浓度兽药对生态环境及微生态的影响是不可忽视的。光降解和水解是兽药在水环境中的主要降解途径。

（1）光降解　主要发生在地表水中，常作为一种主要的去除途径或在污水处理中发挥作用，其有效性取决于光的强度和频率。磺胺类、四环素类、氟喹诺酮类药物易被光解。四环素类因其分子结构中含有酰胺键（—$CONH_2$），C—N 键在光降解反应中易断裂生成脱氨类化合物。四环素类直接发生光降解的效率较低，1 小时自然光和紫外线照射下土霉素的降解率仅为 27.2% 和 73.2%。然而在强光敏剂诱导下，四环素类光降解加速。氟喹诺酮类对温度和水解不敏感，但可以被紫外线降解。

光照是发生光降解的前提，光源的变化能引起波长范围、光能量以及光强度等多方面的差异。目前，光化学研究多采用人工模拟光源代替天然光源，光源不同，兽药光降解的结果差异较大。胡学香等研究了模拟太阳光和自然太阳光下四环素类化合物在水环境中的光降解，结果表明，四环素类抗生素的光降解速率与光照强度呈正相关。

（2）水解　水解是环境中兽药的重要去除途径。四环素类抗生素在水体表现不稳定性，结构中含有酚羟基、烯醇和二甲氨基等多个官能团，在酸性条件下 C6-羟基和 C5-上的氢处于反式构型，易发生消除反应，生成无活性橙黄色脱水物。β-内酰胺类抗生素由于含有内酰胺结构，在水环境中不稳定，极易裂解。Abramović 等以头孢曲松作为模型化合物研究了其水解过程，结果表明在 25℃ 和 4℃ 的黑暗条件下，头孢曲松在超纯水中完全降解。

pH 和温度显著影响了兽药在水环境中的水解。Ribeiro 等报道了两种广泛使用的兽用抗生素头孢噻呋和头孢匹林在碱性条件下表现出高度的不稳定性，在 pH>11 时会在几分钟内降解；而在中性 pH 和自然温度的缓冲溶液中都表现出中等稳定性。Xuan 等发现溶液的 pH 和温度影响了土霉素的水解，土霉素在中性条件下比酸性和碱性条件下降解得快，而随着温度的增加，土霉素的降解半衰期减小。表 11-12 总结了兽药在土壤中的降解特性的部分文献资料。

表 11-12　兽药在水环境中的降解特性

类别	药物名称	降解条件	降解百分率或降解半衰期
β-内酰胺类	氨苄青霉素头孢西丁	25℃/50℃/60℃	36d/1.8d/1.2d9.7d/0.34d/0.12d
四环素类	四环素	初始浓度 50mg/L	1.6d
		初始浓度 100mg/L	1.7d

类别	药物名称	降解条件	降解百分率 或降解半衰期
氟喹诺酮类	环丙沙星 恩诺沙星	冬季/夏季	8.82min/1.80min 6.11min/1.25min
	环丙沙星	超纯水	63.7d
		河水	27.0d
酰胺醇类	甲砜霉素	25℃/50℃/60℃	ND/407d/20.4d
	氟苯尼考		ND/ND/38.1d
磺胺类抗生素	磺胺二甲氧嘧啶	300W 紫外线辐射	78%(照射 6min)
	磺胺噻唑	初始浓度 50mg/L	11d
大环内酯类	泰乐菌素	25℃/50℃/60℃	ND/ND/41.4d

11.4

兽药的环境生态毒性效应

大部分兽药在动物应用后，通过一定的途径进入土壤和水体这两大类环境介质中。大量兽药及其代谢产物的环境残留不仅会对土壤微生物和动植物产生毒性效应，还会通过迁移转化进入人类的食物和饮用水中，对人类健康造成潜在的风险。抗生素的长期滥用会诱导环境耐药基因的产生，对生态环境造成基因污染并构成严重威胁。

11.4.1 兽药对土壤环境的毒性效应

11.4.1.1 对土壤动物的影响

作为生态系统的消费者，土壤动物在促进物质循环和能量流动方面起到重要的作用，其中蚯蚓作为土壤中生物量较大的动物类群，在土壤形成、土壤结构和肥力、环境保护和陆地食物链中发挥着关键作用，常作为土壤生态毒理学相关研究的极佳模型。

兽药对土壤生态系统的有害影响，通常根据对蚯蚓的毒性程度来评价，以三种方式展示：常规组织病理的形态学观察、基因表达及代谢产物变化研究和土壤动物肠道菌群影响。

① 常规组织病理形态学观察：解剖后采集样本进行组织病理学检查、扫描电子显微镜（SEM）和透射电子显微镜（TEM）等观察组织的形态和病理变化，这是确定污染物暴露后的最直接的指标。

② 进行基因表达及代谢产物变化研究：如酶、蛋白质相关的基因表达以及代谢物水平可用作分子生物标志物，以分析潜在的毒性机制，随着组学技术的广泛应用，如代谢组学、蛋白质组学和转录组学用于识别差异调节的内源代谢物、蛋白质和基因，可以发现高度敏感的潜在指标。

③ 现阶段大量文献显示，肠道菌群失调可能导致一系列疾病的发展，在评估污染物的毒性时，研究土壤动物的肠道菌群，可以与多组学研究结果相互验证，为蚯蚓毒性监控

提供更可靠的结论。

目前，有关研究结果显示抗生素残留对土壤动物的生长繁殖造成了不同程度的影响。Dong 等通过测定赤子爱蚯蚓 DNA 的破坏来研究四环素和金霉素的基因毒性，结果表明，2 种抗生素在浓度为 0.3～300mg/kg 时对赤子爱蚯蚓的基因毒性具有明显的剂量-反应关系，且短期内金霉素的基因毒性更大。有学者研究了拉沙里菌素对安德爱胜蚓和土鳖虫的生态毒性，当拉沙里菌素为 163mg/kg 时，安德爱胜蚓的死亡率明显增加；当土壤浓度为 202mg/kg 时，其对土鳖虫的成长和生存则无明显影响。Li 等比较了不同浓度的恩诺沙星对蚯蚓的影响，发现暴露在浓度为 10mg/kg 恩诺沙星 8 周后，蚯蚓的活动强度和呼吸作用下降；当恩诺沙星浓度为 0.1mg/kg 和 1.0mg/kg 时，蚯蚓则未表现出明显的毒性反应。

除了蚯蚓，抗生素对跳虫和白符跳的生长和繁殖也造成了影响，跳虫暴露于浓度为 10mg/kg 的诺氟沙星和土霉素两周后，其生长显著被抑制；在毒理测试中，白符跳暴露在浓度为 1000mg/kg 的诺氟沙星环境下，其繁殖数和成虫体长比对照组分别减少 34.4% 和 9%。也有学者研究发现，抗生素对蚯蚓并没有造成明显的毒性效应。Gao 等对蚯蚓进行了回避毒性测试，结果发现蚯蚓暴露于 0～2560mg/kg 范围的土霉素后 48h 内均没有死亡。蚯蚓对环丙沙星和阿奇霉素并未表现出毒性反应。由以上可以看出，抗生素对土壤动物的毒性相对较弱，关于抗生素对土壤动物的影响尚未达成一致结论，其剂量-反应关系的临界值依然不明确。

11.4.1.2 对土壤植物的影响

土壤作为植物生长发育的基质为植物提供养分、水分和空气。目前，人们对大多数药物对植物的毒性作用了解甚少。有研究显示，在植物和动物真核细胞中发现了线粒体，但是仅在植物细胞中存在与细菌类似的质体，因此，在蛋白质合成过程中，蛋白质合成抑制剂如氨基糖苷类、四环素类、氯霉素类和大环内酯类等药物，可能会影响叶绿体和线粒体蛋白质的合成。氟喹诺酮类药物被证明可抑制真核细胞中的 DNA 合成，抑制质体复制，并对植物形态和光合作用产生负面影响。β-内酰胺类作为特异性针对细菌细胞壁的药物；青霉素和头孢菌素等曾被认为毒性较小，但能够影响低等植物的质体分裂；阿莫西林对光合电子传递的副作用已得到证实。

有研究报道，当药物进入土壤后，植物会产生明显的富集作用。鲍陈燕等对水芹进行土培试验发现，土壤中恩诺沙星和土霉素都会在水芹中积累，且在水芹各器官中的累积顺序为根＞叶、茎；同样许多其他植物如黄瓜、莴苣、萝卜、菜豆、冬小麦、马铃薯、胡萝卜、韭菜等也会对抗生素进行富集。

抗生素进入植物体内后会影响植物的生长发育，与多数污染物相似，高浓度药物会抑制植物生长，低浓度药物则可能促进植物生长。Batchelder 等通过研究金霉素和土霉素对萝卜、小麦、玉米和斑豆的影响发现，在同等实验条件下土霉素和金霉素会抑制斑豆的生长，减少斑豆对 Ca、Mg、K、N 等营养物质的吸收，但会促进萝卜和小麦的生长，2 种抗生素对玉米的生长则无明显影响。Min 等进行了抗生素对生菜、番茄、胡萝卜和黄瓜的毒性试验研究，结果表明药物会显著影响植物根系的生长，生菜对抗生素的毒性最敏感，不同抗生素强弱顺序依次为四环素＞诺氟沙星＞红霉素＞磺胺甲嘧啶＞氯霉素。

在一项研究中评估了 7 类 10 种抗菌药物，包括 β-内酰胺类抗生素（阿莫西林）、氟喹诺酮类（左氧氟沙星）、林可酰胺（林可霉素）、大环内酯类（泰乐菌素）、磺胺类（磺胺甲噁唑和磺胺二甲嘧啶）、四环素类（金霉素、土霉素和四环素）和二氢叶酸还原酶抑制剂（甲氧苄啶），对三种植物莴苣、紫花苜蓿和胡萝卜的萌芽和早期植物生长的影响，结果均显示出一定的植物生长抑制作用，其中金霉素、左氧氟沙星和磺胺甲噁唑的植物毒性最强，胡萝卜最敏感。

在另一项用 5 类 9 种抗菌药物，包括阿莫西林、氨苄青霉素、青霉素 G、头孢他啶、头孢曲松、四环素、多西环素、环丙沙星和红霉素，对小麦叶片光合作用、光合色素含量和次生挥发性代谢物排放研究中发现，头孢菌素对光合作用的抑制作用最强，青霉素类则主要影响光合电子传递速率，四环素、环丙沙星和红霉素则能显著降低类胡萝卜素含量。进一步对代谢产物进行分析发现，脂氧合酶途径产物绿叶挥发物的排放量与抗生素治疗剂量显著相关，暗示叶片挥发物可能可以作为一种新的灵敏物质来进行植物的毒理学评价。

11.4.1.3　对土壤微生物的影响

土壤中有几种重要的微生物类群，包括细菌、真菌和放线菌等。环境受到兽药污染后，会扰乱微生物类群的正常秩序，表现在微生物种群数量、群落结构和群落物种多样性等方面。环境中兽药残留除了影响微生物数量及功能外，还可能诱导微生物产生并传播耐药基因，改变环境微生物结构，使环境耐药微生物成为优势菌群，环境介质土壤、水体中耐药微生物种类与数量的不断增加，可能会威胁人类以及动物健康。现已证实，畜牧养殖业中过量使用抗生素类添加剂，已导致环境中细菌耐药性的产生及传播现象越来越严重。

（1）对环境微生物种群功能的影响　研究发现，即使是低浓度（低于 MIC）的抗菌药物也会影响由微生物介导的各种土壤过程，如磺胺甲噁唑、磺胺二甲嘧啶、磺胺嘧啶和甲氧苄啶可以显著影响土壤呼吸，药物暴露可显著影响硝化和/或反硝化速率，影响程度取决于抗生素类型、浓度和暴露时间，例如单次施用中高浓度土霉素（30mg/kg）和磺胺嘧啶（100mg/kg）会导致硝化率降低，低剂量的磺胺甲噁唑、磺胺嘧啶或庆大霉素（500μg/kg）会抑制土壤细菌反硝化。在一项土霉素对反硝化过程影响试验中，观察到土霉素处理显著抑制了硝酸还原酶、亚硝酸还原酶和 N_2O 还原酶的活性。

微生物对抗生素引起的土壤胁迫反应可用酶活性指标进行描述，酶活性代表了微生物群落维持土壤重要生化过程的潜力，例如脱氢酶（DHA）、磷酸酶（PHOS）和脲酶（URE）等。在浓度为 53.6μg/g 磺胺二甲嘧啶土壤中观察到 DHA 和 URE 的抑制作用；添加苄星青霉素、泰乐菌素和磺胺嘧啶的土壤抑制了 DHA 和 PHOS35％至 70％的酶效力。

真菌是土壤中酶的主要生产者，某些抗生素的存在可能会导致真菌的过度生长，真菌通常对抗生素的敏感性低于细菌，可能这也是观察到土壤中酶活性增加的原因，但是不同药物的毒性影响研究需要进一步深入。

（2）对环境微生物结构的影响　微生物群落结构是指群落内各种微生物在时间和空间的配置状况，优化的配置能增加群落的稳定性，群落结构的高稳定性是实现生态功能的重要因素，但是由于兽药残留的介入会影响这种良性发展，对群落的结构产生影响。

由于磷脂衍生脂肪酸（PLFA）可指示土壤中的物种或微生物群，因此 PLFA 方法常在研究中用以评估土壤中微生物群落的生物量和组成，如使用青霉素 G（10 和 100mg/kg）和四环素（100mg/kg）处理的土壤中发现微生物 PLFA 生物量含量降低，表明群落结构多样性降低。随着分子生物学的发展，尤其是高通量测序技术的革新，如基于 PCR 依赖性 DNA 指纹技术的变性梯度凝胶电泳（DGGE）或末端限制性片段长度多态性（T-RFLP）方法，以及基于第二代 Miseq 和第三代的 MinION 等高通量测序技术方法来评估抗生素对土壤微生物结构多样性的影响，为微生物分子生态学的研究策略注入了新的力量。

尽管 T-RFLP 谱和 DGGE 谱可以显示药物对土壤中细菌群落结构的影响，但是这些研究并不能对细菌群落中的具体菌属进行身份鉴定，这为后期单一细菌的功能验证提出了挑战，而通过二、三代高通量测序可以弥补不足。已有学者通过第二代 Miseq 高通量测序方法，进行了黏菌素对土壤微生物多样性的影响、土霉素对底泥微生物多样性和反硝化基因表达量影响和家禽粪便对土壤微生物多样性和耐药基因迁移规律等多项研究，结果显示，黏菌素处理 35 天后，假单胞菌属、乳球菌属和梭菌属的丰度显著降低；土霉素促进了梭菌属、志贺氏菌属和聚球藻属的富集，在沉积物中假单胞菌和慢生根瘤菌是反硝化的主要贡献者，土霉素的暴露导致慢生根瘤菌的丰度降低；而在粪便污染的土壤中，群落结构改变和潜在的机会致病菌，如棒状杆菌属、假单胞菌属、黄杆菌属、马杜拉放线菌属和芽孢杆菌属被特异性选择，表明家禽粪便不仅强烈影响细菌群落组成，而且还选择了特定的细菌群落。

11.4.1.4 对环境微生物耐药性的影响

2006 年，细菌耐药基因（antimicrobial resistance genes，ARGs）首次在环境类国际著名期刊 *Environmental Science & Technology* 以环境污染物而提出，并在随后的几年里迅速成为研究的热点。有证据表明，抗菌药物残留对细菌施加选择性压力，导致 ARGs 的水平转移，质粒介导的接合机制和噬菌体介导的转导机制也被越来越多学者深入研究，以期找到限制耐药性传播的有效手段。在研究早期，学者们更多的是关注基因本身以及污染物和农业实践对土壤中 ARGs 丰度的影响，因此，对于 ARGs 的讨论常常聚焦于三个问题：一是耐药基因从哪里来，二是耐药基因如何传播，三是哪些因素影响着在环境中的传播。

据文献报道，用不同抗生素处理的动物粪便在农业环境中的传播会影响 ARGs 的丰度和多样性。如在施加粪肥土壤中，米诺环素、四环素、链霉素、庆大霉素、卡那霉素、阿米卡星、氯霉素和利福平的 ARGs 约占总检测基因的 70%，显示药物对某些种类 ARGs 具有选择性。有文献报道重金属也有助于维持环境中 ARGs 的稳定和促进其传播，一项对奶牛场的研究表明，牛粪中 ARGs 和金属抗性基因的丰度与 Cu 和 Zn 含量显著相关，因此重金属类相关药物（$CuSO_4$ 与 ZnO 添加剂）的临床使用可能不仅触发其选择过程，而且由于抗性基因的共调节，还增加了对抗生素的耐受水平。

需要注意的是，环境中抗生素浓度一般远低于治疗剂量中使用的浓度，因此常被认为对细菌耐药性的影响较小。但有研究表明即使在亚抑菌浓度（低于 MIC）下，抗生素也可能会影响 ARGs 的丰度和多样性。除了对 ARGs 的影响，亚抑菌浓度药物在土壤中也发挥着多方面的作用，包括影响物种间竞争、信号交流、宿主-寄生虫相互作用、毒力调节和生物膜形成，此外亚抑菌浓度还会诱导突变、基因重组和横向基因转移（HGT）过程，因此，亚抑菌浓度的药物对微生物的影响是全方位的而且是靶向的。目前，由于 ARGs 在细菌和植物中传播所带来的风险已有较多关注与研究，下一步将聚焦于 ARGs 的控制策略开发，如在减少 ARGs 在土壤中的积累和运输、开发新型抗菌药化合物或抗生素佐剂的研发等。

11.4.2 兽药对水生环境的毒性效应

水生态系统是人类赖以生存的重要环境条件之一，各种兽药在使用过程中易进入水体环境中对其产生广泛影响。对水生生物的毒性研究主体除浮游植物藻类、浮游动物溞类之外，多集中在对水生动物鱼类的毒理学研究上。

11.4.2.1　对浮游植物的影响

浮游植物是一类营养丰富、光合利用度高的微小生物，种类繁多，分布广泛，包括蓝藻门、绿藻门、硅藻门、金藻门、黄藻门等 8 个门类藻类。作为水生态环境中的初级生产者，浮游植物对整个生态系统有着十分重要的作用，当药物进入水生态环境中，浮游植物无疑是最先也是最易受到影响的一类水生生物。

研究表明，不同类抗生素对藻类的毒性机制不同，如 β-内酰胺类主要是抑制藻类细胞壁的合成，氨基糖苷类主要抑制藻类糖的代谢，四环素类抑制藻类蛋白质的合成，喹诺酮类则主要抑制藻类 DNA 的复制和叶绿素的合成，磺胺类药物主要是抑制藻类叶酸的代谢。

目前，报道抗生素对浮游植物毒性效应的文献较多，EC_{50} 几乎都小于 20mg/L，甚至在 1mg/L 以下，毒性较强。Anna 等选取 12 种不同的磺胺类药物对栅藻进行研究，经过 24h 的毒性试验，栅藻对磺胺类抗生素十分敏感，EC_{50} 在 1.54～32.25mg/L 之间。A Magdaleno 等研究氨苄青霉素、阿莫西林、头孢噻吩、环丙沙星、庆大霉素、万古霉素这 6 种抗菌药物对月牙藻的毒性效应表明，环丙沙星和庆大霉素的毒性较强，72h 的 EC_{50} 分别为（11.3±0.7）、（19.2±0.5）mg/L。

11.4.2.2　对浮游动物的影响

浮游动物是一类经常在水中浮游，本身不能制造有机物的异养型无脊椎动物和脊索动物幼体的总称，其种类极多，包括原生动物、腔肠动物、栉水母、轮虫、甲壳动物、腹足动物、尾索动物等，它们是中上层水域水生动物的主要饵料，对维持水生态系统的稳定有着重要作用。

多数学者在抗生素的毒性研究中采用的浮游动物是大型溞，相关结果表明，通过 48h 暴露试验发现，当左氧氟沙星和克拉霉素浓度在 0.01～10mg/L 时，抗生素对大型溞没有明显毒性；四环素和磺胺甲嘧啶对大型溞 48h 的 LC_{50} 分别为 36.56、66.22mg/L，而林可霉素 LC_{50} 则＞3651mg/L；多拉菌素、甲硝唑、氟苯尼考、土霉素对大型溞的毒性试验结果表明，除了多拉菌素 48h 的 EC_{50} 较小之外，其他几种抗生素 EC_{50} 均要＞100mg/L。在磺胺甲噁唑、氧氟沙星、林可霉素、克拉霉素对萼花臂尾轮虫的毒性效应研究中发现，6 种抗生素的 LC_{50} 均在 30.0～52.7mg/L 之间。可见尽管抗生素对水体浮游动物具有一定的毒性作用，但相对于浮游植物，其所受毒性作用大大降低。

11.4.2.3　水生动物及两栖类动物

药物对水生动物毒性效应研究的对象主要包括一些鱼类、虾类和贝类。

一份涉及多个国家的研究报告显示，磺胺类药物残留分布广泛，包括在各种水环境中，如地表水、地下水、饮用水和海水中，其中磺胺甲噁唑的浓度甚至高达 54.83mg/L。磺胺类药物毒性研究主要以鱼类为目标展开。将斑马鱼暴露在 3、6、12、24mg/L 的磺胺甲噁唑和磺胺嘧啶中，3mg/L 低浓度磺胺甲噁唑抑制了斑马鱼的生长，而 24mg/L 高浓度磺胺嘧啶才显示出斑马鱼的生长抑制。磺胺类药物对鱼类产生累积效应，一项进行斑马鱼体内磺胺二甲嘧啶和磺胺甲噁唑的富集研究显示，以生物浓缩因子（BCF 值，即鱼类中药物含量 mg/g 与水中药物含量 mg/L 的比值）为衡量标准，鱼类对磺胺二甲嘧啶和磺胺甲噁唑的最大 BCF 值分别为 1.11 和 1.15，显示出富集能力。

土霉素常用于水产养殖，用于治疗细菌性鱼类疾病，如弧菌病、黄杆菌病和红皮炎。在中国河流中观察到土霉素的最大浓度为 0.712mg/L。研究发现当暴露于环境相关浓度为 4μg/L 的罗非鱼幼鱼，土霉素会导致红细胞中的 DNA 损伤，引起肠道损伤和炎症反应。王慧珠等采用斑马鱼和鲫鱼作为受试生物，结果表明四环素对鲫鱼 96h 的 LC_{50} 为 322.8mg/L，对斑马鱼 96h 的 LC_{50} 为 406.0mg/L；近年来，抗生素对水生态毒性研究的对象还包括青蛙、蟾蜍等两栖类动物，Peltzer 等通过对蟾蜍幼体进行 96h 毒性试验，当恩诺沙星和环丙沙星浓度范围为 0.001～1mg/L 时，蟾蜍幼体死亡率均不超过 2%。

总体来看，抗生素对鱼类等水生动物及两栖类动物均呈较低毒性，虽然短时间内无明显影响，但长期暴露下这些生物可能会出现基因变异、胚胎畸形现象，从而破坏生态系统的平衡。

参考文献

[1] 葛峰, 郭坤, 谭丽超, 等. 有机肥中 4 类典型兽药抗生素的多残留测定[J]. 生态与农村环境学报, 2012, 28（5）: 587-594.

[2] 阮悦斐, 陈继淼, 郭昌胜, 等. 天津近郊地区淡水养殖水体的表层水及沉积物中典型抗生素的残留分析[J]. 农业环境科学学报, 2011, 30（12）: 2586-2593.

[3] Zou S, Xu W, Zhang R, et al. Occurrence and distribution of antibiotics in coastal water of the Bohai Bay, China: Impacts of river discharge and aquaculture activities[J]. Environmental Pollution, 2011, 159（10）: 2913-2920.

[4] Duong H A, Pham N H, Nguyen H T, et al. Occurrence, fate and antibiotic resistance of fluoroquinolone antibacterials in hospital wastewaters in Hanoi, Vietnam[J]. Chemosphere, 2008, 72（6）: 968-973.

[5] Kümmerer K. Significance of antibiotics in the environment[J]. The Journal of Antimicrobial Chemotherapy, 2003, 52（1）: 5-7.

[6] Hvistendahl M. China takes aim at rampant antibiotic resistance[J]. Science, 2012, 336（6083）: 795.

[7] Pruden A, Pei R T, Storteboom H, et al. Antibiotic resistance genes as emerging contaminants: Studies in northern Colorado[J]. Environmental Science & Technology, 2006, 40（23）: 7445-7450.

[8] 张慧敏, 章明奎, 顾国平. 浙北地区畜禽粪便和农田土壤中四环素类抗生素残留[J]. 生态与农村环境学报, 2008, 24（3）: 69-73.

[9] 任君焘, 徐琳. 山东东营地区畜禽粪便中抗生素残留研究[J]. 黑龙江畜牧兽医, 2019（6）: 56-59.

[10] 曹胜男, 梁玉婷, 易良银, 等. 施粪肥土壤中抗生素的提取条件优化及残留特征[J]. 环境工程学报, 2017, 11（11）: 6169-6176.

[11] Hu X, Zhou Q, Luo Y. Occurrence and source analysis of typical veterinary antibiotics in manure, soil, vegetables and groundwater from organic vegetable bases, Northern China[J]. Environmental Pollution, 2010, 158（9）: 2992-2998.

[12] 尹春艳, 骆永明, 滕应, 等. 典型设施菜地土壤抗生素污染特征与积累规律研究[J]. 环境科学, 2012, 33（8）: 2810-2816.

[13] 邰义萍, 罗晓栋, 莫测辉, 等. 广东省畜牧粪便中喹诺酮类和磺胺类抗生素的含量与分布特征研究[J]. 环境科学, 2011, 32（4）: 1188-1193.

[14] Zhao F K, Yang L, Chen L D, et al. Soil contamination with antibiotics in a typical peri-urban area in Eastern China: Seasonal variation, risk assessment, and microbial responses[J]. Journal of Environmental Sciences（China）, 2019, 79: 200-212.

[15] Li Y X, Zhang X L, Li W, et al. The residues and environmental risks of multiple veterinary antibiotics in animal faeces[J]. Environmental Monitoring and Assessment, 2013, 185（3）: 2211-2220.

[16] Hou J, Wan W N, Mao D Q, et al. Occurrence and distribution of sulfonamides, tetracyclines, quinolones, macrolides, and nitrofurans in livestock manure and amended soils of Northern China[J]. Environmental Science and Pollution Research International, 2015, 22（6）: 4545-4554.

[17] Chen Y S, Zhang H B, Luo Y M, et al. Occurrence and assessment of veterinary antibiotics in swine manures: A case study in East China[J]. Chinese Science Bulletin, 2012, 57（6）: 606-614.

[18] 王莹. 安徽部分饮用水源及污水中9种抗生素的污染分布特征[D]. 合肥: 安徽农业大学, 2013.

[19] 陈永山, 章海波, 骆永明, 等. 典型规模化养猪场废水中兽用抗生素污染特征与去除效率研究[J]. 环境科学学报, 2010, 30（11）: 2205-2212.

[20] 王付民, 陈杖榴, 孙永学, 等. 有机胂饲料添加剂对猪场周围及农田环境污染的调查研究[J]. 生态学报, 2006, 26（1）: 154-162.

[21] Li J, Wang Thanh, Shao B, et al. Plasmid-mediated quinolone resistance genes and antibiotic residues in wastewater and soil adjacent to swine feedlots: Potential transfer to agricultural lands[J]. Environmental Health Perspectives, 2012, 120（8）: 1144-1149.

[22] Luo Y, Mao D, Rysz M, et al. Trends in antibiotic resistance genes occurrence in the Haihe River, China[J]. Environmental Science & Technology, 2010, 44（19）: 7220-7225.

[23] 中华人民共和国生态环境部. 生态环境健康风险评估技术指南 总纲: HJ 1111—2020[S]. 北京: 中国环境科学出版社, 2020.

[24] 李银生, 吴宜钊, 李佩忆, 等. 兽药环境风险评价指南. 上海市毒理学会. 2020.

[25] VICH. GFI # 89 - VICH GL6. Environmental impact assessments for veterinary medicinal products -phase Ⅰ[S]. 2001.

[26] VICH. GFI # 166 - VICH GL38. Environmental Impact Assessments For Veterinary Medicinal Products - Phase Ⅱ[S]. 2006.

[27] CHMP. EMA/CHMP/SWP/4447/00 Rev. 1. Guideline on the environmental risk assessment of medicinal products for human use[S]. 2018.

[28] 中华人民共和国生态环境部. 化学物质环境与健康危害评估技术导则（试行）[S]. 2020.

[29] 中华人民共和国生态环境部. 化学物质环境与健康暴露评估技术导则（试行）[S]. 2020.

[30] 中华人民共和国生态环境部. 化学物质环境与健康风险表征技术导则（试行）[S]. 2020.

[31] 章哲超, 胡佶, 刘淑霞, 等. 纳米二氧化硅与汞（Hg2+）对中肋骨条藻（Skeletonema costatum）的联合毒性效应[J]. 环境化学, 2018, 37（4）: 661-669.

[32] Yali W, Hao T, Cory M, et al. Sodium arsenite modified burrowing behavior of earthworm species Metaphire californica and Eisenia fetida in a farm soil[J]. Geoderma, 2019, 335: 88-93.

[33] 赵利敏, 马桂兰. 7种农药对球囊线蚓（近孔目: 线蚓科）的毒力测定[J]. 农药, 2014, 53（12）: 927-928, 936.

[34] 赵利敏, 马桂兰, 郭素芬. 球囊线蚓对西洋参根的取食量及其世代繁殖力[J]. 西北农林科技大学学报（自然科学版）, 2019, 47（6）: 47-53.

[35] Rath S, Fostier AH, Pereira LA, et al. Sorption behaviors of antimicrobial and antiparasitic veterinary drugs on subtropical soils[J]. Chemosphere, 2019, 214: 111-122.

[36] Albero B, Tadeo JL, Escario M, et al. Persistence and availability of veterinary antibiotics in

soil and soil-manure systems[J]. The Science of the Total Environment, 2018, 643: 1562-1570.

[37] Kim Y K, Lim S J, Han M H,et al. Sorption characteristics of oxytetracycline, amoxicillin, and sulfathiazole in two different soil types[J]. Geoderma, 2012, 185/186: 97-101.

[38] Aristilde L, Lanson B, Miéhé-Brendlé J,et al. Enhanced interlayer trapping of a tetracycline antibiotic within montmorillonite layers in the presence of Ca and Mg[J]. Journal of Colloid and Interface Science, 2016, 464: 153-159.

[39] Wang S, Wang H. Adsorption behavior of antibiotic in soil environment: A critical review[J]. Frontiers of Environmental Science & Engineering, 2015, 9（4）: 565-574.

[40] Dong S, Gao B, Sun Y, et al. Transport of sulfacetamide and levofloxacin in granular porous media under various conditions: Experimental observations and model simulations[J]. The Science of the Total Environment, 2016, 573: 1630-1637.

[41] Chen H, Ma LQ, Gao B,et al. Influence of Cu and Ca cations on ciprofloxacin transport in saturated porous media[J]. Journal of Hazardous Materials, 2013, 262: 805-811.

[42] Lee C, Jeong S, Ju M,et al. Fate of chlortetracycline antibiotics during anaerobic degradation of cattle manure[J]. J Hazard Mater, 2020（386）:121-894.

[43] Hosseini Taleghani A, Lim TT, Lin CH,et al. Degradation of veterinary antibiotics in swine manure via anaerobic digestion[J]. Bioengineering, 2020, 7（4）: 123.

[44] Hu Z, Liu Y, Chen G,et al. Characterization of organic matter degradation during composting of manure-straw mixtures spiked with tetracyclines[J]. Bioresource Technology, 2011, 102（15）: 7329-7334.

[45] Ho YB, Zakaria M P, Latif P A,et al. Degradation of veterinary antibiotics and hormone during broiler manure composting[J]. Bioresour Technol, 2013（131）:476-484.

[46] Xu X, Ma W, Zhou K,et al. Effects of composting on the fate of doxycycline, microbial community, and antibiotic resistance genes in swine manure and broiler manure[J]. Science of the Total Environment, 2022, 832: 155039.

[47] Selvam A, Zhao Z, Wong JW. Composting of swine manure spiked with sulfadiazine, chlortetracycline and ciprofloxacin[J]. Bioresource Technology, 2012, 126: 412-417.

[48] Ma W, Wang L, Xu X,et al. Fate and exposure risk of florfenicol, thiamphenicol and antibiotic resistance genes during composting of swine manure[J]. Science of the Total Environment, 2022, 839: 156243.

[49] Huo M, Ma W, Zhou K,et al. Migration and toxicity of toltrazuril and its main metabolites in the environment[J]. Chemosphere, 2022, 302: 134888.

[50] Varel V H, Wells J E, Shelver W L,et al. Effect of anaerobic digestion temperature on odour, coliforms and chlortetracycline in swine manure or monensin in cattle manure[J]. Journal of Applied Microbiology,2012,112（4）:705-715.

[51] Lin H, Sun W, Yu Y,et al. Simultaneous reductions in antibiotics and heavy metal pollution during manure composting[J].Science of the Total Environment,2021,788:147830.

[52] Mitchell S M, Ullman J L, Teel A L,et al. Hydrolysis of amphenicol and macrolide antibiotics: Chloramphenicol, florfenicol, spiramycin, and tylosin[J]. Chemosphere, 2015, 134: 504-511.

[53] Thiele-Bruhn S, Peters D. Photodegradation of pharmaceutical antibiotics on slurry and soil surfaces[J]. Landbauforsch. Volkenrode.2007, 57: 13-23.

[54] Pan M, Chu LM. Adsorption and degradation of five selected antibiotics in agricultural soil[J]. The Science of the Total Environment, 2016, 545/546: 48-56.

[55] Ma W, Xu X, An B, et al. Single and ternary competitive adsorption-desorption and degradation of amphenicol antibiotics in three agricultural soils[J]. Journal of Environmental Management, 2021,297: 113366.

[56] Shi H, Bai C, Luo D,et al. Degradation of tetracyclines in manure-amended soil and their uptake by litchi（Litchi chinensis Sonn.）[J]. Environmental Science and Pollution Research, 2019, 26（6）: 6209-6215.

[57] Albero B, Tadeo JL, Escario M, et al. Persistence and availability of veterinary antibiotics in soil and soil-manure systems[J]. The Science of the Total Environment,2018,643:1562-1570.

[58] Koba O, Golovko O, Kode? ová R, et al. Antibiotics degradation in soil: A case of clindamycin, trimethoprim, sulfamethoxazole and their transformation products[J]. Environmental Pollution,2017,220:1251-1263.

[59] Xu M, Qian M, Zhang H, et al. Simultaneous determination of florfenicol with its metabolite based on modified quick, easy, cheap, effective, rugged, and safe sample pretreatment and evaluation of their degradation behavior in agricultural soils[J].Journal of Separation Science, 2015,38（2）: 211-217.

[60] Xu X, Ma W, An B, et al. Adsorption/desorption and degradation of doxycycline in three agricultural soils[J].Ecotoxicology and Environmental Safety,2021,224:112675.

[61] Lin K, Gan J. Sorption and degradation of wastewater-associated non-steroidal anti-inflammatory drugs and antibiotics in soils[J]. Chemosphere,2011,83（3）:240-246.

[62] Shen G, Zhang Y, Hu S, et al. Adsorption and degradation of sulfadiazine and sulfamethoxazole in an agricultural soil system under an anaerobic condition: Kinetics and environmental risks[J]. Chemosphere, 2018, 194: 266-274.

[63] Schlü sener MP, Bester K. Persistence of antibiotics such as macrolides, tiamulin and salinomycin in soil[J].Environmental Pollution,2006,143（3）:565-571.

[64] An B, Xu X, Ma W,et al. The adsorption-desorption characteristics and degradation kinetics of ceftiofur in different agricultural soils［J］. Ecotoxicology and Environmental Safety, 2021, 222:112503.

[65] Žižek S, Dobeic M, Pintarič Š,et al. Degradation and dissipation of the veterinary ionophore lasalocid in manure and soil[J]. Chemosphere,2015,138: 947-951.

[66] Sassman S A, Lee L S. Sorption and degradation in soils of veterinary ionophore antibiotics: Monensin and lasalocid[J]. Environmental Toxicology and Chemistry, 2007, preprint（2007）:1.

[67] Cycoń M, Orlewska K, Markowicz A, et al. Vancomycin and/or multidrug-resistant citrobacter freundii altered the metabolic pattern of soil microbial community[J]. Frontiers in Microbiology, 2018, 9: 1047.

[68] Jiao S, Zheng S, Yin D,et al. Aqueous photolysis of tetracycline and toxicity of photolytic products to luminescent bacteria[J]. Chemosphere,2008,73（3）: 377-382.

[69] 黄丽萍. 水中典型抗生素的光化学降解研究[D]. 上海: 东华大学, 2011.

[70] Snowberger S, Adejumo H, He ,et al. Direct photolysis of fluoroquinolone antibiotics at 253.7 nm: Specific reaction kinetics and formation of equally potent fluoroquinolone antibiotics[J]. Environmental Science & Technology, 2016, 50（17）: 9533-9542.

[71] 胡学香, 陈勇, 聂玉伦,等.水中四环素类化合物在不同光源下的光降解[J]. 环境工程学报, 2012, 6（8）: 2465-2469.

[72] 张杏艳, 陈中华, 邓海明,等. 水环境中四环素类抗生素降解及去除研究进展[J]. 生态毒理学报, 2016, 11（6）: 44-52.

[73] Abramović B F, Uzelac M M, Armaković S J, et al. Experimental and computational study of hydrolysis and photolysis of antibiotic ceftriaxone: Degradation kinetics, pathways, and toxicity[J]. Science of the Total Environment,2021,768:144991.

[74] Ribeiro A R, Lutze H V, Schmidt T C. Base-catalyzed hydrolysis and speciation-dependent photolysis of two cephalosporin antibiotics, ceftiofur and cefapirin[J]. Water Research,2018,134: 253-260.

[75] Xuan R, Arisi L, Wang Q, et al. Hydrolysis and photolysis of oxytetracycline in aqueous solution[J]. Journal of Environmental Science and Health, Part B,2009,45（1）: 73-81.

[76] Mitchell S M, Ullman J L, Teel A L, et al. Hydrolysis of amphenicol and macrolide antibiotics: Chloramphenicol, florfenicol, spiramycin, and tylosin[J]. Chemosphere,2015,134: 504-511.

[77] Yun SH, Jho EH, Jeong S, et al. Photodegradation of tetracycline and sulfathiazole individually and in mixtures[J]. Food and Chemical Toxicology,2018,116: 108-113.

[78] Ge L, Chen J, Wei X, et al. Aquatic photochemistry of fluoroquinolone antibiotics: Kinetics, pathways, and multivariate effects of main water constituents[J]. Environmental Science & Technology, 2010, 44（7）: 2400-2405.

[79] Li J, Cui M. Kinetic study on the sorption and degradation of antibiotics in the estuarine water: An evaluation based on single and multiple reactions[J]. Environmental Science and Pollution Research,2020,27（33）: 42104-42114.

[80] Yi Z, Wang J, Tang Qg,et al. Photolysis of sulfamethazine using UV irradiation in an aqueous medium[J]. RSC Advances,2018,8（3）:1427-1435.

[81] Dong L, Gao J, Xie X, et al. DNA damage and biochemical toxicity of antibiotics in soil on the earthworm Eisenia fetida[J]. Chemosphere, 2012, 89（1）: 44-51.

[82] Li Y, Tang H, Hu Y, et al. Enrofloxacin at environmentally relevant concentrations enhances uptake and toxicity of cadmium in the earthworm Eisenia fetida in farm soils[J]. Journal of Hazardous Materials,2016,308: 312-320.

[83] Zhu D, An X L, Chen Q L,et al. Antibiotics disturb the microbiome and increase the incidence of resistance genes in the gut of a common soil collembolan[J]. Environmental Science and Technology, 2018, 52（5）: 3081-3090.

[84] 李进. 跳虫（弹尾纲）不同生物水平特征对农田重金属和抗生素类污染响应的毒理学研究[D]. 上海: 华东师范大学, 2019.

[85] Gao M, Lv M, Han M, et al. Avoidance behavior of Eisenia fetida in oxytetracycline - and heavy metal-contaminated soils[J]. Environmental Toxicology and Pharmacology, 2016, 47: 119-123.

[86] Sidhu H, O'Connor G, Ogram A, et al. Bioavailability of biosolids-borne ciprofloxacin and azithromycin to terrestrial organisms: Microbial toxicity and earthworm responses[J]. Science of the Total Environment, 2019, 650: 18-26.

[87] Brain R A, Hanson M L, Solomon K R, et al. Aquatic plants exposed to pharmaceuticals: Effects and risks[J]. Reviews of Environmental Contamination and Toxicology, 2008, 192: 67-115.

[88] 鲍陈燕, 顾国平, 章明奎. 兽用抗生素胁迫对水芹生长及其抗生素积累的影响[J]. 土壤通报, 2016, 47（1）: 164-172.

[89] 王瑾, 韩剑众. 饲料中重金属和抗生素对土壤和蔬菜的影响[J]. 生态与农村环境学报, 2008, 24（4）: 90-93.

[90] Batchelder A R. Chlortetracycline and oxytetracycline effects on plant growth and development in soil systems[J]. Journal of Environmental Quality, 1982, 11（4）: 675-678.

[91] Pan M, Chu L M. Phytotoxicity of veterinary antibiotics to seed germination and root elongation of crops[J]. Ecotoxicology and Environmental Safety, 2016,126: 228-237.

[92] Hillis D G, Fletcher J, Solomon K R,et al. Effects of ten antibiotics on seed germination and root elongation in three plant species[J]. Archives of Environmental Contamination and Toxicology,2011,60（2）: 220-232.

[93] Opriş O, Copaciu F, Soran M,et al. Influence of nine antibiotics on key secondary metabolites and physiological characteristics in Triticum aestivum: Leaf volatiles as a promising new tool to assess toxicity[J]. Ecotoxicology and Environmental Safety,2013,87: 70-79.

[94] Kotzerke A, Sharma S, Schauss K,et al. Alterations in soil microbial activity and N-transformation processes due to sulfadiazine loads in pig-manure[J]. Environmental Pollution, 2008,153（2）: 315-322.

[95] Zou Y, Lin M, Xiong W, et al. Metagenomic insights into the effect of oxytetracycline on microbial structures, functions and functional genes in sediment denitrification[J]. Ecotoxicology and Environmental Safety, 2018, 161: 85-91.

[96] Akimenko Y, Kazeev K, Kolesnikov S I. Impact assessment of soil contamination with antibiotics（for example, an ordinary chernozem）[J]. American Journal of Applied Sciences,2015,12（2）: 80-88.

[97] CycoŃ M, Piotrowska-Seget Z.. Pyrethroid-degrading microorganisms and their potential for the bioremediation of contaminated soils: A review[J]. Frontiers in Microbiology,2016,7: 1463.

[98] Zhang Q, Dick W A. Growth of soil bacteria, on penicillin and neomycin, not previously exposed to these antibiotics[J]. The Science of the Total Environment,2014,493: 445-453.

[99] Fan T, Sun Y, Peng J, et al. Combination of amplified rDNA restriction analysis and high-throughput sequencing revealed the negative effect of colistin sulfate on the diversity of soil microorganisms[J]. Microbiological Research, 2018, 206: 9-15.

[100] Wang M, Liu P, Xiong W, et al. Fate of potential indicator antimicrobial resistance genes （ARGs） and bacterial community diversity in simulated manure-soil microcosms[J]. Ecotoxicol Environ Saf, 2018, 147: 817-823.

[101] Pruden A. Antibiotic resistance genes as emerging contaminants: Studies in northern Colorado[J]. Environmental Science & Technology, 2006, 40（23）: 7445-7450.

[102] Su J Q, Wei B, Xu C Y, et al. Functional metagenomic characterization of antibiotic resistance genes in agricultural soils from China[J]. Environment International, 2014, 65: 9-15.

[103] Zhou B, Wang C, Zhao Q, et al. Prevalence and dissemination of antibiotic resistance genes and coselection of heavy metals in Chinese dairy farms[J]. Journal of Hazardous Materials, 2016, 320: 10-17.

[104] 刘晓晖, 王炜亮, 国晓春, 等. 抗生素的水体赋存、毒性及风险[J]. 给水排水, 2015, 51（12）: 116-121.

[105] Fu L, Huang T, Wang S, et al. Toxicity of 13 different antibiotics towards freshwater green algae Pseudokirchneriella subcapitata and their modes of action[J]. Chemosphere, 2017, 168: 217-222.

[106] BiaŁk-BieliŃska A,Stolte S, Arning J, et al. Ecotoxicity evaluation of selected sulfonamides [J]. Chemosphere, 2011, 85（6）: 928-933.

[107] Magdaleno A, Saenz M E, Juárez A B, et al. Effects of six antibiotics and their binary mixtures on growth of Pseudokirchneriella subcapitata[J]. Ecotoxicology and Environmental Safety, 2015, 113: 72-78.

[108] Yamashita N, Yasojima M, Nakada N,et al. Effects of antibacterial agents, levofloxacin and clarithromycin, on aquatic organisms[J]. Water Science and Technology, 2006, 53（11）: 65-72.

[109] Kim H Y, Yu S H, Lee M J, et al. Radiolysis of selected antibiotics and their toxic effects on various aquatic organisms[J]. Radiation Physics and Chemistry, 2009, 78（4）: 267-272.

[110] KoŁodziejska M, Maszkowska J, Bialk-BieliŃska A, et al. Aquatic toxicity of four veterinary drugs commonly applied in fish farming and animal husbandry[J]. Chemosphere, 2013,92（9）: 1253-1259.

[111] Zhou J, Yun X, Wang J, et al. A review on the ecotoxicological effect of sulphonamides on aquatic organisms[J]. Toxicology Reports, 2022, 9: 534-540.

[112] 许静, 王娜, 孔德洋, 等. 磺胺类抗生素在斑马鱼体内的生物富集性及模型预测评估[J]. 生态毒理学报, 2015, 10（5）: 82-88.

[113] Li D, Yang M, Hu J, et al. Determination and fate of oxytetracycline and related compounds in oxytetracycline production wastewater and the receiving river[J]. Environmental Toxicology and Chemistry,2008,27（1）: 80-86.

[114] Zhou L J, Wu Q L, Zhang B B,et al. Occurrence, spatiotemporal distribution, mass balance and ecological risks of antibiotics in subtropical shallow Lake Taihu, China[J]. Environmental Science Processes & Impacts, 2016, 18（4）: 500-513.

[115] 王慧珠, 罗义, 徐文青, 等. 四环素和金霉素对水生生物的生态毒性效应[J]. 农业环境科学学报, 2008,27（4）: 1536-1539.

[116] Peltzer P M, Lajmanovich R C, Attademo A M, et al. Ecotoxicity of veterinary enrofloxacin and ciprofloxacin antibiotics on anuran amphibian larvae[J]. Environmental Toxicology and Pharmacology, 2017, 51: 114-123.

第 12 章
兽用生物制品
的安全性和
有效性评价

12.1

引言

兽用生物制品是指以天然或人工改造的微生物、寄生虫、生物毒素或生物组织及其代谢产物等为材料，采用生物学、分子生物学、生物化学、生物工程等相应技术制成的，用于预防、治疗、诊断动物疫病或改变动物生产性能的兽用药品。根据其性质可以分为疫苗、抗体、诊断制品、微生物制剂和生化制品等五大类。

高质量的生物制品应当安全（或敏感）、有效（或特异）、质量可控、稳定且均一，便于运输、保存和使用。在诸多质量指标中，对于预防、治疗用兽用生物制品而言，安全性和有效性至关重要，是其质量研究的重要内容，贯穿于整个研制过程，包括实验室试验、临床试验和上市后评价。

根据《新兽药研制管理办法》的规定，兽用生物制品的研制试验过程包括临床前研究（包括实验室试验和中间试制）和临床试验。其中，预防、治疗用兽用生物制品的临床试验遵循审批制，即研制单位在临床试验前向农业农村部提出申请，并提交有关临床前研究资料。农业农村部组织有关部门（农业农村部兽药评审中心）对申报材料和临床试验方案进行审查，必要时现场核查临床前研究的原始记录、试验条件和试验用产品的试制情况等。通过审查的，农业农村部发放临床试验批件，对临床试验区域、产品批号、负责人和试验期限等加以规定。临床试验中一般选择 3 批制品在实际生产条件下，使用对象动物进行试验，进一步评价预防、治疗用兽用生物制品的安全性和效力。完成临床试验后即可进行新兽药注册。

12.2

兽用生物制品的安全性评价

生物制品的安全性试验，是对该制品应用于实验动物时，对动物本身及环境不产生不良影响的安全使用剂量和使用范围的界定与验证，试验对象包括靶动物和非靶动物，以及靶动物的适宜使用日龄和非适宜使用日龄阶段。安全性评价时除必须考虑对使用靶动物的安全性外，还应考虑对生产和使用等接触人员的安全性、环境安全性及动物源性安全性。

12.2.1 实验室安全性试验

12.2.1.1 基本要求

（1）实验室及动物实验室的生物安全条件　实验室和动物实验室应符合所研究的病

原微生物国家规定的生物安全等级和标准。《病原微生物实验室生物安全管理条例》规定，国家对病原微生物实行分类管理，对实验室实行分级管理。按照病原微生物的传染性、感染后对个体或者群体的危害程度，将病原微生物分为四类。第一类、第二类病原微生物统称为高致病性病原微生物。根据实验室对病原微生物的生物安全防护水平，并依照实验室生物安全国家标准的规定，将生物安全实验室分为一级、二级、三级和四级。三级和四级实验室应通过实验室国家认可，颁发相应级别的生物安全实验室证书。

所有涉及第一类、第二类病原微生物的操作应在生物安全三级及以上的实验室及动物实验室中进行。从事第一类、第二类病原微生物操作的科研单位，必须获得生物安全三级实验室或动物生物安全三级实验室证书；从事第一类、第二类病原微生物操作的生物制品生产企业，目前可利用其已经获得批准的检验设施开展新制品研发，因此只需获得相应范围的兽药 GMP 合格证即可。研制新生物制品需要使用第一类病原微生物的，应按照《病原微生物实验室生物安全管理条例》和《高致病性动物病原微生物实验室生物安全管理审批办法》等有关规定，在实验室阶段前取得试验活动批准文件，并在取得高致病性动物病原微生物实验室资格证书的实验室进行试验。

（2）对实验动物的要求　实验动物应符合《国家实验动物管理条例》和兽用生物制品《生产、检验用动物暂行标准》的规定与相关要求，动物设施应符合实验动物等级要求。其中，鸡应为 SPF 级；小鼠、大鼠应为清洁级；犬、兔、豚鼠、仓鼠等应为普通级；其他动物如猪、牛、羊、鸭、鹅、水貂等，应使用健康易感动物，并确保动物的相关抗体（疫苗微生物抗体及其他可能影响试验结果的微生物的抗体）呈阴性。

禽类制品的实验室安全性试验多使用靶动物，其他制品的实验室安全试验中除使用靶动物外，还可能须用敏感的小型实验动物（如鼠、家兔等）进行试验。同时，为避免品系抗性和年龄抗性，一般选择敏感性最高的品系和最小使用日龄的动物进行试验。当然，有时因为产品的特殊性，仅用最小使用日龄的动物不足以完全评价其安全性，应使用其他日龄的动物进行试验。如猪瘟活疫苗，除应用刚断奶的仔猪进行安全试验外，还应选择妊娠母猪进行试验。

为得到确实有效的数据，对实验动物的数量也有要求。通常情况下，每批制品的实验室安全性试验中所用动物（禽类）数量应不少于 10 只（头），来源困难或经济价值高的动物（如猪、牛、羊、马、鹿、经济动物、犬、猫等）应不少于 5 只（头），鱼、虾应不少于 50 尾。

（3）对制品的要求　实验室安全试验中所用实验室制品的生产用菌（毒、虫）种、制品组成和配方等，应与规模化生产的产品相同。试验性产品应经过必要的检验（如纯净性检验），且结果须符合要求。试验性产品中主要成分的含量应不低于规模化生产时的出厂标准。

12.2.1.2　主要内容

（1）菌（毒）种的安全性试验　凡应用于生物制品（疫苗、类毒素、免疫血清及诊断制剂等）生产、鉴定和研究用的细菌菌种、病毒毒种以及生物分类地位上在原虫以下的生物种都属于生物制品的菌种与毒种范围，主要指生物制品生产、鉴定和研究用的菌种与毒种。

菌种、毒种是生物制品质量的关键，兽用生物制品的制造应以种子批系统为基础，种子批分三级：原始种子、基础种子和生产种子。所用的菌（毒）种必须按照要求进行严格的筛选与鉴定，除毒力标准不同外，均需符合一定标准才能用于生产兽用生物制品。一般要求其来源清楚，资料完整；生物学特性典型；与使用地区流行疫病的病原血清型相符合；抗原性优良；遗传性状相对纯一；毒力在规定范围内。

根据菌（毒）种毒力的强弱，可将其分为强毒菌（毒）种和弱毒菌（毒）种。强毒菌（毒）种多应用于制备灭活疫苗、诊断制品、抗病毒血清以及疫苗制品的效力检验，也用于弱毒株的人工培育。弱毒菌（毒）种多用于制造活疫苗、部分诊断制剂和抗血清，主要通过人工诱变致弱或从自然界中分离筛选得到弱毒菌种和毒种。

对活疫苗基础种子（弱毒）的安全性试验通常采用敏感性最高品系、最小使用日龄的普通级（清洁级）易感动物或 SPF 级动物进行。同时设立试验组和对照组，将一定量的病毒或细菌培养液接种给试验组实验动物，两组动物在相同条件下分别饲养一定时间，实验动物均应无不正常反应，剖检应无肉眼可见的病理变化和病理组织学变化。除此之外，还应进行毒力返强试验，以确保疫苗接种动物后不会导致毒力增强。

对灭活疫苗的基础种子的毒力进行检验，是为了了解其致病性程度，以便在生产及检验中采取适宜措施确保其生物安全性。通常用适宜稀释液进行系列稀释，以不同剂量接种适宜靶动物、实验动物、细胞等，测定其最小致死量、最小感染量、半数致死量、半数感染量等。

（2）动物用转基因微生物的安全性试验　动物用转基因微生物，是指利用基因工程技术改变基因组构成，在农业生产或者农产品加工中用于动物的重组微生物及其产品。动物用转基因微生物主要分为基因工程亚单位疫苗、基因工程重组活载体疫苗、基因缺失疫苗、核酸疫苗、基因工程激素类疫苗及治疗制剂、饲料用转基因微生物、基因工程抗原与诊断试剂盒等。根据《农业转基因生物安全管理条例》《农业转基因生物安全评价管理办法》的规定，农业转基因生物只有申请并取得转基因生物安全证书后，才可继续进行研究或应用。目前我国兽用新生物制品的注册审批中，涉及灭活疫苗或诊断试剂的，并未要求将转基因生物安全评价作为新兽药注册或临床审批的前置条件，而对活疫苗制品而言，只有在完成转基因生物安全评价并获得转基因生物安全证书后（尚未获得的，可提供生产性试验许可文件），才能申请临床试验。

转基因生物安全评价主要从受体微生物、基因操作、动物用转基因微生物及其产品的安全性三方面展开，包括实验室研究、中间试验、环境释放、生产性试验和申请安全证书五个阶段。评价方式依据安全等级不同而采用报告制和审批制两种形式。从事安全等级为Ⅰ（尚不存在危险）和Ⅱ（具有低度危险）的农业转基因生物实验研究，由本单位农业转基因生物安全小组批准；从事安全等级为Ⅲ（具有中度危险）和Ⅳ（具有高度危险）的农业转基因生物实验研究以及所有等级的中间试验，采用报告制；环境释放、生产性试验和申请安全证书为审批制。中外合作、合资或外方独资在我国境内从事农业转基因生物研究与试验，在试验开始前向农业农村部申请。各阶段申报要求如下。

① 中间试验。

基本要求：项目名称应包括目的基因名称、动物用转基因微生物及其产品名称、试验所在省（区、市）名称和试验阶段名称四个部分。一份报告书中菌株应当是由同一种受体微生物（受体菌株不超过 5 个）、相同的目的基因、相同的基因操作获得的，而且每个转基因菌株都应有明确的名称或编号；试验地点应在法人单位的试验基地进行。每个试验点实验动物总规模（上限）为大动物（马、牛）20 头，中、小动物（猪、羊等）40 头，禽类（鸡、鸭等）200 羽，鱼 2000 尾。试验地点应明确试验所在省（区、市）、县（市）、乡、村和坐标；试验年限一般为1～2年。

需要提供的相关附件资料主要包括：目的基因的核苷酸序列和推导的氨基酸序列；目的基因与载体构建的图谱；试验地点的位置图和试验隔离图；中间试验的操作规程（包括动物用转基因微生物的贮存、转移、销毁，试验结束后的监控，意外释放的处理措施及试验点的管理等）；试验设计（包括进行安全性评价的主要指标和研究方法等，如转基因微生物的稳定性、竞争性、生存适应能力，外源基因在靶动物体内的表达和消长关系等）。

② 环境释放。

基本要求：项目名称应包括目的基因名称、动物用转基因微生物及其产品名称、试验所在省（区、市）名称和试验阶段名称四个部分。一份报告书中菌株应当是由同一种受体菌株、同种目的基因和同种基因操作所获得的，每个菌株应当有明确的名称或编号，并与中间试验阶段的相对应；每个试验点实验动物总规模（上限）为大动物（马、牛）100头，中、小动物（猪、羊等）500头，禽类（鸡、鸭等）5000羽，鱼10000尾。试验地点应明确试验所在省（区、市）、县（市）、乡、村和坐标；试验年限一般为1～2年。

需要提供的相关附件资料主要包括：目的基因的核苷酸序列和推导的氨基酸序列；目的基因与载体构建的图谱；中间试验阶段的安全性评价试验总结报告；毒理学试验报告（如急性、亚急性、慢性实验，致突变、致畸变试验等）；试验地点的位置图和试验隔离图；环境释放的操作规程（包括动物用转基因微生物的贮存、转移、销毁，试验结束后的监控，意外释放的处理措施及试验点的管理等）；试验设计（包括进行安全性评价的主要指标和研究方法等，如转基因微生物的稳定性、竞争性、生存适应能力，外源基因在靶动物体内的表达和消长关系等）。

③ 生产性试验。

基本要求：项目名称应包括目的基因名称、动物用转基因微生物及其产品名称、试验所在省（区、市）名称和试验阶段名称四个部分。一份报告书中不超过5种动物用转基因微生物，应当是由同一受体菌株、同种目的基因和同种基因操作所获得的，而且其名称应当与前期试验阶段的名称和编号相对应；应在批准过环境释放的省（区、市）进行，每个试验点实验动物总规模（上限）为大动物（马、牛）1000头，中、小动物（猪、羊等）10000头，禽类（鸡、鸭等）20000羽，鱼10万尾。试验地点应明确试验所在省（区、市）、县（市）、乡、村和坐标；试验年限一般为1～2年。

需要提供的相关附件资料主要包括：目的基因的核苷酸序列和推导的氨基酸序列；目的基因与载体构建的图谱；环境释放阶段审批书的复印件；中间试验和环境释放安全性评价试验的总结报告；食品安全性检测报告（如急性、亚急性、慢性实验，致突变、致畸变试验等）；通过检测，目的基因或动物用转基因微生物向环境中的转移情况报告；试验地点的位置图和试验隔离图；生产性试验的操作规程（包括动物用转基因微生物的贮存、转移、销毁，试验结束后的监控，意外释放的处理措施及试验点的管理等）；试验设计（包括进行安全性评价的主要指标和研究方法等，如转基因微生物的稳定性、竞争性、生存适应能力，外源基因在靶动物体内的表达和消长关系等）。

④ 申请安全证书。

基本要求：项目名称应包括目的基因名称、转基因微生物名称等几个部分。一份申报书只能申请1种动物用转基因微生物，其名称应当与前期试验阶段的名称或编号相对应。一次申请安全证书的使用期限一般不超过五年。

需要提供的相关附件资料主要包括：目的基因的核苷酸序列及其推导的氨基酸序列

图；目的基因与载体构建的图谱；目的基因的分子检测或鉴定技术方案；重组 DNA 分子的结构、构建方法；各试验阶段审批书的复印件；各试验阶段安全性评价试验的总结报告；通过检测，目的基因或转基因微生物向环境中转移情况的报告；稳定性、生存竞争性、适应能力等的综合评价报告；对非靶标生物影响的报告；食品安全性检测报告（如急性、亚急性、慢性实验，致突变、致畸变试验等）；该类动物用转基因微生物在国内外生产应用的概况；审查所需的其他相关资料。

（3）实验室制品的安全性试验

① 一次单剂量接种安全试验。这是最重要的安全试验，也是开展各项安全试验的基础和前提。按照推荐的接种途径，选择最小使用日龄的靶动物，接种 1 个使用剂量，至少观察 14 天。评估指标包括临床症状（如精神状态、行为活动、采食饮水、粪便等情况）、体温、局部炎症（如局部的红肿发热甚至化脓有结节等）和组织病变（对实验动物进行剖检，观察主要脏器是否有明显肿大、出血等异常现象，必要时需制作病理组织切片）。此外，应根据疫苗特性或某些不安全因素设置特定观测指标，进行进一步的安全验证试验。当生物制品拟用于多种动物时，应用各种靶动物进行安全试验。

② 单剂量重复接种安全试验。对可能进行多次接种的生物制品，均须进行该项试验。按照推荐的接种途径，选择适宜日龄的靶动物，接种 1 个使用剂量后 14 天，以同样的方式和剂量再接种一次，再次接种后应继续观察至少 14 天。评估指标同一次单剂量接种安全试验。

③ 超剂量接种安全试验。制定生物制品试行规程成品安全检验最常用的方法，应有连续 3～5 批实验室制品的试验数据。选择适宜日龄的靶动物，使用较大剂量（灭活苗为使用剂量的 2 倍，活苗为使用剂量的 10～100 倍）按推荐方式接种靶动物，接种后至少观察 14 天。评估指标同一次单剂量接种安全试验。

④ 对非靶动物、非使用日龄动物的安全试验。一些病原可感染多种动物或多个日龄段的动物，在这类制品的安全试验中，除考察制品对靶动物和使用日龄动物的安全性外，还应对非靶动物和非使用日龄动物进行实验室安全试验，以考察对靶动物群使用该制品后可能引起的安全风险。选择非使用日龄、非靶动物，按照推荐的接种途径接种 1 个剂量，同时设立对照组，接种后至少观察 14 天，评估指标同一次单剂量接种安全试验。

⑤ 疫苗的水平传播试验。适用于某些毒力相对较强的活疫苗。将非免疫动物与免疫动物进行同居饲养，采用相应的免疫血清学技术检测非免疫动物血清中的抗体，或采用病原分离方法、分子生物学技术（如 PCR、RT-PCR、Real-time PCR、序列分析）检测非免疫动物相应组织样本中的病原微生物，分析疫苗水平传播的能力。

⑥ 对怀孕动物的安全性及对动物生殖功能影响试验。对用于妊娠动物的兽用生物制品，应使用妊娠期动物进行安全试验，考察该制品对妊娠、胎儿健康的影响。另外，有些病原可能对生殖系统造成不可逆损伤（如鸡传染性支气管炎病毒等），在这类制品的安全试验中，应对幼龄动物接种后，一直观察到产仔或产蛋，以考察其对生殖功能的影响。

⑦ 对靶动物免疫功能的评价。有些疾病的病原可能对靶动物存在免疫抑制作用（如鸡传染性法氏囊病病毒、猪繁殖与呼吸综合征病毒等），对预防该类疾病的活疫苗则应进行免疫抑制试验，以评估其是否存在免疫抑制现象。通常用高倍剂量接种试验疫苗后，再以一定剂量接种其他疫苗，以考察试验疫苗对其他疫苗的免疫干扰。

⑧ 对靶动物生产性能的影响试验。对用于肉用商品代经济动物及产蛋鸡的生物制品应进行本项试验。选择适龄动物，按照推荐的接种途径接种疫苗，同时应合理设立对照

组，接种后至少观察 14 天，观察记录实验动物的生长发育、增重、饲料报酬、出栏率、产蛋鸡的产蛋率等。

⑨ 毒性和休药期试验。当制品中含有一些非生物源性物质，如矿物油佐剂、铝胶佐剂等时，还应考虑其对动物的毒性，特别是用于食品动物。这类制品的安全试验中应包括靶动物的残留试验。对于尚未在国内上市销售、缺少毒理学数据的佐剂或免疫增强剂，建议对其进行单独的常规急性毒性试验、一般药理学试验、28 天的长期毒性试验、生殖毒性试验、遗传毒性试验、局部刺激性试验及免疫毒理方面的研究。

⑩ 与同类制品的安全性比较试验。一般情况下，对于拟申报的二、三类新制品应比较其与上市同类制品的安全性。通常情况下，新制品的安全性应不低于已有同类制品。

12.2.2　临床安全性试验

临床安全性试验的目的是在实际生产条件下考察制品的安全性，是对实验室试验数据的必要补充和验证。兽用生物制品临床安全性试验的设计和完成应确保临床试验数据的科学性、完整性和正确性，同时，对实验动物的健康、对环境和试验人员的影响以及有害物质的残留也有相应要求。预防及治疗用生物制品的临床试验必须由经农业农村部兽药临床试验质量管理规范（GCP）监督检查合格的评价单位开展，且应在不少于 3 个省（自治区、直辖市）进行。

12.2.2.1　基本要求

（1）对实验动物的要求　所使用的实验动物，在试验前应确定是否曾接种过同种疾病的其他单苗或联苗，在近期是否发生过同种疾病。为确证这种免疫或感染状态，在进行试验前应当对实验动物进行特异性抗体检测，并评估是否对试验产生影响。开始试验后，动物一般不应再接种针对同种疾病的其他单苗或联苗。

中华人民共和国农业部第 2326 号公告规定，预防及治疗用生物制品临床试验的靶动物总数最少应满足：牛 1000 头；马属动物、鹿 300 头（匹）；猪 5000 头，种猪 500 头；羊 3000 头；中小经济动物（狐狸、水貂、獭、兔、犬等）1000 头（只）；鸡、鸭 10000只，鹅、鸽 2000 只；宠物犬猫 200 只；鱼 10000 尾。申请制品为一类新兽药的，临床实验动物数量加倍。上述未规定的其他类别动物一般情况下应不少于 100 例。临床上特别不容易获得的野生动物、稀有动物的数量应满足统计学要求。

（2）对制品的要求　临床试验用制品，应是工艺规程确定并经初步验证符合规定的，该样品必须在通过兽药 GMP 验收的车间试制完成，至少应有连续 3 批产品。试制批量应达到实际大生产规模的 1/3 左右。

12.2.2.2　试验设计

遵循《兽药管理条例》《病原微生物实验室生物安全管理条例》《新兽药研制管理办法》《兽药注册办法》和《兽药临床试验质量管理规范》中的有关规定，设计临床试验。

所选择的动物种类应当涵盖说明书中的各种靶动物，并选择不同品种的动物进行试验。对动物年龄、生理或生产状态没有特殊规定的，还应当选择使用不同年龄的幼龄动物、成年动物、怀孕动物、处于特殊生产状态（如处于产蛋期、泌乳期等）的动物进行临床安全试验。可以同时使用高于推荐使用剂量（如灭活疫苗至少 2 倍，活疫苗至少 10 倍剂量）进行临床安全试验。接种动物后，应当定期随机选择动物对其生理状态和生产性能进行测定评价。必须有足够的频率和时间观察实验动物以发现不良的局部或全身反应。必要时，应定期随机选择一定数量的动物［一般动物应不少于 20 只（头），个体大或经济价值高的动物一般应不少于 5 只（头），鱼、虾应不少于 50 尾］进行剖检，观察可能由于接种疫苗而引起的局部或全身反应。对灭活疫苗，还应定期检查注射部位的疫苗吸收情况。此外，还需有目的地就制品对环境及其他非靶动物的安全性影响进行评价。

12.2.2.3 主要内容

（1）试验方法　主要试验方法包括一次单剂量接种安全试验、单剂量重复接种安全试验和一次超剂量接种安全试验。

一次单剂量接种安全试验：按照推荐的接种途径，用适宜日龄的靶动物接种 1 个剂量，至少观察 14 天。

单剂量重复接种安全试验：按照推荐的接种途径，选择适宜日龄的靶动物，接种 1 个使用剂量后 14 天，以相同方法再接种一次，再次接种后应继续观察至少 14 天。

一次超剂量接种安全试验：选用适宜日龄的靶动物，接种剂量为免疫剂量的数倍至一百倍不止，通常情况下，灭活疫苗的安全试验剂量为使用剂量的 2 倍，活疫苗的安全试验剂量为使用剂量的 10～100 倍。接种后至少观察 14 天。

（2）评估指标　安全试验的评估指标有临床症状、体温、局部炎症、组织病变等，此外应针对各种病原微生物特性或某种安全性影响因素（如引起超敏反应，自身免疫抑制疾病，或特殊污染物、杂质存在潜在毒性）设定特定的观测指标。

对用于肉用商品代经济动物及产蛋鸡的生物制品，应评估其对动物生产性能的影响，评估指标主要有动物的生长发育情况、增重情况、饲料报酬、出栏率、产蛋鸡的产蛋率等。

12.2.3 成品的安全检验

安全检验是兽用生物制品质量检验不可缺少的检验项目。确保安全性是对兽用生物制品的最基本要求，所有制品均须经安全检验合格后方可出厂。

12.2.3.1 安全检验的内容

影响兽用生物制品安全性问题的因素有很多，如活疫苗中弱毒疫苗株的残余毒力，强毒疫苗株灭活不完全造成对动物的感染，保护剂、佐剂等对动物机体的局部或全身刺激作用，外源性污染因子对动物的感染及其在动物群中的传播等。这些影响因素均可通过一定的试验和检验项目进行检测。但在日常生产和检验中，不可能也无须对每一批制品均进行全面检查。因此在确定成品安全检验项目和标准时，需考虑各种制品的特性及其在安全试验中发现的各种不良反应情况，根据需要制定检验项目、检验方法和判定指标。如鸡传染性喉气管炎活疫苗安全检验允许接种鸡在接种后 3～5 天有轻度眼炎或轻度咳嗽，但应在 2～3 天后恢复正常。

安全检验的内容包括检验外源性污染情况；检查杀菌、灭菌或脱毒情况；检查残余毒力或活性物质；检查对胚胎的毒性。

12.2.3.2 安全检验的方法及判定

（1）**试验方法**　成品的安全检验方法主要是动物检验，选择合适的实验动物是获得准确结果的先决条件，在实验动物选择上首要考虑敏感性，如选择产品推荐的最小使用日龄动物，选择不含有产品相应抗原和抗体的动物等，其次还需考虑种类、品系、日龄、体重、健康状况等因素。按照所使用的动物种类可分为本动物安全检验和实验室小动物（小鼠、豚鼠、兔）安全检验两种。禽用疫苗大多用本动物进行安全试验；猪、牛、羊等病毒类疫苗和大多数细菌类疫苗常以本动物和实验室动物相结合来评价其安全性，如口蹄疫疫苗，除用猪或牛进行安全检验外，还需选择对口蹄疫敏感的豚鼠和小鼠进行安全检验。猪丹毒活疫苗用小鼠和猪进行安全检验，猪多杀性巴氏杆菌病活疫苗可用小鼠、豚鼠和猪进行安全性检验，或者直接用兔替代本动物进行安全试验。

在用本动物进行安全检验时，灭活疫苗一般接种 2 倍使用剂量，活疫苗一般接种 10 倍使用剂量。在用实验室动物进行安全检验时，豚鼠和兔大多接种 1 个使用剂量，小鼠若采取腹腔或皮下接种，多注射 0.1～0.5mL（为使用剂量的 1/5～1/2），若采取脑内接种，多接种 0.03mL。如猪乙型脑炎活疫苗，用乳猪检验时，肌内注射疫苗 2.0mL（含 10 头份）；脑内致病性试验，脑内接种疫苗 0.03mL（含 0.15 头份）；皮下感染入脑试验，皮下注射疫苗 0.1mL（含 0.5 头份）；毒性试验中，腹腔注射疫苗 0.5mL（含 2.5 头份）。

由于病原感染特性及各种动物对病原的反应情况不同，安全性试验的观察期不同。大部分本动物安全检验观察 14～21 天，小鼠安全检验观察 7 天，豚鼠安全检验观察 10 天。临床观察内容一般包括精神、食欲、呼吸、体况、注射部位反应、粪便、被毛、死亡情况等，必要时测定体温。某些制品观察期结束后，还需进行剖检，如鸡传染性法氏囊病活疫苗在安全检验中，观察期结束后须扑杀剖检观察试验鸡法氏囊的色泽和弹性。

（2）**判定标准**　《中华人民共和国兽药典》（2020 年版）对生物制品的安全检验作了通用要求，具体如下：除另有规定外，每批制品均按照其产品质量标准中的规定进行检验和判定。使用的动物必须符合其产品质量标准中的规定的要求。如果安全检验动物有死亡时，必须明确原因，确属意外死亡时，本次检验作无结果论，可重检 1 次；如果检验结果可疑，难以判定时，应增加一倍数量的同种动物重检；如果安全检验结果仍可疑，难以判定时，则该批制品应判为不符合规定。凡规定用多种动物进行安全检验的制品，如果有一种动物的安全检验结果不符合该产品质量标准规定，则该批制品应判为不符合规定。

12.3

兽用生物制品的有效性评价

兽用生物制品是用来预防、诊断或治疗动物传染性疾病的药品，效力不佳的制品不能有效预防和治疗动物疫病，大量使用后反而会造成经济损失。理想的生物制品应具备高效、速效、长效和多效的特点。因此，在研发过程中需要开展多种试验以验证其有效性。在生产中也需进行特定的效力试验，以确保每批制品的效力都符合标准。

12.3.1 实验室有效性试验

12.3.1.1 基本要求

（1）**实验室及动物实验室的生物安全条件** 生物制品效力试验通常会涉及强毒病原微生物的动物感染，因此，实验室及动物实验室应符合国家有关实验室生物安全标准。具体要求见"12.2.1 实验室安全性试验"。

（2）**对实验动物的要求** 实验动物应是普通级或清洁级易感动物，必要时使用 SPF 级动物。实验室效力试验应使用靶动物进行。如果效力检验中使用小型实验动物（如啮齿类动物）替代靶动物进行，则在实验室效力试验中除使用靶动物外，还应使用这种替代动物进行。每批制品的实验室效力试验中所用动物（禽类）数量应不少于 10 只（头），来源困难或经济价值高的动物（如猪、牛、羊、马、鹿、经济动物、犬、猫等）应不少于 5 只（头），鱼、虾应不少于 50 尾。

（3）**对制品的要求** 实验室效力试验中所用实验室制品的生产用菌（毒、虫）种、制品组成和配方等，应与规模化生产的产品相同，菌毒种代次最好处于规定的最高代次水平。实验室制品应经过必要的检验（如纯净性检验），且结果须符合要求。产品中主要成分的含量应不低于规模化生产时的出厂标准。

（4）**对攻击用强毒的要求** 对已有国家标准强毒株的，应使用标准强毒株，必要时增加使用当时的流行株。对没有国家标准强毒株的，可使用自行分离的强毒株，但须报告其来源、历史和有关鉴定结果。使用一类病原微生物的，应按有关规定事先获得农业农村部批准。

12.3.1.2 主要内容

（1）**菌（毒）种免疫原性检验** 菌（毒）种的免疫原性是衡量该疫苗是否有效的重要指标，应制定和建立测定菌（毒）种免疫原性的有效方法和标准，以评估该候选菌（毒）种能否进行疫苗生产。免疫原性测定多采用对免疫动物用定量强毒菌（毒）株攻击测定保护力。结果判定时，发病和保护的判定标准至关重要。因此在研发初期，就应确定攻毒对照动物的发病标准，该标准应客观稳定。

活疫苗，用不同剂量菌（毒）种分别接种动物；灭活疫苗，用最高代次基础种子制备疫苗菌（毒）液，取不同含量的细菌（病毒）悬液，按成品生产工艺制备抗原含量不同的疫苗，或用固定含量的细菌（病毒）液制备疫苗后，取不同剂量的疫苗，分别接种不同组动物；在接种后的适宜时间进行攻毒或采用已经证明与免疫攻毒方法具有平行性关系的替代方法进行免疫效力检验，统计出使 90% 免疫动物获得保护的细菌（病毒）量。该细菌（病毒）量即为最小免疫剂量。

（2）**实验室制品的有效性试验**

① 靶动物免疫攻毒试验。该项试验是效力检验中最基本、最直接的方法。用实验室制品（通常为 1 个使用剂量）接种一定数量的靶动物，经一段时间后，用经过认可的强毒株进行攻毒，攻毒后一定时间内，观察动物的死亡、出现的临床症状、产生的特征性病变或病毒分离等情况，判定对照组的发病率和免疫组的保护率，以此评估制品的效力。根据具体操作方式的不同，可以分为定量免疫定量强毒攻击法、变量免疫定量强毒攻击法、定量免疫变量强毒攻击法、抗血清被动免疫攻毒法。研发过程中根据制品的具体情况选择合适的方法。

定量免疫定量强毒攻击法：以定量研究制品接种动物，经一定时间后，用定量的强毒攻击，观察动物接种后获得的免疫力。通常采用1个使用剂量的制品进行接种。攻毒株为鉴定合格的强毒株，并按已经确定的剂量进行攻毒。目前的制品研发中多用此法，当研发制品有多个接种途径时，应提供不同途径接种靶动物的效力试验数据。

变量免疫定量强毒攻击法：将实验动物分为两大组，一组为免疫组，一组为对照组，两大组又各自分为相等的若干小组，每小组的动物数相等。免疫动物均用同一剂量的制品接种免疫，经过一定时间后，对对照组同时用不同稀释倍数强毒攻击，观察、统计免疫组与对照组的发病率、死亡率、病变率或感染率，计算免疫组与对照组的 LD_{50}（或 ID_{50}），比较免疫组与对照组动物对不同剂量强毒攻击的耐受力。部分细菌制品的效力检验采用此法，如猪多杀性巴氏杆菌病活疫苗的小鼠效力检验。

定量免疫变量强毒攻击法：将制品稀释为各种不同的免疫剂量并分别接种动物，间隔一定时间待动物的免疫力建立以后，各免疫组均用同一剂量的强毒攻击，观察一定时间，用统计学方法计算能使50%的动物得到保护的免疫剂量（PD_{50}）。目前口蹄疫灭活苗的效力检验均采用此法。

抗血清被动免疫攻毒法：用经高度免疫的动物抗病血清或卵黄抗体注射易感动物，经一定时间（一般1～3日）用相应的强毒攻击，观察血清抗体或卵黄抗体被动免疫所引起的保护作用。各种抗病血清或卵黄抗体的检验均用此法。

② 抗原含量与靶动物免疫攻毒保护结果相关性研究（最小免疫剂量试验）。在一定限度内，抗原量的多少决定了免疫后动物产生保护力的程度，随着抗原含量的增加，动物机体对抗原的反应程度也随之增加。因此，明确抗原含量与攻毒保护率之间的平行关系，可以建立疫苗成品的含量标准，对符合含量标准的疫苗，就无须对每批疫苗进行免疫攻毒试验。具体试验方法为：用不同剂量的疫苗分别接种动物，经一定时间后进行攻毒，统计出使动物获得较好保护力（通常应达到80%～90%）的最低疫苗接种量，即为最小免疫剂量。

③ 血清学效力检验与靶动物免疫攻毒保护相关性的研究（血清学效力检验方法的验证）。对某些动物疾病来说，接种不同含量的抗原后，动物机体会产生不同滴度的抗体，不同滴度的抗体能间接反映动物对强毒株攻击的不同保护能力。在该类制品的研究开发中，常用血清学效力检验方法来反映免疫水平高低。在确定采用血清学方法进行效力检验前，必须开展系统试验，验证免疫抗体水平与免疫攻毒保护率间的平行关系。具体试验方法为：在最小免疫剂量的基础上，用不同剂量的疫苗分别接种动物以获得不同抗体水平的动物，根据抗体水平高低，将动物分成若干组，用已经选定的强毒株按照预定剂量进行攻毒，统计不同抗体水平组的动物发病率、死亡率、病毒分离率、临床症状、特征性病变等情况，统计攻毒保护率，并对抗体水平与攻毒保护率之间的关系进行分析，以确定最低保护性抗体水平。

④ 实验动物效力检验与靶动物效力检验结果相关性的研究（替代动物效力检验方法的验证）。一些制品的效力检验用靶动物（主要是大动物）来源困难，费用高，可使用敏感小动物代替，但必须进行靶动物与敏感小动物免疫攻毒保护力平行关系的试验研究，证明具有平行关系者，方可用敏感小动物代替靶动物。替代效力检验方法在建立过程中，应充分说明替代动物、效力检验方法和效力检验标准的选择依据，确保其可靠性。

⑤ 免疫持续期及抗体消长规律研究。免疫持续期的长短，是评价疫苗效力的重要指标之一，也是制定免疫程序的重要依据。基本程序为：用实验室制品接种一定数量的健康

易感靶动物，同时用一定数量的未接种动物作为阴性对照。接种后，每隔一定时间，用攻毒用强毒株对部分免疫动物和对照动物同时进行攻毒或采用已经确认与攻毒保护率具有平行关系的血清学方法测定血清抗体水平，观察其产生免疫力的时间、免疫力达到高峰期的时间及高峰期持续时间，一直测到免疫力下降至保护力水平以下。以接种后最早出现良好免疫力的时间为该制品的免疫产生期，以接种后保持良好免疫力的最长时间为免疫持续期。

⑥ 被动免疫效力试验。被动免疫效力试验，即免疫种畜（禽）的子代通过被动方式获得母源抗体而得到免疫保护的效力试验。通常在配种、分娩或产蛋前进行研究制品的免疫接种，或通过初乳或卵黄使后代获得被动免疫力，在最大间隔时间后，对子代在其自然易感期内进行攻毒或抗体测定，以此确定被动免疫的免疫效力和被动免疫持续期。

⑦ 不同血清型或亚型间的交叉保护试验。某些传染病病原存在多个血清型（如鸡传染性支气管病毒）或多个亚型（如口蹄疫病毒），对这类传染病疫苗的研发，应进行交叉保护力试验，即分别用不同血清型或血清亚型的菌（毒、虫）种制备疫苗，接种一定数量靶动物，在产生免疫力后，分别用不同血清型或血清亚型的强毒株进行攻毒，观察其交叉保护力。一般选择含有田间流行的主要血清型或血清亚型的菌（毒、虫）种制备疫苗，并使用同源毒株和异源毒株进行攻毒。

⑧ 与同类制品的效力比较研究。根据我国规定，对于新研发的三类新生物制品，需与已有制品进行包括效力在内的比较试验。选择比较对象为正式上市的同类产品，且与在有效期内的产品进行比较。

12.3.2　临床有效性试验

临床有效性试验的目的是在实际生产条件下考察制品的有效性，是对实验室试验数据的必要补充和验证。预防及治疗用生物制品的临床试验必须由经农业农村部兽药临床试验质量管理规范（GCP）监督检查合格的评价单位开展，且应在不少于3个省（自治区、直辖市）进行。

12.3.2.1　基本要求

与临床安全性试验一样，临床有效性试验中实验动物和试验用制品均需符合相关法规规定，具体见临床安全性试验"12.2.2.1　基本要求"。

12.3.2.2　试验设计

遵循《兽药管理条例》《病原微生物实验室生物安全管理条例》《新兽药研制管理办法》《兽药注册办法》和《兽药临床试验质量管理规范》中的有关规定，设计临床试验。

所选择的动物种类应当涵盖说明书中的各种靶动物，并选择不同品种的动物进行试验。对动物年龄没有特殊规定的，应选择使用不同年龄的幼龄动物和成年动物进行试验。可以同时使用低于推荐使用剂量（如1/2剂量、1/4剂量）进行临床效力试验。接种动物后，应当定期随机选择动物并对其生理状态和生产性能进行评价，并定期通过免疫学或血清学方法对特异性免疫应答反应进行测定和评价。对需要通过攻毒试验确定产品保护效力的，应当随机选择一定数量的动物在符合要求的试验条件下进行攻毒保护试验，其中，一般动物应不少于 20 只（头），个体大或经济价值高的动物一般应不少于 5 只（头），鱼、虾应不少于 50 尾。同时，应设计试验以证明在声明的整个免疫持续期内都可提供足够保护。如果产品对被接种动物的后代会产生保护或影响，应当通过血清学方法或攻毒试验对其后代的被动免疫保护力或影响进行检测。

12.3.2.3 主要内容

在实际生产条件下，将疫苗分别以单剂量、低剂量（必要时）接种实验动物，通过定期检测实验动物的血清抗体水平、攻毒保护情况等，对制品的免疫保护效果、免疫持续期进行评估。免疫保护效果的评估指标主要为血清抗体水平和攻毒保护率。

（1）血清抗体水平测定　对于大部分疫苗来说，免疫后动物所产生的保护性抗体效价可以间接反映制品的效力。因此可以通过血清学方法定期对实验动物的特异性免疫应答反应进行测定，以此评估制品对实验动物的免疫保护效果。

（2）攻毒保护率　通过攻毒试验确定某制品的保护力。在试验周期内，随机选择一定数量的动物在符合要求的试验条件下进行攻毒保护试验。通过多次攻毒保护试验评估该制品对实验动物的免疫保护效果。必要时，还应对子代动物的被动免疫保护力进行测定。

12.3.3 成品的效力检验

确保制品有效性是对兽用生物制品的基本要求之一，也是每批产品出厂放行前最主要的评价指标。兽用疫苗的效力通常用抗原含量、免疫动物的抗体效价（血清学方法）、免疫动物的攻毒保护率（动物免疫攻毒法）中的一个或多个指标来反映。

12.3.3.1 效力检验方法

动物免疫攻毒法是兽用生物制品最常用、最经典、最直接有效的检验方法。按照实验动物的不同，可以分为本动物免疫攻毒法和敏感小动物（替代动物）免疫攻毒法。禽用疫苗一般都使用本动物做检验。对于非禽用疫苗，由于某些病原具有泛嗜性，可同时采用本动物和敏感小动物或任选一种进行。如小鼠对猪丹毒敏感，其效力检验可采用猪或者小鼠进行。

血清学检验法是除免疫攻毒法外最直观的效力检验方法。大部分病毒类疫苗和细菌类灭活疫苗检验中采用该方法。通过测定疫苗免疫动物后所产生的保护性抗体效价从而间接反映制品的效力。常用的抗体效价测定方法主要有中和试验、血凝抑制试验、ELISA、免疫过氧化物酶单层细胞染色法（IPMA）。但无论使用哪种血清方法，都应确定其与动物免疫攻毒保护率之间的平行关系。

活疫苗的效力取决于接种动物的抗原量，因此常以测定抗原量来检测制品的效力。根据病原微生物的种类，抗原量测定方法可分为细菌活菌计数（或芽孢计术）、支原体计数和病毒含量测定（或蚀斑测定）。对于一些基因工程亚单位疫苗，应对其进行有效抗原成分含量测定，如猪圆环病毒 2 型基因工程亚单位疫苗检验中，通过测定有效蛋白含量评价疫苗效力。

12.3.3.2 效力检验判定

① 效力检验中的免疫动物在免疫中有意外死亡时，如果存活数量仍能达到规定的保

护数量以上，可进行攻毒。攻毒后，如果能达到质量标准中规定的保护数量，可判为合格。攻毒后不符合规定者，应作为一次检验计算。

② 除另有规定外，可用本动物免疫攻毒法或其他方法任选其一进行效力检验。用其他方法检验结果不合格时，可用本动物免疫攻毒法进行检验；用本动物免疫攻毒法效力检验结果不合格时，不得再用其他方法进行检验。

③ 效力重检：对首次检验结果作详细分析，当检验结果受到其他因素影响，不能正确反映制品质量时，除另有规定外，可用原方法重检1次；对不规律的效力检验结果，高稀释度（或低剂量）合格，低稀释度（或高剂量）不符合规定，判定为无结果；效力检验中，攻毒后对照动物的发病数达不到规定数而免疫动物保护数达到规定数时，该次检验判为无结果。当对照动物发病数和免疫动物保护数均达不到规定数时，则判制品为不符合规定。

④ 规定用一种小动物或本动物进行效力检验的制品，可用小动物检验2次，本动物检验1次。如果本动物检验不合格，不得再用小动物重检。规定用本动物进行效力检验的制品，重检1次仍不合格，该批制品判为不合格，不得再进行第3次效力检验。

参考文献

[1] 夏业才，陈光华，丁家波．兽医生物制品学[M]．第2版．北京:中国农业出版社，2018.

[2] 世界动物卫生组织．OIE:陆生动物诊断试验与疫苗手册（哺乳动物、禽鸟与蜜蜂）[M].7版．北京：中国农业出版社，2012.

[3] 中国兽药典委员会．中国兽药典（2020年版）[M]．北京:中国农业出版社，2020.

[4] 中华人民共和国农业部．中华人民共和国兽药生物制品质量标准（2017年）[M]．北京:中国农业出版社，2017.

[5] 单虎，李明义，沈志强．现代兽用医药大全-动物生物制品分册[M]．北京:中国农业大学出版社，2011.

[6] 姜平．兽医生物制品学[M].3版．北京:中国农业出版社，2015.

[7] 宁宜宝．兽用疫苗学[M]．北京:中国农业出版社，2008.

[8] 农业农村部科技发展中心．农业转基因生物安全管理法规汇编[M]．北京：中国农业出版社，2020.

第 13 章

兽药安全性和有效性评价中的统计学应用

兽药残留在兽医药理学分析中至关重要。研究的问题通常是停药后多久，动物相应器官或制品的残留药量到达安全阈值（MRL），即休药期（withdrawal period），休药期也叫消除期，是指在正常使用条件下最后一次给动物服用兽药产品与允许屠宰或他们的动物制品可以上市的间隔，以确保此类食品中的残留量不超过规定的最大残留限值。本章将从靶组织残留消除及弃奶期两部分介绍其统计学考量。

13.1

靶组织残留消除的统计分析方法

靶组织一般需要测量肌肉（或注射部位）、脂肪、肝脏与肾脏。对于某些注射药品，注射部位的残留可能比其他可食用组织持续时间更长，因此也应考虑注射部位。根据不同国家的法规与饮食习惯，其他部位（例如肠、心脏，家禽的胗等）也应考虑在其中。

13.1.1　试验设计

（1）动物的选择　对于猪、绵羊和家禽每个动物应进行一次靶组织残留消除研究。对于牛而言，反刍肉牛和奶牛的研究结果可以互通。然而，由于反刍动物在反刍和反刍前生理学的差异，建议对幼年和成年反刍动物分别做靶组织残留消除研究。选择的动物应该是健康的，最好是以前没有服过药的。如果动物已经接受了某些生物疫苗或药物治疗，在参加消除试验之前，应当加入适当的洗脱期。研究动物应代表商业品种和将要治疗的目标动物种群。应报告动物的来源、体重、健康状况、年龄和性别。允许动物有足够的时间适应环境，并应尽可能采用正常的饲养方式。根据适用的国家和地区法规，供应给动物的饲料和水应不含其他药物和/或污染物，并应确保适当的环境条件符合动物福利。

使用的动物数量应足够大，以便对数据进行有意义的评估。从统计的角度来看，建议至少收集 16 只动物的残留数据，其中 4 只动物在 4 个适当分布的时间间隔内实施安乐死。如果预计生物变异性很大，则应考虑更多数量的动物，因为增加的数量可能会导致更明确的休药期。对照（未处理）动物不作为残留试验的必需部分；但是，应该有足够数量的对照基质来提供相关的分析方法测试。

对于猪牛羊，FDA 建议每次屠宰至少 4 只动物（按性别均匀混合）。建议体重范围为猪 40～80kg，绵羊 40～60kg，肉牛 250～400kg，非泌乳期奶牛也可参与这项研究。对于家禽，建议每次屠宰使用足够的数量以至少获得 6 个样本用于残留消除试验。

（2）给药和给药途径　动物的处理应该与其产品的说明书一致，包括注射产品的位置和注射方法。对于多次治疗的，应在动物的左右两侧交替进行注射。应在最长持续时间内给予最高预期治疗剂量。如果药物产品打算通过一种以上的非肠道途径给药［肌内注射（IM）、皮下注射（SC）或静脉注射（IV）］，则应为每种给药途径提供单独的残留消除研究。但如果通过肌内或皮下已得到明确的注射部位休药期，且静脉注射的路径与之相同，则不需要单独进行同剂量静脉的残留研究。同一药物不同皮肤途径（例如，浸渍、喷雾或倾倒）如果可合并批准，可用一个残留消除试验。但是需要选择代表尽可能高的剂量的途径。当然如果需要区分这些给药途径，则建议进行单独的残留研究。

（3）动物安乐死与采样　建议使用一般商业安乐死程序对动物实施安乐死。化学安乐死如果对残留消除有影响，那么需要避开，如果没有影响则可以使用。

动物安乐死后，应收集足量的可食用组织样本，修剪掉多余的组织，称重并分成等份。如果分析不能立即完成，样品应在冷冻条件下保存待分析。如果样品在采集后被储存，则申办者或研究者通常有责任证明整个检测过程中的残留稳定性。

美国 FDA 建议的不同动物不同组织的采样见表 13-1。

表 13-1　不同动物不同组织采样表

食用组织	物种		
	牛、羊	猪	家禽
肌肉	里脊	里脊	胸肌
注射部位肌肉	肌肉核心组织 500g，IM 直径 10cm 深 6cm，SC 直径 15cm 深 2.5cm	肌肉核心组织 500g，IM 直径 10cm 深 6cm，SC 直径 15cm 深 2.5cm	从整个注射部位收集样本，例如鸡全颈、全胸或整条腿。较大的禽类，不超过 500g
肝脏	叶的横截面	叶的横截面	整体
肾脏	肾脏复合取材	肾脏复合取材	肾脏复合取材
脂肪	肾脏周围	不适用	不适用
胗	不适用	不适用	整体
心脏	横截面	横截面	整体
小肠	洗去内容物后复合取材	洗去内容物后复合取材	不适用

对于注射部位，可能有一些不通过体循环产生的残留物，因此需要单独采样，所采样本必须包括注射部位。

13.1.2　统计分析方法

（1）线性回归

① 基本原理：根据药代动力学房室模型，药物浓度与吸收、分布和消除各个阶段的时间之间的关系通常用多指数数学术语来描述。然而，在大多数情况下，停药后药物从组织中的最终消除，即残留物消除，遵循单室模型，并由一个指数项描述。该末端消除的一级动力学方程为：

$$C_t = C'_0 e^{-kt}$$

式中，C_t 是时间 t 的浓度；C'_0 是 $t = 0$ 时的虚拟浓度；k 是消除速率常数。通过对数化可以转化成线性关系。因此可以使用线性回归的方法对对数转换后的数据进行休药期的计算。

线性回归需要遵循 LINE 的前提假设（参考统计学基础部分），即对数转换数据与时间呈线性关系，独立，正态，方差齐。

对于线性，可以首先绘制对数浓度与时间的散点图进行直观观察，如果早期的时间点与线性有明显的偏差，可能是由于药物的分布过程尚未结束，后期的时间点与线性有明显偏差可能是因为可测浓度低于最低可测量值（LOQ），无法观察到消耗动力学，因此前期和后期的非线性点是可以排除在线性检验外的，其他时间点除非有特别理由均应包括。在线性回归后可以进行拟合欠佳 F 检验。

对于独立性，因为残留消除试验使用的是不同的动物个体，因此可以认为是独立的。每个样品可被重复测量，其平均值用于计算。为了避免斜率和截距出现偏倚，每个样本重复测量的次数需要是一致的，比如所有样本重复测量 2 次或 3 次。如果某个时间点的所有或大部分数据值均小于 LOQ，应考虑在分析中剔除这个时间点。时间点根据动物种类和消除研究的类型一般为 4～10，但至少需要大于等于 3，以保证可以进行回归分析。

正态性可以首先绘制 P 正态概率尺度上有序残差与累计频率分布图进行直观观察，结果接近直线表明残差分布与正态分布一致。统计检验的方法可以用 Shapiro-Wilk 进行正态性检验。

对于残差的方差齐性，直观上可以用 (X_i, Y_i) 的散点图或残差的散点图来判断，FDA 和 EMA 推荐用统计学检验来判断，其中 FDA 推荐 Bartlett 检验，在每个时间点大于 5 只动物的情况下使用，其检验适用条件相对宽泛，对偏离正态敏感，不要求每组例数相等（但 FDA 提供的工具中依然要求每组相等）。同时 EMA 推荐 Cochran 检验也可用于方差齐性检验。

在上述所有假设中，线性假设的拟合欠佳度 F 检验最为关键，如果数据严重偏离线性，则线性回归的方法不作为推荐。对于其他假设统计学检验，可综合考虑其合理性。

在使用线性回归计算后，可以使用单侧容许限度的上限低于 MRL 的时间，如果有小数，则向上取整到整数日。EMA 推荐用 Stange 方程，以 95％置信度下 95％或 99％的单侧容许限度，FDA 推荐通过非中心 t 分布来计算容许限度。

Stange 方程为 $y = a + bx + k_T s_{y,x}$，其中

$$k_T = \frac{\sqrt{(2n-4)}}{(2n-4)^* - u_{1-\alpha}^2} \left[\sqrt{(2n-4)^*}\, u_{1-\gamma} + u_{1-\alpha} W_n \right],$$

$$W_n = \sqrt{u_{1-\gamma}^2 + \left[(2n-4)^* - u_{1-\alpha}^2 \right] \left[\frac{1}{n} + \frac{(x-x^2)}{s_{xx}} \right]}, \quad s_{xx} = \sum (x_i)^2 - \frac{1}{n} (\sum x_i)^2,$$

其中 $s_{y,x}$ 是残差，1-α 为置信度（0.95），1-γ 为容许限度，u 为标准正态分布对应百分位数，95/95 容许限度的 $u_{1-\gamma} = 1.6449$，95/99 容许限度下的 $u_{1-\gamma} = 2.32635$。有观点认为上述标星号 * 的三个地方，根据样本量的不同可做调整，当样本量为 10 左右时可以用 $2n-4$，当样本量为 20 左右时可用 $2n-5$ 替代，FDA 无论样本量如何都仍然是 $2n-4$。

非中心 t 分布的方程是 $\ln(y) \mid x_0 = (\ln(b_0) - b_1 x_0) + k$，其中的因子 k 来自非中心 t 分布，其结果可以通过非中心 t 分布表（附录）获得，或者可以直接从统计软件中获取。FDA 提供了 R 中可使用的工具，内置了包括线性回归假设，Stange 与非中心 t 分布的方法。

② 举例与说明：本书借用 EMA 的例子，并使用 FDA 的工具进行计算与说明。本例子为某药对牛皮下给药后休药期的计算样本量 $n=60$，用药后第 7、14、21、28、35 天分别屠宰 12 头牛。测肝脏、脂肪、肾脏、肌肉、注射部位（肌肉）中的残留浓度。假设体重为 60kg 的人每天摄入的上限是 $35\mu g$，动物肝脏的 MRL 为 $30\mu g/kg$，脂肪为 $20\mu g/kg$，肾脏为 $30\mu g/kg$，未对肌肉进行设定，LOQ 设为 $2.0\mu g/kg$，每个样本进行 $K=1$ 次浓度测量。数据见表 13-2。

表 13-2 某药对牛皮下给药后休药期各部位残留浓度

动物编号	用药后天数	肝脏/(μg/kg)	脂肪/(μg/kg)	肾脏/(μg/kg)	肌肉/(μg/kg)	注射部位/(μg/kg)	每日摄入量/μg
1	7	85.5	96.8	27.0	11.3	123.8	111.0
2	7	141.8	225.0	29.3	11.3	74250.0	37214.7
3	7	198.0	213.8	47.3	15.8	6750.0	3484.5
4	7	31.5	48.3	18.0	4.5	n. a.	—
5	7	119.3	119.3	38.3	9.0	18000.0	9066.0
6	7	108.0	204.8	38.3	18.0	922.5	537.8
7	7	171.0	157.5	6.8	15.8	19125.0	9646.9
8	7	31.5	450.0	11.3	2.3	24.8	99.8
9	7	189.0	65.3	13.5	20.3	4050.0	2101.1
10	7	67.5	195.8	18.0	6.8	495.0	305.6
11	7	135.0	148.5	49.5	20.3	65.3	110.7
12	7	150.8	202.5	60.8	20.3	4500.0	2344.2
13	14	<2.0	<2.0	<2.0	<2.0	2.3	1.8
14	14	22.5	11.3	6.8	2.3	180.0	100.5
15	14	60.8	78.8	20.3	11.3	85.5	79.5
16	14	60.8	51.8	9.0	4.5	2025.0	1042.9
17	14	47.3	33.8	13.5	4.5	121.5	84.4
18	14	22.5	24.8	2.3	2.3	13.5	18.8
19	14	11.3	2.3	2.3	<2.0	<2.0	5.0
20	14	22.5	15.8	13.5	4.5	585.0	304.9
21	14	49.5	51.8	4.5	6.8	49500.0	24775.9
22	14	22.5	13.5	4.5	2.3	105.8	63.6
23	14	40.5	22.5	9.0	4.5	20.3	28.9
24	14	29.3	42.8	18.0	6.8	31.5	35.7
25	21	36.0	27.0	11.3	6.8	33.8	35.3
26	21	9.0	9.0	2.3	2.3	4.5	7.1
27	21	9.0	6.8	2.3	<2.0	<2.0	5.0
28	21	6.8	6.8	2.3	<2.0	<2.0	4.3
29	21	18.0	6.8	2.3	<2.0	<2.0	8.0
30	21	6.8	11.3	2.3	<2.0	<2.0	5.0
31	21	108.0	40.5	11.3	9.0	14850.0	7469.6
32	21	11.3	9.0	4.5	<2.0	11.3	11.7
33	21	2.3	4.5	2.3	<2.0	31.5	17.7
34	21	2.3	9.0	6.8	<2.0	<2.0	3.9
35	21	24.8	9.0	4.5	4.5	11.3	16.2
36	21	2.3	<2.0	<2.0	<2.0	<2.0	1.6
37	28	4.5	4.5	<2.0	<2.0	4.5	4.7
38	28	2.3	4.5	<2.0	<2.0	<2.0	2.2
39	28	11.3	9.0	2.3	<2.0	<2.0	6.2
40	28	9.0	6.8	2.3	<2.0	<2.0	5.0
41	28	<2.0	<2.0	<2.0	<2.0	<2.0	1.2
42	28	4.5	4.5	2.3	<2.0	<2.0	3.1
43	28	<2.0	<2.0	<2.0	<2.0	<2.0	1.2
44	28	<2.0	<2.0	<2.0	<2.0	<2.0	1.2
45	28	2.3	4.5	<2.0	<2.0	<2.0	2.2
46	28	6.8	9.0	2.3	<2.0	<2.0	4.7
47	28	13.5	13.5	4.5	2.0	49.5	32.3
48	28	<2.0	<2.0	<2.0	<2.0	<2.0	1.2
49	35	n. a.	<2.0	n. a.	n. a.	<2.0	

动物编号	用药后天数	肝脏/(μg/kg)	脂肪/(μg/kg)	肾脏/(μg/kg)	肌肉/(μg/kg)	注射部位/(μg/kg)	每日摄入量/μg
50	35	n. a.	4.5	n. a.	n. a.	<2.0	
51	35	n. a.	<2.0	n. a.	n. a.	<2.0	
52	35	n. a.	<2.0	n. a.	n. a.	<2.0	
53	35	n. a.	4.5	n. a.	n. a.	4.5	
54	35	n. a.	<2.0	n. a.	n. a.	<2.0	
55	35	n. a.	<2.0	n. a.	n. a.	<2.0	
56	35	n. a.	<2.0	n. a.	n. a.	<2.0	
57	35	n. a.	<2.0	n. a.	n. a.	<2.0	
58	35	n. a.	<2.0	n. a.	n. a.	<2.0	
59	35	n. a.	<2.0	n. a.	n. a.	<2.0	
60	35	n. a.	<2.0	n. a.	n. a.	<2.0	

注：n. a. 表示未测定。

（2）**替代方法** 当无法使用线性回归（例如不满足线性假设）时，可以考虑其他方法来估算休药期，比如如果有较多的浓度小于 LOQ，可以考虑选择所有动物组织中的残留量均小于或等于并持续小于各自 MRL 的时间点，但这种方法的不确定性比较高，需要同时考虑安全跨度，安全跨度的影响因素比较多，比如研究设计，数据质量，以及活性物质的药代动力学特性。因此对于安全跨度无法给出总体的建议。可以作为部分参考的估算，可能是所有标记物残留均处于或低于 MRL 时间点的 10%～30%，或者可能是半衰期的 1～3 倍。比如如果残留量低于 MRL 的第一个时间点，所有的值都低于 LOQ，那么可用 10% 作为安全跨度。或者如果时间点间的间隔比较大，并且残留浓度在实际低于 MRL 之前的时间点已经接近 MRL，也可以用 10% 作为安全跨度。但如果每个时间点动物之间的差异很大，那么可能需要选用相对大的安全跨度，比如30%。如果所有残留浓度小于 MRL 的第一个时间点小于 10 天，并且基础数据显示高可变性，则应考虑更长的安全跨度（>30%）。需要注意的是替代方法是相对主观的，要根据可用信息做重要性的取舍判断。

在②举例与说明中注射部位残留的休药期必须根据总残留物的可接受每日摄入量（ADI）计算，ADI 为 35μg（60kg 的人每天）。通常的食物包装 0.5kg，包括 0.3kg 的注射部位时，需要证明不超过 ADI。在某些情况下，药物会给出注射部位残留参考值（IS-RRV），该值可用作注射部位肌肉 MRL 的替代值。为此，残留物消除实验中将标记物/总量的平均比率转换为总残留物。假设肾脏脂肪和肝脏为 0.3，注射部位肌肉为 0.6，使用标准的食物消耗数据（300g 注射部位，100g 肝脏，50g 肾脏和 50g 脂肪），计算每种组织类型的总残留量的每日摄入量。也就是说每个 0.5kg 食品包装总残留量的公式：总残留量＝肝脏浓度（μg/kg）×0.1kg/0.3＋脂肪浓度（μg/kg）×0.05kg/0.3＋肾脏浓度（μg/kg）×0.05kg/0.3＋肌肉（这里是注射部位）浓度（μg/kg）×0.3kg/0.6。第 35 日的数据因为肝脏和肾脏的都不可用所以无法获得而被排除。

由于注射部位的残留消耗相当不稳定，实验动物之间的差异很大，这些每日膳食残留摄入量的数据不符合回归分析的统计要求。正态性出现了较大偏差，方差齐性出现了一定违背。此外在可获得总残留摄入量数据的时间范围之后（95% 容许限度为 35 天，99% 容许限度为 42 天），容许限度超过了 ADI 线，因此线性回归计算休药期的方法在此不是好的选择。而选用了替代方法。

观察表 13-2 中的每日膳食残留摄入数据，在第 28 天，最高的个体残留量（32.3µg）略低于 ADI（35µg/天）。为了考虑残留数据的高度可变性，尤其是注射部位数据的可变性，必须在 28 天的消耗时间中添加一个安全跨度。这里选择 28 天的 25%，即 7 天的安全跨度，因此替代方法给出的休药期是 35 天。

最终的动物休药期需要同时满足所有靶器官的 MRL 或 ISRRV，同时满足每日摄入量小于 ADI 的要求。肝脏 95/95 耐受上限分别为 28 天，而注射部位为 35 天，假设肾脏和脂肪为 30 天，同时满足 ADI，因此最终的休药期应为 35 天。

13.2

弃奶期研究中的统计分析方法

13.2.1 定义及基本原则

牛奶制品作为特殊的生物制品，同样存在残留消除的问题。在用药后的一段时间，因为牛奶中的残留在标准之上，此段时间生产的牛奶无法使用。牛奶制品的弃奶期定义沿用本章开头休药期的定义。例如，弃奶期为 108 小时意味着必须丢弃治疗后 108 小时前最后一次挤奶之前的所有牛奶。如果以 12 小时为周期挤奶，那么从第一次挤奶（12 小时）一直到第 8 次挤奶（96 小时）的奶需要丢弃，而第 9 次挤奶（108 小时）及以后的牛奶可认为是安全的。同样，如果弃奶期为 12 小时则意味着用药后 12 小时内的牛奶是需要丢弃的，12 小时及以后的牛奶认为是安全的，如果第一次挤奶已经是用药后 12 小时或以后，则不需要丢弃牛奶。

需要注意的是，弃奶期通常是针对个体动物的牛奶而非群体动物采样后的牛奶。群体采样后牛奶的弃奶期计算需要太多的假设，比较容易造成低估弃奶期而产生额外风险。

13.2.2 试验设计

实验动物的选择　美国 FDA 建议，用线性回归（SCLR）的方法至少需要 20 头奶牛，欧洲兽药委员会建议，使用安全浓度时间法（TTSC）参数方法，最少需要 19 只动物，以计算 95/95 容许限度。所选取的动物原则上应具有真实世界的代表性，例如若有真实世界的泌乳早期的高产牛与泌乳后期的低产牛的比例，则在实验动物的选择上可以以此为依据进行随机选择。

以上动物选择是综合了统计学考量和可行性的综合结果。参数方法做的统计学假设是个体到达安全剂量的时间，是对数正态分布的，但事实上并没有理论基础证实其概率分布，只是根据经验。这样看起来非参数的方法可以用更少的统计学假设，应用更为宽泛，但非参数方法的统计学效能低于参数方法，需要的样本量更大。例如 95/95 容许限度的非参数检验至少需要 59 例实验动物，而 99/95 容许限度的非参数检验则需要至少 299 例实验动物，而 95% 参数检验需要的最少动物数为 19 或 20。因此在实践中，从可行性的角度假设分布，选用参数检验更容易实现。

容许限度指的是把握度为 q 的时候至少有 p 的个体在整体中在某个界限内，一般采取 95% 置信度下的容许限度作为弃奶期的计算设定。选用 95% 还是 99% 作为容许限度，是一个风险控制的平衡，FDA 与 EMA 也有各自的推荐。

考虑外部有效性，即试验结果的外推性，实验动物应尽可能地包含更多场景，因此有人建议在残留药物研究中包括泌乳早期的高产牛和泌乳后期的低产牛作为分层因素，但真实场景中，可分层的因素还有很多，例如牛的品种和喂养方式等。如果考虑所有情况而选取差异很大的动物，会使得内部有效性降低，从而大大降低统计学效能，无法得出有效的结论。若试验设计以分层分析为导向，依可行性而言需要成倍的样本量以保证统计学效能。为了同时兼顾内部有效性和外部有效性，原则上选取的实验动物应具有代表性且贴近真实世界。

13.2.3　样本的采集

与其他动物制品不同的是，牛奶的挤奶时间通常是有固定频率的。因此牛奶的弃奶期最初以休药期计算，并向上凑到第一个较高的完整挤奶期。目前主流挤奶方案是每天挤两次，大部分弃奶期试验设计也选择遵循这个频率。出于一致性的原因，建议以 12 小时为挤奶间隔。那么最后选用的弃奶期将被向上凑为 12 小时或整天的倍数，以小时或天表示。当然如果实践中采用不同挤奶频率，可以关注是否已经有与实践相同频率的弃奶期试验结果，或借用其他挤奶频率的数据，比如对于以 12 小时为挤奶间隔计算出的弃奶期在实践中作相应调整。

弃奶期实际上是一个离散型变量。我们只能获知每次挤奶时间点的残留量，而两次挤奶期中间的情况是无法具体获知的。最后一次给药建议在挤奶前 12 小时（1 个挤奶期），如果不满足此条件，那么用药后第一次挤奶的数据需要被剔除，因为第一个挤奶期的样本可以看成是用药前和用药后的混合物，目前没有合适的数据或模型来计算其牛奶药代动力学。

给药后的试验时间或挤奶的次数选择主要根据药物消除的残留预期，至少需要保证每只实验动物最后一次挤奶的样品达到最大残留限量（MRL），以计算弃奶期。对于每只实验动物每一次挤奶的样本可进行一次或多次（FDA 要求至少 3 次，EMA 无特殊要求，可为 1 次）浓度测量。

对于用于奶牛的多剂量产品，应在最后一次治疗后采集样品，该样品应在完全挤出乳房后进行给药。对于可能符合 0 天（无）弃奶期的产品，还应在处理期间收集样品。没有标准的采样次数，但至少应到残留量低于由药品化学性质确定的适当参考点（例如 MRL、耐受性、LOQ 等）。

对于 0 天（无）弃奶期的研究，建议样本量至少为 16，分成 3 组，所有动物都在早上或晚上尽快接受治疗，第一组至少 3 只动物在停止治疗后 6 小时、12 小时完全挤奶；第二组至少 3 只动物，在停止治疗后 8 小时、12 小时完全挤奶；第三组至少 10 只动物，在停止治疗后 12 小时完全挤奶。因为奶牛不会被安乐死，建议在 12 小时后，三组所有动物再继续采样至少 4 次，已确认牛奶残留没有增加。如果三组 12 小时样本均低于 MRL，则可以接受无弃奶期。

13.2.4　统计分析方法

欧美指南中比较常见的弃奶期计算方法有基于线性回归的安全剂量法（SCLR）、安全浓度时间法（TTSC）和基于每时间点的安全剂量法（SCPM）。SCLR方法与靶器官消除试验的方法相似，本章将重点介绍 TTSC 统计学考量及计算步骤。

13.2.5　基于线性回归的安全剂量法（SCLR）

基于线性回归的安全剂量法与靶器官消除试验休药期的计算方法基本相同，FDA 也给出了相应工具进行计算，与靶组织残留试验不同的是在线性检验中，对每只动物进行 F 拟合欠佳度检验。需要注意的是只有满足 FDA 要求的设计，工具才可以被使用，比如每个样本测量三次，以及满足线性回归的前提假设。

13.2.6　安全浓度时间法（TTSC）

安全浓度时间法计算每头牛挤奶次数的容许限度，EMA 认为这种方法是适用性最强的方法，作为首要推荐。该容许限度是大多数动物乳汁中的残留浓度达到安全浓度（即最大残留限度或 MRL）所需的时间。TTSC 假设个体到达安全剂量的时间是对数正态分布的，对于消除阶段的浓度增加，通过单调回归来校正，然后再通过单调回归来计算 MRL 与弃奶期之间的关系。通常参数设定为 95/95 容许限度，即到安全浓度的时间总体 95 分位数的 95% 置信区间上限。

为便于统计分析，真正的停奶期在这里定义为最后一次给药时间到 95% 奶牛的残留水平不高于 MRL 的时间。一般来说真实的弃奶期是未知的，是从具有代表性的治疗动物的经验数据中获得的。容许限度是真实停奶期不高于估计弃奶期的置信至少 95%。TTSC 是对于每只实验动物，测量浓度小于等于 MRL 并保持低于 MRL 的第一个时间点。在测定中，对于每个牛奶样品重复测量，取几何平均浓度。所获得的 TTSC 时间点数据集用来计算容许限度。因为在消除过程中对数浓度应随时间而降低，对于不符合这个先验假设的数据，可用单调回归进行预处理，用最小二乘法去拟合浓度升高的时间点的对数浓度。这样的处理减少了测量偶然值引起的数据变异。这种方法还包括一个后处理步骤，是将单调回归用于 MRL 作为自变量，弃奶期作为因变量的函数。因为 MRL 与预期的弃奶期是负相关的，但由于统计的波动性，得到的结果不可保证其负相关，因此可以增加单调回归步骤来保证这种相关性。计算的具体步骤如下。

步骤一：数据与符号基本说明

首先选取具有代表性的动物样本（$n \geqslant 19$）。假设每只动物有 J 次挤奶的数据，对于每次牛奶样本采取 K 次重复测量（通常 $K=1$），则 C_{ijk} 表示动物 i 的第 j 次挤奶牛奶样品的第 k 次测量浓度。其中有些浓度可能小于最低可测的数值型浓度（LOQ）。最大残留量用 MRL 表示。当浓度 < LOQ 时，为计算方便，通常建议按 LOQ 计算（根据实际情况按其他值计算，比如 LOQ 的一半）。变量 z 用来区分浓度是否小于 LOQ，若 < LOQ，

$Z_{ijk} = 1$；若 $\geqslant$ LOQ，$Z_{ijk} = 0$。因此当 $C_{ijk} =$ LOQ 时，Z_{ijk} 可能为 0 或 1。

步骤二：对数化与重复测量的几何平均值

取浓度的自然对数 $Y_{ijk} = \ln(C_{ijk})$，如果 $K > 1$ 即同一样本有多次重复测量，则需要取几何平均值，即将对数化结果的平均值重新指数化。$y_{ij} = \sum_{k=1}^{K} y_{ijk} / K$，$c_{ij} = e^{y_{ij}}$。$Z$ 取所有重复测量中 Z 的最小值 $Z_{ij} = \min_k(Z_{ijk})$，也就是说只有当同一样本的所有测量浓度均 < LOQ 时，才认为此样本的几何平均值 < LOQ。

步骤三：单调回归校正浓度

在消除阶段，浓度应随时间而单调递减，如果没有遵循这一规律，可以进行校正，首先将对数浓度按时间排序，如果在某时间点出现递增（浓度大于前一时间点），可以用前一次和本次对数浓度的平均值代替这两个乱序的值。如果连续两个或两个以上的值出现乱序，可以用简单迭代以得到新值。对于任意时间点 j，从权重为 1 开始 $W_j = 1$，对于递增的相邻数值对 $(j, j+1)$，将其浓度替换为加权平均值 $(W_j Y_{ij} + W_{j+1} Y_{i,j+1}) / (w_j + w_{j+1})$，并将其权重设为 $W_j + W_{j+1}$，直到整个数据集都不存在随时间递增的对数浓度。如果 LOQ 被更高的值替换，则 Z_{ij} 也跟着从 1 变为 0。

步骤四：为 < LOQ 的值进行图形可视化

对于浓度 < LOQ，即数据中 $Z_{ijk} = 1$ 的观测，浓度可以设置为 LOQ 的一半，对数浓度 Y_{ij} 即为 $\ln(1/2$LOQ$)$。当然这样做只是为了图形可视化，后面的计算仍然以 LOQ 计算，而非 1/2LOQ。

步骤五：计算安全浓度时间

对于每一只实验动物 i，第一个出现浓度小于最大限定浓度 $C_{ij} \leqslant$ MRL，并且持续小于 MRL（对所有的 $k < j$，都有 $C_{ik} \leqslant$ MRL）的时间点（挤奶时间点 T_j 就是这只动物的安全浓度时间 TTSC$_i$）。如果数据集中最后时间点的浓度依然高于 MRL，则无法计算 TTSC$_i$，在这种情况下 TTSC 方法不适用。

步骤六：将安全浓度时间对数化

计算每只实验动物到达安全浓度时间的自然对数 $X_i = \ln($TTSC$_i)$

步骤七：计算容许限度

假设 x 为正态分布，计算 n 个值的均值和标准差 $m = \frac{1}{n} \sum_{i=1}^{n} x_i$ 和 $s_x = \{\frac{1}{(n=1)}\}$ $\sum_{i=1}^{n}(x_i - m^2)$。其中对数安全浓度时间 X_i 是离散型数据（挤奶时间），但容许度的计算是针对连续型变量的，为了避免标准差为 0，即所有的 X_i 均相等，s_x 需要设定一个限额以防因为四舍五入而产生误导。这个最小值大约等于 TTSC 的最小变异系数，设定为 $(1/\sqrt{12}) e^m$，容许限度为 $X_{tol} = m + k S_x$，其中 k 为容许限度因子，$k = t_{n-1'}(1 - \alpha; \delta) / \sqrt{n}$，可以用样本量查表（$k$ 值表，见附录），或用软件获得，比如 R 语言的 "tolerance" 包的 k.table 功能。

步骤八：初步计算弃奶期

通过指数化所计算的时间容许限度，初步计算弃奶期（未向上取整周期）。

$$\mathrm{UWP} = e^{x_{tol}}$$

步骤九：校正 UWP 与 MRL 的单调递增

对于不同的 MRL 值，重复计算步骤五～步骤八，理论上，区间范围内的所有 MRL

都应计算。实际上，仅仅计算真实 MRL 的 UWP，以及 MRL 值等于数据集中所有浓度值的 UWP，获得一个（MRL，UWP）的数据集。如果随着 MRL 的增加，UWP 的值单调递增则符合单调回归，如果不同样需要加权平均的方法将其校正，方法同步骤三。即按 MRL 排序后第 j 的 UWP 小于 $j+1$ 的 UWP，则用其平均 UWP 值代替这两个原始值成为新的 $MUWP_j$，若有多个不符合排序，则迭代加权平均，直到整个数据集均符合单调递增，形成 MRL_j，$WUWP_j$）数据集。

步骤十：计算弃奶期

真实 MRL 对应步骤九中算出的 MUWP，向上取整到挤奶期，就可以得到最终的弃奶期。WP＝（Δt）int（MUWP＋1）其中 Δt 是设置的挤奶期（比如 12 小时）。

13.2.7　TTSC 方法举例

我们直接借用 EMA 指南中的例子。本例子中的数据是根据某真实弃奶期试验，加入一定扰动进行数据模拟，得到的数据集，单位已省略。样本量 $n=25$，以 12 小时为间隔，用药后进行 $J=8$ 次挤奶。MRL 设为 0.1，LOQ 设为 0.02，每个样本进行 $K=1$ 次浓度测量。数据见表 13-3。

表 13-3　原始数据

动物编号	挤奶 1	挤奶 2	挤奶 3	挤奶 4	挤奶 5	挤奶 6	挤奶 7	挤奶 8
1	3.609	0.341	0.473	0.029	0.162	0.085	<0.020	<0.020
2	1.077	0.665	0.270	0.062	0.104	0.062	<0.020	0.024
3	1.714	0.503	0.426	0.206	0.133	0.054	0.059	0.029
4	7.342	1.656	0.362	0.066	0.023	0.075	0.021	<0.020
5	9.201	0.454	5.220	0.116	0.122	0.077	<0.020	0.067
6	1.662	0.663	0.234	0.108	0.141	0.030	0.026	0.023
7	3.482	1.176	0.576	0.065	0.145	0.023	<0.020	<0.020
8	0.942	2.961	0.134	0.162	0.073	0.038	0.028	<0.020
9	0.492	0.774	0.147	0.229	0.043	0.039	<0.020	0.025
10	2.766	1.483	0.320	0.078	0.025	<0.020	<0.020	<0.020
11	8.963	6.073	0.311	0.303	0.057	0.049	0.061	<0.020
12	0.577	0.121	0.442	0.067	0.040	<0.020	0.026	<0.020
13	0.635	0.649	0.348	0.122	0.027	<0.020	<0.020	<0.020
14	1.646	0.408	0.327	0.085	0.065	0.049	0.042	0.024
15	0.131	0.263	0.077	0.060	0.025	<0.020	<0.020	<0.020
16	0.545	0.593	0.140	0.023	0.084	<0.020	0.026	<0.020
17	2.848	3.779	0.619	0.280	0.204	0.150	0.117	0.021
18	0.425	0.263	0.074	0.111	0.024	0.024	0.022	<0.020
19	0.832	0.294	0.168	0.074	0.054	<0.020	<0.020	<0.020
20	0.547	0.116	0.100	0.022	<0.020	<0.020	<0.020	<0.020
21	5.333	3.578	3.717	0.203	0.251	0.034	0.039	<0.020
22	1.242	2.800	0.518	0.104	0.038	0.253	0.076	0.041
23	1.780	1.110	0.171	0.708	0.262	0.120	0.099	<0.020
24	0.573	1.380	1.075	0.412	0.776	0.120	<0.020	<0.020
25	6.483	1.060	1.225	0.127	0.064	0.205	<0.020	<0.020

步骤一：对于浓度<0.02 的 Z 标记为 1，在后续计算中按 0.02 计算。

步骤二：对所测量浓度取自然对数，因为 $K=1$，所以浓度可直接使用，如果 $K>1$ 则需要计算几何平均值。

步骤三：进行单调性校正，对于随时间出现递增的数据点进行加权平均替代。例如动物编号1的第 2 次挤奶药物浓度为 0.341，第三次为 0.473，出现递增，这两次的浓度均用其几何平均值 0.402 代替。而第 4 次挤奶药物浓度为 0.029，第 5 次 0.162 出现倒错应用几何平均值 0.069 代替，但依然小于第 6 次的浓度 0.085，所以继续迭代取加权平均，即这三次均用这三次的几何平均值 0.074 代替。依此类推，可以得到校正后的数据见表 13-4。

表 13-4　时间-浓度单调性校正后的数据

动物编号	挤奶 1	挤奶 2	挤奶 3	挤奶 4	挤奶 5	挤奶 6	挤奶 7	挤奶 8
1	3.609	0.402	0.402	0.074	0.074	0.074	0.020	0.020
2	1.077	0.665	0.270	0.080	0.080	0.062	0.022	0.022
3	1.714	0.503	0.426	0.206	0.133	0.056	0.056	0.029
4	7.342	1.656	0.362	0.066	0.042	0.042	0.021	0.020
5	9.201	1.539	1.539	0.119	0.119	0.077	0.037	0.037
6	1.662	0.663	0.234	0.123	0.123	0.030	0.026	0.023
7	3.482	1.176	0.576	0.097	0.097	0.023	0.020	0.020
8	1.670	1.670	0.147	0.147	0.073	0.038	0.028	0.020
9	0.617	0.617	0.183	0.183	0.043	0.039	0.022	0.022
10	2.766	1.483	0.320	0.078	0.025	0.020	0.020	0.020
11	8.963	6.073	0.311	0.303	0.057	0.055	0.055	0.020
12	0.577	0.231	0.231	0.067	0.040	0.023	0.020	0.020
13	0.642	0.642	0.348	0.122	0.027	0.020	0.020	0.020
14	1.646	0.408	0.327	0.085	0.065	0.049	0.042	0.024
15	0.186	0.186	0.077	0.060	0.025	0.020	0.020	0.020
16	0.568	0.568	0.140	0.044	0.044	0.023	0.023	0.020
17	3.281	3.281	0.619	0.280	0.204	0.150	0.117	0.021
18	0.425	0.263	0.091	0.091	0.024	0.024	0.022	0.020
19	0.832	0.294	0.168	0.074	0.054	0.020	0.020	0.020
20	0.547	0.116	0.100	0.022	0.020	0.020	0.020	0.020
21	5.333	3.647	3.647	0.226	0.226	0.036	0.036	0.020
22	1.865	1.865	0.518	0.104	0.098	0.098	0.076	0.041
23	1.780	1.110	0.348	0.348	0.262	0.120	0.099	0.020
24	0.947	0.947	0.947	0.565	0.565	0.120	0.020	0.020
25	6.483	1.140	1.140	0.127	0.115	0.115	0.020	0.020

步骤四：图形可视化，对于<0.02 的在图形表示中以 0.01 表示，获得图形的直观表示，此步为可选择步骤，非计算必需（图 13-2）。

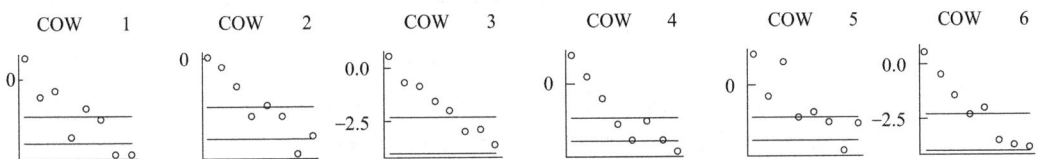

图 13-2

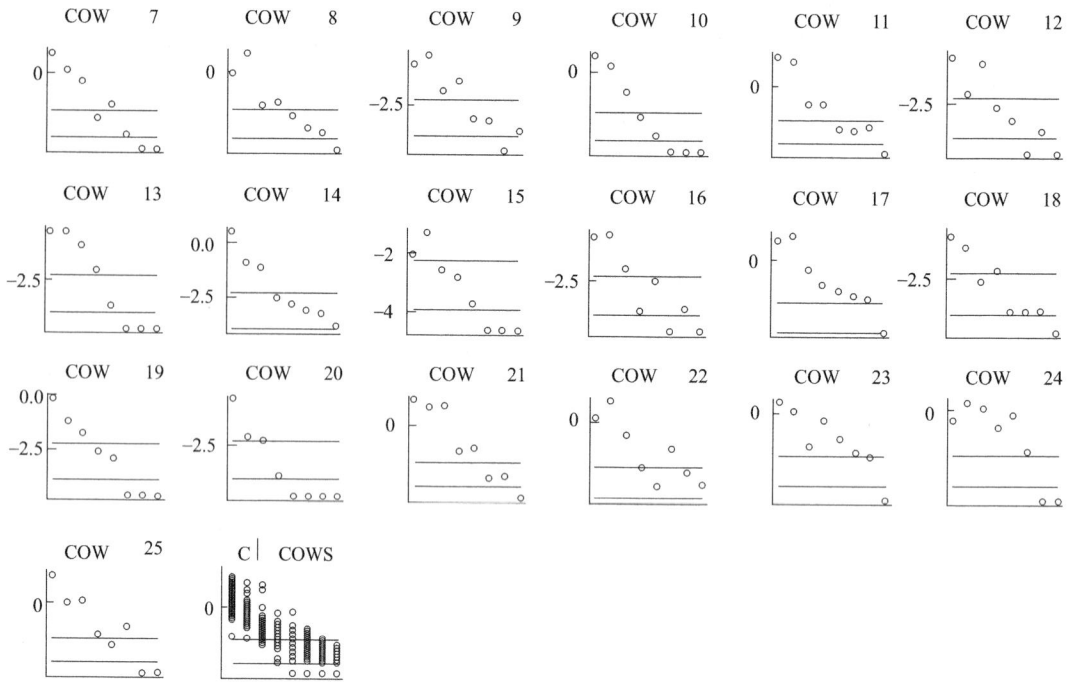

图 13-2 原始数据的图形直观表示

步骤五：对每一只动物计算安全浓度时间，寻找每只动物浓度小于 0.1 的第一个时间点（TTSC），可得到以下结果，如表 13-5 所示。

表 13-5 每只动物 TTSC

编号	TTSC	编号	TTSC	编号	TTSC	编号	TTSC	编号	TTSC
1	4	6	6	11	5	16	4	21	6
2	4	7	4	12	4	17	8	22	5
3	6	8	5	13	5	18	3	23	7
4	4	9	5	14	4	19	4	24	7
5	6	10	4	15	3	20	3	25	7

步骤六：将 TTSC 对数化，按 TTSC 频次总结为表 13-6。

表 13-6 TTSC 频次

TTSC	ln(TTSC)		频次	动物编号
3	1.099	3	* * *	15,18,20
4	1.386	9	* * * * * * * * *	1,2,4,7,10,12,14,16,19
5	1.609	5	* * * * *	8,9,11,13,22
6	1.792	4	* * * *	3,5,6,21
7	1.946	3	* * *	23,24,25
8	2.079	1	*	17

步骤七：计算容许限度，ln(TTSC) 的平均值为 1.556，标准差为 0.2799，95/95 容许度 k 因子为 2.292. 因此对数容许限度为 $1.556 + 2.292 \times 0.2779 = 2.193$。

步骤八：将其指数化，则初步弃奶期 UWP=8.962 次挤奶。

步骤九：校正 UWP 与 MRL 的单调递增，每一个非重复的值作为 MRL 计算一次 UWP，加上刚刚计算的 MRL=0.1，形成 7 条观测的（MRL，UWP）数据集。按 MRL

升序排列，WUP 出现上升的点进行加权几何平均值替代得到下表 13-7。

表 13-7　数据集

MRL	UWP	MUWP	MRL	UWP	MUWP	MRL	UWP	MUWP
0.0410	9.861	9.861	0.1234	7.892	8.035	0.5685	7.272	7.130
0.0415	9.826	9.826	0.1270	7.794	8.035	0.5760	7.047	7.130
0.0420	9.657	9.792	0.1330	7.607	8.035	0.5770	7.388	7.130
0.0430	9.692	9.792	0.1400	7.675	8.035	0.6171	7.524	7.130
0.0440	9.942	9.792	0.1473	7.612	8.035	0.6190	7.273	7.130
0.0490	9.834	9.792	0.1500	7.373	8.035	0.6420	7.312	7.130
0.0540	9.836	9.792	0.1680	7.409	8.035	0.6630	7.126	7.126
0.0547	9.534	9.534	0.1835	7.297	8.035	0.6650	6.935	7.003
0.0564	9.219	9.293	0.1856	9.044	8.035	0.8320	7.071	7.003
0.0570	9.201	9.293	0.2040	8.824	8.035	0.9473	6.675	6.702
0.0600	9.364	9.293	0.2060	8.655	8.035	1.0770	6.728	6.702
0.0620	9.228	9.293	0.2257	8.261	8.035	1.1100	6.494	6.494
0.0650	9.191	9.293	0.2313	8.395	8.035	1.1395	5.982	5.982
0.0660	9.323	9.293	0.2340	8.311	8.035	1.1760	5.748	5.748
0.0670	9.440	9.293	0.2620	8.079	8.035	1.4830	5.513	5.513
0.0730	9.381	9.293	0.2630	8.238	8.035	1.5394	5.010	5.010
0.0736	9.246	9.285	0.2700	8.135	8.035	1.6460	4.985	4.985
0.0740	9.319	9.285	0.2800	7.937	7.997	1.6560	4.746	4.746
0.0760	9.104	9.285	0.2940	8.057	7.997	1.6620	4.694	4.694
0.0770	9.272	9.285	0.3030	7.852	7.852	1.6701	4.376	4.376
0.0780	9.311	9.285	0.3110	7.728	7.728	1.7140	4.285	4.285
0.0803	9.232	9.285	0.3200	7.599	7.599	1.7800	4.181	4.181
0.0850	9.248	9.285	0.3270	7.467	7.467	1.8648	3.807	3.807
0.0906	9.490	9.285	0.3479	7.114	7.130	2.7660	3.675	3.675
0.0971	9.345	9.285	0.3480	6.970	7.130	3.2806	3.277	3.277
0.0981	9.011	9.011	0.3620	6.823	7.130	3.4820	3.125	3.125
0.0990	8.777	8.886	0.4016	6.706	7.130	3.6090	2.965	2.965
0.1000	8.962	8.886	0.4080	6.725	7.130	3.6468	2.457	2.457
0.1145	8.558	8.886	0.4250	7.367	7.130	5.3330	2.289	2.289
0.1160	9.170	8.886	0.4260	7.182	7.130	6.0730	2.024	2.024
0.1170	8.930	8.886	0.5030	7.148	7.130	6.4830	1.998	1.998
0.1190	8.688	8.688	0.5180	6.955	7.130	7.3420	1.976	1.976
0.1200	8.249	8.249	0.5470	7.460	7.130	8.9630	1.957	1.957
0.1220	8.164	8.164	0.5654	6.948	7.130	9.2010	1.938	1.938

步骤十：根据表 13-7 中真实的 MRL＝0.100，其 UWP＝8.962，向上取整，则弃奶期为 9 次挤奶，也就是 108 小时。

附录　95/95 及 99/95 容许限度表（2~100）

N	95/95K	99/95K	N	95/95K	99/95K	N	95/95K	99/95K
2	26.260	37.094	8	3.187	4.354	14	2.614	3.585
3	7.656	10.553	9	3.031	4.143	15	2.566	3.520
4	5.144	7.042	10	2.911	3.981	16	2.524	3.464
5	4.203	5.741	11	2.815	3.852	17	2.486	3.414
6	3.708	5.062	12	2.736	3.747	18	2.453	3.370
7	3.399	4.642	13	2.671	3.659	19	2.423	3.331

N	95/95K	99/95K	N	95/95K	99/95K	N	95/95K	99/95K
20	2.396	3.295	47	2.081	2.883	74	1.979	2.751
21	2.371	3.263	48	2.075	2.876	75	1.976	2.748
22	2.349	3.233	49	2.070	2.869	76	1.974	2.745
23	2.328	3.206	50	2.065	2.862	77	1.971	2.742
24	2.309	3.181	51	2.060	2.856	78	1.969	2.739
25	2.292	3.158	52	2.055	2.850	79	1.967	2.736
26	2.275	3.136	53	2.051	2.844	80	1.964	2.733
27	2.260	3.116	54	2.046	2.838	81	1.962	2.730
28	2.246	3.098	55	2.042	2.833	82	1.960	2.727
29	2.232	3.080	56	2.038	2.827	83	1.958	2.724
30	2.220	3.064	57	2.034	2.822	84	1.956	2.721
31	2.208	3.048	58	2.030	2.817	85	1.954	2.719
32	2.197	3.034	59	2.026	2.812	86	1.952	2.716
33	2.186	3.020	60	2.022	2.807	87	1.950	2.714
34	2.176	3.007	61	2.019	2.802	88	1.948	2.711
35	2.167	2.995	62	2.015	2.798	89	1.946	2.709
36	2.158	2.983	63	2.012	2.793	90	1.944	2.706
37	2.149	2.972	64	2.008	2.789	91	1.942	2.704
38	2.141	2.961	65	2.005	2.785	92	1.940	2.701
39	2.133	2.951	66	2.002	2.781	93	1.938	2.699
40	2.125	2.941	67	1.999	2.777	94	1.937	2.697
41	2.118	2.932	68	1.996	2.773	95	1.935	2.695
42	2.111	2.923	69	1.993	2.769	96	1.933	2.692
43	2.105	2.914	70	1.990	2.765	97	1.931	2.690
44	2.098	2.906	71	1.987	2.762	98	1.930	2.688
45	2.092	2.898	72	1.984	2.758	99	1.928	2.686
46	2.086	2.890	73	1.982	2.755	100	1.927	2.684

参考文献

[1] FDA,US Department of Health and Human Services. Guidance for Industry—Studies to Evaluate the Metabolism and Residue Kinetics of Veterinary Drugs in Food-Producing Animals: Validation of Analytical Methods Used in Residue Depletion Studies.2015.

[2] FDA,US Department of Health and Human Services.General Principles for evaluating the human food safety of new animal drugs used in food-producing animals.2018.

[3] EMEA-CVMP.Committee for veterinary medicinal products note for guidance for the determination of withdrawal periods for milk.2000.

[4] EMEA-CVMP. Guideline on determination of withdrawal periods for edible tissues.2018.

[5] Owen D B. Handbook of statistical tables. Addison-Wesley, Reading, Mass.1962:117,126.